AF468169

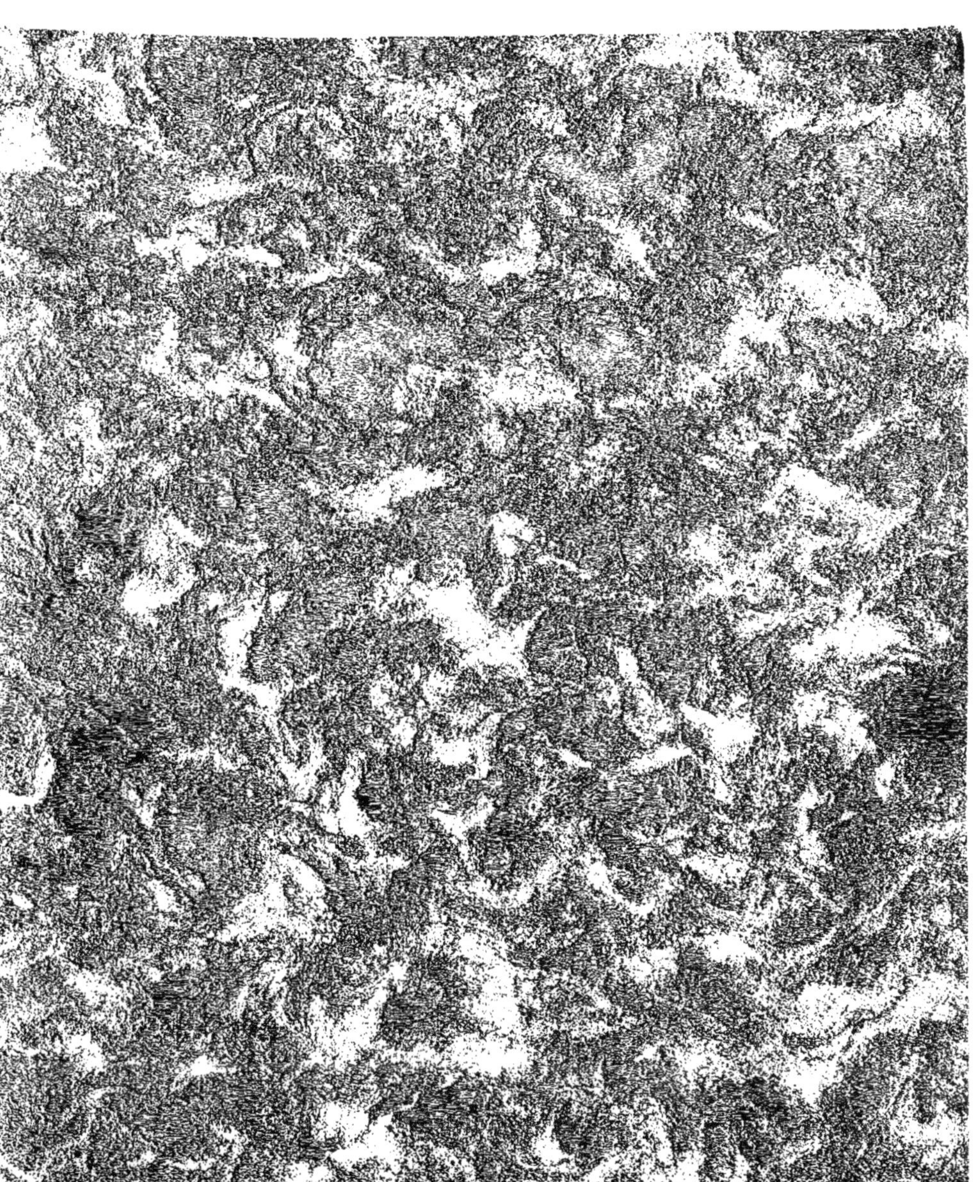

LA

MÉTHODE GRAPHIQUE

DANS LES

SCIENCES EXPÉRIMENTALES

AUTRES OUVRAGES DE L'AUTEUR :

Physiologie médicale de la circulation du sang, avec applications aux maladies de l'appareil circulatoire Un vol. in-8, 668 pages, 235 figures. Paris, 1863, Adrien Delahaye. (Épuisé.)

Du mouvement dans les fonctions de la vie, leçons faites au Collège de France. In-18, 480 pages, 144 figures. Paris, Germer Baillière.

La Machine animale, locomotion terrestre et aérienne. In-8, 300 pages 117 figures. Paris, Germer Baillière, 1873; seconde édition, 1877. Traductions en Angleterre, en Amérique et en Russie.

Physiologie expérimentale. Comptes rendus des travaux du Laboratoire des Hautes Études dont M. Marey est directeur.

Première année, 388 pages, 160 figures.
Seconde année, 420 pages, 194 figures.
Troisième année, 360 pages, 159 figures.

Le volume correspondant aux travaux de chaque année paraît dans les premiers jours de janvier de l'année suivante à la librairie G. Masson.

Typographie Lahure, rue de Fleurus, 9, à Paris.

LA MÉTHODE GRAPHIQUE

DANS LES

SCIENCES EXPÉRIMENTALES

ET PRINCIPALEMENT

EN PHYSIOLOGIE ET EN MÉDECINE

PAR E. J. MAREY

Professeur au Collège de France, Membre de l'Académie de Médecine

Segnius irritant animos demissa per aurem
Quam quæ sunt oculis submissa fidelibus et quæ
Ipse sibi tradit spectator.

HORACE.

PARIS

G. MASSON, ÉDITEUR

LIBRAIRE DE L'ACADÉMIE DE MÉDECINE

Boulevard Saint-Germain et rue de l'Éperon

EN FACE DE L'ÉCOLE DE MÉDECINE

INTRODUCTION

La science a devant elle deux obstacles qui entravent sa marche : c'est d'abord la défectuosité de nos sens pour découvrir les vérités, et puis l'insuffisance du langage pour exprimer et pour transmettre celles que nous avons acquises. L'objet des méthodes scientifiques est d'écarter ces obstacles ; la *Méthode graphique* atteint mieux que toute autre ce double but. En effet, dans les recherches délicates, elle saisit des nuances qui échapperaient aux autres moyens d'observation ; s'agit-il d'exposer la marche d'un phénomène, elle en traduit les phases avec une clarté que le langage ne possède pas.

Quand nous parlons de la défectuosité de nos sens, nous ne voulons pas seulement constater leur insuffisance pour découvrir certaines vérités ; mais surtout signaler les erreurs qu'ils nous font commettre.

L'ancien axiome de la philosophie sensualiste : *Nihil est in intellectu quod non fuerit in sensu*, en constatant l'origine véritable de nos idées, signale en même temps la source de nos erreurs. Personne ne doute aujourd'hui qu'il ne faille se défier des témoignages de la vue, de l'ouïe ou du toucher. La sphéricité de la terre, sa rotation diurne, les distances des astres et leurs volumes immenses, toutes nos connaissances astronomiques pour ainsi dire, sont autant de démentis donnés à l'appréciation de nos sens. On en peut dire autant d'une foule de notions de physique ou de mécanique, comme la pesanteur de l'air, la discontinuité des sons et de la lumière, etc. Les sensations de froid ou de chaud que nous fournit le tact n'ont plus la signification absolue qu'on leur attribuait autrefois; elles ne sont plus, pour personne, que des appréciations purement relatives et souvent trompeuses de la température des corps.

La physiologie de la vision, en expliquant la fonction de l'œil, a tracé les limites au delà desquelles cet organe cesse de nous fournir des notions exactes; certains instruments d'optique, tels que le microscope, le télescope, le stéréoscope, construits en vue de nous donner des illusions sur le volume des corps, leur distance, leur forme et leur relief, ont complété l'éducation de la vue et nous ont appris à discerner les apparences de la réalité.

Bien que moins avancée, l'analyse physiologique des autres sensations n'en est pas moins fort intéressante. Les illusions de l'ouïe et du toucher fourniraient une intéressante étude de philosophie conduisant à cette conclusion de la physiologie moderne : que toutes les idées que nous nous faisons du monde extérieur sont le résultat d'une longue et inconsciente éducation de nos sens, d'un contrôle incessant de nos sensations les unes par les autres.

Dégagée du préjugé de l'infaillibilité des sens et tenue en

continuelle défiance contre les renseignements qu'ils fournissent, la science a cherché d'autres auxiliaires pour la conquête de la vérité; elle les a trouvés dans les instruments de précision. Depuis longtemps elle possédait les moyens de mesurer avec exactitude les dimensions, le poids, la composition, en un mot l'état statique des corps de la nature; elle commence à étudier les forces dans leur état dynamique. Mouvements, courants électriques, variations de la pesanteur ou de la température, tel est le champ à explorer. Dans cette nouvelle entreprise, nos sens, à perceptions trop lentes et trop confuses, ne peuvent plus nous guider, mais la méthode graphique supplée à leur insuffisance; dans ce chaos, elle révèle un monde inconnu. Les appareils inscripteurs mesurent les infiniment petits du temps; les mouvements les plus rapides et les plus faibles, les moindres variations des forces ne peuvent leur échapper. Ils pénètrent l'intime fonction des organes où la vie semble se traduire par une incessante mobilité.

Tous ces changements dans l'activité des forces, la méthode graphique les traduit sous une forme saisissante que l'on pourrait appeler le langage des phénomènes eux-mêmes, tant elle est supérieure à tous les autres modes d'expression. Il n'est pas douteux que l'expression graphique ne se substitue bientôt à toute autre, chaque fois qu'il s'agira de définir un mouvement ou un changement d'état, en un mot un phénomène quelconque. Né avant la science et n'étant pas fait pour elle, le langage est souvent impropre à exprimer des mesures exactes, des rapports bien définis.

Dans les premiers âges de l'humanité, l'échange des idées ne pouvait se faire que par signes ; un usage qui, du reste, changeait suivant les lieux et les temps, attribuait à certains gestes ou à certains sons une signification conventionnelle. Ce mode d'expression, que beaucoup d'animaux possèdent à l'état rudimentaire, devait, dans l'espèce humaine, se perfectionner peu à peu et doter les différents peuples de langues plus ou moins claires et plus ou moins expressives.

Un degré plus avancé de civilisation vit naître l'expression graphique. Non pas seulement cette admirable invention de l'écriture qui fixe sur la pierre ou sur le papier les signes conventionnels du langage, mais le graphique naturel : celui qui, à toutes les époques et chez tous les peuples, a représenté les objets de la même manière, qui nous permet de suivre sur les stèles d'Égypte les scènes d'une civilisation disparue. Cette représentation graphique, si elle s'appliquait à la représentation des idées comme à la figuration des objets, constituerait la véritable langue universelle.

Au dix-septième siècle parut l'expression graphique des idées créée par le génie de Descartes. Bientôt, cette méthode servit à représenter des variations diverses, à faciliter la comparaison de certains phénomènes d'économie politique et sociale. On publia en Angleterre d'abord, puis en France, des tableaux qui exprimaient par les inflexions variées d'une courbe les variations successives qu'avait présentées la population d'un pays, sa richesse commerciale, sa production agricole; on représenta de la même façon les phases successives d'une épidémie, les variations diurnes ou annuelles d'une température; la physique et la chimie recoururent à ce mode de représentation. Depuis lors, la méthode graphique est définitivement formée. Aujourd'hui, elle tend à élargir son domaine et à s'appliquer à toutes sortes d'objets, portant partout avec elle l'exactitude, la concision et la clarté.

Du reste, le besoin d'une expression scientifique claire et

susceptible d'être admise en tous pays devient chaque jour plus pressant; les savants de toutes nations apportent des documents pour l'œuvre commune, mais chacun écrit dans sa langue, et les bibliothèques donnent le spectacle de l'encombrement et de la confusion.

Bien des efforts ont été faits pour classer les travaux de provenances diverses, mais on n'est guère arrivé qu'à dresser des catalogues. Obligé de recourir aux publications originales, celui qui veut approfondir une question doit s'y consacrer tout entier. Ainsi le savant se spécialise, les vues d'ensemble se perdent, l'horizon de chacun se rétrécit.

Or, la *Méthode graphique* est essentiellement claire et concise; elle présente dans leur ensemble les faits qu'elle exprime et en facilite la comparaison.

Mais, dira-t-on, jusqu'où peut conduire l'emploi de cette méthode? N'est-elle pas un genre de représentation exceptionnel s'appliquant surtout à la statistique? Elle éclaire, il est vrai, la marche d'un mouvement commercial et industriel; mais entrera-t-elle jamais dans le domaine de la science proprement dite? Telles sont les objections que je crois entendre. Et si j'osais dire que la méthode graphique peut s'appliquer à toutes les sciences, ou du moins qu'il est impossible d'en citer une seule où son introduction soit à jamais impossible, alors on crierait à l'absurdité. Vous prétendez, dirait-on, remplacer le raisonnement! Vous voulez substituer des machines à l'intelligence humaine; des courbes griffonnées sur un papier aux lumières de la dialectique, à la puissance des arguments!

A cela, on pourrait répondre que les arguments de la dialectique ne trouvent place que dans les discussions sur des sujets mal connus; que là où se trouve l'évidence, il n'est plus besoin de raisonnements, et que la démonstration arrivée à son plus haut terme ne se sert pas de paroles : on ne prouve pas la lumière.

Or, si par l'expression graphique nous arrivons à l'évidence en matière scientifique, gardons pour d'autres besoins les insinuations de l'éloquence et les fleurs du langage ; traçons les courbes des phénomènes que nous voulons connaître et comparer entre eux ; procédons à la manière des géomètres dont les démonstrations ne sont pas discutées.

Le but de cet ouvrage est d'exposer les ressources présentes de la méthode graphique et de faire pressentir les développements qu'elle peut prendre sans qu'on puisse assigner de limite à sa bienfaisante extension. Quant au plan du livre, il me semble tracé par le sujet lui-même.

La méthode graphique répond à deux besoins, comme on l'a dit plus haut : elle est un mode d'expression et un moyen de recherche; nous l'envisagerons successivement sous ces deux aspects.

I

La *Première partie* de ce livre montrera comment la méthode graphique exprime les phénomènes les plus variés, transforme d'obscures statistiques en une exposition lumineuse, condense sous le regard et fait embrasser d'un coup d'œil une quantité énorme de documents.

Or, toutes les sciences procèdent de la même manière, elles accumulent les observations et les expériences, les rapprochant les unes des autres de façon à mettre en lumière des rapports de cause à effet. Ces rapprochements sont d'autant plus fructueux qu'ils portent sur un plus grand nombre de documents, mais alors leur complexité extrême rend la comparaison bien difficile : la vérité se cache dans la gangue qui la renferme. Mais si l'on prend la peine, souvent assez légère, de réduire à leur forme graphique les documents accumulés et de condenser toutes les mesures prises en une courbe dont chaque détermination ne fournit qu'un point, alors la clarté se fait; si quelque relation était contenue dans cet ensemble d'observations ou d'expériences, elle se montre; une loi numérique apparaît, saisissante, lumineuse.

Quand les observations sont mal prises, ou les expériences défectueuses, ou bien quand les faits rassemblés n'ont entre eux aucune relation commune, la courbe incohérente qui en ressort avertit qu'on a fait fausse route, et qu'il ne faut pas chercher plus longtemps des rapports simples qui n'existent pas. Ces premiers avantages de la représentation graphique suffiraient à la faire adopter comme un secours puissant dans les sciences expérimentales et dans celles d'observation.

Si nous suivons la méthode à travers ses applications variées, nous rencontrerons des cas où elle n'est plus seulement un guide pour l'esprit, une aide pour la mémoire, mais où elle mène a des conceptions qui étaient autrefois entièrement inaccessibles. De cet ordre sont les graphiques des météorologistes, grâce auxquels est exprimé l'état de l'atmosphère à un même moment sur toute l'étendue du monde civilisé. Chaque pays envoie son contingent d'éléments pour construire ce tableau d'ensemble : temps pluvieux ou serein, pression du baromètre, température, direction du vent, etc., et l'on pointe sur la carte les renseignements fournis par chaque observatoire. Les dépêches arrivent de toute part, les documents s'accumulent, s'amoncellent. Ne craignez pas que la confusion se produise ; loin de là, plus les éléments sont complexes, plus l'ensemble paraîtra simple.

D'innombrables points se réduisent en quelques lignes, et celles-ci se dégagent d'autant plus claires et plus parfaites que leurs éléments sont plus nombreux.

Dans cette première partie de notre travail, nous avons essayé de classer les différentes applications de la méthode graphique, en commençant par les plus simples pour arriver aux plus complexes. Nous avons pris des exemples partout où nous en avons trouvé. La physique, la chimie, l'économie sociale, la démographie, la médecine, le génie civil et militaire, la météorologie nous ont fourni des types dont chacun peut se transporter d'une science dans une autre, et se prête aux applications les plus variées.

II

Dans la *Seconde partie*, la méthode graphique est envisagée comme moyen de recherches.

Les appareils inscripteurs simplifient beaucoup l'expérimentation, car ils tracent d'eux-mêmes la courbe des phénomènes dont ils sont chargés de suivre les phases. Observateurs patients et exacts, doués de sens plus nombreux et plus parfaits que les nôtres, ils travaillent d'eux-mêmes à l'édification de la science ; ils accumulent des documents d'une fidélité irrécusable, que l'esprit saisit aisément, dont la comparaison est facile et le souvenir durable.

Dans cette partie, plus encore que dans la première, un plan méthodique était indispensable, mais bien difficile à dresser. L'extrême variété des phénomènes que les appareils inscripteurs traduisent en rend le classement difficile. Fallait-il décrire successivement les appareils qui inscrivent des mouvements, des changements de température, des courants électriques, des variations de poids, des efforts de traction, des pressions, des débits, des changements de volume, des vitesses, des trajectoires, des rapports de succession, des durées, des rhythmes, etc. ? C'était morceler mon sujet et le réduire à une énumération fastidieuse.

Fallait-il, remontant des effets à leurs causes, rassembler plusieurs phénomènes en un même groupe d'après la cause qui les produit? N'était-ce pas donner à ce travail une forme philosophique trop prétentieuse? Ce second écueil me parut le moins à craindre, car l'idée d'une force unique revêtant des formes diverses et présidant à tous les phénomènes de la nature s'est rapidement répandue et règne à peu près sans conteste. En conséquence, voici le plan que j'ai adopté : j'exposerai en premier lieu les moyens d'inscrire les mouvements proprement dits; cette relation du temps à l'espace devant servir de type pour exprimer graphiquement toutes les autres relations. Je consacrerai donc la seconde partie de ce volume à l'inscription des mouvements, et n'aborderai que plus tard les applications de la méthode graphique aux autres manifestations de la force.

III

La *Troisième partie* est relative à l'inscription des forces. Sous ces trois aspects principaux, travail mécanique, chaleur, électricité, la force produit des manifestations analogues : elle se montre tantôt à l'état statique, tantôt à l'état dynamique. Ainsi, l'action de la pesanteur, la force élastique d'un gaz ou d'un ressort tendu représentent la force mécanique à l'état statique, autrement dit en tension. La température d'un corps qui ne s'échauffe ni ne se refroidit, c'est l'état statique de la chaleur. L'état électrique d'un corps isolé, c'est l'état statique de l'électricité de ce corps.

Jusqu'ici l'analogie est parfaite; mais nous ne sommes pas encore arrivés sur le terrain où la méthode graphique devient nécessaire. Pour connaître et mesurer ces forces à l'état statique, il suffit d'instruments que la science possède déjà : la balance, le manomètre, le thermomètre, l'électromètre, etc.

Si nous passons aux manifestations dynamiques de la force, l'analogie ne sera pas moins réelle, mais plus difficile à discerner, car la science didactique nous a, jusqu'ici, plutôt habitués à distinguer les uns des autres les différents phénomènes physiques qu'à les comparer entre eux. Toutefois, à titre de première ressemblance, on constate que toutes les manifestations dynamiques, ou variations de la force, peuvent se traduire par des mouvements. En effet, les instruments dont on se sert pour mesurer une pression, une température, un courant électrique, etc., exécutent des mouvements plus ou moins étendus suivant l'intensité de la variation qu'ils expriment. La rapidité plus ou moins grande de ces déplacements répond à celle de la variation elle-même.

Il est donc très-important de savoir apprécier un mouvement avec précision, puisque cela conduit à la connaissance de beaucoup d'autres phénomènes. Or, la méthode graphique est seule capable d'apporter de la précision dans une pareille mesure.

Tout mouvement est le produit de deux facteurs : le temps et l'espace; connaître le mouvement d'un corps, c'est connaître la série des positions qu'il a occupées dans l'espace à une série d'instants successifs. Il en est de même pour les variations de la chaleur et de l'électricité; pour les déterminer d'une manière précise, il faut savoir quelle a été la série des positions prises par le thermomètre ou l'électromètre aux divers instants de cette variation.

Les appareils inscripteurs tracent d'une manière continue cette relation de l'espace au temps qui est l'essence du mouvement. Si rapide ou si lent qu'il soit, le déplacement d'un corps peut être inscrit, qu'il s'agisse de l'énorme vitesse des projectiles de guerre ou de l'extrême lenteur de l'accroissement d'un végétal. D'autres fois, ces appareils corrigent l'excessive petitesse ou la trop grande étendue du mouvement et les ramènent aux proportions les plus convenables pour que le tracé en soit facile à saisir.

Avant toute application particulière, il conviendra d'exposer la manière générale d'inscrire les *changements d'espace*, de les amplifier ou de les réduire suivant le besoin. Puis, nous exposerons sous le nom de *Chronographie*, la manière de mesurer les temps, soit qu'il faille estimer et comparer de très-longues durées, soit qu'on ait à mesurer des temps extrêmement courts. Dans ces dernières circonstances, la chronographie est admirable; véritable microscope du temps, elle montre que l'instant indivisible dont on parle souvent n'existe pas, et que parfois des actes réguliers, rhythmés et coordonnés d'une manière parfaite tiennent dans un centième de seconde.

Après cette initiation nécessaire, le lecteur trouvera des exemples d'inscription de toutes sortes de mouvements, depuis le plus simple, celui qui se fait en ligne droite et toujours dans le même sens, jusqu'aux plus capricieuses combinaisons qu'on puisse imaginer.

Mais la parfaite connaissance d'un mouvement n'implique pas encore celle de la force qui l'a engendré; telle force qui, appliquée à une très-petite masse, l'entraînerait avec une vitesse prodigieuse, n'imprime à une grande masse qu'un déplacement presque insensible; d'autres fois, sous l'action d'une même force, on voit la vitesse changer par suite de résistances extérieures. Ainsi, la connaissance d'un mouvement constitue une notion essentiellement incomplète; la véritable détermination d'une force est celle du *travail mécanique* produit.

Il est vrai que le calcul fournit la mesure du travail dans les cas simples où l'on connaît la masse à mouvoir et la nature du mouvement qui lui a été imprimé; mais la méthode graphique donne directement cette mesure, en combinant l'inscription des efforts développés à chaque instant, avec celle des chemins parcourus. J. Watt conçut le premier l'idée d'inscrire le travail et réalisa cette inscription pour le piston d'une machine à vapeur. Poncelet trouva une solution plus générale qui s'applique à la fois aux machines motrices et au travail de traction des fardeaux sur les chemins. Il faut étendre encore ce mode d'inscription du travail et l'introduire partout où les forces mécaniques sont en jeu. En effet, rien ne peut remplacer l'expression graphique du travail : le calcul peut en fixer la valeur totale ou la valeur moyenne; le graphique seul représente le travail avec la forme sous laquelle il a été produit.

L'analogie dont il a été question ci-dessus et qui rapproche les unes des autres toutes les manifestations des forces physiques, trace le plan d'après lequel on doit procéder à l'inscription de la chaleur et de l'électricité.

La chaleur acquise ou perdue se traduit par les mouvements de la colonne du thermomètre, et cette identification de l'effet à la cause est même si complète que, dans le langage ordinaire, on dit que la température s'élève ou s'abaisse, suivant que la colonne thermométrique marche dans un sens ou dans l'autre. L'interprétation d'une courbe de température sera donc très-facile; elle ressemblera de tous points à la variation d'une force mécanique, par exemple à celle d'un dynamomètre inscripteur. Mais, pour la chaleur comme pour les forces mécaniques, les phases de la variation ne constituent encore qu'une notion incomplète; il faut essayer d'acquérir une connaissance plus parfaite des phénomènes thermiques : celle de la quantité de chaleur gagnée ou perdue par un corps. Cette notion est l'analogue de celle du travail mécanique.

La physique évalue en calories les quantités de chaleur; on devra donc inscrire le nombre de calories gagnées ou perdues pour avoir l'expression parfaite d'un phénomène thermique. Cette inscription est possible grâce aux progrès réalisés dans la régulation des températures. J'exposerai le principe de ce genre d'inscription qui semble destiné à un grand avenir.

Les phénomènes électriques devront s'inscrire d'une manière semblable : les variations d'une tension électrique correspondront à celles d'une pression ou d'une température, tandis que la quantité d'énergie électrique produite par un courant sera l'analogue d'un travail mécanique ou d'une quantité de chaleur. Assurément, ce but est encore loin d'être atteint; mais, par les résultats encourageants qui sont déjà obtenus, on peut prévoir que cette inscription sera prochainement réalisée.

En résumé, les appareils inscripteurs traduisent les phases des phénomènes les plus divers; leur emploi réalise un progrès considérable sur tous les autres moyens d'observation; et pourtant ce qu'on vient de dire de leurs usages n'en donne encore qu'une idée fort insuffisante. On connaît déjà certains appareils qui, appliqués en un lieu déterminé, traduisent les variations qu'y présente une certaine force. Mais les phénomènes de la nature ne sont pas aussi simples : souvent ils consistent en actes variés, liés entre eux par une commune origine et se produisant en même temps en différents lieux. Cette complexité déroute l'observateur et constitue aussi l'une des principales difficultés de l'expérimentation. L'impossibilité de prêter l'attention à plusieurs choses à la fois oblige, dans la pratique, à dissocier les phénomènes pour en étudier les divers éléments les uns après les autres. Les appareils inscripteurs jouissent du précieux avantage de saisir à la fois et d'exprimer d'une manière synchronique plusieurs phénomènes; il suffit pour cela d'employer autant de styles traceurs qu'on doit écrire de mouvements différents. Des moyens appropriés transmettent chacun des actes qui doivent s'inscrire, du lieu où il se produit jusqu'au papier sur lequel il va s'écrire.

IV

La *Quatrième partie* traite des phénomènes qui ne peuvent être connus que par les inscriptions multiples; le nombre en est si grand que cette partie devra être traitée avec des développements considérables. Il faudra même introduire certaines divisions dans ce vaste sujet.

Nous distinguerons en premier lieu les *inscriptions simultanées*, puis les *inscriptions successives*.

Dans les inscriptions simultanées on fera les divisions suivantes. En premier lieu seront traités les cas où des actes de même nature se produisent en des lieux différents. Exemples : la propagation du mouvement des ondes; la répartition des températures dans l'organisme vivant; la coordination des mouvements dans la locomotion terrestre et aérienne, etc.

Ensuite viendront les cas où, dans un même lieu, s'observent des actes de diverses natures. Exemples : les dilatations liées aux changements de température des corps; les allongements des substances soumises à des tractions plus ou moins fortes. Dans le même chapitre j'indiquerai comment on décompose les phénomènes complexes, la pulsation du cœur par exemple, qui est due à des changements de consistance et à des changements de volume de cet organe; j'y montrerai également les changements qu'éprouvent dans une artère la pression et la vitesse du sang.

Enfin, dans un dernier chapitre, il sera question des cas plus complexes où des actes de différentes natures se passent en même temps dans des lieux différents. Exemples : l'articulation des sons; les mouvements des ailes des oiseaux et les réactions pendant le vol; les changements de température liés à l'action musculaire, etc.

La méthode des inscriptions successives se prête à des recherches de différentes natures. Parfois elle n'est qu'une simplification de l'appareil instrumental et permet, au moyen d'un seul instrument employé dans une série d'expériences successives, de résoudre les problèmes que l'inscription simultanée résout d'un seul coup. Mais d'autres fois les inscriptions successives fournissent des résultats que n'atteindrait nulle autre méthode. Ainsi, quand une variation d'une durée très-courte se reproduit périodiquement, et quand les appareils qui devraient la traduire n'ont pas assez de mobilité pour en suivre fidèlement toutes les phases, on décompose cette variation en une série de parties correspondant à des instants successifs et l'on inscrit les unes après les autres chacune de ces parties.

L'origine de cette méthode semble remonter aux belles expériences de Plateau sur la *Stroboscopie*. Quand un objet animé de mouvements périodiques très-rapides ne fournit à nos yeux que des images confuses, on donne à cet objet l'apparence de l'immobilité en ne le rendant visible qu'à des instants toujours les mêmes de sa révolution périodique. D'autres fois, on rend son mouvement apparent beaucoup plus lent. Soit une vibration d'un diapason qu'il faille rendre cent fois ou mille fois plus lente, on dispose l'expérience de façon que la branche du diapason ne soit visible que pendant des instants très-courts, séparés les uns des autres par des intervalles dont chacun est égal à une vibration plus un centième ou un millième de vibration. Cette belle méthode a reçu en Allemagne de larges développements et de nombreuses applications. Elle ne doit pas seulement servir à corriger l'imperfection de notre œil dans lequel la persistance des images produit la confusion, mais elle peut remédier aux défauts de certains appareils : l'inertie de l'aiguille du galvanomètre par exemple, ou celle des indicateurs de pression.

Nous rattacherons à cette méthode les expériences de Guillemin sur la mesure et la représentation graphique des états variables des courants; celles de Bernstein sur la variation électrique des nerfs et des muscles; nous montrerons enfin qu'on peut obtenir l'inscription des phases d'une variation électrique, si rapide qu'elle soit, en combinant cette méthode avec l'emploi de l'électromètre de Lippmann.

Les effets de l'inertie altéraient les tracés fournis par l'indicateur de Watt appliqué aux variations des pressions de vapeur. Deprez imagina de décomposer la durée de la révolution du piston en une série d'instants successifs pour chacun desquels il détermina la pression, dans des conditions pour ainsi dire statiques, afin que l'inertie n'intervînt plus. Ce mode d'exploration peut s'appliquer, en physiologie, à la détermination des phases de la secousse musculaire, des variations que présente l'excitabilité du cœur aux divers instants de sa révolution, etc.

Les quatre premières parties ont eu pour objet de montrer les avantages de la méthode graphique, d'en exposer les applications principales, d'en faire prévoir les développements futurs;

mais on y passe rapidement sur les détails expérimentaux, sur la construction des appareils, sur les moyens de les régler et d'en vérifier les indications.

V

La *Cinquième partie*, qui porte le titre de Technique, supplée aux omissions volontaires dont nous venons de parler. La valeur de chaque appareil y est discutée et certains points historiques y sont traités. A côté de la description de chaque instrument se trouve une expérience pouvant servir de type pour en faire comprendre l'emploi.

Ces détails techniques sont une initiation nécessaire pour ceux qui voudront suivre les différentes publications faites avec l'emploi de la méthode graphique ; de ce nombre sont les *Comptes rendus* annuels des travaux de mon laboratoire, ainsi que deux autres volumes actuellement en préparation : l'un sur la *Fonction des nerfs et des muscles*, l'autre sur la *Circulation du sang*. Dans cette dernière partie, j'ai cherché à rassembler tous les renseignements nécessaires pour permettre au lecteur de répéter les expériences dont il est question dans cet ouvrage et d'appliquer la méthode graphique à des sujets nouveaux.

On verra qu'une préoccupation dominante a présidé à la construction des différents instruments dont il sera question : celle d'en réduire autant que possible le nombre afin de rendre les expériences graphiques plus facilement réalisables.

Je ferai grâce au lecteur des difficultés et des tâtonnements sans nombre qu'a nécessités la construction des divers instruments dont les applications seront décrites. Depuis vingt ans, à travers des recherches sur des sujets divers, j'ai poursuivi le même but : celui d'étendre la méthode graphique et de l'appliquer au plus grand nombre de phénomènes possible. On a dit en parlant de mes travaux « que c'était toujours la même chose ». Cette appréciation, dictée sans doute par une excessive bienveillance, serait, si je l'avais méritée, la plus grande récompense de mes efforts. Elle prouverait que j'ai approché de mon but, qui était de soumettre un grand nombre d'études à une méthode unique, à celle qui me semble promettre à la science un rapide développement.

Paris, 10 janvier 1878.

LA

MÉTHODE GRAPHIQUE

DANS

LES SCIENCES EXPÉRIMENTALES

PREMIÈRE PARTIE

REPRÉSENTATION GRAPHIQUE DES PHÉNOMÈNES

CHAPITRE I.

EXPRESSION GRAPHIQUE DES GRANDEURS ET DE LEURS RELATIONS.

Une grandeur quelconque peut être exprimée par une longueur. — Grandeurs scalaires : expression de nombres, de distances, de durées, de forces, etc. — Chronologies comparatives. — Expression graphique des relations d'espace ; systèmes de coordonnées en général. — Idée de Descartes ; courbes exprimant les relations de deux variables. — Tableaux statistiques de Playfair.

Une grandeur quelconque peut être représentée par une longueur.

Tout ce que l'esprit peut concevoir et mesurer avec exactitude s'exprime graphiquement d'une manière claire et précise : des nombres, des longueurs, des durées, des forces, trouvent dans l'emploi des figures graphiques leur expression la plus concise et la plus saisissante.

A côté de l'expression conventionnelle des nombres au moyen de chiffres, il en est une autre qui n'emprunte, pour ainsi dire, rien à la convention. Il suffit d'admettre qu'une longueur d'un millimètre corresponde à l'unité, pour que des lignes qui mesurent trois, sept ou quinze millimètres expriment clairement pour tout le monde les nombres trois, sept et quinze.

Or, une grandeur quelconque, distance, poids, température, etc., si elle est comparée à une grandeur de même ordre, prise pour unité, sera ramenée à un nombre et pourra s'exprimer par une ligne plus ou moins longue.

Pour faire voir à quel point la comparaison d'une série de nombres est facilitée par cette transformation, nous donnerons comme exemple la figure 1, qui représente l'importance comparée du matériel naval des différentes puissances maritimes[1]. C'est d'après le tonnage des navires que cette estimation est faite. Une série de colonnes dont les hauteurs sont proportionnelles aux nombres de tonneaux que peut porter la marine de chacun des douze États que l'on compare est représentée dans cette figure. Rangées, de gauche à droite, par ordre d'importance relative, la marine des Iles Britanniques occupe le premier rang; celle de l'Autriche le dernier. Le nombre absolu de tonneaux se lit sur une échelle, à gauche de la figure. Enfin, dans la surface rectangulaire de chacune de ces colonnes, une partie teintée de hachures mesure l'importance de la marine à voiles, tandis que la surface restée blanche exprime le tonnage des navires à vapeur.

La mémoire conserve aisément le souvenir d'un tableau de ce genre : quand nous en évoquons le souvenir, nous voyons apparaître tous les rapports qui y sont représentés et que des chiffres n'exprimaient que d'une manière obscure.

Toute la statistique des marines du monde est contenue dans ce petit tableau, qui montre que les Iles Britanniques ont plus de navires à vapeur que toutes les autres nations ensemble; que la France, au point de vue absolu du tonnage de ses flottes, ne vient qu'en sixième rang, mais qu'elle occupe le troisième si l'on ne considère que la marine à vapeur. Il n'est pas nécessaire de paraphraser un semblable tableau, ce serait délayer et obscurcir ce qu'il contient sous une forme synoptique et lumineuse.

Des tableaux du genre de la figure 1 servent à comparer entre elles toute espèce de grandeur; tout le monde a vu des représen-

1. Cette figure est extraite de l'ouvrage de M. É. Reclus, *Nouvelle Géographie de la France*.

tations de ce genre employées pour comparer les hauteurs relatives des différents édifices ou des différentes montagnes du globe.

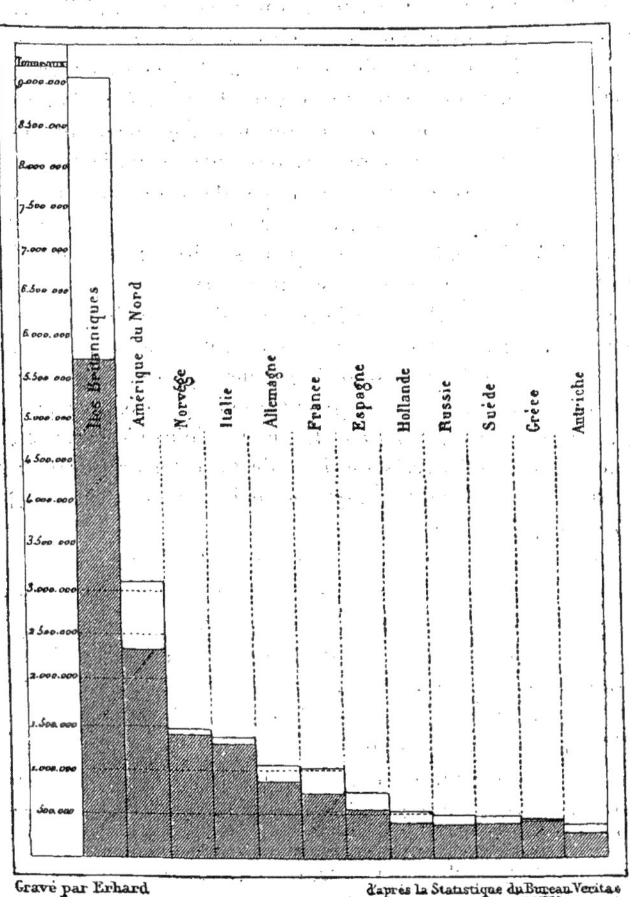

Fig. 1. Tableau comparatif de l'importance des différentes marines à voile et à vapeur, au point de vue du tonnage.

On peut exprimer de la même façon les densités relatives des différents corps, les moyennes de la taille en différents pays, etc.

Grandeurs scalaires.

Si l'on se reporte à la figure 1, on remarquera qu'elle présente pour chaque colonne deux indications distinctes: celle du tonnage des navires à voiles et celle du tonnage des navires à vapeur. Il y a donc dans ce genre de tableaux un double élément de comparaison, chaque colonne exprimant non-seulement un nombre absolu, mais l'importance relative des valeurs qui le constituent. Dans certaines circonstances, ce mode d'expression a été utilisé avec grand avantage. Ainsi, dans la statistique médicale sur la mortalité à différents âges, on peut subdiviser chaque colonne exprimant la mortalité totale en une série d'assises dont chacune exprime par sa hauteur le nombre de morts dues à une certaine maladie; de sorte que le chiffre total de la mortalité se trouve décomposé en une série de nombres correspondant chacun à une mortalité spéciale, celle qu'entraînent, par exemple, la phthisie, la variole, l'apoplexie, etc. Les compagnies d'assurances, devançant en cela les traités spéciaux de médecine, publient sur ce sujet d'intéressants tableaux qui permettent de comparer la proportion de décès qui correspond à chaque maladie dans la mortalité totale d'un pays. Ailleurs elles représentent par des tableaux du même genre le nombre de décès que chaque maladie entraîne à différents âges[1]. L'impression polychrome facilite beaucoup l'intelligence de ces tableaux, dont nous regrettons de ne pouvoir reproduire un type.

Le temps lui-même est soumis à ce genre d'expression. S'il est vrai, comme disent les empiriques, que le temps n'ait pas d'existence absolue, du moins il se manifeste à notre esprit par les phénomènes qu'il contient; c'est ainsi qu'on le mesure par le nombre des retours successifs d'actes semblables entre eux : révolutions apparentes des astres, écoulements d'un sablier, oscillations d'un pendule, etc. Devenues nombres, les durées s'expriment en lignes et se comparent aisément les unes aux autres sous forme de longueurs. Il y a même certains phénomènes qui traduisent directement, sous forme de longueurs, les temps plus

1. On peut citer comme type de tableaux statistiques ceux que publie la Compagnie d'assurances sur la vie, de New-York : « Mortuary experience of the mutual Life, 1843 to 1874. »

ou moins longs : tels sont les mouvements des astres ou ceux que nous réalisons au moyen de certains mécanismes, clepsydres ou horloges.

La notation musicale offre un exemple de représentation graphique des durées, puisqu'elle divise le temps en parties égales ou mesures, et les exprime par des longueurs égales prises sur les lignes horizontales de la *portée*. Cette représentation est assez grossière déjà pour la représentation des mesures dont les durées ne traduisent pas toujours par leur longueur le rhythme accéléré ou ralenti d'une mélodie écrite; mais, dans la subdivision des mesures, l'expression des durées devient tout à fait conventionnelle. Une forme particulière donnée à chaque note en exprime la durée; il en est de même pour les silences, où les *pauses, soupirs* et *fractions de soupirs* constituent une représentation absolument artificielle.

Rien ne serait plus facile aujourd'hui que de faire une notation musicale entièrement logique dans laquelle, en respectant l'emploi de la portée pour exprimer la hauteur des sons, on traduirait leur durée par la longueur d'un trait, l'intensité du son par l'épaisseur de ce trait. Il est probable que de longtemps un pareil système ne pourra s'introduire, parce qu'un autre usage règne aujourd'hui en tout pays; mais il est à peu près certain qu'on reconnaîtra quelque jour les avantages d'un mode de notation musicale d'autant plus facile à apprendre, qu'il se rattacherait à l'ensemble d'une méthode dont chacun possédera les notions générales.

Chronologies comparatives.

La *chronologie graphique*, bien que peu répandue encore, est arrivée à un haut degré de perfection qui ne tardera pas à en imposer l'usage. La figure 2 est extraite d'un tableau graphique publié en Angleterre[1], et qu'il m'a paru fort intéressant de reproduire.

Le manque d'espace a forcé à ne prendre qu'une période de deux cents ans, de 1660 à 1860. La moitié supérieure du tableau représente la durée des règnes des souverains de la maison de

1. *Chronological, historical, and statistical Diagram from the year* 1600 *to the present time*, by J. Russell Sowray.

Hanovre depuis Georges Ier jusqu'à Victoria. Une bande teintée formée de hachures représente la durée de la vie de chacun des souverains; elle commence à la date de la naissance, qu'on lit sur l'une des abscisses où les dates sont numérotées de dix en dix années, et finit à la date de la mort.

La durée du règne est figurée par une bande noire. Les généalogies se comprennent aisément, car la bande qui correspond à la vie de chaque souverain se détache de celle qui mesure la vie de son père comme une branche se détache d'un tronc.

On voit dans ce tableau que depuis l'avénement de Georges Ier jusqu'à celui de Victoria, la succession au trône s'est faite en ligne directe; que les deux fils de Georges III ont régné tour à tour, et qu'une régence de dix ans a marqué les dernières années de Georges III.

La durée comparative des règnes apparaît au premier coup d'œil; l'âge des souverains au moment de la naissance de leur fils est également indiqué lorsque ceux-ci ont régné. La ligne de vie de la reine Victoria ne se détache pas de celle des souverains qui l'ont précédée, parce qu'elle est petite-fille de Georges III par le duc de Kent qui n'a pas régné.

Ravivés par l'inspection de ce tableau graphique, les souvenirs historiques prennent une précision et une sûreté qu'ils empruntent à la mémoire des yeux.

Sur le même tableau se trouvaient représentées les successions des divers lords chanceliers pendant la même période, toutes les variations de la dette, de l'importation et de l'exportation, les variations du budget des recettes et des dépenses de l'État. Enfin, et nous avons reproduit cette partie du tableau comme l'une des plus intéressantes, une ligne horizontale coupée en tronçons de longueurs variables exprime, pour l'Angleterre, les périodes alternatives de paix et de guerre pendant l'espace de temps considéré. Quelques mots explicatifs rappellent dans le tableau original quelles étaient les puissances engagées dans la lutte, de même que pour la généalogie des souverains, le nom de chacun d'eux est inscrit devant sa ligne de vie.

Cet extrait ne donne qu'une idée insuffisante du tableau auquel il est emprunté, et que les ressources de l'impression polychrome rendent encore beaucoup plus expressif. Ajoutons que la multiplicité même des documents qu'il présente et qu'il ramène

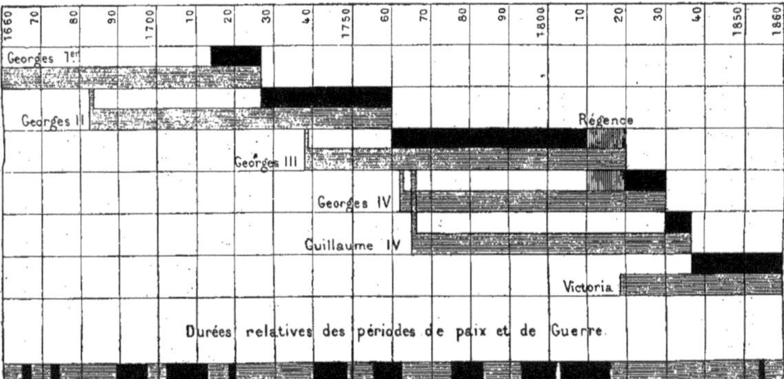

Fig. 2. Statistique graphique indiquant la succession des différents souverains en Angleterre et la durée du règne de chacun d'eux avec les dates correspondantes à leur avénement et à leur mort. Enfin sur ce tableau sont représentées les durées des périodes de paix et de guerre correspondantes à chaque règne.

à une chronologie unique est un des principaux avantages qui ne saurait être reproduit dans notre petit format.

Les notions simples de grandeurs qui viennent d'être considérées isolément sont susceptibles de se combiner entre elles; or, de ces combinaisons naissent des notions plus compliquées comme celles de surface, de mouvement, de variation. Ces notions complexes trouvent dans la méthode graphique leur expression la plus parfaite.

Expression graphique des relations d'espace.

Nous concevons l'espace suivant trois dimensions : longueur, largeur et épaisseur; mais, pour exprimer cette triple notion, la méthode graphique ne dispose que des deux dimensions, longueur et largeur, que présente une feuille de papier; ces ressources suffisent, dans un grand nombre de cas, pour représenter les trois dimensions de l'espace, grâce aux procédés de la géométrie descriptive ou de la perspective.

On a vu comment la notion simple de longueur se traduit par une ligne; ce sera l'expression graphique de *l'espace considéré suivant une dimension*, c'est-à-dire de la distance qui sépare deux points. L'emploi du compas, du vernier ou du micromètre donne une précision merveilleuse à la mesure ou à la comparaison des distances qui sont représentées, tantôt en grandeurs réelles, tantôt amplifiées ou réduites à une échelle convenable. Cette possibilité de représenter les distances trop grandes ou trop petites à une échelle réduite ou amplifiée pour les besoins d'une compréhension facile, fait que, dans l'estimation ou la comparaison de ces grandeurs, nous jugeons mieux d'après les lignes tracées que nous ne le ferions à l'inspection des distances elles-mêmes.

L'espace considéré suivant deux dimensions nous donne la notion du plan. Des lignes tracées sur un plan expriment les différentes orientations ou directions; enfin, l'espace limité par des lignes fournit la mesure des surfaces. C'est surtout dans les mesures de surfaces irrégulières que les constructions graphiques offrent toute leur importance, car rien ne saurait alors les remplacer. L'arpenteur n'a une idée exacte du terrain qu'il a mesuré que lorsqu'il en a tracé le plan sur son papier. Le géographe qui voudrait décrire par le langage la configuration d'un pays, la position, les distances relatives et l'orientation des différents lieux serait inintelligible, tandis que sur une carte tout est clair et l'esprit saisit aisément les formes des diverses contrées, le cours des fleuves, l'étendue relative des terres et des mers. Dans une antiquité déjà bien reculée, les Grecs employaient les cartes de géographie.

Quand une surface est de forme rectangulaire, elle exprime par son étendue le produit de deux grandeurs égales à deux des côtés adjacents. L'expression de *carré* d'un nombre employée comme synonyme du produit de ce nombre par lui-même montre combien est naturel ce mode de représentation graphique substitué à certaines opérations arithmétiques. Un rectangle exprime le produit de deux facteurs inégaux. Enfin, nous verrons, dans beaucoup de représentations graphiques de phénomènes, que la mesure des *aires* ou surfaces, faite au moyen du planimètre, donne d'une façon rapide et sûre des résultats numériques difficiles à obtenir autrement.

L'espace considéré suivant ses *trois dimensions* nous donne la connaissance complète des corps ou des formes que présente la nature. A défaut de la sculpture ou des plans en relief qui nous fournissent la plus parfaite expression de ces formes, on peut représenter graphiquement des solides dans l'espace.

La géométrie descriptive, par l'artifice des projections, représente à ses initiés les dimensions des corps situés en dehors du plan de la figure tracée ; mais il est une représentation qui, pour être moins rigoureuse et moins complète, n'en a pas moins une grande valeur à cause de la facilité qu'on éprouve à l'interpréter : c'est la perspective. Familiarisés depuis longtemps avec ce mode de représentation des formes par les peintures et les dessins que nous voyons partout, nous comprenons aisément la forme et les dimensions relatives des objets qui sont figurés de cette manière. Ajoutons que dans ces dernières années, grâce à la belle invention de Wheatstone, nous avons, au moyen de figures planes, la sensation complète du relief. En regardant dans un stéréoscope deux images tracées suivant une perspective différente, comme celles qui se peignent dans chacun de nos yeux quand nous les dirigeons à la fois sur un même objet, nous avons la même sensation que si un objet réel était placé devant nous et si nos deux yeux à la fois, dirigés sur cet objet, en exploraient chacune des parties différentes[1].

Détermination graphique de la position d'un point ou d'une série de points sur un plan. — Le moyen que le géographe emploie pour exprimer la position des différents lieux du globe en les rapportant à deux degrés terrestres, l'un de latitude et l'autre de longitude, n'est autre que celui qu'emploie le géomètre quand il veut exprimer sur un plan les positions relatives de différents points les uns par rapport aux autres : il détermine la position de chaque point par rapport à deux lignes qui se coupent à angle droit et qu'on appelle coordonnées rectangulaires[2]. Comme une ligne quelconque peut être considérée comme formée d'une série de points placés les uns à la suite des autres, on aura représenté sur un plan cette ligne avec sa direction et ses inflexions diverses quand on aura déterminé la position de chacun des points de cette ligne.

Soit, par exemple, à représenter le cours d'un ruisseau qui serpente sur le sol : traçons sur le terrain deux lignes qui se coupent à angle droit et que nous représenterons sur le papier par les droites ox et oy, figure 3; ce seront les coordonnées dont l'une ox s'appelle axe des *abscisses* ou simplement axe des x; l'autre axe des *ordonnées* ou des y. Un réseau de lignes parallèles à ces deux axes et se coupant comme eux à angle droit sert à faciliter la détermination du lieu où chaque point doit être figuré sur le plan.

1. Les images stéréoscopiques donnent même la sensation du relief dans des cas où nos yeux ne peuvent la fournir. Ainsi quand nous regardons un objet éloigné, l'écartement de nos yeux ne constitue plus une parallaxe suffisamment étendue, et chacun des yeux voit l'objet sensiblement sous le même angle que l'autre. Or, avec la photographie, on peut avoir deux images d'un même objet prises de deux points très-éloignés l'un de l'autre. Dans ces conditions, un village apparaît comme un amas de ces maisonnettes qui servent de jouets aux enfants et qu'on observerait à très-courte distance. Dans une exposition scientifique anglaise, j'ai vu des photographies stéréoscopiques de Saturne avec son anneau. Les épreuves avaient été prises à des époques différentes, de sorte que l'astre observé sous deux angles différents, son anneau se détachait avec un tel relief que l'on eût cru pouvoir le saisir à la main.

2. On pourrait déterminer la position d'un ou de plusieurs points par rapport à des points fixes ou à des lignes quelconques. Aussi le nombre des systèmes de coordonnées est-il pour ainsi dire illimité; mais le plus répandu, à cause de la facilité de son emploi, est celui dans lequel les coordonnées sont les distances à deux axes se coupant à angle droit et qu'on appelle, pour cette raison, rectangulaire ou orthogonal.

Soit un premier point du ruisseau situé sur le terrain à deux mètres de l'axe des x et à douze de l'axe des y. Si nous convenons de réduire au millième les dimensions que le plan devra représenter, la position de ce premier point sera en 1, à 2 millimètres de l'axe des x et à 12 millimètres de l'axe des y. Un second point situé à 5 mètres de l'axe des x et à 15 de l'axe des y sera représenté sur le plan en 2, et ainsi de suite pour la série des points du ruisseau. La ligne ainsi construite par une succession de points exprimera toutes les inflexions du ruisseau, la longueur relative

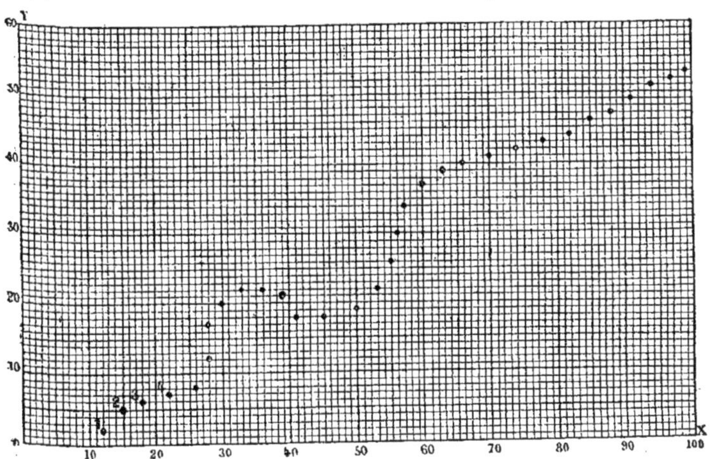

Fig. 3. Construction d'une courbe sur un plan.

et la direction de chacune d'elles avec une fidélité d'autant plus grande qu'on aura déterminé des points plus rapprochés les uns des autres[1].

Descartes imprima une direction nouvelle à ce mode d'expression des relations au moyen de deux coordonnées. Il découvrit que les différents points des courbes engendrées par les sections coniques présentent avec deux coordonnées orthogonales des rapports simples susceptibles d'être représentés par une

1. Toute détermination de la position d'un ou de plusieurs points se fait de la même manière; les noms seuls des coordonnées sont parfois différents. Ainsi, au lieu d'abscisses et d'ordonnées, les géographes emploient les noms de latitude et de longitude, les astronomes ceux d'ascension droite et de déclinaison.

équation; il fonda ainsi la géométrie analytique. Or, cette découverte devait donner aux expressions graphiques une portée nouvelle et beaucoup plus grande. Au lieu d'exprimer seulement des relations d'espace, les courbes devaient s'appliquer à l'expression des relations de deux grandeurs quelconques[1].

Courbe exprimant la relation de deux variables.

Courbe exprimant la relation de deux grandeurs quelconques. — Dans l'exemple ci-dessus indiqué, la courbe tracée sur le papier exprimait pour chacun de ses points des relations d'espace; or, dans la conception la plus générale de la méthode graphique, on doit exprimer des relations de tout genre, et il n'est pas nécessaire que les mesures comptées sur les ordonnées et les abcisses correspondent à des grandeurs homogènes. Si nous supposons, par exemple, que les divisions comptées sur l'axe des x correspondent à des temps, tandis que sur l'axe des y elles correspon-

1. Le rôle de Descartes est apprécié de la manière suivante par *Duhamel* (Des Méthodes dans les sciences de raisonnement) :

Après avoir rappelé que l'équation d'une courbe était connue, dans certains cas, par les plus anciens géomètres, Duhamel ne montre pas seulement Descartes comme le généralisateur de l'application de la science des nombres à la théorie des courbes, mais il fait voir encore que l'illustre philosophe recourait aussi dans un grand nombre de cas à l'application de la géométrie, à l'expression des nombres et à la comparaison des grandeurs. A l'appui de sa manière de concevoir le génie de Descartes avec son éclectisme, Duhamel cite un passage du *Discours sur la Méthode*, que nous croyons intéressant de reproduire :

« Je n'eus pas dessein, dit-il, de tâcher d'apprendre toutes ces sciences particulières qu'on nomme communément mathématiques; et voyant qu'encore que leurs objets soient différents, elles ne laissent pas de s'accorder toutes, encore qu'elles ne considèrent autre chose que les divers rapports ou proportions qui s'y trouvent, je pensai qu'il valait mieux que j'examinasse seulement ces propositions en général, et sans les supposer que dans les sujets qui serviraient à m'en rendre la connaissance plus aisée, même aussi sans les y astreindre aucunement, afin de les pouvoir d'autant mieux appliquer à tous les autres auxquels elles conviendraient; puis, ayant pris garde que pour les connaître j'aurais quelquefois besoin de les considérer chacun en particulier et quelquefois seulement de les retenir ou de les comprendre plusieurs ensemble, je pensai que pour les considérer mieux en particulier je les devais supposer en des lignes à cause que je ne trouvais rien de plus simple, ni que je pusse plus distinctement représenter à mon imagination ni à mes sens; mais que pour les retenir ou les comprendre plusieurs ensemble, il fallait que je les expliquasse par quelques chiffres les plus courts qu'il me serait possible, et que par ce moyen j'emprunterais tout le meilleur de l'analyse géométrique et de l'algèbre, et corrigerais tous les défauts de l'une par l'autre. »

dront à une autre grandeur, la courbe tracée exprimera les variations successives de cette grandeur, relativement au temps, et pour employer le langage technique, on dira qu'on a tracé la *courbe des variations d'une grandeur en fonction du temps.*

Tableaux statistiques de W. Playfair.

En 1789, W. Playfair [1] imagina de traduire par des courbes les variations que la dette d'Angleterre a subies d'année en année, depuis l'époque de l'avénement du roi Guillaume, en 1688, jusqu'à l'an 1786. Ce tableau, représenté figure 4, montre une courbe qui s'élève d'une manière irrégulière de gauche à droite, ce qui veut dire que la dette s'est accrue dans la suite des temps. Les hauteurs comptées verticalement, c'est-à-dire sur les ordonnées, expriment, en chaque point, le chiffre de la dette. Or, chaque point, par la position qu'il occupe relativement à l'axe des abcisses, indique la date à laquelle il correspond. L'auteur s'adressant à un public pour lequel ce genre de notation était nouveau, insiste longuement pour expliquer comment une grandeur linéaire peut exprimer une somme d'argent; il imagine ladite somme réalisée en espèces, sous forme de livres tournois empilées. Dès lors, dit-il, la hauteur des piles étant proportionnelle à l'importance de la somme, il devient tout naturel d'exprimer cette somme par la longueur qu'elle occupe réellement, ou par une longueur qui lui soit proportionnelle.

Playfair insiste en outre sur la clarté que donne ce genre de représentation, et, pour montrer que les courbes seules font apparaître clairement la signification d'une statistique, il rapporte que des assertions mensongères sur le commerce de l'Angleterre ont pu circuler sans démenti, bien que leur fausseté fût démontrée par des documents statistiques qui étaient entre toutes les mains [2].

1. *Tableaux d'arithmétique linéaire du commerce, des finances et de la dette nationale d'Angleterre,* par M. W. Playfair. (Trad. de l'anglais, mars 1789. Paris, chez Barrois.)

2. En 1769, époque où les exportations et les importations d'Angleterre furent plus grandes qu'elles ne l'avaient été auparavant, Junius (pseudonyme d'un écrivain politique de ce temps) dit que le commerce de l'Angleterre était extrêmement tombé. Cette assertion, aussi fausse qu'elle est hardie, ne fut relevée par personne quoiqu'on sache bien que cet auteur anonyme avait plusieurs antagonistes. Et pourtant les registres de la douane se trouvaient entre les mains des gens intéressés à prouver la

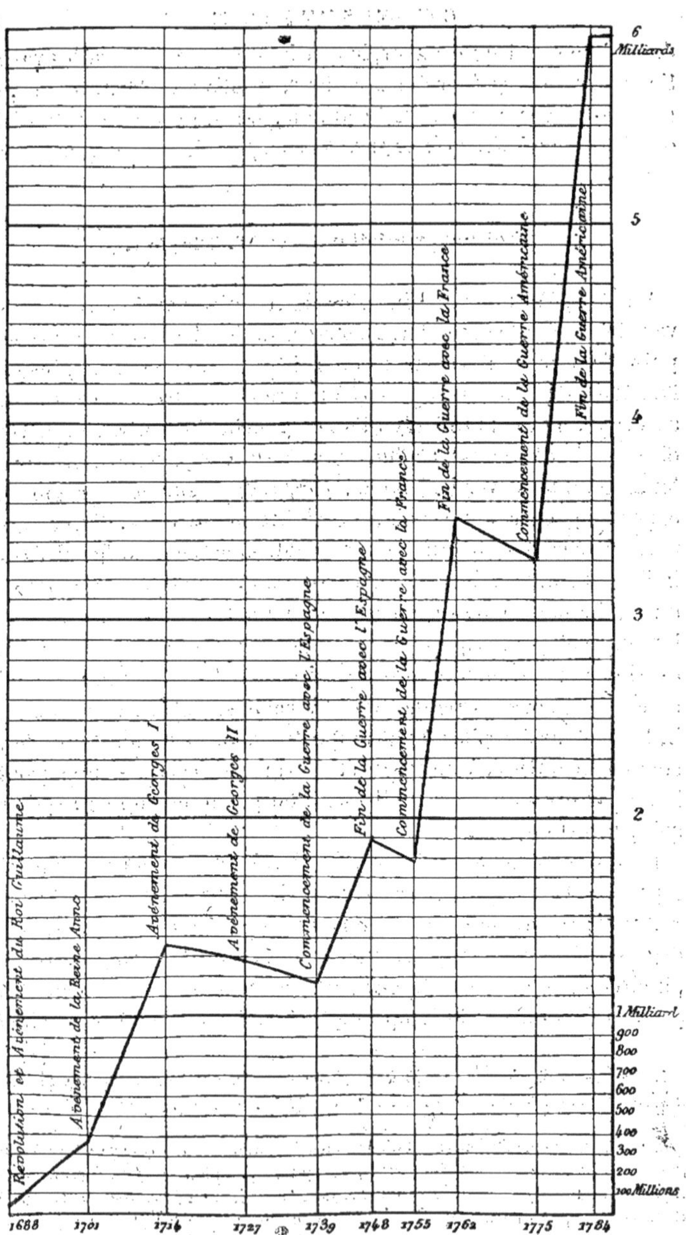

Fig. 4. Tableau des accroissements successifs de la dette d'Angleterre, d'après W. Playfair.

Les deux exemples qui précèdent suffiront pour montrer comment s'expriment graphiquement les relations de deux grandeurs; nous allons exposer les principales applications de la méthode graphique, et pour citer d'abord celles qui sont les plus simples, nous commencerons par les cas où le temps est une des *variables* considérées. Plus tard, on verra des courbes qui expriment les relations de deux grandeurs quelconques, sans que le temps soit pris en considération; plus tard encore, passant à des notions plus complexes, nous verrons comment l'espace étant considéré suivant deux dimensions, comme dans les mesures de surface, on peut combiner avec cette expression graphique celle d'une troisième variable.

fausseté de ce que J.... avait avancé. Et l'on examine avec assez de soin en Angleterre les comptes que rendent les employés.

Laissons l'auteur lui-même définir les avantages de ce mode de représentation qu'il a imaginé.

« L'examen des tableaux, dit Playfair, laissera dans l'esprit une impression assez nette et assez profonde pour qu'elle y demeure longtemps sans être affaiblie, et l'idée qui en résultera sera simple et complète. Les hommes d'un rang éminent et ceux dont le temps est consacré à des affaires importantes n'ont le loisir de considérer les choses qu'en grand, que d'ailleurs l'attention qu'on prête aux particularités et aux détails n'est utile qu'autant que ces détails servent à donner une idée de l'ensemble. »

Ailleurs l'auteur, frappé de l'accroissement énorme que la dette nationale avait subi et comme effrayé de ce que lui révélait le tableau qu'il venait de construire, se livre aux réflexions suivantes sur la moralité des emprunts d'États qui ne sont point amortis.

« Satisfaits d'avoir trouvé de l'argent, nous avons laissé aux générations futures le soin de le rembourser; et nous avons tenu, en corps de nation, une conduite pour laquelle un simple particulier qui l'emploierait dans ses affaires serait marqué du sceau de l'infamie. »

CHAPITRE II.

EXPRESSION GRAPHIQUE DES GRANDEURS DANS LESQUELLES LE TEMPS CONSTITUE L'UNE DES VARIABLES.

Expression graphique d'un mouvement rectiligne : mouvement uniforme ; sens du mouvement ; mouvement varié. — Applications : graphique du mouvement des trains sur les chemins de fer. — Représentation des mouvements lents : accroissement de la taille et du poids de l'enfant à différents âges. — Courbes exprimant les phases d'une variation quelconque dans le temps : balance du commerce de Playfair, courbe des variations de la production agricole. — Courbes exprimant les phases et la direction des divers courants électriques. — Courbes de l'accroissement de l'emploi des machines à vapeur. — Statistique de la mortalité. — Courbes météorologiques. — Courbes médicales. — Courbes des variations horaires de la température centrale de l'homme. — Courbes des variations horaires de la fréquence du pouls.

Au milieu de la grande variété des courbes que nous avons à passer en revue, il serait important d'établir une sorte de classification qui rapprochât les unes des autres les expressions graphiques entre lesquelles existent des analogies.

On peut remarquer en premier lieu que, dans un grand nombre de phénomènes, le temps intervient comme l'un des éléments. Or, le temps peut être considéré comme une grandeur qui croît d'une manière régulière, à laquelle on a l'habitude de rapporter les valeurs successives de l'autre variable. Le temps, dans les courbes où il intervient, est toujours pris comme *variable indépendan et* etcompté sur l'axe des x comme dans la série des exemples que nous allons énumérer.

Expression graphique d'un mouvement rectiligne.

On doit identifier l'idée de mouvement à celle du rapport de l'espace au temps. Le *mouvement rectiligne*, le seul que nous ayons en ce moment à considérer, sera exprimé par une courbe construite par points, et dans laquelle chacun des points indiquera la position du mobile sur sa trajectoire à un certain instant.

Supposons qu'on veuille exprimer qu'une voiture se déplace avec une vitesse de trois mètres par seconde. Prenons, comme dans les exemples précédents, les coordonnées rectangulaires *ox* et *oy* (fig. 5) avec un réseau de lignes qui leur soient parallèles, afin de faciliter la construction de la courbe. Le temps, variable indépendante, se comptera sur l'axe des x; chaque division millimétrique correspondra à une seconde. Les distances se mesureront

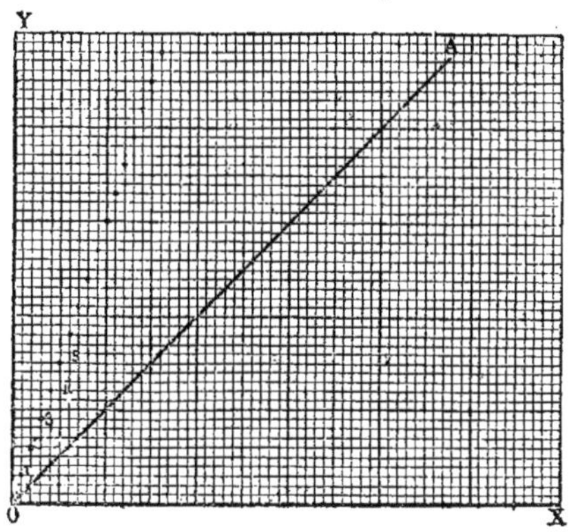

Fig. 5. Expressions graphiques du mouvement uniforme.

sur les ordonnées et nous conviendrons qu'un mètre de chemin correspondra à une division millimétrique.

D'après ce qui est convenu précédemment, la voiture parcourt trois mètres par seconde; elle se trouvera donc, au bout de la première seconde, à la première division du temps et à la troisième du chemin, c'est-à-dire au point 1. Dans le deuxième instant, la position de la voiture sera représentée par le point 2 placé à la sixième division du chemin et à la deuxième du temps; en procédant ainsi pour les positions 3, 4, etc., recueillies à des instants successifs, on aura tracé une ligne droite rapidement ascendante, exprimant que les unités de chemin s'ajoutent trois fois plus vite que les unités de temps.

Une vitesse d'un mètre par seconde serait exprimée par la ligne A qui, coupant en diagonale tous les carrés du réseau divisé, montre que les temps et les chemins croissent de la même quantité. En somme, toute ligne qui, partant du point *o* comme origine, sera tracée dans une direction quelconque, exprimera une certaine vitesse de translation, vitesse qui sera d'autant plus grande que la ligne s'élèvera plus vite; c'est-à-dire, s'approchera davantage de la verticalité. Inversement, le mouvement sera d'autant plus lent que la ligne se rapprochera davantage de la direction horizontale [1].

Expression du sens d'un mouvement.

Il est donc bien entendu que dans les courbes du mouvement, les différentes inclinaisons de la ligne tracée sur le papier n'expriment pas des différences dans la direction suivant laquelle le mouvement s'opère, mais seulement des différences dans la vitesse de ce mouvement.

Quelle que soit la direction suivant laquelle un mouvement s'effectue en réalité, sur le papier, il est toujours supposé se faire parallèlement à l'axe *oy*. Si l'on admet qu'en se dirigeant de *o* vers *y*, la ligne tracée exprime un mouvement d'un certain sens, un mouvement ascendant par exemple, le sens inverse ou descendant s'exprimera par une ligne qui marchera au contraire d'*y* vers *ox* avec une pente plus ou moins rapide suivant la vitesse du mouvement.

Expression d'un mouvement varié.

La figure 5 ne présente que des lignes droites, ce qui exprime des mouvements uniformes, c'est-à-dire dans lesquels des espaces égaux sont parcourus en des temps égaux. Un mouvement varié se traduit, au contraire, par des inflexions qui correspondent aux changements de vitesse. En effet, si la pente d'une ligne change suivant la vitesse du mouvement exprimé, l'expression d'un mouvement varié sera nécessairement une ligne dont la pente sera changeante.

1. La vitesse d'un mouvement est donc exprimée par la pente de la ligne qui représente ce mouvement sur le papier, ou, comme disent les géomètres, par la tangente trigonométrique de l'angle que la ligne de mouvement fait avec l'axe des *x*.

La figure 6 exprime dans sa partie O A un mouvement uniformément ralenti ou *diminué*, dont la direction serait ascendante; la partie A X représente au contraire un mouvement uniformément accéléré et de direction descendante. Ces deux phases inverses exprimeraient, par exemple, les phases d'ascension et de descente d'un projectile qui aurait été lancé de bas en haut et retomberait sous l'action de la pesanteur; on sait qu'en pareil cas la vitesse du mouvement ascendant diminue suivant les racines carrées des temps, tandis que, dans la phase inverse, le mouvement s'accélère

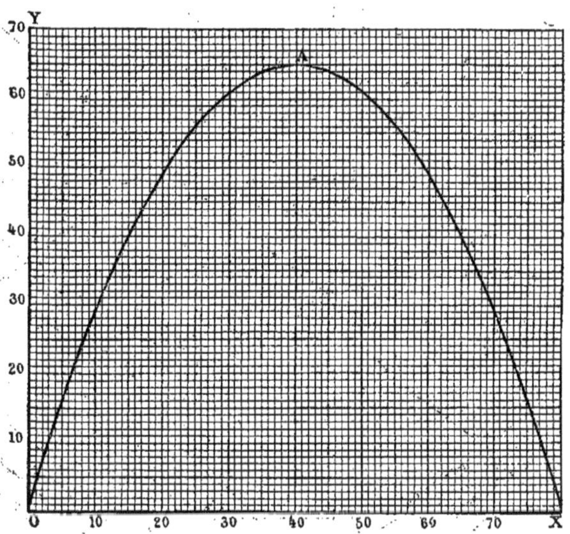

Fig. 6. Expression graphique d'un mouvement varié (mouvement uniformément diminué OA; mouvement uniformément accéléré AX).

en raison des carrés des temps de la descente. La vérification de cette loi se fait aisément sur la figure 6, si, prolongeant chacune des divisions du temps comptées sur l'axe des x jusqu'à la rencontre de la courbe, on lit, sur l'axe des y, l'indication de l'espace parcouru.

Applications. — Graphique du mouvement des trains sur les chemins de fer.

Ce mode de représentation des espaces parcourus, en fonction du temps employé à les parcourir, rend de très-grands services dans l'exploitation des lignes de chemins de fer. On doit à M. Ibry l'invention de tableaux graphiques dans lesquels le mouvement de tous les trains d'une ligne est exprimé par rapport aux heures de la journée. Avec ces tableaux un employé sait exactement l'heure du passage de tous les trains en chaque point de la ligne, le lieu de croisement des trains qui montent avec ceux qui descendent, la vitesse absolue de chacun d'eux, les temps de marche et ceux d'arrêt, les heures de départ et celles d'arrivée.

Nous donnons, figure 7, un de ces graphiques correspondant à la marche des trains entre Paris et Lyon et vice versa.

EXPLICATION DE LA FIGURE 7.

Lorsqu'on place la figure devant soi, on lit à gauche, sur l'axe des ordonnées, la série des stations, c'est-à-dire les divisions de l'espace à parcourir; l'écartement des stations entre elles est, sur le papier, proportionnel aux distances kilométriques qui les séparent.

Dans le sens horizontal, c'est-à-dire sur l'axe des abscisses, sont comptées les divisions du temps en heures, partagées ellesmêmes en subdivisions de dix minutes chacune. La largeur du tableau est telle, que les vingt-quatre heures du jour y sont représentées, commençant à six heures du matin et finissant le lendemain à la même heure.

Si l'on voulait exprimer qu'un train est sur un certain point de la ligne à une certaine heure, on pointerait sa position sur le tableau, en face de la station ou du point quelconque de la ligne qu'il occupe, et sur la division du temps convenablement choisie. Un seul point du tableau satisfait à ces conditions. A des instants successifs, le train occupera des points toujours différents du tableau; la série de ces points donnera naissance à une ligne qui sera descendante et oblique de gauche à droite pour les trains venant de Paris, tandis qu'elle sera ascendante et oblique dans le même sens pour les trains montant sur Paris.

La ligne qui correspond à chacun des trains exprime : les heures de départ et d'arrivée, les vitesses relatives et absolues des trains, l'instant des passages à chacune des stations, et la durée des arrêts.

En effet, si nous considérons un train en particulier, nous voyons que de la station de Paris, un train part à onze heures

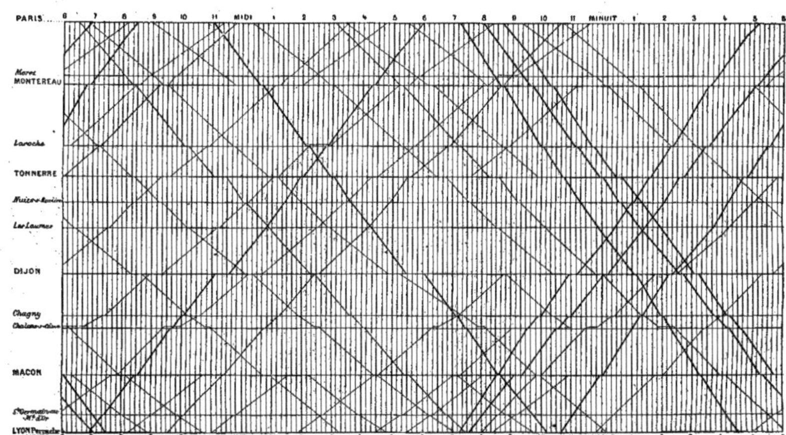

Fig. 7. Graphique de la marche des trains sur un chemin de fer, d'après la méthode de Ibry.

du matin ; si nous suivons ce train dans sa marche, nous constatons qu'il subit sept arrêts (pendant lesquels il ne se déplace plus suivant l'espace, mais seulement suivant le temps). Ces arrêts se traduisent par la direction horizontale de la ligne en face de la station où ils se produisent ; la longueur de cette ligne horizontale mesure la durée de l'arrêt. La ligne du train, suivie jusqu'à la fin, montre que l'arrivée se fait à dix heures dix minutes après midi ; or si l'on compte les parcours sur l'axe des ordonnées, on voit que 512 kilomètres ont été parcourus en onze heures dix minutes, arrêts compris, ce qui fait une vitesse moyenne d'environ 46 kilomètres à l'heure.

On voit de même que le train partant de Lyon à six heures cinquante-cinq minutes du matin arrive à Paris à six heures du soir. Cette ligne croise celle que nous venons de décrire entre les stations de *Tonnerre* et de *Laroche ;* en ce point a lieu le croisement de l'express qui monte avec celui qui descend. Les vitesses relatives de tous les trains sont faciles à saisir du premier coup d'œil, d'après l'inclinaison des lignes qui représentent la marche de chacun. Plus cette marche est rapide, plus la ligne qui l'exprime s'approche de la verticalité. De plus, on a représenté par des traits plus forts les trains à marche rapide.

Nous engageons le lecteur à étudier avec soin ce tableau ; il verra que la complication n'y est qu'apparente et qu'après quelques instants d'exercice tout se comprend aisément. Une fois familiarisé avec ce mode d'expression d'une série de mouvements de tous sens et de toutes vitesses, il ne trouvera plus de difficulté à analyser les courbes généralement beaucoup plus simples qui se présenteront à l'avenir.

Mouvements lents. — Accroissement de la taille et du poids de l'enfant à différents âges.

Pour bien montrer que les courbes de mouvements s'étendent à toutes les vitesses possibles, nous allons rapprocher de l'exemple précédent le cas d'un mouvement tellement lent qu'on ne le saurait saisir que par des observations très-éloignées les unes des autres. L'accroissement des enfants est étudié en France, avec beaucoup de soin depuis une vingtaine d'années, et l'on constate aisément que sur ces petits êtres l'état de santé ou de maladie, l'influence d'un bon ou d'un mauvais régime, se traduisent par des accélérations ou des ralentissements de la croissance. Celle-ci, dans les maladies passagères, s'arrête quelquefois tout à fait. Quant au poids des enfants, il subit des variations plus grandes encore, puisqu'il peut, non-seulement s'accroître avec plus de lenteur pendant les maladies, mais diminuer et présenter une rétrogradation de la courbe qui l'exprime.

En 1871 Quetelet a publié sous le titre d'Anthropométrie[1] un

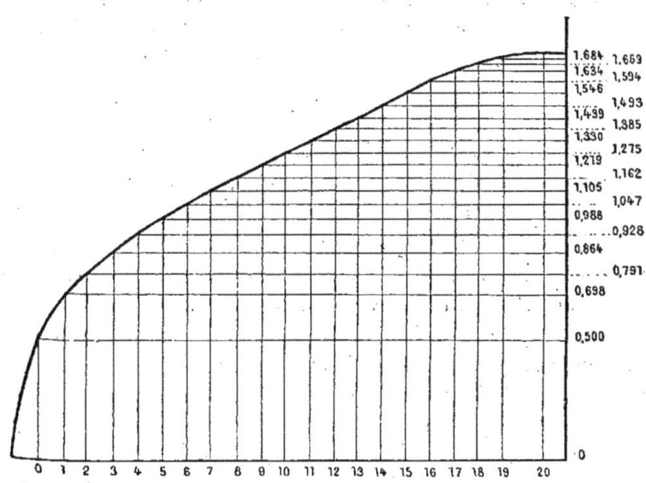

Fig. 8. Courbe de l'accroissement moyen de la taille suivant les âges, d'après l'Anthropométrie de Quételet.

livre auquel nous empruntons la courbe suivante (fig. 8). Elle correspond à l'accroissement moyen de la taille de l'homme depuis la naissance jusqu'à la vingtième année.

Par une extrapolation de la courbe, l'auteur a montré que l'accroissement le plus rapide correspond à la vie intra-utérine; puis que la première année de la vie donne l'accroissement le plus prononcé; que la croissance diminue rapidement vers la cinquième année et atteint une valeur uniforme qu'elle conserve jus-

1. *Anthropométrie ou mesure des différentes facultés de l'homme*, par Ad. Quetelet, directeur de l'Observatoire de Bruxelles, 1871. Les premières publications de Quetelet sur ce sujet sont bien antérieures à cette date; elles remontent à peu près à 1835.

qu'aux environs de la dix-neuvième, époque où l'accroissement diminue d'une façon rapide et s'arrête bientôt.

Cette figure présente avec la précédente une ressemblance parfaite, quant au mode d'expression d'un accroissement. Dans un cas, il est vrai, c'est l'espace franchi par la marche rapide d'un train que l'on mesure; dans l'autre, c'est l'espace lentement parcouru par le sommet de la tête d'un enfant qui grandit. De part et d'autre, les temps se comptent sur l'axe des x; ce seront dans un cas des minutes, et dans l'autre des années, de même que les chemins seront tantôt des kilomètres et tantôt des millimètres, mais se mesureront dans toutes les courbes sur l'axe des y.

Du reste, les courbes d'accroissement de la taille prennent un intérêt particulier lorsqu'elles sont construites sur une plus grande échelle, c'est-à-dire quand elles correspondent à de moins longues durées. Mon collègue et ami regretté, le professeur P. Lorain, pénétré de l'importance de la méthode graphique en hygiène comme en médecine, avait l'habitude de dresser la courbe de l'accroissement de la taille et du poids de ses enfants; il avait engagé plusieurs de ses clients à suivre son exemple. On pouvait ainsi constater aux inflexions des courbes obtenues que la moindre influence retentit sur le développement des enfants, le ralentit ou l'arrête. Dans la courbe de Jean Lorain, né le 13 novembre 1868, on a réuni (fig. 9) l'expression de l'accroissement de la taille et celle de l'augmentation du poids. Des inflexions légères indiquent sur ces courbes que le développement de l'enfant éprouve des variations. La plus curieuse s'observe dans le second mois et se traduit différemment dans l'une et l'autre courbe. Le 11 décembre, l'enfant fut vacciné, il en résulta une indisposition légère qui arrêta la croissance et rendit plus lente l'augmentation du poids; mais le 13 une pneumonie survint qui mit l'enfant en danger de mort; le poids diminua de quatre cents grammes en douze jours tandis que la taille demeurait stationnaire; puis, la maladie passée, les deux courbes reprirent leur marche ascendante. Entre le 20 et le 27 du mois de janvier on vit un accroissement de la taille correspondant à trois centimètres; il semble que pour une semaine une telle croissance soit exagérée; tout porte à croire qu'une erreur aura été commise dans cette mensuration.

Pendant la période de l'éruption des dents, de légers ralentissements se sont observés également dans l'accroissement du poids

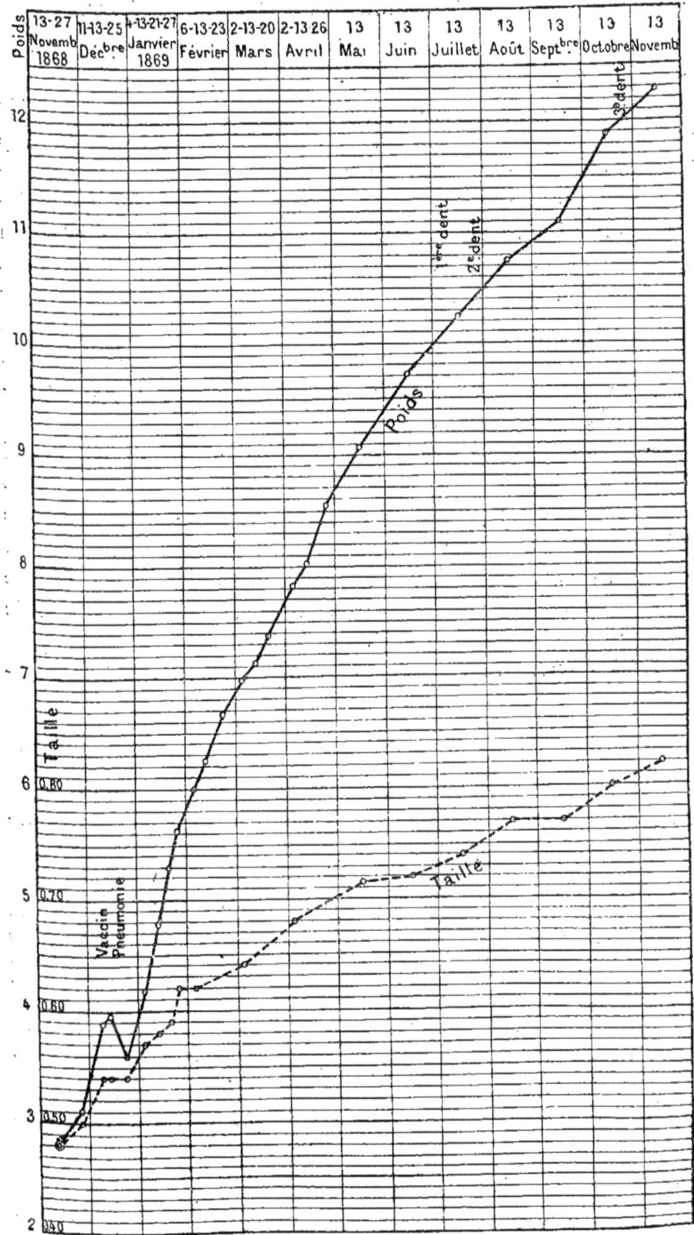

Fig. 9. Courbes de l'accroissement de la taille et du poids de Jean Lorain pendant sa première année.

et de la taille, mais d'une façon générale; on voit que l'enfant s'est développé d'une manière rapide et régulière.

Sur la figure 10 se lisent l'accroissement de la taille et du poids de Juliette R. L'accroissement de cette enfant a été beaucoup moins rapide que dans l'exemple précédent, car la courbe correspond à une durée de deux années, et bien que le poids, à la naissance, ait été le même pour les deux enfants, la petite fille, à la fin de la seconde année, n'était guère plus grande et sensiblement moins lourde que le petit garçon à la fin de la première[1]. Sur les courbes de la taille et du poids (fig. 10) on voit des inflexions nombreuses qui tiennent à de légers troubles survenus dans la santé de l'enfant, mais la date et la nature de ces petites indispositions n'a pas été notée.

Dans les courbes d'accroissement comme dans toutes celles qui représentent des mouvements de rapidité variables, on estime à chaque instant la vitesse de la croissance d'après l'inclinaison de la tangente au point de la courbe que l'on considère. Enfin, on pourrait, suivant le procédé des géomètres, tracer d'après la courbe des augmentations successives de la taille celle de la *vitesse* de croissance aux différents âges[2].

En Amérique, où l'emploi des courbes appliquées à la statisti-

1. Il est fâcheux que pour les besoins de l'impression on ait été forcé de diminuer l'échelle des temps dans la seconde courbe, sans cela on eût bien plus clairement saisi l'inégale vitesse du développement des deux enfants.

2. Construction de la courbe des vitesses. La vitesse v est le rapport de l'espace parcouru e au temps t employé à le parcourir; elle a pour formule $\frac{e}{t}$, tandis que l'espace parcouru aurait pour formule $v\,t$. Ainsi, l'espace parcouru est un produit, la vitesse un quotient. Dans le cas de mouvement uniforme, l'*espace parcouru* s'exprime par une ligne qui s'élève sans cesse d'une quantité égale pendant des temps égaux, tandis que la *vitesse*, étant constante, doit se traduire par une ligne qui exprime cette constance en gardant les mêmes rapports avec l'axe des ordonnées; ce sera donc une ligne horizontale. Plus la vitesse sera grande, plus le niveau de cette ligne sera élevé. Enfin, si la vitesse varie, l'élévation de la ligne variera et l'on aura une courbe qui exprimera, par ses élévations, que la vitesse augmente, et par ses abaissements, qu'elle diminue.

Pour construire cette courbe, on se sert de celle des espaces parcourus, en procédant de la manière suivante : à chaque point de la courbe des espaces où l'on veut estimer la vitesse du mouvement, on mène la tangente à cette courbe et on la prolonge jusqu'à la rencontre de l'axe des X. De ce point de rencontre comme centre, avec une longueur quelconque comme rayon, on trace l'arc de l'angle formé par la tangente et l'axe des X; la tangente trigonométrique de cet angle donnera la valeur de la vitesse. Dans une série de déterminations successives, il faut, pour tracer les arcs de la série des angles obtenus, se servir de la même ouverture de compas. La série des tangentes de ces angles

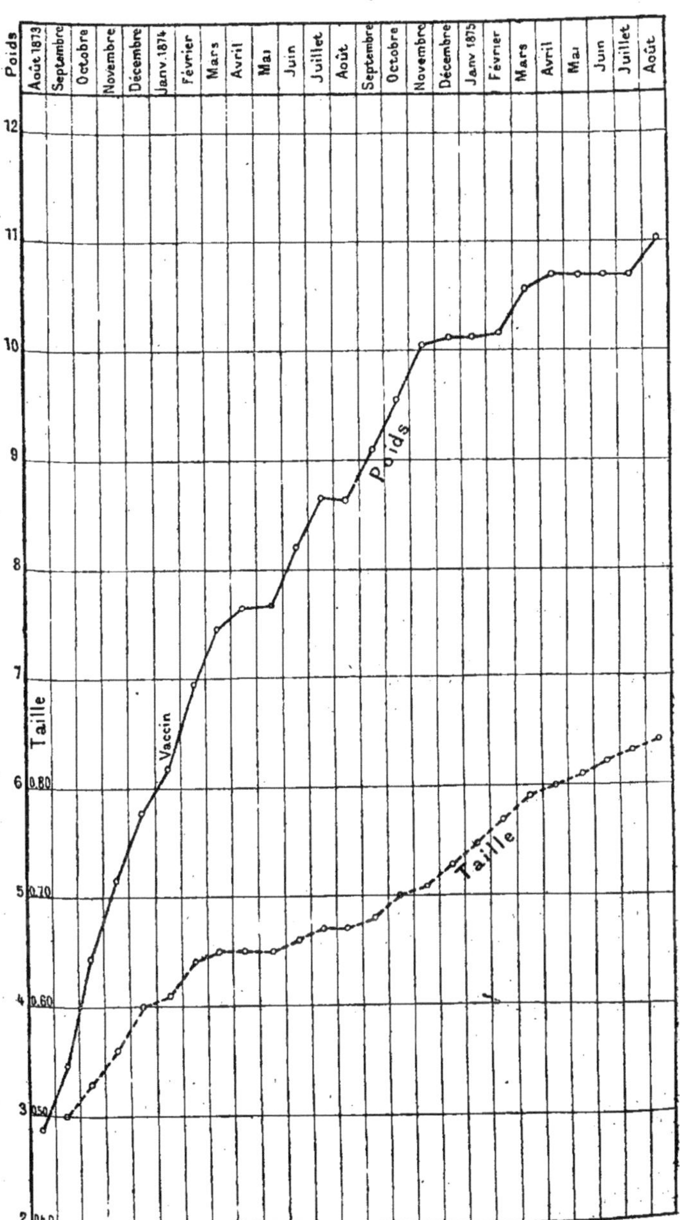

Fig. 10. Courbe de l'accroissement de la taille et du poids de Juliette R. pendant les deux premières années.

que paraît s'être beaucoup répandu, le docteur Bowditch, professeur de physiologie à Boston, a fait le relevé de la taille d'un grand nombre d'enfants des écoles mesurés à intervalles successifs. D'après ces relevés, il a dressé la courbe d'accroissement moyen suivant les sexes et a noté une différence notable dans les phases de croissance des garçons et des filles. Puis, comparant entre eux les enfants issus de parents appartenant à des nations différentes, il a vu que, suivant leur origine, les enfants n'avaient pas la croissance également rapide. L'auteur a également recherché l'influence que le travail des fabriques exerce sur le développement de la taille des enfants[1].

Tous ces tableaux présentent un grand intérêt, et il serait à désirer que les recherches du professeur Bowditch fussent imitées en différents pays.

fournira les rapports des différentes vitesses, et permettra de construire la courbe des vitesses.

Dans cette courbe nouvelle, à chaque division du temps, on élève une ordonnée égale à la tangente trigonométrique de l'angle que fait avec l'horizontale la tangente à la courbe des espaces, prise à la même division du temps.

1. Conclusions du travail de M. Bowditch * :

1° « L'accroissement est le plus rapide pendant les premières années de la vie.

2° Pendant les douze premières années les garçons sont de un à deux pouces plus grands que les filles d'âge égal.

3° Vers douze ans et demi, les filles commencent à grandir plus vite que les garçons, et pendant la quatorzième année sont à peu près d'un pouce plus grandes que les garçons du même âge.

4° A quatorze ans et demi, les garçons deviennent de nouveau les plus grands, les filles ayant à cette époque à très-peu près complété leur croissance, pendant que les garçons continuent à croître rapidement jusqu'à dix-neuf ans.

Les tableaux et courbes de croissance, donnés par Quetelet, montrent qu'en Belgique les filles ne sont, à aucune période de leur vie, plus grandes que les garçons du même âge, quoique à douze ans leur poids soit précisément le même que celui des garçons.

Les mesures fournies par les basses classes, à Manchester et à Stockport, montrent que, pendant la treizième et la quatorzième année, les filles dépassent les garçons à la fois en grandeur et en poids.

Il serait intéressant de déterminer, par des observations plus étendues, dans quelles races et dans quelles conditions climatériques la croissance des filles aux environs de la période de puberté est le plus rapide. Il est possible que dans cette voie on arrive à découvrir des faits relatifs à l'infériorité physique supposée de la femme américaine. »

* *Bowditch.* The Growth of Children (Boston, 1877) from the Eighth annual report of the state Board of Health of Massachusetts.

Courbes exprimant les phases d'une variation quelconque dans le temps.

Les exemples que nous venons de passer en revue sont des changements de l'espace par rapport au temps, c'est-à-dire de véritables mouvements.

A côté de ce groupe naturel de phénomènes doit se ranger un autre groupe de changements que, dans le langage métaphorique, on appelle aussi quelquefois des mouvements : ainsi l'on dit le mouvement du commerce, celui de la population, de la production agricole, etc., pour exprimer les changements survenus chaque jour, chaque semaine ou chaque année, dans l'état des statistiques relatives à ces différents sujets.

On a déjà vu un spécimen de ce genre d'expression graphique dans les courbes de J. Playfair représentant le mouvement progressif de la dette d'Angleterre; le même auteur a donné les courbes des mouvements composés de l'importation et de l'exportation de ce pays pendant les années comprises entre 1770 et 1782. La figure 11 représente ce tableau; les temps y sont comptés en périodes décennales jusqu'en 1770, époque à partir de laquelle les variations du commerce étant devenues plus brusques, on a compté les temps par années afin de mieux analyser les changements qui se sont produits.

La courbe inférieure représente les importations; les inflexions qu'elle offre signifient que, chaque année, le total des importations avait une valeur différente; il en est de même pour la ligne supérieure, qui exprime les variations des exportations. Dans la formation de l'une et l'autre courbe, à chaque année correspond une ordonnée d'une hauteur variable. Pour employer la comparaison de Playfair, c'est comme si des piles d'écus de hauteurs différentes étaient *juxtaposées*. Or, si l'on compare la figure 11 à celle que nous avons déjà empruntée au même auteur : le tableau de l'augmentation de la dette d'Angleterre, on constate que celui-ci doit être considéré comme formé de piles d'écus *superposées*.

Il y a donc deux sortes d'expressions d'une variation dans le temps : l'une consistant à tracer une courbe qui, à chaque nouvelle unité de temps, s'élève d'une certaine quantité au-dessus du niveau déjà atteint; dans ce système, la hauteur de la courbe exprime à chaque instant un total : ce sera, suivant le cas, le total des valeurs exportées, celui des espaces parcourus, des hauteurs atteintes. Dans l'autre système, à chaque unité de temps nouvelle correspond une ordonnée spéciale, d'une certaine valeur, mais qui part de zéro. C'est la somme de toutes ces ordonnées qui représente la valeur totale des sommes déboursées par l'Angleterre pour l'importation ou réalisée par elle pour l'exportation de ses produits. Or cette somme est proportionnelle à la surface couverte par les piles d'écus juxtaposées, ou, ce qui est le même, à la surface représentée sur le papier par l'aire des deux courbes. Playfair a recouvert de teintes différentes ces deux surfaces qui doivent se retrancher l'une de l'autre. La surface limitée par la ligne des importations est couverte dans la figure 11 par des hachures dirigées en bas et à gauche; la surface des importations par des hachures de sens contraire. Partout où ces deux surfaces se recouvrent, on observe un double croisement des hachures. Les deux valeurs, dépense et profit, qui correspondent à ces surfaces superposées se compensent et s'entre-détruisent. Mais il reste, en haut de la figure, une région où l'une des surfaces seule apparaît à cause de son étendue plus grande; cette surface est l'excès des sommes encaissées pour l'exportation sur les sommes déboursées; Playfair l'appelle balance en faveur de l'Angleterre. On voit sur le tableau qu'en 1782 il s'est produit un phénomène inverse, et que pendant une courte période il y a eu léger excès de l'importation sur l'exportation[1].

La mesure des aires se fait avec une facilité extrême au moyen d'appareils nommés planimètres. Nous aurons souvent à revenir sur ce sujet quand nous parlerons des courbes que fournissent certains appareils inscripteurs.

L'invention de Playfair a mis longtemps à se répandre; cependant, dès le commencement du siècle, Frissard, ingénieur des ponts et chaussées, construisit en France des tableaux figuratifs du cours des assignats, puis du cours de la rente. Un tableau en trois grandes feuilles fut dressé pour la période qui s'étend de

1. Ces courbes à aires totalisatrices se rencontrent dans un grand nombre de circonstances; déjà nous en avons eu un exemple à propos des expressions graphiques du mouvement. En effet, si la courbe des espaces parcourus est de l'ordre de celles où la hauteur atteinte exprime un total, dans la courbe des vitesses, c'est à la mesure des aires qu'il faut recourir pour estimer l'espace parcouru à un moment donné.

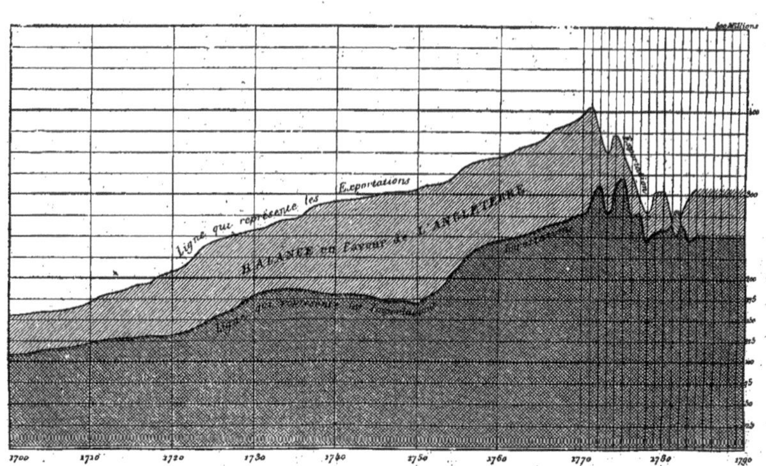

Fig. 11. Balance du commerce de l'Angleterre, d'après W. Playfair.

1789 à 1807; nous en avons extrait une partie (fig. 12), à une échelle extrêmement réduite.

Ce qu'on a vu précédemment dispense de toute explication à propos de cet exemple particulier.

En dehors de ces applications, on peut citer aussi des courbes statistiques publiées relativement à la production métallurgique pendant une longue série d'années. La Hongrie a adopté cette forme de publication pour la statistique de toutes ses productions[1]. L'Amérique adopte également le système des courbes pour ses statis-

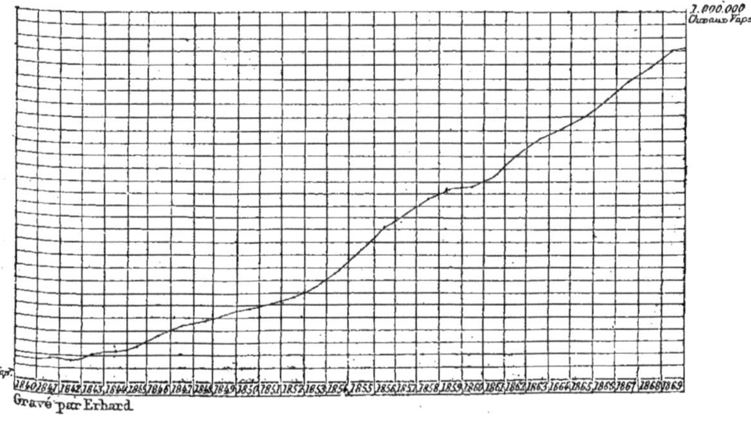

Fig. 13. Courbe de l'accroissement de l'emploi des machines à vapeur en France de 1840 à 1869 (l'importance des machines employées est comptée en chevaux-vapeur sur la ligne des ordonnées).

tiques annuelles. Ainsi, les gouvernements eux-mêmes, lorsqu'ils veulent porter la clarté dans la situation de leurs finances, recourent à des tableaux graphiques où les intéressés trouvent en un instant les documents dont ils ont besoin.

Pour bien faire suivre la marche du développement d'une entreprise, rien n'est plus lumineux que l'emploi des courbes qui expriment les phases de ce développement[2]. La figure 13, empruntée au bel ouvrage d'Élisée Reclus sur la géographie de la

1. « Graphische Tabellen zu dem Werke : Beitrage zur Geschichte der Preise ungarischer Landesproducts. Herausgegeben von der Budapester Handels-und Gewerbekammer. » De 1819 à 1868, est exprimé pour chaque semaine le prix moyen des blés sur la place de Pest, du seigle, de l'orge, de l'avoine, du maïs.

2. É. Reclus. *Nouvelle Géographie universelle*, t. II.

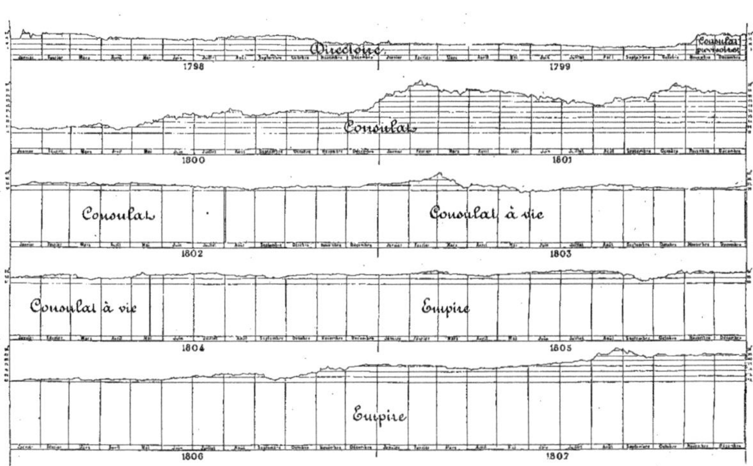

Fig. 12. Variations de la rente française, d'après Frissard.

France[1], représente l'accroissement de l'emploi des machines à vapeur dans notre pays depuis l'année 1840 jusqu'à 1869. On voit qu'à cette dernière époque l'industrie employait près d'un million de chevaux-vapeur. Cet accroissement rapide de l'emploi des machines donne la mesure approximative du développement industriel pendant une période de trente ans. Le même système est adopté, dans les statistiques administratives, pour montrer le développement des différents services[1] ou des diverses industries.

Courbes exprimant la direction et les phases des courants électriques.

Les physiciens se servent de courbes construites théoriquement pour représenter l'intensité, la direction et la durée des différents flux électriques. Les figures qu'on obtient ainsi donnent une idée claire d'un ensemble de phénomènes assez compliqué. Soit figure 14, quatre séries de courbes superposées; elles expriment les phènomènes d'induction dans une série de bobines qui s'influencent les unes les autres.

Sur la ligne supérieure OQ RP sont représentées les phases de l'état variable initial OIM et de l'état variable terminal du courant inducteur MJP. Les inflexions de cette courbe correspondent aux augmentations et aux diminutions d'intensité du courant.

La seconde ligne correspondant au circuit induit de premier ordre montre qu'un courant se produit à chacun des états variables de l'inducteur. La direction de ces deux induits, en sens contraire l'un de l'autre, est exprimée par l'inversion du sens des courbes iMi', ayant des ordonnées négatives; $jM'j'$, des ordonnées positives.

Chacun des états variables de ces courants de premier ordre induit un courant dans le fil de deuxième ordre. De sorte que, quel que soit le nombre des courants d'un ordre quelconque, celui

1. On voit affiché, dans les bureaux télégraphiques d'Italie, un tableau qui, dans l'espace d'une petite page, donne toute l'histoire du développement des télégraphes italiens; longueurs des lignes, développement des fils, nombre des employés, nombre des appareils; nombre des dépêches publiques ou privées; produit effectif de la ligne, dépense ordinaire, etc. Tout cela suivi d'année en année, pour la période qui s'étend de 1861 à 1875.

des courants de l'ordre suivant est double. Quant au sens de ces courants, il est réglé par cette loi : que toute modification électrique d'un certain sens dans le fil inducteur provoque un courant électrique de sens inverse dans le fil induit.

A mesure que l'on considère un circuit plus éloigné de l'inducteur, on voit diminuer l'intensité des induits, tandis que leur nombre augmente.

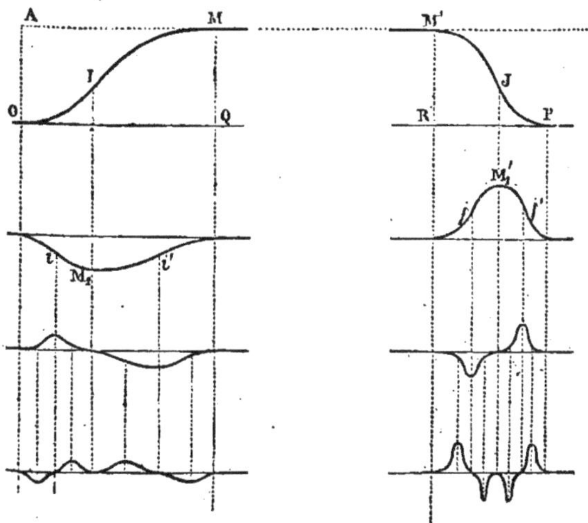

Fig. 14. Courbes représentant la théorie des courants inducteurs et induits de différents ordres avec leurs phases, leurs durées et leurs directions.

Sans une pareille figure, il serait difficile de se représenter la direction des courants dans un circuit d'un ordre quelconque et de comprendre comment, par exemple, dans un circuit de troisième ordre, deux courants de même sens s'observent de deux en deux.

Statistiques graphiques de la mortalité.

Les statistiques sur le mouvement de la population, suivi d'année en année, empruntent à la méthode graphique une clarté singulière. Les compagnies d'assurances usent de ces courbes pour exprimer la mortalité d'après laquelle se règlent leurs tarifs.

Enfin, certaines épidémies ont été représentées en courbes d'une manière saisissante. Tarbé publia, en 1833, la courbe du choléra qui avait sévi l'année précédente; sur cette courbe (fig. 15) on peut suivre, jour par jour, les ravages du fléau, son accroissement rapide, son déclin, sa recrudescence et enfin sa disparition; sans qu'une parole soit nécessaire pour en expliquer les détails. Cette courbe est assimilable aux courbes de vitesses dont nous avons

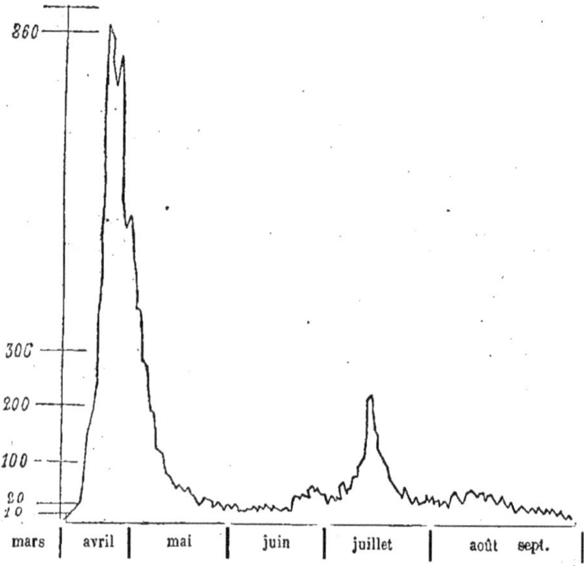

Fig. 15. Statistique du choléra de 1832.

parlé ci-dessus (note de la page 26) ; les *aires* mesurées au planimètre donnent la mortalité totale pour la durée de l'épidémie.

S'il est encore quelques auteurs qui publient des statistiques sous forme de colonnes de chiffres, on doit constater cependant que le nombre de ces travaux incomplets diminue chaque jour, tandis que le trésor des statistiques graphiques s'accroît rapidement[1].

1. Du reste les statistiques chiffrées contiennent tous les documents nécessaires pour construire des courbes; tôt ou tard les conclusions enfouies dans ces entassements de chiffres pourront être mises en lumière.

Courbes météorologiques.

Les météorologistes qui notent sans cesse dans leurs observations l'état de la température, de la pression barométrique, de la pluie, du vent, etc., tracent des courbes qui leur permettent de suivre facilement et de comparer entre elles toutes les perturbations de l'atmosphère. Mais, comme presque toutes ces courbes sont tracées par des appareils, leur indication trouvera sa place dans une autre partie de ce travail.

Nous ne citerons ici qu'un exemple de courbes météorologiques; il est très-propre à faire voir que sans leur emploi on n'eût jamais saisi les relations que présentent entre eux certains phénomènes cosmiques, tandis que ces relations jaillissent pour ainsi dire de la comparaison des courbes.

Il y a environ cinquante ans que Schwabe de Dessau, étudiant les taches du soleil, constata que ces taches présentaient périodiquement un maximum d'intensité. Le cycle qui ramène ces maxima des taches solaires dure onze années environ. D'autre part, sir E. Sabine constata que les perturbations du magnétisme terrestre ont aussi des maxima périodiques; enfin les aurores boréales qui se produisent aussi à certains intervalles avaient été considérées comme coïncidant avec les perturbations du magnétisme terrestre.

Elias Loomis[1] eut l'idée de comparer les changements diurnes de la déclinaison magnétique avec la fréquence des aurores boréales, dont il avait reconnu la périodicité, et en même temps avec l'intensité des taches du soleil[2]. Il a observé lui-même la déclinaison et les aurores boréales en se servant également des catalogues et des tables publiés par différents observateurs. Les documents relatifs aux taches solaires sont empruntés au docteur R. Wolff de Zürich.

L'auteur constate un parallélisme complet entre les courbes de ces trois phénomènes représentées figure 16.

1. Voir un article de M. Angot, in « Journal de Physique », théor. et applic., 1874 p. 101.

2. Pour estimer l'intensité relative des taches solaires par des courbes, on prend pour ordonnées des longueurs proportionnelles à la surface des taches que présente le soleil aux différentes époques d'observation.

On y remarque un retour périodique des maxima et des minima des trois courbes, période dont le retour est d'environ 11 années. Il est clair qu'un lien de commune origine doit présider à une pareille coïncidence dans les variations de ces trois phénomènes.

Tout récemment a paru un travail de M. Balfour Stewart sur le même sujet[1] ; l'auteur y passe en revue les principales hypothèses capables d'expliquer la coïncidence de ces variations périodiques. Il est probable que sur ce sujet se feront de grandes découvertes en astronomie et en météorologie; constatons seulement que ce champ nouveau ouvert à la science est dû à l'em-

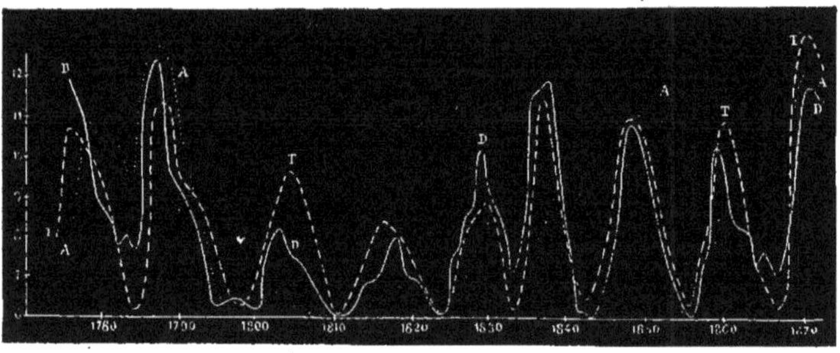

Fig. 16. Tableau graphique des relations que présentent les variations périodiques des taches solaires (ligne T), des aurores boréales (ligne A), et de la déclinaison magnétique (ligne D).

ploi de la méthode graphique, seule capable de mettre en lumière les relations étranges dont nous venons de parler.

Partout où des variations se produisent, il est important d'en tracer la courbe, afin de savoir si quelque loi encore inconnue ne préside pas à leur retour. Les médecins peuvent, comme nous l'allons voir, tirer un grand parti de la méthode graphique pour représenter la marche des maladies, c'est-à-dire la manière dont se succèdent et s'enchaînent les variations du pouls, de la respiration, de la température, etc., pendant les différentes phases d'une maladie.

1. Voir *la Nature*, 1877, p. 107, 140 et 163.

Courbes médicales.

Ces courbes, dont l'usage tend à s'introduire en médecine, sont destinées à remplacer, en certains cas, ou tout au moins à compléter le tableau écrit qu'on appelle une observation médicale. Voici dans quelles conditions ces observations étaient recueillies :

Sur des feuilles que l'administration des hôpitaux fait imprimer d'avance, l'étudiant trouve un cadre tout préparé qu'il doit remplir avec soin, jour par jour. Fréquence du pouls, température du malade, sueurs et déjections, remèdes et tisanes, tout doit être noté scrupuleusement pour servir à l'édification des statistiques médicales. Il s'entasse des monceaux de ces feuilles d'observations ; des sociétés se sont fondées qui les classent avec soin ; des chambres entières, dit-on, en sont remplies. Mais combien y a-t-il de ces documents qui revoient le jour et qui soient consultés avec fruit ?

C'était encore une des idées que Lorain soutenait avec une conviction ardente, à savoir qu'il faut substituer à l'observation écrite d'un malade, ou tout au moins annexer à cette observation, le *Tableau graphique de la maladie* : l'ensemble des courbes qui traduisent, avec leurs variations diverses, la fréquence du pouls, la température superficielle ou profonde, le poids des malades et parfois celui des urines, etc. Quelques mots placés en regard d'une inflexion insolite de ces courbes en expliquent la cause, et de cet ensemble résulte un tableau de la maladie qui en traduit la marche avec clarté et précision [1].

1. Dans un livre posthume encore inédit, Lorain apprécie en ces termes le rôle des « courbes médicales ».

« La fastidieuse description en un langage obscur et plein de vague de la marche d'une maladie idéale vue à travers les doctrines du moment, ne saurait entrer en parallèle avec la figure nette, précise, mesurable, formant ensemble, que donne une courbe. D'ailleurs, les éléments de cette courbe ne prêtent à aucune contestation et ne sont point matière à dispute. C'est le fait lui-même sans commentaire qui se développe sous les yeux. Ce sont les variations d'une fonction dont un instrument de précision indique le degré. Et lorsque ces courbes diverses, obéissant à une même loi, marchant ensemble, parallèlement, montent, descendent, varient de façon à donner toutes une même figure, cette identité d'action ne fournit-elle pas une certitude plus grande, par le double, triple, quadruple contrôle qui y est contenu ?

« Or, l'expérience montre que les maladies, dans leur marche, affectent une figure à peu près constante, et que les espèces morbides s'accusent nettement par leur forme, si bien qu'en prenant au hasard un grand nombre de courbes et en les compa-

Mon collègue et ami, le docteur Brouardel, s'est bien souvent servi avec avantage des courbes médicales dans son enseignement clinique, et en a obtenu de grands avantages [1]. Cet auteur a signalé, entre autres relations importantes, les variations énormes que subit le nombre des globules blancs du sang suivant les phases des maladies; il a montré que l'ouverture d'un abcès s'accompagne d'une diminution soudaine de la proportion de ces globules.

Nous empruntons à l'ouvrage de Lorain quelques types qui

rant, on voit d'abord qu'elles peuvent être classées en groupes naturels; ces groupes, ce sont précisément les collections d'observations particulières se rapportant à la même maladie. Et dans ces observations particulières domine une forme générale; puis il y a des variations individuelles qui peuvent encore être classées. Enfin le type se dégage. Quelle description peut entrer en parallèle avec ce procès-verbal de la maladie contenu en une figure? Sans doute on ne saurait aujourd'hui réduire ces figures à un type analogue aux figures géométriques. Mais déjà la différence des espèces s'accuse assez nettement pour qu'un homme, même peu exercé, puisse dire du premier coup : voici une fièvre typhoïde; cette autre figure montre une pneumonie; cette troisième une variole, etc., et pour qu'il sache si la maladie est normale ou anormale, pour qu'il en distingue les périodes, la terminaison. Le traitement s'y trouve inscrit aussi par les perturbations mêmes de la courbe.

« Ni la mémoire la plus fidèle, ni les notes les plus détaillées ne pourraient permettre de reproduire les traits et la marche d'une maladie ou d'un symptôme avec la perfection que l'on trouve dans les tableaux graphiques. C'est, à proprement parler, une méthode d'analyse.

« On peut surveiller les moindres déviations des fonctions les plus importantes, et voir si ces déviations arrivent à l'époque voulue et dans la mesure ordinaire, durent un temps suffisant ou dépassent la mesure habituelle; on peut surveiller par ces déviations accrues ou corrigées l'action des remèdes. On peut même doser cette action. Ainsi, il nous est arrivé souvent de faire descendre à volonté la température par l'action de la digitale, de diminuer ou de reculer un accès de fièvre intermittente par une faible dose de quinine, de le supprimer enfin et de couper définitivement la fièvre par une dose plus forte.

« Ce n'est pas seulement un moyen d'analyse que nous employons, c'est aussi un moyen de figurer toute la maladie et de réduire cette figure à une courbe connue, toujours identique avec elle-même pour tous les exemples réguliers de la même maladie. Il faut que tous les cas normaux d'une même maladie donnent une figure toujours superposable à la figure type. Et cela est en effet, sauf de légères variations. Encore pouvons-nous reconnaître plusieurs variétés dans l'espèce. Ces variétés sont en nombre limité; l'expérience apprend à les connaître, et, quand nous posséderons des collections où seront classés tous les types, nous pourrons, étant donné un cas particulier, lui trouver son homologue dans l'un de nos types. On arrivera ainsi à déterminer les formes des maladies et à donner une base solide au fragile édifice du pronostic et de la thérapeutique. » Lorain, *de la Température dans les maladies*, publiée par les soins du docteur P. Brouardel.

1. Voir H. Bonn. Thèses de Paris, 1875. « Des variations du nombre des globules blancs du sang dans quelques maladies ». — J. P. G. Patrigeon. Thèses de Paris, 1877. M. A. Fouassier signale l'influence des purgatifs sur l'augmentation de la proportion des globules. Thèses de Paris, 1876.

montreront comment sont construites les courbes médicales, et comment elles mettent en relief certains caractères des maladies.

Dans le tableau (fig. 17), comme dans presque tous ceux qu'a publiés cet auteur, deux échelles placées à gauche de la figure servent à déterminer la signification des courbes. La colonne P

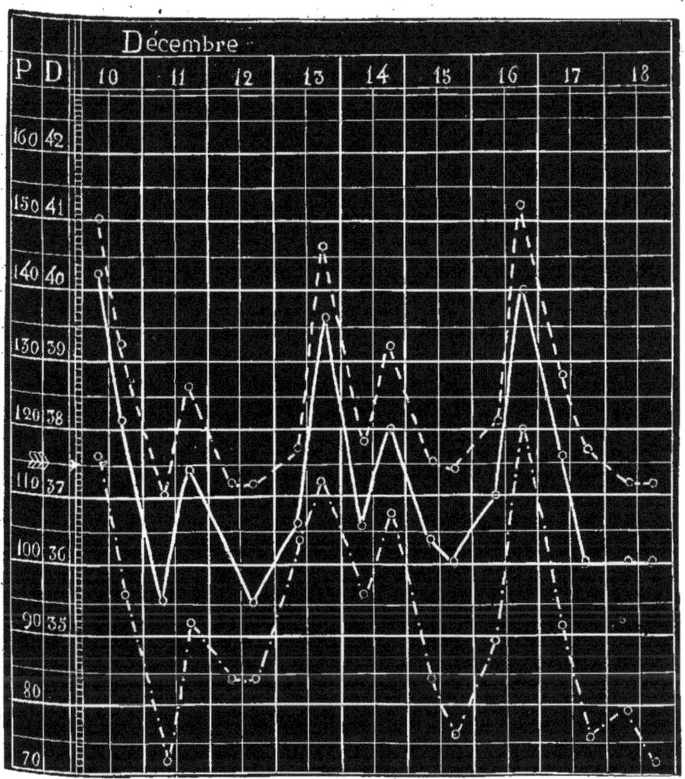

Fig. 17. Courbes des variations de la température dans une fièvre intermittente double tierce, d'après Lorain.

correspond au chiffre du pouls, D correspond aux degrés du thermomètre centigrade. Cette dernière colonne servira seule dans l'analyse de la figure 17, qui ne présente que des courbes de températures.

Chaque jour, matin et soir, la température a été mesurée dans trois endroits différents, et ces mesures ont donné naissance aux trois courbes superposées. La courbe formée d'une ligne pleine exprime la température de la bouche; celle qui est formée de traits correspond à la température rectale; l'autre, formée de traits et de points, correspond à la température axillaire.

Ces trois lignes subissent des inflexions parallèles, c'est-à-dire que dans les accès où la température s'élève, son accroissement s'élèvera partout, quoique à des degrés divers. Une période singulière préside au retour des accès fébriles jusqu'au moment où, sous l'action du sulfate de quinine, les accès disparurent [1].

A côté du type qu'on vient de voir, nous placerons la figure 18, empruntée aussi à l'ouvrage de Lorain et qui correspond à une fièvre tierce. Tandis que dans le type représenté plus haut, les trois courbes variaient dans le même sens, on remarque dans celle-ci un antagonisme entre la courbe de la température de la bouche (trait plein) et celles des températures prises dans l'aisselle et dans le rectum. Cette variation inverse des températures centrale et périphérique s'élèvera à des degrés divers dans l'état de la circulation qu'on nomme algidité [2]; il est à son maximum dans le choléra dont nous donnerons plus loin quelques exemples.

Dans cette figure, comme dans la précédente, l'action thérapeutique de la quinine se manifeste clairement. A la date du 17, le médicament fut administré, et l'accès si bien caractérisé les 11, 13 et 15 du mois a cessé de se produire.

Dans les tracés médicaux que l'on vient de voir, les observations de température ne se faisaient que deux fois par jour : le matin

1. La note suivante, rédigée par Lorain, montre que la construction de la courbe de la maladie a seule mis sur la voie du véritable diagnostic.

Z., âgé de dix-neuf ans, Berlinois, arrive de Rome où il a servi en qualité de soldat du pape. Il est atteint, depuis plusieurs mois, de fièvre intermittente quotidienne. Il a été réformé pour cette raison. Arrivé à Paris, il entre à l'hôpital Saint-Antoine. Il est extrêmement anémique, souffle au cœur et dans les vaisseaux du cou. La rate est grosse et déborde les fausses côtes.

La fièvre de ce malade paraît irrégulière, et nous n'en avions pas reconnu le type avant d'avoir fait la courbe de la température. L'incertitude tenait à ce que, chaque lendemain d'accès, il y a un nouveau petit accès qui est comme l'écho du précédent. Nous considérerons cette fièvre comme répondant au type quarte, mais elle n'est pas régulière, et nos ancêtres auraient cherché à caractériser ces deux accès d'inégale importance par un nom particulier. Ils en eussent fait une double quarte, parce qu'elle présente un accès deux jours de suite, puis un jour d'apyrexie, mais les accès s'enchaînent, de manière que celui du 10 décembre est semblable à ceux du 13 et du 16, et celui du 11 décembre semblable à celui du 14.

2. Voyez Marey « Théorie physiologique du choléra. » *Gazette hebdom. de méd. et de chirurg.*, 1865, p. 743 et 762.

et le soir. Ces observations sont trop rares pour permettre une détermination moins approximative de ce qui se passait aux différents moments de la journée, et l'on peut dire avec certitude que les lignes qui joignent les points où la température a été indiquée sont fausses et que les variations brusques exprimées par ces lignes anguleuses n'existaient pas en réalité. Si incomplètes qu'elles fussent, ces figures ont montré cependant, par le retour périodique des grandes variations de la température qu'elles signalent, qu'une fièvre intermittente existait, et elles en ont révélé le type.

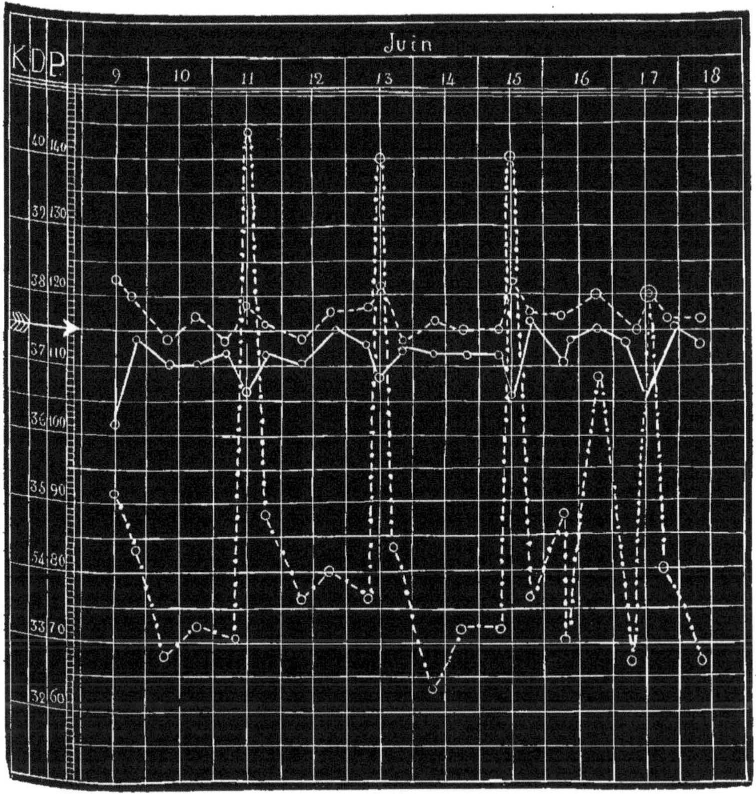

Fig. 18. Courbes des variations de la température dans une fièvre intermittente tierce, d'après Lorain.

Il serait important de multiplier les examens du malade si l'on voulait avoir des figures plus parfaites et caractériser plus complétement le type de la maladie représentée. En l'absence de points d'observations plus nombreux, ne peut-on tracer une courbe plus rapprochée de la vérité que celle que fournissent ces lignes anguleuses joignant entre eux les points déterminés par les observations? Le docteur Prompt a cherché à construire la *courbe probable* des variations du pouls et de la température en se basant sur l'observation médicale que voici. Il existe, à l'état normal, des variations horaires de la fréquence du pouls et de l'élévation de la température animale; or, ces variations semblent se retrouver, bien qu'amplifiées à des degrés divers, chez les malades atteints d'affections fébriles. Pour déterminer la forme normale des courbes horaires de la fréquence du pouls et de la température humaine d'après de nombreuses observations, puis appliquer cette courbe normale à la construction de la *courbe probable* des mêmes phénomènes chez le malade, il suffit de faire passer par les chiffres observés une courbe présentant, plus ou moins amplifiées, les inflexions de la courbe normale.

Plusieurs auteurs se sont occupés de dresser la courbe des variations diurnes de la température et de la fréquence du pouls chez l'homme.

Courbes des variations horaires de la fréquence moyenne du pouls.

Ce travail entrepris par le docteur Prompt[1] lui a fourni la courbe représentée figure 19, dans laquelle deux maxima principaux existent dans les vingt-quatre heures : l'un de ces maxima correspond à midi, l'autre à dix heures du soir. Il semble toute-

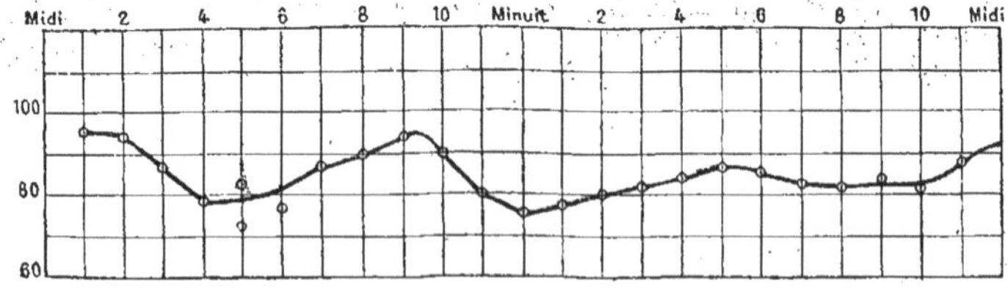

Fig. 19. Variations horaires de la fréquence du pouls, d'après les expériences du Dr Prompt, faites sur lui-même.

1. P. J. Prompt. « Arch. gén. de médecine », oct. 1867.

fois que des variations individuelles modifient sensiblement le caractère de ces courbes, car J. Prompt, empruntant à un travail de Bœrensprung publié en 1840, les chiffres du pouls compté d'heure en heure, a obtenu la courbe représentée figure 20. Deux maxima principaux s'observent également dans cette courbe; mais au lieu de correspondre à midi et à dix heures du soir, c'est à neuf heures du matin et à six heures du soir qu'on les observe.

Ici vient se placer une question importante : est-ce à une cause individuelle que tiennent ces différences entre les deux courbes?

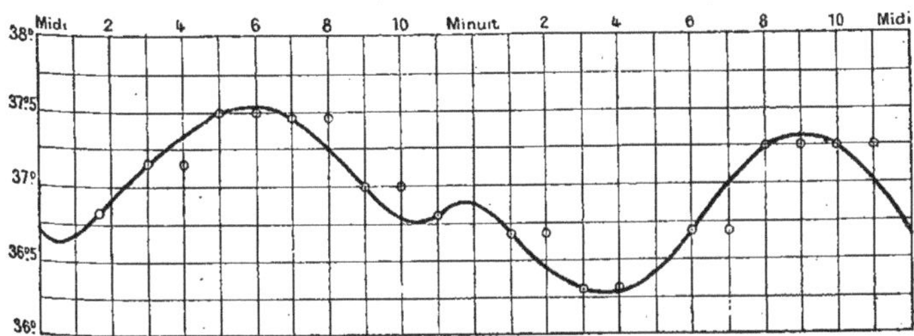

Fig. 20. Variations horaires de la fréquence du pouls mise en courbes, par le Dr Prompt, d'après les chiffres publiés par Bœrensprung.

est-ce à une différence dans le régime et les heures de repas chez deux peuples différents qu'elles sont dues? Ces questions pourront se résoudre par des observations ultérieures; elles semblent mériter une étude spéciale.

Quoi qu'il en soit de la valeur des courbes que M. Prompt a obtenues d'après ses observations personnelles, cette méthode a reçu son application en médecine. On trouve dans l'ouvrage de Lorain sur le choléra, des tableaux qui expriment les variations de la température en divers points du corps ; les lignes qui joignent les points d'observation ne sont pas des droites, mais représentent la courbe probable des variations diurnes de la température[1].

1. P. Lorain. « Le choléra observé à l'hôpital Saint-Antoine ». Paris, 1868.

Courbe des variations horaires de la température chez l'homme.

Le plus important travail sur ce sujet me semble être celui que le professeur A. Forel, de Lausanne, a publié en 1872[1]. Un nombre considérable d'observations a permis à ce savant de tracer la

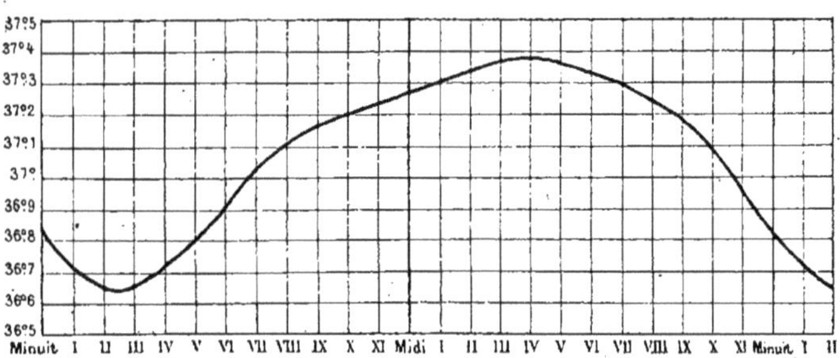

Fig. 21. Courbe des ariations horaires de la température centrale de l'homme, d'après Forel.

courbe des variations horaires que nous représentons figure 21. On y voit un écart d'environ 7/10 de degré entre les minima qui s'observent vers trois heures du matin et les maxima qui arrivent à peu près à quatre heures du soir. Cette élévation de la température le soir et cet abaissement le matin s'observent d'une manière très-marquée dans la plupart des maladies fébriles.

1. A. Forel. « Expériences sur la température du corps humain dans l'acte d'ascension des montagnes ».

CHAPITRE III.

RELATIONS DANS LESQUELLES LE TEMPS N'EST PAS UNE DES VARIABLES CONSIDÉRÉES.

Expression graphique des relations de cause à effet; influence de la température sur la tension des vapeurs, sur la solubilité des sels. — Propagation de la chaleur dans une barre métallique; courbes des intensités relatives de la chaleur, de la lumière et de l'activité chimique dans les différents points de la longueur du spectre solaire. — Courbe de la pression dans les conduites. — Courbes des relations du poids à la taille. — Courbes de la proportion des matériaux dans la construction des ponts de différentes portées; application de ce genre de courbes aux sciences naturelles. — Courbes de l'activité commerciale sur les différents tronçons d'un chemin de fer. — Courbes de compressibilité et d'élasticité. — Courbes de la résistance que les fluides opposent au mouvement, et des pertes de charge dans les conduits.

Dans les exemples dont il a été question au précédent chapitre, le savant se borne au rôle d'observateur; il ne peut modifier à son gré la succession ni l'intensité des variations météorologiques ou statistiques; il note à chaque instant l'état d'un phénomène, et dans la succession naturelle des phases qu'il inscrit, cherche à saisir une loi.

Mais lorsque le chercheur provoque et gouverne les variations qu'il étudie, lorsque, devenu expérimentateur, il détermine les relations des causes à leurs effets, alors le temps n'a plus à intervenir dans le problème; il n'en sera pas tenu compte dans l'expression graphique des résultats obtenus.

Ainsi, le physicien étudie les phénomènes qui se passent lorsqu'on soumet les corps à certaines forces mesurables; il compte, par exemple, les changements de volume des solides, des liquides ou des gaz sous l'influence de différentes températures ou de différentes pressions. Or, tous ces changements peuvent se traduire graphiquement; une page de chiffres qui donnerait la série des nombres exprimant les coefficients de dilatation d'un corps chauffé de zéro à n degrés peut toujours être avantageusement remplacée par une courbe. L'expression graphique devient plus précieuse encore s'il s'agit de comparer les effets de la chaleur sur des corps différents; la superposition de deux ou plusieurs courbes traduit d'elle-même les inégalités qui peuvent exister dans la dilatation de ces corps.

Quand on construit des courbes de ce genre, on prend pour variable indépendante l'influence dont on cherche à mesurer les effets, et on la compte sur l'axe des x, ainsi qu'on faisait pour le temps dans les exemples précédemment indiqués. Du reste, les choses se passent comme si, à des instants successifs, l'influence dont on étudie les effets croissait d'une manière régulière : comme si, de minute en minute, la température à laquelle on soumet un corps s'élevait d'un degré.

On doit à Regnault plusieurs tableaux de ce genre; l'un des plus célèbres est celui qui représente aux différentes températures la force élastique de la vapeur d'eau, la dilatation du mercure, la compressibilité de l'air et celle de l'azote. Sur la même feuille sont encore indiquées les corrections que l'on doit faire aux thermomètres à air, suivant la nature de leur enveloppe. Comme les dimensions de ce tableau sont considérables à cause de la multiplicité des détails dont il est chargé, nous ne pouvons en donner ici la reproduction même partielle[1]. Mais le principe sur lequel ces tableaux graphiques sont construits et la clarté des relations qu'ils expriment ressortent suffisamment de la figure 22.

Cette figure représente la proportion de différents sels qui se dissout dans l'eau à chaque température. La température, mesurée en degrés centigrades, est prise pour variable indépendante et se lit sur l'axe des x, tandis que la proportion de sel dissoute dans un litre d'eau s'évalue en grammes et se compte sur l'axe des y (les indications du présent tableau s'arrêtent, faute d'espace, à 90 degrés).

Dès le premier coup d'œil, on voit sur ce tableau : 1° si la solubilité d'un sel croît proportionnellement à la température, ou si la solubilité varie d'une façon irrégulière; 2° quelle est, à chaque degré de température, la quantité de sel qui se dissout dans

1. Ce tableau se trouve à Paris, chez Gauthier-Villars.

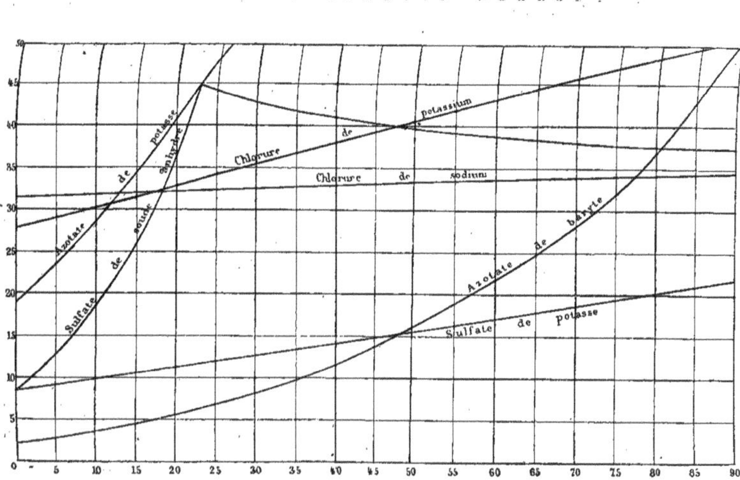

Fig. 22. Courbes exprimant la solubilité de différents sels dans l'eau à différentes températures, d'après Regnault.

l'eau; 3° quel est le rapport de solubilité de deux sels à une certaine température.

Ainsi, une ligne exprime la solubilité du chlorure de sodium; on y voit, qu'à la température de zéro, un litre d'eau dissout plus de 30 grammes de ce sel, et que l'échauffement accroît peu cette solubilité qui s'élève régulièrement, mais faiblement, et atteint à peine 35 grammes pour la température de 100 degrés.

Une autre ligne correspond à la solubilité du chlorure de potassium; elle est droite également et exprime une solubilité plus rapidement croissante que la précédente, car elle s'élève plus

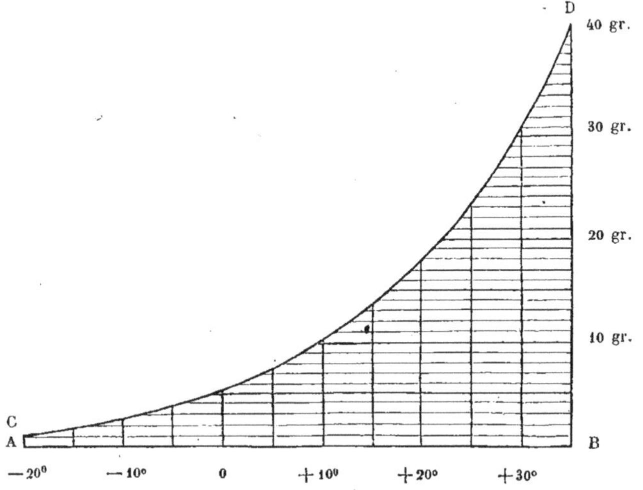

Fig. 23. Courbes de la solubilité de la vapeur d'eau dans un mètre cube d'air à différentes températures. (Extrait du *Traité de Météorologie* de Marié-Davy.)

rapidement. La courbe de l'azotate de potasse est légèrement concave par en haut, ce qui montre que la solubilité de ce sel croît plus vite que la température; de plus, la rapide ascension de cette ligne montre que l'échauffement augmente très-rapidement cette solubilité. La courbe du sulfate de soude anhydre, présente une inflexion remarquable qui prouve que ce sel possède une solubilité rapidement croissante : de 7 à 45 grammes par litre, entre la température de zéro et celle de 23 degrés; puis, qu'à partir de cette température, la solubilité du sel change tout à coup et décroît peu à peu à mesure que la température s'élève.

Il est inutile de multiplier davantage les interprétations de ces courbes. En somme, quelle que soit la question qu'on se pose par rapport à ces deux éléments variables, solubilité et température, le tableau graphique y répond en un instant; en outre il donne lieu à des comparaisons et à des vues générales qu'un tableau de chiffres ne permettrait pas.

La figure 23 représente la quantité de vapeur d'eau qui est contenue dans un mètre cube d'air à différentes températures.

On peut prévoir qu'un jour les traités de physique ne seront que des atlas de tableaux graphiques dont les courbes superposées et comparées de maintes façons feront saisir des relations qu'on ne saurait soupçonner aujourd'hui.

Quelquefois la température est la variable qu'il faut déterminer par rapport à une autre variable indépendante : *la distance.* Ainsi, quand on veut exprimer comment varie la température aux différents points de la longueur d'une barre de métal dont on chauffe une des extrémités, on suppose cette barre partagée en tronçons de longueurs égales et l'on mesure la température de chacun de ces tronçons.

Courbe de la propagation de la chaleur dans une barre métallique.

Comme dans ces déterminations c'est la longueur qui croît d'une manière régulière, c'est elle qui sera prise pour variable

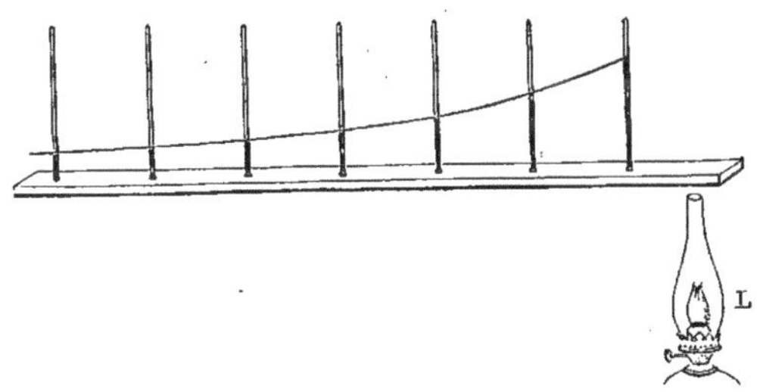

Fig. 24. Propagation de la chaleur dans une barre métallique dont on chauffe une extrémité. Les sommets des colonnes d'une série de thermomètres représentent la courbe de la propagation de la chaleur.

indépendante et comptée sur l'axe des x. Or, l'expérience par laquelle on détermine cette propagation de la température s'identifie avec la construction de son expression graphique; en effet, les hauteurs des colonnes thermométriques, considérées dans leur ensemble, tracent dans l'espace les courbes cherchées.

Supposons qu'une barre horizontale soit représentée (fig. 24) par l'axe des x, tandis que les ordonnées représenteraient les tubes d'une série de thermomètres implantés dans la barre, si l'on chauffe celle-ci à une de ses extrémités, les niveaux thermométriques s'échelonneront sur une courbe à pente descendante qui est l'expression graphique de la décroissance des températures.

Courbe des variations de la pression d'un liquide sur les différents points d'un tube d'écoulement.

Tous les cas où un phénomène varie par rapport à une longueur pourraient être rapprochés les uns des autres. Nous citerons seulement la manière dont la presion d'un liquide se transmet aux différents points d'un tuyau d'écoulement qui présenterait le même calibre sur toute sa longueur. Bernouilli a montré que dans ces conditions la pression décroît d'une manière régulière le long du tube, ainsi qu'on le voit figure 25.

Les ordonnées de la figure 25 sont exactement proportionnelles

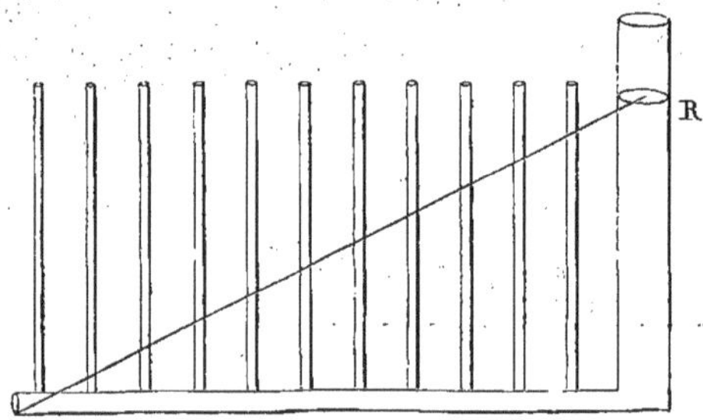

Fig. 25. Niveau des piézomètres dans le cas où un écoulement se fait dans un tube de calibre uniforme. (Loïs de Bernouilli.)

aux hauteurs d'une série de manomètres ou de *piézomètres* qu'on aurait adaptés au tube d'écoulement. Ici encore, la représentation graphique du phénomène existe dans le phénomène lui-même. La figure 25 montre comment les niveaux d'une série de piézomètres branchés sur un tube horizontal, de calibre uniforme, se trouvent sur une ligne droite depuis le premier jusqu'au dernier. Suivant que le niveau du réservoir qui verse le liquide est plus ou moins élevé, ou suivant que le tube d'écoulement offre une longueur plus ou moins grande, la pente des niveaux piézométriques augmente ou diminue; mais toujours ces niveaux sont placés sur une ligne droite, dont la pente, par sa rapidité, exprime la rapidité de l'écoulement lui-même.

On doit rapprocher de ces courbes, dans lesquelles une longueur est prise comme variable indépendante, celles qui expriment l'intensité magnétique sur les différents points de la longueur d'un aimant[1], celles qui marquent les relations du volume des corps à la température à laquelle ils sont soumis[2].

Courbes de l'intensité comparative des différents rayons dans le spectre solaire.

C'est par une série de déterminations du même ordre que les physiciens ont construit la courbe des différences d'intensité

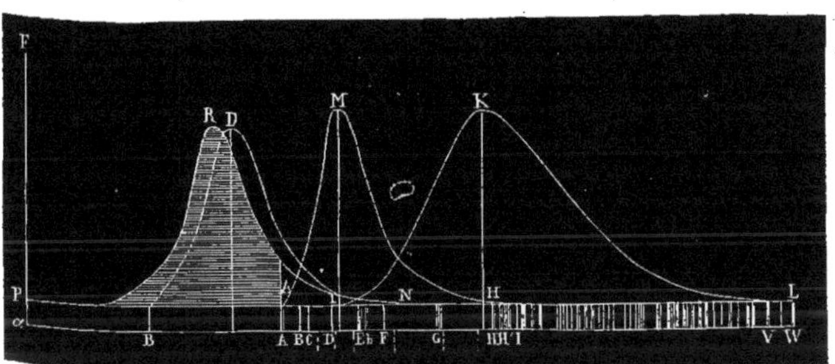

Fig. 26. Courbes des variations des pouvoirs lumineux, calorifique et chimique, dans les différentes parties du spectre solaire. AMH courbe de l'intensité lumineuse; IKL courbe de l'action chimique BDN pouvoir calorifique; PRN pouvoir calorifique dans le spectre de l'arc voltaïque.

que présentent ces trois éléments de la lumière solaire. La figure 26 montre que les maxima d'intensité de la lumière,

1. Voyez Jamin, Recherches sur le magnétisme, *Journ. de Physique*, t. V, p. 41.

2. Erman a donné des courbes fort curieuses qui expriment les changements de volume de certains corps soumis à un échauffement graduel. Il a constaté que l'eau, le phosphore, l'alliage fusible, au voisinage de leur point de fusion, éprouvent des changements de volume soudains, tantôt positifs et tantôt négatifs, fort différents des dilatations assez régulières que ces mêmes corps éprouvent pour d'autres espèces de température. (Voy. Jamin, *Traité de physique*, 1870, p. 189.)

de la chaleur et de l'action chimique occupent des régions différentes dans la bande spectrale; que la chaleur existe au maximum dans le voisinage du rouge, l'action chimique près du violet, la lumière entre les deux autres maxima. On y voit que la région où existe l'action chimique est plus grande que celle des maxima des pouvoirs lumineux et calorifique.

Enfin, suivant la source de lumière employée, ces courbes se déplacent et changent d'importance. L'arc électrique n'a pas son maximum de pouvoir calorifique au même point que la lumière solaire. Des changements analogues se produisent d'autre part lorsque change la substance impressionnée par la lumière. Ainsi, pour les actions chimiques qui modifient la chlorophylle, le maximum de puissance appartiendrait aux rayons jaunes.

Courbes d'élasticité.

Tous les corps s'allongent d'autant plus qu'ils sont soumis à une traction plus forte, mais ils ne s'allongent pas également. En outre, si l'on suspend des poids régulièrement croissants à des barres ou à des fils de différentes substances, les allongements sont tantôt réguliers, c'est-à-dire croissent comme les

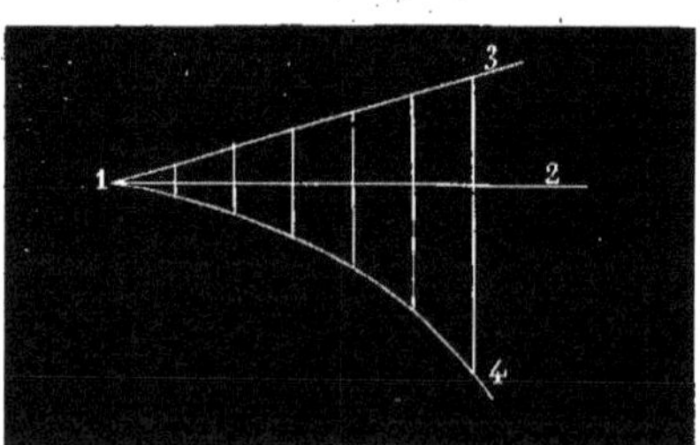

Fig. 27. Courbe de l'élasticité des nerfs, d'après Wundt.

charges qui les produisent, tantôt irréguliers, et croissent plus vite ou plus lentement que ces charges.

Rien n'exprime mieux ces différences d'élasticité que les courbes qu'on obtient en ordonnant l'un par rapport à l'autre les allongements et les poids qui les produisent. Wertheim a fait, à cet égard, de nombreuses expériences sur le module d'élasticité des métaux et des substances organiques; la courbe d'élasticité de ces dernières serait presque toujours assez voisine d'une hyperbole.

L'élasticité du caoutchouc a été exprimée sous forme de courbe par A. Stewart, ingénieur belge. Cet auteur annonce le résultat suivant : sous des charges uniformément croissantes, une bande de caoutchouc prend des allongements croissants jusqu'à ce qu'elle ait atteint le double de sa longueur primitive ; à partir de là, les allongements successifs sont décroissants.

Wündt a donné la courbe de l'élasticité des nerfs, figure 27. L'auteur s'est écarté un peu du mode de représentation ordinaire ; non content de prendre sur l'axe des x des longueurs proportionnelles aux charges et de placer à chacune de ces divisions l'origine des ordonnées qui expriment les allongements du nerf sous l'influence de ces charges, Wündt a élevé des ordonnées positives croissant comme ces charges elles-mêmes, et tracé deux lignes pour exprimer les relations des deux variables.

La ligne droite 1.3 montre la croissance régulière des poids tenseurs; la ligne 1.4 exprime l'accroissement plus rapide des allongements du nerf.

Courbes des limites de l'accommodation oculaire aux différents âges.

Le professeur Donders, voulant représenter les variations qu'éprouve l'accommodation de l'œil humain aux différentes époques de la vie, a construit des courbes figure 28 qui traduisent clairement les lois qu'il a découvertes.

L'âge du sujet se compte de 10 à 80 ans sur l'axe des x, tandis que sur l'axe des y se comptent des *dioptries* [1]. La divergence des lignes pp et rr exprime le nombre de dioptries auquel correspond à chaque âge l'étendue de l'accommodation.

On constate ce phénomène étrange que, depuis l'âge de 10 ans, nous perdons assez régulièrement de cette étendue.

La ligne rr correspond à la réfraction de l'œil au repos, c'est-à-dire à son minimum de réfraction ; vers l'âge de 50 ans on voit cette ligne s'abaisser d'une manière rapide par le développement

1. Les ophthalmologistes appellent dioptrie la force réfringente d'une lentille qui aurait un mètre de distance focale ; c'est l'unité de mesure pour la réfraction.

de la presbytie, tandis que la convergence des lignes qui limitent

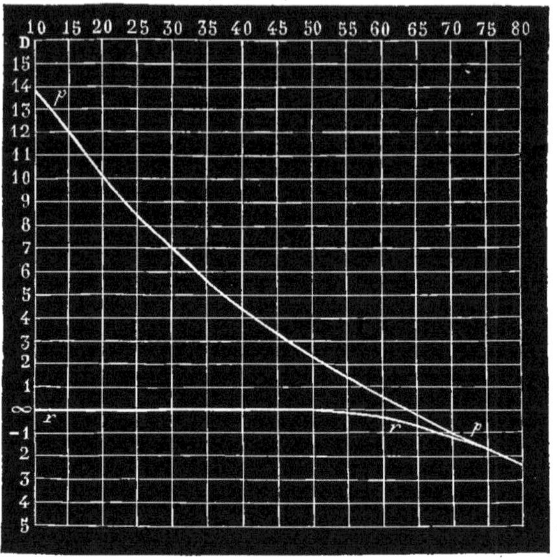

Fig. 28. Courbe des limites de l'accommodation oculaire aux différents âges, d'après C. Donders.

l'étendue de l'accommodation montre que celle-ci devient de plus en plus bornée.

Courbe de la composition de l'air irrespirable aux différents degrés de la pression barométrique.

Dans un mémoire remarquable sur les effets de la pression atmosphérique, P. Bert a montré que la composition de l'air dans lequel les animaux meurent asphyxiés, quand on les y confine, varie suivant la pression à laquelle cet air était soumis, de sorte que plus la pression est faible, plus l'animal, en mourant, laisse riche en oxygène (relativement à la proportion centésimale) l'air devenu irrespirable pour lui. D'autre part, la proportion d'acide carbonique présente avec celle de l'oxygène un rapport inverse : elle est au minimum quand l'animal a absorbé moins d'oxygène.

Les relevés de 36 expériences donnent un tableau numérique duquel se dégage difficilement cette relation inverse de la pression à la proportion d'oxygène contenue dans l'air irrespirable. Rien de plus net, au contraire, que le tableau graphique de la figure 29, où l'on voit s'élever la courbe de l'oxygène O et diminuer celle de CO^2, à mesure que diminuera la pression dont on

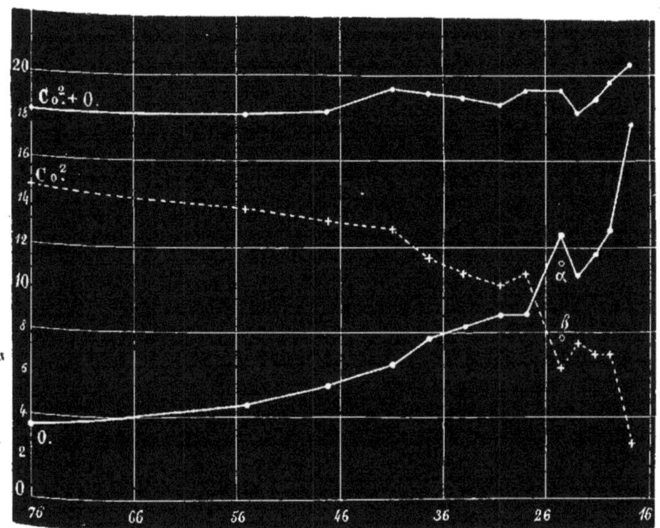

Fig. 29. Courbes de la proportion d'oxygène et d'acide carbonique dans l'air devenu irrespirable sous des pressions différentes, d'après P. Bert.

compte sur l'axe des abscisses les valeurs décroissantes à partir de 76 centimètres de mercure.

Malgré les inflexions assez irrégulières que présente cette courbe et qu'il attribue à des erreurs d'expériences, P. Bert n'hésite pas à les considérer comme correspondant à des branches d'hyperboles.

Courbes des relations du poids à la taille chez les enfants.

Le professeur Bowditch, de Boston[1], a construit d'après les relevés d'observations nombreuses la courbe que nous reproduisons

1. Bowditch. *The Growth of Children* (Boston, 1877) *from the eighth annual report of the state Board of Health of Massachusetts.*

figure 30, dans laquelle, abstraction faite de l'âge des enfants, on a comparé le poids à la taille, cette dernière étant prise comme variable indépendante.

Deux courbes sont représentées sur ce tableau : dans l'une, les

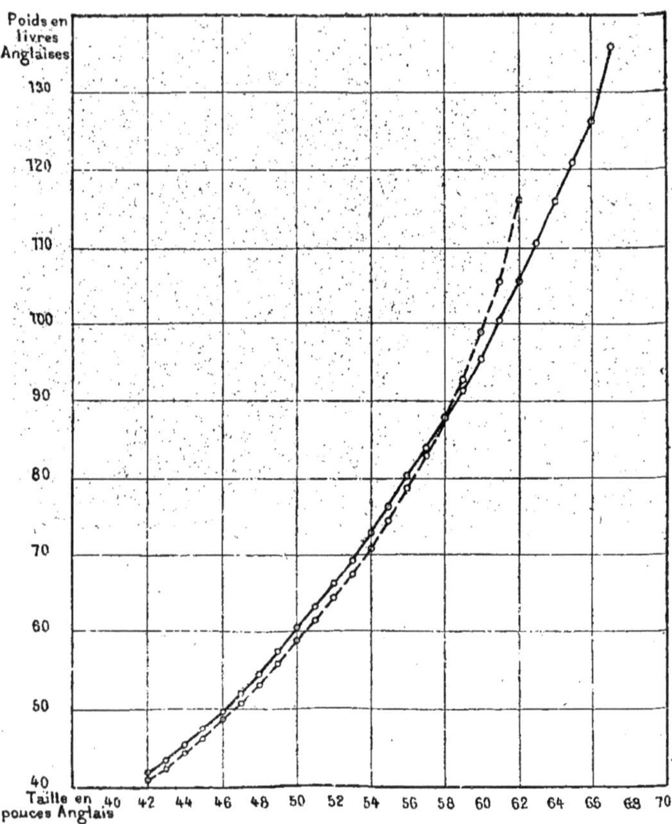

Fig. 30. Courbes exprimant les rapports de la taille au poids, aux différents âges, chez les garçons et chez les filles, d'après Bowditch.

points d'observations sont réunis par une ligne continue, c'est la courbe du poids à la taille chez les garçons; l'autre formé d'un trait interrompu est obtenue sur les filles. On voit que les garçons sont plus lourds que les filles jusqu'à ce qu'ils aient atteint la taille de 58 pouces, après quoi se produit la variation inverse.

Ce fait curieux tient à la différence des formes du corps chez les deux sexes. Les variations de cet ordre ont été soigneusement étudiées par Quetelet, qui a traduit par une série de courbes les changements que les progrès de l'âge amènent dans les proportions des différentes parties du corps [1]. On conçoit que si les enfants, dans leur croissance, restaient géométriquement semblables à eux-mêmes, il ne se produirait pas de ces variations singulières, et la courbe des poids croîtrait continuellement comme les cubes des hauteurs de la taille [2].

La grande variété des relations qui peuvent s'exprimer par des courbes nous force à multiplier les exemples en choisissant des types des principaux genres.

Proportion des matériaux dans la construction des ponts de différentes portées.

La figure 31 est un tableau dressé en 1861 par A. Houlbrat, ingénieur civil; il indique les poids et valeurs des divers matériaux employés dans la construction des tabliers des ponts métalliques d'un certain système.

La portée du tablier, c'est-à-dire la largeur du vide à franchir, est comptée en mètres sur l'axe des x; le poids des matériaux de diverses natures est exprimé en kilogrammes. On voit que, suivant la portée du tablier, la proportion des divers matériaux n'est pas la même, et que si le bois qui entre dans la construction du pont croît sensiblement comme la longueur, le poids du fer croît beaucoup plus rapidement. Le poids de la fonte présente, à partir de 21 mètres de portée, une inflexion singulière [3].

1. Quetelet, Anthropométrie, pl. II, fig. 2.

2. Notons en passant que la relation du poids à la taille peut être fournie de deux façons. Nous avons vu, en effet, figures 9 et 10, que cette relation était exprimée par deux courbes dans lesquelles le temps est compté sur l'axe des x, la taille et le poids étant comptés sur l'axe des y. Il y a, d'une manière générale, deux façons d'exprimer graphiquement les relations de deux variables : 1° en les ordonnant toutes deux par rapport à une grandeur commune prise comme variable indépendante ; 2° en les ordonnant l'une par rapport à l'autre. Or, dans ce dernier cas, il y a deux manières différentes de procéder, car on peut prendre arbitrairement comme variable indépendante l'une ou l'autre de ces valeurs.

Si l'on eût procédé à l'inverse de Bowditch et compté sur l'axe des x les variations de poids, celles de la taille étant comptées sur l'axe des y, on eût obtenu une courbe à convexité supérieure exprimant que les tailles croissent moins vite que les poids.

3. Cette inflexion tient à ce qu'à partir de cette longueur il faut tenir compte de la

POIDS ET VALEURS
des divers matériaux nécessaires pour la construction
DES TABLIERS DES PONTS MÉTALLIQUES
à une seule travée
de 3 à 50 mètres d'ouverture
par A. Houlbrat, Ingénieur civil
Kilogrammes et Francs
280.000
270.000
260.000
250.000
240.000
230.000
220.000
210.000
200.000
190.000
180.000
170.000
160.000
150.000
140.000
130.000
120.000
110.000
100.000
90.000
80 000
70.000
60.000
50.000
40.000
30.000
20.000
10.000
Poids du fer
Prix en francs
Bois
P. de la fonte
P. du plomb
Mètres 0
5
10
15
20
25
30
35
40
45
50

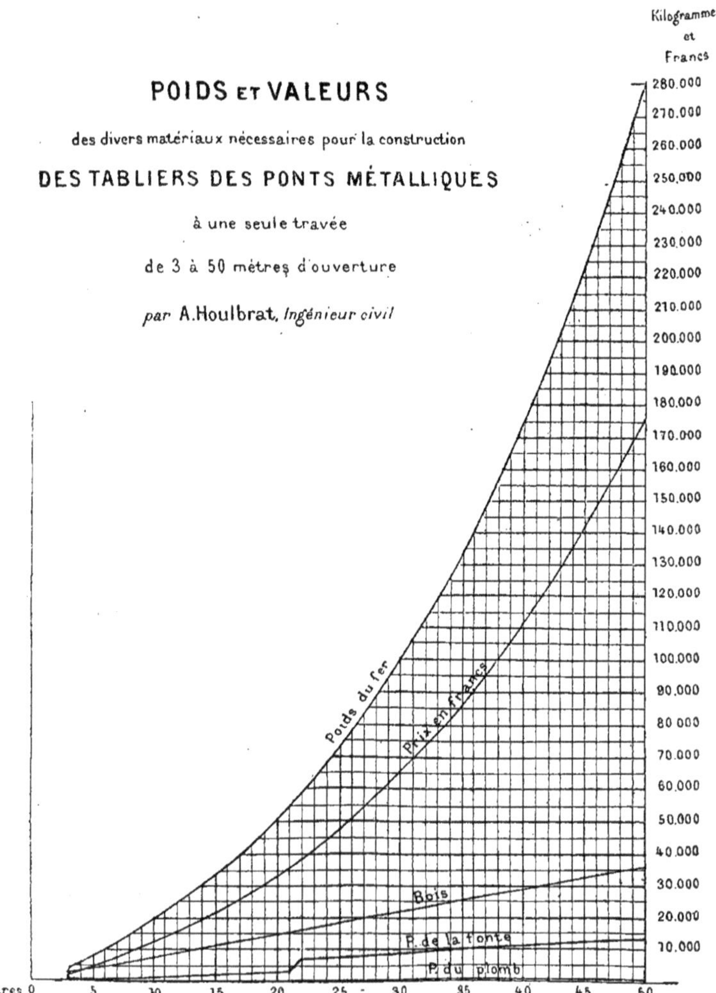

Fig. 31.

Enfin, les prix de revient sont indiqués par une courbe spéciale, qui exprime, en milliers de francs, la valeur du pont. Ce prix se lit sur la même échelle que les poids des matériaux [1].

Prenons un exemple particulier pour l'interprétation de ces courbes : soit un pont de 30 mètres d'ouverture; il entrera dans la construction de ce pont 500 kilog. de plomb, 12 000 kilog. de fonte, 22 000 kilog. de bois, 100 000 kilog. de fer et le prix de revient sera 65 000 francs. Tout un livre de tarifs et les principaux résultats de la théorie de la résistance des matériaux tiendraient dans quelques tableaux de ce genre, et l'on ne saurait trop admirer la clarté et la concision avec lesquelles sont exprimées les indications qu'il fournit.

Il ne faut pas croire qu'une telle clarté d'exposition appartienne exclusivement aux choses du commerce et de l'industrie; le même mode d'expression peut s'appliquer aux objets les plus divers. Ainsi, le naturaliste aurait, en certain cas, grand avantage à construire des courbes de ce genre.

Supposons, par exemple, que, pour une espèce animale quelconque, on dresse un tableau qui, marquant sur les abscisses le poids des individus s'accroissant avec l'âge, porterait sur les ordonnées le poids des différents organes, ou les proportions des différents tissus; on aurait construit un tableau qui présenterait par lui-même un intérêt considérable, car on y suivrait, pas à pas, l'évolution relative de ces organes. On verrait que les uns, comme le foie, à mesure qu'on s'éloigne de la naissance, perdent de leur importance relative, ou s'atrophient comme le thymus; que d'autres, au contraire, se développent d'une façon prédominante.

L'intérêt s'accroîtrait encore, si, dressant des tableaux analogues pour des animaux d'espèces différentes, le naturaliste superposait les courbes les unes aux autres, afin de chercher dans ces comparaisons les caractères propres à chaque espèce; s'il recherchait en quel sens l'élevage, les croisements et les différentes influences modificatrices de l'espèce font varier le développement relatif des organes et des tissus.

Construits à une même échelle que fixerait la convention, ces

dilatation possible du métal et placer les pièces de fonte sur des rouleaux qui permettent cette dilatation.

1. Voici sur quelle base le prix est établi : on attribue à 1000 kilogrammes de fer une valeur de 600 francs, à 1000 kilogrammes de fonte 300 francs, de plomb 800 francs, tandis que le mètre cube de bois employé reviendrait à 75 francs.

tableaux permettraient de rassembler sous le regard les travaux exécutés, en tous lieux et à toute époque, par les différents naturalistes ou anatomistes. Ce serait, dira-t-on, une œuvre immense à réaliser. Oui certes, et il n'appartient à personne de l'exécuter à lui seul. Uu travail de ce genre serait l'œuvre de la science, et ce travail s'accomplira. Peut-être déjà l'entreprise a-t-elle été faite sur certains points de ce vaste sujet; on trouverait à coup sûr, dans les ouvrages des naturalistes, des pesées comparatives d'organes faites à différents âges, constituant des matériaux tout prêts pour un travail d'ensemble[1]. Mais, à ces éléments divers il faudrait donner l'unité de type nécessaire pour rendre la comparaison possible, ce qui ne se fera que par l'entente parfaite d'un certain nombre de chercheurs, autour desquels viendront promptement se grouper les autres en présence des résultats obtenus.

Nous aurions encore bien des exemples d'application des courbes à emprunter aux travaux des ingénieurs. Entre les mains de ces savants auxquels l'emploi de la géométrie est heureusement si familier, la méthode graphique se plie aux représentations les plus variées.

Citons les applications qui ont été faites à la statisque du mouvement des différentes marchandises sur les voies de terre et d'eau. On trouvera, dans ces exemples, des modes d'expression susceptibles de s'appliquer à des phénomènes de diverses natures.

Courbes de l'activité commerciale sur les différents tronçons d'un chemin de fer.

Minard, en France[2], et A. Belpaire, en Belgique[3], ont, à la même époque à peu près, dressé des tableaux exprimant le degré d'activité du transport sur les différents tronçons d'une ligne de chemin de fer. Ces tableaux méritent d'être signa-

1. Alphonse Milne Edwards et Grandidier, dans leur remarquable ouvrage sur la faune de Madagascar, ont tenté de représenter par des courbes le développement relatif des différentes apophyses sur un même os considéré chez différentes espèces animales. Nous regrettons que les dimensions de ce tableau ne lui permettent pas d'entrer dans notre texte.

2. *Des tableaux graphiques et des cartes figuratives*, par Minard, inspecteur général des ponts et chaussées. Paris, 1861.

3. *Notice sur les cartes du mouvement du transport en Belgique*. A. Belpaire, ingénieur des ponts et chaussées; Bruxelles, 1841.

lés non-seulement pour l'ingéniosité de leur conception, mais en raison de l'utilité extrême qu'ils présentent pour évaluer le produit des différentes lignes ferrées. La figure 32 représente un des tableaux de Minard. Sur l'axe des abscisses, on prend un nombre de divisions égal au nombre des tronçons qu'il s'agit d'étudier et de longueurs proportionnelles à ces tronçons; il y en a cinq entre Lyon et Saint-Étienne. Sur l'axe des ordonnées, on compte le nombre de tonnes de marchandises qui passent en un mois, et l'on tire une ligne horizontale à une hauteur convenable pour exprimer ce nombre de tonnes. Or, il arrive que suivant que l'on considère la marchandise qui circule *en transit* ou celle qui *s'échange entre les deux stations extrêmes de chaque tronçon* l'intensité du transport a des caractères particuliers. Sur toute la longueur

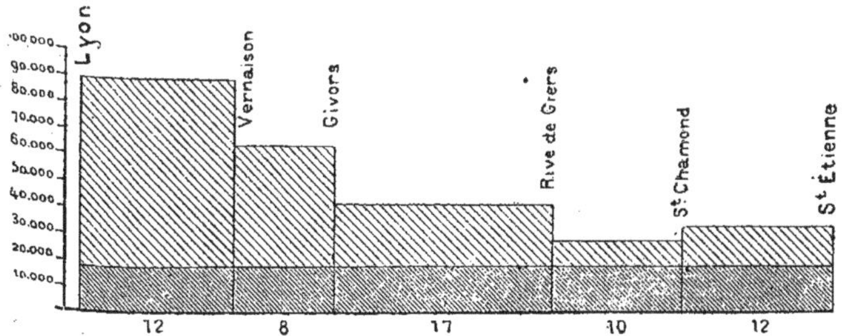

Fig. 32. Courbes exprimant l'intensité relative de la circulation des marchandises entre les différentes stations d'une ligne de chemin de fer, d'après Minard.]

de la ligne, la marchandise en transit représente nécessairement la même quantité, puisqu'elle circule nécessairement d'un bout de la ligne à l'autre. Dans le tableau 32, cette quantité est exprimée par une ligne horizontale correspondant sensiblement à 20 000 tonnes. On a teinté de hachures serrées toute la surface comprise entre la ligne du transit et l'axe des abscisses. Si, maintenant, on considère l'intensité du commerce local des différents tronçons de la ligne, on comprend que suivant l'importance commerciale des deux stations que chaque tronçon réunit l'une à l'autre, la circulation locale sera plus ou moins intense; cela s'exprime dans la figure 32 par des lignes tirées à des hauteurs différentes et dont la position est déterminée d'après les divisions des ordonnées. Ainsi, nous voyons que le tronçon de Lyon à Vernaison a une circulation dont l'intensité est de 50 000 + 20 000 de transit = 70 000 tonnes, tandis que de Rive-de-Gier à Saint-Chamond la ligne n'atteint pas 10 000 tonnes de circulation locale. Des hachures moins serrées couvrent les rectangles compris entre les divisions qui marquent chacun des tronçons de la ligne et les horizontales qui expriment l'intensité de la circulation sur ces portions du réseau. Or ces différentes surfaces teintées sont très-importantes à connaître et à mesurer, car elles sont la base sur laquelle se calcule le produit de chaque portion de la ligne[1]. Des tarifs régulièrement établis doivent percevoir des sommes proportionnelles à la quantité de marchandises et à la longueur parcourue. Or le produit de ces deux quantités l'une par l'autre est donné précisément, pour chaque tronçon de la courbe, par la surface du rectangle qui lui correspond, car la surface d'un rectangle est le produit de sa base par sa hauteur. Ce mode de représentation a été appliqué à d'autres voies de transport, aux canaux par exemple, par Comoy (1845). Les ressources de l'impression polychrome donnent une grande netteté à ces tableaux en représentant l'importance des différentes marchandises par des bandes d'épaisseurs variables, ressemblant à celles qui expriment la puissance des couches géologiques dans la représentation d'une coupe de terrain.

Courbes de la resistance des fluides.

C'est en physique surtout, que le nombre de relations à considérer étant très-grand, celui des courbes que l'on peut construire est très-grand aussi. L'expression la plus frappante de la loi de Mariotte avec les variations qu'elle présente pour les différents gaz, est assurément la courbe où les pressions étant comptées sur l'une des abscisses, les volumes des gaz comprimés sont portés sur les ordonnées.

1. Si la circulation ne portait que sur des matières de même nature, comme il arrive sur la voie qui dessert une mine, on conçoit que le tarif, étant proportionnel à la quantité transportée et au nombre de kilomètres franchis, serait précisément, pour chaque tronçon, en raison des aires ou surfaces qui leur correspondent dans le tableau. Mais, dans la pratique, il n'en est pas ainsi, et l'on doit rapporter les diverses marchandises à une commune mesure : la quantité de chaque marchandise qui représente le chargement moyen d'un wagon. Belpaire admet comme équivalents 12 voyageurs, 4 tonnes de grosses marchandises, et 2 tonnes de petite marchandise ou bagages. L'unité de transport admise depuis longtemps est la tonne de grosses marchandises, son équivalent pour les petites marchandises sera une 1/2 tonne, et pour les transports des voyageurs elle sera de 3 personnes.

Le module d'élasticité des corps de différentes natures s'exprime par la courbe de l'allongement qu'ils subissent en fonction du poids qui leur est appliqué. Wertheim a déterminé cette courbe pour différentes substances, parmi lesquelles se trouvent certains tissus organiques. D'après cet auteur, pour la plupart des tissus animaux, l'élasticité se traduirait par une courbe voisine de l'hyperbole[1].

La résistance des différents milieux fluides au mouvement des corps qui s'y meuvent s'exprime également par des courbes; celles-ci sont de forme parabolique, lorsqu'on porte sur les abscisses la vitesse, et la résistance sur les ordonnées. Dans ces conditions, la concavité de la courbe est dirigée en haut. J'ai construit expérimentalement la courbe de la résistance de l'air, à propos de recherches entreprises sur les conditions mécaniques du vol des oiseaux. Cette courbe expérimentale diffère sensiblement de celle que donne le calcul, lorsqu'on suppose que les résistances croissent proportionnellement au carré des vitesses[2].

Du même ordre sont les courbes qui expriment la perte de charge sur les différents points de la longueur d'une conduite d'eau, et pour des diamètres de plus en plus petits de cette conduite. Je dois à l'obligeance de M. Marié, ingénieur en chef de la ligne P. L. M., la communication d'une courbe de ce genre que ses dimensions trop grandes et la multiplicité des détails qu'elle renferme m'empêchent de reproduire.

Une courbe analogue pourrait, avec avantage, être appliquée aux calculs des pressions décroissantes du sang dans les artères, sous l'influence de la distance qui existe entre le cœur et le point considéré d'une part, et d'autre part, sous l'influence de la diminution de calibre des vaisseaux.

Toutefois on n'obtiendrait, au moyen de ces tableaux graphiques, qu'une évaluation fort approximative des changements qu'éprouve la pression du sang, à cause de l'incessante variabilité du calibre des vaisseaux artériels et des résistances que le sang éprouve; encore ces évaluations seraient-elles supérieures à celles qui ont été faites trop souvent par les anatomistes.

1. On appelle ainsi une courbe du second degré engendrée par l'intersection de la surface d'un cône avec un plan parallèle à deux génératrices.

2. Voyez, pour les détails de l'expérience, Marey, *Travaux de laboratoire*, 1875.

CHAPITRE IV.

L'ESPACE CONSIDÉRÉ SUIVANT DEUX DIMENSIONS SE COMBINE AVEC L'EXPRESSION GRAPHIQUE D'UNE AUTRE VARIABLE.

Expression des directions, direction des étoiles filantes. — Rose des vents, coordonnées polaires; graphique de l'intensité des vents suivant leurs directions; graphique de la durée relative de chacun d'eux; transformation de ces figures en courbes du système des coordonnées orthogonales. — Courbes des déclinaisons magnétiques. — Variations horaires; perturbations magnétiques. — Itinéraire de la campagne de Russie, 1813. — Géographie des exportations de la houille de l'Angleterre. — Activité relative de la circulation sur les différentes voies de terre, de fer et d'eau. — Cartes statistiques de l'instruction, de la criminalité, de la répartition des maladies. — Forme et étendue du champ visuel.

L'espace, considéré suivant deux dimensions, fournit des notions plus complexes que celle de longueur dont il a été question en premier lieu; les figures tracées sur un plan permettent d'exprimer : une *direction*, une *trajectoire* ou itinéraire, une *surface*. Or, à ces expressions géométriques depuis longtemps usitées, on a cherché, dans ces derniers temps, à combiner une troisième variable : l'intensité d'un phénomène qui se produit dans la direction, sur le trajet ou sur la surface qui ont été représentés sur le plan. Quelques exemples suffiront pour montrer combien sont nombreuses les applications de ce genre de représentation graphique des phénomènes.

Les *directions*, pour un observateur placé en un point déterminé, s'expriment par des rayons menés de ce point comme centre et dirigés en sens divers. C'est ainsi que la *rose des vents* partage la circonférence de l'horizon en trente-deux aires de vent dont chacune est limitée par deux rayons qui font entre eux un angle de 11°15′. Ces divisions permettent d'exprimer, avec une précision suffisante, la direction suivant laquelle souffle le vent.

Direction des étoiles filantes.

Les astronomes emploient des figures graphiques pour exprimer la direction des étoiles filantes. Lorsque la terre, dans sa translation annuelle, traverse un de ces essaims d'astéroïdes, l'observa-

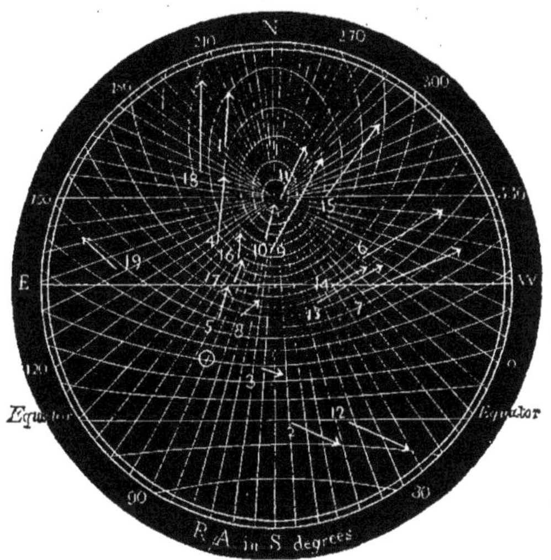

Fig. 33. Direction des étoiles filantes par rapport à un point radiant situé au voisinage de v d'Orion.

teur voit les trajectoires de ces étoiles filantes sous forme de rayons qui divergent par rapport à un point du ciel variable suivant le cas. Nous reproduisons, figure 33, l'apparence que ces différentes trajectoires présentaient à la date du 18 au 20 octobre 1876; le point radiant marqué par un cercle, correspondait à l'étoile, d'après A. Herschel, ρ d'Orion.

Courbe de la fréquence et de la direction des vents.

Veut-on exprimer l'intensité relative des vents qui, pendant une année, ont soufflé suivant les différentes directions en un lieu donné du globe : on porte, sur chacun des *rayons vecteurs* qui expriment les directions du vent, une longueur proportionnelle au maximum d'intensité avec laquelle le vent a soufflé dans cette direction, et l'on obtient une représentation saisissante du sens suivant lequel le vent souffle en tempête dans la localité où les observations ont été prises.

D'autres fois, on veut déterminer quelle est la direction ordinaire des vents dans une localité. On relève sur le registre d'observations le nombre de jours de l'année pendant lequel le vent a soufflé vers chacun des points de l'horizon, puis, portant sur chaque rayon vecteur une longueur proportionnelle au nombre de jours où le vent a soufflé dans la direction qu'il exprime, on obtient (fig. 34)

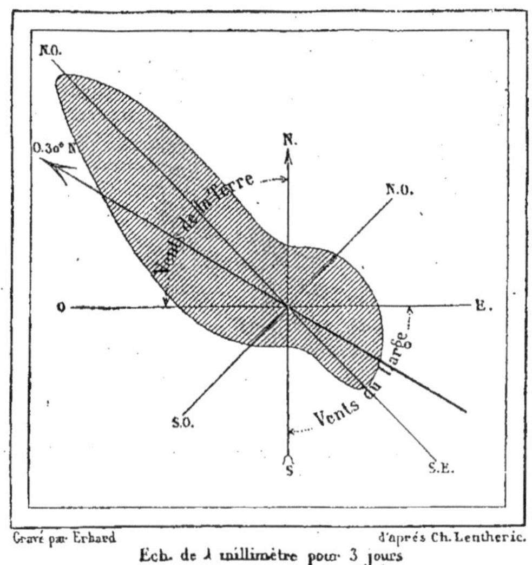

Fig. 34. Courbes exprimant la fréquence relative des différents vents à Aigues-Mortes.

une courbe du même genre que celle dont nous venons de parler, mais dont la signification est tout autre. Cette figure montre d'une manière frappante la prédominance des vents de terre dans cette localité où le mistral souffle si fréquemment.

Les deux sortes de figures dont on vient de parler n'appartiennent plus au système de coordonnées orthogonales que jusqu'ici nous avions exclusivement rencontrées ; les courbes des fréquences et des intensités du vent suivant ses directions diverses appartiennent au système des *coordonnées polaires* qui semble se prêter avec une facilité merveilleuse à exprimer les directions. Mais si l'on considère que cette sorte de courbes ne permet pas de montrer comment les phénomènes qu'elle exprime se sont succédé dans le temps, on reconnaîtra la nécessité de modifier le genre d'expression de la direction des vents et de le ramener au système des coordonnées orthogonales au moyen d'un petit artifice.

Imaginons que le cercle dont les différents degrés correspondaient chacun à une direction du vent, soit coupé sur un point de sa circonférence, et celle-ci déroulée de manière à former une ligne droite. Chacune des divisions angulaires de 11° 15′ deviendra une division d'une échelle rectiligne qui sera prise pour abscisse dans la construction nouvelle, tandis que les temps seront comptés en heures et en jours sur l'axe des ordonnées.

L'avantage de ce mode d'expression graphique, dans lequel il est tenu compte du moment de chaque variation, est trop évident pour qu'il soit besoin de le faire ressortir. En effet, si l'on ne tenait pas compte du temps dans la représentation de ces phénomènes météorologiques, comment pourrait-on estimer la vitesse avec laquelle un vent d'orage se transporte sur la surface terrestre? Cette estimation devient très-facile, au contraire, quand on compare des tracés pris en des stations différentes, et dans lesquels il est tenu compte de l'heure et de la minute où s'est produit certain coup de vent qui a été signalé dans les différentes stations. Ces avantages seront plus frappants encore si nous considérons les courbes qui expriment les variations de la boussole étudiées simultanément en différents observatoires.

Dans chaque observatoire, on relève, à courts intervalles, les variations que présentent l'intensité du magnétisme terrestre, l'inclinaison de l'aiguille aimantée et sa déclinaison, c'est-à-dire l'angle qu'elle fait avec le méridien du lieu. Ces mesures varient d'une manière incessante; maintes causes agissent sur l'orientation de l'axe magnétique du globe qui, dans son agitation continuelle, traduit à la fois les mouvements de la terre et les phénomènes qui se passent dans le soleil. Voici comment, avec des courbes, on exprime ces variations.

Courbes de la déclinaison magnétique.

La déclinaison magnétique, c'est-à-dire de l'angle que l'aiguille aimantée fait avec le méridien terrestre, présente des variations diverses de toute sorte. Les unes diurnes, qui, sauf le cas d'orages magnétiques, ne dépassent guère 15 ou 20 minutes d'arc ; d'autres dont la durée est d'une année, et dont les phases coïncident avec les solstices et les équinoxes. Enfin, une longue oscillation séculaire, dont la période est d'environ quatre cents ans, fait passer alternativement le méridien magnétique de plus de 20° à l'est et à l'ouest du méridien terrestre.

Toutes ces variations de la déclinaison magnétique exigeraient, pour être exprimées en coordonnées polaires, une série de figures prises à intervalles déterminés ; encore n'atteindrait-on jamais, au moyen de ces figures multiples, à la clarté d'expression que

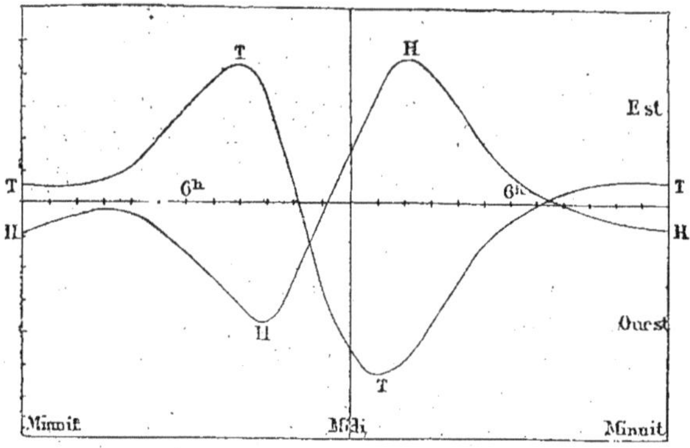

Fig. 35. Variations horaires de la déclinaison magnétique, inscrites comparativement dans les deux hémisphères, d'après Radau.

les courbes de déclinaison présentent quand elles sont tracées suivant le système des coordonnées orthogonales.

La figure 35 représente les variations diverses et la déclinaison magnétique observées simultanément dans les deux hémisphères : à Toronto (46° de latitude sud), et à Hobarton (43° de latitude nord). Les mouvements oscillatoires, dont l'amplitude est de quelques minutes seulement, se font alternativement dans la direction de l'est à l'ouest et de l'ouest à l'est ; en outre, ils affectent des sens différents, suivant l'hémisphère dans lequel ils sont observés.

La ligne T, suivie de gauche à droite, montre qu'à Toronto, dans l'hémisphère nord, le pôle nord de l'aiguille se déplace vers l'ouest, depuis huit heures du matin jusqu'à une heure ou deux de l'après-midi ; puis, l'aiguille revient sur ses pas avec une vitesse qui se ralentit beaucoup après le coucher du soleil.

En suivant les sinuosités de la ligne tracée à Hobarton, on voit que, dans l'hémisphère sud, la déclinaison magnétique présente des phases absolument inverses.

Outre ces variations diverses, la déclinaison magnétique subit, sous l'influence des *orages magnétiques*, des perturbations qui se reproduisent simultanément, avec les mêmes phases, en tous les points situés sur un même méridien magnétique. Ainsi, dans l'orage qui eut lieu du 28 au 29 mai 1841, trois villes, situées sensiblement sur le même méridien magnétique, Upsal, Gœttingue et Milan, éprouvèrent simultanément les mêmes variations de la dé-

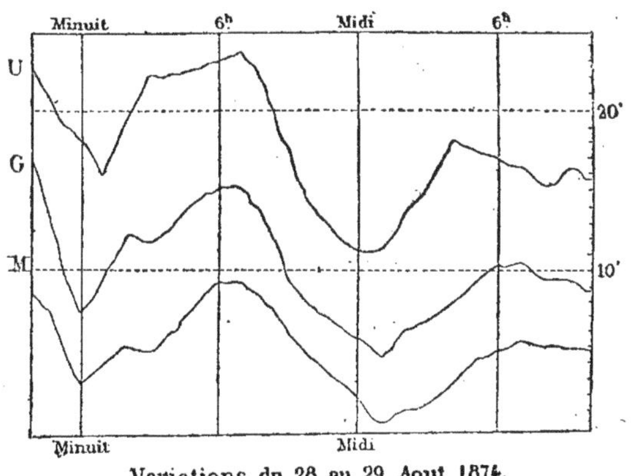

Fig. 36. Variations de la déclinaison magnétique, observées simultanément à Upsal, Gœttingue et Milan, d'après Radau.

clinaison magnétique; seulement, la variation, comme cela s'observe toujours, était plus forte pour les stations les plus septentrionales (figure 36).

Quelle idée se ferait-on des changements éprouvés par le magnétisme terrestre si l'on n'avait, pour les exprimer, que d'arides colonnes de chiffres, au lieu de ces courbes que l'on peut comparer par supposition, et qui montrent en un instant ce qui se passe en divers points du globe?

Représentation graphique d'un itinéraire.

Un *itinéraire*, ou trajet, est encore une des notions que fournit la géométrie plane, celle qui considère l'espace suivant deux dimensions. L'expression naturelle d'un parcours est une ligne tracée sur une carte de géographie, et dont les inflexions diverses réunissent entre elles tous les points qui ont été parcourus. Or, à la notion fournie par une telle ligne peut s'en ajouter une autre, l'indication d'un changement qui s'est produit pendant la durée du parcours. Un exemple saisissant de ce mode de représentation géographique est donné par la figure 37. C'est l'itinéraire de l'armée française pendant la campagne de Russie 1812-13, dressé par Minard. Cette figure, construite au moyen de documents statistiques patiemment recueillis à différentes sources, traduit l'amoindrissement graduel de l'armée par le rétrécissement incessant d'une zone dont la largeur exprime le nombre des soldats de Napoléon. D'abord largement établie sur les rives du Niemen, cette bande représente le front d'une grande armée, qui s'avance : 422 000 hommes la composaient. Puis, à mesure qu'elle marche, cette armée s'amoindrit, la bande se resserre ; arrivée à Moscou, elle est réduite des trois quarts de son contingent. Alors le désastre commence. La bande, teintée de noir, traduit les étapes du retour ; elle s'amincit toujours, et quand elle est arrivée à son point de départ, ce n'est plus qu'un petit fil noir. Il n'est pas revenu un soldat sur cent. Sur tout ce long parcours, les noms écrits sur la carte évoquent le souvenir de sinistres épisodes, et au bas de la carte l'échelle des variations du thermomètre Réaumur explique douloureusement chaque phase de cette immense destruction d'hommes.

Minard a plusieurs fois employé le même mode d'expression pour montrer la marche des armées et les pertes qu'elles subissent en route ; il a figuré de cette manière l'itinéraire de la *retraite des Dix Mille ;* ailleurs, il montre l'armée d'Annibal débarquant d'Espagne, traversant les Gaules, franchissant le Rhône et les Alpes, et envahissant l'Italie. Toujours il arrive à des effets saisissants, mais nulle part la représentation graphique de la marche des armées n'atteint ce degré de brutale éloquence qui, dans la figure 37, semble défier la plume de l'historien.

Trajet aérien d'un ballon.

L'ascension tristement célèbre du ballon *le Zénith* a été représentée dans la figure 38 par Gaston Tissandier, le survivant de

CARTE FIGURATIVE des pertes successives en hommes de l'Armée Française dans la campagne de Russie 1812-1813.
Dressée par M. Minard, Inspecteur Général des Ponts et Chaussées en retraite.
MOSCOU
Polotzk
Witebsk
Orscha
Mojaisk
Wizma
Smorgoni
Molodezno
Minsk
Botr
Mohilow
Wilna
Kowno
Lieues communes de France
0
25
50
75
TABLEAU GRAPHIQUE de la température en degrés du thermomètre de Réaumur au dessous de zéro
Pluie 24 8bre
− 9° le 9 9bre
− 21° le 14 9bre
− 11°
− 20° le 28 9bre
− 30° le 6 Xbre

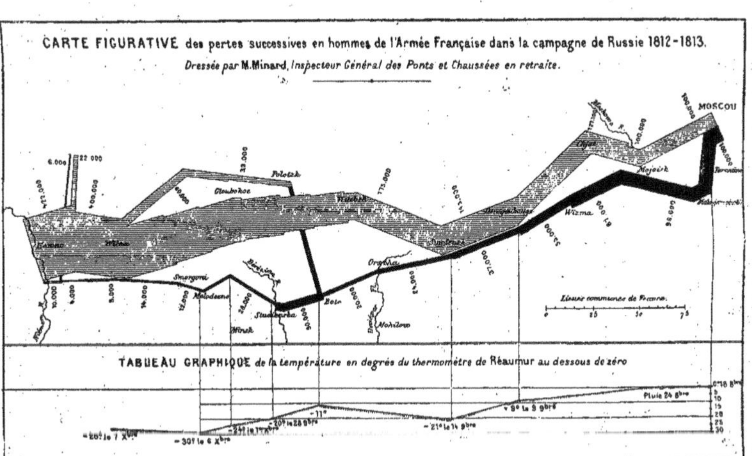

Fig 87.

cette hardie expédition. Cette courbe représente les hauteurs atteintes en fonction du temps. En même temps, on peut suivre l'itinéraire du ballon à travers une sorte de topographie de l'atmosphère où des stratifications de nuages et de buées sont disposées à des hauteurs variables. Les aéronautes fondent ainsi la science

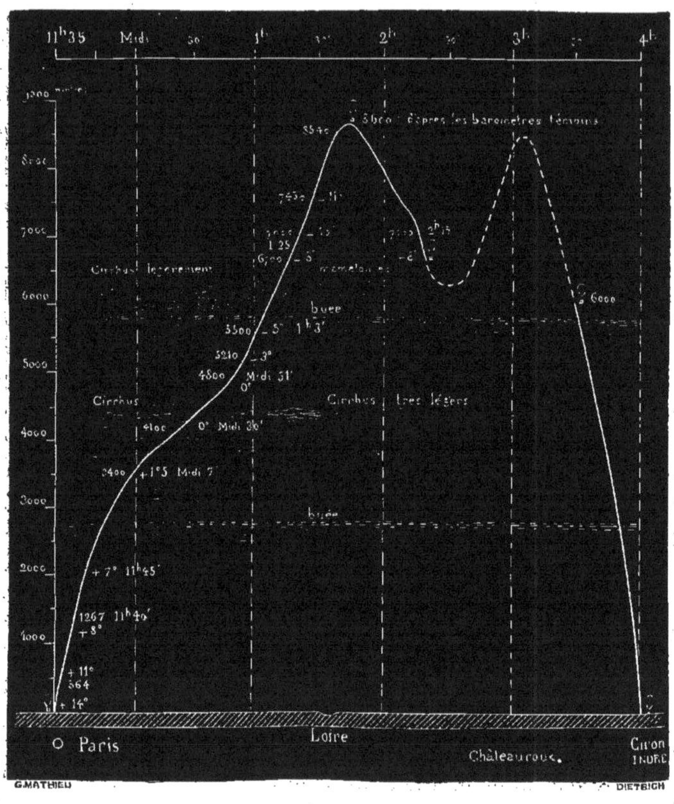

Fig. 38. Diagramme de l'ascension du ballon *le Zénith* à grande hauteur, 15 avril 1875.

météorologique, en ce qui touche à la constitution de l'atmosphère et aux températures à diverses hauteurs.

Dans la figure 38 la courbe est tracée en fonction de la hauteur et du temps, on a donc sacrifié les indications des distances parcourues et l'itinéraire suivi relativement à la surface terrestre.

D'autres plans publiés par G. Tissandier [1] fournissent les deux trajectoires à la fois. A l'inspection de ces deux courbes, on peut, pour chaque instant, déterminer la position du ballon dans l'espace : à l'intersection d'une verticale qui s'élèverait du point de la trajectoire terrestre jusqu'à la hauteur mesurée sur la courbe des altitudes. Dans ces plans, les temps ne sont plus considérés que d'une manière accessoire, les heures sont cotées sur les courbes à des distances qui varient entre elles suivant la force du vent.

Rien de plus instructif que l'étude de ces plans à double courbe où l'on suit si bien, d'après les inflexions de la trajectoire du ballon, tous les changements dans la force et la direction des mouvements de l'air à différentes altitudes.

Cartes figuratives du commerce.

Dans un autre ordre de phénomènes, les cartes figuratives constituent encore un précieux mode de représentation. Ainsi, pour exprimer le trajet que suivent certains produits que le commerce transporte, en grande quantité vers certains pays, en faible quantité vers certains autres. Une carte de Minard que j'ai sous les yeux représente la répartition de la houille exportée d'Angleterre pendant l'année 1850.

Sur un planisphère assez grossièrement figuré, on voit l'Angleterre qui, de tous les points de son littoral, lance sur le monde, en toute direction, comme les bras d'un poulpe immense, de noirs rubans dont chacun, par sa largeur, exprime, en milliers de tonnes, la quantité de houille qui a fait un certain trajet. De ces bras, l'un vient s'abattre sur les côtes de France, sa puissance est de cinq cent quatre-vingt-treize mille tonneaux. Un autre bras énorme s'engage dans la mer du Nord, et se ramifie pour fournir à toutes les puissances qui ont des ports sur cette mer.

Un bras de 419 mille tonneaux entre par Gibraltar et s'éparpille entre toutes les stations méditerranéennes, tandis que de longs tentacules vont toucher la côte orientale de l'Amérique, et s'avancent même, en doublant les caps, jusque sur les rives du Pacifique ou de l'océan Indien.

Cette magnifique représentation de l'activité commerciale et des

1. « La Nature, » 1875, p. 297.

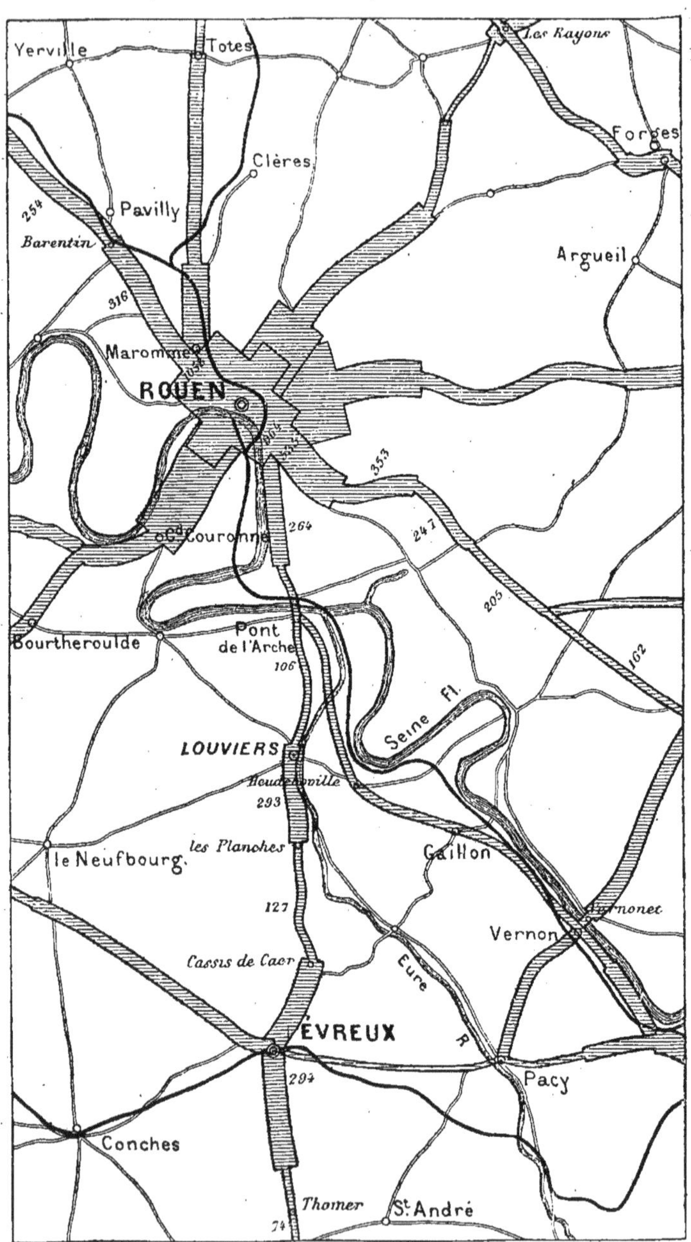

Fig. 39. Tableau graphique de la circulation sur différentes routes. Extrait de la Carte routière de France, dressée d'après le système de Minard.

voies qu'elle suit de préférence est aujourd'hui très-répandue chez nous. Pour toutes les principales routes de France des recensements ont été faits qui ont établi quel chiffre de voitures circulait annuellement sur chacune d'elles, de sorte qu'on a pu, d'après le système de l'ingénieur Minard, dresser la carte routière de France avec l'activité relative de la circulation de chaque voie de terre. Un chiffre donne la détermination précise des intensités relatives de cette circulation commerciale sur les différents chemins. C'est à cette carte que nous empruntons la figure 39, qui correspond à la région comprise entre Rouen et Évreux. L'importance de la circulation sur les différentes routes est exprimée par la largeur de celles-ci. Dans le voisinage des villes et surtout des villes très-peuplées, cette circulation présente une grande intensité. Le chiffre 294 est obtenu dans le voisinage d'Évreux ; à Rouen, la circulation sur la principale route s'élève à 1058 et diminue graduellement en passant par les chiffres 964, 535, 353, 247, 205 et 162, à mesure qu'on s'éloigne de la ville.

Les canaux et les chemins de fer de la Belgique[1] ont aussi la carte figurative de leur activité commerciale. Enfin les chemins de fer français emploient des cartes de ce genre, tantôt pour l'ensemble de leur réseau, tantôt pour mettre en relief un phénomène local du mouvement commercial [2].

Ce mode de représentation graphique s'impose de lui-même pour l'établissement de cartes sur lesquelles on veut représenter le rayon d'action des forts, dont le tir étend sa portée à des distances variables en divers sens, suivant le calibre de ses canons ou suivant les niveaux du terrain.

Le rayon d'action des phares se représente de même par des cercles plus ou moins étendus, précisant la hauteur des phares et la puissance de leurs feux. En figurant ainsi les côtes maritimes d'un pays bien éclairé, on constate que tous les cercles, dont chacun exprime les limites du rayonnement d'un phare, se coupent entre eux et qu'il n'est pas un point du littoral où un navire puisse approcher des côtes ou d'écueils dangereux sans en être averti par les feux du rivage.

1. Minard, d'après les documents recueillis par A. Belpaire, *Sur la circulation des chemins de fer et canaux de la Belgique*, in-plano, 1847.

2. Comme exemple de ce mode de représentation, on peut citer la Carte figurative des recettes brutes des chemins de fer français, dressée par le bureau de la statistique centrale des chemins de fer, au Ministère des travaux publics ; direction générale des ponts et chaussées et des chemins de fer.

Enfin, le rayon d'extension relative du commerce des différents centres manufacturiers se représente parfois de la même manière [1].

Cartes géographiques teintées.

Les *surfaces terrestres* représentées par des cartes ont encore été employées d'une autre manière pour les besoins de la statistique. Au moyen de cartes teintées inégalement suivant les régions, on exprime les différences d'intensité d'un phénomène dans les différents lieux représentés sur cette carte.

Dans les cartes les plus anciennes, on voit figurer, pour chaque pays, les animaux ou les plantes qu'il produit et qui en sont comme le caractère. De nos jours on a poussé très-loin ce mode de représentations. Ainsi, les cartes géologiques, au moyen de teintes de différentes couleurs, montrent la répartition des différentes roches sur les diverses parties du territoire. Ailleurs, des cartes agricoles montrent comment se répartissent les différentes cultures.

Toute statistique dans laquelle on compare entre eux deux pays ou deux provinces, emprunte à la méthode de Ch. Dupin des cartes figuratives où, d'après la valeur des teintes plus ou moins foncées qui couvrent chaque région, on peut juger de l'intensité que présente, en divers points, le phénomène physique ou social qu'elles représentent.

La figure 40 montre d'après A. Balby et A. M. Guerry la statistique comparée de la criminalité pour les différents départements de la France en 1825, — 26 et 27. Pour définir mieux et plus complétement que par l'intensité des teintes, les rapports qu'il s'agit d'exprimer, on a l'habitude d'inscrire, au milieu de chaque région, un chiffre qui exprime combien de cas sur 1000 ont été signalés dans les relevés statistiques. Ce mode de représentation s'est étendu à un grand nombre de phénomènes sociaux. Ainsi, les statistiques du paupérisme, de la longévité relative, de la mortalité des enfants aux différents âges [2], du développement de

1. Un centre manufacturier a, pour ainsi dire, une région d'un rayon déterminé, au delà de laquelle il ne peut envoyer ses produits, de même qu'un fort a un rayon limité pour son tir. Ce qui limite la portée des produits d'une usine, ce sont les frais de transport qui l'empêchent de lutter avec avantage contre une usine rivale située en un autre pays.

2. Bertillon, *Démographie figurée de la France*, section B, 3e série.

l'instruction, etc., ont fourni autant de cartes figuratives construites sur le même principe [1].

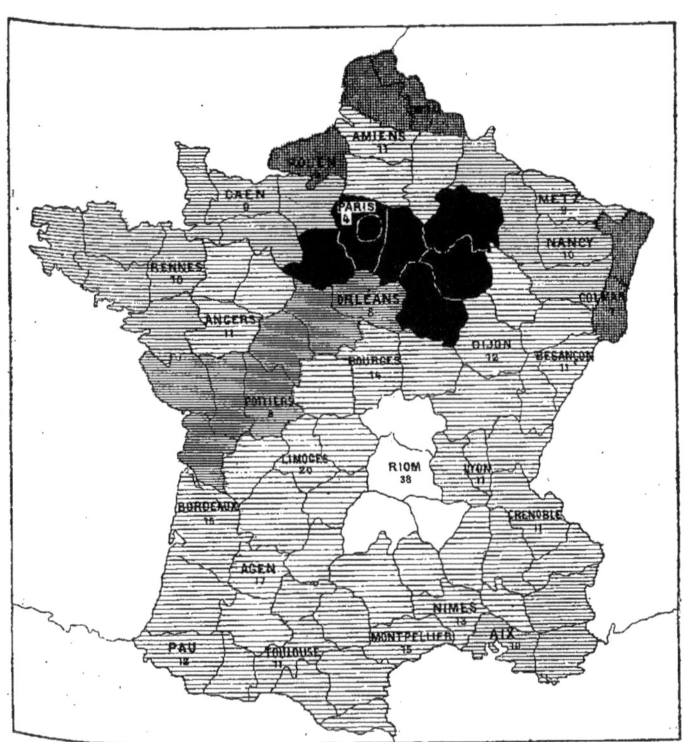

Fig. 40. Carte statistique du nombre des crimes commis dans les divers arrondissements des Cours royales de France en 1825 1826 et 1827, d'après Balby et Guerry. (Cette carte correspond aus nombre des crimes contre la propriété; les chiffres indiquent pour combien de mille habitants s'est trouvé un condamné.)

La comparaison de plusieurs cartes statistiques donne lieu à

1. On trouve, dans la *Géographie universelle* de É. Reclus, t. II, des Cartes exprimant par des teintes locales :
La répartition des habitants en France, p. 844 ;
La récolte du froment dans les différentes régions, d'après Penon, p. 847 ;
La production vinicole, p. 849 ;
La surface des prairies artificielles ou naturelles, p. 851 ;
Le produit moyen des différentes cultures, la vigne exceptée, d'après Delesse ;
Le développement de l'instruction primaire, d'après Levasseur, p. 889 ;
Les langues de France et leur répartition, p. 913.
La plupart de ces cartes sont empruntées aux publications du ministère de l'agriculture et du commerce.

d'utiles observations, témoin cette remarque consolante : que les départements où l'instruction est la plus répandue sont ceux où la criminalité présente ses minima.

Une branche des plus intéressantes de la statistique, est celle qu'on appelle la Géographie médicale; elle étudie la répartition géographique de certaines maladies ou de certaines infirmités. C'est surtout aux efforts des médecins militaires qu'on doit le développement de la Géographie médicale et la construction de cartes nombreuses, dont les unes se rapportent à la hauteur moyenne de la taille [1], les autres à la fréquence de certaines infirmités, comme la myopie [2]. Ailleurs c'est la mauvaise denture qu'on a considérée [3], ou bien les hernies [4], les varices et le varicocèle [5], les teignes [6], l'ivrognerie [7], etc.

Ces différentes cartes, malgré le grand intérêt qu'elles présentent, ont, à certains égards, grand besoin d'être perfectionnées.

Et d'abord, l'origine même des documents d'après lesquels elles sont dressées donne quelque chose de factice à la répartition des infirmités ou des maladies qui sont représentées sur ces cartes: c'est l'examen des conscrits qui a donné lieu aux rapports médiaux sur lesquels sont basées toutes ces statistiques. Aussi est-ce par départements que ces documents se groupent le plus souvent, sans désignation d'arrondissements, de cantons ou de communes où certaine infirmité sévirait d'une manière plus ou moins intense; de telle sorte qu'on peut imaginer qu'un département portant la teinte d'intensité moyenne renferme réellement, l'une à côté de l'autre, les deux régions extrêmes de fréquence et d'immunité pour une certaine maladie [8].

1. Broca, *Recherches sur l'ethnologie de la France* (Mémoires de la Société d'Anthropologie, t. I, p. 1, 1860-63). — G. Lagneau, *Répartition géographique de certaines infirmités en France.*

2. Boudin, *Traité de géographie et de statistique médicales*, t. II, p. 589.

3. Boudin, *loc. cit.*, p. 431. — Magitot, *Bullet. de la Soc. d'Anthropologie*, 2e série, t. II, p. 71.

4. Boudin, *loc. cit.*, p. 551.

5. Sistach, *Gaz. méd. de Paris*, 1863, p. 725.

6. J. Bergeron, *Répartition des teignes dans les différents départements de la France.* Paris, 1865.

7. Lunier, *Production et consommation des boissons alcooliques en France*, Paris, 1877.

8. Déjà, sur certains points isolés de la France, des recherches ont été faites pour localiser plus complètement les répartitions ethnologiques. Une carte à quatre teintes a été dressée par le docteur Guibert, pour déterminer dans le département des Côtes-du-Nord quels sont les cantons qui présentent la plus forte proportion de sujets réformés

Enfin, le procédé même qui consiste à teinter à des degrés divers les surfaces géographiques est insuffisant à exprimer les relations variées que fournit la statistique. A peine trois ou quatre teintes peuvent-elles être employées, déterminant ainsi trois ou quatre degrés d'intensité d'un phénomène dont les chiffres inscrits sur la carte devront spécifier la véritable valeur. Mais ces chiffres eux-mêmes perdent leur valeur à mesure qu'ils se multiplient, car ils amènent une grande confusion dans la représentation du phénomène. Aussi est-il désirable de voir généraliser l'emploi d'un mode de représentation qui réunit à la fois la précision et la clarté. Nous voulons parler des courbes d'*égal élément*, dont l'application à la représentation du niveau terrestre est déjà ancienne, mais que L. Lalanne a eu l'heureuse idée d'appliquer à la représentation d'un phénomène quelconque, étudié en divers lieux d'une manière comparative. Nous en parlerons dans le prochain chapitre.

Répartition de la sensibilité tactile ; forme et étendue du champ visuel.

Les physiologistes et les médecins ont déterminé topographiquement les différents degrés de la sensibilité cutanée ; pour les uns, il s'agissait de savoir en quels points le tact est le plus subtil ; tandis que pour les autres il fallait déterminer le siége et l'étendue de régions ou la sensibilité à la douleur avait disparu. Le moyen employé pour estimer le degré d'acuité du tact fut le suivant : un compas à deux pointes est appliqué sur la peau à laquelle il donne la sensation d'une double piqûre, si les pointes sont suffisamment écartées. Or dans certains points où le tact est peu exercé, il faut écarter beaucoup les deux pointes l'une de l'autre, pour que le patient perçoive la double piqûre. De sorte que le degré de sensibilité du tact sera en raison inverse de la distance des pointes, qui permet de percevoir la double sensation. En d'autres termes, plus une région sera sensible, plus on pourra rapprocher les deux pointes sans cesser de distinguer la double sensation de piqûre.

pour défaut de taille. — Guibert, *Ethnologie armoricaine*. (Extrait des mémoires du Congrès celtique international.)

Sur une statuette, on déterminera pour chaque point du corps, l'écartement nécessaire pour que la double sensation existe. Cet écartement se traduit par la longueur plus ou moins grande d'un trait dont les extrémités correspondraient aux deux points piqués.

On peut sur la statuette tracer en chaque région, des cercles ayant pour diamètre l'ouverture de compas nécessaire pour donner en ce lieu la double sensation. Quand ces cercles sont tracés

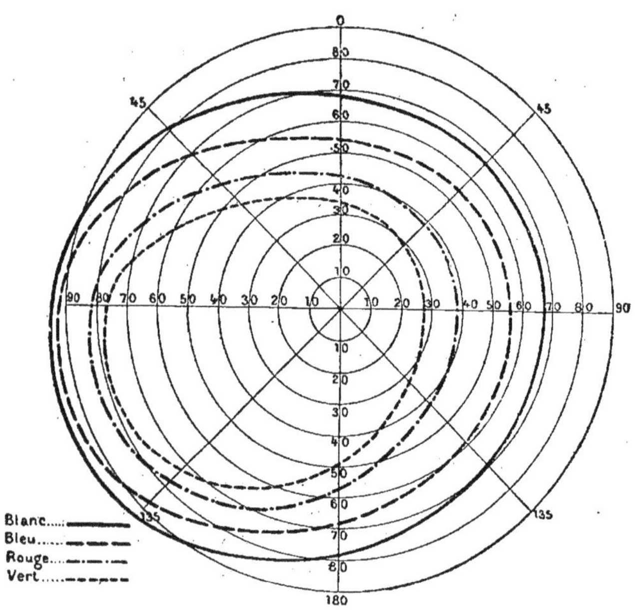

Fig. 41. Régions sensibles de la rétine. La sensibilité aux différentes couleurs est limitée par des courbes concentriques.

on constate que les différentes régions du corps présentent des degrés très-variés de sensibilité tactile et que ce sont précisément les points le plus fréquemment soumis aux impressions du tact, ceux dont l'éducation a eu l'occasion de se faire, qui ont le tact le plus développé.

Ces résultats coïncident avec ceux que Bloch a obtenus relativement à l'aptitude plus ou moins grande des différentes parties du corps pour distinguer l'une de l'autre deux impressions successives, deux coups d'induction par exemple ou deux frottements mécaniques. Dans les deux cas, les régions exercées au toucher sont les plus aptes à distinguer deux sensations rapprochées l'une de l'autre, soit par le temps, soit par les distances.

La mesure de la sensibilité ou la douleur se fait au moyen de piqûres qui tantôt ne sont pas perçues par le patient, tantôt sont perçues. On localise ainsi les régions dépourvues de sensibilité, et si l'on trace sur la peau le contour de la région qu'on a trouvée insensible, on obtient ce qu'on appelle l'étendue d'une surface analgésique. Cette étendue varie souvent d'un moment à l'autre chez les malades, on en peut étudier l'accroissement ou la diminution.

Les ophthalmologistes recourent à un procédé analogue pour délimiter le champ visuel dans chacun des yeux. Ce champ est borné, pour chaque œil, par le contour de l'orbite et par les saillies plus ou moins prononcées du nez ou de l'arcade sourcilière.

D'autres fois, ils tracent la limite de la région rétinienne qui est sensible à chacune des couleurs du spectre. La figure 41 extraite d'un ouvrage du docteur Landolt montre qu'une série de courbes concentriques limite, dans la rétine, la région impressionnable aux différentes couleurs. La légende qui accompagne cette figure suffit pour en faire comprendre la signification.

CHAPITRE V.

DES COURBES D'ÉGAL ÉLÉMENT.

Mode de construction de ces courbes. — Application à la représentation des altitudes sur les plans topographiques; courbes d'égal niveau. — Courbes d'égale profondeur des mers. — Courbes d'égal niveau atmosphérique. — Statistiques géographiques traduites par des courbes d'égal élément. — Lignes isothermes, isochimènes, isothères. — Courbes d'égales déclinaison et inclinaison magnétique. — Courbes d'égale population. — Courbes des hauteurs de marées en un lieu pendant une série de jours. — Courbes des températures à chaque heure du jour pendant l'année. — Dromographe sidéral. — Des tables graphiques employées comme instruments de calcul; anamorphose géométrique.

Ces courbes ont pour objet de représenter une notion plus compliquée que celles dont il a été question jusqu'ici. Elles servent à exprimer les variations d'une grandeur en fonction de deux variables indépendantes.

Pour prendre à titre d'exemple le cas le plus simple, considérons les courbes d'*égal niveau* dont on se sert pour exprimer les variations de la hauteur ou altitude, en fonction de la latitude et de la longitude terrestre.

Courbes d'égal niveau.

Sur chaque point dont la position sera déterminée par les deux coordonnées géographiques, notons, au moyen d'un chiffre, l'altitude du sol, et quand le plan sera couvert d'une série de ces notations suffisamment rapprochées les unes des autres, joignons entre eux, par une ligne, tous les points qui présentent une certaine altitude; puis, répétons cette opération pour toutes les altitudes diverses qui sont indiquées sur le plan: nous aurons construit les courbes d'égal niveau terrestre. Cette construction nous donnera

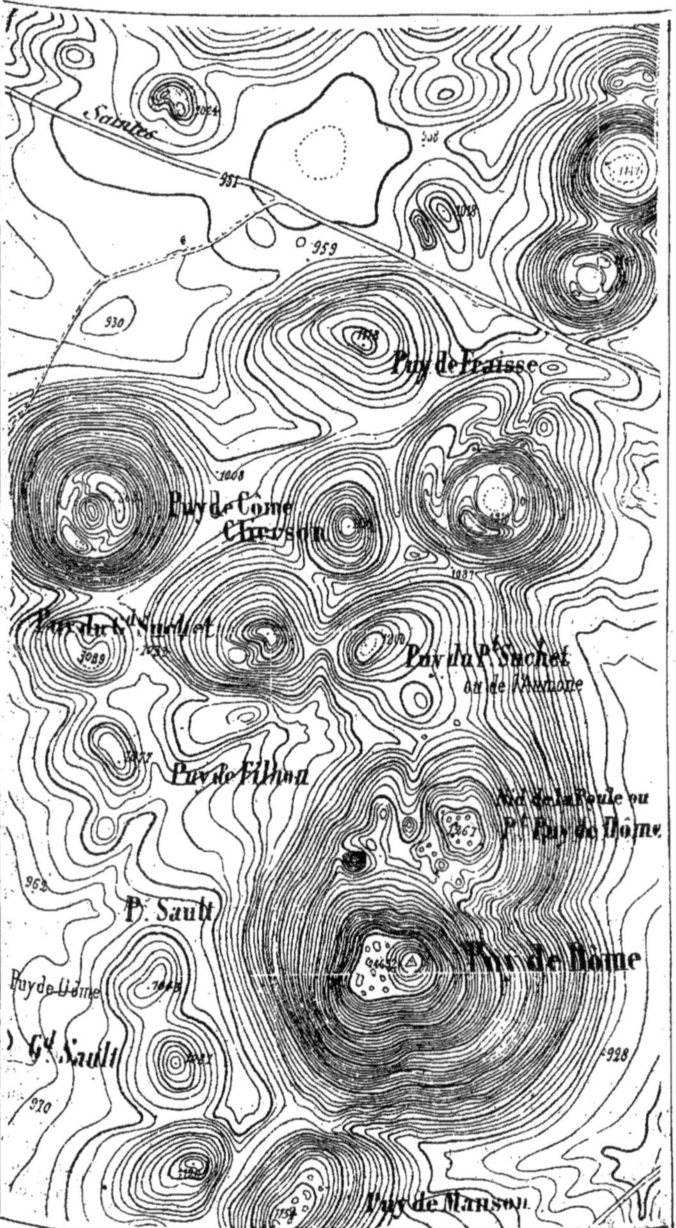

Fig. 42. Carte de la région des Puys en Auvergne, exprimant les altitudes sur des courbes d'égal niveau, de 10 en 10 mètres, d'après Bardin.

la représentation du relief du terrain, au même titre qu'un plan en relief dont elle constitue, en définitive, la projection sur un plan.

Tout le monde a vu ces plans en relief formés de feuilles de carton découpées et superposées en assises irrégulières, de manière à imiter les mouvements de terrains d'un pays montagneux.

Chacune de ces assises, épaisse par exemple d'un millimètre, correspond à une différence de niveau de 10 mètres sur le terrain; de telle sorte qu'une colline ayant 60 mètres de haut sera représentée par l'entassement de six feuilles découpées, de grandeurs décroissantes. Or, pour chacune de ces assises horizontales, les sinuosités de son contour représentent des courbes d'égal niveau qui, vues d'en haut, apparaîtront comme des courbes irrégulières, concentriques les unes aux autres, les plus grandes correspondant aux niveaux peu élevés, les plus petites aux grandes altitudes.

On voit, figure 42 [1], la représentation d'une carte où les courbes d'égal niveau sont tracées de 10 en 10 mètres et marquées d'une manière plus distincte de 50 en 50 mètres. Un peu d'habitude de ce mode de représentation suffit pour qu'on acquière du premier coup d'œil une notion très-nette des mouvements des terrains représentés.

Ainsi, par l'artifice des courbes d'égal niveau, on peut obtenir, sur un plan, des mesures de l'espace considéré suivant trois dimensions comme nous l'avons annoncé dans le chapitre premier.

Il paraît que l'emploi de ce genre de courbes remonte à une date fort éloignée. Au seizième siècle, J. Bassantin appliquait au calcul du mouvement des astres des courbes d'égal élément [2].

Au siècle suivant, furent publiées en Hollande des cartes sur lesquelles des courbes d'égal niveau montraient les légères inclinaisons du terrain et servaient à calculer la pente des eaux dans ce pays sillonné de canaux [3].

1. Pour exprimer la formation des courbes d'égal niveau, on peut aussi imaginer qu'un plan en relief ait été sculpté dans un bloc formé de feuilles blanches d'égale épaisseur, dont les assises soient reliées entre elles au moyen d'une substance noire. Sur chacune des pentes de terrain paraîtra une série de lignes noires marquant la transition entre deux feuilles successives, c'est-à-dire un changement de niveau. Vu d'en haut, ce plan en relief accusera par des contours de figures variées les courbes d'égal niveau.

2. *Astronomique discours* de Jacques Bassantin, Écossois. Lion, chez Jan de Tovrnes, 1557, in-folio.

3. Dans un ouvrage intitulé *l'Art du fontainier*, par le P. Jean-François, de la

Le géographe français Ph. Buache, dans son *Essai de géographie physique*, inséré dans les Mémoires de l'Académie des sciences pour 1752, formule le principe de ce mode de représentation, dont il avait soumis les premières applications à l'Académie dès l'année 1737. Les cartes de Buache sont dressées d'après l'emploi des sondes pour déterminer les profondeurs de la mer.

En 1780, Ducarla, professeur français établi à Genève, étendit aux reliefs terrestres le système de courbes de niveaux que Buache avait principalement appliqué aux profondeurs marines[1] tout en indiquant nettement la possibilité de cette extension aux parties solides du globe. Il semble toutefois que l'emploi de cette méthode se soit peu répandu en France, car en 1804 elle fut présentée comme une invention nouvelle par Dupain-Triel[2].

Certaines cartes de l'État-Major sont dressées aujourd'hui d'après cet excellent système, qui ne tardera pas, sans doute, à pénétrer dans l'enseignement classique de la géographie, concurremment avec les plans en relief.

Ces courbes ne s'appliquent pas seulement à l'expression des altitudes terrestres, mais elles se prêtent également bien à la détermination de la profondeur des mers. C'est même à l'expression de ces profondeurs qu'elles furent appliquées tout d'abord comme nous l'avons dit précédemment. On conçoit que la nécessité de connaître avec précision les fonds sur lesquels on navigue, ait dû faire dresser des cartes où les profondeurs mesurées, à la sonde, furent indiquées. Il semble que dès lors il n'y avait pas un grand effort à faire pour tracer les limites de la partie navigable, en joignant par un trait les points qui présentent trop peu de profondeur. Cependant, cette application aux cartes maritimes n'est ni très-ancienne, ni générale.

Compagnie de Jésus, 2e édit., 1665, on trouve la citation suivante, folio 25 : « En Hollande plusieurs terres retenant le limon et la graisse ont perdu par cette pratique (le drainage) la plus grande quantité d'eau dont elles étaient noyées ; et paient maintenant avec excès à leurs propriétaires, par l'abondance des fruits qu'elles portent, les frais qu'on a fait à les dessécher. Dans les cartes de la province de Hollande on les dépeint par des lignes parallèles pour monstrer les seillons, et d'autres traversantes pour monstrer les fossez par où on vuide l'eau. »

1. *Expression des nivellements*, ou méthode nouvelle pour marquer sur les cartes terrestres et marines les hauteurs et la configuration des terrains. Paris, 1782.

2. *Méthode nouvelle de nivellement*, présentant des moyens exacts et pratiques d'exprimer ensemble sur les plans et les cartes les dimensions horizontales et verticales des objets (avec une carte comme spécimen), par Dupain-Triel, an XII.

Une invention plus tardive, mais qui réalise une admirable conception des météorologistes, est celle des cartes où l'état atmosphérique est représenté, à un instant déterminé, au moyen des courbes d'égale pression barométrique.

Courbes d'égal niveau atmosphérique.

Comme la hauteur du baromètre est, en certaine mesure, l'expression de la hauteur de l'atmosphère en chaque point du globe, une carte sur laquelle sont figurées les courbes *isobares*, offre de grandes analogies avec les cartes des marées. Elle exprime, en quelque sorte, l'état de la surface de l'atmosphère à un moment donné et nous la montre avec ses collines, ses plaines et ses vallées. La configuration des niveaux de l'atmosphère est du reste essentiellement changeante; les bulletins météorologiques en signalent chaque jour l'état, et chaque jour la surface de ce mobile élément a tellement changé d'aspect que les collines et les vallées de la veille ne se retrouvent plus le lendemain. Les dépressions se comblent pour se reformer ailleurs, où bientôt elles disparaissent encore.

Sur les cartes météorologiques, outre les courbes d'égale pression atmosphérique on lit aussi l'indication du beau et du mauvais temps. La direction d'où le vent souffle est pour chaque point indiquée par une flèche. Cette vue d'ensemble qui traduit l'état de l'atmosphère, au même instant, sur des espaces immenses, permet de comprendre les liens qui existent entre le vent, la pluie et la pression du baromètre.

Le météorologiste qui a sous les yeux la carte publiée chaque jour par l'Observatoire de Paris, assiste, pour ainsi dire, du haut des régions éthérées, aux mouvements qui se passent à la surface de notre planète. Il voit, à certains jours, que l'atmosphère se creuse en gouffres profonds dont le centre correspond aux minima de la pression barométrique; la direction des vents, exprimée par l'orientation des flèches, lui montre que ces dépressions de l'atmosphère sont animées d'un rapide mouvement circulaire dont le sens est toujours le même pour chacun des hémisphères. A ces mouvements s'ajoute une translation plus ou moins rapide, qui, du sud-ouest au nord-est, entraîne la masse tourbillonnante.

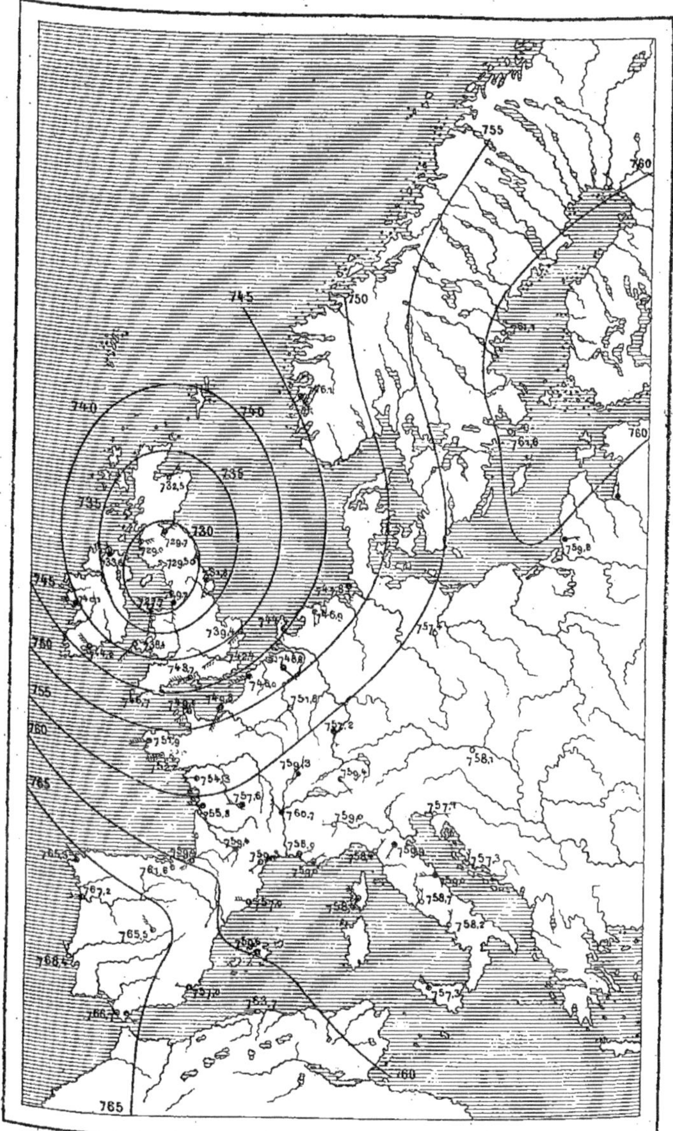

Fig. 43. Carte météorologique montrant l'état de la pression barométrique de l'Europe, pendant l'orage du 18 novembre 1864. (Extrait de l'ouvrage de Marié-Davy.)

C'est un cyclône qui va passer sur l'Europe, et dont le télégraphe a peut-être déjà signalé l'arrivée.

La figure 43 montre l'état de l'atmosphère sur l'Europe occidentale à la date du 18 novembre 1864. Des courbes d'égal niveau de la pression barométrique tracent, sur cette carte, des cercles concentriques autour d'un minimum de pression qui se trouverait au milieu des Iles Britanniques. En ce point, la pression n'est que de 729 millimètres. A mesure qu'elles s'éloignent de ce centre, les courbes d'égale pression accusent une élévation croissante de cinq en cinq millimètres. Les courbes sont interrompues au niveau des mers, faute de documents sur l'état météorologique en ces régions.

Pour construire un tableau météorologique de ce genre, il faut réunir tous les renseignements fournis par les observatoires de l'Europe sur l'état de l'atmosphère, à un même jour et à une même heure; plus la liste sera longue, plus les courbes seront parfaites à cause de la multiplicité des points d'observation. Sur une carte préparée d'avance, tous les observatoires météorologiques sont représentés; à côté de chacun d'eux, on inscrit la pression atmosphérique correspondante, puis on trace suivant les procédés ordinaires les courbes d'égale pression qui portent chacune un chiffre bien apparent indiquant la hauteur barométrique en millimètres. Or les lignes correspondant à des hauteurs barométriques échelonnées régulièrement de 5 en 5 millimètres, ne passent que rarement par les observatoires météorologiques, ceux mêmes où la pression est tantôt plus grande, tantôt plus petite que celle que la courbe doit représenter. On détermine le point probable par où la courbe devra passer, d'après les cotes de la pression de deux observatoires, dont l'un a une pression trop forte et l'autre une pression trop faible; la courbe passera entre ces deux stations, en se rapprochant plus ou moins de l'une d'elles suivant le cas.

Soit la courbe 755 dans la figure ci-dessus; elle passera entre la Roche-sur-Yon 754,3 et Bordeaux 755,5, stations dont l'une a une valeur trop forte et l'autre une valeur trop faible, mais se tiendra plus près de Bordeaux que de la Roche-sur-Yon, parce que la cote de Bordeaux est celle qui s'approche le plus de 755.

A côté des indications barométriques, se lisent celles de la direction du vent et de sa force; un trait qui se détache du petit cercle correspondant à chaque station se dirige dans le sens d'où vient le vent, des barbelures plus ou moins nombreuses en expriment la force plus ou moins grande. Enfin, suivant que chaque station est représentée par un cercle noir ou blanc, on juge s'il faisait mauvais ou beau temps dans ce lieu, au moment de l'observation. On a donc ainsi, rassemblés sous les yeux, la plupart des renseignements sur l'état de l'atmosphère dans les différents points de l'Europe.

Outre les cas dont on vient de parler, et dans lesquels on mesure de véritables changements de niveaux terrestres, sous-marins ou aériens, il existe encore de nombreuses applications des courbes d'égal niveau. La hauteur du thermomètre en divers lieux, la déclinaison de la boussole, etc., peuvent être représentées de la même manière que la hauteur du baromètre.

Des courbes d'égal niveau ont été construites pour montrer quelle est, à un instant donné, la hauteur de la marée sur une certaine étendue de la mer. Ces courbes ont été appelées *isorachies*.

Sans les cartes où sont figurées les courbes d'égale pression barométrique, le météorologiste n'aurait jamais pu saisir dans leur ensemble ces grands mouvements aériens; il serait resté l'observateur à courte vue, réduit à noter la succession des phénomènes atmosphériques en un point isolé; jamais peut-être la prévision des temps n'eût dépassé les notions empiriques qui annoncent à l'agriculteur l'imminence d'un orage.

Lignes isothermes, isochimènes, isothères, à la surface de l'Europe.

Toute la physique du globe se traduit, pour ainsi dire, par des courbes d'égal élément. Le génie de Humboldt a tracé sur la surface terrestre les lignes isothermes, celles qui passent par les points où la température de l'année est la même.

On voit, dans la figure 44, que ces figures ondulent autour des parallèles qui marquent la latitude, qu'elles se relèvent en passant sur les océans et surtout au niveau des côtes occidentales des grands continents. Les inflexions des lignes isothermes ont fait comprendre le rôle des courants marins qui transportent la chaleur équatoriale vers les régions polaires; elles ont montré qu'on ne saurait préjuger la température d'un pays, si l'on ne tient compte que de la latitude sous laquelle il est situé.

Les lignes d'égale température pour l'été, *isothères*, s'élèvent vers le pôle en passant sur les continents et se rapprochent de l'équateur quand elles passent au-dessus des mers. Les *isochimènes* ou

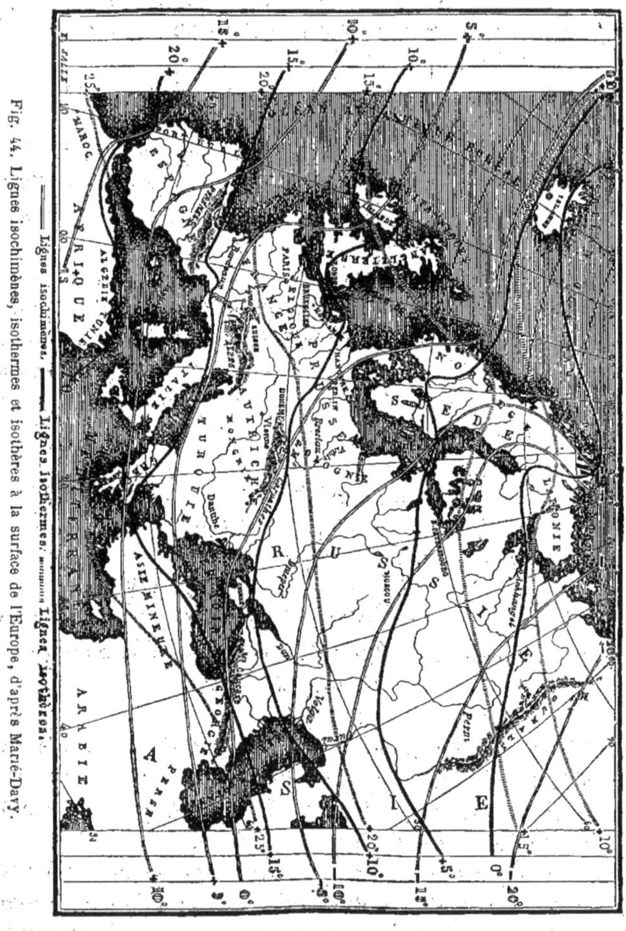

—— Lignes isochimènes. ━━ Lignes isothermes. ┈┈ Lignes isothères.

Fig. 44. Lignes isochimènes, isothermes et isothères à la surface de l'Europe, d'après Marié-Davy.

lignes d'égale température pour l'hiver présentent des inflexions absolument contraire. De sorte que les mers apparaissent comme les lieux où la température est le moins variable, tandis que, sur les continents, s'observent les écarts extrêmes entre le chaud et le froid.

Le magnétisme terrestre se représente de la même façon dans les différents lieux de la terre. On a tracé sur le globe terrestre des méridiens magnétiques, ou lignes d'égale déclinaison de la boussole; des parallèles ou *isoclines* pour lesquelles une aiguille aimantée oscillant dans un plan vertical ferait le même angle avec l'horizon. L'ensemble de ces lignes constitue un système analogue à celui que forment entre eux les méridiens et les parallèles destinés à exprimer la longitude et la latitude de chaque lieu. Mais, outre que ces cercles magnétiques correspondent à un axe distinct de l'axe de rotation terrestre, ils présentent des inflexions nombreuses dont quelques-unes dépendent de la constitution du sol; enfin la position de ces lignes d'égale déclinaison et d'égale inclinaison magnétique change sans cesse, ainsi que nous l'avons dit, suivant les heures du jour, les saisons de l'année, le cours des siècles; elles sont enfin soumises aux perturbations accidentelles qu'on nomme orages magnétiques.

Applications générales des courbes d'égal élément.

Jusqu'ici, nous avons vu les courbes d'égal élément appliquées à déterminer des changements qui se produisent suivant les lieux. La variable qu'on détermine en chaque point est rapportée à deux variables indépendantes qui sont toujours les mêmes : la latitude et la longitude. Il y a donc une très-grande analogie entre tous les exemples que nous venons de citer. Que ce soit la hauteur du sol, la pression de l'air, la température ou l'intensité du magnétisme qu'on veuille exprimer, on peut toujours imaginer que la valeur en soit représentée par la hauteur d'une verticale s'élevant au point d'observation. Multiplions suffisamment ces ordonnées verticales afin qu'elles soient très-rapprochées les unes des autres, leurs sommets, de hauteurs inégales, constitueront par leur ensemble une surface plus ou moins irrégulière, c'est-à-dire à reliefs variés comme ceux d'un sol accidenté. Enfin, supposons que des plans, parallèles entre eux et équidistants, coupent tous ces reliefs à des hauteurs différentes, il se produira, au point d'intersection de ces différents plans avec la surface onduleuse, des courbes d'égal niveau.

Courbes d'égale population d'un pays.

Léon Lalanne a conçu une application beaucoup plus large de ce genre de représentation graphique, en substituant aux relations d'espace dont il a été question jusqu'ici, des grandeurs d'une nature quelconque, parmi lesquelles il en prend deux comme variables indépendantes, les variations de la troisième étant exprimées par des courbes d'égal élément.

Sans suivre l'auteur pas à pas dans les différentes applications qu'il a faites, nous prendrons d'abord le cas le plus simple, celui où, conservant aux deux variables indépendantes leur signification de longueurs terrestres, il substitue à la troisième dimension de l'espace une valeur d'une autre nature : la densité de la population en chaque lieu. Deux ans après avoir exposé l'ensemble de ses idées sur ce sujet à l'Académie des sciences, en 1845, Lalanne présenta le projet d'une statistique figurée de la population d'une région entière, en indiquant d'avance la ressemblance qui ne manquerait pas d'exister entre les courbes d'égale population spécifique et les courbes de niveau d'un plan topographique [1].

En 1874, Vauthier réalisa la conception de Lalanne dont il semble avoir ignoré les publications et dressa un plan de la population de Paris [2] que nous représentons figure 45. La nécessité de réduire à un petit format ce plan statistique enlève à cette reproduction une partie de la netteté de l'original; on voit toutefois dans cette figure les détails de la distribution de la population dans les différents quartiers. Trois collines semblent s'élever sur la ville, indiquant les foyers où se trouve la population la plus dense.

Quant à la signification absolue des chiffres qui expriment l'état de la population, il suffit de savoir que le chiffre correspondant à chacune des courbes exprime le nombre d'habitants pour un hectare de surface en chaque quartier.

Vauthier a donné sur la construction de cette sorte de plans statistiques des renseignements intéressants que l'on trouvera

1. *Comptes rendus*, t. XVII, p. 492, et t. XX, p. 438.
2. *Comptes rendus*, t. LXXVIII, p. 264.

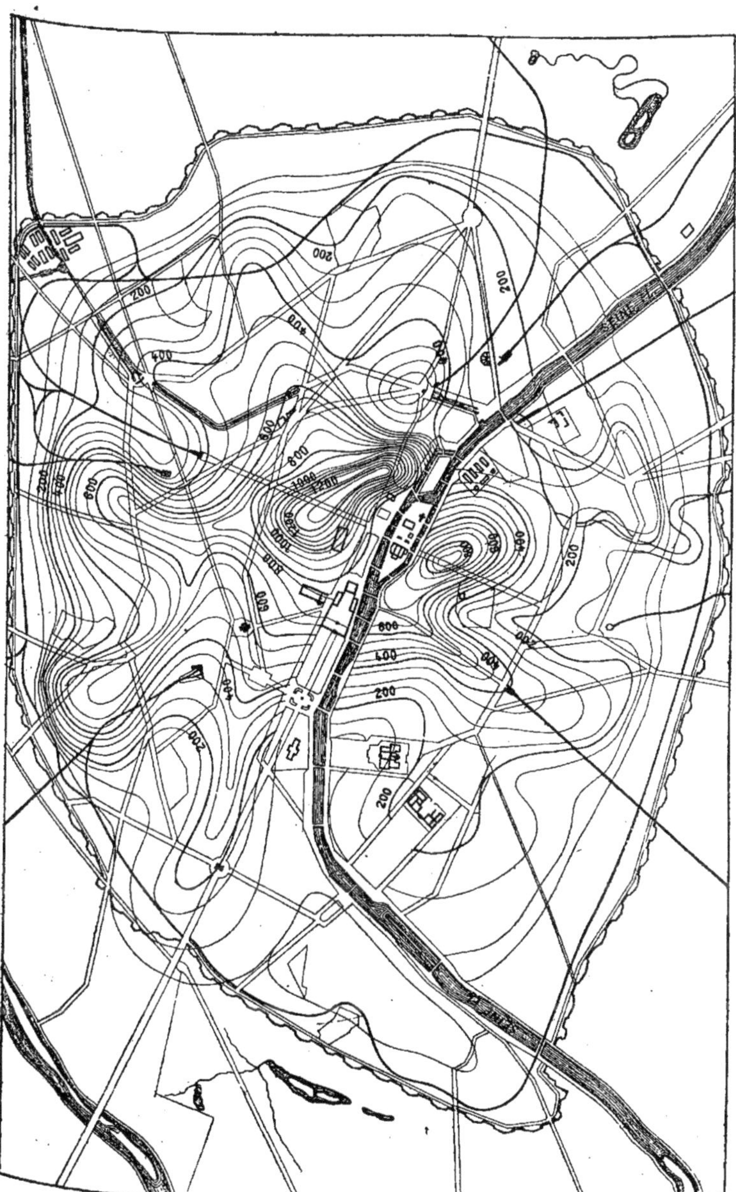

Fig. 45. Carte statistique de la répartition de la population dans les différents quartiers de Paris, dressée en 1874 par Vauthier, suivant le système proposé en 1845 par Lalanne.

dans son mémoire. Il suffit de rappeler que plus sont nombreux et peu étendus les lieux où l'on détermine l'importance de la population, plus sont parfaites les représentations graphiques. C'est la loi générale de toute courbe construite par points. Mais quel que soit le nombre des évaluations qui concourent à la construction d'une telle courbe, il arrive nécessairement que les sommets des ordonnées élevées en chacun des points constituent un ensemble fort irrégulier dans lequel les variations de hauteurs se traduisent par des saillies anguleuses : celles qui résultent nécessairement de la juxtaposition de prismes d'inégale hauteur sur un plan. Alors intervient une opération qui consiste en une sorte de modelage par lequel les saillies servent à combler les anfractuosités voisines jusqu'à ce que le plan présente des pentes régulières en tous ses points.

Assurément, la construction d'une telle carte demande un grand travail; elle suppose un nombre considérable de statistiques locales faites chacune sur une étendue de pays aussi restreinte que possible. Mais quelle lumière de semblables tableaux ne jetteraient-ils pas sur un grand nombre de questions de médecine, d'ethnographie, d'économie politique et sociale! Il n'est pas douteux que l'importance du but ne stimule l'ardeur de tous ceux qui s'occupent, à un titre quelconque, de statistique géographique et que les courbes d'égal élément ne se substituent bientôt aux cartes à plusieurs teintes.

Dans cette application des plans en relief à la statistique, c'est encore sur une surface terrestre que sont disposées les courbes d'égal élément; or, nous venons de voir que Lalanne a conçu une application plus large et plus générale de la méthode graphique, employant les courbes d'égal élément à l'expression de lois générales et à la représentation de deux variables indépendantes quelconques [1].

Deux exemples suffiront pour faire comprendre la construction de ces courbes et les diverses applications qu'on en peut faire.

1. *La planchette du canonnier* d'Obenheim pour le tir, les courbes de cibles du général Didion, peuvent être considérées comme des tentatives de représentation analogues aux courbes d'égal élément.

Plan topographique des variations annuelles de la température en un lieu.

Dans la représentation graphique des changements de température, ce n'est plus à l'espace, mais au temps que se rapportent les variations observées. Or, comme la variation thermométrique est soumise à deux influences, celle des heures du jour et celle des saisons, Lalanne a pris ces deux valeurs pour variables indépendantes et a construit un tableau dans lequel des courbes d'égal élément traduisent les variations de la température en fonction des heures du jour et des mois de l'année, pris les premiers comme ordonnées, les seconds comme abscisses. Les documents d'après lesquels ces courbes ont été construites se trouvaient dans un tableau numérique publié en Allemagne.

Après avoir observé le thermomètre à Halle pendant plusieurs années, depuis six heures du matin jusqu'à dix heures du soir, toutes les heures ou toutes les deux heures, et avoir suppléé aux lacunes des observations de nuit par des interpolations, Kæmtz, professeur de physique de cette ville, avait dressé le tableau de la page 98 et dont la figure est la représentation graphique. Il est à peine nécessaire d'en expliquer la construction. On trace sur une grande feuille de papier un réseau où des lignes qui se coupent rectangulairement correspondent les unes aux différentes heures du jour, les autres aux mois de l'année, et l'on indique par un chiffre, à l'intersection de toutes ces lignes, la température moyenne observée à chaque heure et pour chaque mois, ce qui donne 288 points; puis, par chacun des points où s'observe la même température, on fait passer une courbe. L'ensemble de ces courbes donne la figure 47 où l'on n'a conservé que les chiffres qui expriment la température des courbes de cinq en cinq degrés.

On voit, dans cette figure, que les maxima de la température moyenne ont lieu, en toute saison, environ vers trois heures après midi, mais un peu plus tard en été qu'en hiver, comme l'indique la ligne ponctuée voisine de l'horizontale de 3 heures, qui passe par les maxima à tous les mois de l'année. Les courbes des minima, représentées, en haut et en bas de la figure, par deux autres lignes ponctuées, varient suivant les saisons de 3 à 7 heures du matin; ce minimum arrive plus tard en hiver qu'en été.

Les maxima et minima dépendant des saisons sont exprimés par des lignes ponctuées à peu près verticales : les maxima se produisent en juillet, la ligne qui les exprime subit quelques déviations sous les influences horaires; les minima arrivent en janvier et se traduisent de la même façon.

En outre, comme l'écartement des courbes d'égale température exprime le temps nécessaire pour produire une variation d'un

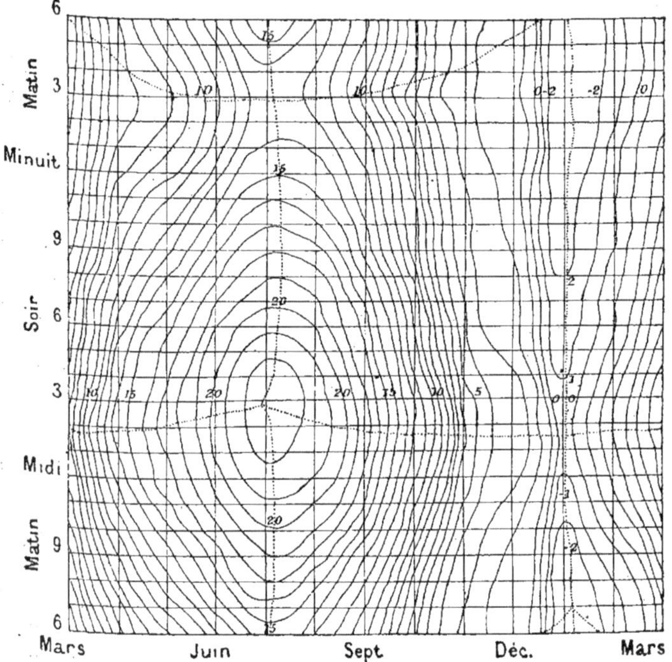

Fig. 47. Courbes d'égale température moyenne à Halle dressées par Lalanne, d'après les chiffres de Kæmtz.

degré, on voit que les variations observées de mois en mois sont plus lentes en été et en hiver, que dans le printemps et l'automne, tandis que les variations horaires se comportent différemment. Entre les mois de juillet et d'août, vers trois heures du matin, il existe une grande fixité de la température moyenne qui, de deux heures et demie à quatre heures et demie du matin, est à quatorze degrés ; ce qu'exprime l'espace quadrangulaire considérable, limité par quatre courbes d'égale température, dans le point

Fig. 46. TABLEAU DES VARIATIONS DE LA TEMPÉRATURE MOYENNE, A HALLE.

HEURES.		MARS.	AVRIL.	MAI.	JUIN.	JUILLET.	AOUT.	SEPTEMBRE.	OCTOBRE.	NOVEMBRE.	DÉCEMBRE.	JANVIER.	FÉVRIER.
		degrés.	degrés.	degrés.	degrés.	degrés.	degrés.	degrés.	degrés.	degrés.	degrés.	degrés.	degrés.
Matin.....	6	1.73	6.76	10 20	13.11	15.52	14.19	11.19	6.59	2.75	1.65	—2.95	—1.40
	5	1.60	6.35	9.05	12.03	14.49	13.40	10.69	6.39	2.71	1.67	—2.87	—1.37
	4	1.70	6.28	8.21	11.20	13.75	13.04	10.56	6.44	2.94	1.71	—2.80	—1.27
	3	1.91	6.45	7.81	10.79	13 42	13.03	10.72	6.62	2.79	1.74	—2.75	—1.12
	2	2.18	6.88	7.96	10.83	13.55	13 34	11.09	6.89	2.81	1.76	—2.71	—0.95
	1	2.43	7.32	8 64	11.44	14.90	13.92	11.55	7 19	2.89	1.80	—2.65	—0.74
Minuit........		2.65	7.81	9.67	12.36	14.90	14.61	12.09	7.56	3.05	1.84	—2.56	—0.51
Soir......	11	2.89	8.37	10.88	13.46	15.86	15.48	12.68	8.00	3.26	1.88	—2.44	—0.28
	10	3.14	8.93	12.08	14.59	16.84	16.37	13.37	8.55	3.51	1.91	—2.31	—0.08
	9	3.55	9.63	13.05	15.63	17.88	17.30	14.10	9.09	3.74	2.07	—2.19	0.14
	8	3.95	10.46	14.00	16 63	18.89	18.23	14.94	9.66	3.95	2.23	—2.05	0.41
	7	4 53	11.23	14.90	17.59	19.94	19.22	15.86	10.26	4.17	2.38	—1.89	0.66
	6	5.02	12.26	15.75	18.50	20.90	19.95	16.75	10.90	4.50	2.59	—1.67	1.04
	5	5.65	13.02	16.35	19.15	21.65	21.04	17.58	11.66	4.94	2.86	—1.39	1.56
	4	6.21	13.66	16.84	19.76	22.31	21.61	18.19	12.30	5.43	3.26	—0.98	2.16
	3	6.51	14.10	17.14	20.05	22.63	21.95	18.55	12.85	5.90	3.51	—0.72	2.63
	2	6.66	14.18	17.09	19.91	22.53	21.90	18.59	13.16	6.16	3.70	—0.59	2.82
	1	6.45	13 88	16.85	19.56	22.16	21.68	18.35	12.98	6.08	3.69	—0.69	2.51
Midi..........		6.04	13.25	16.26	19.01	21.51	21.11	17.86	12.45	5.69	3.46	—1.02	1.91
Matin.. ..	11	5.36	12.35	15.54	18.23	20.69	20.12	17.00	11.48	5.09	3.01	—1.49	1.25
	10	4.70	11.25	14.61	17.39	19.82	18.99	15.88	10.29	4.39	2.45	—2.11	0.40
	9	3.63	9.99	13.63	16.44	18.91	17.74	14.31	8.99	3.62	1.99	—2.50	—0.36
	8	2.70	8.69	12.53	15.41	17.91	16.44	13.23	8.75	3.07	1.65	—2.86	—1.07
	7	2.10	7.56	11.31	14.24	16.65	15.11	12.00	7.02	2.85	1.61	—2.95	—1.33

correspondant du tableau, au lieu d'intersection des maxima de saison avec les minima de la variation diurne.

On pourrait multiplier indéfiniment l'énumération des renseignements fournis par ce tableau ; le lecteur les y trouvera sans peine.

Mais, dira-t-on, tous ces détails sont contenus dans le tableau numérique représenté page 98 [et qui a servi à la construction des courbes. Ces détails y étaient tous en effet, mais implicitement, sans relief et perdus dans une obscurité d'où Lalanne a su les tirer.

Si les physiologistes, adoptant une pareille méthode, représentaient ainsi les variations légères, mais réelles, de certains phénomènes : température, fréquence du pouls et de la respiration, etc., suivant les heures du jour et les saisons de l'année, ils reconnaîtraient sans aucun doute, dans les variations périodiques de nos fonctions, des lois du plus haut intérêt. De telles constructions nécessiteraient, il est vrai, un travail considérable, et tous les documents fournis par les observations que la science possède déjà seraient peut-être insuffisants, et présenteraient bien des lacunes. Mais les instruments physiologiques enregistreurs, dont il sera question plus loin, permettraient de recueillir aisément tous les éléments nécessaires à la construction de ces courbes si instructives et si importantes.

Un autre exemple, que nous empruntons encore à Lalanne, achèvera de montrer l'importance de ce mode de représentation graphique, et la variété des applications qu'on en peut faire.

Courbes d'égal élément exprimant la hauteur de la mer à toutes les heures du jour et à tous les jours du mois d'avril 1856.

Les éléments de cette figure ont été recueillis au marégraphe de Chazallon qui a fourni une série de courbes se succédant d'une manière continue les unes aux autres, sans permettre aucune vue d'ensemble. Il s'agissait de transformer cette série de courbes, ou le tableau numérique à double entrée qu'on pouvait en déduire, en une figure unique, en une sorte de plan topographique à courbes d'égal élément. La valeur à déterminer était la hauteur de la mer en fonction de deux variables indépendantes : les heures et les jours.

Ces deux variables furent prises : la première comme abscisse, la seconde comme ordonnée (fig. 48). Une série de nombres furent inscrits sur la ligne horizontale inférieure correspondant au premier jour, depuis l'origine de cette ligne, à gauche, qui correspondait à minuit, jusqu'à l'extrémité, à droite, qui correspondait également à minuit. La même opération fut faite sur la ligne horizontale placée immédiatement au-dessus, et qui correspondait au deuxième jour. Puis on renouvela cette inscription pour la troisième ligne et les suivantes jusqu'à la trentième. Alors le

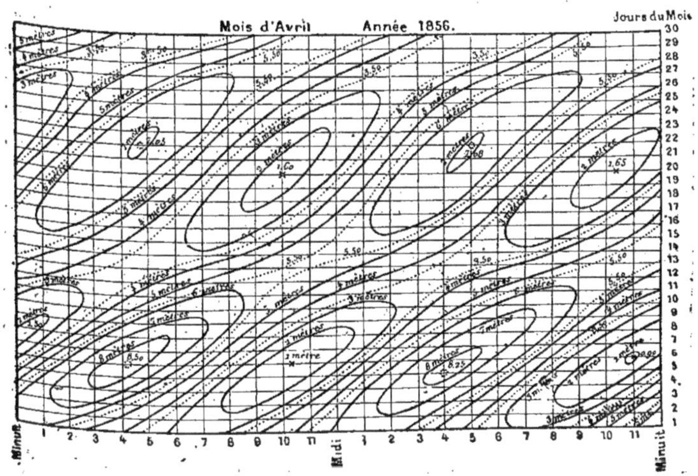

Fig. 48. Courbes d'égale hauteur de la mer à Brest, suivant les heures et les jours, en avril 1859, construites par Fénoux, d'après la méthode de Lalanne.

tableau fut couvert de chiffres, ainsi qu'il arrive dans la construction des courbes d'égal niveau terrestre. On joignit entre eux les points qui présentaient la même cote d'altitude et l'on obtint la figure 48. (*Annales des ponts et chaussées*, 2e sem. 1869, pl. CCI.)

Quand on regarde cette figure sans être prévenu de la signification qu'elle doit avoir, il semble qu'on ait sous les yeux le plan en relief d'une surface formant une double série d'élévations et de creux alternatifs des eaux. Mais il n'en est pas ainsi; aux deux coordonnées qui paraissent exprimer deux dimensions de l'espace, correspondent, en réalité, deux mesures de temps : les heures et les jours.

La hauteur de la mer, à une heure quelconque d'un jour quelconque, correspond à l'intersection des deux divisions qui répondent sur l'abscisse à cette heure et, sur l'ordonnée, à ce jour. Mais, grâce aux courbes d'égal niveau qui joignent les points où, à des heures et des jours différents, la mer a eu la même hauteur, on saisit du premier coup la périodicité du phénomène qui fût restée inaperçue dans le tableau de chiffres qui la contenait cependant.

En comparant les hauteurs relatives des marées, dans la première quinzaine du mois avec celles de la seconde, on saisit la diminution d'amplitude de l'oscillation alternative du niveau de la mer. Nous ne multiplierons pas davantage les exemples de ce mode de représentation, le lecteur comprendra que le nombre des phénomènes qui peuvent être exprimés en fonction de deux variables est pour ainsi dire illimité, et que, par conséquent, ce mode d'expression graphique peut s'appliquer aux cas les plus divers.

J'ai sous les yeux un tableau intitulé *Dromographe planétaire*, publié par Lévy et Lewandowski pour l'année 1849. Les heures du jour et les jours de l'année sont pris comme abscisses et ordonnées. A ces deux axes sont rapportés les instants du lever et du coucher du soleil, de la lune et des principales planètes pour l'horizon de Paris.

Des tables graphiques employées comme instruments de calcul. Anamorphose géométrique.

Il résulte de ce qui précède, que l'on peut, par des constructions appropriées, établir, une fois pour toutes, des tableaux graphiques à lignes d'égal élément cotées, sur lesquelles, au moyen d'une simple lecture, on obtient la valeur numérique d'un élément qui dépend de deux autres. Il est donc possible d'employer des tableaux de ce genre pour remplacer des tables numériques à double entrée, avec avantage, parce qu'ils permettent des interpolations *à vue* auxquelles les tables chargées de chiffres ne se prêtent nullement. C'est dans ce sens qu'une figure à lignes d'égal élément cotées peut devenir un véritable instrument de calcul.

Telle était celle que Pouchet avait proposée dès 1795 pour donner les produits des deux nombres (*Échelles graphiques des nouveaux poids et mesures* de Rouen et Paris, an IV, in-8). La figure 49 est la reproduction réduite de celle de Pouchet, et bornée aux limites de celle de Pythagore.

Si nous cherchons sur cette figure quel est le produit de deux nombres, par exemple 5 × 8, le résultat se trouvera sur la ligne qui porte le chiffre 40. Cette ligne, comme toutes celles qui, dans

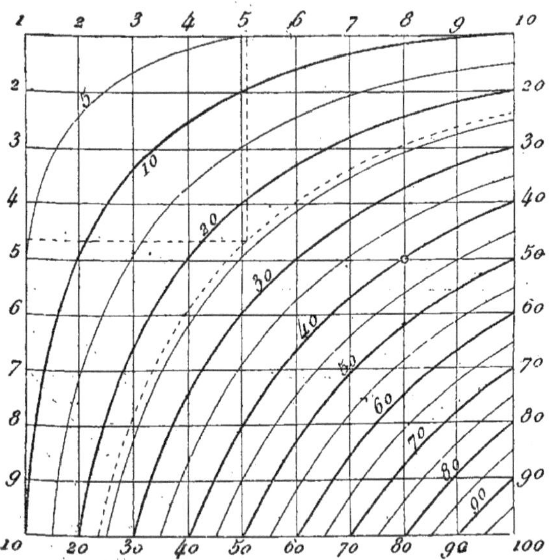

Fig. 49. Table de multiplication graphique, d'après l'arithmétique linéaire de Pouchet.

ce tableau, expriment les produits de deux nombres, est une hyperbole équilatère.

Il semble d'abord que la figure ne donne que la valeur précise des produits qui tombent sur les courbes principales ou sur les courbes intermédiaires, ce qui correspond ici à la série des nombres échelonnés de 5 en 5. Mais les autres produits se lisent approximativement d'après la position que l'intersection des deux ordonnées occupe entre deux courbes voisines exprimant les produits. Ainsi, le produit de 4,7 par 5,1 se trouvera à la rencontre de la verticale tracée en pointillé un peu après la verticale 5, et de l'horizontale tracée aux 7/10 de l'intervalle entre les horizontales 4 et 5. La rencontre a lieu aux 4/10 environ de l'intervalle entre les courbes cotées 20 et 25. Le produit est donc environ 24. Il est en réalité 23,97, de sorte que l'erreur commise excède à peine 1 sur 800.

Cet exemple indique bien l'avantage de l'interpolation à vue.

Les applications des tables anamorphiques sont nombreuses; Lalanne s'en est servi pour faire une *Abaque* ou *Compteur universel* remplaçant, dans la simplification des calculs, la règle logarithmique et dont la figure 50 donne une idée. On doit aussi

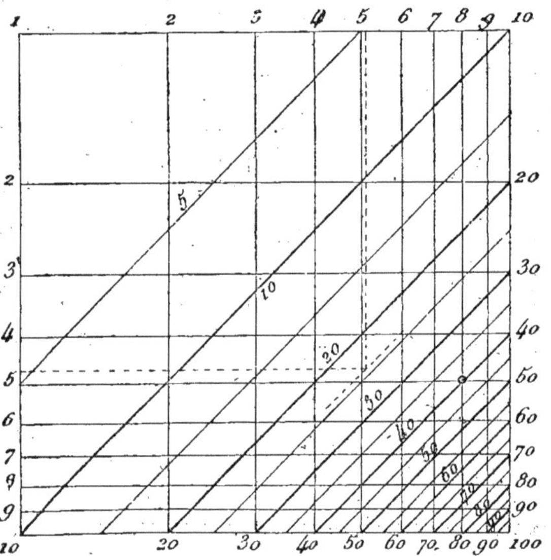

Fig. 50. Anamorphose de la table de multiplication de Pouchet, par Lalanne.

à ce savant l'exposé des principes qui servent de base à ces transformations de figures, principes qu'il comprend sous la dénomination de *géométrie anamorphique*. (ANNALES DES PONTS ET CHAUSSÉES, 1er sem. de 1846.) Une *graduation des coordonnées* convenablement opérée est le point de départ de toute anamorphose. La graduation logarithmique du genre de celle de l'abaque, est une des plus usitées; mais il en existe une infinité d'autres d'une nature différente, qui peuvent être utilement employées. Tel est le cas de la figure 51 qui exprime vers 1840 la loi de la répartition de la population mâle, en France, suivant les âges, d'après Demonferrand.

Les deux côtés du triangle rectangle de cette figure ont été gradués suivant des longueurs proportionnelles non pas aux chiffres qui y sont inscrits, et qui indiquent des âges, mais aux nombres de millions d'individus de sexe masculin qui n'avaient pas dépassé cet âge. On en comptait ainsi 2 millions de 5 ans et au-dessous; un peu plus de 7 millions au-dessous de 22 ans; de tout âge, 16 millions et demi environ. Les obliques, au contraire, qui indiquent les chiffres de la population mâle, sont équidistantes. Cela posé, le nombre d'individus compris entre 20 et 40 ans, s'obtient en suivant la verticale 40, jusqu'à la rencontre de l'horizontale 20. L'intersection ayant lieu sur l'oblique 5, on en conclut que le nombre cherché est de 5 millions d'individus.

La solution d'une équation numérique d'un degré quelconque dépend de la construction d'un tableau graphique qui ne se compose que de lignes droites, sans même exiger l'anamorphose. Celle-ci n'est nécessaire que pour la résolution de certaines classes d'équations transcendantes.

Toutes les fois que les lignes courbes des tableaux peuvent être remplacées par des lignes droites, il en résulte une grande facilité pour la construction. Lalanne est l'auteur de cette simplification à laquelle il a donné le nom d'*anamorphose géométrique*, et qui trouve de nombreuses applications.

Pour faire comprendre à la fois la nature de la transformation anamorphique et les avantages qu'elle présente, nous choisirons le cas d'une table de Pythagore exprimée sous forme graphique, d'une part avec l'emploi de lignes courbes, comme nous venons de le voir figure 49, et d'autre part après l'anamorphose et en se servant exclusivement de lignes droites.

Dans cette dernière figure l'anamorphose a transformé les courbes en lignes droites. Ce résultat est obtenu en prenant comme origine de ces droites, non plus des points équidistants comme dans la figure 49, mais des points placés à des intervalles inégaux déterminés par le calcul. Ces intervalles sont, dans le cas dont il s'agit, proportionnels aux logarithmes des nombres de 1 à 10. La lecture des nombres se fait d'ailleurs sur la figure anamorphosée comme la figure à lignes courbes, mais avec plus de facilités. Ainsi le produit de 5 par 8 se trouve sur l'oblique cotée 40, à la rencontre de l'horizontale 5 et de la verticale 8. Le produit de 4,7 par 5,1 s'obtiendra *à vue*, par la détermination d'un point que l'on

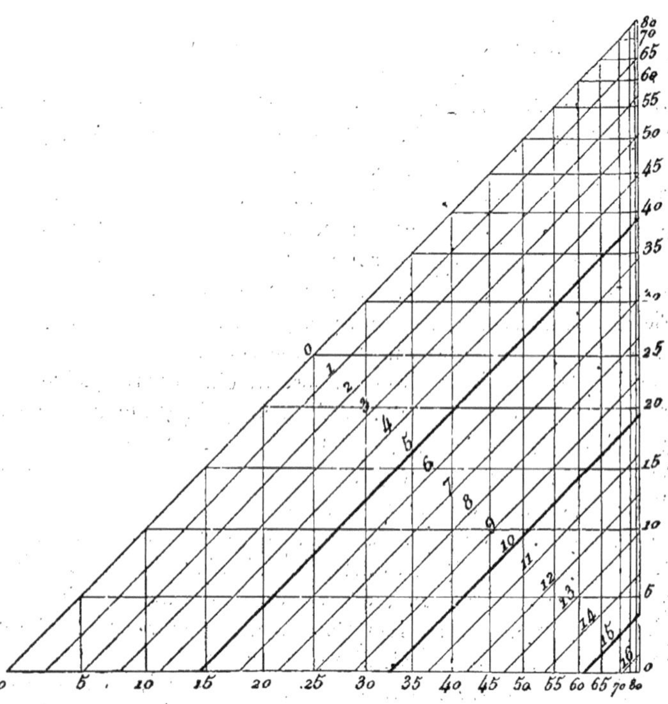

Fig. 51. Table anamorphique donnant la répartition de la population masculine française, suivant les âges, par M. Lalanne. (Extrait de *Patria*.)

peut considérer comme étant sur l'oblique 24, à la rencontre de l'horizontale 4,7 et de la verticale 5,1.

DEUXIÈME PARTIE

APPAREILS INSCRIPTEURS DES MOUVEMENTS

Les nombreux exemples de représentation graphique des phénomènes qui ont été précédemment donnés, ont dû prouver au lecteur la supériorité de ces moyens d'expression sur tous les autres. Mais il ne faut pas se dissimuler que la construction des courbes exige en général beaucoup de temps et de patience ; il est clair en effet, que si, dans certains tableaux graphiques, se trouve condensée en quelque sorte la substance d'un volume de texte ou de chiffres, ces tableaux ont coûté à leur auteur plus de peine que n'en eût exigé la publication d'un livre. Ce dernier effort par lequel un statisticien, un ingénieur ou un météorologiste extrait des documents qu'il a patiemment recueillis ce qui en est, pour ainsi dire, l'essence et le présente au lecteur sous une forme lumineuse et concise, cet effort est à coup sûr le plus utile de tous. Mais il ne faudrait pas que le lecteur, trompé par la facilité de sa tâche, oubliât la difficulté de l'œuvre dont il profite. Certains tableaux de Regnault, de Lalanne, de Minard représentent des mois et parfois des années de travail [1].

Quand on se sert d'appareils inscripteurs, on obtient sans aucune peine les courbes que trace lui-même le phénomène qui s'inscrit. Ces courbes sont en général plus faciles à lire que toutes celles dont il a été question dans les précédents chapitres; toutefois

1. Bien des auteurs n'ont pas ce suprême courage de cacher la peine qu'ils ont prise, et à côté des courbes qui résument leurs observations, publient, sous prétexte de pièces justificatives, les tableaux de chiffres ayant servi à les construire: ce qui a l'inconvénient de rendre le travail dix ou vingt fois plus volumineux, sans y ajouter rien que les courbes ne contiennent déjà.

elles expriment, le plus souvent, des phénomènes que l'observation directe n'eût jamais pu saisir. Il y a donc tout avantage à employer les inscripteurs automatiques dans un très-grand nombre de circonstances.

Ainsi, quand par sa petitesse ou sa rapidité, une variation se produit sans que nous puissions l'apercevoir; quand elle se fait d'une manière si lente qu'elle lasserait toute patience; quand, par sa nature même, elle échappe à notre appréciation, il faut, si cela est possible, recourir aux appareils inscripteurs.

Non-seulement ces appareils sont destinés à remplacer parfois l'observateur, et dans ces circonstances s'acquittent de leur rôle avec une supériorité incontestable; mais ils ont aussi leur domaine propre où rien ne peut les remplacer. Quand l'œil cesse de voir, l'oreille d'entendre, et le tact de sentir, ou bien quand nos sens nous donnent de trompeuses apparences, ces appareils sont comme des sens nouveaux d'une précision étonnante. Une corde vibre, il semble à notre œil qu'elle s'élargisse et prenne la forme d'un fuseau avec des contours plus vagues; l'oreille entend un son, c'est-à-dire éprouve une sensation continue. A la place de ces deux erreurs, l'inscription montre que la corde exécute un certain nombre d'oscillations par seconde; elle fixe ce nombre avec une rigueur absolue et fait voir que chacune de ces oscillations présente les mêmes phases que celle d'un pendule. Qui pourrait, sans le secours d'appareils inscripteurs, suivre dans le fil télégraphique le transport de l'électricité; saisir les phases décroissantes de la vitesse d'un boulet? Tandis que ces appareils livrent, avec leurs inflexions variées, les mouvements de l'aile d'un insecte ou d'un oiseau qui vole, analysent les pulsations du cœur et des artères, pour montrer que dans ces actes qu'on appelait instantanés, il y a des phases multiples, à retours périodiques, et dont l'interprétation éclaire une des fonctions les plus mystérieuses de la vie.

L'invention des appareils inscripteurs ou enregistreurs peut être considérée comme toute récente, car au commencement du siècle dernier il n'existait encore [1] aucun de ces instruments. Conçue en France par le marquis d'Ons-en-Bray, l'idée de créer pour les besoins de la météorologie des appareils qui fournissent des obser-

1. Voyez pour l'historique de l'invention et du perfectionnement des appareils inscripteurs, page 113.

vations permanentes fit de rapides progrès; ces instruments se trouvent aujourd'hui dans tous les observatoires, et traduisent, sous forme de courbes, les variations de la température, de la pression barométrique, de la force et de la direction du vent, des quantités de pluie tombées, etc. On a même réussi à inscrire au moyen de la photographie les changements horaires ou périodiques de la déclinaison et de l'inclinaison de l'aiguille aimantée.

Le principe qui préside à la construction de ces instruments est partout le même.

Un mouvement d'horlogerie d'une vitesse uniforme conduit une feuille de papier au-devant d'un style qui trace la courbe du phénomène. Ce style s'élève ou s'abaisse suivant les variations de l'intensité du phénomène à l'action duquel il est soumis. Chaque jour, on enlève la feuille sur laquelle s'est inscrite une courbe, et on la remplace par une feuille nouvelle.

Sur les tracés météorologiques, les variations d'un phénomène se traduisent suivant les principes déjà indiqués dans la première partie de ce livre, à propos de l'expression graphique d'une variable en fonction du temps. C'est sur l'axe des x que les temps se comptent; l'uniformité du mouvement d'horlogerie qui conduit le papier fait que des intervalles de temps égaux se traduisent par des longueurs égales comptées horizontalement.

Quant aux mouvements du style, ils doivent, dans un bon appareil, être proportionnels à l'intensité de la variation qu'ils traduisent; des divisions ou degrés, tracés sur l'axe des y, permettent de déterminer la valeur des ordonnées correspondantes aux différents points de la courbe. La bonne fonction d'un appareil inscripteur réside tout entière dans le choix des moyens qui donnent au style des excursions proportionnelles aux variations qu'il traduit.

Les inscripteurs des météorologistes qui, pendant des mois et des années, tracent les variations de l'état atmosphérique, peuvent être appelés des appareils *patients;* il en est d'autres qu'on pourrait appeler *subtils,* car ils perçoivent des phénomènes qui, par leur rapidité ou leur fréquence, échappent à l'observation directe.

Pour un observateur habile, un cinquième de seconde est à peine mesurable; or, les appareils qu'on nomme *chronographes* permettent d'estimer des centièmes, des millièmes et parfois jusqu'à des vingt-millièmes de seconde.

C'est à Thomas Young qu'appartient l'invention de la chronographie; voici dans quelles conditions il conçut le plan de cette méthode.

Lorsqu'une tige munie d'un style vibre en frottant contre la surface d'un cylindre qui tourne, il se trace une ligne sinueuse dont chaque ondulation correspond à une vibration de la tige. Le temps qui s'écoule entre l'inscription de deux vibrations consécutives est toujours le même, puisque ces vibrations sont isochrones. On saura donc, d'après le nombre de vibrations qu'elle contient, le temps qu'une certaine longueur de papier a mis à cheminer par la rotation du cylindre. Imaginons que cette longueur soit limitée par deux points ou par deux traits inscrits également sur le cylindre, dont l'un correspond au commencement et l'autre à la fin d'un phénomène; on aura la mesure précise de la durée de ce phénomène d'après le nombre des vibrations qui sont inscrites entre les deux signaux.

Toute la chronographie est contenue en germe dans cette invention de Thomas Young; mais cette méthode devait recevoir bien des perfectionnements. Duhamel introduisit l'emploi d'un diapason au lieu de la tige vibrante. Helmholtz, Regnault, Foucault rendirent les expériences plus faciles en entretenant les vibrations du diapason au moyen de l'électricité.

L'inscription des vibrations n'a pour but que de contrôler le mouvement du cylindre qui reçoit le tracé. Un tel contrôle ne serait pas indispensable si le cylindre tournait avec une vitesse connue et parfaitement uniforme. Plusieurs physiciens ont cherché des moyens d'uniformiser ce mouvement, et ont imaginé, pour cet usage, des instruments qu'on nomme *régulateurs*. Ceux de Foucault, de Helmholtz, de Villarceau donnent au mouvement du cylindre une uniformité bien suffisante dans la plupart des cas.

Mais la perfection même des mesures du temps eût été illusoire si les instruments qui pointent sur le papier les durées, les successions ou le synchronisme des phénomènes ne présentaient pas une grande instantanéité dans leur fonctionnement.

L'électricité fournit le moyen de signaler avec une rapidité extrême le début et la fin d'un phénomène; des appareils électromagnétiques imaginés par Marcel Deprez atteignent un degré de perfection singulier, car ils marquent l'instant où se produit un phénomène avec une erreur moindre qu'un vingt-millième de seconde.

Nous voici bien loin des mesures du temps qui suffisaient aux besoins de la météorologie. Cette chronographie délicate, qui atteint les infiniment petits du temps, trouve son application dans l'analyse des phénomènes d'électricité, d'optique ou de balistique, ainsi que dans la physiologie des actions nerveuses et musculaires.

La physique et la mécanique ont réalisé de grands progrès par l'emploi des appareils inscripteurs. C'est à Poncelet qu'on doit l'invention de plusieurs de ces instruments que le général Morin a réalisés et dont il a tiré de remarquables résultats. Le plus connu de ces instruments est celui qui sert à déterminer les lois de la chute des corps. Le plan incliné de Galilée et la machine d'Atwood sont avantageusement remplacés par cet ingénieux instrument qui, au lieu d'exiger une série d'opérations délicates et sujettes à l'erreur, trace, en un moment, la courbe qui exprime le mouvement uniformément accéléré d'un corps qui tombe. Les dynamomètres inscripteurs, dérivés plus ou moins directement de la conception de J. Watt, révèlent l'intensité des efforts produits par les machines ou par les moteurs animés ; ils permettent d'estimer le travail développé par une machine, ce qui constitue l'un des problèmes les plus importants que la mécanique ait à résoudre.

Entre les actions très-lentes et celles qui sont très-rapides, se placent un grand nombre de phénomènes physiologiques dont notre toucher ou nos yeux ne nous donnaient qu'une idée imparfaite ou trompeuse, et qui, soumis à l'emploi des appareils inscripteurs, se révèlent avec leurs caractères véritables. Mille détails dont on n'eût jamais soupçonné l'existence se montrent dans les *tracés* du pouls, de la pulsation du cœur, de la respiration, des actions musculaires, etc. Ce sont autant de signes nouveaux qui prennent pour le physiologiste ou le médecin une signification chaque jour mieux définie.

Une grande part revient aux physiologistes dans le développement des appareils inscripteurs. Comme les météorologistes, ils ont senti que les sens ne suffisent pas à observer à la fois tous les phénomènes dont l'organisme est le théâtre. Température, pression et vitesse du sang, force et rapidité de l'action musculaire, il fallait tout mesurer, tout noter avec précision, et cela, sous les diverses influences perturbatrices que le physiologiste a l'habitude d'étudier ; les appareils inscripteurs ont donné plus qu'on n'eût osé en attendre.

C'est en Allemagne que se fit la première application de ces appareils à la physiologie. Ludwig (1847) imagina pour l'étude de la pression sanguine un manomètre inscripteur qu'il nomme *kymographion ;* cette invention imprima à la physiologie une direction nouvelle. Volkmann, Helmholtz, Vierordt et plusieurs autres physiologistes allemands imaginèrent d'autres appareils inscripteurs pour l'étude de la circulation, de la respiration, de l'action musculaire, etc.

Ces premiers instruments, encore bien défectueux, devaient se perfectionner dans la suite, mais ils caractérisaient une tendance qui devait amener la physiologie à ce degré d'exactitude qui place aujourd'hui cette science, encore si jeune, à côté des plus anciennes et des plus avancées.

En 1857, la méthode graphique n'avait pas encore pénétré en France, dans les laboratoires des physiologistes ; l'Allemagne en était à ses premiers essais, Vierordt de Tubingen venait de publier la description d'un instrument nouveau qu'il appelait *sphygmographe* et qui était destiné à inscrire sur l'homme sain ou malade les pulsations artérielles.

Frappé de l'importance d'un pareil instrument, j'essayai d'en construire un semblable, puis constatant les défectuosités de l'appareil de Vierordt je cherchai le moyen d'en corriger les indications et réussis à obtenir un sphygmographe qui traduisit fidèlement les nuances les plus délicates du pouls.

Bientôt il me sembla que des instruments analogues pouvaient s'appliquer à la solution d'une foule de problèmes physiologiques ; la théorie des mouvements du cœur était depuis longtemps l'objet de discussions qui tenaient à ce que les mouvements si complexes que cet organe exécute à chacune de ses révolutions ont trop peu de durée pour que la vue ou le toucher nous les fasse bien saisir. Avec le concours de mon collègue et ami Chauveau, nous avons abordé l'étude graphique de ces mouvements, et les appareils inscripteurs nous ont fourni sur le mécanisme de la fonction cardiaque les renseignements les plus complets.

Dès lors, il m'a semblé que de grands progrès s'obtiendraient par l'emploi de la méthode graphique, et ma préoccupation dominante a été de corriger les appareils inscripteurs des causes d'erreur qui souvent en altéraient les indications, d'en étendre l'application à un nombre toujours plus grand de phénomènes, tout en réduisant le plus possible le nombre des instruments indispensables à l'emploi de la méthode.

Disons-le tout de suite, le vice commun des appareils employés par les physiologistes était l'*inertie* des organes qui devaient traduire les phases des mouvements. Cette inertie les déformait comme dans les tracés du sphygmographe de Vierordt, ou bien ajoutait des vibrations parasites comme dans le myographe de Helmholtz ou le kymographion de Ludwig. Réduire autant que possible la masse des organes qui devaient être animés de vitesse ; remplacer par des ressorts les poids dont on se servait pour estimer les forces en action ; diminuer le plus possible la vitesse des organes inscripteurs, en limitant l'étendue des mouvements à inscrire, sauf à en amplifier le tracé par des procédés optiques, tels sont les moyens qui permettent d'obtenir de fidèles expressions graphiques. On verra, dans les chapitres qui vont suivre, que la précision des appareils est déjà arrivée à un degré satisfaisant.

Bien que la physiologie, objet principal de mes études, ait provoqué la construction de la plupart des instruments qui vont être passés en revue, j'ai dû rassembler dans ce travail des applications de la méthode graphique à des phénomènes de toute nature.

En effet, sur le terrain de l'expérimentation rigoureuse, toutes les sciences se donnent la main ; quel que soit l'objet de ses études, celui qui mesure une force, un mouvement, un état électrique ou une température, qu'il soit physicien, chimiste ou physiologiste, doit recourir à la même méthode et employer les mêmes instruments.

Historique des appareils inscripteurs.

Bien que l'invention des appareils inscripteurs ne date guère que d'un siècle, il serait difficile de retracer avec certitude l'histoire de leurs développements. Si la machine de Poncelet et Morin semble être le premier type d'appareil inscripteur parfait, il n'en est pas moins vrai que, dès le commencement du dernier siècle, on essaya d'écrire automatiquement certains phénomènes.

Le marquis d'Ons-en-Bray a décrit dans les Mémoires de l'Académie, 1734, un anémographe qui écrivait sur une feuille de papier enroulée autour d'un cylindre.

Vers l'année 1794, Rutherford publiait la description d'un thermométrographe qui traçait avec une pointe sur une bande de papier noirci animée d'un mouvement de translation.

En 1779, Magellan, membre de la Société royale de Londres, imagina un « météorographe perpétuel », appareil destiné à inscrire, en un lieu quelconque du globe, toutes les variations atmosphériques [1]. On doit supposer que la construction de ces appareils était encore bien imparfaite, puisque, jusqu'à nos jours, on n'a cessé de perfectionner les inscripteurs météorographiques sans qu'un type définitif et entièrement satisfaisant ait encore été obtenu ; mais dès le siècle dernier, on était déjà arrivé à la conception générale de la météorologie graphique.

J. Watt introduisit en mécanique le premier appareil inscripteur et aborda du premier coup l'un des problèmes les plus élevés :

1. Dans une remarquable étude historique sur les météorographes, Radau expose comme il suit l'invention de Magellan : Cet auteur développe le projet d'un « météorographe perpétuel », dont il représente toutes les parties par des dessins. Il insiste sur l'utilité qu'il y aurait à obtenir des tracés continus de toutes les variations atmosphériques dans les différents lieux du globe. « Ce n'est pas assez, dit-il, de savoir si, par exemple, le baromètre ou le thermomètre étaient à une telle hauteur ou à un tel degré, dans la huitième, la neuvième ou la deuxième heure du jour ; il faut aussi être instruit s'il y a eu quelque autre variation ou changement considérable dans l'intervalle qui s'est écoulé entre l'heure qu'on a marquée et celle du jour suivant, ou l'autre du jour qui l'a précédé ; et quel était le moment où chaque variation est arrivée.... L'instrument dont je vais donner l'idée produit les effets dont je viens de parler, et c'est par cette considération que je l'appellerai *météorographe perpétuel*, parce qu'il donne constamment les observations météorologiques pour chaque heure du jour, et cela sans autre soin que celui de le remonter au bout de la semaine ou du mois, c'est-à-dire en même temps qu'on remonte la pendule qui lui sert de régulateur. L'idée en est si simple et si aisée dans la pratique, qu'il n'y a pas de personne tant soit peu curieuse qui ne puisse le faire arranger sous ses yeux, et à peu de frais, par un artiste quelconque, même d'une capacité médiocre.... »

Magellan donne ensuite une description détaillée des divers instruments qui lui paraissent le mieux répondre à son but. « D'abord, dit-il, pour faire les expériences barométriques relatives à la météorologie, je crois que le baromètre statique est le plus avantageux. » Cependant un baromètre à siphon, muni d'un flotteur, peut servir au même objet. Comme thermographe, Magellan préfère le thermomètre métallique. Son anémographe se compose d'une girouette à chevilles de d'Ons-en-Bray pour la direction, et d'un anémomètre de pression pour la force du vent. Pour l'humidité, il choisit l'hygroscope de Whitehurst, qui se compose de deux lattes de bois collées ensemble, et dont l'une est coupée de travers à son milieu. Un pluvioscope à flotteur, et un « atmidomètre », formé d'un flotteur qui supporte un vase plein d'eau (le vase monte quand l'évaporation le rend plus léger), complètent le météorographe. Magellan dit qu'on pourrait y ajouter un « rhoiamètre », en supposant que la station fût voisine d'un port de mer ; on conduirait la mer dans sa cave, on poserait une bouée sur l'eau, et la tige de la bouée suivrait les fluctuations de l'ebbe et du jusant. Magellan veut d'abord que la mesure graphique du travail développé par la vapeur dans un corps de pompe [1].

L'invention de l'électricité dynamique et celle de la photographie ont beaucoup servi au perfectionnement des appareils inscripteurs des météorologistes. L'électricité a permis de rassembler sur un même instrument les indications recueillies en des lieux différents. La photographie a eu pour rôle d'inscrire des mouvements qui n'ont pas assez de force motrice pour conduire une plume sur le papier.

C'est le manque de force qui constitue l'une des difficultés les plus fréquentes dans la réalisation des appareils inscripteurs. Cette difficulté a été tournée d'une manière très-ingénieuse par Regnard, en 1857, au moyen de rouages *auxiliaires* [2].

L'ingéniosité des auteurs éclate dans les mille combinaisons qu'ils ont adoptées pour inscrire le vent ou la pluie, la température ou la pression de l'air ; mais la diversité même des moyens

les crayons de tous les instruments tracent des courbes parallèles sur une planche recouverte de papier et entraînée par une horloge; il donne un dessin du tableau que formeraient ces tracés. Il ajoute (p. 351) que des leviers serviront à agrandir le mouvement des instruments dans le cas où il serait trop petit pour le tracé direct. Il discute aussi les avantages et les inconvénients du système d'enregistrement proposé par Changeux (*Journal de physique, chimie et histoire naturelle*, XVI, 325), lequel consiste à reproduire des courbes discontinues au moyen de ressorts terminés par des pointes d'acier, que de petits marteaux, commandés par une horloge, enfoncent périodiquement dans le tableau mobile. Il ajoute que depuis quinze ans une pendule, faite par Cummings, enregistre, d'après ce système, l'état du baromètre au palais royal de Buckingham, à Londres.

1. A cet effet, l'illustre mécanicien anglais faisait tracer les mouvements de son *indicateur des pressions* sur un cylindre qui tournait par l'action même du piston de la machine.

2. Voici comment est disposé l'appareil de Regnard. Dans son thermomètre, par exemple, au-dessus de la colonne, se trouve une pointe de métal reliée au style inscripteur et se déplaçant avec lui ; dès que cette pointe touche le mercure, elle ferme un courant électrique. Sous l'influence de ce courant, un électro-aimant met en marche un rouage qui élève le style et fait sortir la pointe du mercure. Aussitôt, le courant rompu provoque la marche d'un rouage qui tourne en sens inverse et ramène la pointe au contact du mercure. De cette façon la pointe métallique exécute sans cesse à la surface du mercure une série de petites oscillations insensibles dans le tracé, et accompagne toujours la colonne dans tous les déplacements qu'elle éprouve, sous l'influence des changements de température. Rédier a supprimé l'emploi de l'électricité pour faire marcher le rouage auxiliaire. Les plus petits déplacements d'un flotteur qui suit les mouvements d'une colonne liquide lui suffisent pour embrayer et désembrayer tour à tour les volants d'un rouage différentiel dont le mouvement conduit le style traceur dans un sens ou dans l'autre, avec la force nécessaire pour faire frotter vigoureusement la pointe d'un crayon sur le papier.

employés est un grave obstacle aux progrès de la science, celle-ci doit tendre à les simplifier de plus en plus[1].

1. Après avoir passé en revue tous les essais dont les annales de la météorologie ont gardé le souvenir, Radau termine par les conclusions suivantes : « Si dans un grand nombre de stations, les circonstances atmosphériques étaient enregistrées d'une manière continue par des machines combinées partout sur le même principe, on pourrait enfin songer à faire les archives du temps, et la météorologie deviendra peut-être une science exacte. » (*Loc. cit.*, p. 53.)

CHAPITRE I.

INSCRIPTION DES CHANGEMENTS DE POSITION DES CORPS.

Déplacements intermittents des corps ; empreintes des pas ; photographies de positions alternatives. — Déplacements continus, trajectoire d'un corps. — Machine inscrivant ses propres mouvements. — Verges de Wheatstone ; expériences de Kœnig et de Lissajous ; machine de Tisley. — Pantographe. — Transmission des mouvements à distance.

Ce qui frappe d'abord dans un mouvement, c'est le caractère de discontinuité ou de continuité qu'il présente en certains cas. Les mouvements exécutés par les animaux offrent ces deux types différents : ainsi, dans la locomotion terrestre, les pieds des animaux présentent des alternatives de repos et de mouvement, tandis que dans le vol ou dans la natation, on ne trouve pas ces phases d'immoblilité passagère des organes locomoteurs.

Intermittents ou continus, les mouvements des animaux laissent parfois des traces de leur passage ; cette sorte d'inscription naturelle ne doit pas être négligée.

Déplacements intermittents.

Lorsqu'un animal marche sur un terrain sablonneux ou détrempé, il y laisse les empreintes de ses pas. D'après ces traces, le chasseur sait reconnaître l'espèce de l'animal, il en apprécie le poids et la taille, il en suit les allées et venues, il devrait même, d'après les positions relatives des empreintes de chaque pied, reconnaître à quelle allure une piste a été parcourue. La science peut, en effet, pousser très-loin l'interprétation de semblables empreintes.

Quand elles ont été faites sur un sol favorable à leur conservation, les empreintes se sont parfois transmises à travers les périodes géologiques. Telle espèce animale aujourd'hui disparue, n'a laissé d'autres souvenirs que la trace de ses pas; or cette trace, soumise à une étude scientifique, révèle non-seulement les caractères anatomiques de l'animal qui l'a fournie, mais encore certains détails très-importants sur les mouvements plus ou moins rapides qu'il exécutait, sur la succession des appuis de ses pieds, sur le nombre des allures auxquelles il pouvait marcher et courir.

Dans les écoles vétérinaires, où l'on a étudié tout spécialement les empreintes du cheval, on a vu que, d'après la position relative des pieds sur le sol, on peut juger de la taille d'un cheval, savoir s'il allait au pas, au trot ou au galop; enfin si son allure était lente ou précipitée. Que le géologue acquière l'habitude d'interpréter à ce point de vue la signification des empreintes, et il en tirera de précieuses notions sur les aptitudes physiologiques des animaux disparus.

Pour donner une idée de cette intéressante étude, nous représentons, figure 52, les pistes d'un cheval à différentes allures. Un coup d'œil suffit pour faire voir que les positions relatives qu'affectent les empreintes des pieds, diffèrent les unes des autres et suffisent à faire distinguer empiriquement à quelles allures elles ont été formées.

Une analyse raisonnée de ces différents types serait plus instructive, car elle nous permettrait de connaître le rôle de chacun des pieds dans la production des empreintes; elle évoquerait devant notre esprit l'image de l'animal, nous le montrant dans la série des attitudes où ces différentes empreintes ont été produites.

C'est à certaines particularités de la ferrure qu'on distingue l'empreinte de chacun des quatre pieds du cheval. Lenoble du Teil, à qui nous empruntons les pistes représentées dans la figure 52, caractérise les pieds d'arrière par des crampons divergents à la partie postérieure, tandis que les pieds antérieurs n'ont pas de crampons. Les pieds du côté droit laissent leur empreinte sur une ligne, ceux du côté gauche sur une autre ligne parallèle à la première, mais située à sa gauche.

Ces désignations ne suffisent pas encore; un cheval qui marche au pas ordinaire ne laisse que l'empreinte de ses pieds d'arrière

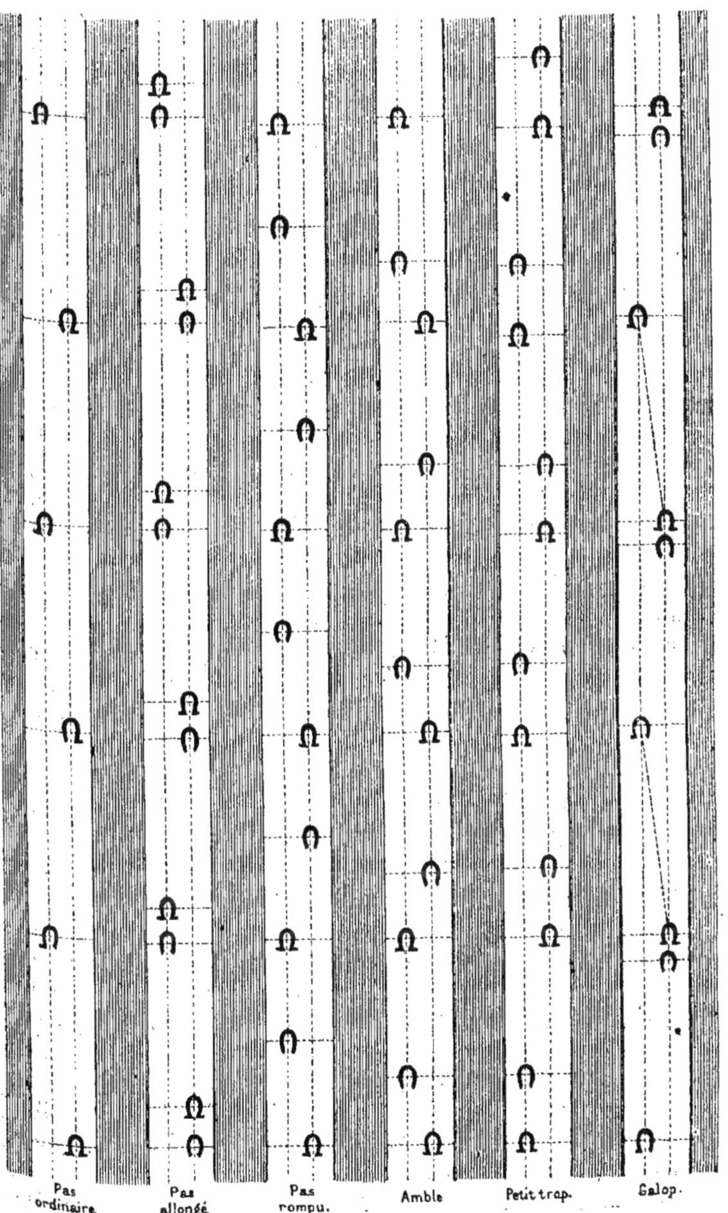

Fig. 52. Pistes du cheval à différentes allures.

qui prennent exactement la place de ceux d'avant. Cette superposition des deux empreintes est exprimée par M. Lenoble du Teil au moyen d'un signe mixte Ω, qui présente à la fois une branche

Empreinte d'un pied antérieur dans la notation des pistes.

Empreinte d'un pied postérieur.

Double empreinte formée par la superposition d'un pied postérieur sur la piste de l'antérieur.

simple comme les fers d'avant et une branche à crampon comme ceux d'arrière.

Ceci posé, on voit que la piste du *pas* se caractérise par la superposition parfaite des empreintes d'arrière sur celles du pied antérieur du même côté ; que, dans cette allure, l'empreinte des pieds droits se place exactement au milieu de la distance laissée libre par deux empreintes successives des pieds de gauche et réciproquement.

Quand le cheval marche en liberté, ou quand le cavalier, rendant la main, laisse un peu s'abaisser l'encolure, les empreintes changent d'aspect et l'on voit le pied d'arrière s'appuyer en avant de l'empreinte laissée par le pied antérieur correspondant. C'est le *pas allongé*, d'après l'auteur que nous venons de citer.

Une position du pied postérieur encore plus en avant de l'empreinte antérieure correspond à l'*entre-pas*.

Le *pas rompu* laisse des empreintes équidistantes, c'est-à-dire que si, par chacune des empreintes, on faisait passer une ligne transversale ou perpendiculaire au sens de la marche, ces lignes seraient équidistantes. Enfin, l'*amble* laisse des empreintes dans lesquelles les pieds d'un bipède diagonal ont leurs traces plus rapprochées que les pieds d'un bipède latéral.

Dans la piste du *trot*, les empreintes tendent à prendre les mêmes positions relatives que dans le pas rompu, avec cette différence, que le pied antérieur laissera sa trace en avant du postérieur.

Le *galop* se caractérise par une curieuse dissymétrie des empreintes. Dans le galop à droite, par exemple, celles de droite sont distinctes, et celles de gauche superposées. L'inverse se produit si le galop change de pied.

Ces déterminations des positions diverses que prennent sur le terrain les différents pieds de l'animal s'éclairent beaucoup lorsque l'on considère la succession de ces mouvements dans le temps, c'est-à-dire le rhythme des battues dont il sera question plus tard. Il ne s'agissait ici que de montrer que la détermination des changements de lieu présente, à elle seule, de l'importance, et dans le cas géologique dont nous parlions tout à l'heure, le changement de lieu est le seul élément qui reste à l'observateur.

Il y a, en général, peu de difficulté à distinguer sur les animaux non ferrés, les empreintes d'arrière de celles d'avant, celles des pieds droits de celles des pieds gauches. Avec un peu d'habitude on arrive vite à cette distinction. Pour l'acquérir, on peut s'exercer sur le chien.

Les empreintes du chien diffèrent peu de celles du cheval, au point de vue de la position des appuis à différentes allures ; toutefois on observe, dans le galop, une plus grande obliquité de l'axe du corps de l'animal, d'où la dissociation des quatre empreintes. On obtient aisément la trace des appuis en faisant marcher d'abord le chien dans l'eau, puis sur une surface sèche et unie, celle d'un trottoir par exemple.

Ceux qui ne sont pas familiers avec ce genre d'étude peuvent humecter les pattes de liquides diversement colorés : cela rend la distinction des empreintes extrêmement facile. De petits insectes laissent une trace fort nette des appuis de leurs pattes, lorsqu'ils ont marché sur une surface couverte de noir de fumée.

Pistes d'animaux fossiles.

Dans un intéressant article, Stanislas Meunier [1] reproduit l'aspect d'empreintes laissées sur le sol par un certain nombre d'espèces animales entièrement disparues. On y voit des pistes produites par des oiseaux, et l'on constate que ceux-ci marchaient par appuis alternatifs des pieds, et non par une série de sauts à la façon des passereaux.

Ailleurs, les empreintes se rapportent aux pas du Cheirotherium. Nous reproduisons, figure 53, une piste attribuée à une tortue terrestre. On y voit, sur deux lignes parallèles, les empreintes des pieds droits et gauches. La disposition de ces empreintes par groupes

1. *La Nature*, 1876, p. 282.

de deux s'accorde avec l'allure du pas de la tortue; pas raccourci, dans lequel les empreintes des pieds d'arrière ne recouvrent pas

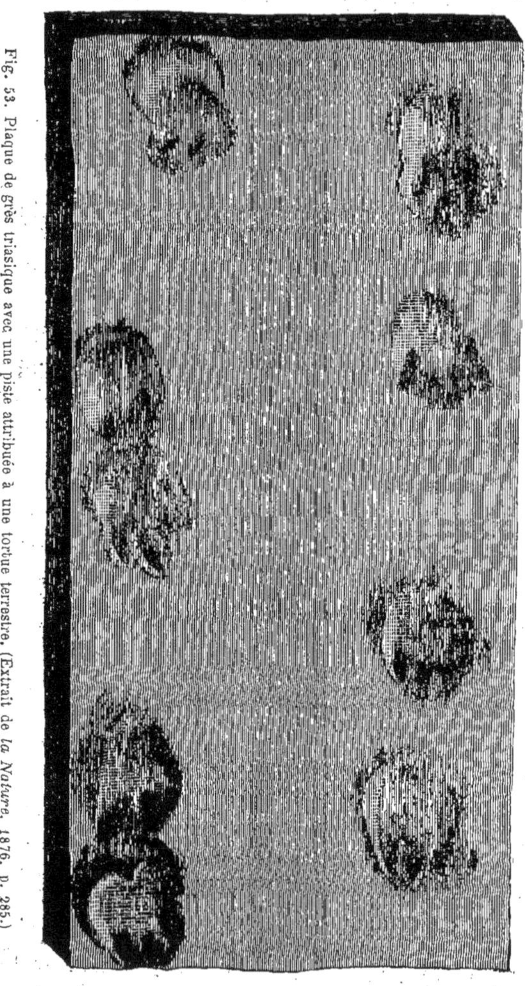

Fig. 53. Plaque de grès triasique avec une piste attribuée à une tortue terrestre. (Extrait de *la Nature*, 1876, p. 285.)

celles des pieds antérieurs. Toutefois, ni dans l'écartement des pistes de droite et de gauche, ni dans la forme des empreintes, nous ne reconnaissons les caractères des pistes des tortues actuellement existantes.

Enfin, on constate que les pistes de gauche, celles qui sont en haut de la figure, sont plus écartées que celles de droite, d'où l'on peut conclure que l'animal exécutait alors un mouvement tournant, le centre de la courbe qu'il parcourait étant à sa gauche.

Photographie de positions alternatives d'un corps.

Lorsqu'un déplacement périodique s'effectue entre deux points toujours les mêmes, la photographie fournit deux images assez nettes du corps en ses deux positions extrêmes.

Onimus a fait une heureuse application de ce procédé pour déterminer les deux états si différents que présente le cœur, au point de vue de sa forme et son volume, dans ses réplétions et ses évacuations alternatives.

Les cordes vocales, pendant l'émission des sons, offrent un aspect analogue à celui des branches d'un diapason qui vibre : un contour vague et un autre mieux défini tracent les limites de leurs excursions vibratoires.

Il n'est pas nécessaire de multiplier les exemples de mouvements intermittents dans lesquels la photographie permet de saisir les positions alternatives d'un corps et fournit ainsi d'utiles renseignements pour la connaissance de ses déplacements.

Déplacement continu.

Cette détermination est beaucoup plus importante que la précédente, car elle s'applique à un bien plus grand nombre de cas.

Lorsqu'un point lumineux se déplace avec vitesse, il laisse de son passage une trace brillante; tantôt c'est une traînée lumineuse comme celle qui persiste quelque temps dans le ciel après le passage d'un bolide; tantôt c'est notre œil lui-même qui garde quelques instants la sensation de l'éclat qui l'a frappé. Cette lueur, réelle ou subjective, nous montre, dans son ensemble, le chemin parcouru par un charbon ardent qu'on agite; elle nous révèle la marche en zigzag de l'éclair; c'est elle, sans doute, qui a inspiré à l'homme l'idée d'exprimer par une figure plane la trajectoire apparente des corps qui se déplacent. Cette expression du mouvement est identique à celle de la forme matérielle des corps; au reste, ces deux notions, de mouvement et de forme, sont connexes dans l'esprit. La ligne droite n'est-elle pas définie le *chemin* le plus court d'un point à un autre? La géométrie n'enseigne-t-elle pas que la circonférence du cercle est engendrée par le *mouvement* d'un point qui reste toujours à la même distance d'un autre point immobile qui est le centre? Enfin, l'artiste qui reproduit la figure d'un objet ne *suit-il* pas avec les yeux tous les contours que son crayon retrace sur le papier?

Ainsi, un même procédé suffit pour exprimer, avec une facilité égale, une forme ou un déplacement; mais il n'est pas également facile d'acquérir ces deux notions. Pour apprécier la forme, nous pouvons user du concours de tous nos sens dont le rôle est facilité par la permanence et la fixité de cette forme. Pour apprécier un mouvement, au contraire, notre vue seule peut nous servir dans la plupart des cas, et bien souvent encore, le mouvement, par sa nature, lui échappe tout à fait: il est trop lent ou trop rapide, ou n'a pas une étendue suffisante.

Les appareils inscripteurs surmontent toutes ces difficultés à la fois, lorsqu'ils chargent le mobile lui-même de tracer la forme de son mouvement. Ce résultat n'a guère été obtenu jusqu'ici que dans certains cas spécialement favorables, mais cette méthode d'inscription autographique prend chaque jour une extension plus grande et l'on ne saurait prévoir où s'arrêtera son emploi.

Imaginons une machine dont les organes se meuvent avec une grande vitesse; l'œil ne peut mesurer l'étendue, ni même apprécier la forme de ces mouvements. Mais qu'on attache un crayon à l'une de ces pièces mobiles et qu'on reçoive, sur un papier, le tracé du mouvement produit, on obtiendra des figures variables suivant le mode de déplacement de l'organe exploré : une ligne droite exprimera un mouvement rectiligne et en mesurera l'étendue; ailleurs, se traceront des figures circulaires ou elliptiques d'une régularité plus ou moins grande. On s'apercevra alors que le mouvement des pièces n'est pas toujours celui que la théorie de la machine eût fait prévoir; que l'élasticité d'un organe ou l'imperfection d'un ajustage suffisent pour l'altérer et pour troubler les fonctions du mécanisme[1].

1. On raconte que Le Chatelier, voulant corriger, à l'aide de contre-poids, les mouvements de lacet qu'imprime aux locomotives la vitesse acquise des pistons et des bielles,

Mais le mouvement qu'on veut connaître n'est pas toujours susceptible d'être inscrit sur le papier avec ses dimensions réelles; s'il est trop petit, il faut le grandir pour que sa trace devienne visible; trop grand, il doit être réduit pour tenir dans les dimensions du papier. Les procédés d'amplification ou de réduction sont nombreux; ils dérivent, pour la plupart, des propriétés géométriques du levier, comme cela se voit dans le pantographe. L'amplification ou la réduction d'un mouvement peut se faire également au moyen d'engrenages.

Un des plus grands obstacles à l'emploi de la méthode graphique pour étudier les déplacements d'un corps, c'est la difficulté qu'il y a, presque toujours, à fixer à ce corps un style écrivant, et surtout à placer une feuille de papier de façon qu'elle reçoive le tracé du style. Aussi est-il indispensable d'avoir un moyen de transmettre le mouvement à distance, l'empruntant à l'organe qu'on étudie, pour l'envoyer au style qui doit l'inscrire sur le papier. C'est par des tubes à air que j'ai obtenu les transmissions les plus satisfaisantes.

La disposition qui se prête à la plupart des expériences consiste à employer deux *tambours à levier* [1] dont l'un reçoit le mouvement tandis que l'autre le trace.

suspendit avec des chaînes une de ces machines et la fit mettre en marche de façon que les roues tournaient librement dans l'air. Puis, plaçant au-dessous de la locomotive un pinceau qui frottait sur une feuille de papier, il recueillit une courbe d'apparence elliptique, d'assez grande étendue. Des contre-poids de différentes masses furent alors employés jusqu'à ce que, par tâtonnements graduels, on eût amené le pinceau à ne plus tracer qu'une figure d'étendue extrêmement réduite; les oscillations de la machine étaient alors sensiblement supprimées.

1. Ces tambours sont formés chacun d'une caisse métallique fermée en haut par une membrane de caoutchouc mince et très-peu tendue. Les deux tambours portent chacun un tube métallique qui s'ouvre à leur intérieur et s'adapte à un tuyau de caoutchouc qui les fait communiquer l'un avec l'autre. Si l'on appuie sur la membrane du premier tambour, on expulse une partie de l'air qu'il contient; cet air passe à travers le tube dans le deuxième tambour dont il soulève la membrane. Quand on cesse de presser sur le premier tambour, la membrane du deuxième s'abaisse. C'est cette solidarité d'action des deux tambours qui permet de transmettre un mouvement à distance. Pour cela, on colle sur chacune des membranes un disque d'aluminium relié avec un levier qui s'articule, par une de ses extrémités, à un point fixe placé dans le voisinage de l'axe. Cette articulation permet au levier d'exécuter des mouvements verticaux.

Or, si l'on imprime un mouvement à l'un des leviers, cela produit, par l'intermédiaire du disque d'aluminium, une élévation ou un abaissement de la membrane du tambour correspondant. Il s'ensuivra un mouvement semblable, mais de sens inverse, dans le levier conjugué, et si celui-ci est muni d'une plume qui trace sur un papier enfumé, un tracé sera obtenu. (Voy. Technique, ch. I.)

La figure 54 montre une disposition qui permet de transmettre très-facilement le mouvement rectiligne d'un point quelconque au *tambour explorateur*, c'est-à-dire à l'instrument qui reçoit ce mouvement et l'envoie par un tube au *tambour inscripteur*.

Il suffit d'attacher un fil à la pièce dont on veut apprécier le mouvement, l'autre extrémité de ce fil étant reliée à un levier disposé comme dans la figure. En effet, ce levier est tiré par en haut au moyen d'un ressort spiral fixé à une potence, et d'autre part tiré en

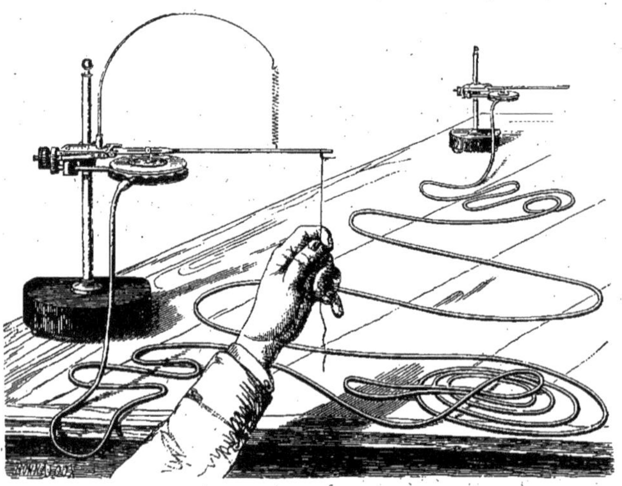

Fig. 54. Tambours à leviers conjugués pour la transmission des mouvements à distance.

sens inverse par le fil que l'opérateur tient à la main. Si la main s'abaisse, le levier, cédant à la traction du fil, s'abaissera aussi en tendant le ressort spiral. Si la main s'élève, le ressort spiral fera remonter le levier et le fil restera toujours tendu. Tous ces mouvements seront répétés par le levier inscripteur, mais en sens inverse, l'élévation d'un levier provoquant la descente de l'autre[1]. Il est très-commode, dans un grand nombre de cas, de transmettre ainsi un mouvement par un simple fil que l'on peut, suivant le besoin, prendre plus ou moins long.

L'inscription d'un mouvement rectiligne peut seule être obtenue

1. Si l'on veut que les deux leviers exécutent des mouvements de même sens, il suffit de retourner un des deux appareils.

dans ces conditions ; elle présenterait peu d'intérêt dans la plupart des cas ; mais en combinant l'emploi de deux systèmes de tambours à leviers conjugués, on peut inscrire la forme d'un mouvement quelconque, pourvu qu'il se produise dans un plan. Cette méthode, que j'ai souvent utilisée moi-même, est basée sur ce principe : que *tout mouvement qui se passe dans un plan peut être considéré comme formé par deux mouvements rectilignes perpendiculaires l'un à l'autre.*

Lorsque Wheatstone, adaptant à l'extrémité d'une verge vibrante (fig. 55) une petite sphère brillante, montra que l'œil perçoit des images qui varient suivant le rapport de fréquence de deux ordres de vibrations produites dans deux plans perpendiculaires l'un à l'autre, l'illustre physicien anglais ouvrit à la méthode graphique une voie nouvelle. Bientôt en effet Kœnig, armant les verges de Wheatstone d'un style écrivant, recueillit le tracé de leurs parcours dans les conditions les plus compliquées.

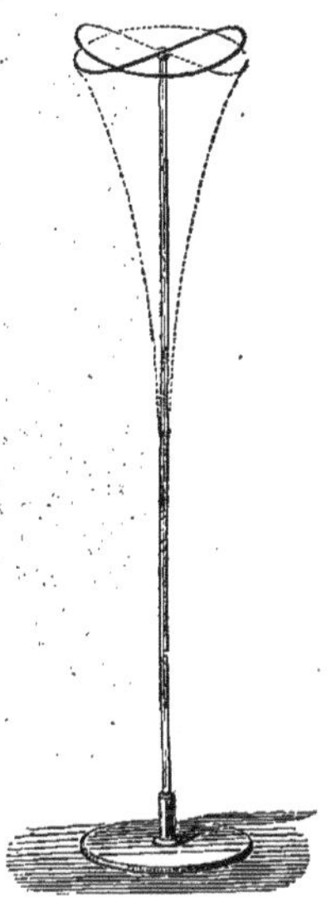

Fig. 55. Aspect que présente l'extrémité brillante d'une tige de Wheatstone animée de vibrations, dont le rapport est 2 : 3.

Ces verges sont des tiges rectangulaires qui, suivant l'épaisseur qu'elles présentent dans les deux sens, peuvent exécuter des vibrations de nombre égal ou de nombres différents dans un sens et dans l'autre.

Plus tard, Lissajous rendit le phénomène plus facile à comprendre en construisant une machine qui, au moyen d'engrenages, communique à une pointe écrivante deux mouvements rectilignes, perpendiculaires l'un à l'autre. L'appareil de Lissajous permet de régler à volonté le rapport de fréquence des deux mouvements rectangulaires imprimés au style. En faisant fonctionner la machine avec lenteur, on voit comment la circonférence d'un cercle est engendrée par deux oscillations synchrones ayant la même amplitude ; comment l'inégalité d'amplitude de deux mouvements synchrones engendre une ellipse dont le grand diamètre correspond à l'oscillation la plus étendue ; comment enfin des oscillations perpendiculaires entre elles et de fréquences semblables ou inégales donnent naissance à des figures variées. L'ellipse plus ou moins ouverte et réduite parfois à une ligne oblique (fig. 56 ligne supérieure) résulte de la combinaison d'un mouvement dans le sens horizontal avec un autre mouvement de sens vertical. La figure en forme de 8 est due à la combinaison d'une oscillation dans le sens vertical avec deux oscillations dans le sens horizontal; la figure représentée ligne 3 est produite par 2 oscilla-

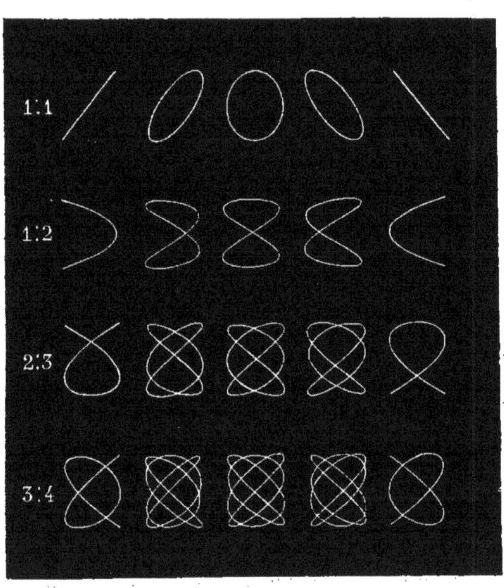

Fig. 56.

Ligne supérieure : une vibration dans le sens vertical pour une vibration transversale; rapport de 1 à 1, en acoustique *unisson*.

Ligne 2 : une vibration dans le sens vertical pour deux vibrations horizontales; rapport de 1 à 2, *octave*.

Ligne 3 : deux vibrations verticales pour trois vibrations transversales; rapport de 2 à 3, *quinte*. Ligne 4 : rapport de 3 à 4, *quarte*.

tions verticales et 3 horizontales; la figure ligne 4, par 3 verticales et 4 horizontales.

Qu'on imagine les rapports les plus variés entre les deux ordres de mouvements auxquels la pointe traçante est soumise et l'on obtiendra toutes les figures possibles, car, ainsi que nous le disions tout à l'heure, toute figure susceptible d'être inscrite dans un plan peut être engendrée par la combinaison de deux mouvements rectilignes perpendiculaires l'un à l'autre.

Tisley et Spiller de Londres ont construit et exposé l'an dernier, au South Kensington Muséum, une ingénieuse machine qui trace toutes sortes de figures résultant de la combinaison de deux mouvements rectilignes. Deux pendules montés sur des suspensions de Cardan portent l'un un style, et l'autre une surface sur laquelle le style écrit. Des poids curseurs permettent de régler à volonté la période d'oscillation de chacun des pendules, tandis qu'on peut, d'autre part, modifier à volonté l'angle que forment entre eux les deux plans d'oscillation.

En variant les périodes et les angles d'oscillation, on obtient

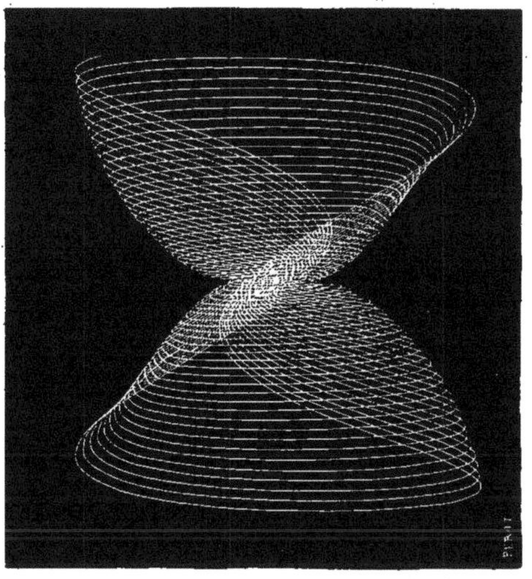

Fig. 57. Tracé de l'harmonigraphe de Tisley. Rapport des oscillations : 1 : 3.

une variété pour ainsi dire infinie de formes diverses qui toutes présentent un grand intérêt.

La figure 57 représente des oscillations qui se combinent dans le rapport de 1 à 3, les deux ondes de mouvements ne se font pas dans deux plans rigoureusement perpendiculaires l'un à l'autre : aussi voit-on sur la figure une légère dissymétrie qui va s'accentuer davantage dans les tracés suivants.

La figure 58, rapport de 1 à 2, est formée d'une série de 8 de chiffres s'inscrivant autour d'un même centre de rotation par suite du déplacement circulaire du papier qui reçoit les courbes. Les morphologistes feront bien de méditer cette figure qui montre comment ces formes compliquées peuvent être engendrées par la combinaison de mouvements peu nombreux. Dans cette figure, comme dans toutes les autres, l'étendue du mouvement décroît, d'une manière graduelle, jusqu'au centre qui correspond à l'extinction complète des mouvements pendulaires.

La figure 59 est formée par l'inscription d'oscillations dans le rapport de 2 à 3. Ici encore on a un beau type d'une forme compliquée engendrée par des combinaisons assez simples.

On a vu précédemment qu'un mouvement rectiligne peut être transmis à distance à travers des tubes à air. Si l'on transmet de cette façon deux mouvements rectilignes perpendiculaires l'un à l'autre, on peut inscrire à longue distance tout mouvement qui s'effectue dans un plan. Cette méthode m'a servi pour étudier le mécanisme du vol des oiseaux et m'a permis de déterminer expérimentalement le mouvement que l'aile exécute autour de l'articulation de l'épaule pendant le vol [1].

Comme la disposition la plus commode est celle que représente la figure 60 et dans laquelle il suffit d'attacher un fil au corps mobile pour transmettre les mouvements qui se produisent suivant la direction de ce fil, j'ai essayé de réaliser la transmission de deux mouvements dans ces conditions simplifiées.

L'inscription d'une figure dans un plan est depuis longtemps réalisée par l'emploi du *pantographe*, appareil dont les pièces articulées permettent de reproduire une figure quelconque, soit en grandeur naturelle, soit réduite ou amplifiée suivant le besoin.

Si l'on imprime à l'une des pointes du pantographe un mouvement quelconque, l'autre pointe inscrira ce mouvement. Mais le nombre des cas où cet instrument serait applicable pour l'étude des mouvements est fort limité, car il faut que le corps dont on veut inscrire la trajectoire soit amené au contact de l'instrument.

Une disposition fort simple m'a permis d'inscrire des mouvements qui se produisaient en un point assez éloigné, à une dizaine de mètres par exemple, ce qui est fort utile en certains cas. La figure 60 montre la disposition de l'appareil qui sert à cet usage et que je désignerai sous le nom de *pantographe à transmission*. C'est

1. On trouvera la description de l'expérience et de l'appareil (*Bibl. des Hautes Études*, t. I, 1869, p. 228, et *la Machine animale*, p. 244).

un assemblage de quatre tambours à levier conjugués répartis

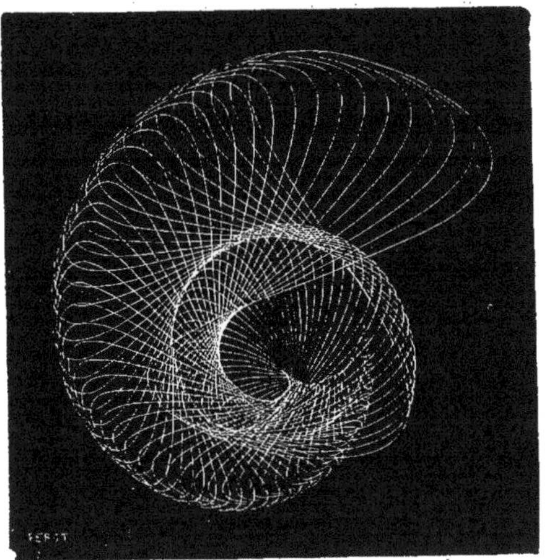

Fig. 58. Harmonigraphe. Rapport des oscillations : 1 : 2.

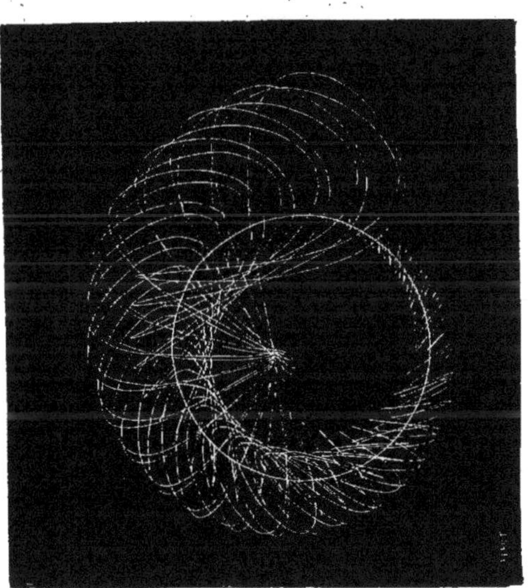

Fig. 59. Harmonigraphe. Rapport des oscillations : 2 : 3.

en deux groupes. Le premier groupe de deux tambours forme

l'appareil *explorateur* du mouvement; le second, l'appareil *récepteur*. On peut indifféremment prendre comme explorateur l'un quelconque de ces deux groupes; dans la description de l'expérience, nous supposerons que c'est le groupe de gauche qui a cette fonction.

Les quatre tambours à levier sont disposés sur un support, de telle façon que leurs membranes soient dans un plan vertical. En outre, les leviers des deux instruments d'un même groupe, situés

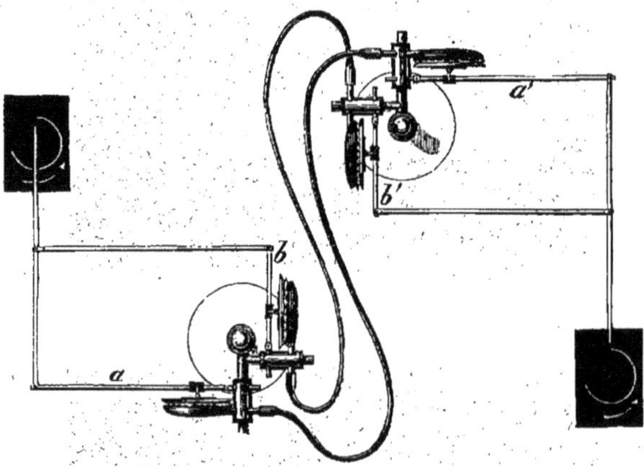

Fig. 60. Pantographe avec transmission du mouvement par l'air. L'appareil est vu d'en haut.

dans un même plan horizontal, font entre eux un angle droit.

Dans la figure 60 on voit que le levier explorateur a horizontal est conjugué avec le levier récepteur horizontal a'; il en est de même des deux leviers verticaux b et b'. On voit aussi que si on déplace l'un des leviers manipulateurs dans un sens quelconque, le levier conjugué récepteur exécutera un mouvement de même sens.

Assemblons, au moyen de tiges articulées en forme de rectangles, les deux tambours de chacun des groupes, et prolongeons l'un des côtés de ce rectangle en le terminant par une pointe écrivante. Tout mouvement imprimé, dans le plan horizontal, à la pointe de l'explorateur sera reproduit par celle du récepteur. La pointe de l'explorateur trace un cercle sur un morceau de verre enfumé; celle du récepteur trace la même figure.

CHAPITRE II.

CHRONOGRAPHIE

Notion des relations de temps; chronomètres; pointage sur un papier qui se déplace. — Chronographie; cylindres tournants et régulateurs. — Contrôle du mouvement d'un cylindre au moyen du diapason. — Chronographe. — Transmission des indications chronographiques. — Des signaux. — Signaux électriques. — Signaux à air. — Applications de la chronographie; détermination de l'instant où se produit un phénomène. — Erreur personnelle. — Mesure des durées. — Successions ou synchronisme. — Fréquence. — Régularité. — Périodicité.

Pour l'estimation des phénomènes de courte durée, l'emploi des chronomètres les plus parfaits trouve sa limite pratique dans l'insuffisance de nos sens. Si l'aiguille d'un de ces instruments parcourt le cadran, en s'arrêtant à toutes les secondes ou à tous les quarts de seconde, on a peine à reconnaître la position exacte qu'elle occupe au début et à la fin d'un phénomène; une erreur d'un quart de seconde est alors très-facile à commettre. On doit donc considérer comme un progrès notable l'emploi du chronomètre à pointage : l'aiguille, chargée d'encre à sa pointe, s'applique contre le cadran par la pression d'une détente et laisse la trace de la position qu'elle occupait à un premier instant; si l'acte qu'on doit mesurer présente une certaine durée, on provoque un second pointage au moment où il finit, et l'on trouve sur le cadran deux points séparés l'un de l'autre par un nombre de divisions qui mesure le temps écoulé.

Le principal avantage des chronomètres à pointage, c'est qu'il n'est pas nécessaire d'en regarder le cadran pendant la durée d'une observation; une simple pression du doigt au moment où le phénomène commence, une autre au moment où il finit, suffisent pour en déterminer la durée.

Mais, si le temps à mesurer excédait un tour de cadran, s'il correspondait à un grand nombre de tours par exemple, une autre difficulté naîtrait, car on risquerait de commettre une erreur sur ce nombre. Le pointage du temps doit alors se faire sur un papier qui chemine avec une vitesse connue, et dont la longueur soit fort grande [1].

La difficulté principale, dans ces mesures graphiques du temps, c'est d'avoir, pour y pointer les signaux, une surface animée d'une vitesse parfaitement régulière ou parfaitement connue.

Chronographie.

C'est tantôt une plaque animée d'un mouvement de translation suivant son plan, tantôt un cylindre tournant qui reçoit le tracé.

Fig. 61. Cylindre tournant, muni d'un régulateur de Foucault. L'appareil est représenté au moment où l'on noircit le cylindre à la fumée.

Cette dernière disposition est la plus ordinaire, à cause de la commodité qu'elle présente pour recueillir des courbes.

1. C'est ainsi qu'Eytelwein, voulant compter le nombre de coups frappés en un temps

Sur un cylindre de métal (fig. 61), on dispose une feuille de papier bien lisse qui le recouvre entièrement et dont les deux bords sont collés d'un bout à l'autre. On noircit à la fumée d'une bougie, ou d'une lampe la feuille de papier, en promenant lentement cette flamme tout le long du cylindre, pendant que celui-ci tourne avec une vitesse d'un tour environ par seconde. Quand le cylindre est parfaitement noir, on possède une surface sur laquelle le moindre

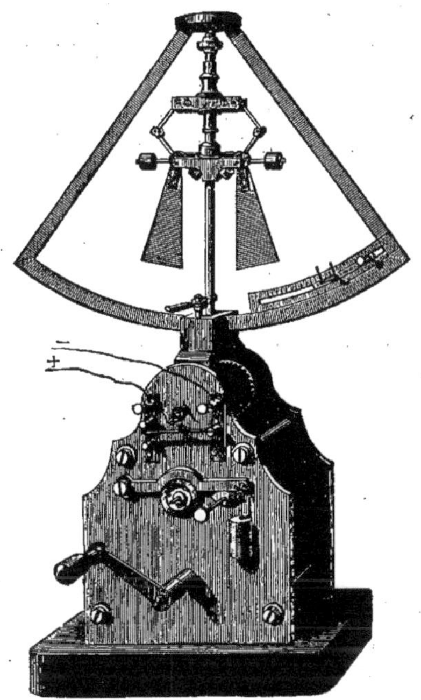

Fig. 62. Régulateur de Y. Villarceau.

frôlement laissera sa trace; ainsi, le passage de l'aile d'un insecte enlève le noir qui recouvre la feuille et laisse en blanc la marque de son contact.

Quand les signaux sont pointés sur le cylindre, si l'on juge à

donné par un bélier hydraulique, fit défiler une longue bande de papier sur laquelle chaque coup venait laisser sa trace. On pouvait lire, à la fin de l'expérience, le nombre de coups de bélier frappés en une heure ou en une minute, si la vitesse de translation était exactement connue.

propos de conserver la feuille, on fixe les tracés en les trempant dans un vernis. (Voir pour les détails de ces opérations, Technique, chap. II.)

Pour obtenir l'uniformité parfaite du mouvement de rotation imprimé au cylindre, on se sert d'un mouvement d'horlogerie muni d'un volant régulateur. La figure 61 représente le cylindre entraîné par son rouage d'horlogerie, muni d'un régulateur Foucault. Dans cette figure, on voit se faire l'opération du noircissage à la flamme d'une bougie de cire.

Un autre régulateur qui semble plus précis encore que celui de Foucault est celui de Villarceau (fig. 62), qui présenterait en outre cet avantage, de pouvoir prendre des vitesses qui varient, du simple au double, suivant que l'appareil est incliné ou vertical. Enfin, Helmholtz a imaginé un régulateur électrique qui, paraît-il, est également d'une précision très-grande.

Lorsque les besoins d'une expérience exigent qu'on imprime au cylindre une rotation plus ou moins rapide, on obtient ces variations en adaptant le cylindre à l'un ou à l'autre des trois axes qui sortent de la platine du rouage. L'axe supérieur fait son tour en une seconde et demie, l'axe moyen le fait en 6 secondes, l'inférieur en une minute.

Chronographes.

Les appareils qu'on vient de décrire impriment au cylindre une vitesse régulière que l'on connaît, une fois pour toutes, et qui permet d'estimer aisément une durée d'après la longueur du papier qui a cheminé entre deux signaux; mais ces instruments sont coûteux. Il est souvent plus simple de renoncer à l'uniformité parfaite du mouvement du cylindre et de la remplacer par un contrôle incessant de la vitesse avec laquelle il tourne. A cet effet, on se sert de *chronographes*, appareils que nous allons décrire. Tous les chronographes ont pour but d'imprimer à un style traceur des vibrations isochrones d'une fréquence connue, de façon que le nombre de vibrations inscrites entre deux signaux exprime le temps qui les sépare.

On a vu que Thomas Young imagina de faire inscrire sur un cylindre tournant les vibrations d'une verge métallique munie d'un style léger; puisque ces mouvements sont isochrones, chacune des ondulations tracées sur le cylindre correspond à une division du temps toujours égale à elle-même. Duhamel employa le diapason (fig. 63) au même usage ; ce fut un nouveau progrès dans

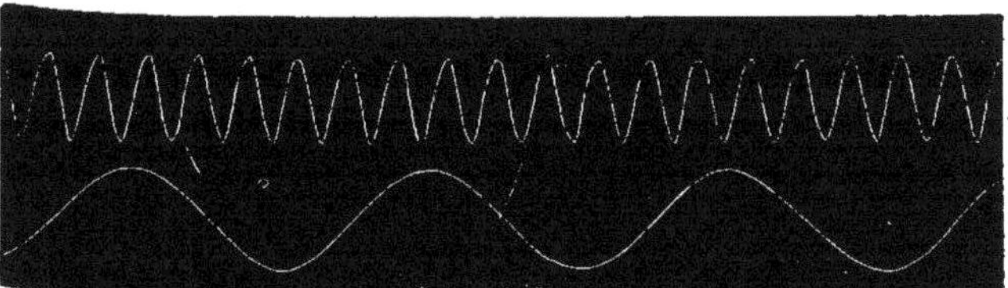

Fig. 63. Tracé d'un diapason chronographe donnant 10 vibrations doubles par seconde.

la chronographie. On peut, en effet, savoir avec une exactitude extrême le nombre de vibrations qu'un diapason exécute en une seconde : cela tient à la précision avec laquelle on compare entre eux et on règle ces instruments, soit par la méthode optique de Lissajous, soit par la méthode acoustique (méthode des sons résultants) de Kœnig [1].

Suivant l'approximation avec laquelle on veut mesurer le temps, et surtout suivant la vitesse du cylindre sur lequel on inscrit les signaux, on doit prendre des diapasons dont les nombres varient. Les diapasons de 50 à 500 vibrations par seconde sont les plus fréquemment employés [2].

Quelquefois il faut avoir des divisions du temps plus grandes ; le dixième de seconde exige des instruments en général assez volumineux et encombrants. Il serait alors impossible d'inscrire simultanément les vibrations du diapason chronographe et les signaux correspondant au début et à la fin du phénomène que l'on veut étudier. Pour remédier à cet inconvénient, j'ai imaginé deux moyens de transmettre les vibrations du diapason chronographe à des appareils de petit volume qui écrivent sur un cylindre tournant. L'une de ces transmissions se fait par des tubes à air, l'autre par l'électricité.

1. Kœnig m'a fait constater, par la méthode des battements, le parfait unisson de diapasons qui donnaient plus de 20 000 vibrations doubles par seconde.

2. Dans la figure 63 on a fait écrire le même diapason avec deux vitesses différentes de la rotation du cylindre ; les vibrations les plus nombreuses sont nécessairement celles qui s'écrivaient pendant la plus petite vitesse de rotation. En comptant le nombre de vibrations qui sont contenues dans une grande, on a la relation des deux vitesses du cylindre.

Vibrations d'un diapason transmises par l'air et inscrites à distance.

On a vu page 126 comment le mouvement d'un levier, agissant sur la membrane d'un premier tambour, se transmet à distance à un second tambour qui l'inscrit. Supposons que la membrane du premier tambour soit reliée à l'une des branches d'un gros diapason qui vibre, les vibrations se transmettent au tambour à levier inscripteur qui tracera sur un cylindre tournant la même figure qu'y eût inscrite le diapason lui-même.

Or, ce *tambour à levier*, figure 64, est peu encombrant et peut se placer à côté d'autres appareils semblables qui écrivent dif-

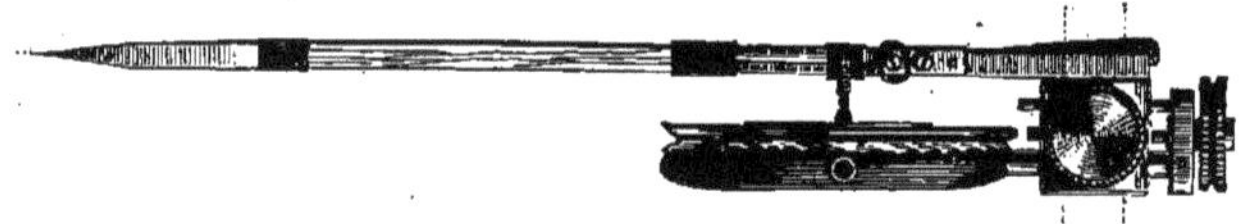

Fig. 64. Tambour à levier de petites dimensions se disposant facilement à côté d'autres appareils inscripteurs (demi-longueur).

férents mouvements dont la durée sera dès lors très-facile à estimer. (Voir pour les détails de la construction du tambour à levier, Technique, chap. II.)

Transmission des vibrations du diapason par l'électricité.

Entretenir par l'électricité les vibrations d'un diapason est un problème depuis longtemps résolu par Helmholtz, Regnault, Foucault et plusieurs autres physiciens.

Les vibrations du diapason ouvrent et ferment tour à tour un circuit voltaïque ; or, si l'on place sur ce circuit un petit appareil formé d'un style léger, muni d'une armature de fer et soumis à l'action d'un électro-aimant, les ruptures et clôtures du courant produites par le diapason imprimeront au style un mouvement vibratoire qui s'inscrira sur le cylindre.

La figure 65 montre la forme du chronographe électrique qui peut s'employer aussi facilement que le tambour à levier représenté ci-dessus, et présente même cet avantage de permettre une transmission des vibrations à des distances indéfinies. (Voir Technique, chap. II.)

Ces différents modes d'inscription directe ou indirecte des vibra-

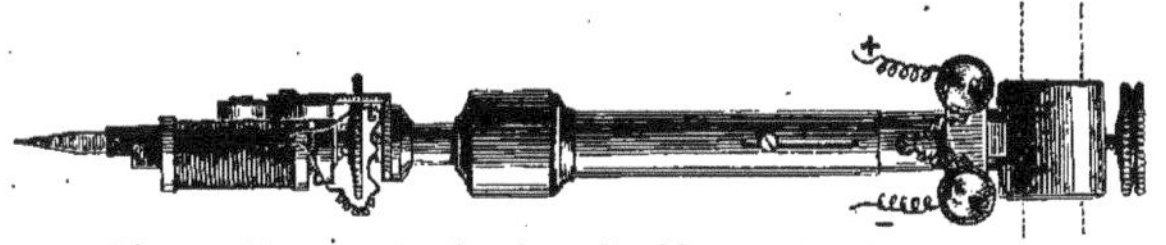

Fig. 65. Chronographe électrique (demi-longueur) petit modèle.

tions d'un diapason répondent à tous les besoins de la chronographie la plus délicate.

A. Cornu vient d'imaginer une disposition fort ingénieuse par laquelle il inscrit à côté des battements d'une pendule astronomique des vibrations correspondant au dixième de seconde, ce qui lui permet de subdiviser les divisions du temps. La lecture de ces tracés chronographiques se fait au moyen d'un microscope à grossissement variable qui contient dans son oculaire un micromètre à échelle constante. On amène les tracés du chronographe en face des divisions du micromètre, et l'on a ainsi une mesure rapide et exacte des fractions de la seconde [1].

Des signaux.

Quand la précision est très-grande dans la mesure du temps, l'imperfection devient relativement très-grande dans la production des signaux qui doivent indiquer le commencement et la fin d'un phénomène. Les astronomes ont reconnu, les premiers, que personne ne saurait pointer un phénomène au moment précis où il se produit; le signal retarde toujours un peu sur l'instant auquel il devrait correspondre ; ils ont appelé *équation personnelle* ce retard, variable pour chaque observateur. Il est clair que notre estimation d'un instant quelconque est entachée de cette erreur. Aussi, dans les mesures délicates, faut-il recourir aux signaux automatiques et forcer le phénomène lui-même à inscrire mécaniquement son début et sa fin.

1. A. Cornu, *Détermination de la vitesse de la lumière*, Paris, 1876.

Signaux électriques.

Les signaux électriques sont les meilleurs que l'on possède, grâce à la rapidité avec laquelle ils se transmettent, du point où le phénomène se produit, à celui où il doit s'inscrire. Ils présentent en outre cet avantage, qu'ils n'exigent, pour fonctionner, que la force motrice nécessaire pour rompre ou fermer un courant de pile. Il semble donc que ces signaux soient parfaits.

Mais les exigences toujours croissantes de l'expérimentation ont bientôt montré que l'inscription électrique, quel que fût le procédé employé, était encore imparfaite. Marcel Deprez s'est attaché à perfectionner les appareils qui fournissent des signaux et est arrivé à des résultats d'une admirable précision. La figure 66 re-

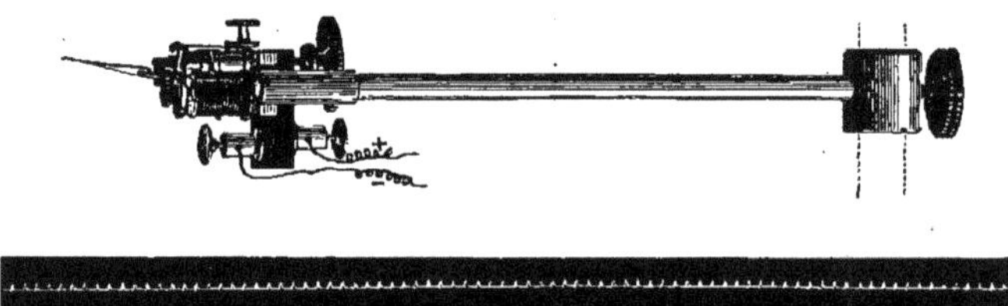

Fig. 66. Signal électro-magnétique de M. Deprez (demi-longueur) avec son tracé.

présente le signal électro-magnétique de Deprez (voir Technique, chap. II) disposé de manière à se placer aisément à côté d'autres appareils écrivant ensemble sur un cylindre.

Dans cette figure, les signaux sont provoqués par un diapason qui donne 500 vibrations simples par seconde. On constate qu'un signal complet de l'instrument, c'est-à-dire une rupture suivie de clôture, dure beaucoup moins de $\frac{1}{500}$ de seconde, puisque après chacun de ces signaux le style reste en repos pendant une période assez longue. On eût donc pu obtenir beaucoup plus de 500 signaux par seconde. Un tel appareil sera d'une utilité extrême dans un grand nombre d'expériences.

Signaux à air.

Dans bien des cas, le signal électrique peut être remplacé par un signal transmis par l'air.

L'appareil décrit figure 54 (les tambours à leviers conjugués) suffit pour inscrire sur le cylindre l'instant précis du début d'un phénomène et celui de sa fin. Admettons, en effet, qu'à un moment donné, une traction ou un choc fasse mouvoir le levier n° 1; le levier n° 2 tracera sur le cylindre le signal de ce mouvement; un second signal se tracera de même; on aura de cette façon des tracés à peu près indentiques à ceux que donne l'appareil électro-magnétique. Enfin, un chronographe ou un diapason mesureront, d'après le nombre de vibrations qu'ils ont inscrites, le temps qui s'est écoulé entre les deux signaux.

Les signaux à air se transmettent avec un léger retard, assez voisin de la vitesse de transmission du son; il faut tenir compte de ce retard dans les expériences délicates. À un bien moindre degré les signaux électriques eux-mêmes offrent un retard. Nous renvoyons à la partie technique l'exposé des moyens qui servent à mesurer ces retards d'après la méthode de Helmholtz. (Technique, chap. II.)

Nous venons d'examiner les cas où l'on a besoin de mesurer des intervalles de temps extrêmement courts; il en est d'autres, au contraire, où la durée des actes qu'il s'agit de déterminer est considérable. La méthode graphique se prête également bien à ces deux sortes de mesures. On peut, pour tous les cas, conserver les mêmes signaux électriques : la rapidité extrême de leur fonctionnement, si elle n'est pas nécessaire dans les expériences de longue durée, n'est du moins pas nuisible; mais il faut, suivant le besoin, changer la vitesse du mouvement rotatif du cylindre et lui faire développer, non plus 4 mètres de papier par seconde, mais 1 centimètre, 1 millimètre et même moins. En effet, certains actes ont une durée si longue, qu'entre leur commencement et leur fin il s'écoule des minutes, des heures, des jours et plus encore. Rien de plus facile que de construire des appareils d'horlogerie qui donnent au cylindre des mouvements réguliers et très-lents.

Pour plus de sûreté dans les mesures du temps, il faudra, en général, contrôler la vitesse du cylindre par un tracé chronographique. Mais les périodes d'oscillation du chronographe devront être d'autant plus lentes que le cylindre tournera avec moins de vitesse. Quand, par exemple, il ne passera que 10 ou 20 centimètres de papier par seconde, ou bien 1 ou 2 centimètres à la minute, il suffira de pointer les secondes, au moyen d'une horloge dont le balancier rompra et fermera tour à tour le courant de la pile qui produit les signaux. Enfin, pour des rotations plus lentes encore, on ne pointera plus que les minutes ou les heures, au moyen de dispositions appropriées.

En somme, la méthode graphique, dans les mesures du temps, l'emporte sur toutes les autres; elle supplée à l'insuffisance des sens dans les mesures d'actes extrêmement brefs, à la patience de l'observateur dans la mesure des actes de longue durée.

Applications de la chronographie.

La chronographie trouve son application partout où doit être effectuée une détermination précise, de l'instant auquel se produit un phénomène, de la durée, de la fréquence ou de la régularité de certains actes successifs. Aussi toutes les sciences expérimentales auront-elles à l'employer, quand elles voudront pousser la rigueur des mesures du temps plus loin que ne le permet l'emploi du chronomètre à cadran.

Détermination de l'instant où se produit un phénomène. — Ce problème ne se pose guère qu'en astronomie; pour le résoudre, il faut disposer d'une horloge qui pointe électriquement les secondes sur un cylindre tournant[1]. Si l'on n'inscrit pas sur un papier sans fin, on y supplée au moyen d'un mécanisme qui entraîne le style traceur de telle façon, qu'à chaque tour de cylindre, la pointe se soit graduellement déplacée suivant la génératrice. De cette manière, le signal des secondes trace ses indications sur une spirale et peut écrire ainsi pendant un temps très-long. (Technique, chap. II.)

A côté du pointeur des secondes est disposé le style qui signalera l'instant du phénomène observé. La position du signal par rapport au tracé des secondes déterminera cet instant, ainsi que cela se voit dans le cas représenté figure 67 : le phénomène se

1. Plusieurs dispositions peuvent être employées à cet effet. Tantôt le pendule de l'horloge, chaque fois qu'il passe par la verticale, rencontre un petit ressort qu'il déplace, et rompt ainsi un courant électrique qui fait agir un signal pareil à celui qui est représenté figure 67; tantôt, muni d'une lame de mica, ce pendule coupe une goutte de mercure qui se referme après son passage, en rétablissant un courant de pile un instant interrompu. J'ai vu fonctionner ce mécanisme en Hollande, dans l'observatoire astronomique d'Utrecht, et dans le laboratoire de physiologie du professeur Donders.

serait produit en S, entre la deuxième et la troisième seconde et un peu après la moitié de cet intervalle de temps.

Si l'on voulait plus de précision encore, on emploierait un cylindre à rotation plus rapide, et l'on inscrirait à côté du pointage des secondes les vibrations d'un chronographe. L'instant où se

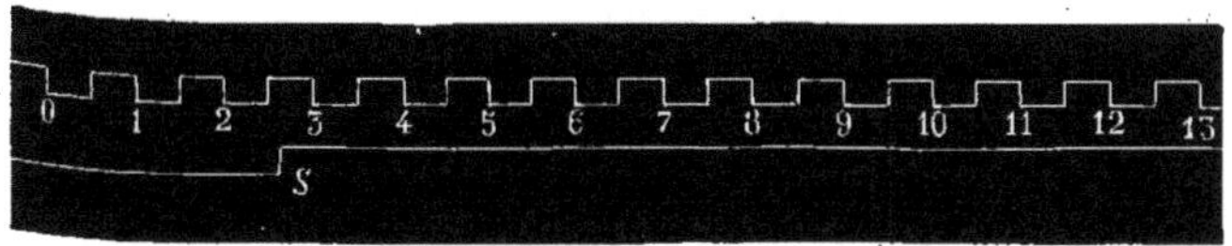

Fig. 67. Signal de la position d'un instant dans le temps.

produit le phénomène pourrait ainsi être déterminé en secondes et fractions aussi petites qu'il serait nécessaire. Enfin, dans cette détermination absolue d'un instant, il faudrait tenir compte du retard des signaux sur l'acte qu'ils doivent inscrire [1].

Quand deux astronomes font une détermination de longitude, une horloge inscrit électriquement la seconde dans les deux observatoires à la fois. Le premier observateur signale, par rapport au temps de cette pendule, l'instant du passage d'une étoile et ce signal s'écrit dans les deux postes en même temps ; le deuxième observateur signale de la même façon le passage de l'étoile au méridien de son observatoire et ce signal s'écrit aussi dans les deux postes à la fois. Chaque observateur possède donc un double tracé : celui des secondes de l'horloge commune aux deux postes et celui des deux signaux de passages ; l'un de ces tracés est fait par lui, l'autre fait par son collègue. Cet intervalle mesure, en secondes de temps, la différence de longitude des deux postes d'observation.

Dans une pareille détermination, si les signaux électriques causent une erreur absolue de quelques millièmes de seconde, cela importe peu, si ce retard est constant. En outre, si les retards sont inégaux pour les deux appareils à signaux employés dans les deux postes, la différence qu'ils présentent n'est rien en comparaison de l'erreur qui peut tenir à la différence de l'*équation personnelle* des astronomes, c'est-à-dire à la différence du temps

1. En pratique ce retard est négligeable, soit qu'on emploie les signaux électriques, soit qu'on se serve de la transmission par l'air à très-courte distance.

qui s'écoule entre le passage réel de l'étoile au méridien et l'instant où chacun des observateurs signale ce passage.

Mesure de l'erreur personnelle par les astronomes.

Vers l'année 1790, un fait curieux fut signalé par Maskelyne qui constata dans l'estime du passage des étoiles devant le fil d'une lunette méridienne, un désaccord constant entre ses observations et celles de son aide Kinnebrock. Plus tard, Bessel, comparant les observations des autres astronomes avec les siennes propres, vit que la plupart des observateurs signalaient le passage des étoiles un peu plus tard que lui; ce retard relatif était parfois de plus d'une seconde. Ces remarques attirèrent l'attention des astronomes qui se préoccupèrent de la détermination de cette erreur ou équation personnelle.

Prazmowski, Hänckel, Hirsch et Plantamour, enfin Wolf, employèrent des appareils destinés à mesurer la valeur absolue de l'erreur personnelle. Voici la méthode imaginée par Wolf; elle se rapproche des expériences instituées par les physiologistes. Cet astronome simule le passage d'une étoile au moyen de ce qu'il nomme un astre artificiel, sorte de mire lumineuse qui se meut suivant un arc de cercle avec une vitesse uniforme. Cette mire, au moment où elle passe en réalité devant le fil de la lunette, ferme un circuit de pile, et par le moyen d'un électro-aimant, pointe elle-même son passage sur un cylindre tournant. D'autre part, l'observateur, au moment où il perçoit le passage de l'astre artificiel devant le fil de sa lunette, frappe sur une touche et pointe un signal sur le même cylindre. L'intervalle des deux signaux, évalué en fractions de seconde, mesure le temps écoulé entre le passage réel de l'astre et l'estime de ce passage par l'observateur. C'est la mesure absolue de l'erreur personnelle.

Cette erreur reste très-sensiblement constante pour chaque observateur, à moins qu'il n'en ait connaissance et qu'il ne cherche à la corriger; auquel cas, elle peut se réduire considérablement. Wolf réduisit la sienne de 0″,30 à 0″,10.

Durée des actes nerveux.

L'attention des physiologistes ayant été attirée sur le singulier phénomène découvert par les astronomes, on chercha quelle pouvait être la cause de l'erreur personnelle et de ses variations.

Des éléments multiples devaient probablement composer ce retard: c'était le temps nécessaire au transport de l'impression visuelle jusqu'au sensorium; celui que nécessitaient la perception sensorielle et l'acte volontaire par lequel l'observateur devait réagir; c'était en outre le transport, à travers les nerfs moteurs, de l'ordre émané du cerveau; enfin le temps nécessaire au muscle pour accomplir le mouvement qui devait signaler que l'observateur avait perçu la sensation.

Chacun des éléments de cet acte complexe a été étudié et mesuré par les physiologistes. Helmholtz, appliquant une idée théorique de Du Bois-Reymond, a donné une méthode pour indiquer chronographiquement la vitesse avec laquelle l'agent nerveux chemine dans les nerfs moteurs[1].

Cet illustre physiologiste a montré également que le muscle n'obéit pas tout de suite à l'ordre qu'il a reçu des nerfs moteurs et qu'il y a un temps perdu, ou *période d'excitation latente*, entre l'arrivée de cet ordre et l'exécution du mouvement.

En somme, toutes les expériences dans lesquelles on mesure une vitesse de transmission se ramènent à mesurer l'intervalle de temps qui sépare deux explorations successives, correspondant à deux passages successifs du mobile par deux points dont la position est connue. Citons comme exemple la mesure de la vitesse de l'agent nerveux moteur par la méthode de Helmholtz.

Pour bien faire comprendre les conditions de cette expérience, nous nous servirons d'une comparaison.

Supposons qu'une lettre soit partie de Paris pour aller à Marseille et que, résidant dans cette dernière ville, nous soyons averti de l'instant précis où le train-poste quitte Paris, tandis que nous n'avons pour nous prévenir de son arrivée que la connaissance

1. On verra plus loin que cette méthode n'est peut-être pas susceptible d'une certitude absolue.

de l'instant où la lettre est distribuée à Marseille. Comment pourrons-nous, avec ces données, apprécier la vitesse de la marche du train? Il est clair que l'instant où la lettre nous est remise n'indique pas celui de l'arrivée du train, car entre cette arrivée et la distribution, il se passe des actes préparatoires : classement des lettres, transports, etc., qui demandent un certain temps que nous ne connaissons pas.

Pour avoir une idée plus exacte de la vitesse du train qui porte le courrier, il faut se faire envoyer le signal du passage de ce train à une station intermédiaire entre Paris et Marseille : à Dijon par exemple ; on voit alors que la distribution des lettres arrive 6 heures plus vite après le départ de Dijon qu'après le départ de Paris. Connaissant la distance kilométrique qui sépare ces deux stations, nous déduirons, du temps employé à la franchir, la vitesse de marche du train. En supposant cette vitesse uniforme, nous saurons l'heure à laquelle le train sera arrivé à Marseille, ce qui nous donnera enfin la connaissance du temps employé au classement des lettres jusqu'à leur distribution.

Helmholtz, en expérimentant sur l'agent nerveux moteur, excita d'abord le nerf dans un point très-éloigné du muscle et nota le temps écoulé entre cette excitation qui provoquait le départ du message porté par le nerf, et l'apparition du mouvement dans le muscle. S'adressant ensuite à un point du nerf très-rapproché du muscle, il constata que, dans ces conditions nouvelles, le mouvement suivait de plus près l'excitation ; la différence de temps observée dans ces deux expériences consécutives mesurait la durée du transport de l'agent nerveux sur une longueur connue de nerf et par conséquent en exprimait la vitesse. Celle-ci varie de 15 à 30 mètres par seconde ; elle est plus faible chez la grenouille que chez les animaux à sang chaud.

Or, il résulte des expériences de Helmholtz que tout le temps qui s'écoule entre l'excitation et le mouvement, n'est pas occupé par le transport de l'agent nerveux ; mais que le muscle, quand il a reçu l'ordre apporté par le nerf, reste un instant avant d'agir. C'est ce que Helmholtz appelle le *temps perdu*. Ce temps correspondrait, dans la comparaison que nous avons employée tout à l'heure, à la durée du travail préparatoire qui se faisait entre l'arrivée des lettres et la distribution.

Les physiologistes ont répété avec quelques perfectionnements l'expérience de Helmholtz. On voit, figure 68, des tracés que nous avons recueillis en mesurant sur nous-même la vitesse de l'agent nerveux.

On enregistre successivement deux secousses musculaires sur un même cylindre, en ayant soin que le nerf soit excité, dans les deux expériences, en des points différents, mais toujours au même instant, par rapport à la rotation du cylindre, par exemple

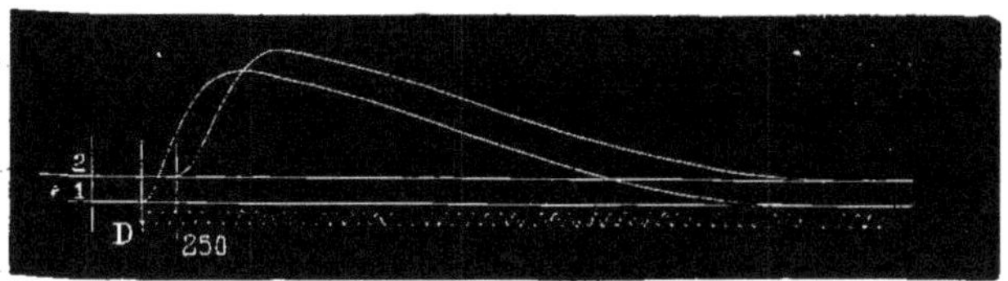

Fig. 68. Mesure de la vitesse de l'agent nerveux.

au moment précis où la pointe du *myographe* passe sur la verticale qui correspond à l'origine des lignes 1 et 2.

Dans l'expérience qui a donné la secousse de la ligne 1, le nerf était excité très-près du muscle. Dans celle qui a tracé la secousse 2, le nerf était excité 30 centimètres plus loin. Comme le cylindre tourne d'un mouvement uniforme, on peut estimer à quel temps correspond la distance qui sépare les deux secousses. Pour faciliter la mesure de cet intervalle, des lignes verticales signalent les débuts de ces secousses; dans la figure 68, l'intervalle qui les sépare correspond à un centième de seconde, pendant lequel l'agent nerveux a parcouru 30 centimètres de nerf, ce qui correspond à une vitesse de 30 mètres par seconde.

Pour mesurer ce temps avec une rigueur très-grande, nous nous servons du chronographe et faisons tracer sur le cylindre les vibrations d'un diapason muni à cet effet d'un style très-fin qui frotte sur le papier enfumé.

C'est à cette méthode que nous recourons toujours dans nos expériences.

Reportons-nous à la figure 68. L'intervalle qui sépare le début des deux secousses correspond au temps que l'agent nerveux a mis à parcourir 30 centimètres de nerf; ce temps correspond à peine à 1/100 de seconde. Or quand on excite le nerf tout près du muscle, c'est-à-dire dans des conditions où le parcours de l'agent nerveux est devenu presque nul, il y a encore un retard assez grand du mouvement sur l'excitation. C'est le *temps perdu* de

Helmholtz ; il représente plus d'un centième de seconde dans cette expérience.

La plupart des auteurs pensent que la vitesse de l'agent nerveux varie sous certaines influences ; que la chaleur l'augmente tandis que le froid la diminue.

Il nous semble, au contraire, que la variabilité de durée appartient presque exclusivement à ces phénomènes encore inconnus qui se produisent pendant le *temps perdu* de Helmholtz.

De même que des employés de la poste, fatigués ou engourdis par le froid, causent un retard dans la distribution des dépêches, sans que pour cela il y ait un changement dans la vitesse du train qui les a portées, de même aussi le muscle, selon qu'il est reposé ou fatigué, échauffé ou refroidi, exécutera plus ou moins vite le mouvement commandé par le nerf.

Un grand défaut est inhérent à l'emploi de la méthode de Helmholtz, il tient à ce que l'agent nerveux ne paraît pas circuler avec la même vitesse aux différents points de la longueur du nerf. De sorte que la proportionnalité des temps aux longueurs ne s'observe pas sur tous les points du parcours de l'agent nerveux. On va voir que le même reproche s'adresse aux mesures qu'on a faites de la vitesse de l'agent nerveux sensitif.

La méthode de Helmholtz a été appliquée par Schelske à la mesure de la vitesse de transmission de l'agent nerveux à travers les nerfs sensitifs.

On excite d'abord la surface cutanée en un point aussi éloigné que possible des centres nerveux, à un orteil par exemple, le moment de l'excitation est pointé sur un cylindre par un signal électro-magnétique, puis, dès que le patient a perçu la sensation, il réagit en frappant sur une touche, ce qui pointe sur le cylindre un nouveau signal. Portant alors l'excitation sur un point de la peau moins éloigné des centres, on procède de la même manière. Enfin en retranchant l'un de l'autre les temps qui ont été trouvés dans ces deux expériences successives, la différence, mesurée au chronographe, est attribuée au temps que l'agent nerveux a mis à parcourir la distance qui sépare les deux points excités.

Dans les expériences faites avec la méthode de Schelske, on suppose comparables des termes qui ne le sont pas ; l'excitation d'un orteil, par exemple, n'est pas du tout assimilable à l'excitation de la pulpe de l'index. Dans le premier cas, on s'adresse à des éléments nerveux dont la sensibilité tactile est très-rudimentaire, faute d'éducation par l'habitude; dans le second cas, on porte l'excitation sur une surface éminemment impressionnable. Il en résulte que l'excitation, égale au point de vue physique, est tout à fait inégale au point de vue physiologique; il est facile de le démontrer. Qu'on excite la peau de l'épaule d'une part, la pulpe de l'index d'autre part, on obtiendra des réactions plus rapides aux excitations des doigts qu'à celles de l'épaule. Cependant il y a une différence de longueur de nerf considérable dans ces deux cas, et il se trouve que la réaction a été plus rapide, quand l'excitation a dû parcourir le conducteur le plus long. Il y a donc un facteur inconstant parmi ceux qu'on suppose constants dans la méthode Schelske, et ce facteur c'est la durée de l'acte cérébral qui commande le mouvement volontaire utilisé comme réponse à l'excitation périphérique; que cet acte soit plus bref dans le cas d'excitation de la main, parce que cette excitation portant sur des appareils tactiles perfectionnés est plus intense, ou parce que l'habitude a rendu notre cerveau plus apte à percevoir l'impression qui atteint les doigts, peu importe, la détermination volontaire se produit plus rapidement après l'excitation du bout d'un doigt, situé à 60 centimètres des centres percepteurs, qu'après l'excitation de la peau de l'épaule, qui en est environ trois fois plus rapprochée.

Faut-il ajouter que, dans l'expérience de Schelske, il n'est pas tenu compte de la transmission par la moelle qui existe pour l'excitation du pied et qui n'existe pas pour l'excitation du visage? Il est clair que l'interposition de la moelle entre les nerfs du membre inférieur et le cerveau, rend tout à fait dissemblables les conditions des expériences que l'auteur a voulu comparer l'une à l'autre.

C'est encore une mesure de retard que nous ont fournie les expériences faites sur la décharge de la torpille et la secousse des muscles de cet animal. Ce retard constant séparait le signal de l'excitation nerveuse de la réaction, qu'elle fût électrique ou motrice. (Voir Technique, chap. II.)

Du même ordre sont aussi la mesure du temps qui s'écoule entre l'excitation d'un nerf vasculaire et l'apparition des changements qui s'ensuivent du côté des caractères du pouls. Enfin la mesure du retard du pouls produit par un anévrisme est basée sur la détermination du temps qui s'écoule entre la pulsation du cœur et l'apparition du pouls dans l'artère explorée. (Voir Technique, chap. II.)

D'autres physiologistes, et particulièrement Donders, ont recherché quelle était la durée de l'opération cérébrale qui sépare la perception de l'émission d'un ordre par les nerfs moteurs[1]. Il résulte des expériences faites sur ce sujet que suivant la complexité de l'actepsychique, la durée en est variable. Ainsi, quand l'observateur ne doit réagir que si l'impression est d'une certaine nature, il réagit plus tardivement que s'il n'avait pas à discerner une impression d'une autre. Les physiologistes ont constaté, comme les astronomes, que l'exercice et l'attention abrégent la durée des opérations cérébrales et diminuent le retard des signaux.

Enfin, le temps nécessaire pour qu'une impression reçue arrive au cerveau varie suivant la nature de cette impression, suivant son intensité, suivant l'organe des sens auquel elle s'adresse.

Inégalités de l'erreur personnelle.

Si l'on suppose, ce qui semble vraisemblable, que l'acte psychique soit le même entre une impression sensitive simple, quel que soit le sens auquel elle s'adresse, et la réaction motrice qui doit la signaler, comme le retard du signal sur l'excitation n'est pas le même suivant que cette excitation s'adresse à l'ouïe, à la vue ou au tact, on doit conclure que, pour une cause quelconque, la transmission entre l'organe impressionné et le sensorium n'est pas la même pour tous les genres de sensations.

On a pu croire que cette inégale durée de la transmission tenait à la longueur plus ou moins grande que l'influx nerveux sensitif devait parcourir, suivant le cas, pour arriver au cerveau, mais il ne paraît pas en être ainsi. De récentes expériences montrent que, pour la sensibilité tactile par exemple, ce n'est pas toujours l'excitation du point le plus éloigné du cerveau qui produit la réaction la plus tardive, mais que le retard est d'autant moindre que la région qui reçoit l'excitation est plus exercée au tact.

Prenons comme exemple (fig. 69) une expérience qui consiste à exciter par un *coup d'induction*[2] la région de l'épaule à l'instant *e*,

1. *La durée des actes psychiques*, par J.-C. Donders, *Arch. néerlandaises*, t. III, 1868.

2. Sous cette désignation abrégée, nous exprimerons désormais l'excitation produite par un courant induit de rupture.

tandis que la main, frappant sur une touche, produit le signal de la perception à l'instant R. On voit que ce signal retarde moyennement de 1/10 de seconde sur le moment de l'excitation ; c'est la mesure de l'erreur personnelle. On voit encore que ce retard

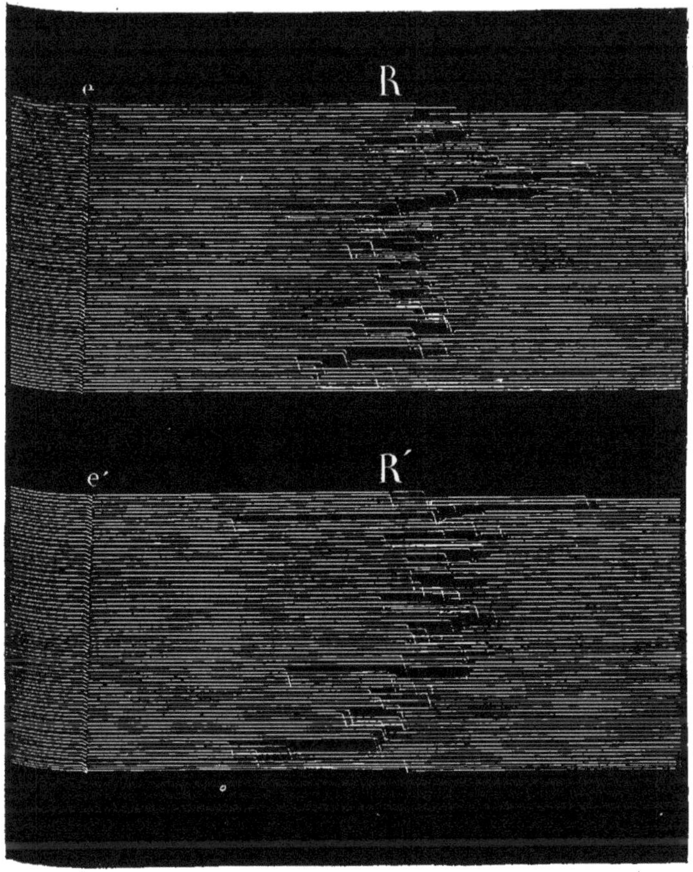

Fig. 69. Mesure de l'erreur personnelle, par Bloch. (Série supérieure e, instants où l'on a excité l'épaule ; R, instants où l'on a réagi à l'excitation. Série inférieure e', excitation de la main ; R', réaction.)

est fort irrégulier, ce qui paraît tenir tantôt à des aptitudes individuelles et tantôt au degré d'attention apportée par l'observateur.

Enfin, si l'on considère que, dans un premier groupe d'expériences (série supérieure *e*), on excitait l'épaule, et que dans une autre (série inférieure *e'*) on excitait la main, on constate que, malgré la plus grande distance à parcourir, l'impression venue de la main se traduisait par une réaction au moins aussi rapide que celle qui avait agi sur l'épaule.

Ce sont là des expériences très-intéressantes à suivre, mais encore fort difficiles à cause de la variabilité des résultats qu'elles fournissent. La conclusion qu'on en peut tirer dès maintenant, c'est que, sous peine de commettre des erreurs notables, il ne faut pas confier à l'appréciation des sens la mesure des phénomènes de courte durée. On va voir comment cette mesure s'obtient en forçant le phénomène lui-même à fournir des signaux automatiques de son début et de sa fin.

Détermination de la durée d'un phénomène.

Toutes les fois que l'acte qu'on veut mesurer est accompagné de mouvements, on recourt aux signaux automatiques pour en marquer le début et la fin. Le chronographe indique avec toute la précision désirable la durée d'un phénomène, d'après le nombre de vibrations contenues entre les deux signaux.

Ainsi, en balistique, on détermine le temps qui s'écoule entre les passages d'un boulet au travers de plusieurs cibles successives, distantes l'une de l'autre d'un intervalle connu, et de cette mesure on déduit la vitesse du projectile.

Le même principe m'a servi à estimer la vitesse plus modeste des ondes liquides à travers les tubes, en mesurant le temps qui s'écoule entre les signaux du passage de cette onde en deux points du tube dont on connaît l'intervalle. Ces dernières expériences trouveront leur place à propos des inscriptions multiples simultanées. (IVe partie, chap. I.)

Le nombre des applications de la chronographie est pour ainsi dire infini ; maintes fois nous aurons à en montrer des exemples, quand il s'agira des mouvements du cœur, de la respiration ou des actions musculaires qui constituent les différents types de la locomotion. En physique, cette manière de mesurer les courtes durées est indispensable et devra se substituer à toutes les estimations et approximations dont on était obligé de se contenter autrefois.

Je me bornerai à un seul exemple d'expérience destinée à mesurer la durée d'un phénomène sous des influences qui tendaient à le modifier. Il s'agissait de savoir quelle est la durée des battements de l'aile d'un oiseau et si elle ne change pas sous certaines influences.

Détermination de la fréquence des mouvements de l'aile d'un oiseau et des durées relatives des phases d'élévation et d'abaissement.

L'œil ne saurait suivre ces mouvements qui, dans les petites espèces d'oiseaux, se répètent 8 ou 10 fois par seconde; la chronographie m'a permis d'en mesurer la durée dans les conditions suivantes:

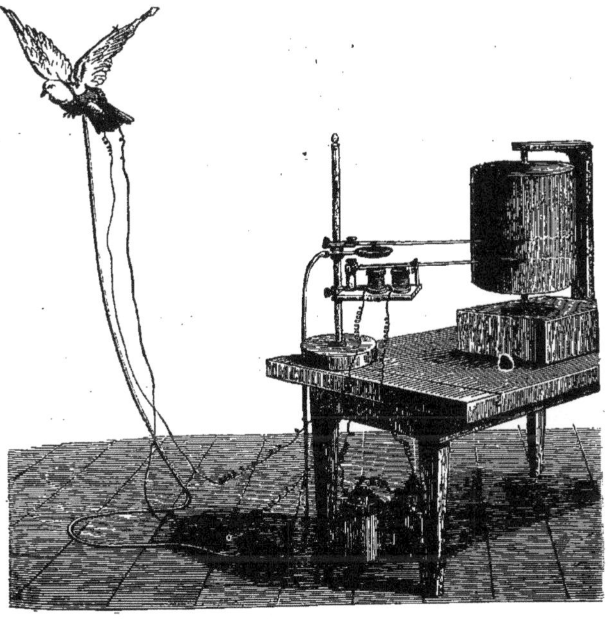

Fig. 70. Oiseau transmettant les battements de ses ailes à un signal électro-magnétique et à un myographe inscripteur.

La figure 70 représente un pigeon qui vole dans une vaste salle sur une longueur d'environ 14 mètres. L'animal est relié, pour ainsi dire télégraphiquement, avec des appareils inscripteurs qui pointent le moment de l'élévation et celui de l'abaissement de son aile. Comme valeur de ces durées, j'ai trouvé les chiffres suivants :

	Durée totale d'une révolution de l'aile.		Ascension.	Abaissement.
Canard............	$11\frac{2}{3}$	centièmes de seconde.	5	$6\frac{2}{3}$
Pigeon............	$12\frac{1}{2}$	»	4	$8\frac{1}{2}$
Buse..............	$32\frac{1}{2}$	»	$12\frac{1}{2}$	20

Une sorte de soupape à air s'ouvrant et se fermant tour à tour selon le sens du mouvement de l'aile ouvrait et fermait un courant électrique, lequel actionnait un signal inscripteur [1].

D'autre part un appareil myographique (voy. p. 201) inscrivait l'action des muscles moteurs de l'aile.

Certaines expériences m'ont servi a mesurer les changements de durée qu'éprouve la phase d'abaissement de l'aile de l'oiseau suivant le degré de vitesse de la translation de l'animal. (V. Technique, chap. II.)

Succession et synchronisme de deux phénomènes.

Je crois avoir introduit le premier, en physiologie du moins [2], la méthode qui sert à établir les rapports de synchronisme ou de succession de deux mouvements. Nos sens ne se prêtent que très-incomplétement à de pareilles mesures, tandis que l'emploi de signaux enregistrés les fournit aisément avec une précision parfaite.

Au moyen de styles superposés, en nombre plus ou moins considérable, on peut estimer les rapports de succession ou de synchronisme d'autant de phénomènes qu'il y a de styles employés.

C'est avec trois leviers superposés que, Chauveau et moi, nous

1. Ce signal, encore imparfait, était loin d'obéir d'une manière aussi instantanée que ceux de M. Deprez, que j'emploie exclusivement aujourd'hui.

2. Voyez les expériences sur le mouvement des liquides, *Annales des Sciences naturelles*, 1857, 2e série, t. VIII, Zoologie, p. 330 et suiv.

avons mesuré l'intervalle qui sépare la systole des oreillettes de celle des ventricules du cœur, ainsi que la coïncidence parfaite de la systole ventriculaire avec la pulsation cardiaque. On mesure de la même manière les intervalles qui séparent les moments d'apparition du pouls dans les différentes artères d'un homme ou d'un animal.

Dans ces expériences, les tracés obtenus faisaient plus que signaler l'instant d'apparition des différents phénomènes observés. Ces tracés renfermaient des renseignements d'un autre ordre, relatifs à l'énergie et aux phases diverses du mouvement de chaque cavité du cœur; aussi reviendrons-nous sur ces expériences, à propos de l'étude des *mouvements* proprement dits [1].

La succession des appuis et levés des pieds, dans la marche de l'homme et surtout dans les allures si variées des quadrupèdes, était difficile à déterminer par l'observation directe. Les auteurs qui avaient étudié cette question s'étaient servis parfois de signaux acoustiques, renonçant à juger au moyen de la vue cette rapide succession de mouvements. J'ai obtenu très-simplement la solution de ce problème. Deux styles inscripteurs pour l'homme, quatre pour les quadrupèdes, traçaient, sur un cylindre enfumé, chacun les mouvements d'un pied, c'est-à-dire l'instant où le pied frappe le sol et celui où il se soulève. Les signaux étaient transmis par l'air et le retard de la transmission avait été égalisé par le soin qu'on avait pris d'employer, pour les quatre pieds, des tubes de transmission de même longueur. Pour signaler l'instant de son appui, chaque pied écrasait une petite poche contenue dans une semelle de caoutchouc (fig. 71), qui envoyait de l'air dans les tambours inscripteurs; le levé du pied était suivi d'une rentrée de l'air dans la boule, ce qui produisait un nouveau signal. On voit (fig. 72) un homme muni de chaussures qui, à chaque appui du pied, envoient de l'air dans le tambour inscripteur. Le coureur

1. L'emploi des signaux à air présente, dans certains cas, une supériorité marquée sur celui des signaux électriques; c'est lorsqu'il s'agit d'inscrire un acte dont le début serait trop faible pour mettre en mouvement un interrupteur électrique; ce dernier risquerait, en effet, de n'agir qu'au moment où le mouvement dont il doit marquer le début aurait acquis une énergie suffisante pour rompre un courant de pile. Cela pourrait donc amener un retard du signal sur le début réel du mouvement; je m'en suis aperçu, bien des fois, dans les premières tentatives que j'ai faites pour étudier avec des appareils électriques la succession des mouvements du cœur.

tient à la main l'appareil à cylindre sur lequel s'inscrivent les appuis de chacun de ses pieds.

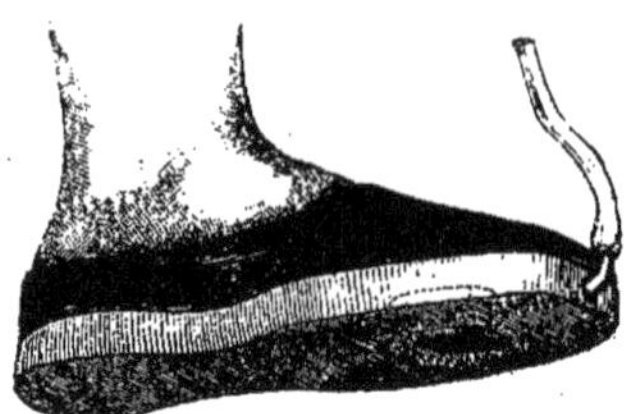
Fig. 71. Chaussure exploratrice des appuis du pied sur le sol.

On obtenait ainsi deux sortes de tracés, appartenant au pied droit et au pied gauche, et dont les élévations et abaissements

Fig. 72. Coureur muni de chaussures exploratrices et portant l'appareil inscripteur du rhythme de son allure.

alternaient entre eux, comme les mouvements des pieds eux-mêmes (fig. 73).

J'ai cru donner à ces figures une forme plus saisissante en les transformant (fig. 74) en une sorte de notation musicale dans laquelle l'on aurait réduit la *portée* à deux lignes. Les appuis du pied droit s'inscrivent en blanc sur la ligne inférieure; ceux du pied gauche, situés plus haut, portent des hachures obliques. Dans

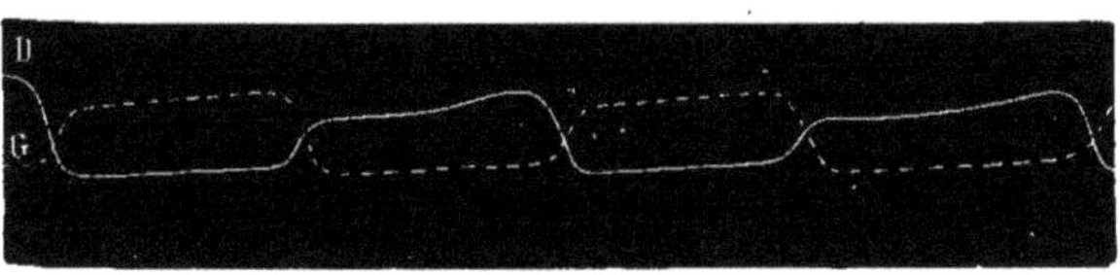

Fig. 73. Courbes des appuis des pieds sur le sol : les parties élevées correspondent aux durées des appuis; D, pied droit; G, pied gauche.

l'allure marchée M, les appuis des pieds se succèdent sans intervalle, ce qui exprime que le corps pose constamment sur le sol, soutenu, tantôt par un pied, tantôt par l'autre.

Les expériences sur la course ont donné des tracés dont la notation C (fig. 74) est différente de celle de la marche : les si-

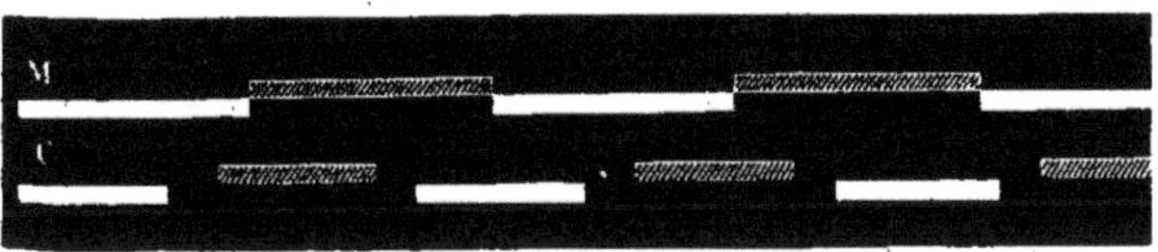

Fig. 74. Notation des durees des appuis de chaque pied : le droit est en blanc, le gauche teinté de hachures; M, notation de la marche; C, notation de la course.

gnaux des appuis et levés du pied présentent cette particularité, qu'entre les appuis successifs des deux pieds le corps reste un instant suspendu en l'air. Cette distinction des allures marchées et des allures sautées est très-importante et se retrouve chez la plupart des espèces animales. Dans l'acte de monter un escalier, on observe au contraire un empiétement ou chevauchement des appuis l'un sur l'autre, ce qui tient à ce que le pied antérieur est déjà posé sur la marche à monter, quand l'autre pied appuie énergiquement sur la marche précédente pour soulever le poids du corps [1]. L'acte de monter une rampe très-raide,

1. Voyez, pour les détails, la *Machine animale*, p. 133.

ou de traîner un fardeau pesant, s'accompagne également d'empiétement des durées des appuis l'une sur l'autre.

Les allures des chevaux sont depuis longtemps l'objet d'études approfondies, mais les différents auteurs n'étaient pas encore arrivés à une entente parfaite sur le rhythme des battues de chaque pied qui les caractérisent.

Appliquant la chronographie à cette étude, j'obtins des résul-

Fig. 75. Cheval portant aux quatre pieds des explorateurs des appuis; le cavalier tient l'appareil inscripteur du rhythme des allures.

tats très-satisfaisants, malgré la complexité des phénomènes qu'il s'agissait d'analyser.

Le cheval portait quatre chaussures exploratrices (fig. 75), c'est-à-dire que, sous chacun de ses sabots, était adaptée une ampoule à air qui, comprimée pendant la durée de l'appui, donnait un signal d'une longueur variable. Quatre signaux superposés donnaient, dans chaque expérience, un quadruple tracé. La figure 76 est destinée à montrer comment les rhythmes des allures dérivent les uns des autres. Pour en comprendre la formation, il faut, avec Dugès, considérer un quadrupède comme formé de deux êtres bipèdes marchant l'un derrière l'autre. La notation des allures du cheval est formée de quatre lignes groupées deux à deux. Les deux lignes supérieures correspondent à la notation des pieds de devant; les deux inférieures à celle des pieds de derrière.

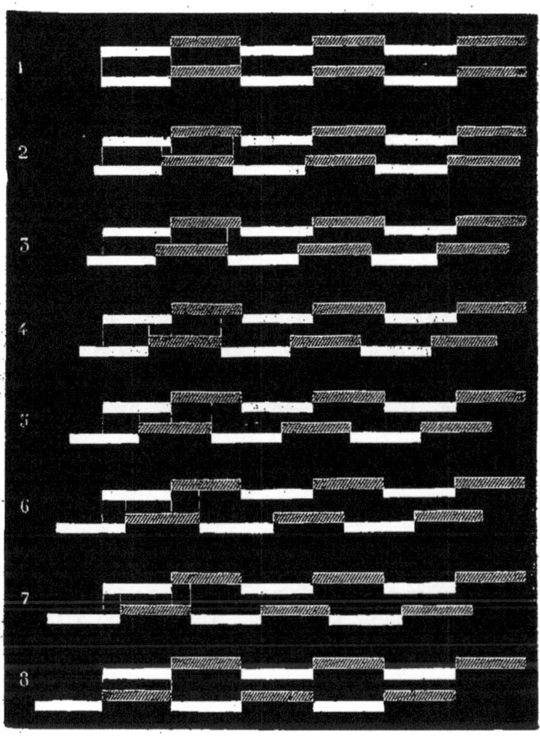

Fig. 76. Notation des allures du cheval :

N° 1. Amble (tous les auteurs).
N° 2. { Amble rompu (Merche). Pas relevé (Bouley).
N° 3. { Pas ordinaire du cheval d'allure (Mazure). Amble rompu (Bouley). Traquenard (Lecoq).
N° 4. Pas normal (Lecoq).
N° 5. Pas normal (Bouley, Vincent et Goiffon, Soleysell, Colin, etc.).
N° 6. Pas normal (Raabe).
N° 7. Trot décousu.
N° 8. Trot ordinaire.

Huit allures sont notées dans la figure 76; elles dérivent les unes des autres par une anticipation de plus en plus prononcée des mouvements des pieds postérieurs. Ainsi, le premier terme de la série est l'*amble*, allure dans laquelle le pied droit d'avant se meut en même temps que le pied droit d'arrière ; il en est de même du pied gauche. Dans l'allure n° 2, *amble rompu*, les pieds d'arrière entrent en mouvement un instant avant les pieds antérieurs. L'allure n° 3 montre une anticipation encore plus grande des membres postérieurs, et ainsi de suite, jusqu'à la huitième allure, le *trot*, dans laquelle le pied postérieur a fini entièrement son appui quand le pied antérieur du même côté se pose sur le sol.

Je ne puis insister sur les détails des expériences que j'ai faites sur ce sujet, n'ayant pour but, en les rappelant ici, que de montrer une application de la méthode graphique à la détermination de mouvements successifs[1].

Ce tableau ne renferme que les allures marchées, celles dans

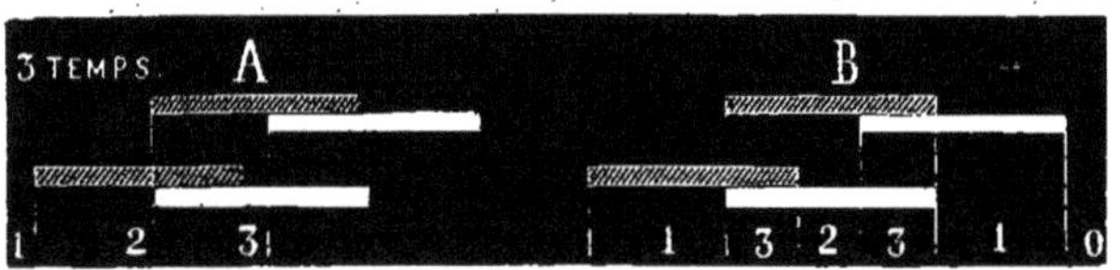

Fig. 77. Galop à trois temps : A, indication des trois temps ; B, indication du nombre des pieds qui forment l'appui du corps à chaque instant du galop à trois temps. Le corps repose d'abord sur un pied, puis sur trois, sur deux, sur un seul, enfin il est un instant en l'air et la série recommence.

lesquelles le corps ne quitte pas le sol ; encore faudrait-il retrancher de cette série le trot franc dans lequel le cheval quitte terre pendant un instant.

Quant aux allures sautées, leur notation montre que l'animal est suspendu pendant un certain temps au-dessus du sol ; nous n'en donnerons qu'un type (fig. 77) : la notation du galop à droite [2].

1. Voyez, pour plus de détails, la *Machine animale*, p. 144.

2. Si j'avais à reprendre aujourd'hui des expériences de ce genre, je renoncerais à l'emploi des signaux à air, pour adopter les signaux électriques légers comme ceux de Marcel Deprez. De minces fils conducteurs s'aménageraient mieux le long des jambes de l'animal que les tubes de caoutchouc, et il serait plus facile, je crois, d'adapter sous le sabot un appareil qui ferme et ouvre un courant électrique pendant les appuis et levés du pied, que d'appliquer les appareils chargés de fournir les signaux à air. En outre, comme la notation est le but véritable de ces expériences, on pourrait l'obtenir direc-

Détermination de la fréquence d'actes successifs.

On a vu comment Eytelwein a déterminé, le premier, la fréquence des coups d'un bélier hydraulique. La même méthode s'applique à toute espèce de phénomènes, et la précision qu'on peut atteindre dans ce genre de déterminations n'a pour ainsi dire point de limite. Tout dépend de l'approximation avec laquelle on évalue, en temps, la valeur des intervalles qui séparent les signaux enregistrés.

Pour revenir aux exemples précédents, supposons que chaque pas soit signalé sur un cylindre à rotation rapide, à côté du tracé d'un chronographe; la durée d'un pas se déduira du nombre des vibrations auxquelles il correspond. La fréquence des pas s'estimera d'après la durée de chacun.

On mesurera de la même manière le nombre des pulsations du cœur ou des mouvements respiratoires qui s'accomplissent en un temps donné. Cette estimation des fréquences pourra s'appliquer à des phénomènes extrêmement rapides. Ainsi, on mesure graphiquement le nombre des vibrations d'un diapason quelconque, en le munissant d'un style et en le faisant écrire à côté d'un chronographe ou d'un signal des secondes, ou bien à côté d'un autre diapason dont le nombre de vibrations est connu.

J'ai déterminé graphiquement la fréquence des battements d'ailes de différents insectes, en faisant tracer leurs ailes à côté d'un diapason chronographe[1]. Prenons (fig. 78) une ouverture de compas égale à 25 vibrations du chronographe, ce qui correspond à 1/10 de seconde, et portons cette ouverture sur le tracé des coups d'aile, nous voyons que 6 coups d'aile y sont contenus, d'où il suit que l'aile de la guêpe battait 60 fois par seconde.

Le Dr Rosapelly a fait, dans mon laboratoire, des expériences

tement avec la disposition suivante : les tracés des signaux électriques seraient disposés sur deux séries de lignes parallèles, comme celles qui constituent la *portée* dans la notation des allures. Chacun d'eux, terminé par un style à large bec comme une plume rognée, tracerait les signaux en venant frotter sur le papier au moment de l'appui du pied, et s'éloignerait du papier à l'instant du levé. Enfin, la forme des styles donnerait des tracés différents pour le pied droit et pour le pied gauche. La notation d'une allure serait ainsi obtenue directement dans des conditions très-simples et plus précises encore que dans mes premières expériences.

1. Voyez la *Machine animale*, p. 187.

dans lesquelles il a inscrit directement les vibrations du larynx, au moyen de signaux électriques. On peut évaluer, d'après les tra-

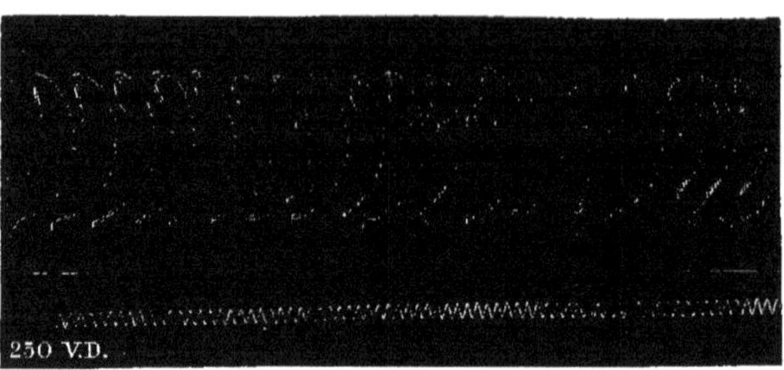

Fig. 78. Mouvements de l'aile d'une guêpe, inscrits à côté du tracé d'un diapason chronographe de 250 V. D.

cés (fig. 79), la tonalité de la note chantée et apprécier la justesse du son émis. Ces expériences ont été décrites dans un mémoire spécial[1].

La mesure des fréquences de certains actes permet d'obtenir indirectement des notions plus compliquées, telles que des mesures

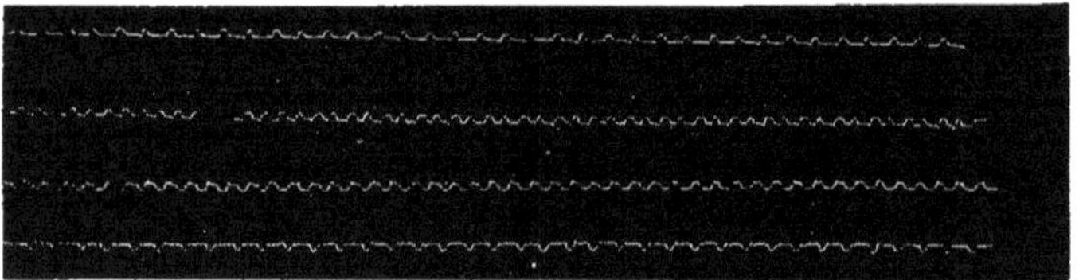

Fig. 79. Vibrations du larynx, inscrites avec le signal de M. Deprez.

de changements de *volume* ou de changements de *vitesse*. Quand une glande sécrète, si l'on recueillait goutte à goutte le produit de sa sécrétion et si la chute de chaque goutte était pointée sur un cylindre, la fréquence plus ou moins grande des signaux exprimerait le rapidité de la sécrétion.

La figure 80 représente un appareil fort simple qui inscrit ainsi la vitesse d'une sécrétion : soient deux tubes par lesquels se déverse le liquide sécrété par les deux glandes dont on veut comparer la fonction (rein, parotides); le liquide tombe goutte à goutte par les tubes : l'un versant le produit de la glande de droite, l'au-

1. *Trav. du laborat.*, 1876, p. 109 à 131.

tre celui de la glande de gauche. Ces gouttes tombent sur des palettes qui terminent les leviers de deux tambours explorateurs dont chacun est mis en communication, par un tube à air, avec un

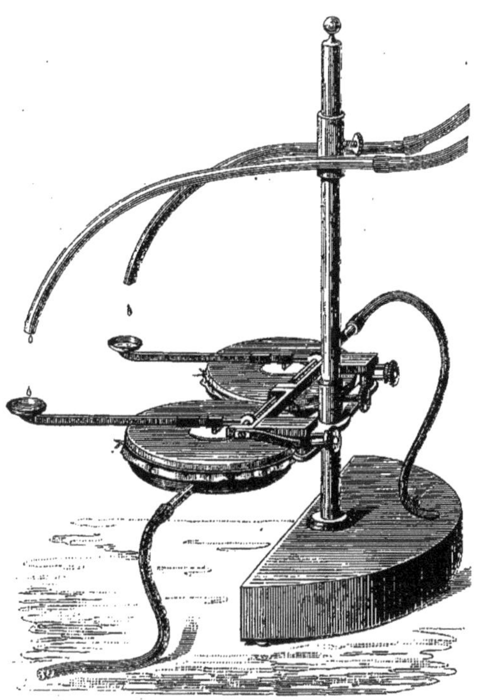

Fig. 80. Compte-gouttes inscripteur.

tambour à levier inscripteur qui trace sur le cylindre un signal pour chaque goutte qu'il a reçue.

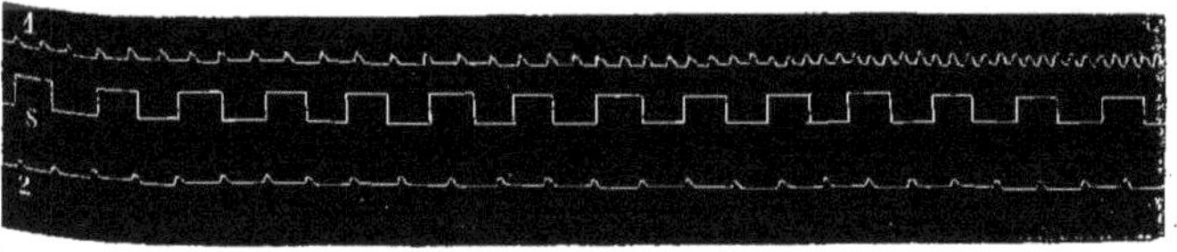

Fig. 81. Tracé du compte-gouttes inscripteur avec écoulement variable 1; S, inscription des secondes; 2, compte-gouttes avec écoulement constant.

On obtient ainsi des signaux (fig. 81) plus ou moins rapprochés les uns des autres suivant le nombre de gouttes qui tombent en un temps donné, c'est-à-dire suivant la rapidité de la sécrétion.

De la régularité des phénomènes et de leur rhythme.

La mesure des intervalles qui séparent une série de signaux fait connaître si le retour de chacun des phénomènes correspondants se fait ou non à intervalles réguliers. L'appréciation de nos sens, en pareille matière, est très-infidèle. Que de fois, en interrogeant le pouls d'un malade, n'ai-je pas cru à l'existence d'une régularité parfaite, tandis que l'irrégularité s'accusait aux appareils inscripteurs! Pour estimer la régularité ou l'irrégularité des intervalles qui séparent une série de phénomènes, on mesure au moyen du chronographe l'intervalle qui sépare leurs signaux. Plus on veut obtenir de précision dans cette mesure, plus le cylindre doit tourner avec vitesse et plus aussi le chronographe doit donner des vibrations rapides.

Dans les phénomènes physiologiques, on n'a pas toujours besoin de mesures très-délicates. L'inscription du pouls sur un papier qui chemine avec une vitesse d'un demi-centimètre par seconde suffit pour signaler des irrégularités qui échappent au toucher. Ainsi, dans le tracé (fig. 82) il n'est pas besoin d'employer le chronographe pour constater l'irrégularité des intervalles qui séparent les pulsations. Tout le monde, à l'inspection de cette figure, verra qu'à certains instants deux pulsations duraient plus longtemps que trois pulsations prises à l'instant suivant.

L'imperfection n'est pas aussi grande pour tous nos sens que pour le tact; l'oreille est habituellement plus exercée à la mesure des intervalles de temps, de sorte que, si l'on se servait des pulsations artérielles pour provoquer une série de bruits, l'irrégularité deviendrait beaucoup plus apparente. Mais aucun moyen ne peut suppléer à la chronographie, quand on veut obtenir des mesures tout à fait précises.

Fig. 82. Pouls présentant des irrégularités périodiques rhythmées avec la respiration.

On estime de la même façon la régularité ou l'irrégularité des mouvements respiratoires, celle des mouvements de la locomotion de l'homme ou des animaux. Il n'y a rien de particulier à dire sur le mode d'expérience usité en pareil cas ; le lecteur a déjà vu comment on procède pour obtenir un signal à chacun des pas ; nous dirons, en temps et lieu, comment on inscrit les mouvements respiratoires.

Dans les mouvements irréguliers, la méthode graphique fait saisir un élément fort important, je veux parler du *rhythme* que les irrégularités affectent dans certains cas. C'est là encore un point sur lequel nos sens nous renseignent fort mal. Pour peu que la période qui règle les retours d'un même acte soit longue et compliquée, elle nous échappe. Le souvenir fugitif des intervalles qu'on a observés s'efface et nous ne reconnaissons plus le retour d'une même période, s'il vient à se reproduire.

Au lieu de cela, les signaux placés sur le papier se représentent à nos yeux d'une façon précise; la vue embrasse une assez grande étendue de tracé pour saisir le retour périodique de certaines irrégularités, et quand la périodicité est bien constatée, elle nous met sur la voie de nouvelles recherches, relativement à la cause qui l'a produite : ainsi, en se reportant à la figure 82, on voit que la période qui ramène un même type de pulsation correspond à dix battements du cœur.

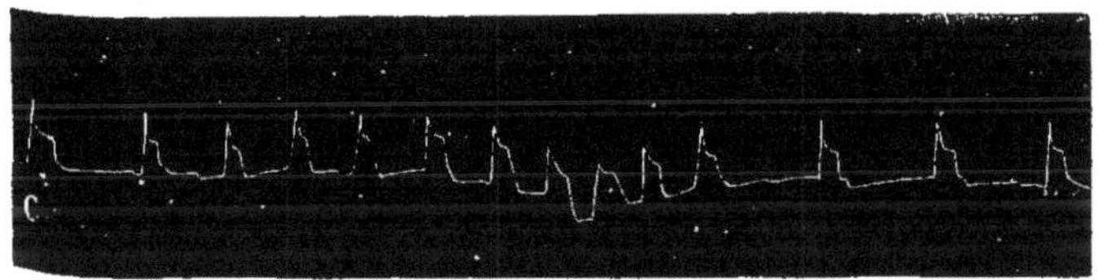

Fig. 83. Pulsations du cœur du chien; irrégularités rhythmées avec la respiration.

Tout le monde sait que les battements du cœur d'un chien sont irréguliers ; sait-on aussi bien que cette irrégularité est périodique? La méthode graphique fait saisir, au premier coup d'œil, cette périodicité ; elle nous montre en outre que le retour de chacune d'elles est lié aux phases de la respiration (fig. 83).

Dans certains états séniles, le pouls présente une irrégularité de rhythme encore plus prononcée; la figure 84 en fournit un type très-accusé [1].

Dans les phénomènes qui se modifient d'une manière lente, la périodicité est moins apparente encore, car, pour la saisir, l'ob-

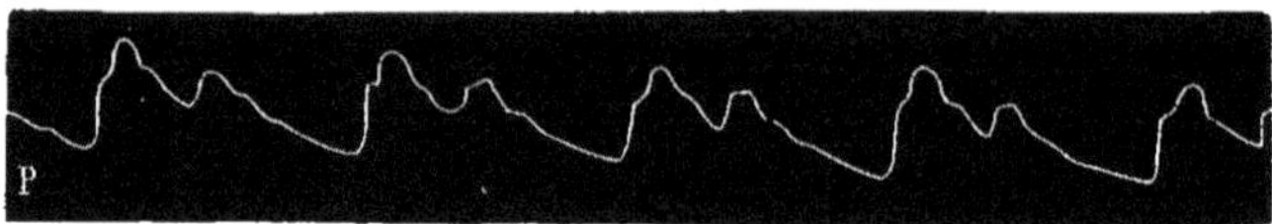

Fig. 84. Pouls sénile présentant des irrégularités périodiques.

servation devrait être prolongée pendant un temps très-long. Des variations liées aux périodes diurnes ou annuelles risquent de nous échapper, plus encore que celles dont le retour est fréquent. C'est là un ordre de phénomènes dans lesquels la méthode graphique est appelée à rendre de très-grands services.

1. Nous n'avons à considérer, dans chaque pulsation, que le moment où elle apparaît; la courbe inscrite par le sphygmographe n'est présentée maintenant qu'à titre de signal du pouls. Plus tard nous étudierons la forme de ces pulsations et les influences qui la modifient.

CHAPITRE III.

INSCRIPTION DES MOUVEMENTS.

La connaissance d'un mouvement contient la double notion de l'espace et du temps. — Le mouvement est simple ou composé. — Inscription d'un mouvement simple, rectiligne, d'un seul sens : chute des corps. — Inscription d'un mouvement musculaire. — Inscription des vitesses, du partage des forces, de la durée des chocs, des accélérations. — Courbe de la vitesse des projectiles. — Inscription d'un mouvement de translation très-étendu ; moyens de le réduire. — Inscription des mouvements des pieds dans la marche. — Inscription des mouvements d'un véhicule ; odographe. — Application de l'odographe à l'inscription des mouvements d'une voiture ou d'un train. — Application de l'odographe à la marche de l'homme ou des animaux, à la marche d'une machine motrice, etc. — L'odographe fournit la courbe des fréquences d'un phénomène à retours périodiques : fréquence des mouvements du cœur ; fréquence des respirations, etc.

Il a fallu séparer pour l'étude l'inscription des changements d'espace de celle des mesures du temps, de sorte que nous ne connaissons encore le mouvement que d'une manière partielle, nous n'en savons déterminer que la trajectoire et la durée. Mais la connaissance complète d'un mouvement suppose qu'à chaque instant du déplacement d'un corps, on sache la position qu'il occupe dans l'espace. C'est cette importante notion que fournissent les appareils inscripteurs du mouvement ; la courbe qu'ils tracent exprime en effet les changements de position dans l'espace en fonction du temps.

Il n'y a plus lieu d'expliquer la manière dont une courbe traduit un mouvement. Cette notion a été donnée dans la première partie de cet ouvrage [1], et quelques mots suffisent ici pour faire comprendre comment une courbe est tracée par le mouvement lui-même.

1. Chap. II, p. 16.

La chronographie a déjà fourni un exemple de la manière dont on obtient l'expression graphique des temps par des longueurs qui leur soient proportionnelles. Au lieu de tracer sur le cylindre avec un style immobile, il suffit d'écrire avec un style qui se déplace dans un sens perpendiculaire à celui de la rotation du

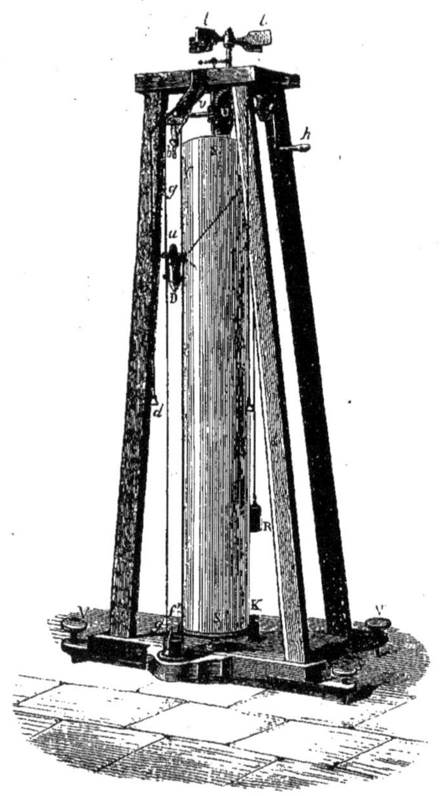

Fig. 85. Machine Poncelet et Morin traduisant par une courbe les lois de la chute des corps.

cylindre, et l'on verra s'écrire une courbe, dont l'inclinaison plus ou moins grande et les inflexions diverses exprimeront la vitesse de translation du style et ses variations.

Mais un mouvement peut être simple ou compliqué ; il y aura donc lieu, dans l'exposition qui va suivre, de n'arriver que par degrés successifs à la description des moyens qui servent à inscrire les mouvements compliqués.

Inscription d'un mouvement rectiligne d'un seul sens.

C'est à Poncelet qu'on doit la conception d'une machine destinée à inscrire ce genre de mouvement. La réalisation de l'appareil appartient au général Morin. Cet instrument inscripteur, représenté figure 85, était destiné à démontrer graphiquement les lois de la chute des corps.

Un poids qui tombe porte un style qui trace sur un cylindre tournant uniformément autour d'un axe vertical; la combinaison de ces deux mouvements perpendiculaires l'un à l'autre, dont l'un est uniforme et l'autre uniformément accéléré, donne naissance à une courbe parabolique d'où l'on tire aisément toutes les lois de la chute des corps si laborieusement dégagée des expériences de Galilée, d'Atwood, et de tous les physiciens.

(Pour l'analyse des tracés fournis par cette machine, voy. Technique, chap. III.)

Inscription d'un mouvement rectiligne d'origine quelconque.

La machine Poncelet s'applique exclusivement à l'étude des lois de la pesanteur; mais il est important d'avoir un appareil susceptible de traduire un mouvement rectiligne d'origine quelconque. La disposition représentée figure 86 remplit toutes ces conditions.

Un cylindre enfumé est animé d'un mouvement de rotation plus ou moins rapide suivant le besoin; un chariot C guidé dans une glissière porte un style S.

Sous l'influence de la traction d'un fil, ce chariot prend une vitesse plus ou moins grande et trace sur le cylindre la courbe du mouvement qui lui est communiqué. Or, suivant la nature de la force motrice qui tire sur le fil, on obtient dans le tracé, l'expression d'un mouvement lent ou rapide, uniforme ou varié.

Si l'on fait enrouler le fil du chariot sur un axe d'un rouage d'horlogerie d'une vitesse uniforme, le tracé sera une ligne droite dont l'inclinaison sera plus ou moins grande selon la vitesse.

Qu'on agisse sur le fil par un mouvement musculaire, tous les caprices de ce mouvement se traduiront dans les inflexions de la ligne tracée. Enfin que l'on applique sur le fil une force constante d'une nature et d'une intensité quelconques, la courbe corres-

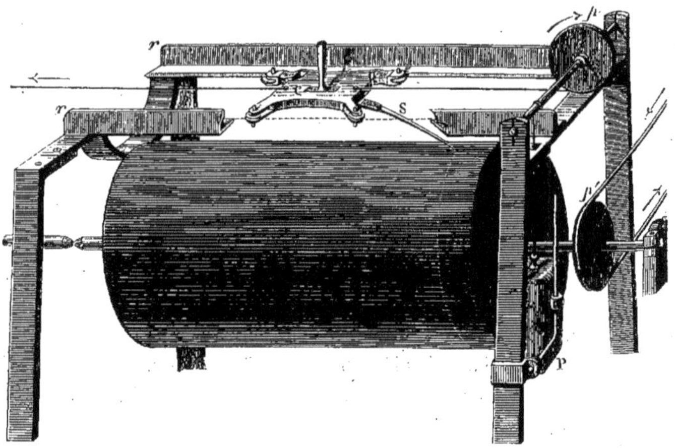

Fig. 86. Cylindre et chariot munis d'un style traceur, s'appliquant à l'inscription d'un mouvement rectiligne d'un seul sens de vitesse quelconque.

pondant au mouvement uniformément accéléré sera une parabole dont le paramètre variable correspondra à des accélérations plus ou moins grandes. (Technique, chap. III.)

Mouvement d'une masse soumise à des forces constantes d'intensités différentes.

A la place de la pesanteur, on peut substituer une force constante d'une autre nature, celle d'un ressort par exemple. Soit donc un fil de caoutchouc d'une très-grande longueur tendu par un poids de 100 grammes, il exercera une action égale à celle de la pesanteur, s'il s'agit d'entraîner sur un plan parfaitement glissant une masse ayant elle-même poids de 100 grammes.

La figure 87 montre la disposition de cette expérience. Le chariot, fixé par un fil que l'on brûle à un moment donné, pèse 100 grammes, et est entraîné vers la droite par un poids de 100 grammes suspendu à un fil de caoutchouc réfléchi sur une poulie. Le cylindre étant animé d'un mouvement uniforme, on brûle le fil, et la courbe tracée est celle qui, dans la figure 88,

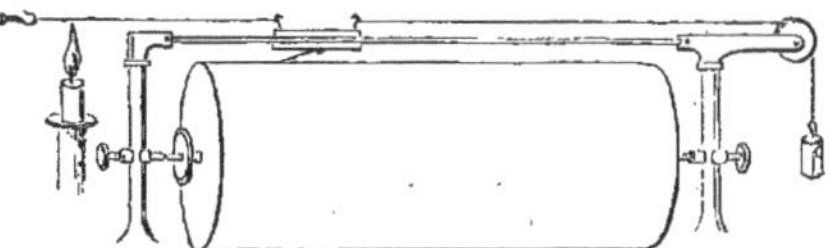

Fig. 87. Disposition de l'expérience destinée à inscrire le mouvement d'un corps soumis à une force constante.

porte le numéro 1. C'est la courbe qu'on eût obtenue en lais-

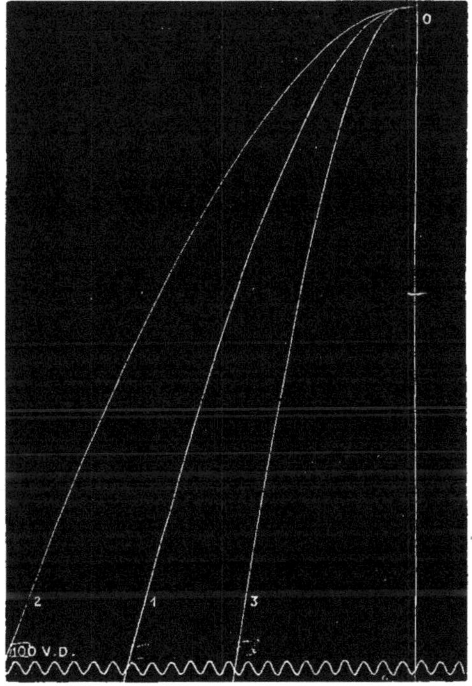

Fig. 88. Courbes tracées par le mouvement de masses diverses soumises à l'action d'une même force constante.

sant tomber verticalement le chariot sous la seule influence de son poids.

Mais, si l'on appliquait au chariot des forces plus grandes ou plus petites que la pesanteur, on aurait des accélérations, 2 et 3, plus grandes ou plus petites que celle que représente la courbe n° 1. (Voir Technique, chap. III.)

Vitesse des masses en mouvement.

On peut également, sur un petit parcours comme celui du chariot ci-dessus, déterminer la vitesse d'une masse en mouvement. On remplace alors le chariot par la masse elle-même qu'on munit de galets pour qu'elle glisse entre les rails et d'un style qui trace sur le papier. Puis, imprimant au cylindre une vitesse de rotation convenable que le chronographe contrôle, on donne à la masse l'impulsion dont on veut connaître les effets. Cette masse devient une sorte de projectile qui franchit la longueur du cylindre en un temps plus ou moins court, et vient amortir sa vitesse contre l'obstacle placé à l'extrémité de sa course [1]. Le tracé qu'on obtient est sensiblement une ligne droite, à moins que les frottements du chariot ne soient trop grands, ce qui altérerait l'uniformité du mouvement. L'inclinaison de cette ligne mesure la vitesse du mobile.

L'un des phénomènes les plus intéressants qu'on puisse étudier par cette méthode, c'est la transmission du mouvement d'un mobile à un autre et la production des *chocs* dont on peut mesurer la durée.

Mesure de la durée d'un choc.

Pour faire cette expérience, on prend deux mobiles pareils à celui qui vient d'être décrit plus haut, tous deux d'égal poids et munis de galets. Placées sur le rail, ces masses portent chacune un style ; quand elles sont en contact, les styles ont leurs pointes très-voisines l'une de l'autre [2].

1. On emploie avec succès la disposition suivante. Le mobile se termine par une pointe peu aiguë qui vient s'implanter, à la fin de la course, dans un morceau de bois tendre. Le mobile est ainsi arrêté, sans choc et sans rétrogradation ni rebondissement.

2. Pour obtenir ce résultat, on donne une grande longueur au style du mobile d'avant et une faible longueur à celui du mobile d'arrière. Les surfaces des mobiles qui doivent se choquer sont planes ou légèrement convexes,

On place le mobile d'avant au milieu de la course à parcourir, tandis que le mobile d'arrière est mis sur une sorte d'arbalète qui le devra lancer à un moment donné. On imprime alors au cylindre une grande vitesse contrôlée par le chronographe. Le style du mobile d'avant trace sur le cylindre une ligne circulaire; à ce moment, on presse sur la détente de l'arbalète et le 2e projectile est lancé. Le choc a lieu, le 1er projectile parcourt le reste du chemin, tandis que le 2e reste immobile au lieu où le choc s'est produit; il trace alors à son tour une ligne circulaire.

D'autres fois, le mobile choquant continue encore sa marche, mais d'un mouvement ralenti; d'autres fois enfin il rétrograde

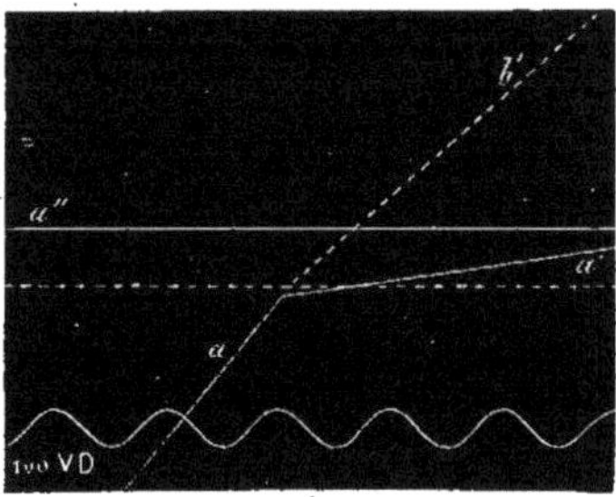

Fig. 89. Inscription de la durée d'un choc.

On arrête le cylindre et on recueille un tracé dont la figure 89 montre une des formes possibles.

Dans cette figure, la ligne oblique *a* est tracée par le mobile choquant; son inclinaison mesure la vitesse du mouvement de translation. La ligne oblique *a'* est tracée par le style du mobile choquant lorsqu'il a perdu sa vitesse. La ligne horizontale ponctuée était tracée au commencement de l'expérience par le mobile d'avant; celui-ci, après le choc, a tracé la ligne oblique *b'*.

On voit que ces deux lignes obliques, *a* et *b'*, droites et sensiblement parallèles l'une à l'autre, expriment que le mouvement de chacun des mobiles était uniforme et que le corps choquant a transmis la presque totalité de son mouvement au corps choqué. Après la rencontre, le mobile choquant n'a plus eu qu'une faible vitesse (ligne *a'*) qui s'est éteinte bientôt [1].

La durée du choc se déduit de la distance horizontale qui

1. Cette conservation d'une partie de la vitesse de la première masse ne s'observe qu'autant que les substances qui se choquent n'ont pas une élasticité parfaite.

sépare le point où s'arrête le mouvement du corps choquant de celui où commence le mouvement du corps choqué. Dans cette figure 89 l'intervalle qui sépare le tracé de ces deux instants est d'une brièveté extrême; l'œil a peine à le distinguer et l'on voit aisément qu'il représente une étendue bien moindre que celle qui correspond à 1/500e de seconde mesuré au chronographe. Les expériences assez nombreuses que j'ai faites à ce sujet m'ont fait voir que, dans le cas où deux masses de bronze se rencontrent, la durée du choc est inférieure à 1/25000e de seconde.

Quant au partage de la vitesse entre deux mobiles qui se choquent, elle n'est pas moins intéressante à étudier. Dans l'expérience précédente, les masses étant égales et l'élasticité des corps étant presque parfaite, la force vive passait presque tout entière de l'une à l'autre [1]. Mais, au moyen de masses additionnelles qu'on fixe à l'un ou à l'autre des mobiles, par de fortes vis, on peut donner à l'un d'eux une masse double de l'autre; si le corps choquant est le plus lourd, les deux mobiles se mettent en marche avec des vitesses différentes. Dans le cas inverse, le corps choqué prend une vitesse moindre que celle qu'avait le corps choquant. Quant à la durée du choc, elle m'a semblé également brève dans tous ces cas, et presque inappréciable malgré l'extrême puissance des appareils [2]. Ces expériences devront être répétées avec des vitesses plus grandes de rotation du cylindre et de translation des mobiles.

Accélérographe de M. Deprez, donnant la courbe des vitesses imprimées à un projectile par la poudre à canon.

Un des actes les plus rapides que l'on puisse inscrire, c'est le mouvement des projectiles de guerre. Dans ces mesures, en raison de la vitesse du mouvement, on doit disposer d'une surface animée d'une vitesse de translation extrêmement rapide. Marcel Deprez a obtenu la solution de ce problème au moyen de l'instrument qu'il appelle *accélérographe*.

1. Le corps choquant ne parcourt plus, après la rencontre, qu'un espace de quelques millimètres, et accomplit ce trajet avec une vitesse très-faible.

2. Je n'ai pas terminé les recherches relatives à la durée des chocs, suivant les vitesses imprimées aux mobiles, et suivant la forme et l'élasticité des surfaces de contact; ce sera l'objet d'études ultérieures.

Renversant la disposition qu'on donne ordinairement aux appareils, M. Deprez imprime à une plaque de papier le mouvement

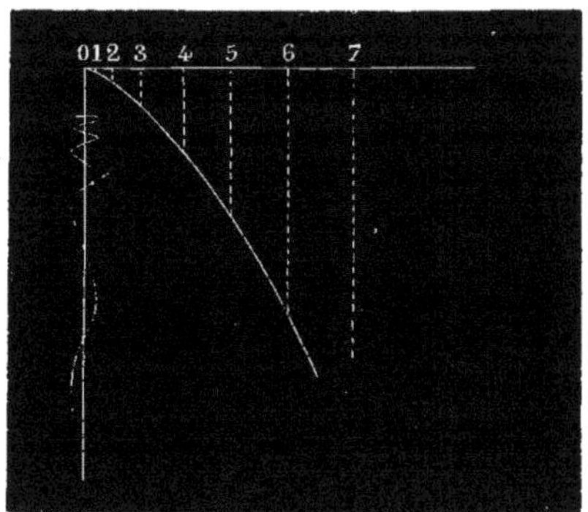

Fig. 90. Courbe de la vitesse imprimée aux projectiles par la poudre à canon. Ce tracé est obtenu avec la poudre de Wetteren, et recueilli par l'accélérographe de M. Deprez.

d'un piston sur lequel agissent les gaz de la poudre, tandis qu'un ressort fortement tendu anime le style traceur d'une translation

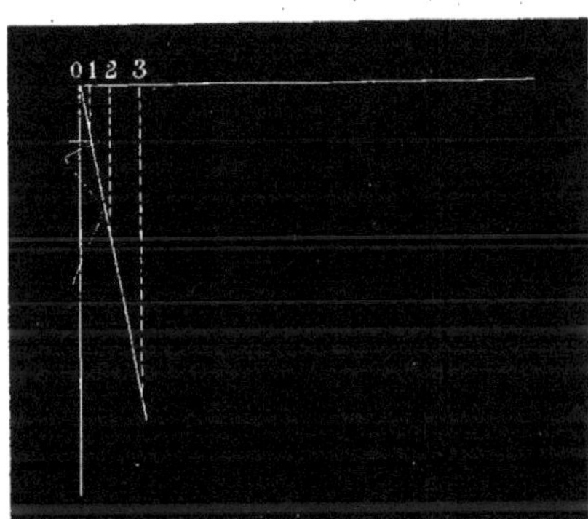

Fig. 91. Vitesse des projectiles. Courbes tracées avec l'accélérographe de M. Deprez; poudre du Ripault.

rapide. De ces deux mouvements combinés résulte une courbe qui traduit les effets des gaz de la poudre.

Si la poudre imprimait au piston et au papier qu'il porte un mouvement uniforme; si, d'autre part, le style traceur recevait du ressort qui le tire un mouvement uniforme lui-même, la ligne tracée serait une droite dont l'obliquité, dans un sens ou dans l'autre, exprimerait la prédominance de l'un des deux mouvements. Mais le mouvement du papier, comme celui du style, sont tous deux accélérés. Si cette accélération était la même de part et d'autre, la ligne tracée serait encore une droite, car à chaque instant le style inscripteur serait dévié d'une même quantité suivant l'axe des x et celui des y. Mais si l'accélération n'est pas la même, une courbe la traduira; c'est ce qui se produit dans la plupart des expériences de Deprez.

Pour connaître les valeurs de l'accélération imprimée au piston, Deprez a recouru parfois à l'inscription directe du temps, au moyen d'une tige qui vibrait 1000 fois par seconde.

Les figures 90 et 91 ont été obtenues avec cet appareil. Leur signification est la suivante :

Chacune des divisions verticales ponctuées correspond à la position que le style occupait aux instants 1, 2, 3....... etc., mesurés en millièmes de seconde. La position du piston est exprimée, pour chacun de ces instants, par l'intersection de la courbe tracée avec ces divisions du temps. De sorte que dans l'analyse d'un tracé de ce genre, tout se passe comme dans le cas où l'on aurait à interpréter une courbe fournie par la machine Morin. Comme la translation du style n'est pas uniforme, on s'est servi d'un style vibrant pour contrôler la marche du projectile.

Les deux courbes que nous avons prises comme exemples présentent des caractères bien différents : la poudre de Wetteren imprime au projectile une accélération beaucoup moins grande que celle du Ripault.

Accroissement des végétaux.

Nous avons examiné les principaux cas où la méthode graphique se prête à l'inscription de mouvements très-rapides; pour compléter l'exposé de ses applications, nous la montrerons aux prises avec des mouvements d'une grande lenteur. L'accroissement des végétaux est un des exemples les plus frappants qu'on puisse choisir.

Le 21 juillet 1873, je pris une tige de *Paulównia* dont la hauteur était de $1^{m},40$, et, l'appliquant contre un solide tuteur, j'attachai à l'aisselle d'une des feuilles les plus hautes un fil dont la traction agissait sur un style écrivant[1]. L'appareil, après avoir fonctionné deux jours et deux nuits consécutives, donna le tracé (fig. 92). On remarque, au premier abord, que l'accroissement de l'arbre avait son maximum entre midi et minuit. La période du tracé qui répond à la matinée est sensiblement horizontale, pendant une grande partie de son étendue. J'ai pu me convaincre que les variations de températures n'influaient pas d'une manière sensible sur la longueur du fil et par conséquent sur la forme du tracé. Enfin, pour me mettre à l'abri des influences hygromé-

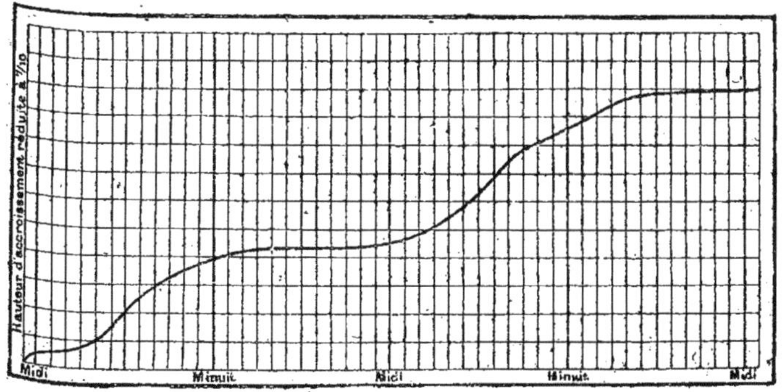

Fig. 92. Courbe de l'accroissement d'une tige de Paulownia, aux différentes heures du jour et de la nuit.

triques, j'ai employé un fil de métal pour transmettre la traction de l'arbre au style.

D'autres expériences, faites sur la même plante, m'ont donné des résultats concordants. Je regrette de n'avoir pu jusqu'ici opérer sur plusieurs espèces végétales, en variant les conditions hygrométriques et la température; en plongeant la plante dans la lumière et dans l'obscurité ; en la plaçant dans des atmosphères de différentes compositions; enfin, en faisant agir sur elle des faisceaux lumineux diversement colorés. Il y a là, sans doute, un vaste champ à explorer pour la physiologie végétale, et si j'indique, dès aujourd'hui, les résultats encore informes que m'ont donnés ces expériences, c'est avec l'espoir de voir ces recherches reprises

1. La disposition de l'appareil était un peu différente de celle qui consiste à agir sur un curseur roulant sur des rails; c'est à ce dernier appareil que je recours aujourd'hui dans mes expériences.

par d'autres physiologistes plus préparés que moi à les poursuivre [1].

Moyens de réduire les mouvements qui sont trop étendus pour pouvoir être inscrits avec leurs dimensions réelles.

La longueur des cylindres dont on se sert pour inscrire les tracés est ordinairement de 25 à 30 centimètres; quand le mouvement qu'on étudie n'excède pas ces dimensions, on peut, comme dans les expériences qui précèdent, l'inscrire directement, de façon qu'un centimètre de longueur, mesuré sur le papier parallèlement l'axe des ordonnées, exprime un centimètre de chemin parcouru. Mais s'il s'agit de mouvements très-étendus, il faut les réduire dans des proportions connues : au 10e, au 100e, au 1000e, etc., suivant le besoin. On règle, en même temps, la vitesse de rotation du cylindre, pour que le tracé présente la clarté convenable.

La réduction du mouvement se fait au moyen de poulies ou d'engrenages agissant comme dans les compteurs, c'est-à-dire de façon que, dans la série des rouages, un pignon d'un certain nombre de dents agisse sur une roue dont les dents soient 10 fois plus nombreuses. Dans ces conditions, pendant que le premier mobile fait 1000 tours, le second n'en fait que 100; le troisième, 10; le quatrième, 1; le cinquième, 1/10e de tour seulement, et ainsi de suite.

Tous ces mobiles, saillants à l'extérieur du rouage, peuvent recevoir des poulies à gorge. Une corde enroulée sur l'une des poulies transmet au rouage le mouvement qu'il s'agit de réduire. Un fil enroulé dans la gorge d'une autre poulie transmet au style inscripteur le mouvement convenablement réduit. Il y a encore d'autres moyens de réduire l'étendue d'un mouvement. (Voir Technique, chap. III.)

Comme exemple d'inscription de mouvements réduits, je citerai des expériences faites sur la locomotion humaine, et dans lesquelles il s'agissait d'inscrire les mouvements du pied, lorsqu'il quitte le sol pour aller prendre un nouvel appui.

1. On trouve dans Sachs, *Physiologie végétale*, des expériences analogues faites au moyen d'un simple levier amplificateur de mouvement. Cette disposition que j'avais employée d'abord m'a paru défectueuse, attendu que l'arc de cercle tracé par la pointe écrivante déforme trop le mouvement.

Expériences sur les mouvements du pied dans la marche et la course.

On s'attache au pied un fil qui s'enroule sur une poulie placée sur le premier mobile du compteur; une autre poulie, placée sur le troisième mobile, porte aussi un fil qui tire sur le style écrivant, déjà décrit figure 83. On obtiendra des tracés dans lesquels l'espace parcouru par le pied sera transmis au style, après avoir été réduit au 100e de son étendue réelle.

La figure 93 montre cinq tracés recueillis avec des allures iné-

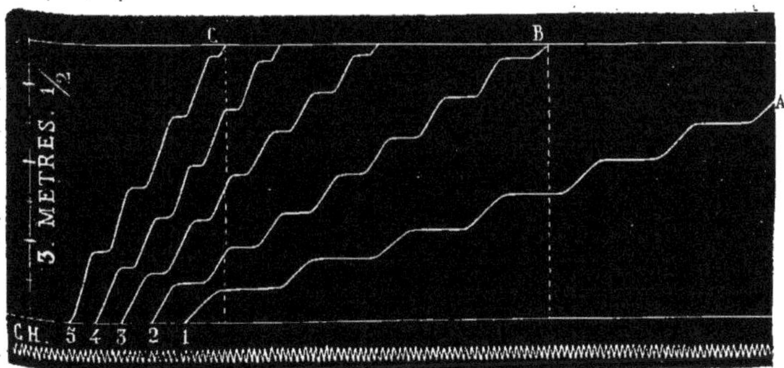

Fig. 93. Inscription des mouvements du pied dans la marche, à des allures plus ou moins rapides.

galement rapides. A correspond à la marche la plus lente; B à la marche ordinaire; C à la course rapide. Les autres courbes sont obtenues avec des courses de moindre vitesse.

L'*espace* total parcouru était 3 mètres 1/2, qui, réduits au 100e, donnent 3 centimètres 1/2. Les *temps* employés à parcourir cet espace, aux différentes allures, se mesurent sur l'axe des abscisses, au moyen du tracé d'un chronographe de dix vibrations doubles par seconde.

Ces tracés expriment tout ce qui est relatif au transport du pied dans la marche. Ils montrent le temps pendant lequel le pied est à l'appui ou au levé, le chemin parcouru dans ce dernier cas, et les phases du mouvement.

1° *Alternatives de repos et de mouvement du pied.* — Il est clair que partout où les tracés montrent une ligne horizontale, ces temps correspondent à l'appui du pied sur le sol et à son immobilité, puisque l'espace parcouru est nul. La durée de ces appuis décroît, comme on le voit, à mesure que l'allure s'accélère. Le temps pendant lequel le pied se déplace est indiqué par une ligne oblique dont la projection sur les ordonnées croît d'autant plus que l'allure est plus rapide. Cela prouve que la longueur du pas augmente en raison de la vitesse de l'allure.

On pourrait estimer avec précision les rapports de la vitesse à l'étendue du pas, les variations relatives de la durée des repos et des mouvements du pied, etc. ; mais je ne saurais ici m'appesantir sur ces détails ; le point essentiel à déterminer est le suivant :

2° *Nature du mouvement de translation du pied.* — Ce mouvement se traduit, presque dans son entier, par une ligne droite; il est donc uniforme pendant presque toute sa durée; les inflexions de la ligne, au commencement et à la fin, annoncent que, dans les allures rapides surtout, le mouvement du pied commence et finit par de courtes périodes de vitesse variable. On voit combien il s'en faut que l'oscillation de la jambe soit analogue à celle d'un pendule, comme l'avaient cru les frères Weber. Ces auteurs, en effet, croyaient que dans la marche les oscillations de la jambe qui se déplace n'étaient dues qu'à la pesanteur.

Il ne faudrait pas non plus attribuer exclusivement à l'action des muscles de la jambe ce transport à peu près uniforme du pied ; on sait que, dans ce transport, deux causes distinctes interviennent : d'une part, le mouvement angulaire que la jambe exécute autour de l'articulation de la hanche; d'autre part, le transport horizontal du bassin lui-même, c'est-à-dire du point de suspension de la jambe, pendant qu'elle oscille [1].

On conçoit que, par la combinaison de ces deux influences, le mouvement du pied tende à l'uniformité ; cela arrivera si les *minima* de vitesse du premier genre de mouvement correspondent avec les *maxima* du second. Il devenait donc très-intéressant de déterminer quel est le mouvement de translation du tronc à diverses allures. L'appareil précédemment décrit sert encore à cette détermination

1. Le capitaine Raabe publie en ce moment d'importantes études sur les mouvements du pied aux diverses allures du cheval et sur la relation de ce mouvement avec la translation de la masse du corps. Nous regrettons que les limites de cet ouvrage ne nous permettent pas d'analyser ce travail remarquable.

Inscription de l'espace parcouru par le corps aux différentes allures.

Une corde attachée à la ceinture transmettait à l'enregistreur le mouvement de transport du tronc. En opérant successivement à

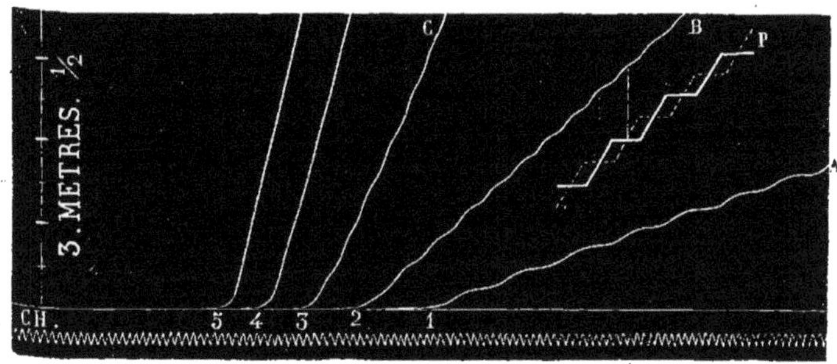

Fig. 94. Inscription des mouvements de translation du corps aux différentes allures.

différentes allures, on obtient la figure 94, dont l'analyse donne des résultats assez importants.

Vitesse de l'allure.

Elle est exprimée par l'inclinaison générale de la courbe, c'est-à-dire par la pente d'une ligne droite qui joindrait l'origine à la fin du tracé. Dans les différentes courbes rassemblées figure 94 un même espace (3^m,50) a été parcouru en des temps variables que le chronographe permet de mesurer d'après le nombre de vibrations contenues entre l'origine de la courbe et son point d'arrivée projeté sur l'axe des X. Ainsi, pour la marche lente (de 1 en prolongé pour un parcours de 3 mètres), on compte 13 secondes; pour la marche plus lente, de 2 en B, on en compte 6 1/2. Enfin pour la course, de 3 en C, 2 secondes seulement.

Les ondulations de la ligne sont beaucoup plus fortes dans le cas où la marche est lente que dans ceux où elle est plus rapide.

Ainsi, le mouvement de translation du corps s'uniformise par l'effet de la vitesse [1].

Le nombre des saccades est double de celui des mouvements du pied dont la figure 93 représentait les caractères. Cela se comprend aisément, puisque les deux pieds, répétant les mêmes actes, viennent, tour à tour, imprimer au corps une nouvelle impulsion.

Pour faire comprendre cette action, on a tracé parallèlement à la ligne 2 les courbes P des mouvements du pied droit et du pied gauche. Ces courbes, dont l'une est ponctuée et l'autre pleine, se reconnaissent facilement comme analogues de celles de la ligne 2 B, figure 93. Enfin, en observant la superposition des différentes parties de ces courbes avec les ondulations de celle qui exprime la translation, on voit que le corps reçoit un surcroît de vitesse vers le milieu de l'appui de chaque pied. Ce fait s'accorde avec les résultats que m'ont fournis d'autres expériences sur la locomotion humaine [2].

Inscription du mouvement de translation d'un véhicule.

La méthode qui m'a servi à réduire l'étendue des mouvements du pied avant de les inscrire, ne pourrait être employée si l'espace parcouru devait avoir une longueur considérable. Supposons, par exemple, qu'un wagon roule avec une vitesse de 20 mètres par seconde; sans employer la rotation de l'essieu à faire tourner un rouage qui, à son tour, actionne une série de mobiles à vitesses décroissantes, comme ceux d'un compteur, et impriment enfin au style inscripteur un mouvement réduit dans la proportion voulue, on peut recourir à une disposition plus simple.

Au lieu de réduire le mouvement tout entier et d'en inscrire les phases d'une manière absolument continue, on procède par actions discontinues, en faisant que chaque tour de la roue du wagon imprime une impulsion légère à l'un des mobiles d'un rouage. Ces impulsions sont si petites et si nombreuses qu'elles se fu-

1. C'est l'inverse de ce qui arrive pour les oscillations verticales du corps qui croissent, en raison de la vitesse de progression, avec la longueur du pas.

2. Voyez la *Machine animale*, p. 127.

sionnent entièrement et produisent une courbe qui semble absolument dépourvue de saccades.

Quant à la forme générale du mouvement, elle n'est altérée en aucune façon. On sait, en effet, que de grandes masses ne modifient que très-lentement la vitesse dont elles sont animées, quand elles roulent ou glissent avec peu de frottement. Dans un train de chemin de fer, les causes d'accélération et de ralentissement agissant avec une extrême lenteur, la durée d'un tour de roue différera très-peu de celle du tour suivant, et ne pourra contenir aucune variation importante de la vitesse. De sorte que si chaque tour de roue du wagon, en provoquant le passage d'une dent du rouage, fait marcher le style inscripteur, on obtiendra par une série de saccades insensibles, plus ou moins précipitées suivant la vitesse du train, une courbe qui exprimera d'une manière fidèle l'espace parcouru à chaque instant.

Je me suis servi d'abord, pour actionner le style inscripteur, d'un rouage qu'on trouve tout fait dans le commerce : le récepteur télégraphique de Bréguet. L'échappement de cet appareil laisse passer deux dents du rouage à chacune de ses oscillations. Il suffit, pour transformer cet appareil en inscripteur de la translation d'un véhicule, de placer sur le moyeu de la roue une came qui provoque à chaque tour l'échappement de deux dents du rouage, en agissant, soit par un électro-aimant, soit par un de ces tambours à air dont on a déjà vu si souvent l'emploi. Toutefois, comme ce genre d'inscription a des applications très-nombreuses, j'ai construit à cet effet un instrument spécial que je nomme *odographe* et dont on va décrire le fonctionnement[1].

De l'odographe.

Cet instrument représenté figure 95 se compose d'un cylindre vertical tournant d'une manière uniforme sous l'action de rouages d'horlogerie placés à son intérieur. Ce cylindre est couvert de papier gradué millimétriquement ; sa vitesse est calculée de façon que chaque millimètre corresponde à une durée connue : une minute, par exemple.

Parallèlement à l'axe du cylindre se meut un style inscripteur

1. Pour les détails de la construction, voyez Technique, chap. II.

portant une plume chargée d'une encre à la glycérine qui ne se dessèche pas. Ce style est conduit dans une rainure qui se trouve à la face interne d'une des colonnes de l'appareil; cette colonne est creuse et dans son intérieur est une vis qui tourne lentement et fait

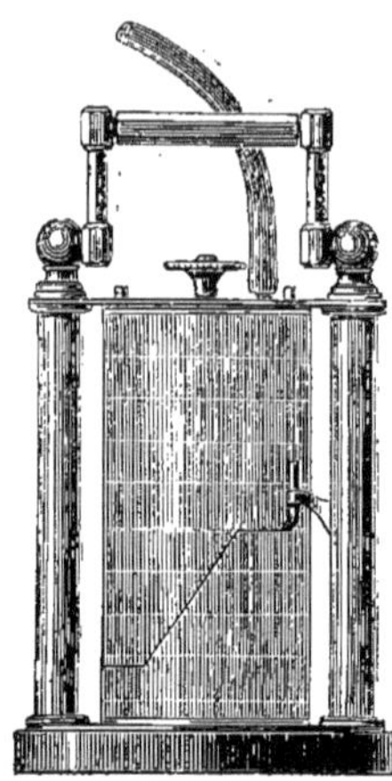

Fig. 95. Odographe réduit au tiers de ses diamètres.

monter le style inscripteur. Il s'agit de commander le mouvement de la vis par celui de l'essieu du véhicule. Pour cela, on se sert d'une soufflerie à air dont le tube, pénétrant par la partie supérieure du cylindre, se rend dans un tambour à membrane situé à l'intérieur de ce cylindre. Chaque va-et-vient de l'air actionne la membrane dont les mouvements alternatifs commandent un encliquetage qui fait tourner la tête de la vis motrice par laquelle le styl est commandé.

Une disposition particulière fait que le style, une fois arrivé au sommet de la colonne, retombe au bas de celle-ci et recommence une ascension nouvelle. De cette façon, on peut écrire pendant plusieurs tours du cylindre sans que les tracés se confondent. Un tel instrument peut fonctionner pendant plusieurs jours consécutifs sur une voiture ou sur un wagon.

La rapidité avec laquelle marche le style traceur étant liée à celle du train lui-même, on verra la pointe écrivante se déplacer d'un mouvement accéléré au moment du démarrage et d'un mouvement diminué lors des arrêts. En outre, les rampes et les des-

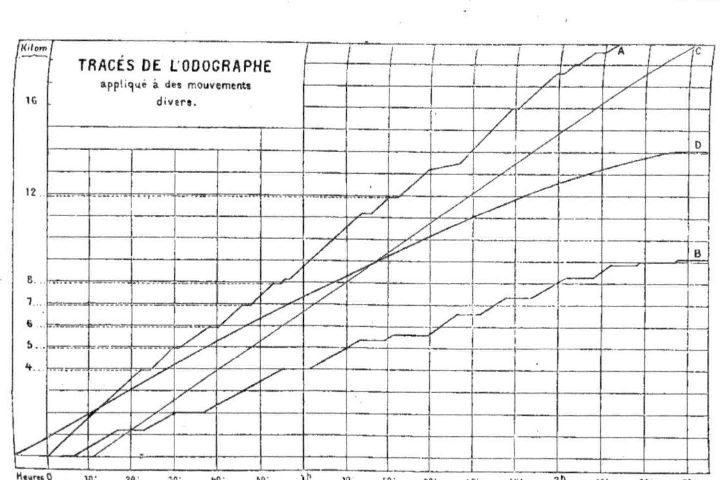

Fig. 96. Tracés fournis par l'odographe sous l'influence de différents mouvements.

centes se signaleront par des ralentissements et des accélérations du style (fig. 96).

On obtient de cette façon la courbe expérimentale des espaces parcourus à tout instant par un train. Sur de petits parcours, cette courbe diffère sensiblement de la courbe construite théoriquement d'après la méthode de Ibry, et dont on a vu précédemment un exemple[1].

Or, ces courbes qui rendent de si grands services à l'administration des chemins de fer s'écartent cependant un peu de la vérité, car elles négligent les variations de vitesse qui se produisent suivant les pentes, les arrêts et les départs. Elles supposent toujours uniforme la marche du train et l'expriment par une ligne droite qui joint l'un à l'autre deux points où le train s'arrête à des heures déterminées.

L'instrument qui vient d'être décrit s'applique également à toute espèce de voiture et permettra de mesurer la vitesse de la traction sur différents terrains et dans différentes conditions telles que : les différents genres d'alimentation de l'animal qui traîne le véhicule, son état de fatigue ou de repos, le mode d'attelage de la voiture, la température ambiante, etc.

Sur ces divers points, le physiologiste trouvera de nombreux sujets d'études qu'on n'avait pas encore entreprises jusqu'ici dans des conditions favorables.

L'odographe ne s'applique pas seulement à l'inscription de la marche des véhicules, mais on conçoit aisément que tout rouage puisse l'actionner et inscrire les phases de son mouvement. Soit une machine à vapeur dont on active plus ou moins le foyer, ou à laquelle on fasse faire un travail plus ou moins grand, il en résultera des différences de marche que l'odographe traduira si l'on charge une des pièces mobiles de la machine d'actionner le style inscripteur.

L'odographe peut servir de moyen de contrôle pour un rouage quelconque. Un mouvement d'horlogerie bien uniforme donnera pour tracé une ligne parfaitement droite. Un rouage à ressort muni d'un volant fournira une courbe à convexité supérieure exprimant que le mouvement se ralentit pendant la marche.

La figure 96 montre des tracés obtenus dans des conditions variées. La courbe A est obtenue avec une voiture rapide qui a

1. Voyez p. 258.

fait une série d'arrêts à divers intervalles. B est une autre voiture d'une allure environ deux fois plus lente. C correspond à la marche d'un petit moteur à gaz du système Bischop qui est employé dans mon laboratoire. D, courbe à convexité supérieure, est la marche d'un rouage d'horlogerie à ressort, sorte de gros tournebroche muni d'un volant. La lecture de pareils tracés n'a rien que de très-facile, toutefois nous entrerons à cet égard dans de minutieux détails.

On trouvera ailleurs (Technique, chap. III) l'analyse détaillée du tracé fourni par un odographe appliqué à une voiture. On verra comment, après avoir expérimentalement mesuré la longueur dont s'avance le style à chaque kilomètre parcouru, rien n'est plus facile que d'estimer le nombre de kilomètres en les comptant sur les divisions verticales du papier. Espaces parcourus, vitesses absolues et relatives, changements dans la marche, etc., tout se traduit suivant la méthode d'expression graphique imaginée par Ibry et que nous avons suffisamment développée (1re partie, p. 20).

Les courbes fournies par l'odographe sont l'expression la plus complète d'un mouvement rectiligne. Jusqu'ici on a pu, à l'aide de compteurs de tours de roue, savoir combien de tours ont été faits, et par conséquent combien de chemin a été parcouru par une voiture; combien de gaz ou d'eau a été débité, combien de tours ont faits l'hélice d'une machine, la girouette d'un anémographe, la meule d'un moulin, etc. Mais avec quelles phases d'accélération ou de ralentissement ces mouvements se sont-ils effectués? Cette question n'avait pas encore été résolue; on en comprend l'importance sans qu'il soit besoin d'insister longuement à cet égard.

Application de l'odographe à l'étude de la marche de l'homme.

Une disposition fort simple permet d'actionner l'instrument par la pression que l'un des pieds exerce sur le sol à chaque pas. On adapte sous la chaussure un petit appareil qui est comprimé à chaque appui du pied et qui envoie alors une soufflerie d'air à l'odographe.

L'expérience faite dans ces conditions fournit des tracés dont la pente est plus ou moins rapide, suivant la rapidité de la marche.

L'analyse de ces courbes présente un très-grand intérêt au

point de vue de la physiologie de la marche. Les tracés ressemblent entièrement, au premier abord, à ceux qu'on obtient en inscrivant la translation d'un véhicule; mais si l'on a soin de s'arrêter un instant à chaque kilomètre, on s'aperçoit que le tracé n'a pas toujours la même hauteur (comptée sur l'axe des y) pour chacun des kilomètres parcourus; cela tient à ce que la longueur du pas n'est pas invariable comme celle d'un tour de roue, mais change avec la nature du chemin. Le pas s'allonge sur une bonne route et dans les descentes de moyenne rapidité. Il se raccourcit au contraire sur les terrains boueux, empierrés, sablonneux ou montants. Il est intéressant de déterminer les variations de la longueur du pas, non-seulement suivant la taille de l'individu, sa force, son état de repos, de fatigue ou d'excitation, mais aussi suivant la pente et la nature du terrain. A cet égard les mesures relatives de la longueur du pas sont d'une exactitude extrême. Supposons que les tracés d'une marche en montée et d'une marche en descente soient dans le rapport de 9 à 10; on en devra conclure que le pas de montée sera d'un dixième plus court que celui de descente. Quant à la longueur absolue de chacun de ces pas, elle se déterminera en sachant combien de fois il faut actionner l'odographe pour faire avancer le style traceur d'un centimètre. Le pas humain est d'une remarquable égalité pour un même individu qui marche sur une route semblable, dans les mêmes conditions de température ambiante.

Il semble que ce genre d'études doive rendre des services à la profession militaire, où l'on observe avec tant de soin tout ce qui se rattache à la longueur et à la vitesse du pas. (Voir Technique, chap. III.)

Appliquant aux mouvements intermittents de translation du pied le mode de représentation d'Ibry, Lenoble du Teil a tracé la courbe des mouvements des quatre pieds du cheval aux diverses allures. Nous renvoyons à la Technique (chapitre Ier) l'examen de ces figures qui sont construites après coup, en combinant les données que fournissent les pistes des allures, relativement aux changements d'espace, à celles que donnent, relativement aux temps, les rhythmes enregistrés.

Courbe des variations de fréquence d'un phénomène.

L'odographe, en traduisant par une courbe la fréquence des pas, nous montre la relation intime qui existe entre une *vitesse* et une *fréquence*. Cette relation est si bien comprise par tout le monde, qu'elle a été consacrée dans le langage ordinaire et qu'on emploie indistinctement les expressions vite et fréquemment : ainsi, on dit que le cœur bat vite, qu'un homme qui a couru respire vite.

Actionner l'odographe par les battements du cœur ou par les mouvements respiratoires, tel est le moyen véritable de connaître les variations de fréquence de ces mouvements pendant une longue période de temps.

Or, de telles expériences auraient un très-grand intérêt; elles nous fourniraient certaines notions que l'on n'a guère que d'une manière approximative. De cet ordre serait la connaissance des variations physiologiques du pouls ou de la respiration aux différentes heures du jour, aux différentes phases de la digestion, sous l'influence de différentes substances ingérées, des changements de la température, etc.

Nulle patience ne pourrait atteindre à de pareilles déterminations qui, au contraire, se feront toutes seules et dans des conditions parfaites d'exactitude, au moyen des appareils inscripteurs.

Une autre notion très-importante que cette méthode devra nous fournir est celle des rapports normaux de la fréquence du pouls à celle de la respiration, des variations individuelles de ce rapport et des conditions qui le modifient.

Enfin, la manière dont se comportent la fréquence du pouls et celle de la respiration dans les maladies est très-importante à connaître; les médecins ont à cet égard accumulé des observations sans nombre, mais toutes insuffisantes, parce qu'il n'est pas possible à la patience humaine de suivre, sans repos ni trêve, les phases de ces variations. Je ne prétends pas que chaque malade doive être soumis à l'emploi de ces appareils inscripteurs, mais il est indispensable que quelques-uns du moins se prêtent à ces études, pour fournir, en quelque sorte, des types pathologiques caractérisant la marche des différentes maladies.

La difficulté principale pour la réalisation pratique de ces études consiste dans la faiblesse des mouvements qui doivent actionner l'odographe. Deux moyens permettent de surmonter cet obstacle : tantôt on ajoutera une force étrangère à celle du pouls ou de la respiration, comme on fait en télégraphie où des piles *de relais* interviennent lorsque le courant de ligne n'a plus assez de force pour actionner les signaux. Tantôt on cherchera le moyen d'augmenter la force des mouvements qui doivent agir sur l'odographe. On choisira, suivant les cas, l'une ou l'autre de ces méthodes.

Emploi des relais électriques.

Un mouvement très-faible, comme le battement du cœur d'une grenouille, suffit pour déplacer une tige légère qui, par ses oscillations, ouvrira et fermera tour à tour un courant électrique. Ces ruptures et clôtures produiront dans un électro-aimant des mouvements aussi puissants qu'on le voudra, et qui commanderont l'échappement de l'odographe avec autant de force qu'il sera nécessaire (voir Technique, chap. III). Une courbe tracée par les changements de fréquence des mouvements du cœur d'une grenouille ressemble de tous points à celle que nous avons représentée figure 96, ligne D, et qui exprime le ralentissement graduel d'un rouage d'horlogerie ; pareil ralentissement s'observe dans les mouvements d'un cœur de grenouille mis à nu et soumis aux causes de refroidissement.

Amplification de la force des pulsations artérielles.

On sait, d'après le principe de Pascal, que l'effort développé par une pression est d'autant plus considérable qu'il est recueilli sur une plus grande surface. De là résulte cette conséquence, que les gonflements intermittents que produit dans nos organes la pénétration du sang, à chaque ondée cardiaque, constituent une force considérable. Recueillir cette force de gonflement sur une grande surface des tissus, tel est le moyen d'obtenir, à la place des légères pulsations artérielles, des efforts énergiques, très-suffisants pour actionner l'odographe. Mais, jusqu'ici, ces appareils explorateurs sont difficiles à appliquer ; j'ai fait à cet égard de nombreux essais sans être encore arrivé à des résultats satisfaisants.

Il n'est pas nécessaire de multiplier les exemples d'applications de cette méthode à la physiologie; à peine est-il besoin de montrer les avantages qu'en retirerait la physique ou la mécanique. Chacun, suivant les besoins de ses recherches, modifiera et étendra l'emploi de l'odographe.

CHAPITRE IV.

MOUVEMENT RECTILIGNE ALTERNATIF.

A. — *Inscription des mouvements rectilignes alternatifs.*

La physiologie n'offre à considérer, dans le mouvement des organes, que des déplacements alternatifs de sens inverses. — Mouvements musculaires; myographe simple; myographe à transmission. — Myographie basée sur l'inscription du gonflement musculaire et applicable à l'homme. — Pneumographe, appareil inscripteur des mouvements respiratoires. — Inscription des mouvements de la locomotion; action des membres ; réactions imprimées au corps.

B. — *Inscription des mouvements composés qui s'exécutent dans un même plan.*

Expériences des acousticiens; tracés de Kœnig. — Applications à la détermination des mouvements de l'aile de l'insecte. — Trajectoire de l'aile de l'oiseau. — Oscillations de l'oiseau dans le sens vertical. — Trajectoire de l'oiseau dans les airs. — Applications diverses.

Les mouvements dont nous avons étudié jusqu'ici le mode d'inscription sont fort simples : non-seulement ils sont rectilignes, c'est-à-dire que le style qui les trace ne se déplace qu'en ligne droite, mais ils sont d'un seul sens; le style écrivant ne marche qu'en avant et, par conséquent, la courbe tracée monte d'un mouvement plus ou moins brusque, s'arrête parfois pour donner naissance à un trait horizontal, mais ne redescend jamais.

La méthode que nous venons de décrire se trouverait donc impuissante à représenter la plupart des mouvements qui se produisent chez les êtres animés. En effet, si la locomotion de ces êtres peut avoir lieu parfois dans une direction unique, les mouvements qui engendrent cette locomotion présentent, quand on les considère en eux-mêmes, un caractère essentiellement alternatif. Par rapport au corps de l'animal, le pied avance et recule tour à tour, tandis que, sur le sol, il va toujours en avant. Le mouvement alternatif est absolument imposé à tous les organes vivants; il résulte de la nature même du tissu musculaire qui lui donne naissance[1].

Inscription des actes musculaires.

Les mouvements musculaires se composent de raccourcissements suivis d'un retour plus ou moins rapide du muscle à sa longueur première.

Employer ce mouvement pour imprimer un va-et-vient à un style inscripteur, tel est l'objet de la myographie. Différentes dispositions servent à guider le style suivant une ligne droite (voir Technique, chap. II). Comme la myographie s'emploie principalement sur des animaux de petite taille, il faut amplifier ces mouvements avant de les inscrire.

Dans ce but, on fait agir le mouvement exploré sur un levier qui l'agrandit plus ou moins, à volonté, d'après la longueur relative qu'on donne aux deux bras.

Myographe simple.

Sur les petits animaux, l'action musculaire s'inscrit au moyen d'un appareil à levier qu'on nomme *myographe*. Le premier appareil de ce genre fut construit par Helmholtz. Mais, dans sa disposition primitive, le myographe n'inscrivait pas fidèlement le mouvement exécuté par le muscle[2].

Du reste, tous les anciens appareils inscripteurs employés en physiologie avaient un défaut commun : la pointe traçante était reliée à des pièces massives qui présentaient des oscillations propres, de sorte que la courbe ne reproduisait pas fidèlement les mouvements qu'il s'agissait d'inscrire.

On trouvera ailleurs[3] la disposition que j'ai donnée au myo-

1. Ce caractère alternatif du mouvement n'existe en général qu'au lieu même où il se produit; plus loin, transformé par diverses influences liées à l'élasticité des tissus, le mouvement revêt souvent le caractère continu, comme dans le cours du sang, ou semble moins discontinu, comme dans l'action musculaire.
2. Voyez Marey, *Du mouvement dans les fonctions de la vie*, p. 223.
3. *Loc. cit.*, p. 133.

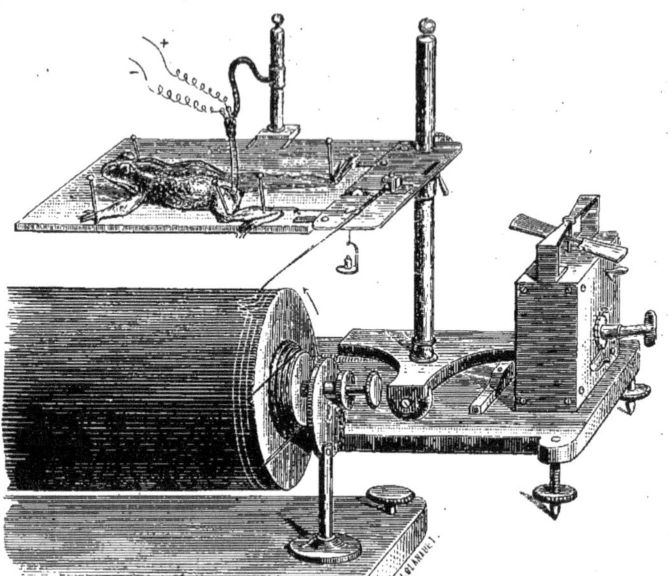

Fig. 97. Myographe simple.

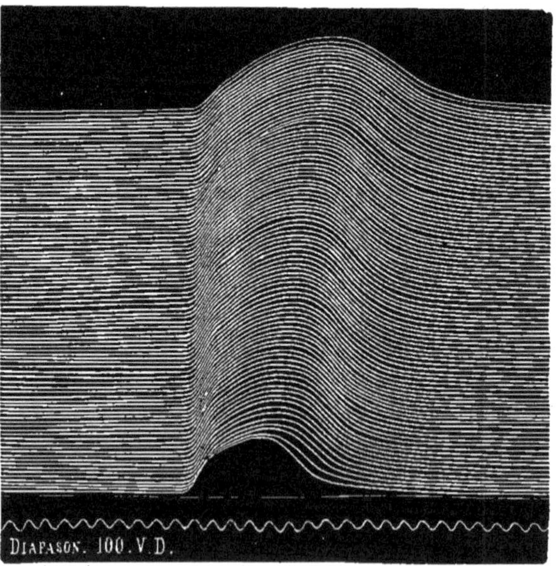

Fig. 98. Secousses musculaires inscrites au moyen du myographe simple. De bas en haut les secousses sont modifiées par la fatigue.

graphe, on y verra représentées et analysées les courbes qu'il fournit pour les différentes espèces de mouvements musculaires; il suffit donc de rappeler dans la figure 97 la disposition du myographe simple et de fournir, dans la figure 98, un exemple des tracés que donne un muscle de grenouille soumis à des excitations successives. En bas de la figure, sont les premières secousses; la fatigue allonge peu à peu la durée de ces mouvements et en diminue l'amplitude.

Mais je dois signaler une disposition nouvelle que j'ai donnée à cet instrument et qui me semble destinée à rendre de grands services à la physiologie : je veux parler du *myographe à transmission*. Cet appareil réalise une grande simplification de la myographie, puisqu'il permet d'inscrire des courbes musculaires au moyen du *tambour à levier* qui sert déjà à un grand nombre d'usages. Voici la disposition de l'instrument.

Myographe à transmission.

Cet appareil est représenté, vu d'en haut, figure 99. La grenouille, fixée au moyen d'épingles sur une planchette de liége, a le tendon d'Achille relié au levier d'un tambour [1]. Celui-ci est établi avec la planchette sur un support [2] commun. Un tube de transmission par l'air relie ce tambour à celui qui inscrira les actes musculaires; cette transmission ne diffère en rien de celle que nous avons représentée déjà (page 122).

Chaque raccourcissement du muscle, faisant presser le levier contre la membrane, expulse une certaine quantité d'air du tambour explorateur dans le tambour inscripteur.

On envoie ainsi à distance le mouvement d'un muscle et ce mouvement donne des courbes identiques à celles du myographe simple. Or, pendant que le mouvement s'inscrit, l'animal peut être placé dans toutes les attitudes : il peut être plus ou moins éloigné des appareils inscripteurs ; on peut le placer dans une enceinte à différentes températures, le plonger dans certains liquides ou

1. Habituellement je donne au levier de cette sorte de tambour (levier explorateur) plus de solidité qu'à celui des appareils inscripteurs qui doivent être essentiellement légers.

2. J'appelle *support à bascule* une pièce qui, au moyen d'une vis de réglage, s'élève ou s'abaisse, afin de graduer les frottements du style sur le cylindre.

certains gaz. Tout cela était à peu près irréalisable avec le myographe à inscription directe.

Il ne sera pas question ici de la manière de sensibiliser ou de désensibiliser le myographe à transmission, afin de donner aux courbes musculaires les dimensions les plus convenables. Tous ces détails trouveront leur place dans un chapitre spécial destiné à la technique de la méthode graphique. (Voir Technique, chap. II.) Il en sera de même au sujet des moyens de disposer les tracés de

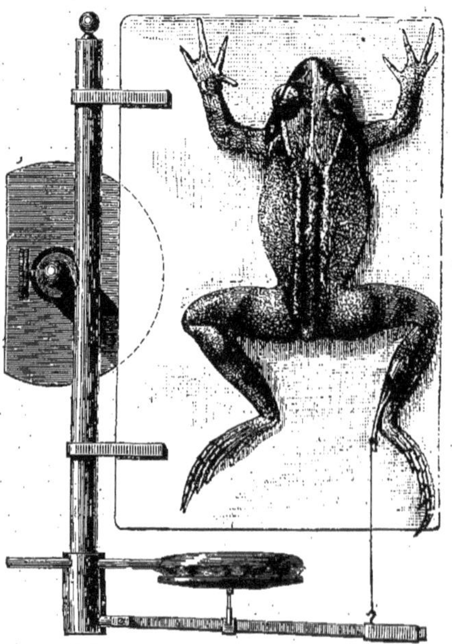

Fig. 99. Myographe à transmission.

façon à en faire tenir le plus grand nombre possible dans un petit espace.

Mais je ne saurais trop insister sur la nécessité absolue d'inscrire la courbe musculaire d'une manière complète, c'est-à-dire avec les différentes phases du mouvement.

Le professeur Fick a cru faire une simplification utile dans certains cas, en réduisant le tracé du myographe à une ligne verticale dont la hauteur exprime l'amplitude du raccourcissement musculaire. Ce résultat s'obtient en recueillant le tracé myographique sur un cylindre immobile qu'on déplace seulement, dans l'intervalle des mouvements, d'une très-petite quantité pour em-

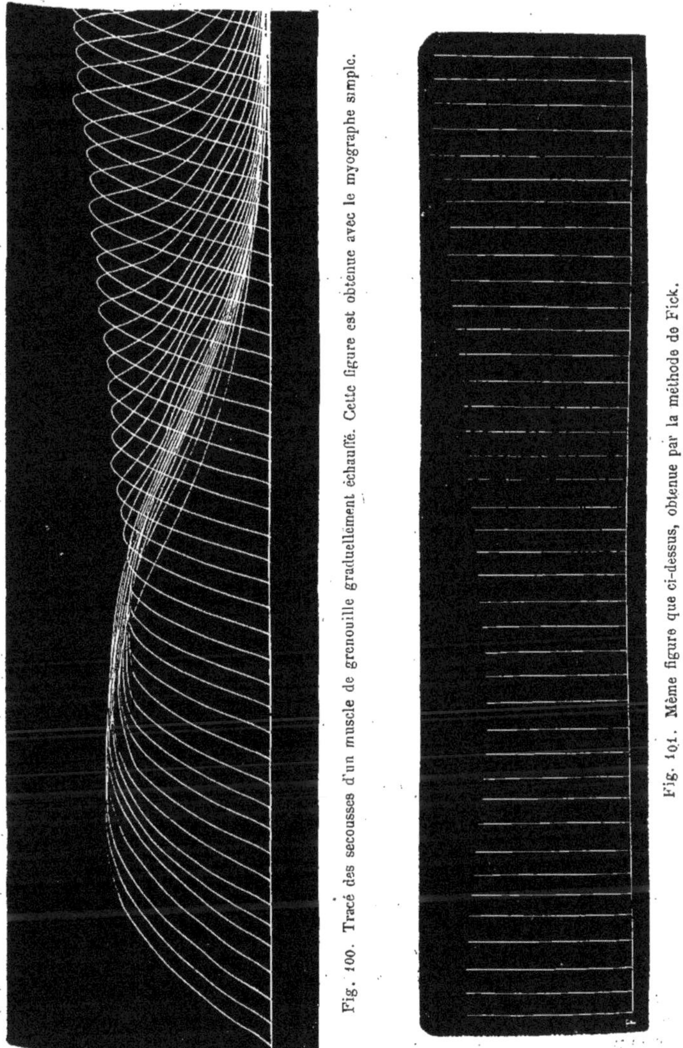

Fig. 100. Tracé des secousses d'un muscle de grenouille graduellement échauffé. Cette figure est obtenue avec le myographe simple.

Fig. 101. Même figure que ci-dessus, obtenue par la méthode de Fick.

pêcher les traits de se confondre. La figure 101 montre un exemple de ce genre d'inscription.

Assurément on voit très-bien, dans cette figure, les différences d'amplitude que présentent successivement les mouvements recueillis ; on suit les changements qui peuvent survenir dans la hauteur des maxima et des minima des tracés ; mais on n'a aucune idée des durées relatives que présentent les phases du raccourcissement du muscle et du retour de celui-ci à sa longueur première. Et si quelque accident se produit dans le mouvement d'ascension ou de descente de la courbe, ce caractère échappe à l'observation.

Réduire la méthode graphique à la seule inscription de l'étendue d'un mouvement, c'est se priver de renseignements utiles sans rien gagner en échange, car dans les courbes musculaires complètes on peut tout aussi bien estimer les amplitudes relatives de plusieurs mouvements successifs. La figure 100 représente, dans leurs phases complètes, les mouvements qui étaient exprimés (fig. 101) par la méthode de Fick ; elle montre comment varie la secousse d'un muscle de grenouille sous l'influence d'un échauffement graduel [1].

Myographe inscrivant le gonflement des muscles.

Il est encore un autre moyen de recueillir le mouvement d'un muscle : il consiste à prendre, comme force motrice appliquée au levier du myographe, non plus le raccourcissement, mais le gonflement de l'organe. Il est bien reconnu aujourd'hui que tout raccourcissement musculaire s'accompagne d'un gonflement correspondant, car le muscle ne fait que changer de forme, et garde, sensiblement du moins, la même densité, qu'il soit en contraction ou en relâchement.

Utiliser le gonflement d'un muscle pour en inscrire les mouve-

1. Pendant que s'inscrivaient les secousses musculaires de la figure 100, le cylindre tournait d'une manière continuelle ; la première courbe s'est inscrite au premier tour, la seconde au deuxième et ainsi de suite. Ainsi, chaque secousse arrive en retard sur la précédente d'un tour de cylindre plus une fraction constante. On obtient cette disposition au moyen d'un *interrupteur rotatif* entraîné par le mouvement du cylindre lui-même. A cet effet, l'axe du cylindre porte une roue dentée qui engrène avec une autre roue portant une dent de plus qu'elle. Cette dernière porte un excentrique au moyen duquel, à chaque tour, un courant électrique est envoyé à la grenouille. La différence du nombre des dents produit à chaque révolution du cylindre un retard constant de la roue de l'excitateur.

ments, c'est améliorer beaucoup les conditions de la myographie. En effet, ce procédé, permettant d'agir sans mutilation sur un muscle, fournit nécessairement des résultats meilleurs, puisque le muscle exploré se trouve dans des conditions d'intégrité parfaite. En outre, et c'est le principal avantage de cette sorte de myographie, elle permet d'étudier la fonction musculaire sur l'homme et

Fig. 102. Figure théorique du myographe inscrivant les phases du raccourcissement des muscles

se prête à toutes sortes de recherches de physiologie et de clinique.

Les figures 102 et 103 montrent le principe sur lequel s'appuient les deux sortes de myographie. Dans la première, on voit le levier du tambour explorateur tiré de haut en bas par le tendon d'un muscle dont l'attache osseuse serait fixée par un procédé quelconque. Dans la seconde, le levier, muni d'un bouton métallique, presse sur le muscle qu'il explore et l'aplatit transversalement contre une plaque de métal qui lui sert d'appui[1]. En faisant glisser verticalement le tambour explorateur le long de la tige qui le supporte, on exerce des pressions plus ou moins énergiques sur le muscle exploré, ce qui est souvent très-utile pour sensibiliser l'instrument au maximum.

Des excitateurs électriques, isolés l'un de l'autre, sont adaptés

1. Voyez, pour les détails de la myographie fondée sur l'étude du gonflement musculaire, *Du mouvement dans les fonctions de la vie*, p. 248, et *la Machine animale* p. 36 et 238.

aux deux surfaces métalliques entre lesquelles le muscle est saisi, et servent à provoquer toutes sortes d'excitations directes de cet organe, soit par les courants d'une pile, soit par ceux d'une bobine d'induction ou par les décharges d'un condensateur.

Cette disposition rappelle celle que j'employai dans mes premières expériences et décrivis sous le nom de *pince myographique*[1]; elle est toutefois beaucoup plus simple et n'exige, pour ainsi dire, aucune construction spéciale[2]. Des pinces myogra-

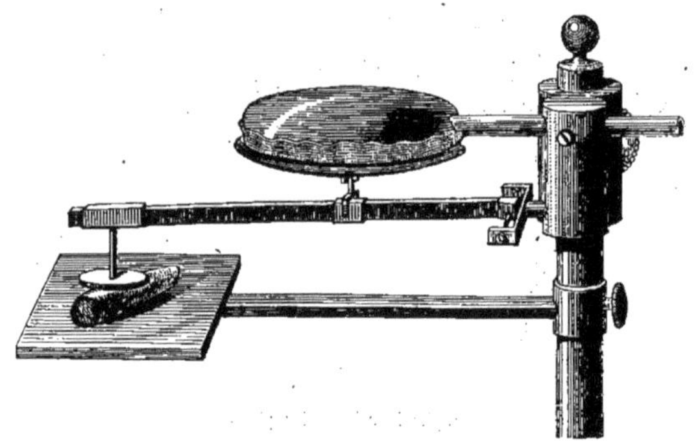

Fig. 103. Figure théorique du myographe inscrivant les phases du gonflement des muscles.

phiques multiples, appliquées sur le trajet d'un faisceau musculaire, servaient à signaler le passage de l'*onde* et à en mesurer la vitesse de propagation; l'explorateur représenté figure 103 peut, avec avantage, s'employer dans les mêmes conditions. Les expériences relatives au mouvement de l'onde musculaire trouveront leur place dans la quatrième partie de cet ouvrage; elles se rattachent à un genre d'étude particulier basé sur l'inscription simultanée de phénomènes multiples.

En résumé, toutes les expériences de myographie que l'on peut faire sur les animaux n'exigent plus d'autre appareil que le tam-

1. *Du mouvement dans les fonctions de la vie*, p. 260.

2. Il faut noter que les tambours explorateurs ne doivent pas seulement opposer l'élasticité de leurs membranes à l'effort développé contre elles par le muscle. A l'intérieur de ces tambours on place un ressort-boudin qui fait saillir les membranes et lutte contre la force motrice dont les phases seront inscrites. Ce ressort antagoniste intérieur a le même rôle que le ressort extérieur dans la disposition représentée page 122.

bour à levier explorateur; c'est là une importante simplification de la méthode. Toutefois, la myographie, pour s'appliquer à l'homme, exige un explorateur un peu différent, mais peut-être plus simple encore que celui qui vient d'être décrit. On en va voir la disposition.

Pour les résultats fournis par la myographie, voir Technique, chap. v.

Myographie sur l'homme.

Pour explorer le gonflement d'un muscle, le mieux est d'employer une capsule pareille à celle d'un tambour à levier, à l'intérieur de laquelle on a mis un ressort-boudin qui fait un peu saillir la membrane. Sur cette dernière (fig. 104) on dispose un bouton de métal qui, relié à un fil conducteur, sert au besoin à exciter le muscle.

La capsule s'applique par sa face élastique sur le muscle qu'on veut explorer; on la maintient fortement serrée et immobilisée

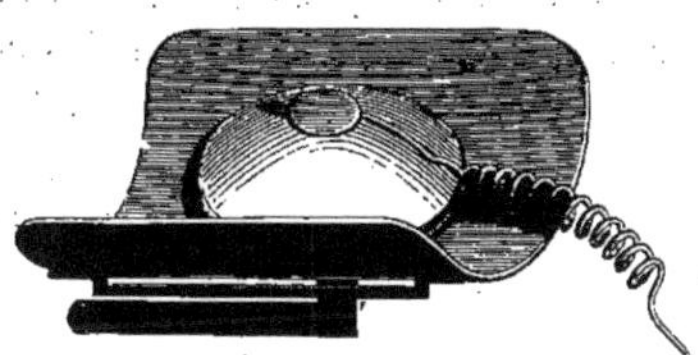

Fig. 104. Myographe applicable à l'homme; il traduit le gonflement des muscles.

au moyen d'un bandage roulé; enfin, un tube de caoutchouc relie cet explorateur à un tambour inscripteur. De cette façon, on détermine les caractères des mouvements volontaires que les muscles exécutent, soit dans la marche, soit dans les différentes actions des bras ou des jambes. En médecine, on constate, au moyen de ce myographe, que les tremblements et les convulsions musculaires présentent parfois certains rhythmes bien accusés.

Outre les mouvements que les muscles exécutent sous l'influence de la volonté, on peut encore inscrire, sur l'homme, les mouvements que l'électricité provoque et les modifications que ces mouvements éprouvent, suivant l'état de veille ou de sommeil, sous l'action de certains médicaments, et dans certaines maladies.

En explorant le gonflement d'un muscle, on a une courbe si fidèle du mouvement qui se produit, que le tracé révèle par une ligne horizontale l'existence d'un obstacle absolu au raccourcissement musculaire. On constate que les phases d'un mouvement

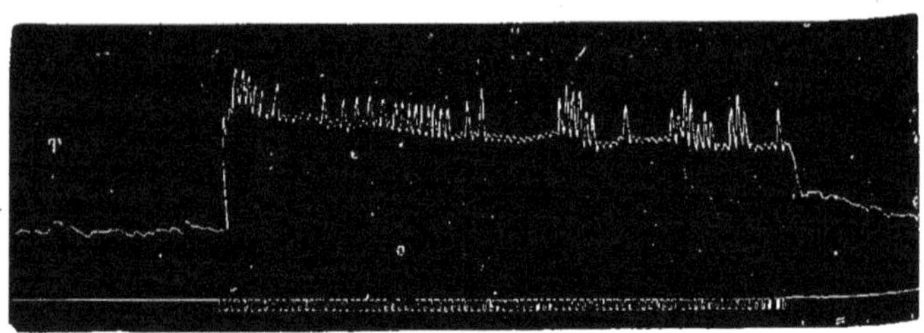

Fig. 105. Tracé myographique recueilli sur l'homme : tétanos électrique combiné avec les soubresauts fibrillaires d'un malade atteint d'atrophie musculaire progressive.

produit sous l'action d'un muscle sont absolument identiques à celles que signale la courbe du gonflement musculaire. Cette identité est tellement parfaite qu'on obtient des courbes semblables en inscrivant, sur un oiseau qui vole, soit les phases du gonflement et du dégonflement alternatif des muscles pectoraux, soit les phases de l'abaissement et de l'élévation de l'aile que l'action de ces muscles pectoraux commande[1].

Inscription des mouvements respiratoires.

L'inscription du changement de volume des organes s'applique fort bien à l'étude de la respiration. Si l'on inscrit le mouvement alternatif de dilatation et de resserrement de la cage thoracique, on a l'un des renseignements les plus précieux qu'il soit possible d'obtenir relativement à la fonction respiratoire.

L'instrument fort simple qui sert à cette étude se nomme *pneumographe;* il est représenté dans la figure 106.

On voit dans l'espace limité par le cordon circulaire la place qui doit être occupée par le thorax. Cette ceinture en embrasse la cir-

1. Voyez *la Machine animale*, p. 242.

conférence et porte, sur un point de sa continuité, le pneumographe dont voici la disposition. Deux branches divergentes reçoivent, par de solides attaches, les deux bouts de la ceinture inextensible qui fait le tour de la poitrine. Au moment de la dilatation thoracique, la traction exercée par les cordons sur les branches de l'appareil les rend plus divergentes encore, grâce à la flexion d'une lame intermédiaire d'acier R qui fait ressort. Cette divergence des deux branches produit une traction sur la membrane d'un tambour qui est relié par un tube à air *a* avec un tambour inscripteur. Quand le thorax se dilate, la courbe tracée

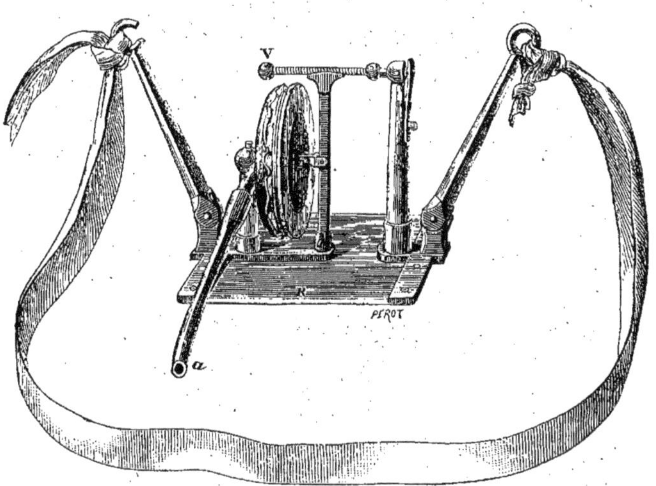

Fig. 106. Pneumographe pour inscrire les mouvements respiratoires de l'homme.

s'abaisse; elle s'élève, au contraire, si le thorax se resserre, c'est-à-dire dans l'expiration.

Ce sens de l'inscription des mouvements respiratoires m'a paru être le meilleur : c'est, en effet, celui dont la signification m'a semblé le plus facile à retenir. Quand on lit un tracé des mouvements respiratoires, on pense naturellement à la pression plus ou moins grande que l'air éprouve dans le poumon; or, cette pression monte dans l'expiration et descend dans l'inspiration, c'est-à-dire dans le sens même de la courbe fournie par le pneumographe.

Il n'est pas nécessaire de rappeler ici avec de longs détails les différents types que les mouvements respiratoires présentent à

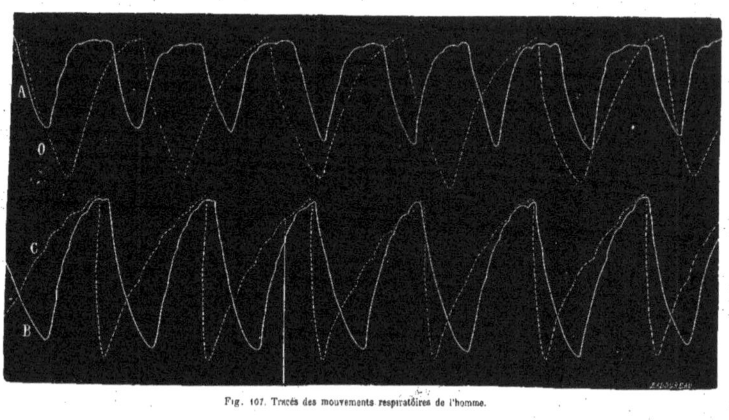

Fig. 107. Tracés des mouvements respiratoires de l'homme.

l'état physiologique. La figure 107 montre, à côté des formes de la respiration normale, les changements qui se produisent lorsqu'il existe un obstacle au passage de l'air; elle fait voir que le type respiratoire diffère suivant que l'obstacle au mouvement de l'air existe dans les deux sens ou dans un sens seulement[1].

Dans cette figure, la ligne pleine A exprime le type normal de la respiration. Quand un obstacle s'oppose au mouvement de l'air et le gêne autant à l'inspiration qu'à l'expiration, ainsi que cela arrive quand on comprime la trachée, les mouvements respiratoires se ralentissent, mais prennent plus d'amplitude O (ligne ponctuée).

Quand l'obstacle n'existe qu'au mouvement de l'air dans un sens, ainsi que cela s'obtient quand on respire à travers un tube fermé au moyen d'une soupape qui l'obstrue incomplètement, on constate un allongement de la période respiratoire pendant laquelle l'air rencontre un passage difficile. Ainsi, en tournant la soupape de façon que l'inspiration soit libre, tandis que l'expiration est gênée, on voit s'allonger la période de la courbe qui correspond à la phase expiratoire : C (ligne ponctuée).

Si l'on oriente la soupape en sens inverse, c'est l'inspiration au contraire qui s'allongera : B (ligne pleine). (Voir pour plus de développement, Technique, chap. VI.)

Mouvements de la locomotion.

Tous les mouvements relatifs, dont le mode d'inscription nous a occupé jusqu'ici, sont assez faciles à recueillir, en ce sens que les organes voisins fournissent un commode point d'appui pour apprécier le déplacement du point exploré par l'instrument. D'autre part, il n'est pas besoin de transmettre ces mouvements à de grandes distances, l'organe exploré pouvant toujours être placé au voisinage du style inscripteur. Mais on n'a pas toujours des conditions aussi favorables. Ainsi, dans l'étude des mouvements de l'aile de l'oiseau pendant le vol, il fallait trouver, sur le corps de l'animal, un point d'appui pour le tambour à levier; d'autre part, il fallait, pour laisser à l'oiseau un libre espace à parcourir, transmettre les mouvements de ses muscles ou de ses ailes par

1. *Journal de l'Anatomie et de la Physiologie*, 1865, p. 428.

des tubes de grande longueur; ces difficultés n'ont pas compromis le succès des expériences[1].

Trajectoire du pubis dans la marche.

Dans ses études sur le *mécanisme de la marche*, le professeur Carlet avait besoin d'inscrire les oscillations verticales que le pubis exécute à chaque phase d'un pas. Il lui fallait, pour supporter le tambour explorateur, un appui qui restât toujours à la même hauteur au-dessus du sol, tout en se déplaçant horizontalement suivant la translation du corps. Ces conditions ont été réalisées au moyen d'un manége tournant dont le bras, toujours parfaitement horizontal, portait le tambour explorateur. Le levier de l'appareil, relié au pubis, s'élevait et s'abaissait tour à tour pendant la marche[2]. On avait donc ainsi un point d'appui, à la fois mobile dans un plan horizontal, et fixe par rapport aux mouvements verticaux qu'il s'agissait d'inscrire; Carlet inscrivit la courbe du mouvement que le pubis exécute dans la marche. Ce mouvement s'effectue suivant ces trois dimensions. Pour se le représenter il faut se figurer qu'il est tracé à l'intérieur d'une demi-gout-

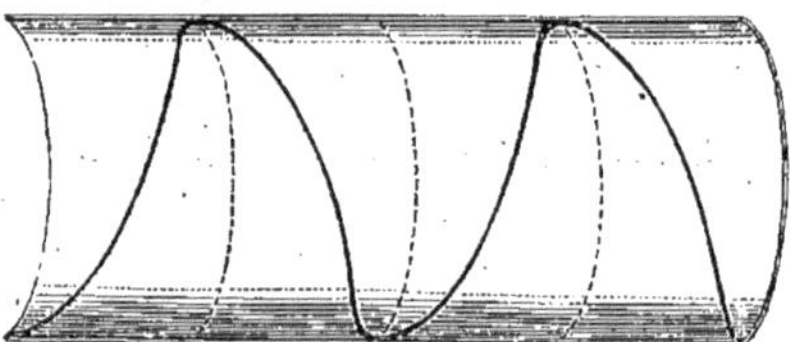

Fig. 108. Trajection du pubis dans la marche.

tière creuse à concavité supérieure ainsi que cela est représenté figure 108.

La courbe tracée par les déplacements du pubis serait inscrite dans cette demi-gouttière: à chaque appui d'un pied elle présente une élévation latérale du côté où cet appui s'effectue. Chaque fois que le poids du corps se porte d'un pied sur l'autre, la

1. Voyez, pour les détails et les résultats des expériences, *la Machine animale*, p. 236.

2. Voyez, pour les détails de l'expérience, *Annales des sciences naturelles*, juillet 1872.

courbe offre un minimum et passe par le fond de la gouttière. Ce double mouvement latéral combiné avec une translation donne naissance à la courbe figurée ci-dessus.

Enfin, quand il faut inscrire les oscillations verticales d'un corps qui ne peut être relié à aucun point d'appui, il est possible encore de réussir, en certains cas, au moyen de l'artifice suivant représenté figure 109.

On charge d'une masse le levier d'un tambour explorateur; ce

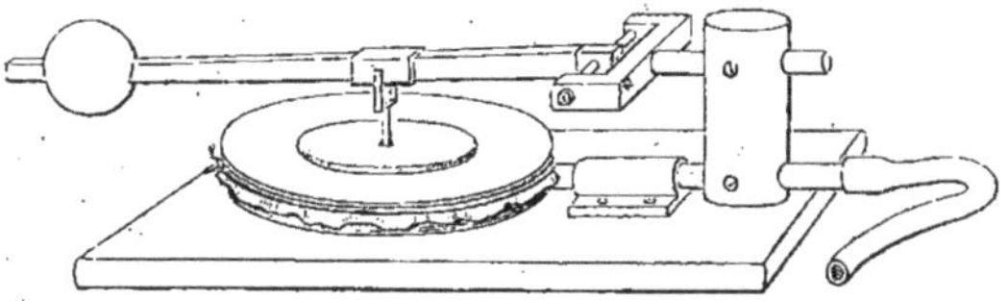

Fig. 109. Explorateur des réactions dans la marche et la course.

levier est placé horizontalement sur une planchette à laquelle on imprime des oscillations verticales. Dans ces conditions de mouvements continuellement variés imprimés à l'appareil, la masse qui charge le levier présente continuellement une résistance par son inertie; quand le tambour s'élève, la masse abaisse la mem-

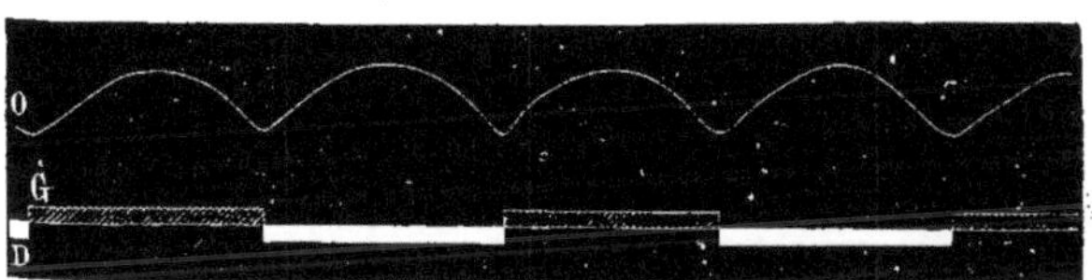

Fig. 110. Réactions verticales dans la marche.

brane, tandis que dans les mouvements d'abaissement elle la relève. De ces mouvements alternatifs transmis par l'air à un levier inscripteur, résultent des courbes dont la figure 110 est un exemple. Il est bien entendu que ces effets ne peuvent se produire qu'à la condition que les oscillations imprimées à l'appareil soient rapides, comme celles du corps de l'oiseau dans le vol[1], ou comme celles qui constituent les *réactions* d'un cheval au trot ou au galop[2].

1. Voyez *la Machine animale*, p. 277.
2. *Ibid.*, p. 160 et 172.

Inscription des vibrations sonores.

Aux mouvements rectilignes alternatifs doivent se rattacher les vibrations des cordes, des diapasons, des verges élastiques et des membranes.

Ces mouvements ont été étudiés à l'aide de la méthode graphique par un grand nombre de physiciens parmi lesquels Helmholtz, Kœnig, Lissajous et tant d'autres ont fait des découvertes de premier ordre. C'est à Desains et Lissajous que revient l'honneur d'avoir inauguré la méthode d'inscription des phénomènes acoustiques ; ces physiciens imaginèrent de tracer les vibrations d'un diapason sur une plaque animée elle-même de vibrations perpendiculaires à celles du style. Un mouvement de translation imprimé au diapason donnait au tracé la forme sinueuse où se lisent les combinaisons des deux mouvements vibratoires. On peut affirmer que c'est à l'emploi de la méthode graphique que l'acoustique doit d'être aujourd'hui l'une des sciences les plus avancées. Il faudrait de longs développements pour exposer, même sommairement, la manière dont se combinent entre elles les vibrations de différents nombres et pour reproduire les figures graphiques qui caractérisent leurs accords. Pour les détails de cet intéressant sujet, nous renverrons aux traités spéciaux[1].

Fig. 111. Trajectoire d'une verge de Wheatstone, vibrant dans le rapport de 2 à 3. Tracé recueilli sur un papier immobile.

En résumé, on voit que tout mouvement rectiligne peut être inscrit d'une manière assez facile, soit que ce mouvement se produise dans une seule direction, soit qu'il ait lieu alternativement dans les deux sens.

On a vu plus haut[2] comment, suivant la méthode des acousticiens, on trace sur le papier la trajectoire décrite par une verge de Wheatstone qui vibre suivant deux directions perpendiculaires l'une à l'autre. La figure 111 montre une de ces trajectoires ; elle n'exprime que le parcours de la pointe écrivante, abstraction faite du temps employé par cette pointe à décrire telle ou telle partie de la courbe tracée.

1. Jamin, *Traité de physique*.
2. Page 128.

Mais, quand on a obtenu une semblable figure écrite sur une surface immobile, si l'on recueille le tracé du même mouvement sur un papier qui marche avec une vitesse connue, on obtient une figure nouvelle dont la comparaison avec celle qui s'est inscrite sans translation du papier permet d'apprécier les phases du mouvement vibratoire.

La figure 112 n'est autre que le mouvement représenté figure 111,

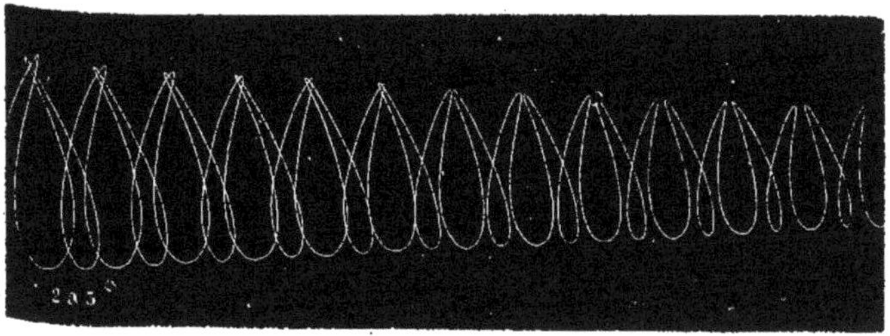

Fig. 112. Trajectoire d'une verge de Wheatstone.

avec cette différence que, dans le second cas, le papier qui reçoit la courbe marche avec une vitesse de 30 centimètres par seconde.

C'est par ce même procédé que j'ai essayé d'inscrire les vibrations de l'aile de différents insectes et que j'ai recueilli des figures

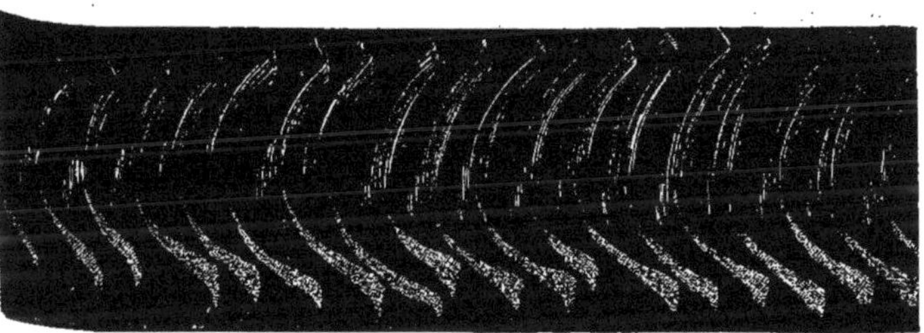

Fig. 113. Tracés partiels de la trajectoire d'une aile d'insecte pendant le vol.

partielles du parcours de ces organes. On voit un spécimen de ces tracés dans la figure 113.

Ce qui empêche d'obtenir ainsi la forme complète de cette trajectoire, c'est que l'aile d'un insecte, tournant autour de son point d'attache, décrit, à son extrémité, une figure sphérique qui ne peut être tangente que par un point à la surface d'un plan et surtout à la surface d'un cylindre comme ceux qui servent à recueillir les tracés. Ce n'est qu'en appuyant un peu fortement la pointe de l'aile contre le cylindre qu'on obtient des figures moins incomplètes; mais la flexion de l'aile qui se produit alors entraîne une déformation des tracés.

Trajectoire de l'aile de l'oiseau.

Les mouvements de l'aile de l'oiseau peuvent s'écrire d'une manière beaucoup plus sûre, grâce aux appareils à transmission du mouvement. On a vu comment fonctionne le pantographe à transmission déjà décrit page 132. Que l'on suppose l'un de ces appareils placé sur une table, en face d'une surface de verre enfumé sur laquelle sa pointe va tracer, tandis que l'autre, placé sur le dos d'un oiseau de forte taille, est actionné par le double mouvement de haut en bas et d'avant en arrière que les ailes exécutent dans le vol. Les mouvements du premier appareil, transmis au second par des tubes de longueur suffisante, iront s'inscrire sous les yeux de l'observateur[1].

La disposition de l'explorateur peut être modifiée plus ou moins, suivant les besoins particuliers, mais, dans tous les cas de ce genre, il se compose essentiellement de deux tambours disposés perpendiculairement l'un à l'autre et dont l'un reçoit les mouvements verticaux, l'autre, les mouvements qui se font d'avant en arrière.

Dans certains cas, il est plus facile de recueillir séparément les mouvements de sens vertical et ceux de sens horizontal; puis, quand on a obtenu le tracé de chacun d'eux, on s'en sert pour recomposer la courbe fermée de la trajectoire de l'aile, suivant les procédés de la géométrie. C'est par cette méthode que j'ai obtenu la trajectoire de l'aile de la buse et celle du pigeon.

La figure 114 montre, dans la courbe formée d'une ligne pleine A P, les mouvements d'avant en arrière de l'aile du pigeon; la courbe ponctuée H B correspond au mouvement dans le sens vertical.

Ces deux courbes combinées engendrent, pour chaque révolu-

1. Pour les expériences, voyez *la Machine animale*, p. 244.

tion de l'aile de l'oiseau, une courbe fermée dont la figure 115 fournit un type.

La trajectoire de l'aile d'un oiseau représente toujours une

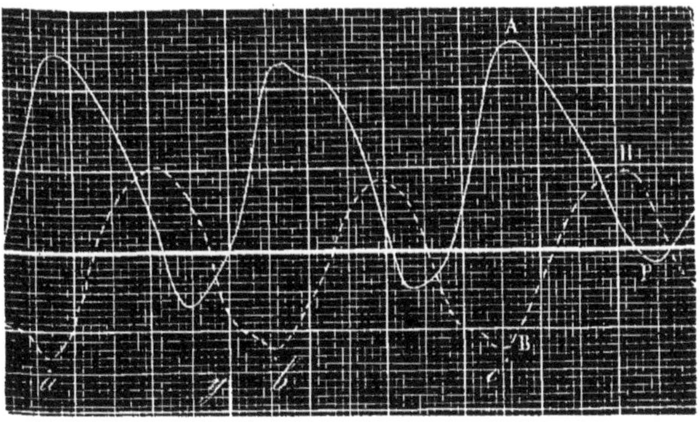

Fig. 114. Courbes des deux ordres de mouvement de l'aile d'un pigeon. AP, ligne pleine, mouvements dans le sens antéro-postérieur. HB, ligne ponctuée, mouvements de haut en bas.

sorte d'ellipse dont les deux axes sont fort inégaux. Le grand axe est incliné en bas et en avant par rapport à la direction

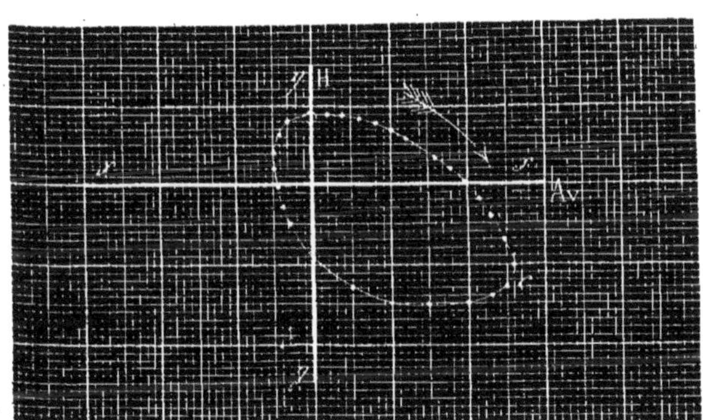

Fig. 115. Courbe fermée de la trajectoire de l'aile du pigeon obtenue par la recomposition géométrique des deux courbes de la figure 114.

du vol. Enfin, la flèche qui accompagne la courbe indique le sens dans lequel s'effectue le mouvement.

On peut encore obtenir une courbe composée qui exprime les

deux ordres d'oscillations qu'un oiseau, en volant, exécute dans le plan vertical. On a vu figure 109 la disposition de l'appareil explorateur des oscillations verticales. Placé sur le dos d'un oiseau, sur la croupe ou sur le garrot d'un cheval, sur la tête d'un coureur, cet appareil transmet au levier écrivant ce qu'on appelle les *réactions verticales*. Si, au lieu d'être horizontale, la membrane de ce tambour explorateur était placée dans un plan vertical, en présentant sa face antérieure dans la direction du vol, l'appareil deviendrait un explorateur des réactions horizontales, c'est-à-dire des accélérations et des ralentissements qui accompagnent les différents instants du vol. En combinant deux explorateurs des oscillations de l'oiseau, de façon à recueillir et à inscrire en même temps les oscillations verticales et les oscillations horizontales, on obtient une courbe qui retrace toutes les réactions du vol. Je ne ferai pas ici l'analyse de cette courbe[1], et me bornerai à la signaler comme l'une des plus instructives qu'on puisse recueillir dans l'analyse graphique du vol des oiseaux.

Enfin, j'ai proposé un procédé qui permettrait d'inscrire la trajectoire que parcourt dans l'espace un oiseau qui plane ou un ballon emporté par le vent[2].

Les applications de la méthode graphique à la détermination des mouvements composés sont encore rares en physiologie, mais la physique en devra tirer un grand secours. Depuis les belles expériences de Kœnig qui inscrivit les vibrations composées d'une verge de Wheatstone sur un cylindre tournant, il s'est ouvert aux physiciens des horizons nouveaux qui ne resteront pas longtemps inexplorés. Quant à la physiologie, elle doit, avant d'aborder les phénomènes complexes, appliquer les procédés d'in-

1. Voyez, pour les détails de cette analyse, *la Machine animale*, p. 280, et Technique, chap. v.

2. Ce procédé consiste dans l'emploi de deux chambres noires orientées perpendiculairement entre elles et situées toutes deux dans un même plan horizontal, à une distance connue l'une de l'autre. Deux observateurs suivraient chacun la trajectoire de l'oiseau, à l'aide d'un style qui pointerait des intervalles de temps réguliers. Les deux styles seraient reliés électriquement l'un à l'autre et pointeraient les temps tous deux ensemble, par la clôture d'un même courant de pile.

De ces deux images, dont chacune correspond à la projection de la trajectoire de l'oiseau sur un plan vertical et qui sont recueillies chacune sur un plan perpendiculaire à celui de l'autre, se déduirait géométriquement la trajectoire de l'oiseau dans l'espace.

scription à des phénomènes plus simples, mais qui pourtant ont échappé jusqu'ici aux moyens d'observation.

Nous bornerons ici l'exposé des moyens d'inscrire les mouvements des solides. Dans les applications de la méthode graphique dont l'énumération a été faite jusqu'ici, nous ne nous sommes pas trouvés aux prises avec les grandes difficultés; les organes dont il fallait connaître le mouvement permettaient de le recueillir avec assez de facilité. Dans les prochains chapitres, nous considérerons le mouvement de corps qui ne peuvent livrer aux appareils aucun point d'attache: je veux parler des liquides et des gaz dont les mouvements si variés sont la préoccupation incessante des physiologistes. Cette étude commencera par le cas le plus simple: l'écoulement des liquides à l'air libre.

CHAPITRE V.

MOUVEMENTS DES LIQUIDES.

Mesures anciennes ; éprouvettes graduées. — Inscription des changements de niveau qui se produisent dans un vase où le liquide s'écoule. — Éprouvette flottante constituant un aréomètre inscripteur. — Rhéographe. — Courbes des variations du débit du cœur. — Courbes de la miction. — Inscription des écoulements très-faibles et très-prolongés. — Courbes des volumes et courbes des vitesses ; construction et avantages de chacune de ces courbes.

Mesure d'un écoulement à l'air libre.

La mesure d'un débit, c'est-à-dire de la quantité de liquide versé en un temps donné, se fait, en général, au moyen de vases ou d'éprouvettes gradués dans lesquels on reçoit le liquide qui s'écoule pendant un temps exactement connu. Deux ou plusieurs épreuves successives montrent si l'écoulement est uniforme, c'est-à-dire si, en des temps égaux, les quantités versées ont été égales, ou si au contraire l'intensité du débit a varié.

Non-seulement cette méthode est lente, mais encore elle est peu précise, car il est difficile de mesurer exactement le temps pendant lequel l'éprouvette a reçu le liquide ; ce n'est qu'en faisant cette durée très-longue qu'on rend négligeables les erreurs commises dans l'évaluation du temps. Mais alors on ne peut avoir qu'une confiance très-bornée dans la signification des volumes mesurés, relativement à la régularité de l'écoulement. On peut concevoir que, pendant deux épreuves, toutes deux de même durée, une même quantité de liquide ait été versée, ce qui ferait croire que l'écoulement a été régulier, et que pourtant la vitesse avec laquelle ce liquide s'est écoulé ait été très-différente aux divers instants de ces deux expériences.

La méthode graphique permet d'éviter ces causes d'erreur, en même temps qu'elle simplifie les procédés de mensuration d'un débit de liquide. Nous allons indiquer ces différents procédés.

Inscription des changements de niveau qui se produisent dans le vase où le liquide s'écoule.

Pour inscrire un débit de liquide, il suffit parfois de placer un flotteur sur l'éprouvette qui va se remplir et d'inscrire les phases graduelles de l'ascension de ce flotteur. Afin d'éviter les effets de l'agitation des liquides sous l'influence de l'écoulement et les trépidations qui s'ensuivraient du côté de la ligne tracée, il est avantageux d'employer deux vases communiquants dont l'un reçoit le liquide, tandis que l'autre contient le flotteur. Cette disposition est représentée figure 116.

Si la somme des sections transversales des deux vases correspond à un nombre simple de centimètres carrés, 20 centimètres carrés par exemple, une ascension de 1 centimètre éprouvée par le flotteur exprimera un débit de 20 centimètres cubes et ainsi de suite. Le déplacement du flotteur se transmet, à l'aide d'un fil, au chariot inscripteur de l'appareil déjà représenté. Quand le mouvement du flotteur est très-faible, comme cela arrive quand on se sert d'un flotteur de petite section, il faut un appareil inscripteur extrêmement sensible : nous allons décrire et représenter celui qui nous a fourni les meilleurs résultats.

L'emploi de deux vases communiquants présente un désavantage dans le cas où le débit qu'il s'agit de mesurer est peu considérable. En effet, la portion du liquide qui est dans le vase muni du flotteur est seule active pour produire l'inscription de l'écoulement. Plus la surface de ce vase sera grande, mieux seront assurés contre les résistances passives les mouvements du flotteur et par suite ceux du style écrivant. Il est donc utile de faire le vase à flotteur assez large : de ne pas lui donner moins de 4 à 5 centimètres de diamètre.

Au contraire, l'emploi de deux vases communiquants est très-précieux quand on doit mesurer un débit considérable ; cette disposition constitue un excellent moyen de réduire, dans un rapport connu, les indications de l'appareil inscripteur relativement au volume du liquide écoulé.

Supposons que le vase qui porte le flotteur fasse parcourir au style écrivant 20 centimètres de chemin pour un litre de liquide versé; si l'on met le vase à flotteur en communication avec un autre de même forme et de même capacité, il faudra un écoule-

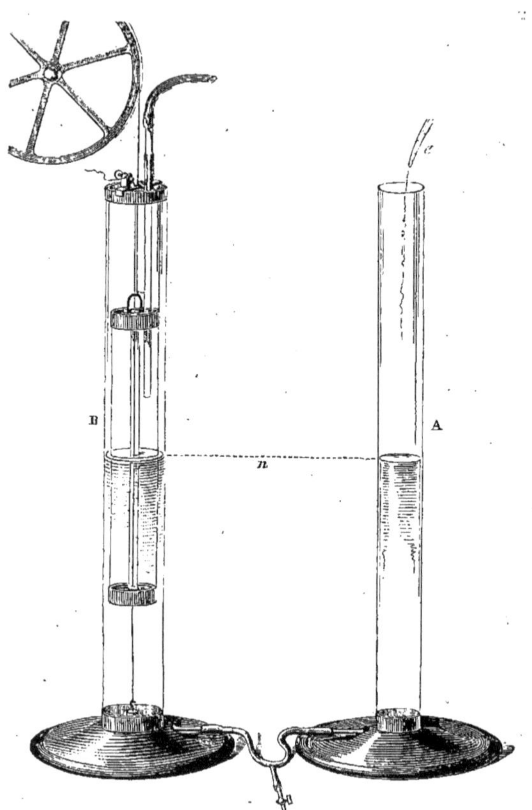

Fig. 116. Flotteur inscrivant les phases d'un écoulement de liquide.

ment de deux litres pour produire la même course; en donnant au deuxième vase une section transversale 99 fois plus grande que celle du premier, il faudra un débit de 100 litres pour produire le même parcours du style écrivant. Ainsi, ce procédé permet en réalité de sensibiliser ou de désensibiliser l'appareil inscripteur de l'écoulement d'un liquide et de régler les indications de cet appareil à une échelle convenable[1].

Un point important dans ces expériences, c'est d'assurer la liberté des mouvements du flotteur et d'empêcher celui-ci d'aller se coller aux parois de l'éprouvette sous l'influence de la capillarité, ce qui créerait des résistances notables à la transmission du mouvement. On obvie à ce danger en employant un flotteur percé d'un tube longitudinal que traverse un fil de métal fortement tendu. Ce fil sert de guide au flotteur qu'il maintient constamment au centre de l'éprouvette.

Une autre disposition pour inscrire les phases d'un écoulement de liquide est celle que Mosso a employée pour mesurer le déversement lié au changement de volume d'un organe immergé dans un liquide[2].

C'est dans une éprouvette flottante que le liquide est recueilli. A mesure qu'elle s'emplit, l'éprouvette plonge davantage, à la façon d'un aéromètre à volume variable; elle transmet son mouvement à un appareil inscripteur qui, en traçant la courbe du plongement de l'éprouvette, trace, par conséquent, la courbe de l'écoulement qui s'est produit. Tout en conservant l'emploi de l'éprouvette plongeante, j'ai substitué au mode d'inscription employé par Mosso l'emploi du chariot horizontal qui trace sur le cylindre. Dans les expériences de ce genre, j'ai dû atténuer autant que possible les résistances dues aux frottements, afin que les mouvements du style obéissent bien fidèlement aux changements de niveau du liquide qui les commandent.

Voici la disposition qui me satisfait le mieux jusqu'ici. Et d'abord, pour ne pas multiplier les appareils, celui qui, tout à l'heure, servait de flotteur inscrivant (fig. 116) va devenir, au besoin, éprouvette à immersion variable. Ce flotteur, en effet, est ouvert par en haut et présente une capacité cylindrique dans laquelle, au moyen d'un tube spécial, on fait arriver le liquide à mesurer. Le fil tendu qui traverse le tube intérieur de l'éprouvette la guide avec le moins de frottements possible.

1. C'est sur ce principe que sont établis les flotteurs destinés à inscrire les niveaux des fleuves et les hauteurs des marées. Le flotteur de ces instruments est placé dans un puits qui communique par un tuyau latéral, soit avec le fleuve, soit avec la mer, de sorte que les effets du courant ou ceux de l'agitation des vagues n'arrivent pas jusqu'à lui.

2. Mosso, *Von Einigen neuen Eigenschaften der Gefasswand.* — *Arbeiten aus Physiol. Lab. zu Leipzig,* 1875, p. 158.

Enfin, pour faciliter les mouvements du style écrivant, je remplace le chariot déjà connu par un curseur spécial qui glisse sur deux petits canaux, et qui est conduit par deux fils réfléchis sur des poulies semblables à celle de la machine d'Atwood. La figure 117 donne une idée de cette disposition qui peut s'appliquer à un très-grand nombre d'expériences, ainsi qu'on le dira plus tard.

On y voit, écrivant sur le cylindre, le style qui trace les mouvements du flotteur sous l'influence d'un écoulement de liquide. A droite de la figure, on aperçoit le sommet du vase de verre B (fig. 116) qui contient le flotteur; le fil qui s'attache en haut de celui-ci se réfléchit sur une première poulie d'aluminium, puis

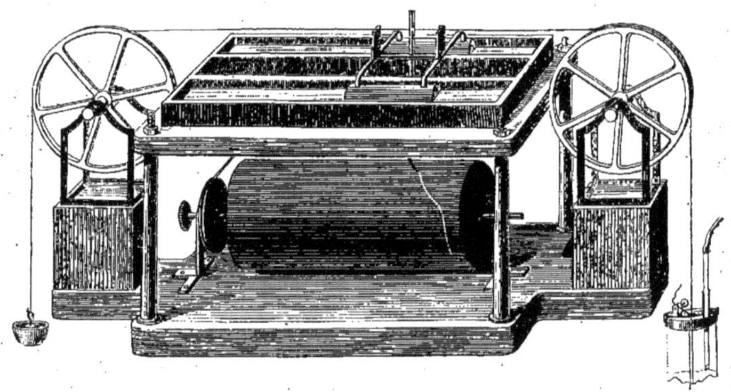

Fig. 117. Style guidé par des flotteurs sur deux canaux.

sur une seconde, après quoi, il redescend et soutient un contre-poids.

Chaque fois que le flotteur s'élève d'une certaine quantité, le contre-poids descend d'autant, et le fil, dans sa partie horizontale, se déplace, de droite à gauche, de la même quantité, en faisant tourner les deux poulies qui sont extrêmement mobiles. Or, c'est dans ce mouvement que le fil entraîne le style inscripteur. Celui-ci fait partie d'un système flottant formé de deux tubes légers, fermés à leurs deux bouts et réunis l'un à l'autre par des traverses; ces deux tubes sont placés exactement dans l'axe de deux canaux remplis d'eau sur lesquels ils flottent avec une facilité extrême. Entre les deux canaux est une longue fente par laquelle descend une tige verticale qui se détache des flotteurs conjugués pour aller porter la plume écrivante au contact du cylindre.

Dans la figure 117, on aperçoit seulement l'extrémité de la plume, au moment où elle trace une courbe sur le cylindre. Avec cette disposition, les frottements sont très-réduits, car les poulies d'aluminium tournent avec une extrême facilité et le glissement sur l'eau est aussi très-facile.

Pour que le style soit conduit en ligne parfaitement droite, il faut prendre certaines précautions : quand les parois des canaux et celles des flotteurs sont toutes deux mouillées par l'eau, il se manifeste, en vertu de la capillarité, une tendance à un déplacement latéral qui fait coller les curseurs contre les parois des canaux. On supprime cette tendance en passant les curseurs sur la flamme d'une bougie, afin de les enduire de noir de fumée ; dès lors, ils ne sont plus mouillés par l'eau, et comme l'eau mouille, au contraire, les parois des canaux, les curseurs se trouvent maintenus, par une répulsion liée à la capillarité même, dans l'axe des canaux sur lesquels ils glissent. Grâce à cette précaution, le style obéit, sans saccades, au changement de niveau de l'eau dans le vase où se trouve le flotteur et fournit des courbes tout à fait satisfaisantes.

Du rhéographe, appareil inscripteur des débits.

Dans beaucoup d'expériences il est avantageux d'avoir la mesure des phases d'un écoulement. Un grand nombre d'appareils peuvent donner cette mesure ; les uns sont fondés sur le principe de la balance, les autres sur celui des aréomètres. Voici une disposition que l'on peut employer en certains cas.

La figure 118 représente le pluviomètre inscripteur d'Hervé Mangon. On fait arriver l'eau de la pluie dans l'entonnoir P qui la conduit dans un vase C, où son niveau s'élève graduellement, entraînant avec lui le flotteur F. Celui-ci est relié par-dessus la roue N à un contre-poids qui descend du même mouvement dont le liquide s'élève ; ce curseur porte un style inscripteur ; on voit sur le papier la trace de sa descente saccadée.

Cette disposition produit un tracé renversé, puisque la ligne s'abaisse à mesure que le niveau de l'eau s'élève ; en outre, l'origine de la courbe se trouve à droite du papier. Ce retournement complet permet de lire le tracé dans sa position régulière en retournant la feuille sur laquelle il est écrit.

On voit en haut et à gauche du papier, un tracelet I qui laisse une ligne horizontale : c'est le zéro de la graduation ; il se trouve

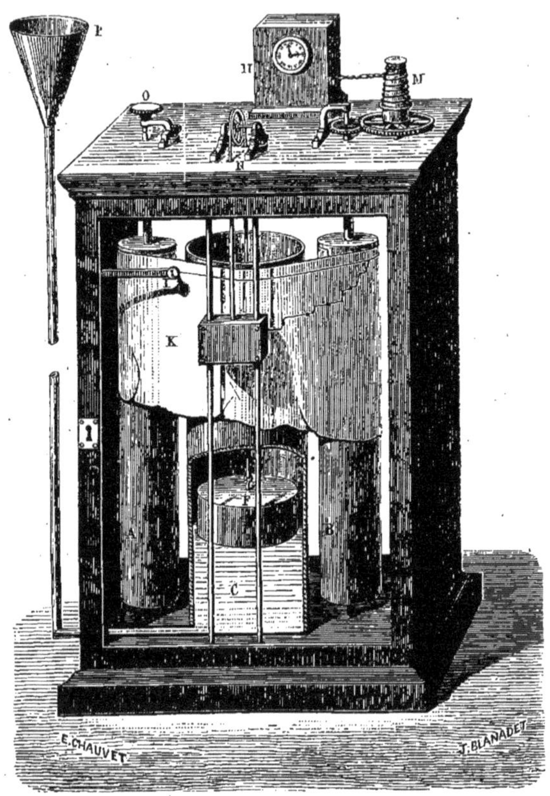

Fig. 118. Pluviomètre inscripteur d'Hervé Mangon.

en bas de la figure quand on a retourné le papier. Enfin le mouvement d'horlogerie H est réglé pour une marche très-lente, afin de fournir des tracés de très-longue durée.

Cette disposition remplit toutes les conditions d'un bon pluviomètre, mais ne saurait s'appliquer à l'inscription de l'écoulement des liquides de l'organisme. En effet, dans le pluviomètre de

Mangon, l'eau elle-même pénètre dans l'appareil, c'est elle qui soulève le flotteur ; or il ne serait pas possible de laisser entrer dans un appareil de ce genre du sang ou de l'urine dont on voudrait obtenir la courbe d'écoulement. C'est pour cela que j'ai donné à l'instrument nommé *rhéographe*, une disposition qui sépare le liquide dont on veut inscrire le mouvement de celui qui porte le flotteur.

L'appareil se compose de deux cylindres contenant chacun un flotteur et communiquant largement par un tube de caoutchouc. Les deux flotteurs sont guidés à peu près comme celui de la figure 116, mais avec deux fils, afin d'éviter les mouvements de rotation qu'ils pourraient prendre sans cela. On introduit dans les cylindres une certaine quantité de liquide, afin que les flotteurs surnagent. L'un d'eux porte une plaque couverte du papier sur lequel se fera le tracé. C'est par l'ascension du flotteur que cette plaque s'élèvera en frottant contre le style traceur qui sera, pendant ce temps, porté, d'un mouvement uniforme, de droite à gauche. De sorte que le tracé sera renversé comme dans le pluviomètre de Mangon. Toute la différence c'est que dans la disposition que j'ai adoptée, c'est le style qui reçoit le mouvement de translation latérale, tandis que le papier se meut suivant la verticale.

Quant à la manière de séparer le liquide déversé de celui qui remplit l'appareil, elle consiste en ce qu'on reçoit ce liquide dans une éprouvette flottante placée dans le cylindre qui communique avec celui où se trouve le flotteur.

En changeant le volant du rouage d'horlogerie qui entraîne le style, ou en se servant pour cet entraînement d'un axe plus ou moins rapide, on règle l'appareil, suivant la manière ordinaire pour des écoulements vites ou lents.

D'autres fois, je me suis servi d'un style qui s'élève ou s'abaisse directement suivant les changements du niveau du liquide et j'écrivais les tracés sur un cylindre tournant.

Un autre instrument de petit volume a été employé à l'observatoire de Montsouris ; il est connu sous le nom d'*udomètre* de Bréguet, figure 119. Un cylindre P recevant l'eau de la pluie par un tube souterrain contient un flotteur qui, au moyen d'une crémaillère, actionne une roue dentée qui porte un colimaçon. Sur ce dernier repose l'aiguille inscrivante ; quand celle-ci est élevée au sommet de sa course, elle retombe et est en position pour inscrire une courbe nouvelle.

Quel que soit le procédé qu'on préfère, qu'on se serve du flotteur ou de l'éprouvette plongeante, cette méthode suppose l'emploi d'un cylindre qui tourne avec plus ou moins de vitesse sui-

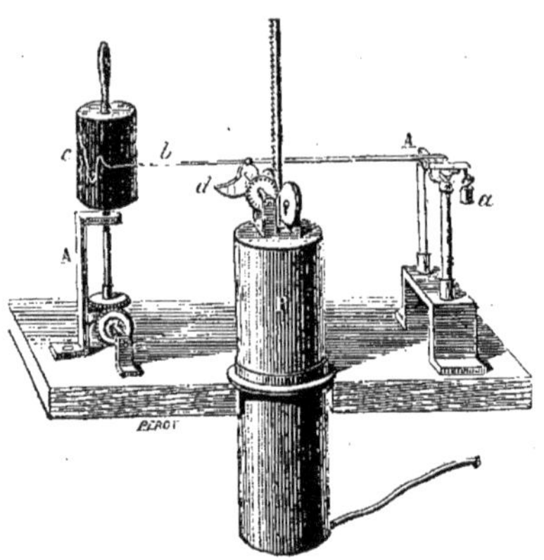

Fig. 119. Udographe de Bréguet.

vant la durée de l'expérience. La disposition la plus simple consiste à placer sur l'axe du cylindre une poulie de grand diamètre qu'une courroie sans fin relie à un moteur d'une vitesse convenable. Suivant la durée de l'expérience, on prend, pour actionner la poulie, un moteur qui fasse un tour en un jour, en une heure, en une minute, etc.[1].

Courbes des débits du cœur.

Le mode d'inscription qui vient d'être indiqué est susceptible de nombreuses applications en physiologie. Je l'ai employé avec succès pour étudier les variations du débit du cœur qui se produisent sous l'influence des changements de la température ambiante, des pressions que le sang doit vaincre, ou de l'action de certaines substances sur le cœur.

1. J'ai d'abord essayé de faire construire un rouage capable de fournir un très-grand nombre de vitesses différentes, mais, au lieu de cet appareil unique, il m'a semblé bien plus commode d'employer des moteurs différents selon le besoin.

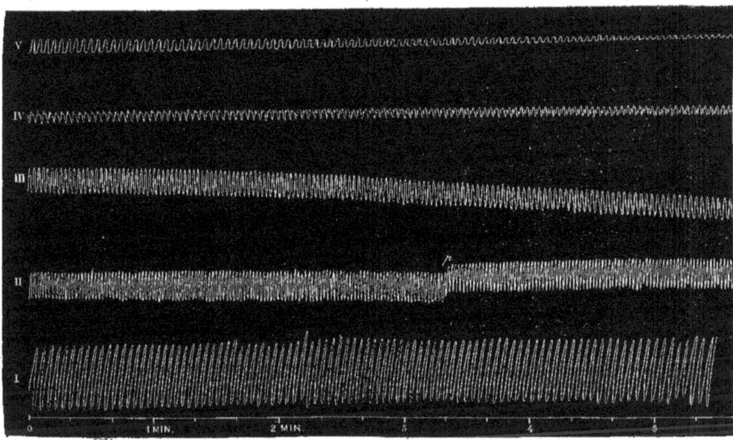

Fig. 120. Rhythmes divers des systoles de cœurs de tortues avec l'amplitude de chacune d'elles.

Le problème était celui-ci : il est bien démontré que la chaleur accélère les mouvements du cœur et que le froid les ralentit ; on peut se convaincre de la réalité de ce fait en faisant circuler, à travers un cœur isolé, du sang dont on élève ou dont on abaisse la température. Mais les systoles accélérées par la chaleur envoient chacune moins de sang que les systoles ralenties par le froid. Le changement de fréquence des impulsions cardiaques est-il plus ou moins compensé, au point de vue du débit total, par le changement de volume des ondées que le cœur envoie? C'est ce qu'il fallait déterminer.

D'anciennes expériences, dans lesquelles j'avais mesuré le débit cardiaque, d'après le temps nécessaire pour remplir une éprouvette d'une capacité de 1/10 de litre, m'avaient montré que, sous l'influence d'un certain degré d'échauffement, le cœur augmente son débit, c'est-à-dire son travail, tandis qu'un échauffement plus fort fait diminuer ce débit. Mais cette méthode grossière ne permet pas de saisir l'instant ni le degré de température où le travail cesse d'augmenter et commence à diminuer. Le mode d'inscription au moyen de l'éprouvette flottante donne la courbe de ce phénomène et fournit tous les renseignements voulus ; il démontre clairement que, par l'élévation de la température, le cœur précipite ses battements et produit une plus grande somme de travail, jusqu'à un certain degré à partir duquel, tout en accélérant de plus en plus son rhythme, le cœur fait de moins en moins de travail, c'est-à-dire envoie dans les artères des ondées de plus en plus petites. Cette conclusion ressort de l'examen des figures 120 et 121.

La figure 120 correspond à cinq séries d'expériences faites avec des cœurs de tortues soumis à une circulation artificielle de sang de bœuf. La température ambiante était d'environ 32° centigrades. Le cœur était placé dans un flacon plein d'air et mis en communication avec un tambour à levier. De cette façon, les changements de volume du cœur s'inscrivaient[1] ; leur amplitude correspondait au volume de chaque ondée ventriculaire. La figure 121 représente, sous les mêmes numéros d'ordre que dans la figure 120, les courbes du travail ou débit du cœur ; chaque expérience dure 5 minutes et demie.

1. Voir, pour le mode d'inscription des changements de volume des organes, chap. III.

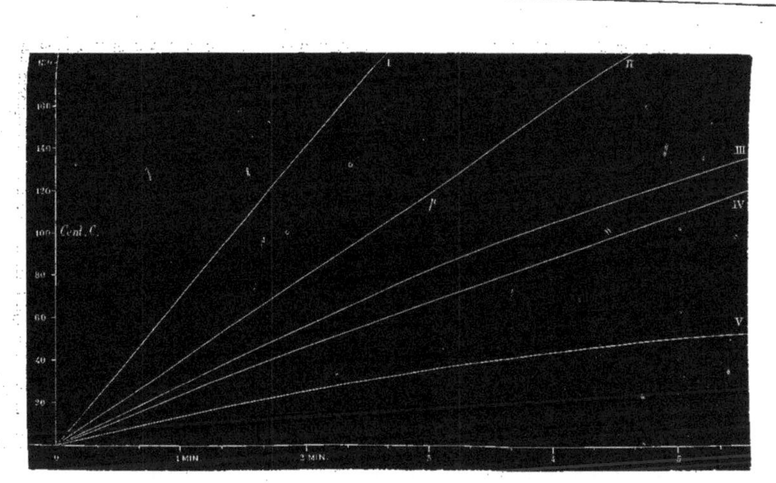

Fig. 121. Courbes des débits du cœur dans les expériences qui ont fourni les tracés figure 120. (Les numéros d'ordre se correspondent dans les deux figures.)

Courbes de la miction.

Une importante application de l'inscription d'un débit peut être faite en médecine ; elle est relative au diagnostic de certaines affections des voies urinaires. L'observation directe montre que, dans certains cas d'atonie des parois vésicales, vers la fin de la miction, l'urine est expulsée avec une grande faiblesse. La mesure graphique du débit de la miction fournira des renseignements bien plus précieux que l'observation seule. Il n'est pas douteux que cette méthode n'apporte de nouveaux éléments de diagnostic, en montrant, par une courbe fidèle, si la lenteur de l'émission se produit au début ou à la fin de l'émission des urines, ou si elle porte sur toute sa durée.

Courbe d'un écoulement continu obtenue d'après des mensurations discontinues.

Si l'écoulement d'un liquide est très-peu abondant et ne se fait que goutte à goutte, comme cela arrive pour la plupart des *sécrétions*, les variations sont trop faibles pour produire une action sensible sur le flotteur ou sur l'éprouvette ; le mode d'inscription devra donc être différent. C'est au moyen du compte-gouttes à signal que cette inscription devra se produire.

On a vu page 163 que chaque goutte qui se détache d'un ajutage d'écoulement tombe sur une palette et y produit un choc capable de provoquer un signal transmis par l'air à un appareil inscripteur. Dans la disposition que nous avons indiquée et figurée, on comparait deux écoulements simultanés, d'après le rapprochement des signaux que chacun d'eux produisait selon la fréquence des gouttes tombées. Ce mode d'estimation des débits, quoique bien supérieur à ce que ferait constater l'observation comparative des deux écoulements, n'est pas encore suffisamment précis. Il est assez difficile, en effet, de comparer la fréquence des gouttes tombées en un temps donné ; cela nécessite une numération lente et fastidieuse. Aussi, est-il préférable de transformer le compte-gouttes à signal en un appareil qui trace la courbe de la fréquence des gouttes tombées.

Nous avons indiqué déjà des solutions analogues; il suffit de se reporter aux procédés d'inscription des espaces parcourus à chaque instant d'après un nombre de tours de roues[1], on y trouvera une disposition d'appareil qui se prête également bien à tracer la courbe de fréquence d'une série de signaux provoqués par un phénomène quelconque, la chute de gouttes liquides par exemple.

Le jeu de l'échappement de l'odographe suppose la dépense d'une certaine force motrice; comme la chute d'une goutte de liquide serait incapable de développer une force suffisante, c'est à l'électricité qu'on recourra pour la produire. Chaque goutte qui tombe n'aura qu'à provoquer la rupture d'un circuit de pile de relais chargé d'actionner, à l'aide d'un électro-aimant, l'échappement du rouage.

Quant à la chute de chaque goutte, on pourra toujours lui donner la force nécessaire pour rompre le courant, en la faisant tomber de plus ou moins haut, c'est-à-dire, sans changer la position de l'ajutage d'écoulement, en abaissant plus ou moins le niveau où se trouve la palette sur laquelle chaque goutte vient tomber.

Enfin, dans certains cas où l'écoulement est un peu plus abondant, mais où il doit être inscrit pendant un temps très-prolongé, il est avantageux de se servir d'un appareil que les météorologistes ont employé pour mesurer les quantités de pluie tombées. Je veux parler d'un double auget à bascule dont chaque moitié se présente tour à tour devant l'orifice d'écoulement, et se déverse quand elle est remplie. Chaque oscillation dudit appareil exprime l'écoulement d'une certaine quantité de liquide: celle qui est nécessaire à provoquer le mouvement de bascule et que l'expérience a déterminée préalablement. Or, chaque oscillation provoque, en rompant un circuit électrique, l'échappement d'une dent du rouage écrivant. Il va de soi que, suivant l'importance du débit qu'on veut étudier, on doit employer des godets basculants de capacités plus ou moins grandes.

Les divers appareils dont on vient de voir la description fournissent le moyen d'inscrire les débits de liquide, quelle que soit leur ténuité ou leur abondance, c'est-à-dire dans tous les cas qui peuvent se présenter.

1. Voyez la description de l'odographe, p. 184.

Courbe des vitesses d'écoulement.

Il faut nous arrêter un instant sur un autre mode d'inscription du mouvement des liquides qui semble très-différent au premier abord de celui qui vient d'être exposé, et qui pourtant est en réalité du même ordre; je veux parler de la *courbe des vitesses*.

Dans les expériences faites au moyen de l'odographe sur la translation des véhicules, la courbe des *espaces parcourus* s'inscrit sous l'influence d'échappements intermittents; on vient de voir que celle des quantités de liquide versées s'inscrit avec le même appareil. Le transport plus rapide d'un véhicule, l'écoulement plus rapide d'un liquide sécrété, s'accompagneront tous deux du même effet : l'accélération de la marche du style inscripteur; ces deux actes s'exprimeront tous deux, dans le tracé, par l'ascension plus rapide de la courbe. Ceci posé, voyons quel parti on peut tirer de ces modes d'inscription; ce que nous dirons de l'un s'appliquera également bien à l'autre.

La *courbe des volumes* versés à chaque instant fournit des renseignements complets sur la manière dont un écoulement s'est produit :

1° Elle donne la mesure de la quantité versée à tout instant, depuis le commencement de l'expérience, d'après la hauteur atteinte par le tracé à telle ou telle division du temps. Du moment où l'on connaît la quantité de liquide qui correspond à chaque degré de l'axe des ordonnées : goutte, centimètre cube ou litre, il suffit de compter les degrés parcourus dans le sens vertical pour avoir la mesure du liquide versé.

2° Elle fournit, par une construction géométrique très-simple, l'indication de la vitesse moyenne de l'écoulement. En effet, si l'on joint par une droite l'origine et la fin de la courbe tracée, l'intersection de cette ligne avec celle qui correspond à l'unité de temps exprimera la vitesse cherchée, car elle fournira le rapport du volume écoulé à l'unité du temps. On voit, au premier coup d'œil, que plus cette droite qui joint l'origine à la fin de la courbe s'approchera de la verticalité, plus elle exprimera un écoulement rapide.

3° Enfin, la courbe des volumes écoulés fera connaître, à chaque instant, la vitesse d'écoulement, d'après l'inclinaison qu'elle présente au point observé. Pour chaque point, en effet, comme pour la courbe des vitesses moyennes, la vitesse exprimée sera d'autant plus grande que la ligne tracée s'approchera davantage de la verticalité. On comparera avec précision la vitesse de l'écoulement en deux points quelconques de la courbe, en menant des tangentes à cette courbe en ces deux points, puis en mesurant l'angle que ces tangentes font avec l'axe des abscisses.

La *courbe des vitesses* d'une variation quelconque présente certains avantages :

1° Elle occupe sur le papier un espace beaucoup moindre que celle qui totalise dans le déplacement du style les espaces successivement parcourus, les volumes de liquide successivement versés, etc.

2° Elle fournit, sous une autre forme, les mêmes renseignements que la courbe des espaces, puisque les aires contenues entre cette courbe et les deux axes coordonnés expriment des totaux. Mais pour obtenir la courbe des vitesses, il faut faire une construction géométrique fort simple, mais assez longue; ou bien, si l'on veut tracer directement cette courbe, il faut recourir à des appareils spéciaux un peu compliqués. (Voir Technique, chap. II.)

CHAPITRE VI.

INSCRIPTION DE LA VITESSE DES FLUIDES A L'INTÉRIEUR DES CONDUITS.

1re *méthode.* — On force le liquide à traverser des espaces de capacités connues : Volkmann, Ludwig ; compteurs à cylindres ; inscription des quantités de liquide qui ont traversé un tube.

2e *méthode.* — Compteur à hélice. — Procédé basé sur l'emploi du pendule hydrostatique ; Vierordt. — Mesure de la vitesse du sang d'après la déviation d'une tige mobile ; Chauveau.

3e *méthode,* basée sur l'emploi des tubes de Pitot. — Description de l'appareil ; courbes des vitesses du sang.

Vitesse d'écoulement des gaz, emploi des tubes de Pitot ; vitesse du vent. — Réciproque des problèmes précédents : loch ; vitesse du mouvement d'un corps dans l'air.

Mouvement des liquides à l'intérieur des conduits.

Déterminer la vitesse avec laquelle un liquide chemine à l'intérieur d'un conduit fermé est assurément un des problèmes les plus ardus que les hydrauliciens aient eu à résoudre ; c'est aussi un de ceux dont la solution intéresse le plus les physiologistes.

Pendant longtemps il régna sur la mesure de cette vitesse des idées fort erronées. Ainsi Hales, qui le premier adapta un manomètre aux artères des animaux, crut pouvoir estimer la vitesse du sang à l'intérieur de ces vaisseaux, du moment qu'il connut la pression à laquelle ce liquide est soumis. La vitesse, croyait-il, ne dépendait que du diamètre de l'artère explorée et de la pression à laquelle le sang y est soumis. Cette formule, qui permet, en effet, de calculer la vitesse de l'écoulement qui se fera par un orifice percé en *mince paroi*, n'est point applicable à la détermination des vitesses d'écoulement dans les conduits. Il peut arriver que, dans un conduit très-large, le liquide soit soumis à une pression énorme et que pourtant il soit immobile ou doué d'une faible vitesse, parce que, dans le sens où le liquide tend à couler, il se trouve des passages étroits et résistants, situés parfois très-loin en aval du point que l'on observe.

La vitesse du liquide, dans un conduit long et accidenté, est presque impossible à calculer d'avance, à cause de la complexité des causes de résistance; mais on peut la déterminer expérimentalement. Les méthodes employées à cet effet peuvent se classer en trois genres principaux, suivant le principe sur lequel elles reposent.

Dans le premier genre de mensuration, on force le liquide à traverser des espaces fermés, d'une capacité connue; et quand un ou plusieurs de ces espaces ont été traversés en un temps déterminé, on connaît la vitesse du courant. Dans le second genre de mesure, on utilise la vitesse du liquide à produire certains effets mécaniques que l'on constate du dehors. Ainsi, on force le liquide à tourner une hélice, à dévier un pendule ou une aiguille qui plonge dans le courant. Le troisième genre de mesure consiste à remonter aux causes mêmes de la vitesse et à les mesurer pour en déduire la vitesse elle-même : c'est ainsi qu'en explorant la pression du liquide en deux points d'un tube éloignés l'un de l'autre, on peut déduire la vitesse d'après la différence des pressions observées.

Nous examinerons successivement ces trois moyens de mensuration. C'est à deux éminents physiologistes de l'Allemagne qu'il faut, je crois, faire remonter les premiers essais pour mesurer la vitesse d'un liquide en lui faisant traverser des espaces de capacités connues. Ces expériences avaient pour objet de déterminer la vitesse du sang dans les artères des animaux.

Un des procédés, celui de Volkmann, consiste à placer sur le trajet d'une artère un long tube en U rempli d'eau. A un moment donné, on tourne un système de robinets, ce qui force le sang artériel à traverser ce tube en poussant devant lui l'eau qui doit s'écouler par le bout inférieur du vaisseau. On mesure le temps que le sang met à se substituer à l'eau, ce dont on juge aisément, à travers les parois de verre, en voyant une colonne rouge cheminer à l'intérieur du tube transparent. Quand le tube de verre est rempli, comme on en connaît la capacité et qu'on a mesuré le temps employé à le remplir, on a tous les éléments nécessaires pour déterminer la vitesse avec laquelle le sang a cheminé. Mais, pour être autorisé à admettre que la vitesse observée est bien la vitesse normale du sang dans les artères, il faudrait démontrer que l'inertie de la colonne d'eau contenue dans le tube en U n'apporte qu'une résistance négligeable au mouvement du sang qui la pousse; il faudrait prouver aussi que l'eau qui passe du tube dans les artères et dans les capillaires y rencontre la même résistance que le sang y eût éprouvée.

Tous ces doutes qui planent sur la valeur de l'expérience de Volkmann l'ont fait à peu près abandonner des physiologistes; cette méthode n'en reste pas moins un grand titre de gloire pour son auteur, car elle renferme une idée qui est susceptible d'applications très-précises.

Ludwig établit, sur le même principe, une méthode qui semble présenter une précision plus grande : elle consiste à faire passer le sang à travers des ampoules de verre de capacités connues. Voici en quelques mots comment se fait l'expérience. Deux ampoules semblables sont disposées, l'une à côté de l'autre, dans l'appareil de Ludwig; l'une est pleine d'huile et l'autre pleine de sang. Ces ampoules communiquent entre elles par un conduit situé à leur partie supérieure; en bas, chacune d'elles est en communication avec l'un des bouts de l'artère explorée. Au début de l'expérience, l'ampoule pleine d'huile est en rapport avec le bout supérieur du vaisseau. Le sang arrive dans l'appareil, pousse l'huile de la première ampoule dans la seconde, qui, par son orifice inférieur, se vide, dans le bout inférieur de l'artère, du sang qu'elle contenait. Quand la substitution du sang à l'huile et de l'huile au sang est complète, l'appareil a été traversé par une quantité de sang égale à la contenance d'une des ampoules. Par un jeu de robinets, on change alors le sens du mouvement du sang et on le fait arriver dans l'ampoule où l'huile vient de passer, de façon à refouler dans le bout inférieur de l'artère le sang qui, tout à l'heure, était entré dans l'autre ampoule. Lorsque la substitution est encore une fois terminée complétement, on constate qu'il a passé une quantité de sang égale à deux contenus d'ampoule et on renverse de nouveau le courant pour passer à une autre expérience, et ainsi de suite. Si l'on provoque ainsi une série de passages alternatifs du sang à travers l'appareil, on peut aisément déduire, du nombre de ces passages, le volume absolu du sang qui a coulé dans l'artère en un temps donné. En outre, d'après le nombre des mouvements alternatifs qui se sont produits, en un même temps, dans deux expériences différentes, on peut juger de la vitesse relative des deux courants sanguins mesurés.

Dogiel a exécuté de nombreuses mesures de la vitesse du sang, dans le laboratoire de Ludwig, au moyen de cet appareil. Pour simplifier l'expérience, et pour n'avoir pas à compter le nombre de fois qu'il tournait le robinet qui sert à inverser le courant, Dogiel faisait écrire, sur un cylindre tournant, chacun de ces mouvements du robinet; il déduisait, de leur nombre, le volume absolu du sang qui avait traversé l'appareil, et de leur fréquence relative, la vitesse du sang dans le vaisseau.

Cette méthode doit fournir des mesures bien plus exactes que celle de Volkmann, d'abord parce que c'est toujours du sang qui sort de l'appareil pour pénétrer dans le bout inférieur du vaisseau [1], et que par conséquent ce sang doit circuler à travers les capillaires avec les résistances normales, ce qui n'avait probablement pas lieu pour l'eau de l'appareil de Volkmann. En outre, la précision des mesures de Ludwig s'accroît, en raison même du nombre des mensurations successives qui sont faites. L'inversion possible du sens du courant permet de répéter indéfiniment ces mesures du débit sanguin, et d'atténuer beaucoup l'erreur qui pourrait se glisser dans une mensuration isolée [2].

Restent deux objections à faire à l'instrument : c'est que le jeu du robinet produit, à certains intervalles, des temps d'arrêt dans le mouvement du liquide et que, sous cette influence, la vitesse moyenne du courant doit diminuer. En outre, l'appareil de Ludwig ne peut prétendre qu'à la mesure de la moyenne vitesse du mouvement du sang; or, un des points les plus intéressants peut-être de la circulation artérielle, c'est la détermination des phases singulières de la vitesse du sang aux différents instants de chaque révolution du cœur [3].

1. L'huile, par sa légèreté spécifique, surnage toujours au-dessus du sang et ne peut s'échapper par l'ouverture inférieure qui s'ouvre dans l'artère.

2. Dogiel. *Arbeitenaus der physiol. Anstalt von* Ludwig (*Die Ausmessung des stromenden Blut Volumina*, 1868).

3. Dans ces dernières années, l'industrie a produit un compteur des liquides qui circulent dans les conduits, basé sur un principe analogue. L'eau passe alternativement dans deux corps de pompe dont chacun est mis, tour à tour et d'une manière automatique, en rapport avec le bout supérieur, puis avec le bout inférieur du tube dont on mesure le courant intérieur. Le nombre de ces coups de piston produits en un temps

La seconde manière de mesurer la vitesse d'un liquide est, avons-nous dit, d'employer cette vitesse à produire un travail que l'on mesure. Qu'une hélice plonge à l'intérieur du fluide en mouvement et que son axe engrène avec la séric des mobiles d'un compteur, on lira, au bout d'un temps donné, le nombre de tours de l'hélice, d'où se déduira, avec une certaine approximation, la vitesse du courant. Si, au lieu d'un compteur à cadrans, l'hélice actionnait un appareil inscripteur des actes discontinus, elle donnerait une courbe assez précise des phases de la vitesse moyenne du courant.

Ce procédé a été également employé à déterminer la vitesse des courants d'air dans les cheminées; l'anémomètre rotatif de Robinson est encore un instrument du même ordre. Tous ces appareils gagneraient beaucoup à être rendus inscripteurs, car leurs indications ayant surtout une valeur relative, il y aurait tout avantage à dégager clairement, au moyen d'une courbe, les phases variables du phénomène étudié.

Presque toujours l'inertie de l'hélice immergée fait qu'elle n'obéit pas très-rapidement aux variations du courant qui l'entraîne : elle résiste aux débuts des accroissements de vitesse du fluide et elle ne subit pas instantanément les effets du ralentissement du courant. En conséquence, elle atténue l'intensité des variations du mouvement, et tend à n'indiquer qu'une valeur moyenne de la vitesse du liquide; c'est le défaut commun à tous les appareils que nous avons passés en revue jusqu'ici.

On en peut dire autant d'un appareil imaginé par le physiologiste allemand Vierordt pour mesurer la vitesse du sang dans les artères. Cet instrument est basé sur l'emploi du pendule hydrodynamique dont la déviation, sous l'influence d'un courant de liquide, croît, dans un rapport constant, avec la vitesse de celui-ci. L'*Hémotachomètre* de Vierordt portait un cadran extérieur sur

donné révèle la quantité de liquide qui a traversé le tube, puisque chaque coup de piston correspond au passage d'un volume connu de liquide. Si l'on appliquait, à la fréquence de ces coups de piston, les procédés d'inscription précédemment indiqués pour traduire en courbe la fréquence des actes successifs, on aurait réalisé, sans doute, un des meilleurs appareils inscripteurs du mouvement des liquides dans les conduits.

Toutefois, un inconvénient existe dans l'emploi pratique de ces appareils : par cela seul que le jeu des pistons est automatique, c'est à la vitesse du liquide qu'est emprunté le travail nécessaire au mouvement des pompes alternatives. Si réduite que soit la quantité de travail ainsi dépensée, elle n'en constitue pas moins une cause d'altération du phénomène qu'il s'agit de mesurer.

lequel se lisait la déviation du pendule; la modification par laquelle son inventeur l'a transformé en un appareil inscrivant n'a fait qu'en augmenter les défauts : ce sont encore les effets de l'inertie et l'obéissance très-imparfaite du pendule aux variations du courant sanguin.

Dans le même but que Vierordt, Chauveau construisit un *Hémodromographe* qui, mieux que tous les autres appareils, atteint le but que l'auteur s'était proposé, à savoir l'inscription des plus légères variations de la vitesse du sang.

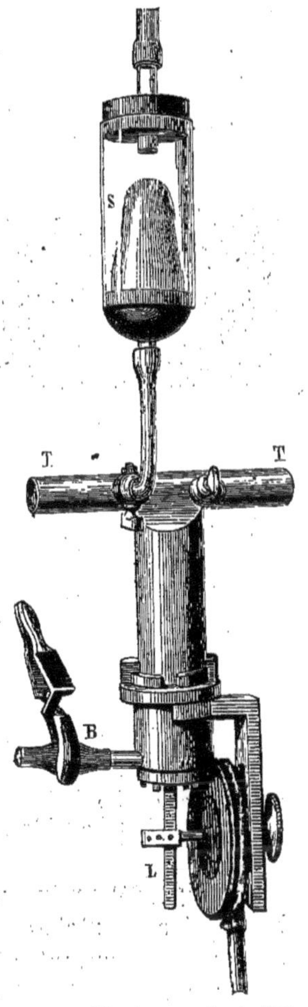

Fig. 122. Hémodromographe de Chauveau. (Un sphygmoscope S est adapté au tube de l'appareil et donne en même temps les variations de la pression du sang.)

Un tube T T, que le courant sanguin traverse (fig. 122), est fermé en partie par un disque léger placé à l'extrémité d'une aiguille qui plonge dans le courant du sang, tandis que l'autre extrémité L après avoir traversé une membrane de caoutchouc agit sur un tambour à air. La partie de l'aiguille qui est immergée subit, de par le courant, des déviations plus ou moins fortes et plus ou moins rapides; celle qui est au dehors transmet à un tambour à air, puis à un levier inscripteur, des déviations pareilles, mais de sens inverse. (Les détails de la construction et de l'emploi de cet instrument seront donnés Technique, chap. II.)

L'emploi de l'appareil de Chauveau a révélé des particularités fort intéressantes de la vitesse du sang artériel; il a montré que chaque ondée sanguine lancée dans les artères y produit des saccades multiples (fig. 122), dans lesquelles on lit les effets de la systole ventriculaire, ceux de la clôture de valvules sigmoïdes de l'aorte, ceux enfin des oscillations longitudinales de la colonne sanguine à l'intérieur des vaisseaux élastiques qui la contiennent.

Il n'y a pas lieu d'exposer ici les résultats que fournit l'appareil de Chauveau; ils ont été publiés avec de grands détails par cet éminent physiologiste et par plusieurs de ses élèves. Nous en reproduirons plus loin les principaux résultats. (Technique, chap. II.)

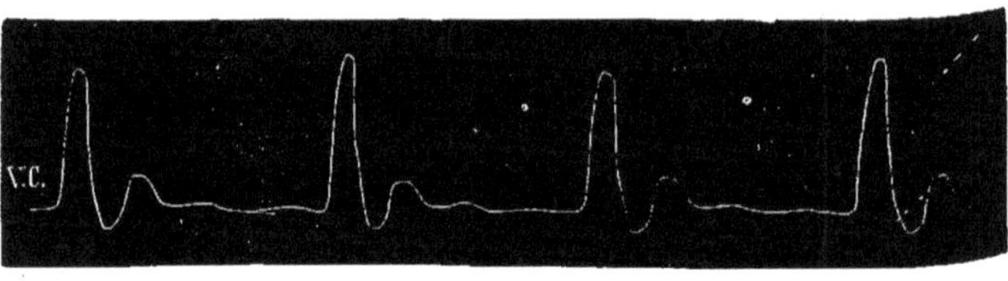

Fig. 123. Ligne V, variations de la vitesse du sang dans l'artère carotide d'un cheval, inscrites avec l'hémodromographe de Chauveau. Une ligne ponctuée O correspond à la vitesse zéro.

Le troisième genre de mesure des vitesses d'un liquide est basé sur la détermination de la pression dans deux *tubes de Pitot*; le principe est le suivant. On sait que les *piézomètres*[1] mesurent ce qu'on appelle, en hydraulique, la *pression latérale* du liquide contre les parois du tuyau d'écoulement. Si ces tubes, au lieu d'être simplement branchés sur la paroi, se prolongeaient dans l'intérieur du conduit, puis, se coudant à angle droit, venaient présenter leurs ouvertures, soit contre le courant du liquide, soit en sens inverse, on verrait que le niveau auquel s'élève le liquide est plus haut dans le premier cas, moins haut dans le second.

Soit (fig. 124) un tuyau T dans lequel coule un liquide suivant la direction des flèches. Sur ce tube, une série de piézomètres ont leurs niveaux suivant la ligne *ab* oblique descendante (voir p. 32). Mais, parmi les piézomètres, se trouvent deux tubes de Pitot, P1 et P2. Le premier de ces tubes a son orifice coudé à l'intérieur du tuyau d'écoulement et tourné contre le courant du liquide. Le niveau de P1 est supérieur à celui des piézomètres; P2, au contraire, a son niveau plus bas que les piézomètres, parce que

1. Tubes de verre branchés sur une conduite d'eau et dans lesquels le liquide s'élève à différentes hauteurs

son ouverture est tournée dans le même sens que le courant du liquide. Tel est le principe sur lequel j'ai construit un appa-

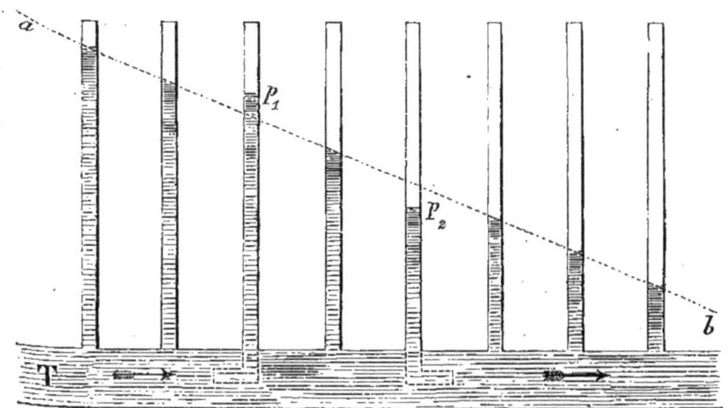

Fig. 124. Tube T dans lequel se fait un écoulement de liquide dans le sens des flèches. *a*, *b*, niveaux d'une série de piézomètres. P_1 et P_2, tubes de Pitot, diversement orientés; leurs niveaux diffèrent de ceux des piézometres.

reil inscripteur de la vitesse des fluides à l'intérieur des conduits.

Étant donné (fig. 125) un tuyau de verre dans lequel se fait un écoulement de liquide suivant la direction des flèches, deux tubes de Pitot plongent dans le courant et se rendent chacun à un tambour à membrane 1 et 2. Le soulèvement de ces membranes sera plus ou moins énergique suivant la pression sous laquelle coule le liquide dans le tuyau; il y aura donc une différence dans l'intensité de ce soulèvement, car les deux tubes de Pitot sont orientés en sens inverse l'un de l'autre; enfin, cette différence augmentera avec la vitesse d'écoulement, quelle que soit la charge sous laquelle le liquide circule dans le conduit.

Il faut inscrire cette différence de pression pour obtenir la mesure de la vitesse du courant. A cet effet, deux disques d'aluminium placés, comme à l'ordinaire, sur les membranes des tambours, sont reliés par des tiges verticales articulées avec un fléau transversal analogue à celui d'une balance. Ce fléau, susceptible de pivoter autour d'un axe qui traverse le bâti de l'appareil, reste horizontal si les deux membranes sont soulevées avec la même force, mais s'incline, suivant la direction marquée par une ligne ponctuée, si la pression est plus grande dans le tambour 1 que dans le tambour 2. C'est ce qui arrive quand le liquide est animé de vitesse dans le tuyau T. On utilise l'inclinaison du fléau pour comprimer la membrane d'un troisième tambour qui, sous l'influence de la vitesse, agit sur un tambour à levier inscripteur, suivant la méthode habituelle.

Quand on arrête le courant du liquide au moyen d'un obstacle en aval de l'instrument, la pression change; mais comme elle de-

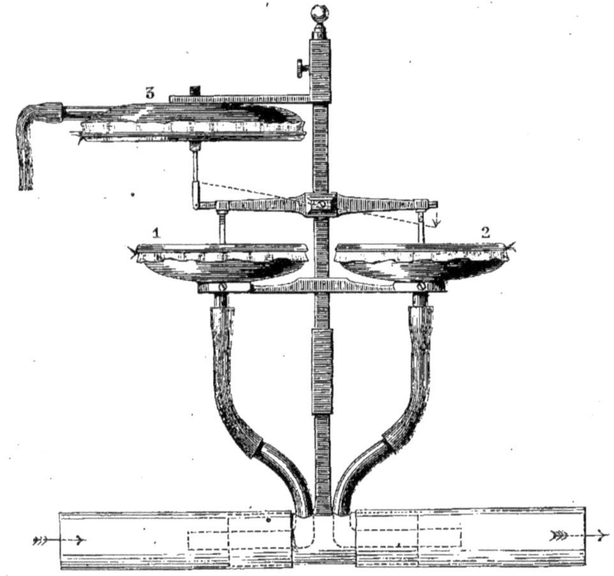

Fig. 125. Appareil destiné à inscrire la vitesse du liquide dans un tube ou dans une artère.

vient égale dans les deux tambours, l'effort de ces deux pressions se neutralise entièrement sur les deux bras du fléau transversal. Dès quel'écoulement se produit, l'inégalité de pression reparaît et le fléau s'incline avec plus ou moins d'énergie.

On remarquera que la vitesse d'un courant qui aurait la direction des flèches, détermine une compression de l'air dans le tambour 3, ce qui produira une élévation de la courbe tracée; celle-ci aura donc des ordonnées positives.

Tel est le principe d'après lequel est construit mon appareil; j'ajouterai que si l'on place des robinets sur le trajet des tubes de Pitot, on diminue, on éteint même les variations de pression qui se produisent dans les tambours. L'appareil trace alors l'indication de la vitesse moyenne, de même qu'un manomètre compensateur[1] donne la moyenne de pression.

Vitesse des gaz dans les conduits.

Certains physiologistes ont cherché à obtenir le tracé de la *respiration*, non pas d'après les mouvements que le thorax exécute, ainsi qu'on en a vu des exemples page 203, mais d'après la vitesse avec laquelle l'air est inspiré et expiré tour à tour. Sous le nom d'*Anapnographe*, Bergeon et Kastus ont présenté un instrument comparable à l'hémotachomètre de Vierordt et basé sur le même principe.

Une planchette rectangulaire verticale est suspendue, par son bord supérieur, à l'intérieur d'une caisse que traverse, en sens divers, l'air inspiré ou expiré. Les mouvements de cette planchette se transmettent au dehors par le prolongement de l'axe autour duquel elle oscille; ces mouvements peuvent s'écrire par les procédés ordinaires. Or, on peut s'assurer que la planchette de l'anapnographe n'obéit pas fidèlement aux mouvements alternatifs de l'air respiré.

D'autre part, je me suis convaincu de la fidélité parfaite avec laquelle s'écrivent les phases de la vitesse de l'air respiré, lorsqu'on place au devant de la bouche un appareil semblable à celui que j'ai proposé pour inscrire la vitesse du sang et qui est représenté figure 125. Ainsi, bien que les mouvements respiratoires me paraissent susceptibles d'une étude plus précise par l'inscription des mouvements thoraciques [2] que par celle du courant d'air lui-même, je pense que ce dernier mode d'inscription pourrait, en certain cas, avoir de l'intérêt.

Enfin, il faut considérer que les mouvements des fluides par rapport aux instruments qui plongent dans leur intérieur, produisent sur le manomètre différentiel précisément les mêmes effets que si le liquide était immobile, tandis que l'appareil, étant immergé, se transporterait avec pareille vitesse. Aussi ai-je essayé d'utiliser les inscripteurs de vitesse pour mesurer la translation

1. Voir p. 263 la disposition de ce manomètre.
2. Pour l'inscription des mouvements respiratoires, voir Technique, chap. VI.

d'un navire et pour construire un nouveau loch à indications continues. La description de cet instrument a été donnée récemment[1]; il s'agissait alors d'un loch à cadran dont l'aiguille marque sans cesse le degré de vitesse d'un navire. Il y aurait intérêt, sans doute, à faire de ce loch un appareil inscripteur à indications continues traçant, sur une bande sans fin, toutes les phases de la vitesse du navire. (Voir Technique, chap. VI.)

La translation de tubes manométriques dans l'air immobile fournit, d'une manière analogue, des courbes de pression d'où peut se déduire la vitesse du mouvement de translation des appareils, lorsque, par des expériences préalables, on a mesuré la pression manométrique de l'air pour chaque vitesse de translation de ces mêmes instruments. (Voir Travaux du laboratoire, 1re année, 1875, p. 215.)

Enfin, l'inscription de la vitesse du vent, d'après les courbes manométriques qu'il donne, est peut-être la meilleure solution que puissent adopter les météorologistes; en effet, nulle autre méthode ne traduit d'une manière plus rapide les variations capricieuses des mouvements de l'air.

1. Association française pour l'avancement des sciences, session de Nantes, 1875 et session du Hâvre, 1877.

TROISIÈME PARTIE

INSCRIPTION DES FORCES ET DE LEURS VARIATIONS.

La force donne lieu à des manifestations variées qui se substituent les unes aux autres. — États statique et dynamique des forces; tension et travail.
Force mécanique: *état statique*, pesanteur, pression, traction; *état dynamique*, travail, force vive. Travail des solides, des liquides. — Conservation du travail; rôle des mécanismes. Applications au travail musculaire.
Force thermique. *État statique :* température, thermomètre inscripteur. *État dynamique :* quantités de chaleur; inscription des calories.
Force électrique. *État statique :* tension ou potentiel, inscription des variations de l'électromètre. *État dynamique :* intensité des courants et des actions électrolytiques.

Transformations des forces.

La physique moderne admet que la matière inorganique est soumise à une force, unique dans son essence, mais susceptible de revêtir des apparences variées. Cette force peut être à l'état statique et s'appeler alors force en *tension;* lorsqu'elle entre en action, elle peut se manifester par du travail mécanique, par de la chaleur, de l'électricité. D'autres fois elle se transforme en lumière ou en actions chimiques; ces dernières constituent de véritables actions de mécanique intermoléculaire.

Quand une manifestation de l'énergie se substitue à une autre, cette substitution se fait dans un rapport défini et toujours le même et il y a toujours *équivalence* dans le travail accompli. Ainsi l'unité de travail mécanique ou kilogrammètre, si elle se transforme en chaleur, produit toujours $\frac{1}{425}$ de *calorie*, de sorte que cette quantité de chaleur est l'équivalent de l'unité de travail[1]. L'é-

1. En d'autres termes, une calorie est l'équivalent de 425 kilogrammètres, ou d'après Regnault, de 436 kilogrammètres.

quivalent électrique serait la quantité d'énergie électrique produite par la transformation totale d'un kilogrammètre, ou de $\frac{1}{425}$ de calorie. Du reste, les unités ont été choisies de telle sorte, que le travail thermique s'exprime directement en unités mécaniques.

L'unité d'énergie électrique, lorsqu'elle sera employée à des actions chimiques, produira l'unité de travail chimique. De même, l'unité d'énergie électrique produit, dans un circuit homogène de résistance quelconque, une quantité de chaleur équivalente à l'unité de travail mécanique.

L'énergie qui, dans la matière inorganique, produit toutes les réactions mécaniques, physiques ou chimiques se manifeste aussi dans les êtres vivants et sous les mêmes formes. Les animaux produisent du travail mécanique, de la chaleur, de l'électricité; et si le physiologiste remonte aux causes de ces manifestations produites chez les êtres vivants, il retrouve toujours cette force dont la physique étudie les transformations dans des conditions plus faciles à déterminer.

Ainsi, au delà de ces mouvements dont nous avons étudié les formes si variées dans les précédents chapitres, nous devons chercher à mesurer la force dont ils tirent leur origine. Ce sera un degré plus avancé de la connaissance des phénomènes de la mécanique animale. De même pour la chaleur, non-seulement il est intéressant de suivre les variations de la température des animaux, mais il faudrait pouvoir mesurer la quantité de chaleur qu'ils produisent en un temps donné. L'électricité animale devra donner lieu à des recherches du même genre; toutefois, pour cet ordre de phénomènes, la solution paraît plus éloignée que pour les précédents.

Mais supposons ces questions résolues; admettons que la physiologie soit en état de mesurer d'une manière parfaite les forces dépensées par un animal sous des formes différentes, il restera à résoudre expérimentalement cette question capitale: les différentes manifestations de l'énergie se substituent-elles les unes aux autres chez les animaux sous forme d'équivalent, comme dans le règne inorganique? Jusqu'ici l'on n'a pu faire à cet égard que des hypothèses, très-vraisemblables du reste, et transporter au règne animal les lois qui régissent la matière inorganique.

États statique et dynamique des forces.

Dans les chapitres qui vont suivre, nous exposerons les moyens de mesurer chacune des forces : mécanique, thermique, électrique, considérée à l'état de tension; puis nous indiquerons la fonction des appareils qui traduisent graphiquement les différentes variations de ces forces, et en mesurent le travail. Avant d'aborder cet examen, qu'il nous soit permis de rappeler brièvement les principes généraux de la statique et de la dynamique, nous les retrouverons plus tard à propos des phénomènes de chaleur et d'électricité

Forces mécaniques.

Les forces mécaniques nous occuperont d'abord : ce sont celles qui mettent les corps en mouvement, comme la pesanteur, la tension des ressorts, celle des fluides élastiques, l'attraction des aimants, etc. Les efforts développés par ces différentes sources de la force mécanique ont une commune mesure empruntée aux effets de la pesanteur. On peut les rapporter toutes à l'unité de poids ou kilogramme. Suspendons un poids de 10 kilogrammes à l'extrémité d'un ressort, et quand celui-ci sera tendu, fixons-le dans sa position nouvelle, et puis enlevons le poids tenseur. La réaction du ressort produira statiquement le même effort que le poids qui l'a tendu, et on dira que ce ressort exerce contre l'obstacle qui le retient un effort de 10 kilogrammes[1]. De même, si l'on place le même poids sur la tige d'un piston de manière à comprimer un gaz permanent dans un cylindre, la réaction de ce gaz contre le piston correspondra à un effort de 10 kilogrammes. L'attraction produite par un aimant aura la même mesure si elle est capable de supporter le même poids.

Mais cette commune mesure de l'effort ou de la force mécanique à l'état potentiel ne préjuge en rien de la quantité de travail que cette force pourrait produire si elle entrait en action.

1. C'est la méthode de M. Deprez pour uniformiser la sensibilité des appareils à signaux électriques : il tend à l'aide d'un même poids les ressorts de tous ses appareils.

On peut à volonté donner à une force une valeur statique plus ou moins grande, suivant les conditions dans lesquelles on la fait agir. Ainsi, un poids développe un effort dix fois, cent fois plus grand ou plus petit, suivant qu'on le fait agir sur le long bras ou sur le court bras d'un levier du premier genre; il en est de même pour la traction d'un ressort. La charge d'une même colonne d'eau sur les parois d'un vase exerce des efforts proportionnels à l'étendue de la surface considérée; de sorte que, suivant la belle démonstration de Pascal, en poussant avec un effort de 1 kilogramme un piston de petite surface, on développera un effort de 1000 kilogrammes sur un piston d'une surface mille fois plus grande.

Mais ce qui est invariable à travers tous les changements du mode d'application des forces, c'est la quantité de travail disponible, emmagasinée, pour ainsi dire, dans une source de force mécanique. Ce travail a pour mesure le poids soulevé multiplié par la hauteur à laquelle il a été élevé, ou, d'une manière plus générale, la résistance surmontée multipliée par le chemin parcouru. Les leviers, les moufles ou les engrenages ne sauraient rien ajouter au travail qui agit par leur intermédiaire, car s'ils permettent de soulever un poids cent fois plus grand, ils le soulèvent à une hauteur cent fois moindre. La presse hydraulique, avec sa formidable puissance comprimante, n'est pas un appareil multiplicateur du travail, car si elle rend mille fois plus grand l'effort qu'elle a reçu, elle en réduit le parcours au millième de ce qu'il était d'abord.

Tant qu'une force mécanique est à l'état statique, on peut en mesurer l'effort en lui opposant une autre force connue qui lui fasse équilibre, de sorte que la balance pourrait servir à les évaluer toutes et sert effectivement à cet usage, puisqu'on estime en poids la force des ressorts et qu'on évalue souvent la pression des liquides ou la tension des gaz, d'après le nombre de kilogrammes que représente leur effort sur chaque centimètre carré de surface. Toutefois, dans la pratique, on estime ordinairement un effort en lui opposant un autre effort de même nature. Ainsi, dans la balance on oppose un poids à un autre poids; dans le dynamomètre une force élastique à une autre; dans le manomètre une pression de liquide ou une tension gazeuse à une autre pression ou à une autre tension.

Dès qu'une force mécanique entre en action, un mouvement

apparaît, et de ce mouvement même on peut tirer la mesure du travail développé, si l'on connaît la résistance que la force a rencontrée aux différents points de son parcours.

Les conditions les plus simples pour une telle détermination se rencontrent dans le cas où un poids a été élevé à une certaine hauteur, le produit de ce poids par la hauteur constituant la mesure du travail. Mais si la force agissant contre un ressort imprime à celui-ci une certaine déformation, le travail sera d'une mesure un peu plus difficile; pour l'obtenir, il faudra multiplier chaque élément du parcours de la force par la résistance, à chaque instant différente, que le ressort présente aux différentes phases de sa flexion. Si une force a produit la même quantité de travail, soit en soulevant un poids, soit en tendant un ressort, il y a cependant entre ces deux actions une différence notable, et cette différence réside dans la *forme* du mouvement qui s'est produit. C'est à caractériser ces différentes formes du mouvement que la méthode graphique se prête d'une manière parfaite. Elle nous montre que si une force d'intensité constante s'applique à déplacer une masse, il se produit un mouvement uniformément varié, tandis que, si cette force agit contre une résistance de frottement, elle peut produire un mouvement uniforme. Elle montre enfin que si le point d'application d'une force n'avait pas de masse appréciable, la vitesse serait infinie; mais comme il n'existe pas de corps sans masse, et comme tout mouvement matériel s'accompagne toujours d'une certaine résistance d'inertie, cette instantanéité parfaite n'est qu'un type idéal dont les mouvements matériels s'approchent plus ou moins sans jamais l'atteindre.

D'autre part, la nature du mouvement qui se produit change suivant les variations de la force qui l'engendre. Nous considérions tout à l'heure une force constante, en rappelant la différence des effets qu'elle produit suivant la nature des résistances qui lui sont opposées. Imaginons maintenant que l'intensité de la force change aux divers instants de son action, et nous aurons de nouvelles causes de variation de mouvement qui viendront s'ajouter à celles que produit la nature des résistances.

Ainsi, un gaz qui se détend ou un ressort qui se débande d'une manière complète développent des forces décroissantes du commencement à la fin de cette détente. D'autres fois, la force est engendrée par une action chimique ou physique dont les phases sont inconnues : ainsi, la combustion des matières explosives, fusantes ou fulminantes, le dégagement des gaz ou leur dilatation par échauffement.

Au milieu de la complexité des conditions dans lesquelles se produit le travail, conditions qui tiennent à la fois à la nature de la force qui agit et à celle des résistances qui lui sont opposées, il serait le plus souvent impossible de calculer la nature du mouvement qui devra se produire. Heureusement, dans la plupart des cas, la méthode graphique fournit une solution pratique de ces difficiles problèmes. Nous montrerons les appareils inscripteurs traçant la courbe suivant laquelle a varié la force, si lente ou si rapide, si faible ou si forte que soit cette variation. C'est ainsi qu'on trace la courbe des changements faibles et lents du poids d'un liquide qui s'évapore, d'une lampe qui brûle, d'une plante qui prend ou absorbe de la vapeur d'eau, et qu'on trace également la courbe de la force explosive de la poudre à l'intérieur d'un canon. Est-il nécessaire d'ajouter qu'un grand nombre de problèmes du plus haut intérêt trouveront leur solution dans l'emploi de cette méthode aussitôt qu'elle sera devenue d'une application facile?

Mais on a vu que la mesure du travail donne seule la véritable connaissance de la valeur d'une énergie; il importe donc de s'attacher à cette mesure, au moins autant qu'à la détermination des phases du mouvement qui s'est produit pendant ce travail. Or, c'est précisément un des plus merveilleux avantages de la méthode graphique de fournir une mesure expérimentale du travail des forces, et c'est un des principaux titres de gloire de Poncelet d'avoir conçu le plan d'appareils inscripteurs du travail. Le général Morin a réalisé ces instruments et les a appliqués à la mesure du travail des machines. Des appareils du même genre pouvant avec grand avantage s'appliquer à différents problèmes de physiologie, nous essayerons de donner une idée du principe sur lequel est fondée leur construction.

On sait que le travail, dans sa définition la plus générale, est le produit de l'effort par le chemin parcouru. Or, si l'on se reporte à la première partie de ce volume, on y verra que la méthode graphique a déjà exprimé des valeurs du même ordre, par exemple des produits d'une somme annuelle par un nombre d'années. Dans ses tableaux sur les variations de l'exportation et de l'importation, W. Playfair, traçant la courbe des fluctuations annuelles de ces valeurs, constate que si l'on mesure les aires dont ces courbes forment les limites supérieures, on obtient le total des sommes correspondantes à l'exportation ou à l'importation. Ce total n'est autre que le produit de la moyenne annuelle par le nombre des années. Or, le travail est justement la somme des produits des efforts par le chemin correspondant à chaque instant; il pourrait être exprimé par l'aire d'une surface limitée en haut par la courbe des efforts développés pris chacun sur une des ordonnées, tandis que, sur l'axe des abscisses, se compteraient les chemins parcourus pendant chacun de ces efforts.

La réalisation d'une courbe de cette nature fut obtenue par Poncelet dans les conditions suivantes. Supposons le cas où il s'agit d'inscrire le travail dépensé dans la traction d'une voiture. Un dynamomètre muni d'un crayon traçait sur une bande de papier les efforts développés à chaque instant et le papier était conduit par le mouvement même de la voiture réduit, suivant une proportion convenable, au moyen d'un mécanisme approprié. Les courbes ainsi tracées donnent tous les renseignements que l'on peut désirer relativement au travail dépensé dans la traction d'une voiture; elles expriment l'intensité des efforts successivement déployés, les variations de ces efforts; le chemin parcouru sous l'influence de chacun d'eux. Le travail total s'obtient en mesurant la surface par des procédés mécaniques [1]; le rendement moyen, en divisant le travail total par la durée de l'expérience.

Ce rapide examen des phénomènes mécaniques et des moyens de les inscrire n'avait pour but que de signaler un des plus vastes champs d'application de la méthode graphique; mais ce n'est qu'à propos des cas particuliers que nous pourrons donner les explications suffisantes pour la parfaite intelligence de l'inscription des forces et des quantités de travail produites.

Les autres manifestations de la force, chaleur, électricité, etc., sont-elles assimilables aux forces mécaniques au point de vue des conditions statiques ou dynamiques dans lesquelles elles se produisent? Sont-elles également susceptibles d'être mesurées graphiquement au moyen d'appareils appropriés? Tels sont les points qui nous restent à considérer.

La grande théorie de l'unité de la force et de l'équivalence de l'énergie, dans ses manifestations diverses, implique un parallé-

1. Un ancien procédé, dont l'invention est attribuée à Galilée et peut-être à Archimède, consiste à déduire l'aire de la courbe de la pesée du papier sur lequel on l'a inscrite. On se sert aujourd'hui, pour mesurer les surfaces, des instruments nommés planimètres.

lisme entre les états statiques et dynamiques de chacune d'elles. Les progrès de la théorie mécanique de la chaleur ont amené les savants à comparer entre elles toutes les grandeurs qu'il y a lieu de considérer, chaleur, électricité, magnétisme, actions chimiques, etc., et à établir les relations qui existent entre elles.

Chaleur.

L'état statique de la chaleur, c'est la température. Plus cette température est élevée, plus, toutes choses égales d'ailleurs, elle pourra produire de *travail thermique*. Ce dernier, évalué en chaleur, aura pour mesure le produit de la quantité du corps échauffé par sa chaleur spécifique et par l'accroissement de température (en supposant, bien entendu, qu'il s'agisse d'un corps ayant la même chaleur spécifique à toutes les températures).

Cet échauffement pourra, du reste, subir les phases les plus variées, comme celles qu'on observe dans la production du travail mécanique. Si le travail thermique est exprimé en calories, chacune de ces unités correspond à sa chaleur nécessaire pour échauffer d'un degré un kilogramme d'eau[1].

Quant à la mesure de la chaleur à l'état statique ou à l'état dynamique, elle se fait dans des conditions de parfaite analogie avec les mesures correspondantes des forces mécaniques. Le thermomètre donne la valeur statique de la chaleur, ou la température; transformé en appareil inscripteur, il traduit par une courbe toutes les variations que cette température éprouve. Quant au travail thermique produit, il aurait pour mesure l'aire de la courbe des variations de la température inscrite sur un papier qui se transporterait d'une quantité proportionnelle au volume ou au poids de la matière échauffée. Or, rien n'est plus facile que d'inscrire de pareils changements de volume quand on emploie à cet effet des liquides.

On a vu (IIe partie, chap. v) comment, au moyen de flotteurs, on inscrit toutes les phases d'un écoulement. Il resterait donc à trou-

1. En raison des unités choisies, la quantité de chaleur est le produit de la variation de la température par le volume d'eau échauffée; on pourrait également la nommer *énergie thermique*; cette dernière expression correspondrait évidemment mieux, dans la théorie que nous essayons d'exposer, au produit d'une température par un volume.

ver un mécanisme qui ne laissât déverser le liquide échauffé que lorsque celui-ci aurait atteint un certain degré de température. Nous verrons que ce résultat est facilement obtenu au moyen des dispositifs ingénieux de d'Arsonval.

Électricité.

L'électricité se manifeste également sous les deux états statique et dynamique; la première, appelée aussi *potentiel* ou *tension* électrique, se mesure au moyen des électromètres. Enfin, l'intensité du travail électrique est proportionnelle à la quantité d'action calorifique produite dans l'unité de temps par le passage du courant. Tout est donc homologue dans la manière dont se manifestent les trois formes de l'*énergie* que nous venons de considérer; mais toutes trois ne sont pas encore également faciles à mesurer.

Pour faciliter la comparaison qui sera faite des différentes forces, nous avons rapproché, dans le tableau ci-joint, les différentes formes que peuvent revêtir le travail et les facteurs du travail, suivant qu'il s'agit de force mécanique, de chaleur, d'électricité ou d'action chimique.

Analogies des différentes manifestations de l'énergie.

MÉCANIQUE.	HYDRODYNAMIQUE.	CHALEUR.	ÉLECTRICITÉ.	ACTIONS CHIMIQUES.
Force.	Pression.	Température.	Tension.	Chaleur de combinaison d'un équivalent.
Chemin.	Volume.	Poids[1] d'eau échauffée.	Quantité.	Nombre d'équivalents.
Travail.	Travail.	Quantité de chaleur.	Travail électrique.	Quantité de travail chimique.

Dans ce tableau, nous avons séparé le travail hydraulique du travail mécanique proprement dit, parce que cette forme particu-

1. La chaleur spécifique de l'eau étant prise pour unité.

lière constitue une transition entre les phénomènes mécaniques et ceux de chaleur, d'électricité et d'action chimique, en introduisant la notion de volume parmi les facteurs du travail.

La force mécanique est jusqu'ici la mieux connue et celle dont on obtient les mesures les plus précises ; nous essayerons toutefois de montrer, dans les chapitres qui vont suivre, que la méthode graphique semble devoir être également appliquable à l'étude de la chaleur, de l'électricité et même des actions chimiques.

CHAPITRE I.

INSCRIPTION DES CHANGEMENTS DE POIDS.

Les changements rapides de poids ne peuvent être appréciés par la méthode des pesées successives; moyens de les inscrire. — Appareils de Rédier; appareil de Salleron. — Aréomètre inscripteur ; rhéographe.
Application directe : évaporation des liquides; évaporation par les feuilles des plantes ; par la transpiration d'un animal, par ses excrétions. — Actions chimiques qui s'accompagnent de changement de poids : oxydations, hydratations, combustions.
Applications indirectes. Baromètre, thermomètre, endosmomètre inscripteur.

La mesure des changements de poids tient une grande place dans l'expérimentation; le physiologiste, le chimiste, le physicien recourent à chaque instant à la pesée. La balance est devenue pour ainsi dire le symbole de l'exactitude dans les sciences, et pourtant on peut encore améliorer cet admirable instrument en le rendant capable de traduire par une courbe graphique les changements que peut subir le poids des corps sous certaines influences.

Chez les êtres vivants, la croissance, l'engraissement ou l'amaigrissement se traduisent par des changements de poids; or si la balance seule permet d'apprécier exactement les phases de ces variations, elle nécessite des pesées multiples et plus tard un travail spécial pour la construction de la courbe des changements de poids.

Ce travail lent et minutieux ne peut s'effectuer que dans les cas où le poids des corps varie d'une manière lente. Mais, quand le poids d'un animal change d'une manière brusque, comme cela arrive sous l'influence de l'évaporation cutanée ou de l'exhalation pulmonaire, on ne saurait faire une série de pesées successives à intervalles assez courts pour suivre fidèlement les phases du phénomène; il y aurait alors grand avantage à posséder un appareil qui inscrivît de lui-même les variations de poids qui se sont produites. Le chimiste et le physicien auraient également avantage à se servir d'un pareil instrument pour suivre, d'après les phases de l'augmentation de poids d'un corps, les progrès de son hydratation ou de son oxydation, etc.; tandis que d'autres fois, d'après les phases d'une diminution de poids, ils jugeraient de la marche d'une évaporation, d'un dégagement de gaz, etc.

Ainsi, d'après la nature des phénomènes que l'on doit étudier, tout en cherchant à traduire graphiquement les phases d'un changement de poids, on pourra, suivant le cas, se servir de la balance ordinaire, ou bien on devra recourir à des appareils spéciaux. La balance servira à estimer, d'après une série de pesées successives, les variations très-lentes du poids d'un corps. Les appareils inscripteurs des changements de poids serviront dans les cas de variations brusques, surtout quand on doit en suivre les phases avec une grande précision.

C'est en médecine surtout que ces courbes ont été recueillies : lorsqu'on veut suivre les phases d'une hydropisie, c'est par les inflexions de la courbe du poids d'un malade qu'on juge le mieux de la marche d'un épanchement de liquide. L'ascension plus ou moins rapide du tracé du poids montre, mieux que tout autre signe, les progrès d'une convalescence; sa descente mesure la marche de l'amaigrissement dans les maladies aiguës ou chroniques. Enfin, la médecine des enfants tire un grand parti de ces courbes; elles permettent de suivre les phases plus ou moins rapides de l'accroissement physiologique du poids de ces petits êtres chez lesquels la moindre indisposition se traduit presque immédiatement par une inflexion et parfois par un changement de sens du tracé du poids.

On a vu un remarquable exemple de ce genre de courbes dans les figures 9 et 10, qui représentent les phases du poids d'un enfant inscrites de la naissance à la fin de la première année, ainsi que dans les tableaux publiés par le professeur Bowditch, de Boston.

Les balances employées diffèrent avec le poids du sujet en expérience. Pour suivre les changements du poids d'un enfant, une balance ordinaire de Roberval est presque toujours suffisante; on a construit de petites romaines très-portatives à l'usage des médecins des enfants, ces appareils sont extrêmement commodes.

Mais, quand il s'agit de peser un adulte, on doit se servir d'une bascule, sur le plateau de laquelle le sujet se tient debout ou assis. Enfin, pour peser des malades incapables de se lever, on a imaginé des lits-balances qui se placent à demeure dans les salles des hôpitaux. Ces études sont de celles qui feront faire de grands progrès à la médecine clinique et dont on ne saurait trop favoriser l'extension.

On a déjà vu (Ire partie, chap. II) comment se construisent les courbes exprimant les variations du poids déterminées par une série de mesures successives ; nous n'avons à parler ici que des courbes directement obtenues au moyen d'appareils inscripteurs.

Appareils inscripteurs des changements de poids.

Tous ces appareils se mettent spontanément en équilibre avec le poids du corps en expérience. Tantôt cet équilibre est obtenu par l'immersion plus ou moins prononcée d'un flotteur qui sert de contre-poids, tantôt par le simple changement d'inclinaison de la balance, tantôt enfin par la tension variable d'un ressort analogue à celui d'un peson.

Deux constructeurs français, Rédier et Salleron, viennent d'imaginer des balances inscrivantes, susceptibles d'être utilement employées en physique, en météorologie et en physiologie. Renvoyant les détails de la construction de ces instruments à la partie Technique nous nous bornerons à donner ici le principe sur lequel chacun de ces appareils est établi. Dans l'appareil Rédier, un rouage auxiliaire, semblable à ceux que ce constructeur emploie pour l'inscription des variations barométriques, sert à tracer les courbes de changement de poids. L'appareil Salleron est une balance dont la dénivellation des plateaux est proportionnelle à l'inégalité des poids. Cette dénivellation, amplifiée au moyen d'un levier, s'inscrit sur un cylindre enfumé suivant le procédé précédemment décrit.

Ces appareils sont entre les mains des météorologistes et des physiologistes : l'expérience indiquera lequel des deux mérite la préférence dans tel ou tel cas. Nous citerons seulement quelques-unes des expériences qui ont été faites grâce à leur emploi.

Mesure de l'intensité de l'évaporation en météorologie.

La physique enseigne qu'un liquide répandu sur une surface s'évapore plus ou moins vite suivant certaines conditions : la température élevée, la sécheresse de l'air ambiant et son renouvellement rapide sont des conditions favorables à l'évaporation. Il importe au météorologiste de connaître les résultats de toutes ces causes réunies et de savoir, à un moment donné, quelle est l'intensité de l'évaporation à la surface terrestre. A cet effet, on place un vase à large surface sur le plateau de la balance inscrivante et l'on obtient la courbe de la diminution de poids du vase, c'est-à-dire celle de l'intensité de l'évaporation pendant un certain temps. Les météorologistes se contentent du nom d'*évaporographe* pour désigner l'appareil qui fournit ce genre de tracés.

Tout récemment a été publiée la description d'un de ces instruments construit par Ragona de Modène, et dont la figure 126 montre la disposition.

Un vase à large surface, contenant l'eau soumise à l'évaporation, est porté à l'extrémité d'une longue tige guidée entre des galets. Tout l'ensemble de ce système est soutenu par une corde qui se réfléchit sur une sorte de poulie pouvant osciller comme un fléau de balance. Un contre-poids fait équilibre à l'eau et l'appareil serait en immobilité complète si la quantité d'eau qu'il renferme était invariable. Mais sous l'influence de l'évaporation, le vase devient plus léger et le contre-poids descend en soulevant à la fois, le vase, la tige qui le porte et le style inscripteur qui adhère à cette tige et trace sur un cylindre.

Ici intervient un dispositif très-ingénieux, grâce auquel le système prenant une position nouvelle se remet en équilibre.

On remarque figure 126 que deux contre-poids font équilibre au vase plein d'eau ; l'un, le plus gros, est soutenu par une corde qui s'enroule dans la gorge d'une poulie ayant pour centre l'axe même autour duquel se meut tout le système. Ce contre-poids a donc une action constante ; il sert à équilibrer le vase et les pièces accessoires qui le supportent. Mais l'eau est équilibrée par un autre contre-poids plus petit que le premier et dont la corde se réfléchit dans la gorge d'une poulie excentrique, de telle façon que ce contre-poids aura des valeurs variables suivant la position que prendra le système, car le bras de levier au bout duquel il agira, croîtra quand le vase d'eau descendra, et diminuera dans le mouvement inverse. C'est de cette façon que l'appareil se met conti-

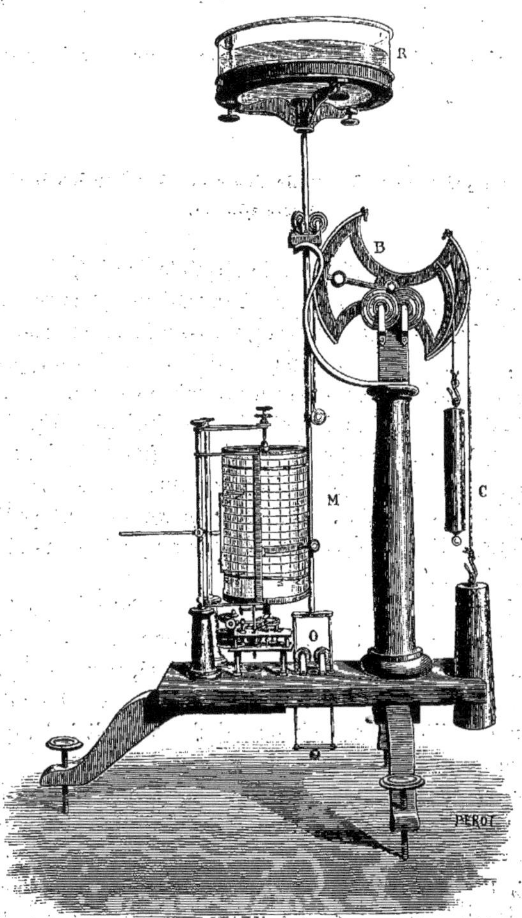

Fig. 126. Évaporomètre de Ragona, d'après *la Nature*.

nuellement en équilibre en prenant des positions nouvelles, le vase descendant à mesure que diminue la quantité d'eau qu'il renferme.

En somme, les appareils inscripteurs des variations de poids peuvent se rattacher à deux systèmes : les uns sont basés sur l'emploi d'aréomètres combinés ou non avec celui de la balance; ce sont les instruments de Rédier et de Salleron ; les autres sont fondés sur l'emploi de contre-poids à moment variable, comme l'appareil de Ragona.

L'expérience n'a pas encore prononcé sur la valeur comparée de ces deux systèmes.

Inscription des phases de l'évaporation par les feuilles d'une plante.

Une remarquable expérience de physiologie végétale est celle de P.-P. Dehérain, qui, soumettant à la radiation solaire une feuille renfermée dans un tube de verre, montre que, sous l'action de la lumière, la feuille émet de plus grandes quantités de vapeur d'eau qu'on voit se condenser contre les parois du verre.

Pour suivre avec plus de précision cet intéressant phénomène, il faudrait, à chaque instant, constater la quantité d'eau exhalée. On pourrait alors déterminer quelles influences exercent les différentes sources lumineuses et saisir le rapport qui peut exister entre l'intensité de la lumière mesurée au photomètre et celle de l'évaporation du végétal.

Afin de rendre plus sensible la quantité d'eau évaporée, il faudrait agir sur une plante tout entière, et non sur une seule feuille. Cette plante serait mise dans un pot vernissé, par conséquent imperméable à l'eau ; au-dessus de la terre et tout autour de la tige serait une feuille de caoutchouc qui s'opposerait à l'évaporation. Une cloche opaque mettrait la plante à l'abri de la radiation solaire ; à un moment donné, on enlèverait la cloche et l'évaporation s'inscrirait sous forme de courbe de diminution du poids de la plante.

On peut faire avec cette méthode les expériences les plus variées : estimer, non-seulement l'influence de la source lumineuse employée, les différences que présente l'évaporation quand la lumière est plus ou moins accompagnée de rayons calorifiques, mais encore le rôle de l'humidité de l'atmosphère, celui de la température, de la quantité d'eau avec laquelle on a arrosé les plantes; l'influence qu'exercent les sels dont cette eau peut être chargée, etc.

Nous n'avons pas encore eu l'occasion de faire cette expérience et ne croyons pas qu'elle ait encore été faite, car il y a peu de temps que la construction des appareils nécessaires a été réalisée. Nous pouvons toutefois représenter la figure 127, qui a été obtenue par Marié-Davy et qui correspond aux phases de l'évaporation de quatre pieds de haricots qui, chaque jour, étaient arrosés à la même heure.

Phases diurnes de l'évaporation des végétaux.

Le tracé se lit de gauche à droite ; les grands abaissements de la courbe correspondent aux moments où l'on rendait à la plante

Fig. 127. Évaporation par les feuilles d'une plante[1].

l'eau perdue par évaporation ; c'était chaque jour, à 7 heures 30 du soir, qu'avait lieu cet arrosage. L'arc du cercle tracé par la pointe du style à ces instants permet de connaître la longueur du levier traceur.

Si l'on partage en deux parties l'intervalle de deux arrosages, on voit que, dans les 24 heures correspondant à cette durée, les 12 premières, période nocturne, n'ont donné lieu qu'à une évaporation à peu près insignifiante ; mais dans les 12 dernières, période diurne, la courbe s'élève d'abord d'un mouvement accéléré, puis uniforme, et finit enfin par une ascension ralentie jusqu'au prochain arrosage. Cette courbe de l'évaporation semble bien correspondre aux observations de Dehérain, puisque la plante paraît

1. Les petites vibrations qui, à certains instants, se montrent sur la courbe, sont produites par l'action du vent qui agitait les plantes.

avoir son évaporation maximum au moment de la plus grande intensité de la lumière. Mais ce ne sont encore là que des expé-

Fig. 128. Blance inscrivante de Rédier traçant la courbe des changements de poids d'une plante sous l'influence de l'évaporation.

riences d'essai destinées à contrôler la marche des appareils; elles devront être reprises dans des conditions plus précises.

La figure 128 représente la balance inscrivante de Rédier appliquée à mesurer la perte de poids d'une plante par l'évaporation.

Inscription des phases de l'évaporation par les animaux.

Placé dans les conditions où la plante se trouvait tout à l'heure, un animal traduira par la diminution de son poids la quantité d'eau qu'il perd par évaporation. Ici le problème est un peu plus complexe, si l'on veut faire la part de l'exhalation cutanée et celle de respiration pulmonaire. Pour séparer l'une de l'autre ces deux sortes d'élimination de liquide, il faut empêcher la déperdition, soit de l'eau qui provient de la transpiration cutanée, en enfermant l'animal dans un sac imperméable, soit de l'eau qui s'échappe avec l'air expiré, en la condensant dans un flacon placé sur le plateau de la balance.

La principale difficulté que présente l'inscription du poids d'un animal tient à ce que celui-ci s'agite presque toujours dans sa cage, imprimant de brusques oscillations à la balance et aux appareils chargés d'inscrire les dénivellations des plateaux. Pour obvier à cet inconvénient, il suffirait de se servir de l'appareil Rédier dans lequel les oscillations se détruisent et s'annulent. Si l'on se servait de la balance inscrivante de Salleron, il faudrait disposer l'expérience de telle sorte que les changements de poids de l'animal se traduisissent par le déversement d'une certaine quantité de liquide ; il serait alors facile, en forçant ce déversement à se faire par des voies étroites, de supprimer les oscillations dépendant des mouvements de l'animal.

Inscription des changements de poids qui se produisent dans les actions chimiques.

Dans un grand nombre de phénomènes, oxydations, hydratations, etc., le poids des corps augmente. Un appareil inscripteur sensible, traduisant fidèlement les phases de ces changements, permettrait de déterminer avec une précision extrême les influences qui en modifient l'intensité. Dans cet ordre de recherches nous citerons les expériences faites par Redier, au moyen de sa balance inscrivante, sur les phases de la combustion. Trois lampes à alcool ont été placées sur le plateau de la balance.

Dans la première phase du tracé, de 1 à 2, figure 129, les trois lampes brûlaient à la fois, la perte de poids s'accusait par une rapide descente de la courbe; au moment 2 on souffle une des lampes; la combustion devint de $^1/_3$ moins rapide, ainsi que le montre la descente du tracé de 2 à 3; à ce dernier point, on souffle la seconde lampe et la perte du poids n'a plus que $^1/_3$ de sa vitesse primitive.

Le résultat de cette expérience pouvait facilement se prévoir; mais le même appareil peut se prêter à des études très-intéressantes, par exemple aux changements qui se produisent dans la combustion d'une lampe, suivant l'état de la mèche, la tempéra-

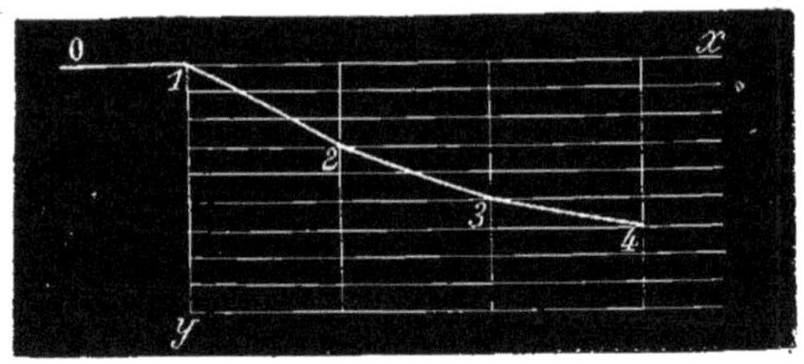

Fig. 129. Courbe des phases d'une combustion.

ture ambiante, la pression ou la composition de l'atmosphère dans laquelle elle brûle, etc.

On a vu, page 163, l'appareil désigné sous le nom de compte-gouttes inscripteur. Supposons qu'un appareil de ce genre, au lieu de provoquer simplement les pointages de la fréquence des gouttes tombées, actionne un odographe au moyen d'un relais électrique, on aura un appareil d'une haute sensibilité, capable d'inscrire les moindres variations d'un écoulement. Imaginons qu'une balance hydrostatique dans laquelle se place le corps à poids variable porte, au-dessous du plateau opposé, un plongeur qui, à mesure qu'il descend dans le liquide, provoque l'issue d'eau qui actionne le compte-gouttes. Le nombre des gouttes tombées correspond directement à la perte de poids du corps pesé.

Les aréomètres à volumes variables sont eux-mêmes des instruments très-sensibles qui donneront, par l'intermédiaire d'un changement de poids, les variations du baromètre, du thermomètre, les vitesses de la diffusion à travers les membranes; enfin, par l'intermédiaire du déversement d'un liquide, les changements lents du volume des corps, etc.

CHAPITRE II.

INSCRIPTION DES CHANGEMENTS DE PRESSION EXPLORÉS A L'INTÉRIEUR DES ORGANES.

Introduction du manomètre en physiologie; manomètre à mercure; kymographion de Ludwig. — Le mercure ne traduit pas fidèlement les variations rapides de la pression; mesure des moyennes; manomètre compensateur. — Moyen d'inscrire avec le tambour à levier les indications du manomètre à mercure. — Manomètres élastiques, leur mobilité; sphygmoscope; manomètre Bourdon appliqué par Fick; manomètre métallique inscrivant par un tambour à levier. — Comparaison expérimentale des différentes sortes de manomètres. — Applications; expériences sur le cheval; rapport de la pression ventriculaire gauche à la pression aortique. — Variations rhythmées de la pression du sang dans les artères. — Mesure manométrique des forces respiratoires. — Pression dans les cavités de la plèvre; mesures de l'élasticité du poumon. — Inscriptions des variations de la pression atmosphérique.

Depuis que l'emploi du *manomètre* a été introduit en physiologie par Hales, cet instrument a subi des modifications nombreuses destinées à en rendre l'application plus facile et les indications plus sûres. Hales adaptait aux artères d'un grand mammifère un simple tube de verre dans lequel le sang lui-même, s'élevant jusqu'à une hauteur d'environ 6 pieds anglais, marquait ainsi la pression à laquelle il est soumis dans les artères. A ce tube incommode et fragile Poiseuille substitua l'emploi du *manomètre à mercure*. Ce fut d'abord un tube de verre courbé en U (1, fig. 130) dont une des branches communiquait par un ajutage effilé avec le sang d'une artère. La dénivellation du mercure exprimait la valeur de la pression cherchée[1].

Le plus important perfectionnement qu'ait reçu le manomètre à

1. Cette dénivellation résultant de l'élévation du niveau dans une branche et de l'abaissement dans l'autre, il s'ensuit qu'une échelle centimétrique, d'après laquelle on lirait les changements de niveau d'une des branches, n'exprimerait que la moitié de la

mercure est celui par lequel Ludwig en fit un appareil inscripteur qu'il désigna sous le nom de *kymographion*. Ce fut, je crois, la première introduction d'un appareil inscripteur en physiologie. Aujourd'hui, l'usage de cet instrument est très-répandu; on n'étudie plus guère les pressions, dans l'organisme animal, sans inscrire les variations qu'elles présentent.

J'ai longuement discuté ailleurs[1] la valeur des indications que fournit en physiologie le manomètre à mercure et crois avoir démontré que cet appareil n'est bon que pour donner la valeur d'une pression qui reste constante, ou du moins qui ne varie

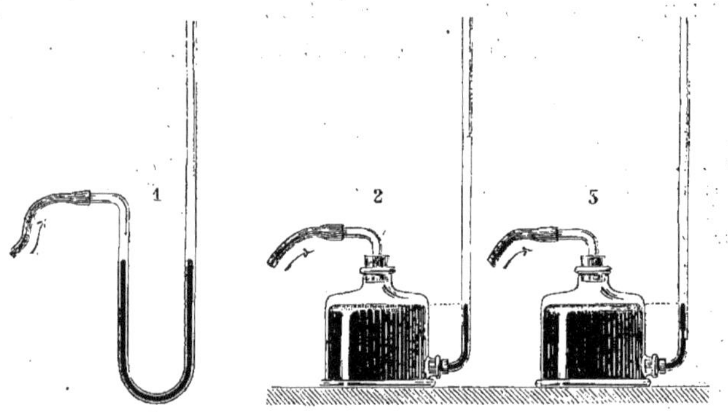

Fig. 130. Différents types de manomètres à mercure. 1. Manomètre de Poiseuille. 2. Manomètre de Guettet. 3. Manomètre compensateur.

qu'avec une extrême lenteur; mais que, pour la plupart des usages physiologiques, et particulièrement pour mesurer la pression du sang dans les artères, le manomètre à mercure ne vaut rien, car il déforme, par les oscillations propres de sa colonne, les indications qu'il devrait fournir.

La seule mesure exacte que puisse donner un manomètre à

pression qui agit sur l'instrument; il faut donc doubler la valeur du mouvement produit dans la branche libre du manomètre de Poiseuille.

Les oscillations du mercure sont deux fois plus étendues si l'on emploie la disposition adoptée par Guettet (2, fig. 130). D'un large flacon plein de mercure se détache une colonne manométrique verticale. La pression agit sur la surface du mercure contenu dans le flacon et, grâce à la grande étendue de cette surface, le changement de niveau, à peine sensible dans le flacon, se produit presque tout entier dans la colonne manométrique. Les choses se passent, pour cet instrument, comme pour un baromètre muni d'unl arge réservoir.

1. *Physiologie médicale de la circulation du sang*, p. 141.

mercure, relativement à la pression du sang, c'est la mesure de la valeur moyenne de cette pression. J'ai appelé *manomètre compensateur* (3, fig. 130) l'instrument qui me sert à ce genre de mesures.

Un manomètre ordinaire, pareil à celui de Guettet, porte une colonne large d'environ 5 millimètres, séparée du flacon à mercure par un tube capillaire assez fin. Cette étroitesse empêche la colonne d'osciller sous l'influence des variations cardiaques de la pression du sang; aussi voit-on le mercure rester sensiblement fixe à un niveau qui exprime la valeur moyenne de la pression dans les artères. On peut, avec avantage, remplacer le tube capillaire par un robinet situé à la base de la colonne manométrique, ainsi que l'a fait Setschenow. Le manomètre ainsi modifié éteint, d'une manière plus ou moins complète à volonté, les saccades de la pression et arrive plus vite à son point d'équilibre.

Dans les cas où l'emploi du manomètre à mercure pourra être conservé, il est un mode d'inscription qui m'a semblé préférable à celui de Ludwig. On sait que le savant professeur de Leipzig se sert d'un flotteur qui accompagne les mouvements du mercure et qui porte à son extrémité une pointe écrivante. Or, l'emploi du flotteur exige qu'on trace les indications du manomètre sur un cylindre tournant dont l'axe soit vertical. C'est là une grande incommodité, surtout lorsqu'il faut inscrire en même temps un certain nombre de phénomènes. Au moyen d'un tambour à levier, on peut inscrire avec une facilité extrême les mouvements de la colonne de mercure. Voici comment on s'y prend:

On applique le tube de transmission par l'air en haut de la colonne manométrique, de sorte que le déplacement du mercure fait l'office d'un piston qui foulerait ou aspirerait l'air du tube manométrique jusque dans le tambour à levier.

La figure 131 montre un tracé obtenu de cette manière; il est en tout semblable à celui que donnerait le flotteur de Ludwig, mais obtenu dans des conditions plus faciles.

Pour rendre plus sensibles les indications de l'instrument, il faut adopter la forme de l'*hémomètre* de Guettet qui donne le maximum d'amplitude aux excursions de la colonne de mercure. En outre, il faut choisir un tube large pour servir de colonne manométrique, afin qu'un changement de niveau d'une certaine hauteur corresponde à un déplacement d'air suffisamment grand[1].

1. Toutefois il faut proportionner le volume du tube d'un manomètre à la taille de

Enfin, pour réduire autant que possible l'espace nuisible plein d'air qui sert à la transmission, on peut remplir d'eau la cavité du tambour à levier qui inscrit les oscillations manométriques.

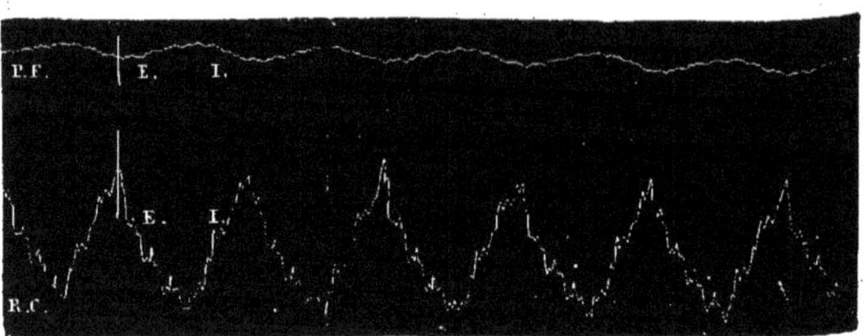

Fig. 131. P. F. Tracé de la pression du sang fourni par un manomètre à mercure et transmis à un tambour à levier. — R. C. Cœur et respiration (lapin).

Ce ne sont là que des moyens de perfectionner l'application du manomètre à mercure; on va voir quel genre d'appareil doit lui être substitué pour obtenir les tracés fidèles d'une pression qui présente de brusques changements.

Des manomètres élastiques.

Dès les premières expériences que je fis avec Chauveau sur la circulation du sang, je fus frappé de l'infidélité du manomètre à mercure, infidélité qui se prouve d'une manière indiscutable par l'expérience suivante :

Élevons à un certain niveau la colonne d'un manomètre à mercure en soufflant dans l'appareil, puis, cessant de souffler, laissons la colonne retomber de son poids. Le mercure ne s'arrêtera pas, comme il devrait le faire, au zéro de la graduation, mais oscillera un certain nombre de fois avant de s'y arrêter. C'est en supprimant cette colonne pesante animée de vitesse qu'on supprimera cet effet nuisible. Or, on peut toujours remplacer la pression d'un poids par la tension d'un corps élastique; c'est ce prin-

l'animal sur lequel on veut expérimenter. Pour une pression donnée, un manomètre loge dans son intérieur une quantité de sang proportionnelle à la section de sa colonne. De sorte que, prendre la pression artérielle d'un petit animal avec un manomètre de gros calibre, ce serait produire dans l'appareil une véritable hémorrhagie qui ferait tomber beaucoup la valeur de la pression à mesurer.

cipe qui a présidé à la construction de certains manomètres : le manomètre élastique de Bourdon, le manomètre à air comprimé, etc.

Le premier manomètre élastique dont je me sois servi est l'appareil que j'ai désigné sous le nom de *sphygmoscope* et dans lequel on fait arriver la pression du sang à l'intérieur d'une poche élastique en caoutchouc dont les différents degrés de dilatation s'inscrivent au moyen du tambour à levier.

Une construction spéciale n'est pas nécessaire pour avoir un bon sphygmoscope; on en trouve les éléments dans tous les laboratoires. La figure 132 montre la façon d'assembler ces différentes pièces.

A gauche de la figure, on voit un tube de verre gros et court

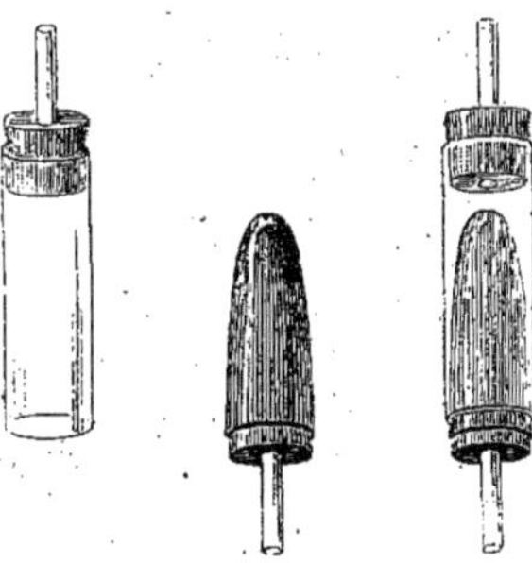

Fig. 132. Sphygmoscope, ou manomètre élastique à membrane de caoutchouc.

fermé à l'un de ses bouts par un bouchon de caoutchouc percé d'où sort un tube de verre.

Au milieu de la figure est la seconde pièce de l'appareil, formée d'un bouchon de caoutchouc traversé, comme le précédent, par un tube de verre et coiffé d'un doigtier de caoutchouc.

En introduisant la deuxième pièce dans la première, on obtient le sphygmoscope complet, tel qu'il est représenté à droite de la figure.

Après avoir rempli d'une solution alcaline et bien purgé d'air le doigtier de caoutchouc, on adapte à une artère le tube qui se rend dans son intérieur, puis on met en communication avec un tambour à levier l'autre tube qui communique avec l'intérieur du manchon de verre.

La fonction du sphygmoscope est très-simple; chaque augmentation de pression subie par le sang qui pénètre à l'intérieur de l'ampoule élastique déplace, en gonflant cette ampoule, une partie de l'air contenu dans le manchon de verre qui l'enveloppe. Ce déplacement d'air agit sur le tambour à levier comme cela se passe dans un grand nombre d'appareils déjà décrits. On peut écrire ainsi la pression du sang pendant un temps fort long sans que la coagulation arrive; on trouvera dans la partie technique l'indication des meilleurs moyens d'empêcher cet accident de se produire.

La figure 133 est un tracé des changements de la pression du

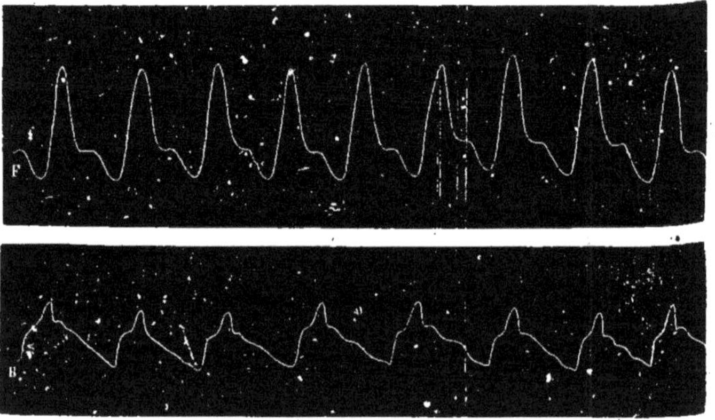

Fig. 133. Tracés des variations de la pression du sang chez le cheval, dans la carotide B et dans la faciale F.

sang dans les artères du cheval, recueillis avec le sphygmoscope.

Sur le même principe, nous avons construit des sondes exploratrices de la pression du sang dans les différentes cavités du cœur; ces appareils, qui sont décrits sous le nom de *sondes cardiaques* dans les comptes rendus des expériences de cardiographie (voir Technique), sont de véritables sphygmoscopes qui, au lieu de présenter l'élasticité de leur membrane à une force expansive intérieure, reçoivent cette pression du dehors, puisqu'elles plongent dans le milieu comprimé.

On peut varier de maintes manières la forme de ces manomètres élastiques, soit qu'on aille chercher par un tube la pression dans le milieu qu'il s'agit d'étudier et qu'on envoie cette pression à l'intérieur de l'ampoule élastique, soit qu'on la fasse agir à la surface de cette ampoule, comme dans les expériences de la cardiographie.

Frappé également des inconvénients du manomètre à mercure, Fick introduisit, en physiologie, l'emploi d'un manomètre élastique construit avec le tube métallique de Bourdon. Sous le nom de *Federkymographion*, cet auteur indique la disposition qu'il donne à l'appareil. Par suite des changements de pression qui existent à son intérieur, le tube métallique du manomètre change de courbure; ces mouvements sont amplifiés et inscrits par un levier, suivant les procédés ordinaires. Fick reconnut que, dans son appareil, il existait encore des effets de l'inertie se traduisant par des vibrations de la pointe écrivante; pour les combattre, il associa aux mouvements du levier inscripteur un petit piston qui oscille dans un cylindre plein d'huile, ce qui crée des résistances aux mouvements trop rapides.

Quoique préférable au manomètre à mercure, le manomètre de Fick est d'un emploi peu commode, surtout quand on doit le faire écrire en même temps que d'autres instruments. Le sphygmoscope, si facile à construire, me semble pouvoir le remplacer dans tous les cas. Toutefois, comme le sphygmoscope s'altère assez vite; comme, avec le temps, la force élastique de la membrane de caoutchouc qui le constitue peut changer, et que cet appareil est un peu difficile à graduer avec exactitude, j'ai adopté, dans ces derniers temps, une disposition nouvelle dont voici la description.

Manomètre métallique inscripteur.

A l'intérieur d'un vase métallique plat (fig. 134) est placée une capsule de baromètre anéroïde remplie de liquide et s'ouvrant au dehors par un tube qui traverse la paroi du vase enveloppant; ce tube se termine dans un flacon rempli de liqueur alcaline, au goulot duquel se rend un ajutage *a* muni d'un robinet. Un tube vertical de verre surmonte le vase qui enveloppe le manomètre, et par ce tube, on verse de l'eau jusqu'à ce qu'on ait rempli le vase et même la moitié du tube.

Si l'on fait agir une pression positive ou négative à l'intérieur de la capsule, on voit s'agiter le niveau de l'eau dans le tube de verre; l'appareil fonctionne comme un grand sphygmoscope dont une membrane de métal remplacerait la membrane de caoutchouc[1].

Enfin, pour inscrire les mouvements du manomètre métallique, on introduit dans le tube vertical où l'eau fait ses oscillations un bouchon de caoutchouc percé qui conduit l'air déplacé du grand

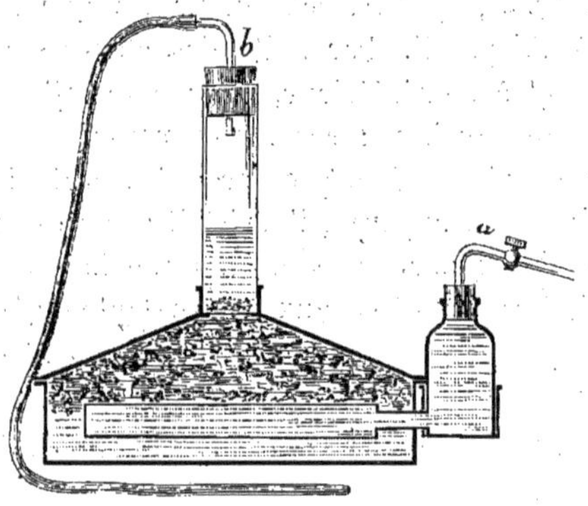

Fig. 134. Manomètre métallique.

tube, par un tube plus petit *b*, dans un tambour à levier inscripteur.

Les indications de cet instrument m'ont donné une satisfaction parfaite; c'est le dernier type de manomètre inscripteur auquel je me sois arrêté jusqu'ici.

Comme exemples des tracés recueillis avec le manomètre élastique inscripteur, on trouvera dans la figure 135 les courbes de la pression du sang dans l'artère carotide d'un lapin.

Je n'ai pas à discuter la valeur relative des différentes sortes de manomètres, en me basant sur la théorie des vibrations; je n'insisterai pas non plus sur le danger d'employer dans les appareils inscripteurs, des masses considérables susceptibles de se mouvoir avec vitesse; ce point de vue a été discuté ailleurs. On trouvera dans la partie Technique, un contrôle expérimental des

1. L'eau qu'on verse dans le vase-enveloppe est destinée à accroître la sensibilité de l'instrument en comblant l'espace trop vaste que l'air occuperait sans cela, ce qui éteindrait en partie le mouvement par suite de la compressibilité de l'air.

différentes sortes de manomètres. Pour cela, le mieux est de recourir à la méthode que Donders a employée avec beaucoup de succès dans le contrôle des appareils qui agissent sur le tam-

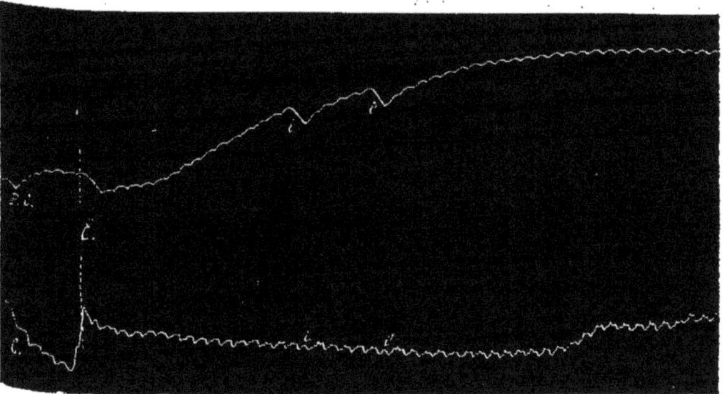

Fig. 135. P. C. Pression carotidienne du lapin recueillie avec le manomètre métallique (transmission par l'air). C. Pulsations du cœur.

bour à levier. Ce procédé consiste à faire agir sur chacun des appareils une pression connue d'avance, et à voir avec quelle fidélité chacun d'eux la traduit.

Applications.

C'est principalement à l'étude de la circulation du sang que s'appliquent les appareils manométriques dont la description vient d'être donnée. L'exposé détaillé des résultats obtenus à cet égard ne peut trouver place que dans un traité spécial, mais nous croyons devoir en donner un résumé succinct. Il est peu de cas où la pression d'un liquide à l'intérieur de conduits présente des variations plus nombreuses et plus compliquées, et par conséquent on ne saurait choisir un meilleur exemple pour montrer les avantages des appareils inscripteurs dans les problèmes d'hydrodynamique.

Pour comprendre les variations de la pression du sang dans les vaisseaux et dans le cœur, il n'est pas besoin d'être anatomiste. Tout le monde sait que le sang traverse tour à tour deux circuits : l'un qui le conduit à travers tous les organes du corps, c'est la grande circulation; l'autre qui traverse seulement le poumon, c'est la petite circulation. Dans chacun de ces deux circuits, le sang traverse des organes semblables : un cœur, qui le pousse dans un système artériel ramifié ; des capillaires, qui terminent les voies artérielles et qui conduisent le sang dans l'intimité du tissu de tous les organes, et enfin des veines qui, nées par des origines très-ténues des vaisseaux capillaires, convergent et se réunissent pour former des troncs de plus en plus gros à travers lesquels le sang revient au cœur.

Dans son trajet circulaire, le sang, contenu dans des espaces à parois élastiques, est soumis à une pression variable, mais toujours décroissante depuis le ventricule du cœur d'où il est chassé par un effort puissant des parois musculeuses, jusqu'à l'oreillette, où il revient après avoir perdu en chemin toute la pression initiale dépensée contre la série d'obstacles qu'il a rencontrés[1].

C'est à travers ces décroissances successives que nous suivrons la pression du sang au moyen des manomètres inscripteurs. Dans le cœur, d'abord, nous plongerons des sondes manométriques[2] qui, soumises à la même pression que le sang dans lequel elles baignent, la transmettront plus ou moins loin à un tambour à levier inscripteur. Ces mêmes sondes pourront être introduites à l'intérieur de gros troncs artériels, si l'on opère sur de grands animaux comme le cheval ou le bœuf. Enfin, dans les artères de plus petit calibre, quand on ne peut plus introduire dans le vaisseau l'appareil explorateur de la pression, on procède d'une manière inverse, et l'on fait arriver le sang de l'artère dans l'appareil manométrique suivant l'ancien procédé de Hales et de Poiseuille, depuis longtemps classique en physiologie.

Expérience manométrique sur le cheval.

On constate que, dans le ventricule, la pression passe par des degrés extrêmes, s'élevant parfois à 20 ou 25 centimètres de mercure pendant l'effort du muscle cardiaque, et tombant à

1. Cette diminution de pression correspond à ce que les hydrauliciens appellent *perte de charge* des liquides dans les conduites; la perte est proportionnelle aux longueurs et aux racines carrées des sections des conduites.

2. Pour la description de ces instruments, voir IVe partie, chap. II.

zéro et parfois au-dessous[1] dans les phases de relâchement du muscle.

Dans les grosses artères, la pression est identique à celle du ventricule, au moment où le sang sort du cœur; mais, pendant le relâchement du cœur, la pression artérielle ne subit pas la chute profonde qui vient d'être signalée pour le ventricule; cela tient à l'existence de soupapes ou valvules qui empêchent le sang artériel de rétrograder dans le cœur. Le sang est donc poussé dans un système de conduits élastiques, d'où il ne peut s'écouler que graduellement, par les voies étroites et lointaines du système capillaire.

L'identité de la pression maximum du sang dans les artères et dans le ventricule se prouve expérimentalement de la manière suivante : on introduit par l'artère carotide d'un cheval une sonde manométrique qui, traversant l'aorte, pénètre dans le ventricule gauche[2]. En faisant passer la sonde du ventricule dans l'aorte et réciproquement, on obtient des indications comparatives de la pression dans ces deux points du système circulatoire, indications d'autant plus sûres qu'elles sont faites au même instant et avec le même instrument.

Rapports de la pression ventriculaire gauche à la pression aortique.

Voici les détails de cette expérience qui est d'une importance capitale en physiologie :

Deux sondes cardiaques de même sensibilité étaient plongées l'une dans le ventricule gauche (elle avait passé par la carotide et l'aorte), et l'autre dans l'aorte. La première donnait (fig. 136) le tracé n° 1, la seconde le tracé n° 2 que j'ai souvent désigné sous le nom de pouls aortique. Vers le milieu de l'expérience, on retire la sonde ventriculaire; on voit alors la pression s'élever soudainement en *a*, ce qui provient de ce que, d'un ventricule relâché où la pression est presque nulle, la sonde passe dans l'aorte où le sang,

1. Cette chute au-dessous de zéro tient à l'aspiration que l'élasticité pulmonaire produit dans la poitrine; on la constate au moyen de la *sonde à pressions négatives*, dont il sera question plus tard.

2. Cette sonde peut s'engager à travers les lèvres de la valvule sans en troubler la fonction.

retenu par les valvules sigmoïdes, garde une pression élevée qui ne décroît que lentement par l'écoulement qui se fait à travers les petits vaisseaux.

La pression aortique se relève au moment *b* jusqu'en *c*, par suite d'une nouvelle arrivée de sang du ventricule. Une courbe ponctuée, rappelant les différentes variations de la pression du ventricule gauche, montre que la pression est sensiblement la même dans le ventricule et dans l'aorte pendant les maxima de l'effort systolique du ventricule, tandis que, dans ces deux régions, elle diffère beaucoup pendant la phase diastolique du ventricule.

Cette différence et cette ressemblance alternatives entre les

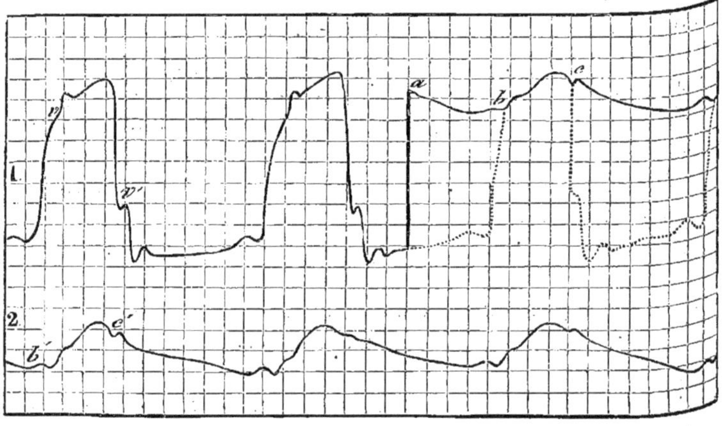

Fig. 136. Comparaison de la pression du sang dans la ventricule gauche et dans l'aorte.

pressions cardiaque et artérielle proviennent, avons-nous dit, de ce que l'aorte et le ventricule sont tantôt en large communication, tantôt entièrement séparés l'un de l'autre par les valvules sigmoïdes. C'est ainsi que, dans le cylindre d'une pompe, la pression peut être très-fortement négative pendant que le cylindre s'emplit, tandis que le conduit qui en émane garde toujours une pression positive, grâce à la soupape qui le ferme au moment de l'aspiration. Dans l'instant où la pompe chasse le liquide dans le tube, la pression est positive, aussi bien dans le cylindre que dans le tuyau, parce que ces cavités sont en large communication l'une avec l'autre.

Enfin, si l'on compare avec plus de rigueur le niveau de la pression cardiaque et celui de la pression aortique au moment où ces deux cavités communiquent entre elles, on constate que toujours la pression artérielle est un peu inférieure à celle du ventricule. C'est une condition nécessaire pour que le sang passe du cœur dans les vaisseaux, car la loi générale est, que les liquides se meuvent toujours d'une pression plus forte vers une pression plus faible.

Variations rhythmées de la pression du sang dans les artères.

Dans le système artériel, la pression du sang oscille, mais à un degré moindre que dans le ventricule. Si les maxima sont presque les mêmes de part et d'autre, comme le montre la figure 136, il n'en est pas ainsi des minima qui ne tombent jamais à zéro dans les artères, parce que l'écoulement du sang à travers les capillaires dans le système veineux se fait lentement, et que le cœur envoie, à chaque instant, une ondée nouvelle pour réparer la diminution de pression qui s'est produite.

Dans ses oscillations, la pression artérielle ne tombe donc jamais au-dessous d'un certain minimum, qui change du reste suivant l'état de la circulation. C'est ce qui a fait admettre par les physiologistes deux éléments dans la pression artérielle : l'élément constant et l'élément variable[1]. La pression constante correspond à la partie de l'échelle manométrique qui s'étend entre le zéro et les minima des oscillations (PC, fig. 137); la pression variable PV s'étend au contraire entre les minima et les maxima des oscillations.

Les physiologistes avaient déjà signalé de grandes différences dans l'amplitude des oscillations du manomètre appliqué aux artères. En comparant entre eux un grand nombre de tracés recueillis dans des conditions diverses et sur des animaux différents, j'ai constaté qu'il existe une relation inverse entre la valeur de la pression constante et celle de la pression variable, autrement dit que plus la pression constante est élevée, plus les variations sont faibles, et réciproquement.

La cause de ce phénomène est la suivante : la force du cœur est

1. On appelle quelquefois la première, pression artérielle, et la seconde pression cardiaque.

limitée comme celle de tout muscle; il s'ensuit que la pression artérielle est limitée elle-même dans les maxima produits par l'impulsion du cœur; d'autre part, l'écoulement du sang à travers les vaisseaux capillaires est éminemment variable[1] : ce qui fait que pendant l'intervalle de deux ondées lancées par le cœur, la première tombera plus ou moins bas, suivant que l'écoulement sera plus ou moins facile, ou suivant que le temps qui sépare les deux ondées sera plus ou moins long.

Quelle que soit la cause qui ait fait tomber très-bas la pression du sang dans l'intervalle de deux impulsions ventriculaires, la

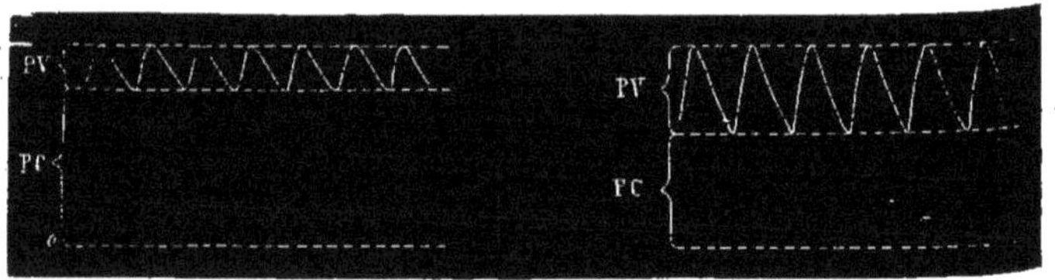

Fig. 137. Montrant que l'amplitude des variations de la pression diminue quand la pression constante est grande, et inversement.

variation sera d'autant plus grande que les minima de l'oscillation sont partis de plus bas.

Avec des maxima fixes on aura donc, suivant le cas, l'un ou l'autre des types représentés dans la figure 137; dans l'un, les oscillations seront petites; dans l'autre, elles seront grandes. Dans le premier, la pression constante sera grande; dans le second, elle sera faible. C'est là le rapport inverse dont nous parlions tout à l'heure[2].

1. Cette variabilité tient à l'augmentation ou à la diminution du diamètre de ces vaisseaux, sous l'influence du relâchement ou de la contraction de leur tunique musculaire.

2. Il ne serait pas absolument exact de dire que le cœur a une force maximum rigoureusement constante; mais comme cette force impulsive du sang varie beaucoup moins que la résistance que les petits vaisseaux présentent à l'écoulement, les choses tendent à se passer de la façon qui vient d'être indiquée.

Décroissance de la pression dans le système vasculaire.

Quand on suit la pression du sang d'un bout à l'autre du système vasculaire, on constate qu'elle décroît suivant les lois ordinaires de l'hydraulique. Ces lois établies par Bernouilli ont été déterminées pour des conditions beaucoup plus simples. Elles montrent (fig. 138) que dans un tube également calibré, la pression décroît régulièrement suivant qu'on s'éloigne de la source de pression. Mais si le tube change de calibre aux différents points de sa longueur, ou si, pour une cause quelconque, la résistance à l'écou-

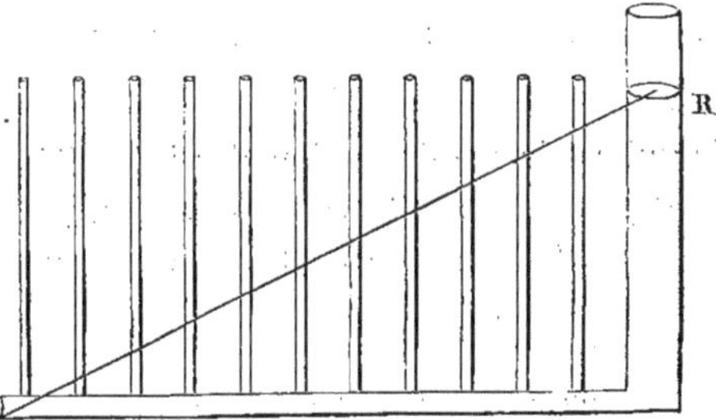

Fig. 138. Décroissance graduelle de la pression dans les conduits de calibre uniforme.

lement du sang varie en différents points, la pression se répartira suivant une loi plus compliquée ; c'est ce qui arrive pour la circulation du sang.

Au lieu d'un tube uniforme, prenons un tube à calibre variable comme dans la figure 139. Nous verrons que la pression ne décroît rapidement que dans les passages qui, par leur étroitesse, offrent une grande résistance et nous comprendrons que dans les artères volumineuses A elle ait pu paraître uniforme tant elle décroît faiblement, que dans les capillaires C, elle soit très-brusquement décroissante et que dans les veines V, elle soit presque réduite à zéro.

Cette décroissance de la pression dans les différents points de l'arbre vasculaire est accompagnée d'un autre phénomène : *l'uniformisation* de la pression sous l'influence de l'élasticité artérielle Cet effet est du même ordre que celui qui se produit dans les pompes à incendie, où l'action d'un réservoir à air transforme en un jet continu l'action saccadée du piston. On verra plus loin

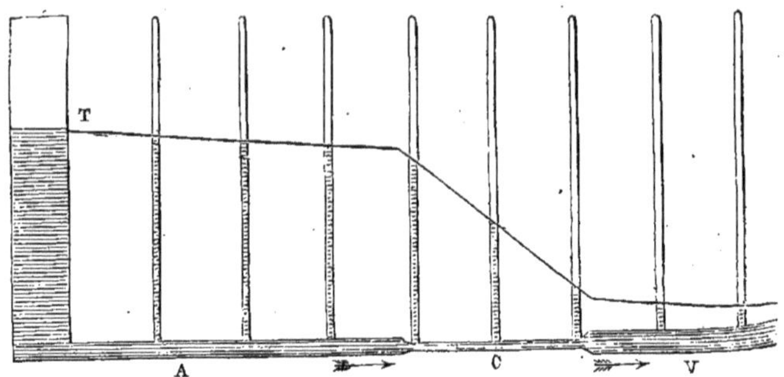

Fig. 139. Décroissance irrégulière de la pression dans les conduits irrégulièrement calibrés.

que le pouls qui est la manifestation des inégalités saccadées de la pression du sang dans les artères diminue, puis disparaît, à mesure qu'on observe un vaisseau plus éloigné du cœur.

Mesure manométrique des forces respiratoires.

Les manomètres inscripteurs s'appliquent également à la mesure des pressions que l'air éprouve dans les conduits respiratoires. Ces instruments déterminent les maxima de pression positive qu'un homme peut développer dans un effort d'expiration en soufflant dans un manomètre; ils mesurent la force d'aspiration qui résulte de l'ampliation de la poitrine ; l'effort d'insufflation que peut fournir la contraction de la cavité buccale, etc.

Pression dans la cavité de la plèvre; mesure de l'élasticité du poumon.

Mis en rapport avec la cavité de la plèvre, suivant la méthode de Donders, les manomètres mesurent la valeur du vide pleural, autrement dit la force de retrait du poumon[1]. Dans l'intestin, ils

1. Voyez Donders, *Physiologie* des Menschen, p. 414. Leipzig, 1859

servent à évaluer la pression à laquelle sont soumis les liquides et les gaz et donnent, en certains cas, la mesure de l'effort de contraction des parois intestinales.

Appliqués aux conduits excréteurs, les manomètres ont fourni à Ranvier la mesure de la force avec laquelle sont expulsés les produits de la sécrétion.

Inscription des variations de la pression atmosphérique.

Un baromètre est entièrement assimilable aux appareils manométriques dont on a parlé précédemment. Dans le baromètre à mercure, réduit à ce qu'il a d'essentiel, la pression atmosphérique

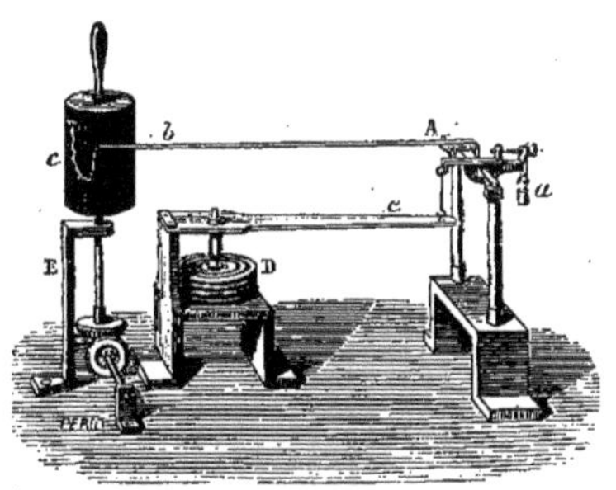

Fig. 140. Baromètre métallique inscripteur de Bréguet.

agit sur l'une des branches d'un tube en U et fait monter le niveau à une hauteur variable dans l'autre branche, qui n'est pas soumise à l'influence de cette pression, de sorte que, à tout instant, il y ait équilibre entre la pression de l'air et le poids d'une colonne de mercure. Dans le court historique sur les appareils inscripteurs que nous avons donné précédemment, on a vu que depuis longtemps le problème d'inscrire les variations du baromètre est résolu; le nombre des appareils destinés à cet usage est aujourd'hui considérable; il ne s'agit plus que de les perfectionner.

Au point de vue de la précision de ses indications, le baromètre à mercure semble préférable, puisque son échelle est rigoureusement proportionnelle aux pressions qu'il mesure. Mais il peut y avoir avantage à choisir un instrument plus rapide dans ses indications, soit qu'on veuille rechercher si de brusques changements ne se produisent pas dans la pression atmosphérique, soit qu'on veuille inscrire des variations rapides de la pression dans une enceinte fermée.

Pour inscrire ces variations rapides, il faut recourir aux baromètres élastiques. Les instruments basés sur le système de Vidi ou sur celui de Bourdon remplissent les conditions voulues.

La figure montre un baromètre dans lequel une caisse anéroïde de Vidi porte un levier inscripteur. Les changements de volume de cette caisse, plus ou moins comprimée par la pression atmosphérique, actionnent le levier dont la pointe écrivante trace sur un cylindre tournant les courbes des changements de la pression atmosphérique

CHAPITRE III.

INSCRIPTION DES CHANGEMENTS DE PRESSION EXPLORÉS A L'EXTÉRIEUR.

Importance, au point de vue des applications médicales, des appareils qui n'exigent pas de mutilation.—La pression du sang d'une artère se mesure par la contre-pression nécessaire pour la surmonter; théorie du pouls. — Inscription du pouls; sphygmographe direct; sphygmographe à transmission. — Mesure absolue de la pression dans les artères de l'homme, d'après la contre-pression extérieure qui lui fait équilibre.

Pulsation du cœur; explorateurs appropriés aux différents animaux : grenouille; mammifères de grande taille; petits mammifères.

Mesure de la pression dans le cœur par une contre-pression dans le péricarde. — Mesure de la pression du sang par le changement de volume des organes.

La précision même des résultats que l'emploi du manomètre fournit en physiologie fait souhaiter qu'on puisse transporter à l'homme les résultats si faciles à obtenir sur les animaux. Il faudrait disposer d'une sorte de manomètre qui n'exigeât pas de mutilation. Cet appareil existe; il y a même plusieurs sortes d'instruments qui permettent de mesurer sur l'homme la pression du sang artériel, ou du moins les variations qu'elle éprouve sous certaines influences. Les sphygmographes ou inscripteurs du pouls, ainsi que les appareils dont il sera question page 290 et qui traduisent par des courbes les changements de volume des organes, sont d'excellents inscripteurs des variations de la pression du sang dans les vaisseaux.

Pour prouver que c'est bien la pression artérielle qui, par ses variations, produit les phénomènes pulsatiles dans les tissus vasculaires, je dois revenir, en quelques mots, sur la théorie du pouls, théorie qui a été pendant longtemps discutée et sur laquelle, peut-être, n'est-on pas entièrement d'accord aujourd'hui. Voici la définition que je donnais de ce phénomène en 1861 : *Le pouls est la sensation que le doigt éprouve des changements de la pression du sang dans les artères ;* et plus loin : *Pour avoir conscience des changements de pression, il faut déformer le calibre du vaisseau : faire perdre à l'artère sa forme cylindrique grâce à laquelle tous les points de sa paroi offrent une égale résistance à la pression intérieure exercée par le sang.* Ainsi, dans la palpation du pouls, la pression du doigt qui déprime l'artère se substitue à la force élastique de la paroi du vaisseau et lutte contre la pression du sang

Cette définition s'applique également à la *pulsation du cœur* [1] qui tient, en grande partie du moins, au durcissement subit qu'éprouve cet organe au moment où il se resserre sur le sang qu'il renferme et le soumet à une pression énergique. Ainsi, c'est à la souplesse des parois des vaisseaux et à celle des cavités du cœur, que l'on doit de pouvoir constater aisément le plus ou moins de pression auquel y est soumis le sang et d'éprouver une sensation tactile de poussée plus ou moins énergique, tout à fait correspondante à ce que le manomètre nous révèle dans les changements qu'éprouvent la pression artérielle et la pression intracardiaque.

Ce n'est pas ici le lieu de rappeler par quelles phases diverses a passé l'invention du sphygmographe. J'ai essayé de tracer l'historique de cette question [2] et de montrer qu'un bon inscripteur du pouls doit réaliser les mêmes conditions qui ont été décrites ci-dessus à propos des manomètres élastiques. En effet, c'est la force élastique d'un ressort qui doit déprimer les parois du vaisseau ; en outre, dans les organes qui transmettent, amplifient et inscrivent le mouvement que le pouls imprime au ressort élastique, il faut éviter tout ce qui ferait naître des oscillations propres, capables de déformer le tracé [3].

Depuis mes premières publications sur ce sujet, j'ai donné au sphygmographe une forme nouvelle qui assure encore mieux la fidélité de ses indications. Je rends le levier léger qui inscrit les pulsations artérielles absolument solidaire du ressort qui presse sur l'artère. De cette façon, il est impossible, quelle que soit la vitesse avec laquelle il est agité, que le levier inscripteur aban-

1. Voyez *Travaux du labor.*, 1re année, p. 57.
2. *Physiol. méd. de la circulation*, p. 168.
3. *Ibid.*, p. 178.

donne les organes qui lui transmettent le mouvement et soit projeté plus haut qu'il ne devrait l'être réellement.

Je me borne à représenter figure 141 cette nouvelle disposition

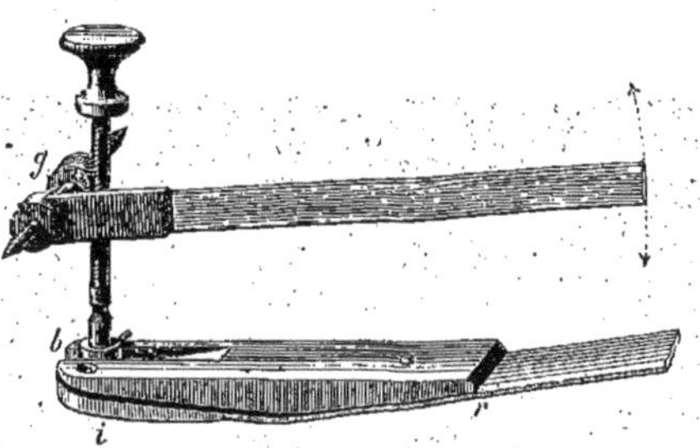

Fig. 141. Disposition nouvelle du ressort et du levier du sphygmographe : *i*, plaque d'ivoire qui appuie sur l'artère avec une pression qui dépend de la tension du ressort *r*; *b*, vis verticale qui, au moyen d'un mouvement de bascule, s'applique contre un galet *g* avec lequel elle engrène, de manière à entraîner le levier inscripteur.

par laquelle une vis reliée au ressort de pression vient s'enfoncer dans la gorge d'une poulie molletée à laquelle elle imprime, à chaque pulsation artérielle, une rotation d'un certain nombre de degrés ; c'est ce mouvement que le levier amplifie et inscrit.

La figure 142 montre le sphygmographe appliqué sur le poignet

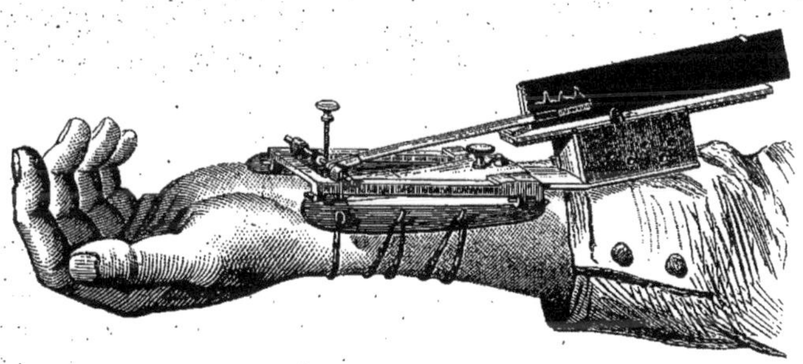

Fig. 142. Sphygmographe direct inscrivant le tracé du pouls.

t inscrivant les pulsations de l'artère radiale. Enfin, la figure 143 représente un tracé fourni par cet instrument, dans les conditions de santé, sous l'influence d'un *effort*.

Ce que traduit le sphygmographe, c'est la façon dont la pression varie dans une artère, abstraction faite de la valeur absolue de ces variations et de la valeur moyenne de la pression du sang dans le vaisseau. Les tracés du pouls sont de même ordre que ceux de la pression artérielle inscrits avec un manomètre élastique.

L'identité des deux sortes de tracés devient évidente lorsqu'on

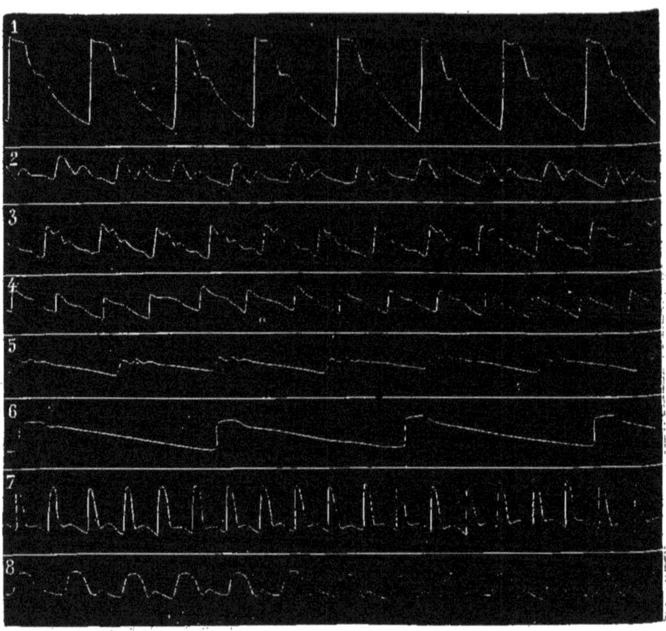

Fig. 143. Tracés du pouls obtenus avec le sphygmographe direct.

compare la courbe du pouls radial à celle qu'une artère de moyen calibre du cheval fournit au manomètre élastique.

Ainsi, le sphygmographe fournit les mêmes indications qu'un manomètre élastique; il renseigne sur les variations que subit la pression du sang dans les artères. Mais n'y a-t-il pas moyen de graduer les indications du sphymographe? Ne peut-on pas savoir quelle est la valeur absolue de la pression du sang dans les artères d'un homme?

Cette préoccupation semble avoir tourmenté beaucoup certains médecins qui ont adopté l'usage du sphygmographe et qui, reconnaissant la supériorité des tracés du pouls sur les impressions tactiles, ont cru que l'instrument pouvait donner plus encore; ils lui ont demandé aussi la valeur absolue de la pression du sang, d'après le degré de contre-pression que le ressort doit développer pour donner le tracé du pouls avec le maximum d'amplitude. Plusieurs médecins praticiens firent construire des vis graduées destinées à exprimer le degré de tension qu'elles donnent au ressort, et, d'après cette tension, croyaient mesurer la pression du sang. Ces tentatives ne peuvent donner aucun résultat. En effet, l'effort que le sang exerce contre le ressort de l'instrument ne tient pas seulement à l'intensité de la pression à laquelle le sang est soumis à l'intérieur du vaisseau, il tient encore à l'étendue de la paroi vasculaire sur laquelle agit cette pression sanguine, c'est-à-dire à la grosseur du vaisseau exploré.

Sur un même sujet, la pression sera sensiblement la même dans toutes les artères, mais elle produira un plus grand effort sur les plus gros vaisseaux et nécessitera une pression plus grande du sphygmographe pour déprimer la paroi artérielle et manifester le phénomène du pouls. C'est ainsi que les deux radiales d'un même sujet, explorées toutes deux au même instant, peuvent ne pas nécessiter la même pression du ressort du sphygmographe : les deux radiales peuvent en effet avoir un calibre différent. Est-ce à dire que la pression n'est pas égale dans toutes deux? Et quand un anévrysme résiste à une contre-pression de plusieurs kilogrammes, tandis que 100 grammes suffisent à aplatir l'artère radiale du sujet porteur de la tumeur, est-ce à dire que la pression du sang soit plus grande dans la poche que dans le vaisseau?

Depuis quelques années plusieurs auteurs ont proposé de nouveaux sphygmographes; quelques-uns de ces instruments ne sont que des variantes de celui que j'ai imaginé, il en est même où le mode d'inscription seul est changé, la photographie étant substituée à l'emploi d'un style traceur[1]. D'autres appareils ont été construits dans le but de simplifier le sphygmographe, de le rendre plus portatif ou plus facile à appliquer[2].

J'ai moi-même essayé de plusieurs dispositions pour faire que les indications du sphygmographe puissent se transmettre à distance et s'inscrire concurremment avec d'autres mouvements.

1. Stein. *Das Licht*, 1877, et Berlin Klinick Wochensch., 1876, n° 12. — Winternitz et R. Ultzmann Barl. Klin. Woch., 1876, n° 51.
2. Voir la liste des sphygmographes proposés par différents auteurs (Technique).

Voici l'une de celles que j'ai adoptées pour transmettre par des tubes à air les indications du sphygmographe.

Sphygmographe à transmission.

La monture ordinaire est conservée; on la voit dans la figure 144 appliquée sur le poignet. La vis verticale qui, reliée au ressort de pression, reçoit les mouvements du pouls, au lieu de s'engrener à la façon ordinaire avec l'axe du levier in-

Fig. 144. Sphygmographe à transmission.

scripteur, s'engrène avec une pièce basculante qui actionne la membrane d'un tambour à air. Ce tambour explorateur du pouls est relié par un tube avec un tambour inscripteur. L'inspection de la figure montre comment le soulèvement du ressort et de la vis agissent, par un mouvement de sonnette, pour comprimer la membrane du premier tambour, ce qui fait soulever le levier du second. Dans l'emploi de cet appareil, il faut donner aux membranes de caoutchouc de l'un et de l'autre tambour une tension très-faible et diminuer, autant que possible, les frottements du levier sur le papier. Sans ces précautions, la pulsation inscrite serait très-affaiblie.

On obtient, avec le *sphygmographe à transmission*, des tracés d'une longueur indéfinie, si l'on écrit en spirale sur un cylindre de grande longueur. On peut, en outre, inscrire la pulsation artérielle en même temps que celle du cœur, ce qui fournit des éléments de comparaisons très-importants entre les formes de ces deux sortes de pulsations. Enfin, comme l'appareil inscripteur est distinct de l'explorateur, le sujet en expérience a la liberté de prendre toutes les attitudes possibles pendant que le tracé s'inscrit.

Ainsi, quand on élève le bras sur lequel est placé un sphygmographe à transmission, la pesanteur qui agit en sens inverse du cours du sang produit une diminution de la pression dans l'artère explorée. Inversement, si le bras est abaissé et la main pendante, la pression sera élevée dans le vaisseau. Dans ces conditions alternativement contraires, la pesanteur d'une colonne de sang ayant la longueur du bras s'ajoute à la pression développée par l'effort du cœur, ou se retranche de cette pression.

Mesures de la pression absolue du sang dans les artères de l'homme.

Tous les sphygmographes ne donnent qu'une mesure relative de la pression du sang artériel et des variations si rapides qu'elle présente à chaque instant; ils diffèrent en cela du manomètre à mesure qui, mis en communication directe avec le sang des vaisseaux, en indique la pression d'une manière absolue.

Or il est possible d'avoir une mesure au moins approchée de la pression du sang dans les artères humaines[1].

Cette mesure s'obtient d'après la contre-pression extérieure qui suffit pour empêcher le sang d'aborder dans l'intérieur d'un organe. Il est clair que si tout afflux du sang dans un membre est empêché par une contre-pression s'exerçant à sa surface, c'est que la pression du sang, même dans les maxima correspondant à la systole du ventricule, est inférieure à la contre-pression qui tend à effacer le calibre des vaisseaux (voir, pour les détails de cette méthode, Technique, chap. VII).

1. Voir pour les détails théoriques et expérimentaux, *Travaux du labor.*, 1876, p. 309 et suiv.

Mesure de la pression intra-cardiaque par une contre-pression dans le péricarde.

Le docteur François-Franck a fait, dans mon laboratoire, des expériences desquelles il résulte que du liquide injecté dans le péricarde comprime extérieurement les cavités du cœur et, les empêchant de se remplir, arrête la fonction cardiaque. La compression agit d'abord sur la partie du cœur où la pression est la plus basse, c'est-à-dire sur les oreillettes, qui s'affaissent aussitôt que la pression intra-péricardique a atteint la valeur de 2 centimètres de mercure; à ce moment, le cœur cesse d'envoyer du sang dans les artères, mais cet arrêt n'est que passager, car le sang qui revient par le système veineux élève graduellement la pression dans l'oreillette, et bientôt, malgré la contre-pression, le cœur reprend ses mouvements. Qu'on élève davantage la pression dans le péricarde, et l'arrêt du cœur se reproduira de nouveau. François-Franck entreprend en ce moment des expériences dans le but d'étudier le mécanisme de la mort dans les hémorrhagies intra-péricardiques. Il constate que la mort survient plus ou moins vite suivant l'importance de l'hémorrhagie et le temps que le sang met à atteindre dans le péricarde une pression égale à celle du sang dans les oreillettes.

Inscription de la pulsation du cœur.

La pulsation du cœur est surtout produite par un durcissement de cet organe qui indique une augmentation de la pression à l'intérieur des ventricules. Ainsi, étudier la pulsation du cœur, c'est explorer, de l'extérieur de cet organe, les changements de la pression du sang à son intérieur.

Divers appareils servent à recueillir la pulsation du cœur. Sur l'homme, j'emploie des explorateurs de formes variées, parmi lesquels je donne la préférence à celui que je nomme *explorateur à tambour* (voir Technique).

Les figures 145 et 146 montrent des types des tracés de la pulsation du cœur recueillis sur l'homme et sur les animaux.

On reconnaît dans la figure 145 la pulsation du cœur du chien

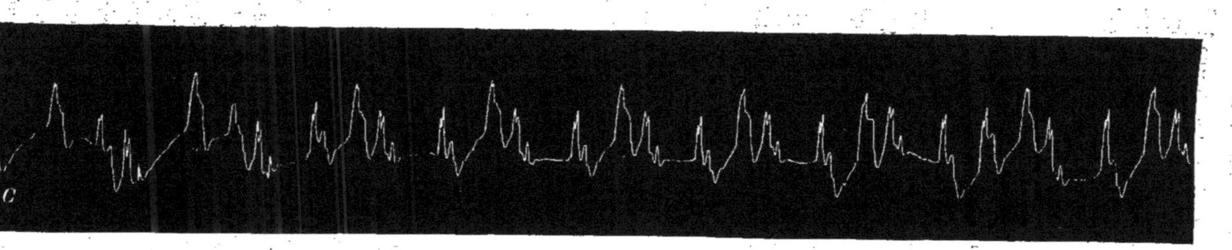

Fig. 145. Pulsations du cœur d'un chien offrant des irrégularités rhythmées avec la respiration. (Héliogravure.)

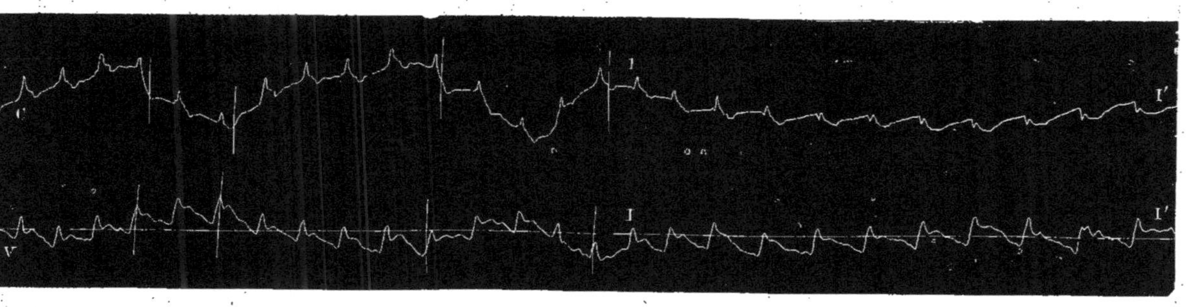

Fig. 146. C, pulsation du cœur de l'homme : V, changements du volume de la main. Au milieu de la figure, les mouvements respiratoires sont arrêtés un instant en inspiration ; de I en I on voit se modifier la forme des pulsations cardiaques qui deviennent négatives. (Héliogravure.)

et ses irrégularités rhythmées avec la respiration. La figure 146 correspond à la pulsation du cœur de l'homme ; à la partie moyenne du tracé, on remarque un changement dans la forme des pulsations sous l'influence d'un arrêt respiratoire en inspiration (voir Cardiographie humaine, Technique.

Pulsation du cœur chez les petits animaux.

Pour inscrire la pulsation du cœur de la grenouille, on emploiera avec succès une sorte de pince à cuillerons (fig. 147); on saisit la masse ventriculaire entre les mors de la pince, qui en s'ouvrant et se fermant fait mouvoir un levier inscripteur.

Enfin, chez les petits mammifères, lapin, cobaye, etc., on inscrit fort bien la pulsation du cœur avec l'appareil représenté figure

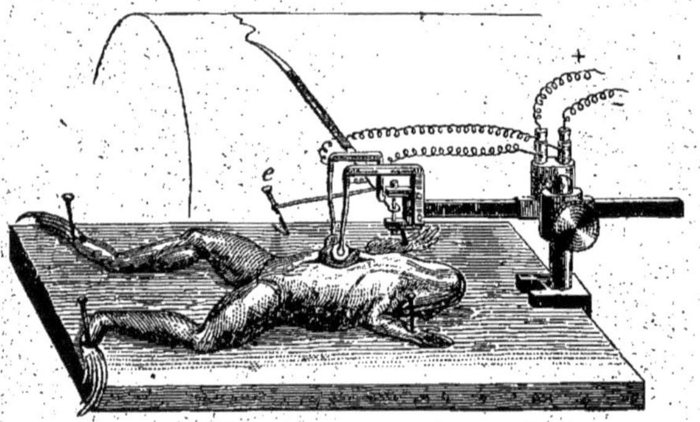

Fig. 147. Pince cardiaque, ou myographe du cœur de la grenouille.

148. Ce sont deux tambours dont la membrane est soulevée par des ressorts-boudins. Ces deux tambours, articulés au moyen d'une charnière, s'ouvrent tous deux dans un tuyau en Y dont la branche terminale aboutit à un tambour à levier. On recueille ainsi, dans un même tracé, la somme des pulsations explorées par les deux tambours. En effet, chez les petits mammifères dont il vient d'être parlé, le cœur occupe une situation à peu près médiane, dans l'angle dièdre situé au-dessus du sternum. On place l'explorateur de façon que la charnière s'applique sur la ligne médiane, le thorax de l'animal remplissant l'espace représenté par une ellipse ponctuée, figure 148; on a soin que le cœur soit saisi

entre les deux tambours explorateurs comme entre les mors d'une pince. Un lien jeté autour du corps de l'animal et fixé par un bout à chacun des tambours, au moyen d'un crochet, assure la

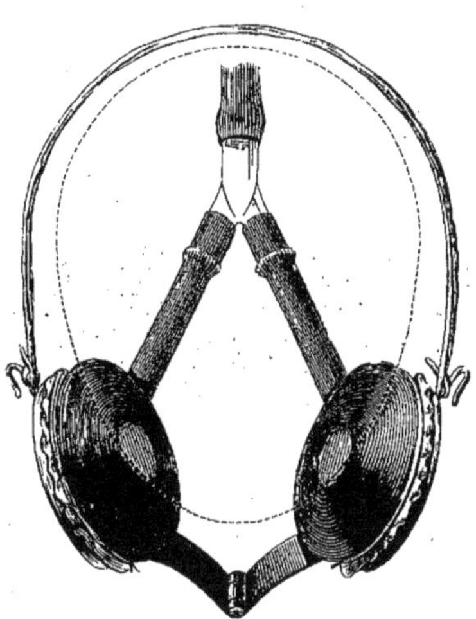

Fig. 148. Explorateur à deux tambours conjugués pour la pulsation cardiaque de petits animaux.

bonne adaptation de l'appareil. La figure 149 montre un exemple de ces tracés.

Avec cet explorateur, j'ai pu écrire pendant des heures entières les pulsations du cœur d'un lapin, ce qui permet d'assister à tou-

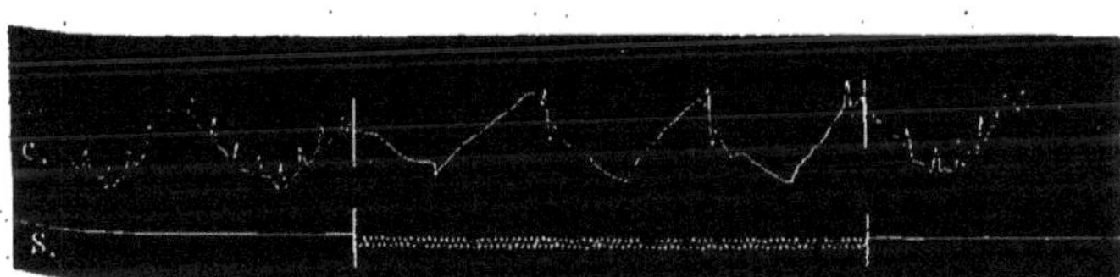

Fig. 149. C Pulsations du cœur d'un lapin, avec courbes respiratoires recueillies sur un cylindre à rotation lente. Effets de l'excitation du bout périphérique d'un pneumogastrique coupé (ligne S).

tes les transformations que la pulsation cardiaque subit sous différentes influences.

Enfin, grâce à l'existence de deux explorateurs situés l'un ne face du cœur droit, l'autre en face du cœur gauche, on peut recueillir isolément la pulsation de chaque moitié du cœur. Il suffit pour cela de comprimer la branche du tube en Y qui correspond au côté du cœur dont on ne veut pas inscrire la pulsation. Malgré la solidarité des deux cœurs, on constate, à l'état normal, une différence assez sensible entre la pulsation des deux ventricules. Il est probable que, dans certains troubles de la circulation pulmonaire, on verrait la différence de ces deux pulsations s'accuser davantage.

La figure 149 représente le tracé du cœur d'un lapin recueilli sur un axe lent; la figure 150 le montre inscrit sur un axe rapide. On

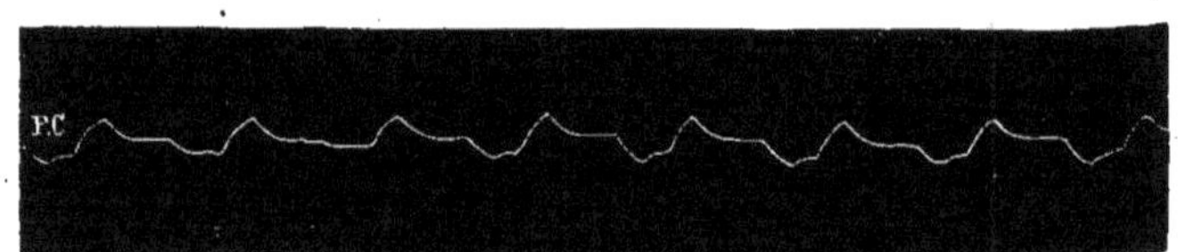

Fig. 150. Pulsations du cœur d'un lapin recueillies sur un cylindre à rotation rapide, 0,042mm par seconde.

choisit l'une ou l'autre de ces vitesses de rotation du cylindre, suivant qu'on veut obtenir la pulsation très-détaillée, ou qu'on veut, pendant longtemps, en suivre les modifications.

Ces différents explorateurs de la pulsation cardiaque se rapprochent beaucoup de l'appareil déjà décrit plus haut sous le nom de *sphygmographe* à transmission. Ce dernier appareil, lorsqu'il inscrit les tracés du pouls, en même temps qu'un explorateur du cœur recueille les pulsations cardiaques, permet de faire d'utiles rapprochements entre les caractères de ces deux sortes de phénomènes si intimement liés l'un à l'autre.

Inscription des changements de volume des organes.

Autant les procédés de la géométrie sont d'un emploi difficile pour mesurer le volume d'un solide de forme compliquée, autant les procédés expérimentaux présentent de simplicité, de rapidité et de certitude. Plonger un corps dans l'eau et mesurer le volume du liquide déplacé, telle est l'essence de cette méthode dont l'invention appartient à Archimède. La physique moderne s'est enrichie de procédés qui permettent de mesurer avec une assez grande rigueur le volume d'un corps qu'on ne peut pas plonger dans l'eau. Les procédés de Say et de Regnault ont rendu de grands services; ils sont basés sur le principe suivant :

Étant connue la capacité d'une enceinte pleine d'air, on fait varier cette capacité d'une quantité également connue et on note l'élévation de pression qui s'ensuit.

On introduit alors le corps à mesurer dans la même enceinte et on en fait varier comme tout à l'heure la capacité. Il se produit, dans cette deuxième expérience, un changement de pression plus grand que dans la première, parce qu'on a agi sur un volume d'air diminué de tout ce qui correspond au volume du corps introduit dans le réservoir. C'est de cette différence de pression que se déduit le volume du corps à mesurer.

Ainsi, il y a deux moyens de connaître le volume d'un corps : c'est de mesurer le volume d'eau qu'il déplace ou l'augmentation de pression qu'il produit dans un gaz au sein duquel il est introduit. Modifiés suivant les besoins particuliers, ces deux moyens se prêtent aux expériences les plus variées et se plient fort bien aux exigences de la méthode graphique ainsi qu'on va le voir.

1° *Mesure par déversement.* — Ce n'est pas seulement le volume d'un corps, mais les changements de ce volume qu'on doit mesurer ; supposons donc que le corps en question soit immergé dans un vase plein d'eau ; on organise le déversement de telle sorte que le liquide arrive, par un tube, au fond d'une éprouvette graduée. Dans ces conditions on voit à chaque instant, d'après l'élévation du niveau dans l'éprouvette, de combien le corps augmente en volume ; si au contraire le volume du corps immergé diminue, cela se traduit par un abaissement du niveau dans l'éprouvette dont le liquide est alors aspiré.

Il y a beaucoup de moyens d'inscrire les changements du niveau d'un liquide dans un vase, au moyen d'un flotteur qui, selon qu'il s'élève ou s'abaisse, actionne, dans un sens ou dans l'autre, le style écrivant. Si les changements de volume sont faibles et déplacent peu de liquide, il est préférable de recourir à l'éprouvette flottante décrite précédemment. Les oscillations qu'elle exécute traduisent les changements de volume du corps immergé.

C'est là le procédé dont Mosso s'est servi pour mesurer les variations que subit un organe sous l'influence des changements qui se produisent dans la circulation du sang à son intérieur. Cet habile expérimentateur a rendu sensibles et mesurables les moindres variations du calibre des petits vaisseaux sous les influences vaso-motrices.

L'avantage de l'appareil de Mosso dans les évaluations physiologiques est qu'il fournit, du premier coup, la valeur absolue du changement de volume qui s'est produit dans l'organe immergé. Les divisions de l'ordonnée des courbes inscrites sont toujours proportionnelles à la quantité de liquide versé dans l'éprouvette. La valeur de ces divisions peut être déterminée, une fois pour toutes, par une graduation de l'appareil.

2° *Mesure d'après les changements de pression.* — Sur l'autre principe, celui qui mesure la force élastique d'un gaz comprimé,

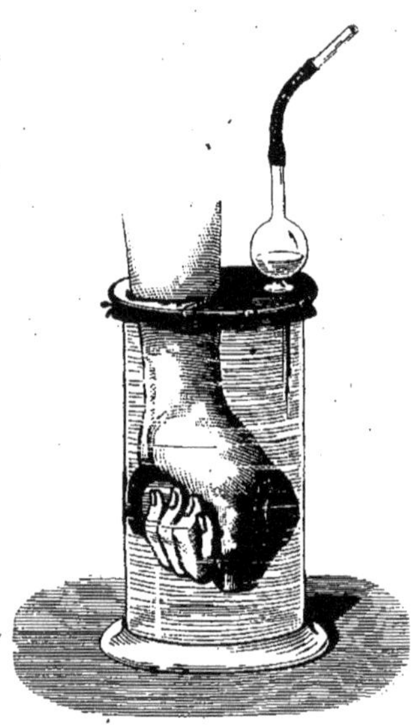

Fig. 151. Appareil inscripteur des changements de volume de la main. La membrane au travers de laquelle passe l'avant-bras est immobilisée par une plaque métallique ; dans le tube vertical muni d'une ampoule, s'opèrent les changements de niveau qui s'inscrivent à distance, à l'aide de la transmission par l'air.

est basée la construction d'un autre inscripteur physiologique des changements de volume. Le corps dont il s'agit d'inscrire les changements de volumes est plongé comme ci-dessus dans un vase rempli d'eau ; mais au lieu de faire déverser le liquide on en fait arriver le niveau (fig. 151) dans un espace clos contenant de l'air et on inscrit les compressions plus ou moins grandes de cet air avec un tambour à levier servant de manomètre.

Ce dernier procédé a été imaginé par Buisson[1], qui, malheureusement, n'a fait aucune recherche sur ses applications. J'avais conservé le souvenir de cette ingénieuse disposition et j'engageai François-Franck à construire un appareil semblable et à expérimenter d'une manière méthodique sur les variations des organes immergés.

Il s'est acquitté de ce travail avec beaucoup d'habileté et de soin; nous indiquerons sommairement les principaux résultats de ses expériences [2] et nous renverrons à la partie Technique la notice historique dont il a fait précéder son mémoire. Le lecteur y trouvera l'exposé méthodique des principales recherches sur ce sujet. (Technique, chap. IX.)

On doit considérer l'avant-bras d'un homme comme un véritable manomètre élastique admettant à son intérieur des quantités de sang variables et par conséquent changeant de volume selon les changements de la pression du sang qui tend à s'y introduire.

Il suit de là, que le volume de l'avant-bras, variant dans le même sens que la pression du sang, indiquera d'une manière instantanée si cette pression augmente ou diminue; mais, pas plus que le manomètre élastique, le bras n'exprime, par ses variations de volume, les valeurs réelles de la pression intérieure. Pour déterminer ces valeurs, il faut équilibrer la pression intérieure au moyen d'une contre-pression extérieure, comme on l'a vu dans le précédent paragraphe.

L'appareil à déplacement (fig. 151) peut être utilisé dans les recherches cliniques comme le sphygmographe à transmission dont il contrôle et complète les indications; dans certains cas où le pouls de l'artère radiale est trop faible pour être transmis à distance, on peut étudier les pulsations totalisées des vaisseaux de la main comme l'a fait récemment François-Franck [3] dans des recherches sur le retard du pouls dans les anévrismes.

En somme, le volume des organes varie suivant que le sang y circule en plus ou moins grande abondance. Or, la quantité de sang qui entre dans un organe dépend de deux facteurs : d'une part de la force avec laquelle le sang est poussé, c'est-à-dire de

1. Ch. Buisson. Thèse de Paris, 1862.
2. Voir, pour les détails, le mémoire intitulé : *Du volume des organes dans ses rapports avec la circulation du sang.* Trav. du laborat., 1876.
3. *Journal de l'Anatomie,* 1er mars 1878.

la pression du sang; d'autre part, de la force avec laquelle les parois vasculaires résistent à la pression intérieure.

Une variation de volume traduite par l'appareil à déplacements pourra donc avoir deux significations distinctes : elle exprimera un changement dans la pression du sang, ou bien un changement dans la force de retrait des vaisseaux. Cette force de retrait, à son tour, se compose de deux facteurs, l'élasticité et la contractilité vasculaire ; mais la contractilité seule est à considérer ici, car elle seule est susceptible d'amener de brusques modifications du volume des organes.

En présence de ces facteurs multiples du phénomène changement de volume, il semble, au premier abord, difficile de reconnaître ce qui appartient à chacun d'eux ; mais cette complication n'est qu'apparente : on verra, dans la partie Technique, comment on apprécie, d'après les changements du volume d'un organe, ce qui tient à la pression du sang et ce qui dépend de la contractilité vasculaire.

CHAPITRE IV.

INSCRIPTION DES EFFORTS DE TRACTION ET DU TRAVAIL MÉCANIQUE.

Inscription du travail mécanique. — Inscription du travail musculaire. — Destruction du travail moteur par les chocs. — Économie du travail moteur réalisée en appliquant les forces intermittentes par l'intermédiaire d'un corps électrique. — Travail musculaire du cœur et en général des muscles dont l'action s'exerce sur des liquides. — Travail résistant dans les conduits. — L'élasticité des artères économise le travail moteur du cœur.

Inscription du travail mécanique.

Nous avons vu que d'après sa formule la plus générale, le travail mécanique est le produit de la résistance vaincue par le déplacement imprimé à cette résistance. Comme l'effort développé contre une résistance est égal à celle-ci, en vertu du principe de Newton, que l'action est égale à la réaction, on peut prendre aussi comme mesure du travail, l'effort multiplié par le chemin. Dans l'un et l'autre cas, la mesure du travail est donc un produit. Or, il existe une expression graphique des produits de deux valeurs : c'est la surface d'un rectangle dont deux côtés adjacents correspondraient chacun à l'une de ces valeurs. Soit donc à exprimer graphiquement 5 kilogrammètres ; nous prendrons (fig. 152) sur l'axe des y une valeur égale à 5 ; sur l'axe des x, une valeur égale à 1, et la surface rectangulaire a teintée de hachures, ayant ces deux valeurs pour côtés adjacents, exprimera graphiquement 5 kilogrammètres.

Mais on sait que, dans un produit, on peut intervertir l'ordre des facteurs ; par conséquent le rectangle b, limité par une ligne ponctuée et qui aurait 1 pour ordonnée et 5 pour abscisse, correspondra encore à la même valeur. Il en serait de même pour le rectangle c et pour tout autre qui aurait la même surface.

Ces expressions graphiques du travail ont une supériorité

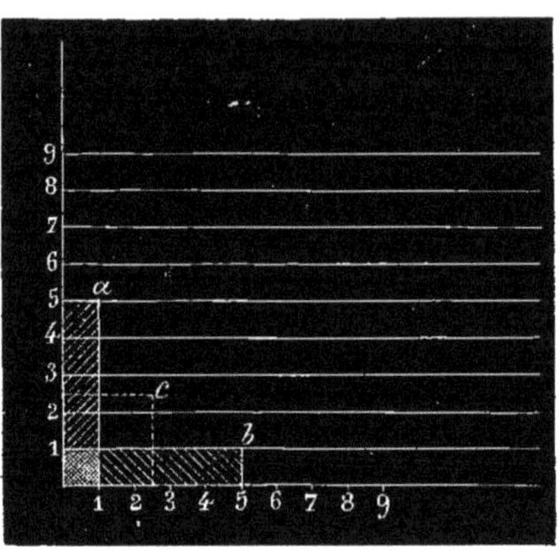

Fig. 152. Différentes expressions graphiques d'un même travail : 5 kilogrammètres.

incontestable sur l'expression numérique 5 kilogrammètres, car elles nous indiquent comment le travail a été effectué; elles nous donnent ce qu'on peut appeler la *forme du travail*. En effet, pour le rectangle *a*, nous voyons que 5 kilogrammes ont été portés à 1 mètre; pour le rectangle *b*, que 1 kilogramme a été porté à 5 mètres, et pour le rectangle c, que 2 kil. 1/2 ont été portés à 2 mètres 1/2. Ainsi, quelle que soit la forme sous laquelle se produisent 5 kilogrammètres, cette forme sera exprimée par la figure graphique tracée dans les conditions qu'on vient de voir.

Les figures rectangulaires ci-dessus représentées correspondent aux cas où la force est restée constante pendant toute la durée du parcours ; or, si cette force change à tout instant, la forme du travail sera plus compliquée, mais tout aussi facile à représenter graphiquement. A chaque point du parcours compté sur l'axe des x, correspondra un effort variable exprimé par une ordonnée de hauteur variable elle-même. Les sommets de ces ordonnées étant réunis par une courbe, celle-ci limitera par en haut l'aire qui exprimera le travail dépensé.

Cette courbe rappelle de tous points celle que W. Playfair employait pour exprimer les variations du commerce d'Angleterre : les ordonnées de ces courbes correspondaient à l'importation dans la série des années ; l'aire à la valeur totale de l'importation pendant cette série d'années. Or, dans l'exemple de Playfair, la statistique numérique eût pu donner le produit total de l'importation pendant un certain temps ; il eût suffi d'additionner la série des sommes annuelles ou de multiplier la valeur moyenne de l'importation par le nombre des années. Mais combien moins instructive eût été cette expression arithmétique comparée à la courbe graphique qui retrace toutes les variations du phénomène ? Il en est de même dans toute détermination expérimentale du travail : aussi bien en physiologie qu'en mécanique, le but qu'on devra se proposer sera d'avoir l'expression graphique du travail, afin d'en savoir non-seulement la valeur totale, mais de connaître aussi la forme sous laquelle il a été produit.

J. Watt a conçu et réalisé l'inscription du travail dépensé par la vapeur dans le cylindre d'une machine. Le problème à résoudre était le suivant : construire une courbe dont les ordonnées expriment les valeurs successives de la pression de la vapeur dans le cylindre et les abscisses les chemins parcourus par le piston. A cet effet, Watt faisait agir la pression de la vapeur sur une sorte de manomètre à ressort qu'il nommait *indicateur*, et qui conduisait un style traceur parallèlement à la génératrice d'un cylindre ; l'étendue des excursions du style, c'est-à-dire les ordonnées, étaient sensiblement proportionnelles aux valeurs successives de la pression de la vapeur. D'autre part, le cylindre recevait un mouvement de rotation alternatif commandé par le va-et-vient du piston. Les aires ainsi obtenues correspondaient par conséquent au produit des efforts de la vapeur par le chemin du piston ; elles étaient donc, d'après la définition, la mesure du travail effectué par la vapeur.

Toutefois, si les courbes fournies par l'*indicateur* de Watt correspondaient sensiblement à la mesure du travail effectué, elles présentaient l'inconvénient d'altérer légèrement la forme de ce travail, car l'inertie des pièces de l'appareil lui imprimait certaines vibrations dont la figure montre l'existence. Marcel Deprez a imaginé une méthode qui supprime ces inconvénients ; nous en parlerons à propos des *inscriptions successives*. (Voy. IVe Partie, chap. v, p. 411.)

Poncelet imagina une disposition qui permet d'obtenir l'expression graphique du travail développé dans la traction des voitures. La machine, réalisée par le général Morin, a rendu de grands services à l'industrie. Elle consiste essentiellement en un dynamomètre traceur inscrivant sur une bande de papier qui marche sous l'influence de la translation du véhicule et se déplace, à chaque instant, d'une quantité proportionnelle au chemin parcouru. A cet effet, le mouvement de la roue elle-même se transmet, par l'intermédiaire de rouages réducteurs, jusqu'à un rouleau qui entraîne le papier.

Une modification du dynamomètre, lui permettant d'exprimer l'effort développé par la rotation d'un axe quelconque, a réalisé l'inscription du travail de toute machine industrielle.

Tels sont les moyens de déterminer graphiquement une production de travail mécanique; nous allons voir comment ils peuvent résoudre certains problèmes de physiologie et quelles modifications ils doivent recevoir pour se prêter à certaines applications.

Inscription du travail musculaire.

L'essence de l'action des muscles est d'être alternative; un va-et-vient la compose; après la contraction survient le relâchement qui remet le muscle en état de travailler de nouveau. Cette condition rapproche le travail d'un muscle de celui du piston d'une machine. Mais, dans une machine dont le travail est réglé, tous les coups de piston sont semblables, de façon que le travail développé par l'un d'eux, multiplié par le nombre des coups de piston, exprime le travail total. Dans les muscles, au contraire, la volonté peut commander des efforts plus ou moins énergiques, des mouvements plus ou moins étendus. Pour mesurer le travail des muscles, il faut donc, autant que possible, produire des actes semblables entre eux. On atteindra sensiblement ce but en réglant le rhythme de ses muscles, quand on agit au moyen d'une corde pour hisser un poids qu'on retient ensuite pendant qu'il redescend. Si les mouvements qu'on exécute sont bien rhythmés, de manière que toutes les élévations et tous les abaissements du poids se fassent avec la même vitesse, le travail produit dans chacun d'eux sera sensiblement le même, et on pourra le mesurer par une méthode analogue à celle qui sert pour déterminer le travail des machines.

La disposition suivante m'a servi à obtenir des courbes du travail musculaire.

Il s'agit de soumettre ces mouvements à deux sortes de mesure : l'effort développé et le chemin parcouru à chaque instant.

L'*effort* se mesure au moyen de l'appareil représenté figure 153 ; c'est un dynamomètre dont les indications, transmises par un tube à air, s'inscrivent au moyen d'un tambour à levier.

Une forte monture de fer est munie de deux anneaux, dont l'un A s'applique à la force motrice et l'autre B à la résistance. Ce dernier prolonge la tige d'un piston maintenu en équilibre entre deux ressorts-boudins, dont l'un, plus résistant, supporte tout l'effort de la traction. De l'autre côté du piston, la tige se con-

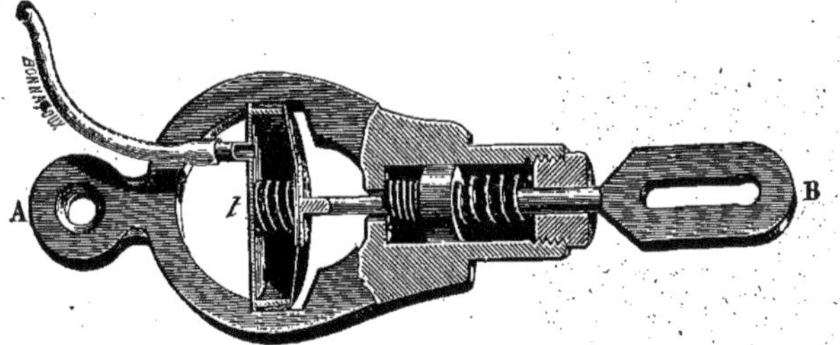

Fig. 153. Dynamographe inscrivant à distance les efforts de traction.

tinue jusqu'à une membrane de caoutchouc qui ferme une caisse métallique.

Toute traction sur la tige du dynamomètre attire la membrane élastique et raréfie l'air de la caisse. Des alternatives de raréfaction et de compression de l'air contenu dans cette caisse se produisent suivant que la force de traction augmente ou diminue ; cela donne naissance à une soufflerie qui se transmet à travers un tube de caoutchouc, jusqu'à un appareil chargé de l'inscrire sur un cylindre tournant.

Dans le tracé qu'on obtient ainsi, la courbe s'élève d'autant plus haut que l'effort de traction développé est plus énergique. On gradue l'instrument en le soumettant à des tractions connues et l'on construit l'échelle qui sert à en évaluer les indications. Sur cette échelle, les hauteurs sont très-sensiblement proportionnelles aux poids employés à produire la traction, quand l'effort varie entre 1 et 36 kilogrammes.

Soit donc à inscrire le travail produit par le soulèvement d'un poids au moyen d'une poulie.

Entre la main et l'extrémité de la corde sur laquelle on agit, se place un dynamographe à transmission dont les indications sont inscrites par un tambour à levier sur un cylindre.

Or, ce cylindre doit se mouvoir proportionnellement aux alternatives d'élévation et d'abaissement du poids, afin que, dans les courbes, les chemins parcourus se lisent sur l'axe des x. Rien de plus facile que de lui imprimer ce mouvement alternatif par un procédé analogue à celui que Watt employait pour l'inscription du travail de la vapeur dans une machine. Il suffit d'utiliser la rotation alternative de la poulie et de la transmettre, après l'avoir convenablement réduite, au cylindre sur lequel s'écrit la pression.

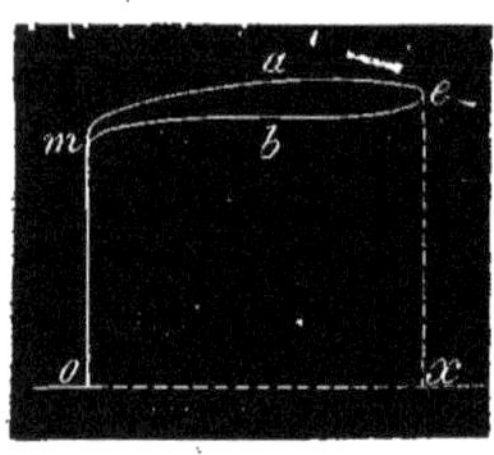

Fig. 154. Courbes du travail dans l'élévation et l'abaissement d'un poids.

En tirant lentement sur la corde, on obtient la figure 154, dans laquelle la courbe supérieure représente l'effort développé à chacune des phases de l'élévation du poids; la courbe inférieure, l'effort développé dans la descente. Le travail d'ascension sera mesuré par l'aire que la courbe supérieure limite par en haut[1].

Analysons les différents détails de cette courbe : *om* est tracé par le dynamographe et mesure l'effort nécessaire pour soutenir le poids; celui-ci, n'ayant aucune vitesse pendant cette phase, la ligne tracée est parfaitement verticale. En m, la force de traction excède la pesanteur et s'élève en a, en même temps que le déplacement imprime au cylindre un mouvement de rotation. Au point e, l'effort diminue; la pesanteur reprend sa supériorité et le poids redescend lentement; le tracé suit la direction *ebm*[2]. Dans cette figure, l'air de *omaex* correspond au travail dépensé par les muscles pour élever le poids; *ombex* est le travail que le poids a fait pour tendre les muscles pendant la descente. On

1. Je n'ai pu faire jusqu'ici qu'un petit nombre d'expériences, et les appareils d'essai dont je me suis servi étaient fort imparfaits. Toutefois il m'a paru évident qu'en poursuivant ces recherches on arriverait bien vite à des résultats précis.

2. J'ai dit que les instruments n'étaient pas encore construits correctement, c'est pour cela que le point e se trouve un peu plus haut que m, tandis qu'il devrait être sur le même niveau horizontal.

voit que dans l'ascension il y a eu plus de travail développé. Cela tient à ce que l'effort des muscles excédait le poids dans l'ascension, tandis qu'une partie seulement du poids agissait contre les muscles dans la descente.

Quand l'effort musculaire est destiné à tendre un ressort, les choses se passent un peu différemment ; l'effort reste sensiblement le même dans les deux phases du mouvement.

On a pris un fil de caoutchouc un peu long et après l'avoir tendu, on en a fixé l'extrémité à une corde qui était attachée au dynamomètre. Le fil est tendu avec une certaine force que devra atteindre l'effort dynamométrique *om* (fig. 155) avant que l'allongement se produise. A l'instant *om* le fil s'allonge et le cylindre commence à tourner. Pendant cette traction, la force élastique du fil croît un peu, ce qui fait que la courbe du dynamographe s'élève en se portant de *m* en *e*. On diminue l'effort de traction exercé sur le fil, et le trait repasse par les mêmes points pour arriver en *m* et retomber en *o*.

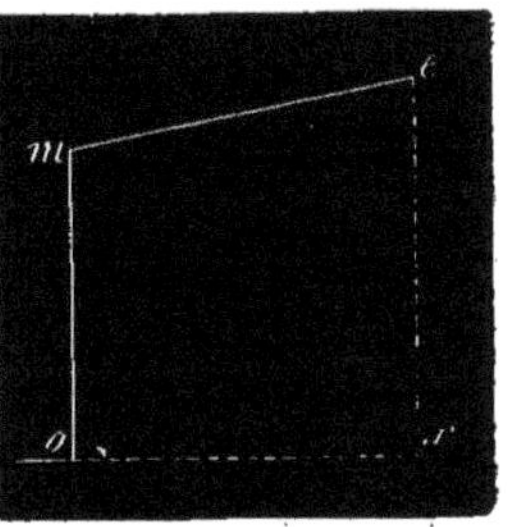

Fig. 155. Travail produit dans la tension et la détente d'un fil de caoutchouc.

Dans un autre cas (fig. 156), on a procédé d'une manière brusque en soulevant un poids au moyen d'une poulie. L'effort a d'abord été considérable à cause de l'inertie du corps et s'est élevé de *m* en *n* ; mais, à ce moment, le corps ayant acquis une certaine vitesse, s'est élevé quoique l'effort diminuât, comme le montre l'inflexion de la courbe. Celle-ci se relève encore à la fin pour remonter à *e*, parce que le corps retombe de son poids sur les muscles encore tendus.

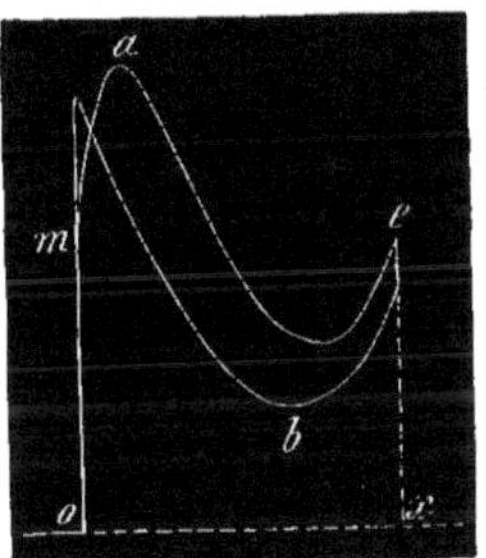

Fig. 156. Travail produit dans l'élévation brusque d'un poids, suivie de descente brusque.

Dans la phase inverse, les choses se passent inversement, il n'est pas nécessaire de donner plus de détails à cet égard.

En résumé, l'effort d'un muscle est réglé par les résistances qu'il rencontre : inertie des masses, frottements, forces élastiques, telles sont les causes qui font varier continuellement l'intensité de l'effort.

La volonté peut commander et la fibre musculaire exécuter les mêmes actes dans deux contractions successives, et pourtant ces deux contractions feront des quantités de travail très-différentes si l'une rencontre beaucoup de résistance et l'autre très-peu.

Destruction du travail moteur par les chocs.

L'effort que développe un muscle par sa contraction ne peut pas dépasser un certain maximum; or il arrive parfois que les résistances à vaincre excèdent cet effort possible; alors les actes musculaires s'accomplissent sans production de travail extérieur; le muscle se tend lui-même et s'échauffe sans déplacer l'obstacle qui s'oppose à son raccourcissement. Quelquefois, pendant qu'un mouvement se produit, la résistance s'accroît subitement. Ainsi quand on traîne une voiture sur un sol inégal, sur un pavé irrégulier, l'insuffisance de la force pour vaincre la résistance existe ici comme dans l'exemple précédent et constitue une perte de travail. Un brusque temps d'arrêt s'observe dans le mouvement commencé; c'est ce qu'on appelle un choc. Les mécaniciens savent tous qu'il faut éviter ces chocs dans les machines, sous peine de perdre une notable quantité de travail. J'ai pensé que, dans la traction des fardeaux, ces pertes devaient fréquemment se produire et qu'en essayant de les empêcher on réaliserait une économie du travail de moteurs animés.

Économie du travail moteur réalisée en appliquant les forces intermittentes par l'intermédiaire d'un corps élastique.

On trouvera dans un autre travail[1] les expériences qui m'ont servi à démontrer l'importance que présente l'emploi d'organes élastiques pour transmettre des efforts discontinus, ou pour surmonter des résistances d'inertie. Voici par quelles expériences j'ai donné cette démonstration.

Si l'on se souvient que les résistances d'inertie croissent comme le carré des vitesses, on comprend que l'action d'un muscle qui serait deux fois plus brève que celle d'un autre éprouverait une

1. *Trav. du labor.*, 1re année, p. 1.

résistance quatre fois plus grande et qu'il y aurait, pour une certaine brièveté de l'application de la force, excès de la résistance d'inertie sur le maximum de l'effort moteur. Tout procédé qui accroîtrait la durée d'application de la force diminuerait la résistance. Or l'emploi d'un ressort élastique équivaut à l'augmentation de la durée d'application de la force employée à le tendre; un ressort rend sous forme d'effort prolongé, la force de contraction d'un muscle dont l'application directe eût été trop brève pour être utilisée et se fût détruite dans un choc.

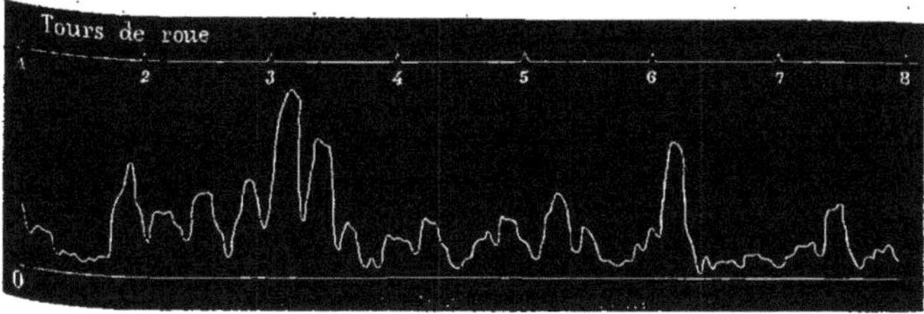

Fig. 157. Courbe du travail dépensé par la traction d'une voiture sans intermédiaire élastique.

L'expérience devait vérifier ces prévisions théoriques. Une même voiture étant traînée avec la même vitesse sur un sol inégal, dans deux expériences comparatives, on a constaté qu'il y avait eu moins de travail dépensé quand la traction se faisait par l'intermédiaire de pièces élastiques que si les traits rigides avaient directement transmis la traction.

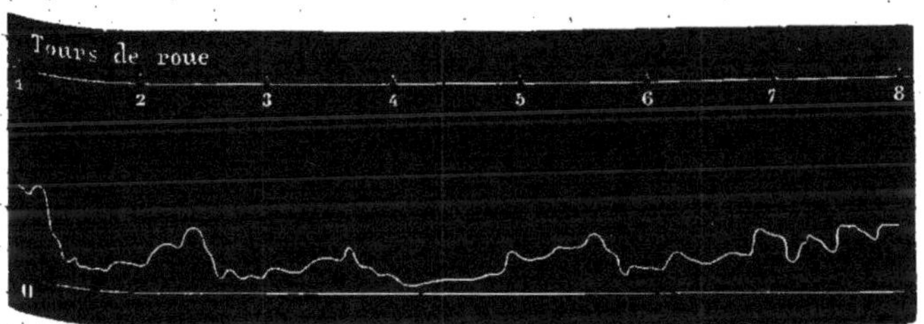

Fig. 158. Courbe du travail dépensé par la traction d'une voiture avec intermédiaire élastique.

Pour faire ces expériences, je ne pouvais me servir du dynamomètre inscripteur de Morin, car cet appareil constitue un intermédiaire élastique, de quelque façon qu'on dispose l'attelage.

Le dynamographe représenté figure 153 n'ayant qu'une très-faible course pour des efforts considérables, n'avait pas ce même inconvénient. En opérant comparativement dans un grand nombre d'expériences, j'obtins des courbes du genre de celles qui sont représentées figures 157 et 158.

Si l'on mesure les aires de ces deux courbes au moyen du planimètre, on trouve que le travail dépensé dans la traction avec un intermédiaire élastique peut, dans les cas les plus favorables, être de 26 pour 100 plus faible qu'avec des traits rigides.

Les expériences furent faites tantôt avec des voitures à bras, tantôt avec des voitures traînées par des chevaux; le sens des résultats fut toujours le même. Si l'on joint à cet avantage celui qui consiste dans l'amortissement des chocs douloureux qu'une courroie rigide transmet aux épaules de l'homme ou de l'animal qui traîne un fardeau, on verra que la traction au moyen d'un intermédiaire élastique est extrêmement avantageuse.

Travail musculaire du cœur et en général des muscles dont l'action s'exerce sur des liquides.

Ce travail, comme tout autre, aura pour mesure la résistance multipliée par le chemin qu'elle aura parcouru. La résistance qu'un liquide éprouve à sortir d'un espace où il est comprimé, est proportionnelle à la pression qui existe dans les tubes d'écoulement. Pour le cas du cœur, cette pression est incessamment variable pendant l'action ventriculaire.

La résistance à vaincre n'est pas seulement la valeur manométrique de la pression du liquide dans le conduit, mais cette valeur multipliée par la surface de section du conduit. Le chemin parcouru par la résistance est celui qu'a franchi une tranche idéale de liquide qui fermerait l'ouverture du conduit. Dans un vaisseau cylindrique, la quantité dont progresserait cette tranche serait proportionnelle au débit, car elle correspondrait à la longueur d'un cylindre ayant pour base l'ouverture du vaisseau.

La formule générale du travail dépensé par le moteur sera donc la pression multipliée par le débit.

Pour inscrire le travail d'un liquide, il faudra actionner un manomètre inscripteur par la pression et produire le mouvement du cylindre par le débit. Ces deux effets sont faciles à produire par les procédés déjà connus (voir Manomètre inscripteur, p. 268), et flotteur inscrivant (p. 215), pour enregistrer les débits. Seulement, comme il s'agit ici de l'inscription d'un travail, on devra, en faisant écrire la pression en ordonnées, inscrire le débit comme abscisse, c'est-à-dire utiliser le mouvement du flotteur pour faire tourner le cylindre.

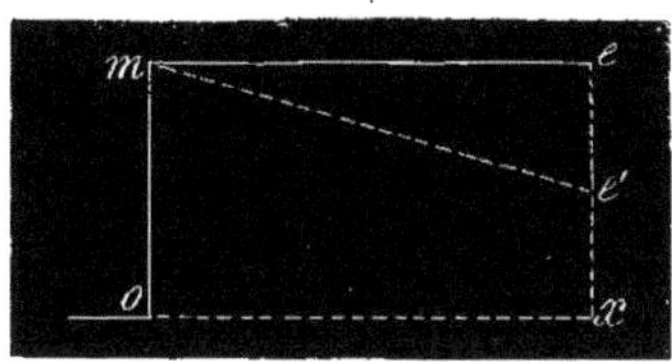

Fig. 159. Courbe du travail produit par l'écoulement des liquides.

Le tracé que donnera un écoulement sous charge constante sera évidemment la ligne *m e* (fig. 159); celui d'un écoulement sous charge variable décroissante, sera du genre de la ligne *m e'*.

Le débit étant uniforme, dans le premier cas, le cylindre tournerait d'un mouvement uniforme, de sorte qu'un chronographe écrirait des vibrations équidistantes; mais dans le second cas, l'écoulement en raison duquel tourne le cylindre n'étant pas proportionnel au temps, un chronographe inscrirait des vibrations de plus en plus rapprochées les unes des autres.

Travail résistant dans les conduits.

On peut déterminer le travail consommé par les résistances dites de frottement, en un point de la longueur d'un conduit, en inscrivant les courbes de deux manomètres placés en ces deux points, sur un cylindre actionné par le débit.

En effet, le niveau manométrique, en un point quelconque d'un tube à écoulement, exprime à la fois la force avec laquelle le liquide est poussé et la résistance que celui-ci rencontre en aval de ce point, ces deux quantités étant égales entre elles. L'abaissement successif des niveaux des manomètres veut dire qu'entre deux d'entre eux, la pression et la résistance ont diminué d'une certaine quantité.

Or, d'après la définition du travail des liquides, on a vu qu'au niveau du premier manomètre, le travail effectué par le liquide correspond, à chaque instant, à la pression manométrique multipliée par le débit ; si au niveau du second manomètre le travail est moindre, c'est qu'il en a été consommé par les résistances une certaine quantité, qui a précisément pour valeur la différence de pression des deux manomètres multipliée par le débit.

En tous les points de la longueur d'un tube à écoulement, ce débit est nécessairement le même, de sorte que le travail résistant en un tronçon quelconque pris sur la longueur d'un tube, sera proportionnel à la différence de pression exprimée par deux manomètres placés chacun à une extrémité de ce tronçon.

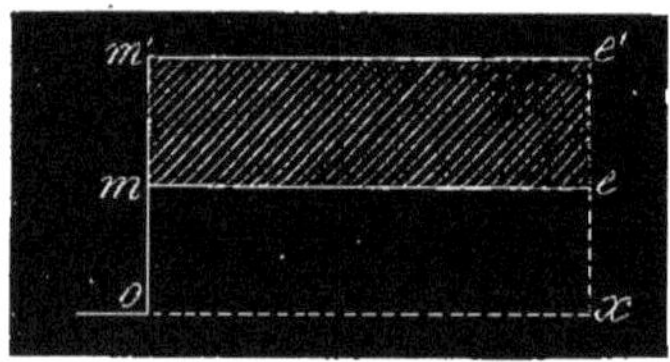

Fig. 160. Courbe du travail résistant dans les conduits.

La pente si rapide de la décroissance de pression dans les régions étroites des tubes, montre qu'il y a en ces lieux une grande consommation de travail. Étant donnés deux manomètres placés sur un même conduit, si nous supposons qu'un flotteur muni d'un style trace sur une bande de papier les niveaux de ces manomètres, d'après ce que nous savons de la décroissance des pressions manométriques le long des conduits, on aurait (fig. 160) une indication de pression élevée dans les régions initiales du tube m' et une autre m plus faible dans la région terminale. Le débit du tube étant employé à faire tourner le cylindre, les aires des rectangles $o\ m'\ e'\ x$ et $o\ m\ e\ x$ correspondent au travail résistant que le liquide surmonte en chacun des deux points explorés, l'aire $m\ m'\ e'\ e$, différence de ces deux travaux exprime le travail résistant qui correspond à la partie située entre les manomètres m et m'. Si l'on appliquait cette méthode à la circulation du sang dans les expériences de circulation artificielle faites sur un membre détaché du corps, on verrait, en inscrivant les pressions artérielle et veineuse sur un cylindre qui tournerait d'un mouvement proportionnel au débit, quelle est la quantité de travail qui a été consommée dans les capillaires, et l'on pourrait contrôler les hypothèses des anciens sur l'origine mécanique de la chaleur animale, en cherchant combien de calories a pu produire une pareille destruction de travail.

L'élasticité des artères économise le travail moteur du cœur.

Ce qu'on a vu plus haut du rôle de l'élasticité pour diminuer les résistances d'inertie qui se produisent dans le mouvement des corps solides s'applique également au mouvement des liquides dans les conduits, à celui du sang dans les vaisseaux, par exemple. De même que les résistances d'inertie des masses solides, celles que présentent les liquides en mouvement croissent en raison du carré des vitesses. Un tube dans lequel le liquide pénètre avec une certaine force fournit un certain débit; si nous voulions doubler le débit ou vitesse d'écoulement, il faudrait une force quatre fois plus grande; une vitesse triple exigerait une force neuf fois plus grande, et ainsi de suite. Comme conséquence, si l'impulsion n'est donnée au liquide que pendant la moitié du temps, il faudra, pour produire un certain débit, qu'elle soit quatre fois plus forte que si elle était continue.

Or le cœur, en sa qualité de muscle, n'agit que d'une manière intermittente. Transformer en courant continu les mouvements saccadés qu'il imprime au liquide sanguin, c'est réduire la résistance que ce liquide éprouve pour un certain débit, et, par conséquent, la force nécessaire pour en effectuer la propulsion.

Si l'on connaît les durées relatives de la période pendant laquelle le cœur envoie du sang dans les artères et de la période de repos, on peut avoir une idée approximative de la diminution des résistances par l'élasticité vasculaire dans les artérioles où le cours du sang est continu. Cette action favorable de l'élasticité artérielle se fera d'autant plus sentir, que la durée de l'impulsion du sang sera plus faible par rapport au temps de repos du cœur. Si la période d'action est égale à celle de repos, la résistance sera réduite au quart de ce qu'elle eût été sans l'élasticité artérielle ;

si la période active n'est que du tiers d'une révolution du cœur, la résistance sera réduite au neuvième.

J'ai démontré ailleurs[1], au moyen de nombreuses expériences, la réalité de ce fait, et j'en ai tiré cette conclusion, que l'élasticité de l'aorte et des vaisseaux artériels a pour effet, non-seulement de régulariser le cours du sang que le cœur envoie, mais aussi de faciliter l'expulsion du sang par le cœur; autrement dit, d'économiser le travail moteur de cet organe.

Une conclusion se déduisait de ces prémisses et permettait de fournir une vérification curieuse du fait qui vient d'être énoncé. On sait que le cœur s'hypertrophie lorsqu'il existe un obstacle à l'issue du sang qu'il envoie dans les artères; par une harmonie merveilleuse, les parois musculaires des ventricules deviennent plus épaisses et plus fortes quand elles doivent faire plus de travail. S'il est bien vrai que l'élasticité dont jouissent normalement les artères soit une condition favorable au cours du sang, la perte de cette élasticité qu'on observe normalement dans la vieillesse constituera un obstacle au cours du sang et amènera l'hypertrophie du cœur. Cette hypertrophie existe toujours en effet, ainsi qu'Andral l'avait déjà signalé, sans pouvoir en expliquer la production.

Ainsi, le travail mécanique des solides ou des liquides est soumis à des lois semblables; tout ce qui en régularise la production est favorable aux organes moteurs et exige une moindre dépense de force.

[1] Physiol. méd. de la circulation du sang, p. 130.

CHAPITRE V.

INSCRIPTION DES TEMPÉRATURES ET DES QUANTITÉS DE CHALEUR.

Des différentes sortes de thermomètres inscripteurs; thermomètres à air; thermomètres à liquides; thermomètres métalliques. — Inscription de la température animale. — Inscription des quantités de chaleur.

Dans l'étude de la chaleur, comme dans celle des forces mécaniques, nous nous élèverons successivement à des degrés de plus en plus parfaits de la connaissance des phénomènes. La plus haute notion sera celle des quantités de chaleur produites ou absorbées par un corps à différents instants; nous ne l'atteindrons que dans les cas les plus favorables, nous bornant, dans les autres, à mesurer la température et ses variations dans le temps.

L'inscription des températures est une des conquêtes les plus anciennes de la méthode graphique; les météorologistes ont appliqué, presque en même temps, au thermomètre et au baromètre, les dispositifs nécessaires pour en faire des instruments inscripteurs. Il serait difficile d'énumérer les nombreuses solutions successivement obtenues dans cette voie; nous examinerons les principales, en les partageant en trois groupes, suivant la nature des instruments employés : thermomètres à gaz, à liquides, et thermomètres métalliques.

La dilatation de la plupart des corps de la nature, sous l'influence de l'échauffement, permet de traduire les changements de température par des mouvements d'un index ou d'une colonne liquide; par ceux d'une aiguille ou d'un levier. Dès lors, l'inscription des températures se réduit à celle de mouvements, ce qui nous dispensera d'entrer dans de longs détails sur la manière de l'obtenir.

Il faut insister toutefois sur deux points : le choix du meilleur instrument suivant le but qu'on se propose, et en second lieu, celui du meilleur moyen de tracer les courbes de température. Ordinairement on choisit tel ou tel moyen d'inscription suivant la force du mouvement qui se produit dans l'appareil thermométrique quand la température varie.

Des différentes sortes de thermomètres inscripteurs.

Le choix de l'instrument semble aisément fixé par le degré de sensibilité et de précision que l'on veut atteindre ; les thermomètres à gaz se placeraient à cet égard en première ligne, puisque la dilatation des gaz, dans les limites ordinaires où on l'observe, est sensiblement proportionnelle aux accroissements de la température. Mais, si l'on réfléchit que les gaz, enfermés dans les appareils thermométriques, se compriment en présence de la moindre résistance à vaincre, on arrivera à cette conviction que pour peu que ces instruments doivent rencontrer d'obstacle lorsqu'ils inscrivent leur courbe, celle-ci sera déformée par la compressibilité des gaz.

Les thermomètres à liquides, bien que n'offrant pas l'avantage de donner des mouvements rigoureusement proportionnels aux variations de la température, rachètent cet inconvénient par la force plus grande qu'ils opposent aux résistances à vaincre, et comme certaines dispositions, par exemple l'emploi du *palpeur* (voy. Technique), permettent toujours de rectifier l'échelle d'un instrument inscripteur, on aura souvent avantage à recourir aux thermomètres basés sur la dilatation des liquides. Le principal inconvénient de ce genre de thermomètres, c'est qu'ils sont assez longs à se mettre en équilibre de température avec le milieu dans lequel ils se trouvent, et si les conditions de cet équilibre sont défavorables, comme lorsque l'instrument est plongé dans un milieu peu conducteur, ou lorsque la masse de liquide contenue dans l'instrument est très-considérable, l'instrument est paresseux, c'est-à-dire peu apte à suivre des variations rapides de température.

On le voit, c'est le besoin spécial et la nature de l'expérience que l'on veut faire qui seuls peuvent guider dans le choix de l'instrument qu'on emploiera.

Les thermomètres métalliques, presque tous fondés sur l'inégale dilatabilité de deux métaux, seraient à certains égards les meilleurs de tous. La rapidité avec laquelle ils s'équilibrent avec la température ambiante est une de leurs qualités ; d'autre part, la force considérable qu'ils développent par leur dilatation les rend capables, de même que les thermomètres à liquides, de tracer leurs courbes à l'aide d'un crayon sur un papier même assez rugueux. Le défaut de ces instruments consiste dans la difficulté de leur application. Presque toujours assez volumineux, ils ne sauraient, dans la physiologie humaine, s'introduire dans les cavités naturelles pour y chercher le degré de température ; en outre il n'est pas toujours aisé de transmettre à distance, jusqu'à l'appareil inscripteur, le mouvement de dilatation ou de contraction qui signale un changement de température.

Toutefois, comme ces petites difficultés peuvent être tournées ou vaincues, la thermographie est arrivée à un degré de précision qui s'accroît sans cesse et qui déjà suffit aux principaux besoins de l'expérimentation.

Thermomètres inscripteurs à air.

Une boule thermométrique pleine d'air est en communication avec un tube de verre dans lequel un index de mercure se déplace, dans un sens ou dans l'autre, suivant les dilatations ou les resserrements de l'air échauffé ou refroidi ; l'index de mercure intercepte par son opacité un rayon lumineux qui se projette sur un écran sensibilisé et susceptible de recevoir l'image photographique de ce faisceau de lumière solaire. Les excursions de l'index se font dans le sens des ordonnées de la courbe, et l'écran sensible chemine en fonction du temps. Si par une disposition quelconque on met cet appareil à l'abri des influences de la pression barométrique, on obtient un thermomètre dont les indications sont à la fois rapides et exactes. Ce genre d'instrument se prête surtout à la détermination des différences de deux températures, car alors il est à l'abri des changements de la pression extérieure.

Thermomètres inscripteurs à liquide.

Un liquide dont le volume subit des changements aussi grands que possible sous l'influence des variations de la température, alcool, pétrole, éther, etc., est enfermé dans un réservoir métallique mis en communication avec une capsule élastique pareille à celle du baromètre de Vidi. La chaleur, en dilatant le liquide contenu dans l'appareil, fait gonfler cette caisse, et le froid la fait diminuer d'épaisseur; ces mouvements sont communiqués au style qui doit les inscrire.

Afin de rendre les indications de cet instrument aussi rapides que possible, on donne parfois au réservoir une grande surface en le formant d'une série de tubes analogues aux bouilleurs d'une machine à vapeur. De cette façon, les surfaces soumises à la température ambiante étant très-multipliées, l'instrument obéit plus vite aux changements de cette température.

La dilatation du liquide peut agir en déplaçant une colonne ou un index opaque, ainsi qu'il a été dit à propos du thermomètre à air; d'autres fois, on utilise cette dilatation pour produire des mouvements de torsion et de détorsion dans un tube manométrique de Bourdon. Cette disposition a été employée avec succès par Marié-Davy pour inscrire les variations de la température à l'observatoire de Montsouris. Les effets de la variation de température se transmettent à distance, au moyen de tubes métalliques d'une faible capacité qui relient le réservoir à l'appareil inscripteur.

Quelques exemples de courbes thermométriques compléteront ce qui nous reste à dire sur ce sujet. Nous reproduisons (fig. 161) des courbes obtenues par Marié-Davy sur les variations diurnes de la température observées à Montsouris les 5, 6 et 7 août 1877. C'est le thermomètre inscripteur de Salleron qui a fourni ces tracés.

Deux courbes thermométriques se lisent sur cette figure : l'une, A, obtenue au moyen d'un thermomètre sec, donne les variations réelles de la température. La courbe B, fournie par un appareil dont la boule était constamment humectée d'eau, présente de moindres variations, parce que le refroidissement produit par l'évaporation compense en partie l'accroissement de la température. L'ensemble des deux thermomètres sec et humide constitue le *psychromètre*, instrument qui permet de juger approximativement l'état hydrométrique de l'air [1].

D'autres fois, on expose au soleil deux thermomètres, l'un à boule

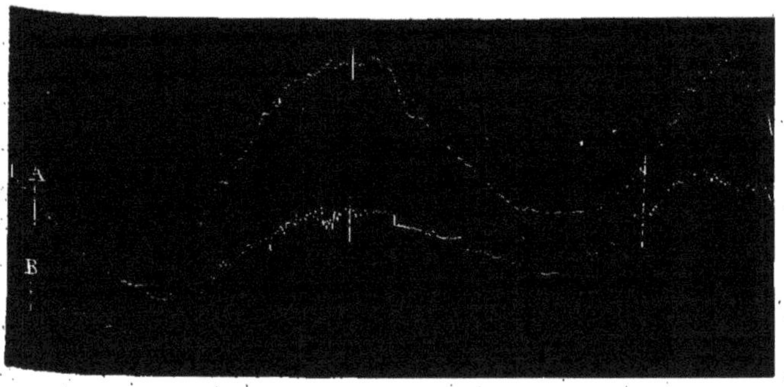

Fig. 161. Inscription des variations du thermomètre sec A et du thermomètre humide B pendant deux jours consécutifs.

nue, l'autre à boule recouverte de noir de fumée. C'est l'*actinomètre*, dont les deux courbes varient dans le même sens, mais s'écartent plus ou moins l'une de l'autre, suivant l'intensité de la radiation solaire.

Thermomètres métalliques inscripteurs.

Parmi les thermomètres métalliques, il faut citer, pour sa remarquable sensibilité, celui de Rédier qui est basé sur l'inégale dilatation de deux tiges de métaux différents.

Quel que soit le thermomètre que l'on emploie, le mode d'inscription des températures ne diffère en rien de ceux que nous connaissons déjà. On donnera au papier une marche plus ou moins rapide, suivant la plus ou moins grande rapidité des variations qui devront se produire, tandis que l'excursion du thermomètre, c'est-à-dire son degré de sensibilité, sera réglée suivant l'approxi-

1. L'appareil qui a fourni les courbes de la figure 161 est encore à l'essai; les indications des heures n'étaient pas inscrites sur le papier à l'époque où cette figure a été gravée.

mation avec laquelle les variations de la température auront besoin d'être connues.

Inscription de la température animale.

L'emploi du thermomètre en physiologie et en médecine clinique se répand de plus en plus; mais, jusqu'ici, on n'a pris encore que des mesures intermittentes de la température.

La précision et la sensibilité des appareils thermométriques ne laissent que bien peu à désirer; toutefois, au risque de n'avoir pas la même rigueur dans l'estimation des changements de la température, il serait bien précieux de les traduire par une courbe continue, avec les variations brusques ou lentes qu'ils présentent.

En 1865, je publiai la description d'un *thermographe*[1], applicable à l'inscription de la température animale. Cet appareil avait les propriétés d'un thermomètre à air et possédait une grande sensibilité. Voici en quoi il consistait : une boule métallique de thermomètre à air B (fig. 162) se continuait par un long tube capillaire de

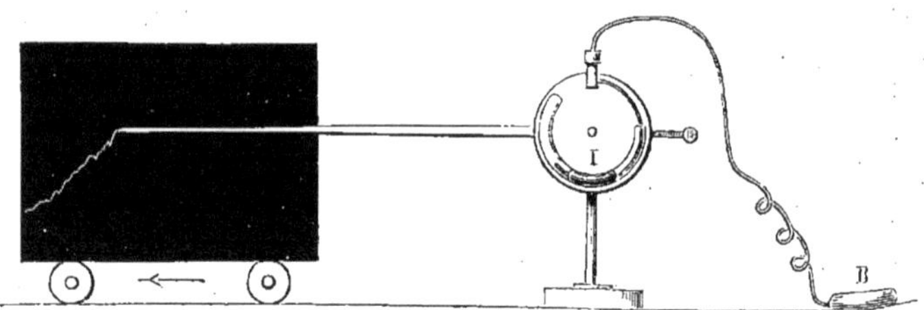

Fig. 162. Disposition du thermographe.

cuivre recuit, à l'extrémité duquel était un tube de fer courbé en arc de cercle. Ce dernier était engagé dans un tube de verre de même courbure, fermé à l'une de ses extrémités et monté sur une platine tournant autour d'un axe horizontal. Un index de mercure I, logé à la partie déclive du tube de verre, était traversé par le tube de fer. Enfin, une aiguille longue et équilibrée tournait avec la platine de l'appareil autour de l'axe central.

1. *Journal de l'anatomie et de la physiologie*, 1865.

Lorsque la chaleur agissait sur la boule du thermomètre, une partie de l'air dilaté s'échappait par le tube de fer et passait dans la chambre close du tube de verre; la pression de cet air poussait alors l'index de mercure et le déplaçait plus ou moins. Le système équilibré obéissait au poids de l'index de mercure qui en occupait toujours la partie la plus basse, tout l'appareil tournait donc et entraînait avec lui l'aiguille inscrivante.

Comme la moindre résistance eût empêché la rotation de cet instrument, je ne faisais pas frotter l'aiguille d'une manière continue sur le noir de fumée; mais un mouvement d'horlogerie imprimait au thermographe une petite oscillation à chaque minute et faisait toucher l'extrémité du levier contre une glace enfumée. On obtenait ainsi une courbe formée de points suffisamment rapprochés pour qu'on suivît aisément les variations de la température.

Cet instrument est d'une grande sensibilité; mais il ne peut écrire que sur une surface verticale, et d'autre part, il est soumis aux influences barométriques, comme tous les thermomètres à air qui s'ouvrent à l'extérieur.

Une disposition plus simple consiste à terminer le tube du thermomètre à air par un tambour à levier. La sensibilité de l'instrument est moindre, mais le maniement en est plus commode; le seul inconvénient, c'est que, parfois, de petites fuites d'air se produisent dans les appareils et deviennent sensibles si les expériences sont de longue durée. On y remédie en remplissant d'eau le tambour à levier et la portion du tube qui en est voisine, c'est-à-dire les points où les joints pourraient, à la longue, laisser échapper de l'air. Cet appareil, aussi bien que le thermographe, est soumis aux influences barométriques; mais pour une expérience de courte durée, ces influences sont ordinairement négligeables.

Indépendamment de ces deux sortes d'appareils, j'essaye en ce moment la disposition suivante: c'est un thermomètre inscripteur du système Salleron, fort analogue à celui dont on se sert en météorologie.

Une boule creuse de métal est remplie d'éther; elle communique par un long tube de cuivre avec un tube de Bourdon tourné en spirale. Celui-ci se détord quand la pression intérieure augmente; se tord, au contraire, davantage si la pression diminue. La dilatation ou le retrait de l'éther sous l'influence des changements de la température de la boule thermométrique créent, dans le tube de Bourdon, les changements de pression qui le font tordre ou détordre. Une aiguille amplifie et inscrit ces mouvements.

Ce qui me fait préférer ce genre d'appareil à tout autre, c'est la facilité qu'il présente pour transmettre à distance les changements de température qui se produisent en un lieu; c'est aussi son indifférence aux changements de la pression barométrique; c'est, enfin, la force considérable avec laquelle le style trace sur le papier

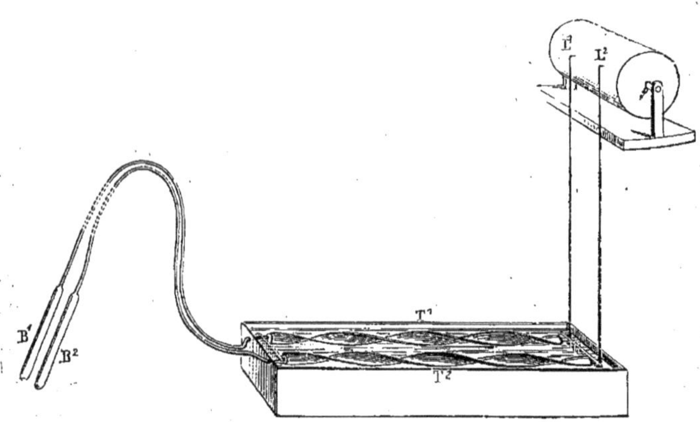

Fig. 163. Thermomètre inscripteur. Deux boules remplies d'éther communiquent chacune avec un tube de Bourdon qui actionne un levier.

tandis que, avec les deux autres appareils, il faut de grandes précautions pour que les résistances n'altèrent pas la forme du tracé.

La sensibilité de ce thermomètre inscripteur est moindre que celle des appareils à air; mais la force disponible considérable permet d'amplifier les mouvements de l'aiguille au moyen d'organes mécaniques appropriés. Enfin, on accroît la sensibilité de l'appareil en donnant plus de volume à la boule thermométrique; mais alors il faut choisir pour sujets d'expérience des animaux de grande taille. L'exploration de la température centrale chez les petits animaux ne peut se faire qu'en employant de petites boules de thermomètre susceptibles d'être introduites dans les cavités naturelles[1].

Inscription des quantités de chaleur.

On mesure les quantités de chaleur produites par une source quelconque d'après le nombre de degrés dont s'est échauffé un certain poids d'eau. Ainsi, on est convenu que l'unité de chaleur ou *calorie* correspond à la quantité de chaleur nécessaire pour porter un kilogramme ou un litre d'eau de zéro à un degré. Cent litres d'eau échauffés d'un degré correspondront donc à cent calories. D'autre part, un litre d'eau porté de zéro à cent degrés correspondra aussi à cent calories.

Ainsi, pour la quantité de chaleur comme pour celle du travail mécanique, nous aurons affaire à un produit. Un certain nombre de calories sera le produit d'une température par un volume.

On voit déjà qu'il y a différentes manières de produire une quantité de chaleur déterminée, et qu'un même nombre de calories pourra être constitué, soit par l'échauffement intense d'un petit volume d'eau, soit par le léger échauffement d'un grand volume de ce liquide. Quand on mesure à l'aide du calorimètre le nombre de calories produites par une combinaison chimique, par exemple, l'appareil ne livre que le résultat final du phénomène sans en indiquer les phases. Or, la méthode graphique se prête fort bien à la détermination de la forme sous laquelle une certaine quantité de chaleur a été produite. Soit un corps duquel va se dégager une certaine quantité de chaleur; enfermons-le dans un espace entouré de matières isolantes, et tout autour de lui, faisons circuler un courant régulier d'eau à température constante, tandis qu'un thermomètre inscripteur plongera dans le courant qui sort de cette sorte de calorimètre.

Tant qu'il ne se produit aucune chaleur à l'intérieur de l'appareil, l'eau sort avec la même température qu'elle avait au moment de son entrée; le style trace une ligne horizontale que nous appellerons zéro. Aussitôt que la chaleur se dégage dans le calorimètre, la courbe tracée s'élève, exprimant ainsi l'intensité de l'échauffement. Mais, d'autre part, on sait à quelle quantité d'eau s'applique

1. Toutes les expériences sur ce sujet sont en voie d'exécution; elles seront exposées dans le tome IV des travaux de mon laboratoire.

la température, puisque l'écoulement est uniforme comme la rotation du cylindre lui-même. Une expérience préalable aura déterminé à quelle quantité d'eau versée correspond une certaine longueur mesurée sur le papier suivant l'axe des x. On aura donc affaire à l'une de ces courbes dont les aires donnent le produit de de deux variables. L'aire mesurée exprimera le nombre de calories qui seront sorties du calorimètre. D'autre part, la forme de la courbe traduira les phases de la production de chaleur. Supposons que le dégagement de chaleur ait cessé à l'intérieur de l'appareil, la courbe redescendra peu à peu, et quand elle aura atteint zéro, l'aire du tracé mesurera le nombre total des calories produites[1]. Suivant l'intensité de la production de chaleur, on verra les variations de la courbe prendre plus ou moins d'amplitude. Or, il peut arriver que ces variations soient trop faibles ou trop fortes. Dans le premier cas, on devra ralentir l'écoulement du liquide; dans le second, l'accélérer. Pour la lecture des tracés, il suffira de tenir compte de la relation entre la vitesse de l'écoulement du liquide et celle de la rotation du cylindre.

La courbe dont nous venons de parler est du genre de celles où les aires expriment la valeur totale de la chose mesurée[2]. Or, on sait qu'en général on peut, par une autre méthode presque toujours plus simple, obtenir la même mesure d'après le déplacement de la courbe suivant l'axe des y.

Les courbes des espaces parcourus sont de ce genre, tandis que celles des vitesses, courbes dont les aires donnent le chemin parcouru, correspondraient à la mesure des calories qui vient d'être exposée. Ne pourrait-on inscrire la production des calories avec toutes ses phases en conduisant, à chaque instant, le style d'après la quantité de chaleur produite?

Il faudrait pour cela que le liquide qui traverse le calorimètre y prît toujours un même excès de température, et qu'il s'en écoulât avec une vitesse variable suivant la production de chaleur. Au moyen d'une disposition extrêmement ingénieuse, d'Arsonval règle la température d'un réservoir à liquide de telle façon que toute production d'une calorie dans ce réservoir se traduise par l'écoulement d'un litre d'eau (voy. Technique, chap. V). Inscrire

1. Il faut admettre que la perte de chaleur par le calorimètre soit nulle ou insignifiante.

2. Nous avons vu des exemples de ces courbes dans les statistiques de W. Playfair.

la production de chaleur dans l'intérieur d'une pareille enceinte se réduira donc à inscrire la quantité de liquide déversé en un temps donné, problème résolu dans les expériences sur l'écoulement des liquides (page 214). Plus la production de chaleur sera rapide, plus la courbe indiquera un écoulement rapide du liquide, et réciproquement.

L'appareil destiné à réaliser cette mesure se compose de deux parties : un régulateur de température de d'Arsonval, et un inscripteur des écoulements de liquide pareil à celui qui a été décrit précédemment.

CHAPITRE VI.

INSCRIPTION DES PHÉNOMÈNES ÉLECTRIQUES.

L'électricité peut être étudiée graphiquement dans ses manifestations diverses : lumière, chaleur, travail mécanique, actions chimiques. — Photographie des phénomènes lumineux de l'électricité ; expérience de Feddersen. — Analyse des décharges par la méthode de Donders ; combinaison de la chronographie et de l'électrolyse. — Inscription des effets calorifiques de l'électricité ; expériences de Marcot. — Inscription des tensions électriques mesurées au moyen de l'électromètre de Lippmann. — De l'intensité des courants inscrits au moyen du Rhéographe. — Inscription des quantités d'électricité.

La facilité avec laquelle l'électricité se transforme en lumière, en chaleur, en travail mécanique, etc., permet de la suivre à travers ses manifestations diverses, et, dans un grand nombre de cas, d'obtenir une représentation graphique de phénomènes qui échappaient à toute autre méthode. Nous exposerons en premier lieu l'inscription des phénomènes lumineux produits par l'électricité.

Inscription des étincelles électriques de la décharge disruptive ; expériences de Feddersen.

On savait déjà, par les expériences de Wheatstone et de Weber, que la décharge a une durée variable. Feddersen[1] a réussi à décomposer ce phénomène en une série d'oscillations lumineuses alternatives qui, dans un miroir tournant, se dissocient et donnent

1. Poggendorff. Ann., t. CIII, p. 69. *Ann. de Chimie et Physique*, 3e série, t. LIV, p. 435, et t. LXIX, p. 178.

une figure très-élégante. Pour recevoir l'image de ce phénomène lumineux dans le miroir, il faut que celui-ci présente une position convenable au moment de la décharge. Ce résultat s'obtient par un dispositif qui fait dépendre la décharge de la rotation même du miroir[1].

Au lieu du miroir plan dans lequel on regardait l'étincelle, Feddersen prit un miroir concave et obtint une *image réelle* sur un verre dépoli placé au foyer. Enfin, en employant une plaque collodionnée, ce physicien réussit à fixer l'image lumineuse[2]. L'auteur a reconnu trois espèces bien distinctes de décharges.

1° Sur le trajet du conducteur on place une colonne d'eau; dès lors, l'électricité ne passe plus que d'une manière *intermittente;* la figure 164 est formée de traits verticaux équidistants qui s'écartent de plus en plus les uns des autres vers la fin de l'étincelle[3].

2° Si la résistance du circuit diminue, la décharge devient *continue;* elle se traduit par une ligne verticale lumineuse, aux deux extrémités de laquelle se trouvent deux points lumineux.

3° Enfin, si la décharge s'effectue dans des conditions où la durée augmente quand les résistances diminuent, elle devient *oscil-*

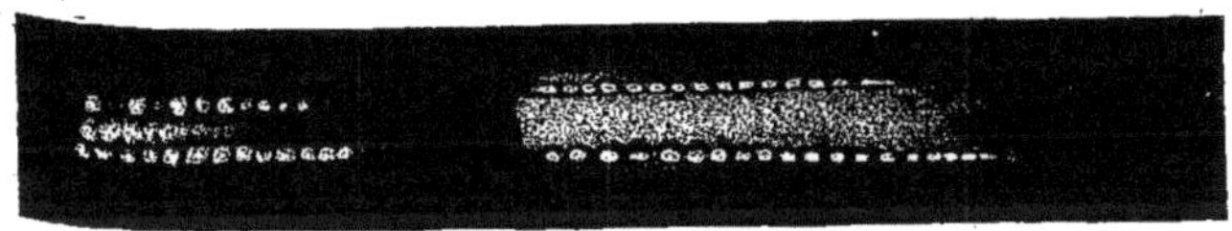

Fig. 164. Décharge électrique dans un arc très-conducteur. Expériences de Feddersen.

lante et prend les aspects les plus variés suivant la nature des conducteurs employés.

Si la résistance du conducteur augmente, les jets lumineux

1. J'aurai souvent à parler de dispositifs du même genre, par exemple, pour l'inscription des mouvements musculaires à un instant déterminé de la rotation d'un cylindre.

2. Nous empruntons les détails de ces expériences et les figures à l'ouvrage de Mascart : *Traité d'électricité statique*, Paris, 1876.

3. Ces traits verticaux correspondent à une série de jets lumineux intermittents qui passent d'un conducteur à l'autre. Au point de vue de l'inscription, les choses se passent comme si deux styles superposés traçant sur un cylindre tournant deux lignes parallèles, une étincelle jaillissait de l'un et l'autre à des instants successifs, en laissant par son passage des traits verticaux sur le papier.

prennent de la durée; leur vitesse décroît du commencement à la fin, de telle sorte que, dans leur image, on observe une forme courbe pour chacun d'eux. En outre, la nature oscillante du phénomène se traduit par une disposition alternative des courbes au-

Fig. 165. Décharge électrique dans un arc plus résistant.

tour d'une ligne moyenne horizontale, comme on le voit dans les différentes images de la figure 165.

La discontinuité de la décharge se prouve encore par d'autres expériences graphiques dont nous allons donner la description, bien qu'elles ne se rattachent pas aux phénomènes lumineux produits par l'électricité.

Méthode de Donders et Nyland pour inscrire les phases de la décharge d'une bobine d'induction.

Mettant à profit l'action électrolytique par laquelle un courant laisse une trace de son passage sur un papier convenablement sensibilisé; dans d'autres cas, utilisant l'action mécanique par laquelle un courant perfore une bande de papier ou disperse les poussières répandues sur une surface, Donders et Nyland ont obtenu des tracés qui montrent la durée et la complexité de la décharge des bobines d'induction. Dans ces expériences, la chronographie est intimement combinée avec l'inscription du phénomène électrique lui-même, et permet d'en estimer la durée avec une précision parfaite.

La décharge d'une forte bobine de Ruhmkorff est conduite à travers un diapason muni d'un style métallique et à travers un cylindre de métal recouvert d'une feuille de papier. Le diapason vibre pendant que se fait l'expérience, de sorte que sur la sinusoïde que trace en gris peu intense la pointe du style écrivant, on voit apparaître (fig. 166) des taches ou des perforations qui signalent,

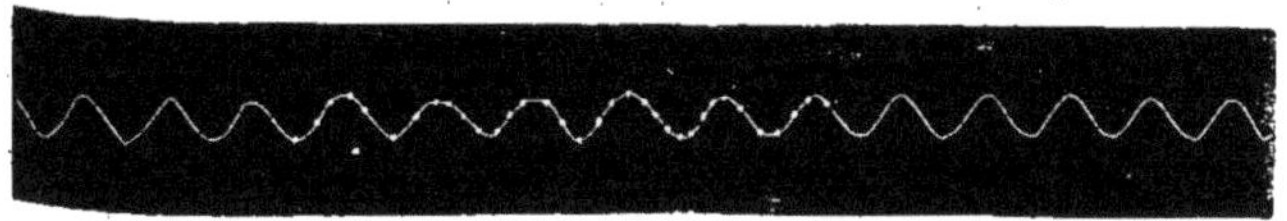

Fig. 166. Inscription d'une décharge électrique d'induction par la méthode de Donders et Nyland.

par leur position, l'instant précis où une étincelle a traversé la feuille. Or, l'expérience démontre que pour chaque décharge de la bobine, il éclate une série d'étincelles; que celles-ci gagnent en fréquence pendant quelques instants, puis deviennent plus rares et disparaissent. Les étincelles qui constituent une décharge ont atteint, dans quelques expériences, le nombre de cent environ; quant à la durée totale de la décharge, elle variait de 17 à 18 vibrations d'un diapason de 246 vibrations par seconde. Le retard du début de la décharge n'était guère que de 1/20 de vibration pour celles d'ouverture, et de 1/10 pour celles qui succèdent à la fermeture du courant. (V. A. Nyland, *Archives néerlandaises*, t. V, 1870.)

Inscription des effets calorifiques de l'électricité; expériences de Mascart.

Lorsqu'on fait passer un courant au travers d'une spirale de platine contenue dans un espace clos et rempli d'air, celui-ci s'échauffe et se dilate; une colonne thermométrique munie d'un index marque le degré de cette dilatation; tel est le thermomètre de Riess (fig. 167).

Enlevons l'index du tube thermométrique et mettons celui-ci en communication avec un tambour à levier, nous aurons un appareil inscripteur des échauffements qui se produisent dans le thermomètre. Mascart a employé cette méthode pour inscrire les effets thermométriques de différentes sources d'électricité, et pour les comparer entre elles. Un cylindre enfumé, conduit par un régulateur de Foucault, a servi dans ces expériences.

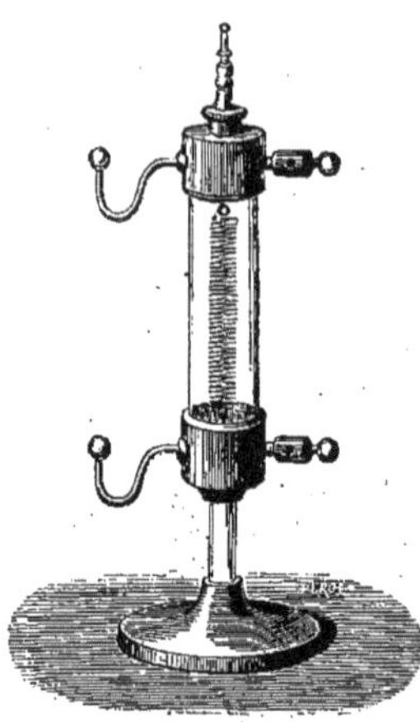

Fig. 167. Thermomètre électrique de Riess.

D'après Mascart, si la quantité d'électricité dégagée est faible, on peut être assuré, sans faire aucun calcul, que les hauteurs des courbes seront proportionnelles à la quantité de chaleur fournie par la décharge.

La figure 168 correspond à des échauffements d'intensités croissantes. Une batterie chargée par 11 étincelles d'une bouteille de Lane fournit la décharge dont les effets thermiques sont inscrits en bas de la figure. Au-dessus, on voit s'échelonner les courbes

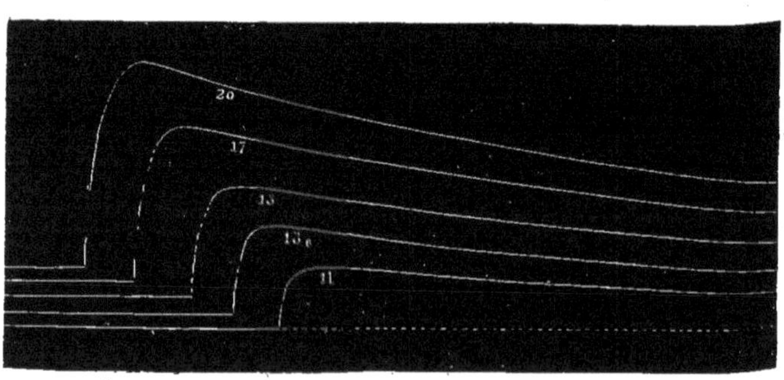

Fig. 168. Inscription des échauffements produits par des décharges d'intensités successivement croissantes.

produites par les charges correspondant à 13 étincelles, puis à 15, à 17, à 20.

D'après la forme de ces courbes, on voit que l'échauffement n'est pas instantané, puisqu'il se traduit par une période ascendante d'une certaine durée. Or, l'influence du refroidissement de l'appareil se fait sentir même pendant cette phase ascendante de la courbe, et l'empêche d'atteindre son véritable sommet : celui qui exprimerait la quantité totale d'électricité transformée en chaleur. On peut déterminer par le calcul ou par une construction graphique ce véritable sommet de la courbe, et vérifier la proportionnalité des ordonnées aux températures.

L'auteur de ces belles expériences pense que la quantité de chaleur est sensiblement proportionnelle au carré du nombre des étincelles.

En employant des charges constantes appliquées à des batteries

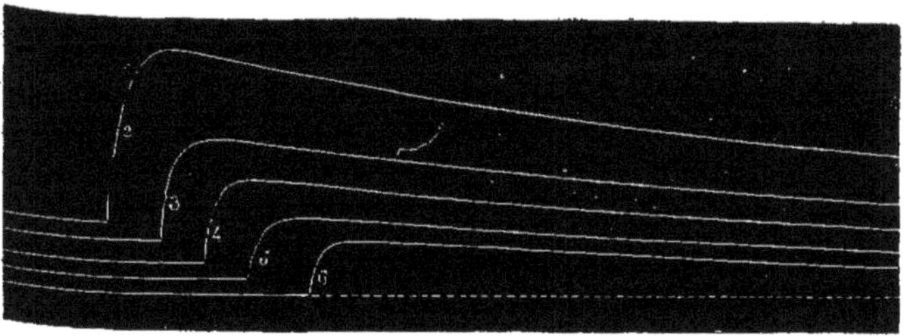

Fig. 169. Courbes des échauffements produits par une même charge, mais avec des batteries de surfaces différentes.

formées d'un nombre variable de bouteilles, Mascart a obtenu la figure 169, qui montre que l'échauffement est d'autant plus grand que la surface de la batterie est moindre (les n^{os} d'ordre gravés

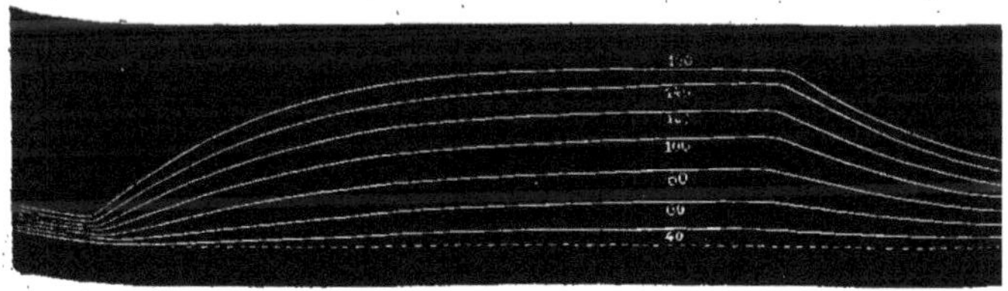

Fig. 170. Réduction des courbes d'échauffements produites par une machine Gramme tournant à des vitesses différentes.

sur chacune des courbes de cette figure expriment le nombre de bouteilles dont la batterie était formée).

Cette méthode s'applique à la comparaison de différentes sources d'électricité les unes aux autres. La figure 170 est formée par les courbes d'échauffement produites par le passage du courant d'une machine Gramme que l'on faisait tourner d'un mouvement plus ou moins rapide.

La période d'élévation de ces courbes présente un aspect différent de celui qu'on observe dans les figures précédentes, à cause de la longue durée de l'échauffement sous l'influence d'un courant continu.

Inscription des tensions électriques mesurées au moyen de l'électromètre de Lippmann.

Lippmann a découvert une propriété remarquable de l'électricité, celle de modifier les phénomènes de capillarité et de changer la hauteur à laquelle s'élève un liquide à l'intérieur d'un tube capillaire. D'après cette propriété, ce savant a construit sous le nom d'*électromètre capillaire* un instrument dans lequel une petite colonne de mercure se déplace, dans un sens ou dans l'autre, suivant les augmentations ou les diminutions de la tension électrique à laquelle l'appareil est soumis. Quelques mots d'explication sont nécessaires relativement à la construction de cet électromètre.

Soit, figure 171, un long tube de verre vertical se terminant par une pointe effilée; nous faisons tremper cette pointe dans un vase de verre B, contenant de l'eau acidulée et au fond duquel est une goutte de mercure. Remplissons de mercure le long tube de l'instrument. Si la pointe effilée qui plonge dans le vase B est suffisamment fine, le mercure ne s'écoulera pas, même sous une forte charge, mais restera suspendu par la capillarité qui résiste à sa progression dans le tube effilé. Si nous mettons en communication, au moyen des fils métalliques *a*, *b*, le mercure du tube et celui du vase B avec une source d'électricité, nous verrons aussitôt changer, dans la pointe effilée, le niveau auquel s'arrête le mercure; ce niveau se portera dans le sens où le courant tendrait à se produire.

Pour estimer ces variations, il faut se servir d'un microscope M, qui, dans l'appareil, est braqué en permanence sur l'extrémité de la colonne de mercure.

Lorsque, sous l'influence d'une différence de tension électrique, il s'est produit un certain déplacement du niveau capillaire, si, par exemple, ce niveau s'est élevé, c'est-à-dire a reculé du côté de la partie large du tube, il faut, pour le ramener à sa position primitive, exercer une pression plus forte sur la colonne de l'instrument : verser du mercure dans le tube jusqu'à une plus grande hauteur, ou bien comprimer de l'air au-dessus du mercure avec

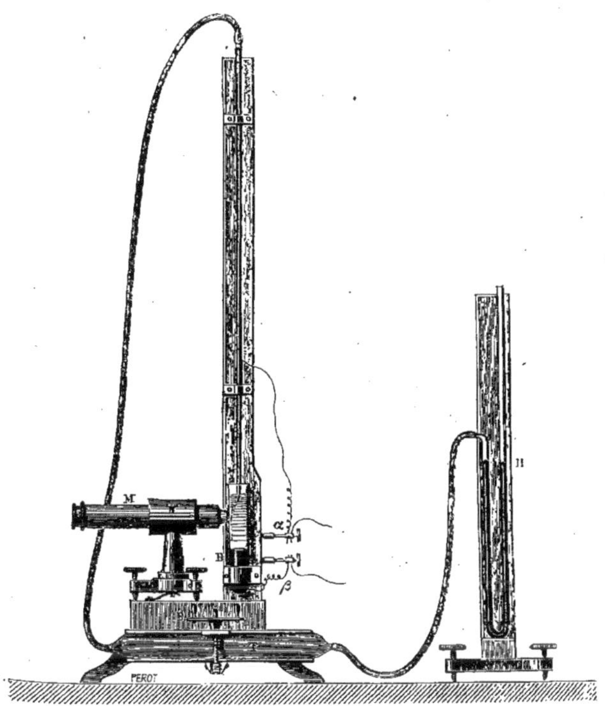

Fig. 171. Électromètre de Lippmann.

une certaine force. C'est à ce moyen que Lippmann recourt de préférence. Une presse T, mue par une manivelle E, permet de comprimer l'air d'un réservoir de caoutchouc et de l'envoyer, d'un côté, au-dessus du mercure dans le grand tube; de l'autre, dans un manomètre H, qui en indique la pression.

On constate que, pour ramener à zéro la colonne capillaire déviée par une certaine tension électrique, il faut une pression proportionnelle à la tension compensée.

Pour bien déterminer la position du zéro de l'appareil, on a adapté au microscope un fil de réticule, en face duquel on amène le sommet de la colonne capillaire quand l'appareil n'est soumis à aucune influence électrique. Quand la colonne est déplacée par une certaine tension électrique, le fil du réticule marque la position du zéro et permet de mesurer l'étendue de l'excursion.

On emploie parfois un appareil moins encombrant et portatif, dans lequel un réservoir à mercure, que l'on comprime au moyen d'une vis, remplace la haute colonne de la figure. Dans cet électromètre, la colonne capillaire apparaît, transversalement dirigée dans le champ du microscope; le fil du réticule est, au contraire, verticalement tendu, figure 172.

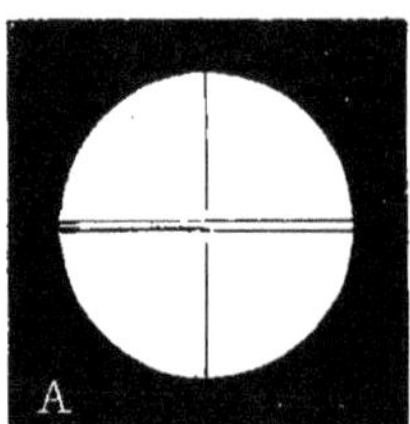

Fig. 172. Aspect de la colonne de l'électromètre au repos dans le champ du microscope.

Deux sortes d'expériences peuvent être faites avec cet instrument : la mesure de la tension statique de l'électricité dont un corps est chargé à un moment donné, et la constatation des changements que présentera la tension électrique à des instants successifs.

Pour la première mesure, il suffit de mettre un instant l'appareil en contact, par l'un de ses fils avec la terre, et par l'autre avec le corps électrisé; aussitôt la colonne de mercure prend une déviation permanente qui traduit la valeur de la tension électrique. Dans les cas où il se produit des changements dans la tension électrique du corps observé, ces changements se traduisent par des déplacements de la colonne dont les excursions sont étendues ou bornées, lentes ou rapides, suivent les phases de la variation électrique elle-même.

C'est cette mobilité qu'il s'agit d'inscrire, car l'œil ne peut l'apprécier avec exactitude. La photographie m'a réussi pour ce genre d'inscription.

On sait, depuis les belles expériences de Matteucci et de du Bois-Reymond, que les muscles vivants sont doués d'un certain état électrique qui se modifie au moment où ils fonctionnent. Le galvanomètre obéit mal à ces variations, à cause de l'inertie de son aiguille; mais l'électromètre, incomparablement plus mobile, en suit les moindres détails.

A l'oculaire du microscope, mettons une plaque de verre dépoli, nous y verrons une image réelle de la colonne de l'électromètre et des mouvements qu'elle exécute. Substituons à cette plaque dépolie une glace recouverte d'un collodion sensible, nous obtiendrons l'image photographiée de cette colonne de mercure; enfin, imprimons à la plaque sensible un mouvement de translation perpendiculaire au sens des mouvements de l'électromètre, et nous aurons la courbe des changements de la tension.

La figure 173 montre la variation électrique du cœur d'une tortue pendant ses mouvements de systole et de diastole; la figure 174

Fig. 173. Inscription des variations électriques qui accompagnent les mouvements rhythmés d'un cœur de tortue.

est donnée par les variations électriques du cœur d'une grenouille. Voici comment ces courbes ont été obtenues :

On dispose le cœur de l'animal, suivant les procédés ordinaires, sur des électrodes impolarisables qui, au lieu de se rendre à un

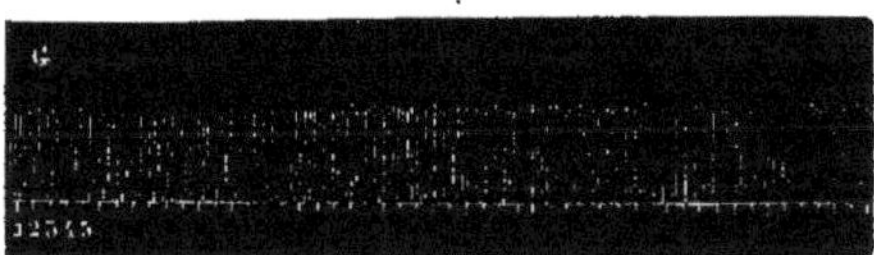

Fig. 174. Variations électriques d'un cœur de grenouille.

galvanomètre, sont mises en rapport avec les fils de l'électromètre. On s'assure, en regardant la plaque dépolie sur laquelle se projette l'image de la colonne capillaire, que les mouvements du cœur s'accompagnent bien tous de variations électriques; on glisse alors à la place du verre dépoli une petite chambre noire contenant une glace au collodion humide instantané. Un mouvement est imprimé à cette glace par un rouage d'horlogerie approprié. Dans les figures ci-dessus, la vitesse de translation était d'environ 3 millimètres par seconde.

Pour photographier la colonne de mercure et ses mouvements, il y a deux procédés distincts : ou bien on intercepte la lumière par l'opacité de la colonne de mercure jouant le rôle d'un écran, ou bien on éclaire vivement la colonne sur un fond noir, et on s'en sert comme de source lumineuse. Dans le premier cas, un diaphragme à fente très-fine doit être placé de telle sorte que le mercure de la colonne capillaire, dans ses mouvements de va-et-vient, couvre et découvre des longueurs variables de cette fente; cela demande une construction délicate. Dans le second cas, la difficulté consiste dans la faiblesse de l'éclairage; on a pour source de lumière celle que réfléchit une colonne de mercure d'environ 1/20 de millimètre. Si l'image de la colonne est grandie à raison des doubles diamètres, l'intensité lumineuse est réduite au quart.

Pour avoir le plus possible d'intensité lumineuse, il faut éclairer la colonne de mercure avec la lumière solaire concentrée par une lentille et se borner à obtenir des images de très-petite dimension recueillies sur une plaque à translation fort lente.

Peut-on ajouter une entière confiance à la forme des courbes photographiées de l'électromètre? Pour répondre à cette question, j'ai soumis cet appareil à des courants d'une brièveté extrême : des dérivations de courants induits d'une petite bobine. Les courants de rupture r et de clôture c se suivent à intervalles égaux et

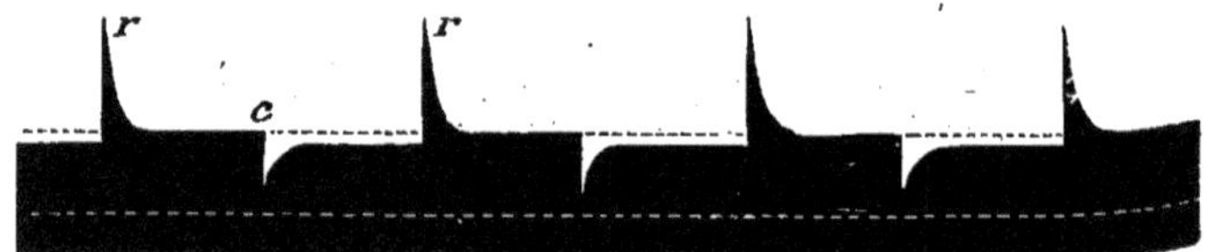

Fig. 175. Photographie de courants induits de rupture et de clôture obtenue avec l'électromètre.

présentent des tensions de signes contraires ; enfin, les courants de rupture sont ceux qui présentent la tension la plus forte. Tout est bien conforme, jusqu'ici, à ce que l'on connaît des caractères des courants induits. Mais si l'on se reporte à la durée des phases de ces courants, on voit sur la figure, que la phase initiale de ces courants est très-brusque, c'est-à-dire que la courbe s'élève et s'abaisse verticalement, mais que la phase terminale suit une marche très-différente; le retour de la courbe à zéro, très-rapide d'abord, se ralentit ensuite de plus en plus, à mesure que diminue la force qui tend à le produire; de sorte que la courbe ne redevient horizontale qu'au bout d'un temps fort long. Pour le cas représenté figure 175, il s'écoulait environ 3/4 de seconde avant que l'horizontalité fût atteinte; encore, à ce moment, l'appareil ne pouvait-il être considéré comme arrêté à zéro, mais semblait occuper une position, en quelque sorte indifférente, tantôt en haut, tantôt en bas, suivant le sens dans lequel il venait d'être entraîné. En effet, on voit dans la figure qu'une ligne ponctuée conduite par les niveaux où le mercure s'arrête, après les courants induits de rupture, n'est jamais atteinte après les courants induits de clôture. Il semble que ce soit à la polarisation des surfaces du mercure et de l'eau acidulée que tient cette persistance de la déviation de la colonne après qu'elle a subi l'influence d'une tension électrique.

Il faut remarquer que ce n'est qu'au voisinage de zéro que cette indifférence existe, de sorte qu'elle ne trouble les indications de l'instrument qu'autant que la tension électrique de la source retombe à zéro.

Ces essais, encore très-défectueux, d'inscription de l'électricité me semblent pleins de promesses pour l'avenir. Il serait désirable de pouvoir photographier les mouvements de l'électromètre au moyen d'une source artificielle de lumière, mais jusqu'ici l'intensité lumineuse du soleil est seule suffisante quand il s'agit d'inscrire des variations rapides.

De l'intensité des courants inscrits au moyen du rhéographe électrique.

Cet instrument est un signal électro-magnétique de Deprèz auquel j'ai fait la modification suivante : entre l'armature et le fer doux est une pièce compressible, à élasticité variable, qui, s'écrasant en raison de l'intensité de l'attraction magnétique, permet au style inscripteur de faire des excursions d'une étendue plus ou moins grande. De sorte que l'intensité du courant qui traverse l'appareil se trouve traduite par l'étendue des mouvements tracés par le style.

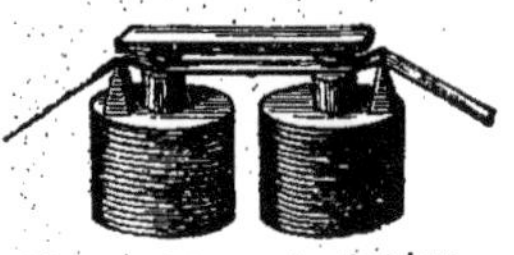
Fig. 176. Rhéographe électrique.

La figure 176 montre la disposition qui m'a servi pour déterminer les variations d'intensité des courants électriques de la torpille.

Un fil de caoutchouc, réfléchi sur deux chevalets, s'étend horizontalement entre les fers doux et l'armature d'un signal électro-magnétique. Les fers doux ont été limés

Fig. 177. Décharge provoquée sur une torpille par la piqûre du lobe électrique. On inscrit cette décharge au moyen du rhéographe de la ligne 1; 2, début du phénomène à la ligne; 3, fin de la décharge.

de manière à présenter à leur somme une gouttière dans laquelle s'engagent deux demi-cylindres de métal, soudés à la partie inférieure de l'armature.

De cette façon, le rapprochement des pièces soumises à l'attraction magnétique éprouvera des obstacles de plus en plus grands à mesure que les surfaces s'approcheront davantage l'une de l'autre. Suivons, en effet, l'armature aux différents degrés de son abaissement. Elle rencontrera d'abord le fil élastique par la convexité des deux demi-cylindres qu'elle porte à sa partie inférieure. A ce moment, l'extensibilité du fil sera très-grande; mais, à mesure que le fil s'abaissera davantage, il reposera sur des points de moins en moins écartés l'un de l'autre, il deviendra donc de moins en moins extensible. Plus bas, le fil de caoutchouc, tendu au-dessus de l'encoche faite dans les fers doux, sera moins extensible encore; plus tard, enfin, quand le fil, toujours repoussé par l'armature, aura pris la courbure des pièces qui l'étreignent, il opposera à une nouvelle descente de l'armature la résistance qu'un fil de caoutchouc tendu présente à l'écrasement, résistance qui croît elle-même en raison de la déformation déjà obtenue.

La figure 177 est tracée au moyen de l'instrument ainsi modifié; une décharge prolongée de torpille a été provoquée par la piqûre du lobe électrique du cerveau. D'un bout à l'autre de cette décharge, la décroissance d'amplitude est considérable : environ de 1 à 10.

Dans la première ligne de la figure 177, on remarque des alternatives d'accroissement et de diminution de l'amplitude des flux électriques; elles se reproduisent d'une manière régulière, à peu près toutes les neuf vibrations du style. J'ai plusieurs fois observé une périodicité de ce genre sans savoir à quelle cause l'attribuer.

Le rhéographe électrique, avec sa disposition actuelle, ne doit pas fournir un tracé bien fidèle des phases de chacun des flux, de leur durée et de leur forme[1]; il permet toutefois, dans certains cas, de constater de frappantes analogies entre la *forme* d'un flux électrique et celle d'une secousse musculaire.

Inscription des quantités d'électricité.

C'est au moyen du voltamètre qu'on mesure les quantités d'électricité d'après la quantité d'eau décomposée, ce dont on juge par le volume de gaz mis en liberté. Il est plus précis de faire passer le courant à travers une solution de sulfate de cuivre, et d'estimer la quantité d'électricité qui a traversé le circuit d'après le poids du cuivre déposé sur une électrode.

Or, dans l'un et l'autre cas, il est facile d'inscrire les phases suivant lesquelles a varié le courant.

Si l'on se sert d'un voltamètre à eau, on fera en sorte que les gaz se dégagent dans un espace clos mis en communication avec un tambour à levier bien hermétique. Celui-ci inscrira les phases du dégagement gazeux, comme il inscrivait les phases de la dilatation de l'air dans les expériences de Mascart sur la mesure de la chaleur produite dans un thermomètre de Riess par différentes sources d'électricité.

Dans un voltamètre à sulfate de cuivre, le dépôt du métal se traduirait par un changement de poids que l'on pourrait inscrire par l'un des procédés indiqués page 253. L'industrie recourt à l'emploi de la balance pour limiter le dépôt de métal dans l'argenture des pièces. Une balance qui trébuche quand le dépôt

1. Dans la disposition actuelle, c'est-à-dire avec l'armature comprise entre deux ressorts élastiques, il y a grand danger de vibrations quand les flux sont brefs et intenses. On diminuera ce danger en rendant aussi petites que possible les masses animées de mouvement, et surtout en réduisant à une très-faible amplitude l'étendue du déplacement de ces masses. Les tracés pourront, avec avantage, être amplifiés ensuite par les procédés optiques.

électrique d'argent a acquis le poids voulu, rompt le courant de la pile et arrête l'électrolyse.

Au lieu d'une balance à équilibre indifférent, qu'on place un de ces appareils inscripteurs qui tracent la courbe des changements de poids; cette courbe traduira par ses inflexions diverses les variations de la quantité d'électricité qui a passé, à chaque instant, par le circuit, tandis que la hauteur totale qu'elle atteindra mesurera la quantité totale d'électricité produite.

QUATRIÈME PARTIE

INSCRIPTIONS MULTIPLES

Inscriptions simultanées ; elles permettent l'étude de phénomènes divers qui se passent en des lieux différents. — Classification des différentes applications de la méthode des inscriptions simultanées.
Inscriptions successives ; elles rendent possible l'inscription de certains phénomènes qui échappent aux appareils dans les conditions ordinaires. La méthode consiste à décomposer le phénomène en parties successives, que l'on inscrit chacune à son tour ; cette méthode se rapproche de la méthode stroboscopique de Plateau.

L'observateur le plus habile et le plus attentif ne peut saisir dans leur ensemble certains phénomènes dont le champ de production est trop étendu ou dont la nature est trop complexe. Notre attention, comme notre vue, doit se concentrer sur un objet restreint, sous peine de n'avoir qu'une idée confuse. Aussi, la science, si riche en faits isolés, a-t-elle grand'peine à les rattacher les uns aux autres et à découvrir les relations qui les unissent entre eux.

Et pourtant l'intérêt véritable ne s'attache qu'aux conceptions générales ; les faits sont les matériaux dont se formera la science, comme une grande mosaïque où le travail de tous s'absorbera dans un harmonieux ensemble.

On a déjà vu tout le parti que les météorologistes ont tiré du rapprochement d'observations faites au même moment en différents points du globe. La connaissance des mouvements atmosphériques réside tout entière dans cette concentration de mesures qui ont été prises en des lieux divers.

Dans un grand nombre de cas, de pareilles vues d'ensemble seraient extrêmement précieuses ; la physiologie fournit beaucoup d'exemples de ce genre. Ainsi, avant Harvey, on connaissait le cours du sang dans la plupart des vaisseaux de l'organisme; mais ces notions partielles sur le mouvement du sang attendaient encore la grande synthèse qui devait les réunir sous le nom de circulation du sang. Hales mesura, au moyen d'un manomètre, la pression du sang dans une artère, et depuis cette mémorable expérience, un grand nombre de physiologistes déterminèrent l'état de la pression dans différents vaisseaux, les changements qu'elle éprouve dans certaines régions et sous certaines influences. C'est en rassemblant ces éléments divers que les physiologistes modernes peuvent concevoir, dans son ensemble, la répartition des pressions dans l'arbre vasculaire. Considérée au point de vue général, la connaissance de la pression du sang offre un bien autre intérêt que lorsqu'elle était réduite à des constatations isolées.

On en peut dire autant de la vitesse du sang et de sa température, qui varient aux différents points de l'organisme, mais dont les variations sont particulièrement intéressantes à considérer dans leur ensemble, car on en comprend mieux alors les causes et les effets. Et ce n'est pas seulement les variations d'un phénomène en divers points de l'organisme qu'il importe de connaître, mais parfois les variations de plusieurs phénomènes en chacun de ces points.

On voit par là quelle complication présente l'étude des fonctions de la vie, de ce microcosme, comme l'antiquité l'appelait avec raison, car dans l'être vivant s'agite un monde.

Pour embrasser l'ensemble des mouvements atmosphériques, la météorologie emprunte le concours de nombreux observateurs qui, répartis en des points différents, sont chargés chacun d'une étude spéciale. En face de la fonction dont il cherche à surprendre le secret, le physiologiste est presque toujours isolé; rarement secondé par quelques aides dont le nombre excessif ne serait que de l'encombrement, c'est aux appareils inscripteurs qu'il confiera le soin d'observer les actes multiples dont il doit suivre les relations. On a vu dans les chapitres qui précèdent avec quelle précision ces instruments traduisent les mouvements et mesurent les forces avec les variations successives qu'elles présentent; dans les chapitres qui vont suivre, on verra ces appareils combiner leurs indications pour rassembler sous l'œil de l'expérimentateur les tracés des différents actes qu'ils sont chargés d'explorer.

Si nous prenons comme type de cette application de la méthode graphique des expériences empruntées à la physiologie, c'est que, sur ce terrain, qui nous est plus familier, les exemples viendront plus nombreux et plus précis; mais l'emploi de cette méthode s'étend à toutes les sciences expérimentales, et nous en pourrions citer des applications à la physique, à la chimie, à la mécanique.

La complication du sujet exige qu'on l'expose suivant un plan assez méthodique pour que les cas les plus simples préparent le lecteur aux cas plus compliqués. Cet ordre sera le suivant :

Dans un premier groupe, nous étudierons l'*inscription simultanée* des variations d'un même phénomène en différents lieux. Ce genre d'expériences conduit à la détermination expérimentale des lois du mouvement des ondes liquides dans les conduits élastiques, problème qui intéresse non-seulement le physicien, mais le physiologiste, car il permet de comprendre le mécanisme de la production du pouls, son retard dans les artères éloignées et les formes particulières qu'il présente dans les différents vaisseaux. Dans le même groupe se range l'étude simultanée des répartitions de la pression dans le thorax et dans l'abdomen sous l'influence de la respiration, de l'effort où des changements de la pression atmosphérique. On y doit placer encore la détermination de la température en divers points de l'organisme et celle des changements qui se produisent dans sa répartition suivant l'état de la température ambiante, suivant l'intensité de la production de chaleur par l'animal, enfin, suivant l'état des nerfs vaso-moteurs qui doivent être considérés comme les régulateurs de la répartition de la température chez les animaux.

Un deuxième groupe rassemblera les cas où l'on considère, en un même point du corps ou en un même organe, la manière dont varient, l'un par rapport à l'autre, un certain nombre de phénomènes. Ainsi, le rapport de la pression à la vitesse du sang dans une même artère ne sera pas le même dans tous les états de la circulation. La vitesse et la pression s'accroîtront toutes deux si la force impulsive du cœur augmente; mais la pression s'accroîtra, tandis que la vitesse sera diminuée s'il se produit un obstacle au cours du sang dans le vaisseau en aval du point observé. Du même ordre sera la comparaison de la fréquence des mouvements du cœur avec le débit de cet organe; de cette fréquence avec la température ou la pression du sang, etc.

Enfin, dans un troisième groupe, se placera l'inscription d'actes de diverses natures, qui se produisent en des lieux différents.

Ainsi, dans la locomotion, les mouvements qu'exécutent les membres seront étudiés dans leurs rapports avec les réactions qui se produisent et déplacent le corps de l'animal. Dans les actes de la phonation, on montrera comment concourent les forces respiratoires, les vibrations du larynx, les mouvements de la langue, des lèvres et du voile du palais, pour former les différents sons articulés. La rumination, la déglutition constituent des phénomènes du même ordre et n'ont pu être complétement analysées que par l'emploi de la méthode graphique..

Cette classification ne répond pas seulement aux différentes applications de l'inscription simultanée aux phénomènes de la physiologie, elle correspond aussi aux différentes études que la physique ou la mécanique peuvent se proposer. Ainsi, le physicien qui veut déterminer les dilatations que subit un corps soumis à différentes températures, pourra inscrire à la fois les variations de la longueur d'une barre et celles de la température qui agit sur cette barre. Ce sera un exemple de l'inscription simultanée de deux variations de natures différentes se passant en un même lieu. L'étude du module d'élasticité d'un corps se fera par l'inscription simultanée des changements de longueur de ce corps et des changements du poids dont il est chargé. Enfin, dans ces dernières années, ces procédés dont la physiologie avait inauguré l'emploi ont été transportés dans la mécanique, de telle sorte que, dans la fonction d'une machine, on inscrit à la fois le jeu de chacun des organes, en même temps que les effets qu'il produit.

Dans certains cas, les inscriptions multiples se font d'une manière successive. Cette méthode s'applique à l'inscription de phénomènes dont on peut à volonté provoquer l'apparition, par exemple aux ondes sonores, liquides, musculaires, nerveuses, etc.; elle sert à mesurer la vitesse avec laquelle se transportent ces variations. L'idée première de cette méthode appartient à du Bois-Reymond et fut appliquée par Helmholtz pour mesurer la vitesse de l'agent nerveux. Dans une première expérience, on excite un nerf moteur au voisinage du muscle et on inscrit le mouvement musculaire en notant l'instant où l'excitation a été produite. Dans une seconde expérience, on excite le nerf plus loin du muscle et l'on inscrit comme tout à l'heure le mouvement et le moment de l'excitation. En rapprochant l'une de l'autre ces deux expériences et en superposant les figures de façon que le signal de l'excitation soit dans les deux tracés sur une même verticale, on constate un défaut de superposition dans les courbes du mouvement, et l'on en déduit la vitesse de l'agent nerveux lorsqu'on connaît l'intervalle qui sépare les deux points du nerf excités.

Buisson[1] employa la même méthode pour mesurer la vitesse du transport des ondes liquides dans les tubes élastiques. Dans une série d'expériences, il inscrivait l'instant de pénétration en même temps que le passage de l'onde en des points du tube éloignés de 10, 20, 30, etc., centimètres de l'orifice d'entrée. Il superposait ensuite les tracés obtenus de manière que les signaux du moment de l'impulsion du liquide fussent tous sur la même verticale, et, du retard croissant de l'apparition des ondes sur les différents tracés, il déduisait la vitesse du transport des ondes, puisqu'il pouvait mesurer le temps que ces ondes employaient à parcourir 10, 20, 30, etc. centimètres de tube. En employant cette méthode, on rencontre une difficulté, celle de donner au liquide une impulsion toujours la même; la chute d'un poids est la meilleure force à choisir pour imprimer au liquide des impulsions semblables entre elles.

Enfin, la méthode des *explorations successives* permet d'inscrire certains phénomènes inaccessibles aux moyens ordinaires. Nous allons indiquer quelques-unes de ces applications.

Le galvanomètre exprime par sa déviation l'intensité d'un courant, à la condition qu'il ait le temps d'obéir à cette force qui le dévie; il ne se fixe qu'au bout d'un temps plus ou moins long, et après avoir exécuté une série d'oscillations autour de son point d'équilibre. Cet instrument serait donc absolument impropre à signaler les phases d'un courant électrique de courte durée, et, en supposant que le galvanomètre fût disposé de manière à inscrire ses indications, son inertie l'empêcherait de fournir une courbe de ces variations électriques. Guillemin[2] a conçu le plan d'une méthode qui permet de déterminer, au moyen d'un galvanomètre, l'intensité d'un courant électrique, si bref qu'il soit, et de suivre les phases variables de cette intensité.

Dans les expériences de Guillemin, on utilise l'inertie du galvanomètre dont l'aiguille prend une position fixe si elle est soumise à une série de courants électriques discontinus, mais d'intensités égales. Or, si l'on peut reproduire autant de fois qu'il le faudra

1. Expériences inédites, 1858.
2. Guillemin, *Annales télégraphiques*, 1863.

un courant électrique toujours semblable à lui-même, comme un courant induit, il suffira de décomposer la durée de ce courant en dix parties, par exemple, et de recueillir le courant pendant le premier dixième, dans une série d'expériences. Ces petits éléments du courant induit, envoyés au galvanomètre, fixeront l'aiguille de l'instrument en une certaine position qui correspondra à l'intensité que présente le courant induit pendant le premier dixième de sa durée.

On recueillera ensuite la deuxième partie du courant pendant une autre série d'expériences, et on l'enverra encore au galvanomètre qui, se fixant dans une autre position, montrera que, dans le second dixième de sa durée, le courant a une intensité différente. Une série de déterminations successives de l'intensité du courant à des instants divers de sa durée fournira la série des ordonnées de la courbe qui représente ce courant. De cette façon, ont été déterminées les phases variables des différentes sortes de courants électriques.

Cette méthode est féconde en applications; c'est elle qui, avec de légères modifications dans la construction des appareils, a servi à Bernstein pour mesurer les phases de la *variation négative* des nerfs et des muscles. C'est encore elle que j'ai employée pour inscrire la durée de la décharge électrique de la torpille en me servant d'un muscle de grenouille comme moyen de signaler l'existence de cette décharge que j'explorais à des instants successifs après l'excitation d'un nerf électrique de la torpille.

Enfin, de cette méthode doit se rapprocher encore celle que M. Deprèz a employée pour estimer les variations de la tension de la vapeur dans le cylindre d'une machine aux différents instants de la course du piston. L'inertie de l'indicateur de Watt et des instruments divers qui en sont dérivés, ne permettait pas d'obtenir la courbe des changements de tension de la vapeur pendant un temps aussi court qu'un mouvement du piston. M. Deprèz[1], partageant la durée d'un coup de piston en une série d'instants successifs, détermina la valeur statique de la pression à chacun de ces instants, et obtint ainsi la série des points d'une courbe qui exprime les phases de la tension de la vapeur dans le cylindre d'une machine. Ces modes d'expérimentation, parfois très-dissemblables quant à la nature des phénomènes auxquels

1. M. Deprèz, Mémoire couronné par l'Académie des sciences, 1877.

ils s'appliquent, se ressemblent cependant en ceci : qu'ils décomposent le phénomène en une série d'éléments, qu'ils déterminent la valeur de chacun de ceux-ci et permettent de construire par points la courbe du phénomène.

C'est toujours à la même méthode qu'il faut rattacher certaines expériences dans lesquelles j'ai vu que le cœur ne réagit pas de la même manière aux excitations électriques lorsque ces excitations lui arrivent à des moments différents de sa révolution.

Au point de vue philosophique, les applications que nous venons d'énumérer se rattachent à la grande méthode des explorations successives conçue par Plateau et désignée sous le nom de *méthode stroboscopique.* Aussi, dirons-nous quelques mots de cette méthode qui peut servir de type et de modèle pour l'étude d'un grand nombre de phénomènes de courte durée et à retours périodiques.

L'œil se comporte à la façon des appareils doués d'inertie, en ce sens qu'il est incapable de saisir les variations brusques d'un changement d'état ou d'un mouvement. La persistance des images rétiniennes fait que des impressions successives très-rapprochées se confondent. Aussi, notre œil ne donne-t-il qu'illusions et faux renseignements sur les mouvements rapides. Savart imagina de dissiper cette illusion en ne rendant les objets visibles que pendant un temps très-court au moyen de l'éclairage instantané. Il assista ainsi au spectacle curieux d'une veine liquide immobile en apparence à un instant de sa chute ; il vit les gouttes d'eau disposées en une série de sphéroïdes alternativement allongés et aplatis, rappelant par leurs alternances les ondes alternativement dilatées et condensées de l'air dans les tuyaux sonores. Soumis à l'éclairage instantané par une étincelle électrique, un corps en mouvement paraît immobile, quelle qu'en soit la vitesse. Plateau substitua à l'éclairage instantané des corps, leur apparition instantanée. Il constata que si un disque tournant est vu au travers d'un autre disque tournant dans le même sens, avec la même vitesse et percé d'un trou, le disque examiné semble être immobile; mais que si la rotation des deux disques n'a pas la même vitesse, le disque examiné paraît se mouvoir d'un mouvement d'autant plus lent que la différence des rotations est plus faible. De sorte que si l'on varie convenablement les rapports des deux vitesses, on obtient l'apparence d'un ralentissement aussi grand que l'on veut des mouvements du disque observé, et l'on rend saisissable un mouvement qui, par sa rapidité, eût échappé sans cela à notre appréciation. Tout le monde connaît l'application de ce principe, ou du moins de sa réciproque, consistant à donner l'apparence d'hommes ou d'animaux en mouvement au moyen d'une série de figures placées en des attitudes différentes, et qui passent tour à tour devant l'œil ainsi qu'un trou par lequel on les regarde. Le *phénakisticope* de Plateau, modifié depuis sous le nom de *zootrope*, présentant à notre œil la série des attitudes successives qui se produisent dans un mouvement, recompose pour ainsi dire le phénomène qui était dissocié dans la série des figures correspondant à chacune de ses phases successives.

Cette méthode de Plateau, dont l'invention remonte à 1832, était peu connue, lorsque Doppler, en 1833, la réinventa en y ajoutant des perfectionnements. Töpler donna une exposition complète de la stroboscopie, et cette méthode ne cessa de se développer, particulièrement dans ses applications aux phénomènes de l'acoustique. Le professeur Mach a récemment publié un historique de la stroboscopie qu'il a enrichie lui-même d'un grand nombre de perfectionnements nouveaux.

Aujourd'hui que la photographie permet de fixer sur le papier l'image des phénomènes optiques, on peut prévoir que dans bien des cas les images stroboscopiques pourront ainsi être transformées en documents écrits, faciles à analyser et à comparer entre eux. Bien que cette méthode, qu'on pourrait appeler *stroboscopique*, n'ait pas encore été employée, on peut en concevoir déjà certaines applications. Ainsi, les indications de l'électromètre de Lippmann, si précieuses pour la détermination exacte des tensions électriques, pourraient être photographiées sous forme d'images juxtaposées représentant chacune la position de la colonne de mercure à un certain instant d'une variation électrique dont les retours seraient périodiques. Nous avons cité page 328 quelques essais tentés dans cette direction.

CHAPITRE I.

INSCRIPTIONS D'UN MÊME PHÉNOMÈNE QUI SE PRODUIT EN DES LIEUX DIVERS.

Propagation de la pression dans les liquides.— Expérience sur la propagation des ondes liquides. — Inscription de l'onde musculaire. — Cardiographie physiologique. — Synchronisme des cavités droites et gauches du cœur. — Rapports de la systole ventriculaire avec la pulsation aortique. — Évaluation manométrique de l'effort développé par les différentes cavités du cœur. — Pression dans les différentes cavités splanchniques, expériences de Luciani. — Inscription simultanée des températures en différents points de l'organisme. — Inscription simultanée des décharges des deux appareils de la torpille ; de ces décharges et des courants induits auxquels elles donnent naissance. — Balistique ; vitesse du boulet en différents points de l'âme d'un canon.

Propagation de la pression dans les liquides.

Quand le sang qui est lancé par le ventricule pénètre dans les artères, cette pénétration ne produit pas une élévation simultanée de la pression dans tous les points de l'arbre artériel. Certains faits prouvent que dans ces vaisseaux il se forme un mouvement ondulatoire. L'existence d'une *onde sanguine* permet seule de comprendre le retard du pouls dans les artères éloignées du cœur ; elle permet seule d'expliquer le redoublement du pouls que le doigt constate dans certains cas : ce que les médecins ont appelé le *pouls dicrote*.

Pour rendre compte du retard du pouls, qui s'accentue davantage à mesure qu'on explore une artère plus éloignée du cœur, Weber avait déjà proposé d'appliquer, à ce cas particulier de la circulation artérielle, les données fournies par l'étude des ondes liquides. Après lui, nous avons admis qu'en effet la transmission du mouvement des liquides dans des tubes élastiques mettant un certain temps à s'accomplir, le retard du pouls doit être proportionnel à l'éloignement du centre d'impulsion[1].

1. *Physiologie médicale de la circulation du sang*, p. 198.

La figure 178 montre les tracés de la pulsation ventriculaire et ceux du pouls recueillis sur différentes artères d'un cheval; elle

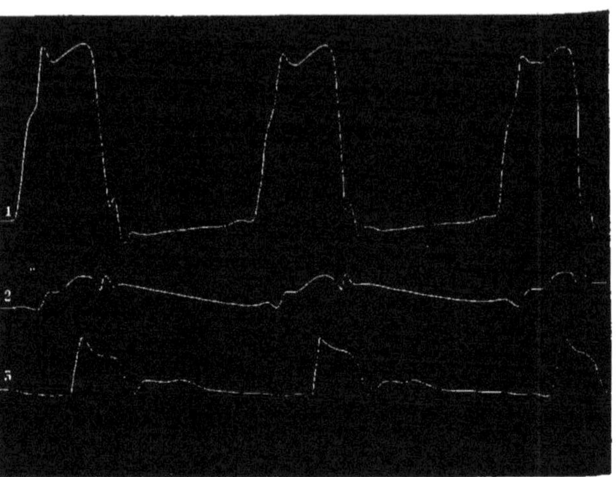

Fig. 178. Retard du pouls de différentes artères sur la systole ventriculaire.

permet de mesurer exactement le retard de chacune de ces pulsations sur la systole ventriculaire.

L'existence d'ondes ou d'oscillations de la colonne de sang contenue dans les différentes artères, en même temps qu'elle explique la transmission lente du pouls, rend compte également de la production du dicrotisme. On peut prouver que ce phénomène est purement physique, en le reproduisant dans des conditions tout artificielles.

Les deux tracés figure 179 représentent des types du pouls dicrote obtenus, l'un sur l'homme, l'autre sur le schéma de la circulation.

Il ne doit donc plus être question de certaines hypothèses émises pour expliquer le dicrotisme du pouls. Celle qui tendait à faire admettre l'existence de deux systoles successives du ventricule ne peut résister à l'auscultation du cœur chez les sujets dont le pouls est dicrote.

Mais, s'il suffit d'admettre l'existence des ondes artérielles pour expliquer l'existence d'un retard du pouls et la production du dicrotisme, cette notion sommaire ne permettrait pas de comprendre toutes les variétés de ce retard, toutes celles qu'on rencontre dans le nombre, l'amplitude et la durée des rebondissements de la pulsation artérielle. C'est dans une connaissance plus

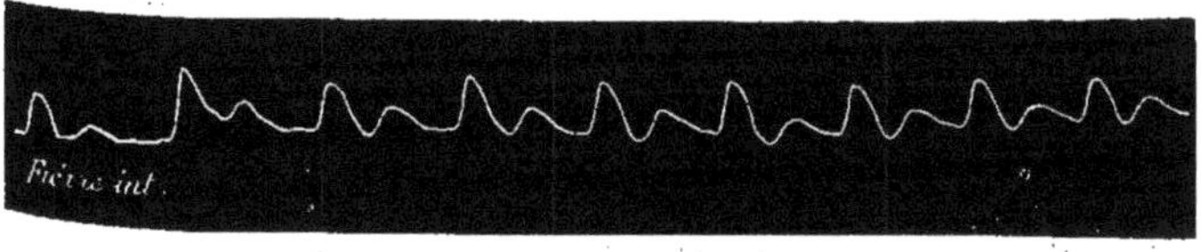

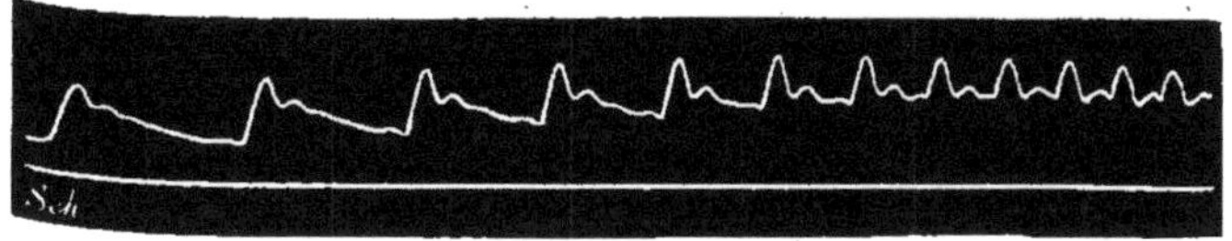

Fig. 179. Pouls dicrote naturel, *fièvre intermittente*. — Pouls dicrote obtenu sur le schéma de la circulation *Sch* avec accélération dans le rhythme des impulsions du liquide.

approfondie du mouvement des ondes liquides, et des influences qui les font varier, qu'il faut chercher de nouveaux perfectionnements de la théorie physiologique.

La théorie des mouvements ondulatoires est un des points les plus délicats, mais aussi les plus importants de la physique, car il constitue l'essence d'un grand nombre de phénomènes de la nature. A toutes les époques de la science, les physiciens et les mathématiciens les plus illustres se sont attachés spécialement à la connaissance de ces mouvements; et même, en se restreignant au cas plus particulier du mouvement des ondes liquides, on trouve des travaux signés des plus grands noms. Les frères E. et H. Weber, dans leur remarquable traité sur ce sujet[1], montrent combien de savants les ont précédés dans ces études, qui, dans les temps modernes, n'ont pas été non plus négligées.

Expériences sur la propagation des ondes liquides.

Dans la détermination du mouvement des ondes liquides, autant le calcul est difficile à appliquer, autant il est aisé de trouver la solution expérimentale. En effet, il suffit d'inscrire à la fois les changements de volume d'un tube de caoutchouc en différents

1. *Wellenlehre*, Leipzig, 1825.

points de sa longueur, pour se rendre compte de la marche de l'onde, de sa longueur, de sa vitesse, des réflexions qu'elle éprouve, etc.

Pour explorer le volume en un point, je place le tube entre deux demi-gouttières de métal (fig. 181), de façon que l'écartement

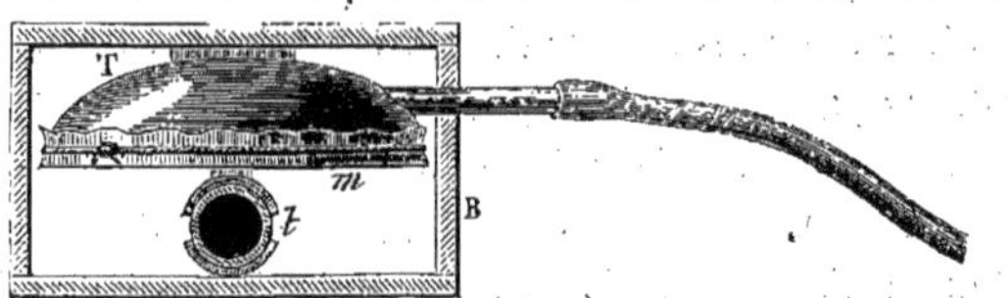

Fig. 181. Appareil explorateur du passage de l'onde liquide dans le tube *t*.

ou le rapprochement de ces demi-gouttières se transmette à la membrane d'un tambour à air mis en rapport avec un levier inscripteur.

Lorsque le passage de l'onde dilate le tube de caoutchouc, les deux demi-gouttières de métal tendent à s'écarter l'une de l'autre, et comme la supérieure est seule mobile, c'est elle qui exécute la totalité du mouvement; elle comprime le tambour placé au-dessus d'elle et envoie au levier inscripteur le signal du passage de l'onde.

La figure 180 représente la disposition de l'appareil complet. Un tube horizontal de caoutchouc est rempli de liquide; à l'une de ses extrémités est une pompe, à l'autre un ajutage d'écoulement que l'on peut laisser ouvert ou fermé suivant la nature de l'expérience. Le tube traverse une série de six petits explorateurs semblables à celui qui vient d'être décrit plus haut; ces explorateurs sont situés à une distance de 20 centimètres les uns des autres; le tube se prolonge au delà du dernier, mais on peut, au moyen d'une pince, le fermer immédiatement après son passage sous le 6ᵉ explorateur. De cette façon, l'onde viendra heurter, en ce point, contre l'obstacle formé par la pince. Les six tambours à levier, dont chacun est actionné par un des explorateurs de l'onde, tracent sur un même cylindre qui tourne avec une vitesse de 28 centimètres par seconde. Cette vitesse est contrôlée par un chronographe de 50 vibrations doubles par seconde.

Lorsqu'au moyen de la pompe représentée à gauche de la figure on lance une certaine quantité de liquide dans le tube, il se produit

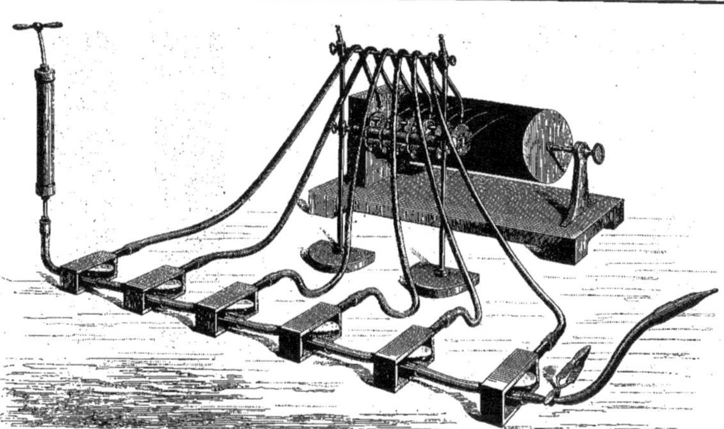

Fig. 180. Appareil destiné à inscrire simultanément les passages d'une onde liquide en plusieurs points de la longueur d'un tube.

une *onde positive*. Si, au contraire, en retirant le piston de la pompe, on crée une aspiration dans le tube, il se produit une *onde négative*, qui, du reste, se propage de la même manière.

Quand on ferme au moyen d'une pince l'extrémité du tube, de façon à empêcher l'issue du liquide, ainsi que cela est représenté dans la figure, il se produit des réflexions de l'onde contre cet obstacle. Ces réflexions n'ont pas lieu lorsqu'on laisse le tube ouvert.

Sans entrer dans les détails de ces expériences qui ont été exposées ailleurs, avec les développements nécessaires[1], je donnerai quelques types des tracés qu'elles ont fournis.

La figure 182 montre le passage d'une onde positive sous les six explorateurs; l'orifice d'écoulement était fermé, ce qui donnait naissance à une onde réfléchie. On y voit aussi qu'à la suite de l'onde positive *directe* se forment une série d'ondes *secondaires*.

Explication de la figure 182. — La ligne des abscisses représente les temps; chaque durée peut être évaluée en 50e de seconde et en fractions, d'après le nombre de vibrations doubles du chronographe.

La ligne des ordonnées exprime les longueurs du tube ou les espaces parcourus par l'onde. Entre deux explorateurs il y a un intervalle de $0^m,20$. Les distances verticales I à II, II à III, etc., correspondent donc à $0^m,20$ de chemin parcouru par l'onde.

Les lettres *a*, *b*, *c*, *a'*, dans les six tracés superposés, marquent chacune le sommet d'une même onde, et permettent d'en suivre la marche. Une flèche indique le sens dans lequel se fait la propagation. Ainsi 1 *a*, 2 *a*, 3 *a*.... 6 *a*, signalent la marche de la première *onde directe positive* qui, partant de l'orifice d'entrée où elle est signalée par l'explorateur n° 1, arrive à l'extrémité fermée du tube où elle se réfléchit. On peut alors suivre cette même onde pendant son retour; elle est signalée par les lettres *a'* 6, *a'* 5.... *a'* 1. Le lieu de la réflexion est indiqué par le changement de direction des flèches qui, d'ascendantes qu'elles étaient, deviennent descendantes.

Les ondes *secondaires* sont signalées par des lettres qui permettent également de les reconnaître; ainsi *b* designe la 2e onde, *c* la troisième, *d* la quatrième. Ces ondes secondaires s'éteignent plus ou moins vite : l'onde *b* ne dépasse pas le 3e explorateur, c'est-à-dire qu'elle s'éteint après un parcours de $0^m,40$; l'onde *c* ne parcourt que $0^m,20$; l'onde *d* ne parcourt pas $0^m,20$.

1. Voyez *Travaux du laboratoire*, 1875, p. 87.

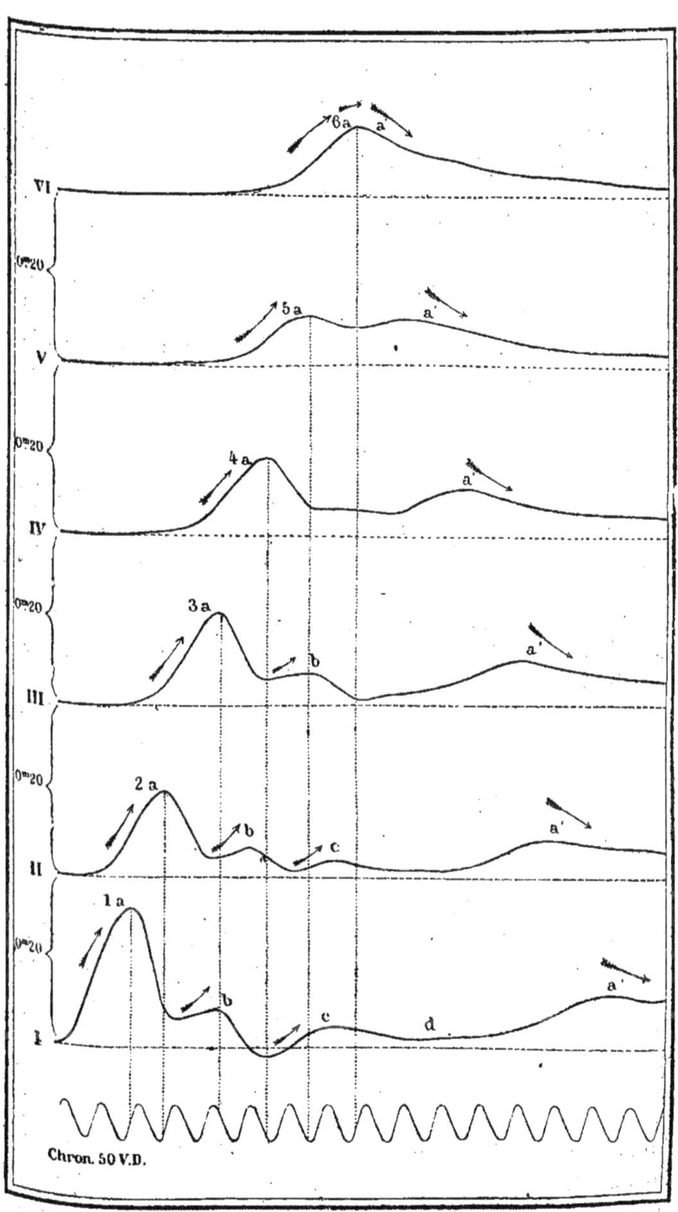

Fig. 182. Transport et changements de forme d'une onde positive aux différents points de la longueur d'un tube élastique.

La *vitesse* d'une onde quelconque se déduit du temps qui s'écoule entre l'instant de son apparition sous le 1er explorateur et le moment où elle apparaît sous le second. Comme le début d'une onde se distingue moins facilement que le sommet, c'est de ce dernier point qu'on a mesuré les positions successives de l'onde. A cet effet, on abaisse une perpendiculaire du sommet de chaque onde 1 *a*, 2 *a*, etc., sur l'axe des abscisses et le tracé du chronographe.

La vitesse des ondes peut encore se mesurer d'après l'inclinaison d'une ligne qui joindrait entre elles les bases de chacune des perpendiculaires abaissées du sommet de la courbe sur l'abscisse de celle-ci. Dans le cas où cette vitesse serait uniforme, on aurait ainsi une ligne droite, ce qui n'a pas lieu dans la figure 182.

La *longueur* d'une onde se déduit de l'espace qui sépare les origines ou les sommets de deux ondes successives à un même instant. Comme les sommets des courbes sont plus faciles à saisir, nous les choisirons comme repères. Il s'agit donc de mesurer la longueur de tube qui sépare le sommet de l'onde *a* de celui de l'onde *b* qui marche derrière elle. Dans le tracé n° III, le sommet 3 *a* de la première onde se trouve verticalement au-dessus du sommet *b*, du tracé n° 1. Ces deux sommets sont donc signalés au même instant par des explorateurs distants l'un de l'autre de 0m,40; l'intervalle des deux ondes qui suivent a donc 0m,40 de longueur. On constaterait de même que du sommet 5 *a*, au sommet 3 *b*, la même longueur existe aussi.

Le transport d'une *onde négative* est représenté dans la figure 183. Cette sorte d'onde, avons-nous dit, est obtenue en aspirant le liquide au moyen de la pompe, au lieu de le pousser dans le tube.

Le phénomène est entièrement inverse du précédent, mais se transporte de la même manière, suivant la longueur du tube.

Pour faciliter l'analyse de cette figure on a donné la même signification aux lettres qui expriment les numéros d'ordre des ondes, et aux flèches qui en indiquent la direction.

J'ai varié les conditions de l'expérience de différentes manières en changeant l'épaisseur des tubes et leur calibre, la nature du liquide employé, le volume et les brusqueries des ondées lancées dans ces tubes; d'autres fois j'ai opéré en me servant de tubes branchés sur un conduit principal. Il suffit de donner ici les conclusions de cette série d'expériences.

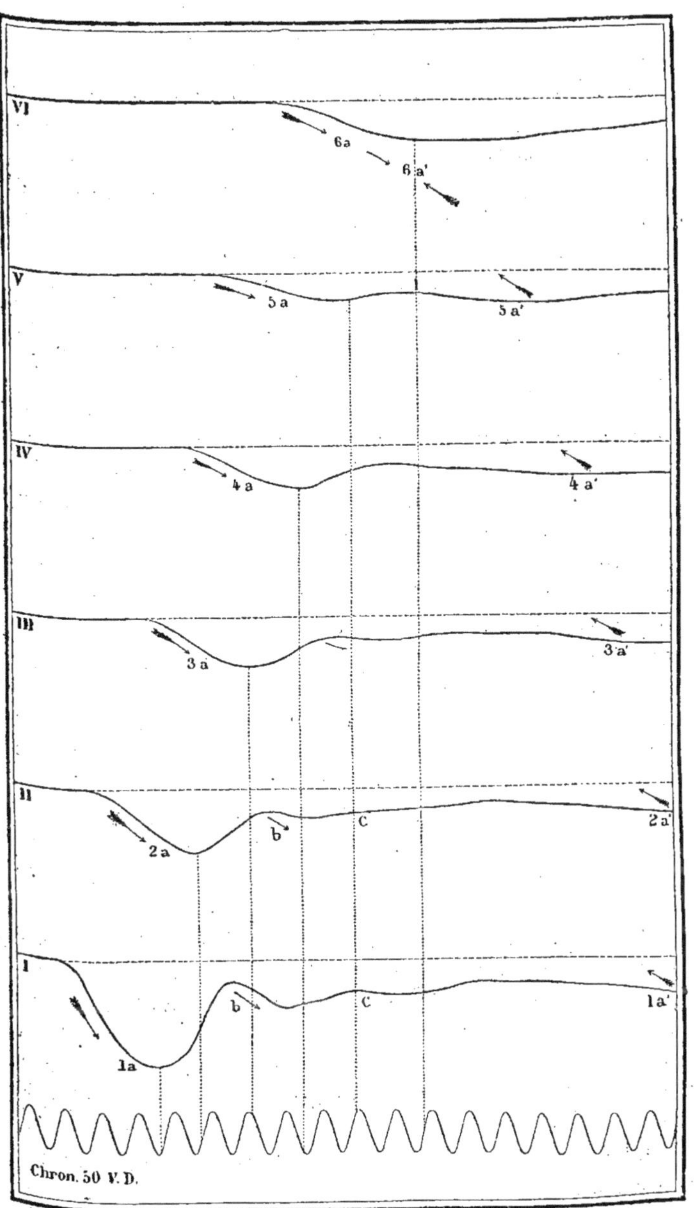

Fig. 183. Transport d'une onde négative dans un tube élastique

Conclusions. — 1° Lorsqu'un liquide pénètre avec vitesse et d'une manière intermittente dans un conduit élastique déjà plein, il se forme, dans la colonne liquide tout entière, des *ondes positives* qui se transportent avec une vitesse indépendante du mouvement de translation du liquide. Ces ondes semblent soumises aux lois générales des mouvements ondulatoires; des appareils spéciaux permettent de les étudier.

2° *La vitesse* de transport d'une onde est proportionnelle à la force élastique du tube; elle varie en raison inverse de la densité du liquide employé; elle diminue graduellement pendant le parcours de l'onde; elle croît avec la rapidité d'impulsion du liquide.

3° *L'amplitude* de l'onde est proportionnelle à la quantité de liquide qui pénètre dans le tube, et à la brusquerie de sa pénétration; elle diminue peu à peu pendant le parcours de l'onde.

4° Quand un afflux de liquide dans le tube est bref et énergique, il peut se faire, sous l'influence de cette impulsion unique, une série d'ondes successives qui marchent les unes à la suite des autres. *Ces ondes secondaires*, formées suivant les lois du mouvement vibratoire, ont des amplitudes graduellement décroissantes; en outre, elles peuvent être suivies plus ou moins loin sur le trajet du tube : les dernières formées, étant les plus faibles, s'éteignent les premières.

5° Quand une onde est suivie d'ondes secondaires, on peut mesurer la distance à laquelle elles se suivent d'après l'intervalle qui sépare deux sommets consécutifs.

6° Si, au lieu d'introduire du liquide dans le tube, on en retire au contraire une petite quantité, il se forme une *onde négative* qui est soumise aux mêmes lois que l'onde positive, et peut être suivie d'ondes négatives secondaires.

7° Lorsque le tube dans lequel se forment les ondes est fermé, ou suffisamment rétréci à son extrémité, il se forme des *ondes réfléchies* qui suivent un trajet rétrograde et reviennent à l'origine du tube. Ces ondes réfléchies se distinguent des ondes directes en ce que la compression du tube en aval du point exploré augmente l'intensité des ondes directes et supprime les ondes réfléchies. Au lieu où se fait la réflexion, l'amplitude des ondes augmente, ainsi qu'on l'observe à la surface d'un bassin, quand des ondes viennent en frapper les parois.

8° Si le liquide pénètre avec une grande rapidité dans un tube à parois peu extensibles, on voit se former ce qu'on pourrait appeler des *vibrations harmoniques;* elles sont surajoutées aux ondes principales; leur nombre est un multiple de celui des ondes. Ces harmoniques n'apparaissent pas à l'orifice d'entrée du tube, mais seulement un peu plus loin, et disparaissent près de l'extrémité opposée.

9° Quand le liquide pénètre dans le tube, en grande quantité et pendant assez longtemps, son afflux prolongé s'oppose à l'oscillation rétrograde qui fait naître les ondes secondaires. Toutefois, celles-ci peuvent apparaître à une certaine distance de l'orifice d'entrée du tube.

10° Dans les tubes branchés, de calibres et d'épaisseurs semblables, il se fait un mélange très-compliqué d'ondes qui passent d'un tube dans l'autre. Mais, dans les conditions de la circulation du sang, l'aorte ne permet pas le passage des ondes d'une artère dans une autre. L'aorte a ses propres ondes qu'elle envoie dans toutes les artères où elles se transforment plus ou moins, mais elle éteint et absorbe, comme un réservoir élastique, les ondes que chaque artère lui apporte et ne les envoie point aux autres.

11° Quand de petits tubes de longueurs inégales sont branchés sur un tube plus gros, comme les artères le sont sur l'aorte, chacun de ces tubes est le siége d'ondes qui lui sont propres, qui se forment à son intérieur et dont la longueur varie avec celle du tube.

Partant des données expérimentales que j'avais obtenues, M. Résal a calculé les mouvements d'un fluide incompressible, dans un tuyau élastique, et est arrivé à cette formule :

$$V=\sqrt{\frac{Ee}{2R\rho}}.$$

La vitesse de propagation des ondes est égale à la racine carrée du produit du coefficient d'élasticité et de l'épaisseur du tuyau, divisé par celui du diamètre du tuyau et de la densité du liquide.

Inscription de l'onde musculaire.

L'inscription simultanée des gonflements d'un muscle, en différents points de sa longueur, a permis à Æby[1] de reconnaître l'existence d'une onde musculaire assez analogue à celle qui se produit dans le mouvement d'un liquide à l'intérieur d'un tube élastique. Il sera intéressant de rapprocher ces deux ordres de phénomènes, dont la comparaison peut éclairer le mécanisme intime de la contraction des muscles.

J'ai répété en les simplifiant les expériences d'Æby, et les résultats ont été les mêmes que ceux qu'avait annoncés ce savant.

Quand l'onde apparaît dans le muscle, elle constitue une cause de raccourcissement. Pendant toute la durée du transport, le raccourcissement persiste, et quand, arrivant au bout de la fibre musculaire, l'onde s'évanouit, le raccourcissement disparaît avec elle.

Ces faits se rapprochent de ceux que le microscope révèle dans une fibre musculaire qu'on examine pendant qu'elle est encore vivante. Sur un insecte, qu'on prenne un faisceau de fibres musculaires (les pattes de coléoptères se prêtent très-bien à ce genre d'étude) et qu'on le place sous l'objectif du microscope ; on constate d'abord la belle striation transversale de ces fibres, et l'on aperçoit sur leur surface un mouvement ondulatoire, souvent alternatif, qui rappelle le mouvement des vagues à la surface de l'eau.

En examinant de plus près ce phénomène, on voit que les stries transversales de la fibre sont, en certains points, très-rapprochées les unes des autres, ce qui, dans la silhouette, se traduit par un gonflement de la fibre. C'est l'onde vue au microscope ; la condensation longitudinale dont le muscle est le siége en ce point lui donne une opacité plus grande que dans les autres régions (fig. 184).

Cette onde opaque chemine le long de la fibre ; en d'autres termes, les points où la striation est serrée ne sont pas toujours les mêmes ; la condensation longitudinale disparaît en un endroit, tandis qu'elle se produit dans les parties contiguës.

1. *Untersuchungen ueber die Vortpflanzungsgeschwindigkeit der Reizung in der quergestreiften Muskelfaser*, Braunschweig, 1862.

Puisque le raccourcissement du muscle s'accompagne de son gonflement dans le sens transversal, on peut étudier, d'après ce gonflement, les caractères du mouvement qui se produit dans un muscle. Nous avons réussi à enregistrer ces changements de diamètre du muscle comme on avait enregistré les changements de longueur. Dans ces conditions, on pouvait étudier l'action mus-

Fig. 184. Aspect de l'onde musculaire vue au microscope d'après Æby.

culaire sur l'homme lui-même, car il n'est plus besoin de mutilation.

Qu'on suppose un muscle serré entre les mors aplatis d'une pince ; à chacun de ses gonflements, le muscle écartera les mors, et ce mouvement pourra être enregistré.

Cette méthode permet d'étudier le phénomène de l'onde musculaire et la vitesse avec laquelle se fait son transport sur toute la longueur du muscle.

La figure 185 montre un faisceau musculaire saisi en deux points de sa longueur entre les mors des *pinces myographiques* 1, 2. Ces instruments sont faits de telle sorte que, si leurs mors sont écartés, le mouvement comprime une sorte de petit tambour qui, par un tube en caoutchouc, envoie une partie de l'air qu'il renfermait dans un autre petit tambour semblable. La figure 185 représente deux de ces instruments montés sur un pied. Le gonflement de la membrane soulève un levier enregistreur et donne ainsi le signal du gonflement du muscle au point où il est comprimé par la pince n° 1. Le mouvement se traduit sur le tracé par une courbe analogue à celles que nous avons déjà vues précédemment.

Supposons qu'on excite électriquement le muscle au niveau de la première pince, on a le signal de la formation de l'onde à cet endroit du muscle, mais la pince n° 2 ne donne pas encore le signal. Pour qu'elle fonctionne, il faut que l'onde, dans son transport le long du muscle, soit arrivée jusqu'à elle ; à ce moment, elle donne à son tour son signal, et l'on voit, sur le tracé, que le deuxième mouvement retarde sur le premier d'un certain espace que l'on peut évaluer en temps, d'après la vitesse connue de la rotation du cylindre.

Les influences qui modifient l'intensité et la durée de la secousse musculaire nous ont paru modifier l'intensité et la vitesse

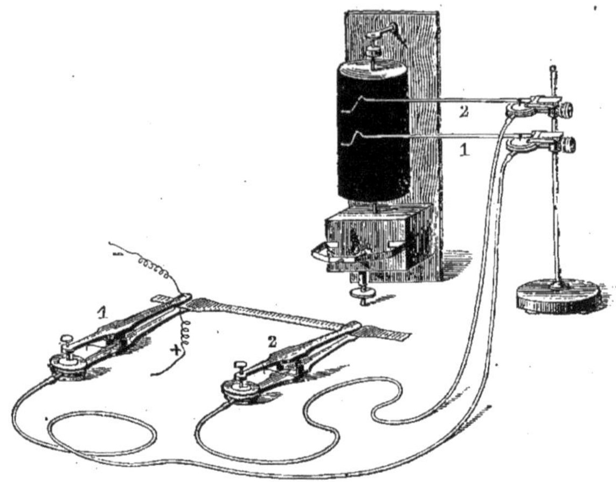

Fig. 185. Passages de l'onde musculaire explorés au moyen de deux pinces myographiques.

de propagation de l'onde ; ainsi les deux courbes inférieures représentées sur la figure 186 montrent que le transport de l'onde est ralenti par le froid.

L'expérience a été faite sur les muscles de la cuisse d'un lapin

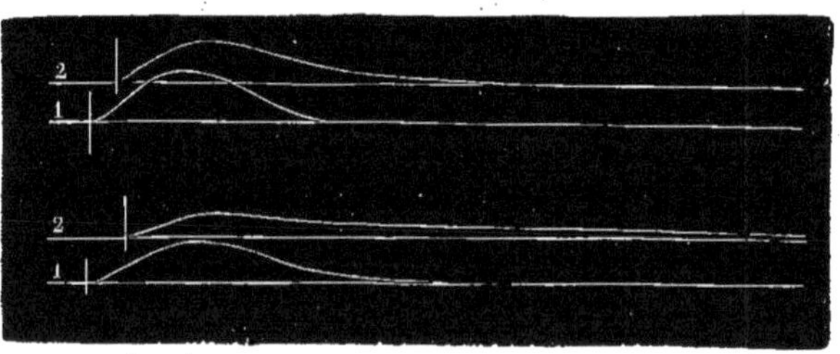

Fig. 186. Tracés du passage de l'onde musculaire.

Les pinces étaient placées aussi loin que possible l'une de l'autre : à 7 centimètres environ, l'excitation électrique est appliquée *à l'extrémité inférieure du muscle.* On obtient les deux courbes supérieures de la figure 186. L'intervalle qui sépare ces courbes mesure la durée du transport de l'onde musculaire. Après avoir refroidi le muscle avec de la glace on obtint les courbes placées au bas de la figure. On voit que le transport de l'onde est ralenti, car il y a plus d'intervalle entre ces courbes qu'entre les premières.

Cardiographie physiologique.

Ces expériences avaient pour but de fixer la physiologie et la médecine sur la succession véritable des différents actes d'une révolution cardiaque, et particulièrement sur la signification du choc du cœur. La plupart des auteurs admettaient, avec Harvey, que le cœur bat au moment de la systole ventriculaire, mais

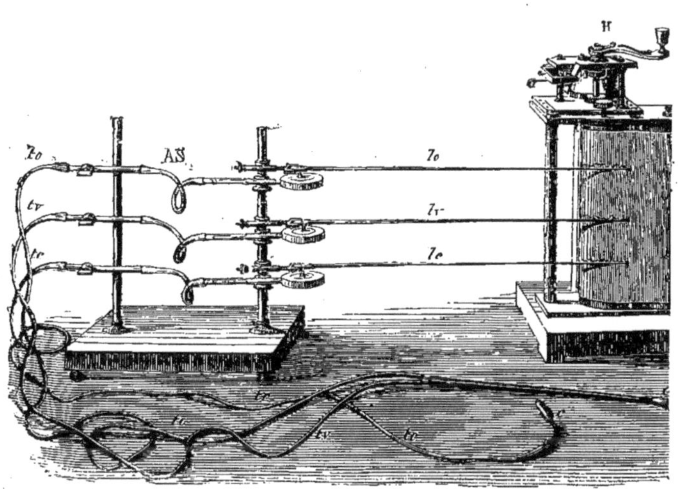

Fig. 187. Dispositions des appareils pour la cardiographie physiologique.

l'idée opposée avait ses adhérents ; enfin, un nombre considérable de théories avaient régné ou régnaient encore à cet égard.

C'est avec le concours de mon collègue et ami Chauveau que ces expériences furent faites en 1861. Le plan consistait à inscrire simultanément la pression du sang dans l'oreillette et dans le ventricule, en même temps qu'on enregistrerait la pulsation cardiaque. La superposition des tracés de ces différents actes devait trancher la question litigieuse.

En effet, il est clair que le moment où se fait la systole des ventricules doit être reconnaissable par la haute pression que supporte alors l'ampoule manométrique plongée dans ces cavités. Il restait donc à savoir si le choc du cœur coïncidait ou non avec le moment de la systole des ventricules.

Les trois leviers représentés dans la figure 187 devaient inscrire : le premier, *lo*, la pression du sang dans l'oreillette droite d'un cheval ; le second, *lv*, la pression dans le ventricule droit ; le troisième levier, *lc*, devait tracer la pulsation du cœur contre les parois thoraciques.

Les extrémités de ces trois leviers, exactement superposées les unes aux autres, traçaient en même temps, sur une bande de papier conduite par le mouvement d'horlogerie H.

A chacun des trois tambours à levier se rendait un tube mis en communication avec une ampoule manométrique.

Les deux ampoules qui devaient explorer la pression du sang dans les cavités du cœur droit étaient réunies en un seul instrument que nous avons nommé sonde cardiaque droite et qui s'introduisait par une veine jugulaire jusque dans les cavités droites du cœur.

La sonde cardiaque droite représentée figure 188 est une sorte de sonde à double courant qui porte l'ampoule du ventricule V et celle de l'oreillette O. Ces deux ampoules sont formées d'un tube de caoutchouc soutenu par une carcasse de fil d'acier qui l'em-

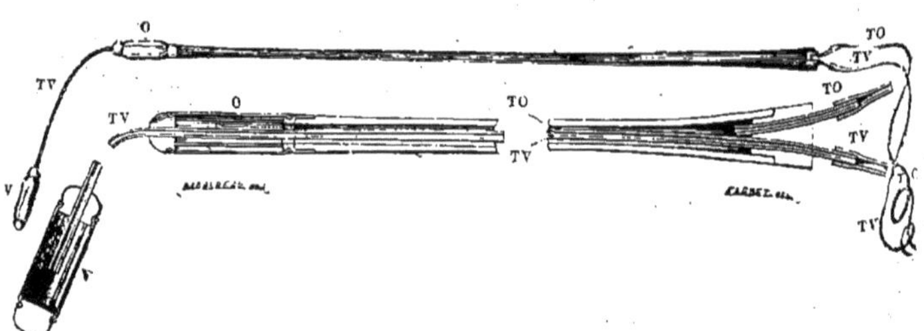

Fig. 188. Sonde cardiaque droite avec les détails de sa structure.

pêche de s'affaisser entièrement sous la pression du sang, tout en lui permettant de changer légèrement de volume sous l'influence des variations de cette pression. Des tubes séparés mettent chacune de ces ampoules en communication avec les appareils inscripteurs. On peut voir sur la coupe de la sonde cardiaque droite les détails de sa construction. L'ampoule V, destinée au ventricule droit, communique par son tube TV avec le levier *lv* (fig. 187). L'ampoule O, destinée à l'oreillette, communique par le conduit extérieur avec le tube TO et le levier *lo*. La sonde s'introduit par la veine jugulaire du cheval J (fig. 189), jusque dans les cavités du cœur droit. La longueur qui sépare les ampoules V et O est telle, que, lorsque V est dans le ventricule, O occupe l'oreillette. Il suffit donc, pour arriver à une bonne position des ampoules, de les enfoncer par la veine jugulaire jusqu'à ce qu'on éprouve une résistance absolue due au contact de l'ampoule V avec le fond du ventricule droit.

La figure 189, qui représente le cœur du cheval, vu par sa face

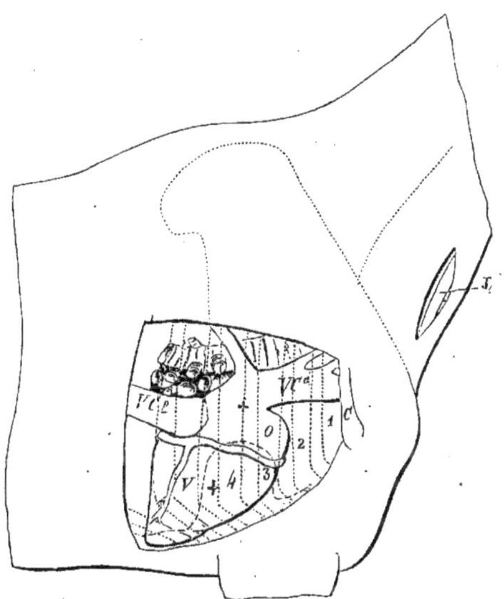

Fig. 189. Positions occupées par les ampoules de la sonde cardiaque droite dans le cœur du cheval; elles sont marquées par de petites croix.

droite, montre la position précise de ces deux ampoules. Cette position est indiquée par deux petites croix.

L'ampoule initiale, destinée à transmettre la pulsation cardiaque au levier sphygmographique qui l'enregistrera, est à peu près semblable à celle que porte la sonde cardiaque. Placée

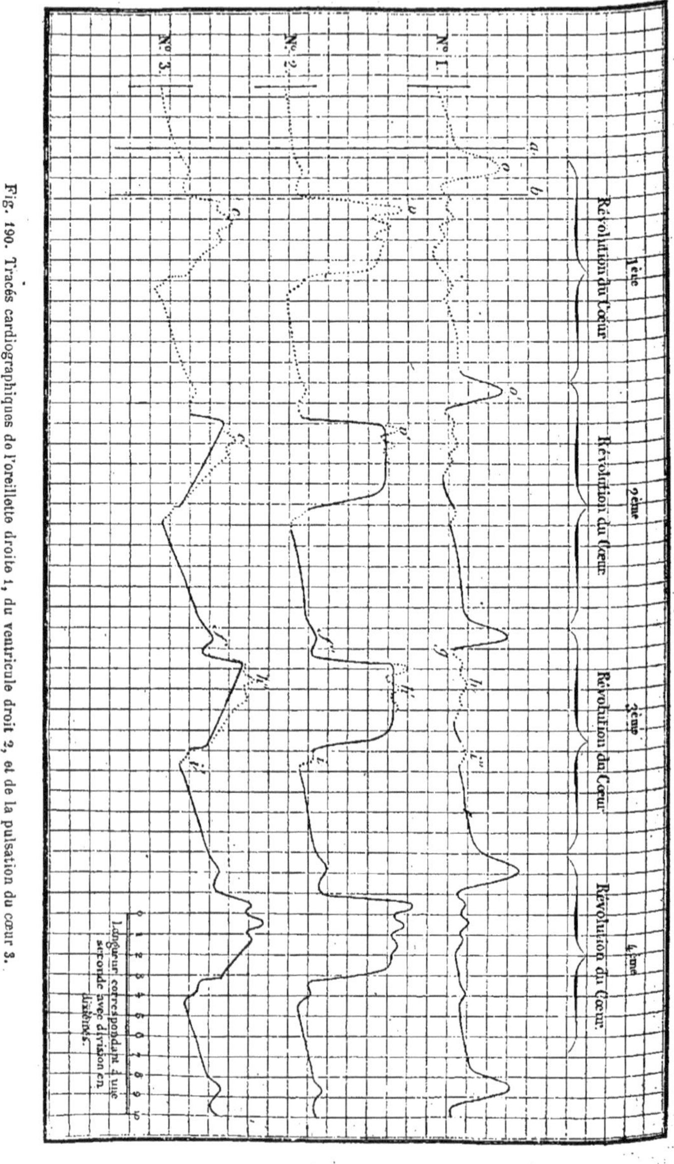

Fig. 190. Tracés cardiographiques de l'oreillette droite 1, du ventricule droit 2, et de la pulsation du cœur 3.

à l'extrémité du tube *tc*, elle est représentée en *c* (fig. 187).

Cette ampoule, pour être mise en place, nécessite une incision de la peau et un décollement des muscles intercostaux internes et externes dans l'intervalle desquels elle doit être enfermée. On peut indifféremment la placer à droite ou à gauche, pourvu que l'on choisisse le quatrième espace intercostal au niveau duquel la masse ventriculaire n'est pas recouverte par le poumon.

Dans la figure 189, le chiffre 4 (quatrième espace intercostal) indique le point où l'ampoule doit être appliquée.

La figure 190 représente les tracés de l'oreillette droite (n° 1), du ventricule droit (n° 2) et de la pulsation cardiaque (n° 3) pris simultanément pendant quatre révolutions complètes du cœur. Une échelle permet de mesurer, en fractions de seconde, la durée des moindres mouvements de l'organe. La figure se lit de gauche à droite; à mesure que les ondulations de ces tracés sont expliquées, elles sont marquées au trait plein, au lieu de l'être au trait ponctué.

1re *révolution*. Deux lignes verticales *a*, *b* indiquent le début de la systole auriculaire *o* et de celui de la systole ventriculaire *v*. Prolongées sur le tracé inférieur, ces lignes montrent que la contraction de l'oreillette précède le choc du cœur, et que celui-ci commence avec la contraction du ventricule.

2e *révolution*. On y voit la durée et la forme des systoles auriculaire et ventriculaire et de la pulsation cardiaque, ainsi que le mode de réplétion des cavités du cœur pendant leur période de relâchement. La systole de l'oreillette n'a qu'une durée très-minime; presque instantanée, elle finit en *o'*, au moment même où elle arrive à son maximum, et avant que le choc débute. La systole du ventricule a une durée beaucoup plus longue. Arrivée à son summum, en *v'*, la pression qu'elle développe se maintient à peu près au même degré jusqu'au relâchement. La pulsation cardiaque *présente exactement la même durée* que la systole ventriculaire, preuve que ce sont deux phénomènes connexes. La forme toutefois est un peu différente, car la courbe de la pulsation, à partir du moment où elle est arrivée à son maximum, en *c'*, subit un abaissement continu jusqu'au moment où survient le relâchement ventriculaire; cet effet est le résultat de la *déplétion* graduelle du ventricule en contraction. Un effet inverse se produit pendant la période de relâchement du cœur : l'ascension graduelle des trois courbes qui se manifeste alors indique la *réplétion* progressive des cavités cardiaques par l'afflux du sang qui revient des veines. Une petite ondulation ff', placée à l'extrémité de cette ligne de réplétion diastolique, exprime, dans la courbe ventriculaire et dans la courbe de la pulsation, la contraction de l'oreillette.

3e *révolution.* Elle montre l'effet des mouvements valvulaires dans les tracés. La valvule auriculo-ventriculaire, au moment où elle est fermée, éprouve des oscillations qui se traduisent par de petites ondulations, en h dans le tracé de l'oreillette, en h' dans le tracé du ventricule, en h'' dans le tracé du choc. Une petite ondulation analogue i i' i'' est produite, dans les tracés, par le claquement des valvules sigmoïdes.

4e *révolution.* Tous les mouvements du cœur s'y trouvent marqués au trait plein, c'est-à-dire qu'ils sont tous précédemment décrits et expliqués.

La disposition ci-dessus indiquée du cardiographe avait surtout pour objet d'établir expérimentalement la *théorie du cœur*, c'est-à-dire de fixer la succession réelle des trois phénomènes principaux dont nous avons parlé. Mais il fallait prouver, en outre, que les deux ventricules exécutent leurs mouvements systoliques et diastoliques d'une manière parfaitement synchrone.

A cet effet, nous construisîmes une autre sonde qui devait être placée dans le ventricule gauche et signaler la concordance ou l'alternance des mouvements de ce ventricule avec les mouvements indiqués par l'appareil pour les cavités droites.

La sonde *cardiaque gauche* est représentée figure 191.

Son ampoule a, un peu plus résistante que celle de la sonde droite,

Fig. 191. Sonde cardiaque pour le ventricule gauche.

puisqu'elle doit subir un effort plus énergique, est montée sur un tube de cuivre $a\ f$. Ce tube s'adapte en g au tube de caoutchouc qui se rend à l'appareil sphygmographique. C'est par la carotide de l'animal qu'on introduit cette sonde; on l'enfonce doucement jusqu'à la rencontre des valvules sigmoïdes de l'aorte, et profitant du moment d'une systole ventriculaire où ces valvules sont ouvertes, on la pousse vivement dans le ventricule. Pour se diriger dans l'introduction de cette sonde, il faut savoir de quel côté est orientée l'ampoule qui fait, avec l'axe du tube métallique, un angle de 135° environ. A cet effet, une tige c, servant de repère, est implantée perpendiculairement à la direction du tube et tournée du même côté que l'ampoule dont elle permet de connaître la direction dans l'aorte du cheval.

Rapports des systoles de cavités droites et gauches.

En enregistrant les mouvements du ventricule gauche avec ceux de l'oreillette et du ventricule droits fournis par la sonde cardiaque droite, on obtient la figure 192, qui montre le parfait synchronisme du mouvement des deux ventricules. Toutefois, une différence doit être signalée dans la forme de ces deux mouvements. Le maximum

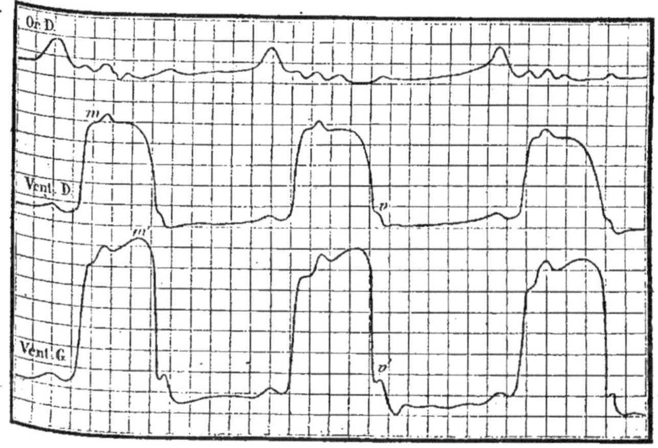

Fig. 192. Tracé de l'oreillette droite, du ventricule droit et du ventricule gauche.

de l'effort développé par la contraction correspond au début du mouvement, en m, dans le ventricule droit, et se manifeste à la fin, en m', dans le tracé du ventricule gauche. Ajoutons que le claquement des valvules sigmoïdes v v' est plus accentué à gauche qu'à droite, ce qui est dû à ce que la pression aortique est plus forte que la pression de l'artère pulmonaire.

Rapports de la systole ventriculaire avec la pulsation aortique.

Ligne n° 1. Une sonde placée dans le ventricule gauche donne le tracé de deux révolutions du cœur. Au point a, cette sonde est retirée dans l'aorte; elle donne alors la forme de deux pulsations aortiques (une ligne ponctuée indique la forme qu'aurait le tracé si la sonde était restée dans le ventricule à partir du point a).

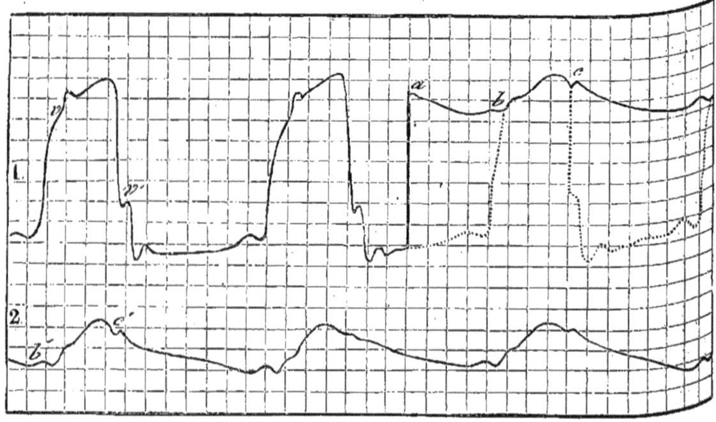

Fig. 193. Courbe n° 1. Pression dans le ventricule gauche d'un cheval ; à l'instant a on retire la sonde dans l'aorte. — Ligne 2, pression du sang dans l'aorte.

Cette courbe montre que de b en c, c'est-à-dire pendant la systole ventriculaire, la pression présente à peu près les mêmes caractères dans le ventricule et dans l'aorte qui, à ce moment, communiquent largement l'un avec l'autre.

Ligne n° 2. Une autre sonde, placée à demeure dans l'aorte, montre que la pulsation aortique ne se produit qu'à un certain moment de la contraction ventriculaire : lorsque la pression du sang dans le ventricule est devenue assez forte pour soulever les valvules sigmoïdes. Le premier effet de la systole ventriculaire ne produit qu'un ébranlement de ces valvules, ce qui se traduit par la petite ondulation b'.

Dans les deux tracés, les ondulations c et c' correspondent à la clôture des valvules sigmoïdes. La ligne descendante qui suit exprime l'abaissement de la pression dans l'aorte par suite de l'écoulement du sang entre deux afflux consécutifs.

Évaluation manométrique de l'effort développé par les différentes cavités du cœur.

Le cardiographe indique, d'après la hauteur croissante ou décroissante des courbes qu'il trace, l'énergie plus ou moins grande des systoles des oreillettes ou des ventricules; mais ce ne sont là que des indications relatives dont on ne saurait rapporter la valeur à une commune mesure. Le manomètre à mercure, au contraire, fournit immédiatement la valeur réelle des pressions qu'il signale; mais nous avons vu que cet appareil, très-bon pour indiquer les pressions constantes, ne saurait signaler fidèlement des pressions qui éprouvent des variations brusques. En effet, la colonne de mercure de l'instrument, mise en mouvement par un brusque changement de pression, prend une vitesse acquise en vertu de laquelle son niveau ne s'arrête pas au maximum ni au minimum réel de la pression qu'elle devrait signaler, mais les dépasse tous les deux. Cet effet est produit par l'inertie du mercure; il serait moindre pour des manomètres construits avec des liquides moins denses; il est sensiblement nul pour les appareils dans lesquels les pièces mises en mouvement par les changements de la pression n'ont que très-peu de masse; le cardiographe est précisément dans ces conditions.

Il s'agit donc de mesurer, avec le manomètre à mercure, la valeur des différentes pressions que le cardiographe exprime par des hauteurs plus ou moins grandes de la courbe enregistrée. En un mot, il faut graduer les indications du cardiographe en prenant pour étalon le manomètre à mercure. (Voir Technique, chap. VIII.)

Lorsqu'on a construit l'échelle des indications du cardiographe, on détermine aisément la valeur absolue des pressions à tout instant, dans les différentes cavités du cœur. Dans nos mesures nous avons trouvé avec Chauveau des valeurs très-variées; ainsi dans un cas les maxima de la pression étaient les suivants :

Oreillette droite....................	2mm,5
Ventricule droit......................	25
Ventricule gauche..................	128

Sur un autre animal, nous avons obtenu les valeurs suivantes :

Ventricule droit........................	30mm
Ventricule gauche........................	95

Chez un vieux cheval, l'écart était énorme entre les maxima de pression des deux ventricules :

Ventricule droit........................	29mm
Ventricule gauche........................	140

De la pression dans les différentes cavités splanchniques; expériences de Luciani.

Une série de manomètres inscripteurs du modèle de Fick étant disposés pour tracer sur un même cylindre, Luciani conduit à chacun de ces instruments la pression prise dans une des cavités splanchniques : thorax, abdomen. Un tube explore la pression latérale de l'air dans la trachée par la méthode de Hering et Breuer[1]. D'autre part, on fait respirer l'animal dans un vase de grande capacité où l'on explore la pression avec un manomètre inscripteur[2].

Enfin, deux prises de pression sont établies, l'une dans l'œsophage, l'autre dans la vessie ou le rectum, pour fournir la valeur des pressions intra-thoracique et intra-abdominale. Cette disposition qui permet d'agir sans mutiler l'animal semble destinée à fournir d'importants résultats. C'est une sorte de sonde manométrique analogue à celles de la Cardiographie physiologique que l'on introduit dans l'œsophage ou dans le rectum. La pression agit alors d'une manière médiate, suivant l'expression de l'auteur, soit pour dilater, soit pour comprimer l'ampoule de cette sonde.

Les résultats obtenus par Luciani diffèrent sensiblement de ceux que j'ai obtenus moi-même dans des conditions assez analogues, et je ne serais pas éloigné de croire que dans la dis-

1. Tube bifurqué; une branche s'ouvre à l'air libre, l'autre se rend à un manomètre de Fick ou à un tambour à levier. (Hering et Breuer, *Wiener Sitzungsberichte* 1868-69.)

2. J'ai employé le même procédé, en 1865, pour rechercher la concordance entre les mouvements respiratoires et ceux de l'air. (*Pneumographie, in Journal de l'Anat. et de la Phys.* de Robin, 1865.)

position même des appareils s'est glissée quelque cause d'erreur.

Ainsi, tandis que j'ai toujours obtenu une concordance parfaite entre les mouvements du thorax et ceux de l'air respiré, Luciani trouve un retard des mouvements de l'air sur ceux de la respiration; d'autre part, tandis que j'observais dans mes expériences une alternance entre les variations de la pression thoracique et celles de la pression abdominale, l'auteur n'observe cette alternance que dans des cas particuliers. Il ne faut pas oublier que la disposition des appareils manométriques influe beaucoup sur le plus ou moins de rapidité de leurs indications et que souvent, dans la transmission même des pressions, il existe des causes de retard qu'on ne saurait négliger.

Inscription simultanée des températures recueillies en différents lieux.

Ce problème, les météorologistes ont à chaque instant à le résoudre. Tantôt il leur importe de connaître la température au niveau du sol et de la comparer à celle qui existe à une certaine altitude; d'autres fois, c'est à une certaine profondeur qu'on explore la température; ailleurs, c'est au soleil ou à l'ombre qu'on l'évalue. Dans tous ces cas on doit ramener, s'il est possible, à un même appareil inscripteur, les tracés de ces différentes températures; les thermomètres à transmission se prêtent fort bien à cette inscription simultanée.

On a vu, page 313, que la température du thermomètre sec comparée à celle du thermomètre humide permet d'évaluer approximativement l'intensité des effets de l'évaporation; cette intensité est proportionnelle à l'écart des deux températures inscrites.

L'*actinomètre* consiste en deux thermomètres; dans l'un la boule est nue, et dans l'autre elle est couverte de noir de fumée.

Inscription simultanée de la température en plusieurs points de l'organisme.

La température animale varie, en chaque point de l'organisme, sous un grand nombre d'influences diverses. Dans les régions superficielles elle varie beaucoup, dans les régions profondes, très-peu ; on a même pu croire à la fixité de la température centrale. Nous allons montrer que l'intérêt dominant de l'inscription de la température animale est de nous faire savoir si la variation est de *même sens* ou de *sens inverse* dans les régions profondes ou à la surface du corps ; c'est donc par l'inscription simultanée qu'on arrivera le mieux à ces constatations.

La source de la chaleur animale est encore mal connue, mais ce que l'on sait bien, c'est que cette chaleur se communique au sang et circule avec lui dans toutes les parties du corps. Quand on soustrait un membre à la circulation en liant son artère principale, on voit bientôt le membre se refroidir à des degrés divers, suivant l'état de la température ambiante ; qu'on enlève la ligature, et le membre se réchauffe aussitôt par la chaleur du sang qui lui arrive.

Ces variations exagérées de la température que l'on provoque dans un membre où l'on supprime et rétablit tour à tour le cours du sang se produisent avec une intensité moindre, mais d'une manière aussi constante quand on se borne à modifier la vitesse de la circulation dans un membre. Une compression incomplète de l'artère du bras, en ralentissant le cours du sang, refroidit le membre supérieur. L'élévation du bras produit le même effet en neutralisant par l'action de la pesanteur une partie de la pression qui fait circuler le sang dans l'artère.

Cl. Bernard a montré que l'action de certains nerfs, qu'on nomme *vaso-moteurs*, entrave ou facilite la circulation dans les organes en en resserrant les vaisseaux ou en les faisant relâcher. A l'état normal, sous l'influence de ces nerfs, la circulation des organes change continuellement de vitesse et fait varier conséquemment la température tantôt en une région limitée, tantôt dans une grande partie de l'organisme.

Mais la rapidité plus ou moins grande de la circulation n'est pas la seule condition nécessaire pour que la température d'un organe s'élève ou s'abaisse; il faut que cet organe soit soumis, d'autre part, à des influences de déperdition de chaleur. Cette condition n'existe que pour les régions superficielles du corps, et surtout pour celles qui sont nues et présentent une grande surface exposée à la température ambiante. J. Hunter, dans ses recherches sur l'inflammation, a vu que la rougeur des tissus ne s'accompagne d'échauffement que pour les parties superficielles du corps, celles qui, normalement, sont moins chaudes que le sang, et qu'un courant sanguin rapide peut réchauffer. Mais les parties profondes peuvent être le siége d'une circulation rapide ou lente sans que leur température varie, car, normalement soustraites aux causes de refroidissement, elles ont pour température celle du sang lui-même.

D'autre part, Cl. Bernard a vu que si l'on coupe le nerf grand sympathique au cou d'un lapin, l'oreille, privée de ses nerfs vasculaires, rougit et prend une température plus élevée que celle du côté opposé. Or, l'écart entre les températures des deux oreilles est d'autant plus grand que la température ambiante est plus basse. Quand on place l'animal opéré dans une étuve portée à la température du sang, les deux oreilles prennent les mêmes températures, parce qu'alors le sang, quelle que soit la rapidité de sa circulation, ne peut réchauffer un organe déjà aussi chaud que lui.

Si nous considérons le rôle des nerfs vasculaires par rapport à la température locale et par rapport à la température générale, nous serons conduits à admettre que ce rôle est inverse, que toutes les fois que le cours du sang, plus rapide en une région, vient y élever la température, cet échauffement doit s'accompagner d'un abaissement de la température centrale. En effet, c'est à la chaleur du sang qu'est dû le réchauffement de la région exposée aux influences extérieures de refroidissement.

Enfin, si nous admettons que la production de chaleur au sein de l'organisme soit continuelle, il s'ensuivrait que l'échauffement du sang serait indéfiniment croissant si les causes de refroidissement qui agissent à la surface du corps n'intervenaient pour limiter cette élévation de la température. La circulation favorise beaucoup cette déperdition en amenant continuellement aux régions superficielles du corps du sang échauffé qui vient s'y refroidir.

Or, on peut démontrer que la vitesse de la circulation, réglée par les influences nerveuses, change sous l'influence de la chaleur du sang lui-même, de telle sorte que l'action des nerfs vasculaires constitue le régulateur de la température animale. Mais, pour bien faire comprendre le mécanisme un peu compliqué de cette fonction régulatrice, il faut réduire le phénomène à des conditions plus simples. Le schéma suivant me paraît propre à expliquer le mécanisme de cette régulation de chaleur.

Le trajet circulaire du sang est représenté figure 194 par un tube refermé sur lui-même, véritable thermo-siphon dans lequel le courant du liquide se fera toujours dans le même sens. Une source de chaleur, un bec de gaz, échauffe continuellement l'eau dans une partie déclive de l'appareil et le liquide échauffé s'élève, tandis que du liquide froid vient constamment le remplacer et se soumettre à un nouvel échauffement. La partie inférieure du circuit est enfermée dans une caisse où elle est à l'abri de toute influence de l'air ambiant qui tendrait à la refroidir; l'autre partie R, située en dehors de la caisse, est seule exposée au refroidissement.

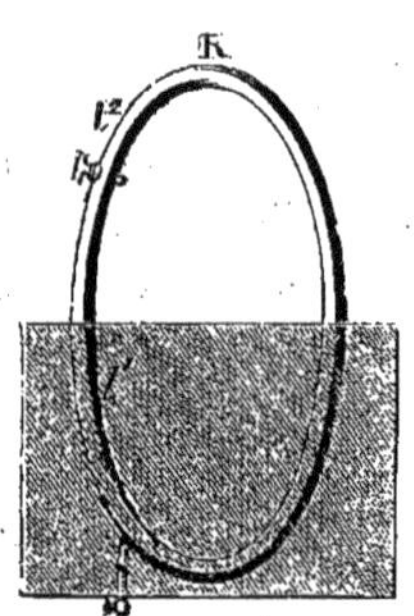

Fig. 194. Schéma de la distribution et de la régulation des températures

Enfin, un robinet situé sur le trajet du tube permet d'y régler la vitesse du courant de liquide, tandis que deux thermomètres placés en t^1 et t^2 permettent de connaître à tout instant l'état de la température dans les deux points du circuit, celui où le refroidissement se produit et celui qui est à l'abri du refroidissement.

Cet appareil va nous montrer comment les deux températures varient l'une par rapport à l'autre dans toutes les conditions possibles : suivant qu'on fait varier l'intensité du refroidissement, celle de la source de chaleur ou la vitesse du mouvement du liquide au moyen du robinet. Au moment où l'on fait agir la source de chaleur sur l'appareil supposé plein d'eau froide, l'échauffement se fait d'une manière graduelle, le mouvement du liquide commence, s'accélère et porte la chaleur en plus grande abondance au point R, où elle se perd par refroidissement. A un moment donné, la température cessera de s'élever; la déperdition sera égale à l'échauffement. C'est à ce moment que nous supposons l'appareil arrêté.

1er CAS. — *La température ambiante varie.* — Si elle s'abaisse, tout se refroidit, mais particulièrement la partie exposée au refroidissement en R; inversement si l'air ambiant est moins froid, tout se réchauffe, mais particulièrement la partie située en R.

2e CAS. — *La source de chaleur change d'intensité.* — Si cette source donne plus de chaleur, tout s'échauffe, mais particulièrement la partie abritée contre le refroidissement. L'effet inverse se produit si la source de chaleur diminue d'intensité.

On voit que, dans ces deux cas, la température centrale, celle de la portion de l'appareil qui est soustraite aux déperditions directes, est cependant variable.

3e CAS. — *On fait varier l'ouverture du robinet, ce qui modifie la vitesse de la circulation du liquide.* — Si le robinet est plus ouvert le courant s'accélère, la température centrale baisse, la température superficielle s'élève; une plus grande quantité de chaleur es éliminée en R; en somme, le système pris dans son ensemble a perdu de la chaleur.

Si le robinet est moins ouvert, la circulation se ralentit, la région R se refroidit, mais la région centrale s'échauffe.

Considéré par rapport à la température centrale, le rôle du robinet est le suivant: plus il s'ouvre, plus il jette à l'extérieur de chaleur qui va s'y perdre, ce qui abaisse la température centrale.

Avec le thermomètre sous les yeux, si l'on voulait régler la température centrale, il suffirait de tourner le robinet dans un sens ou dans l'autre. On compenserait ainsi les influences de la température extérieure plus chaude ou plus froide, et celles que tendrait à produire, d'autre part, la source de chaleur, suivant qu'elle serait plus ou moins active.

Or, ce que fait le surveillant, dans l'hypothèse que nous venons d'admettre, l'action des nerfs vasculaires le fait d'une manière automatique chez les animaux. Il semble que le but à atteindre soit la fixité presque absolue de la température centrale. Toute influence qui tend à la modifier est combattue par l'action de ce régulateur qui ralentit ou accélère le cours du sang suivant que la température extérieure enlève plus ou moins de chaleur à l'organisme; qui pallie les effets d'une production trop grande ou trop faible de chaleur en jetant au dehors la chaleur en excès au moyen d'une circulation rapide; en économisant la chaleur par un ralentissement du cours du sang toutes les fois que la production en est faible.

Pour montrer clairement les diverses influences de ces trois facteurs de la température : production, déperdition, régulation, nous les résumerons de la manière suivante :

Si le régulateur ne change pas, les variations dans la perte ou dans la production de chaleur seront *de même sens* dans tous les points de l'organisme. Si le régulateur change seul, les variations de la température dans le centre et à la surface du corps seront *de sens contraire.*

Toute influence qui tend à faire varier la température centrale peut être compensée par l'action du régulateur s'exerçant dans un sens ou dans l'autre.

Pour savoir si la température d'un animal varie dans sa production, sa perte ou sa régulation, il faut nécessairement explorer la température en plusieurs points simultanément. La figure 195

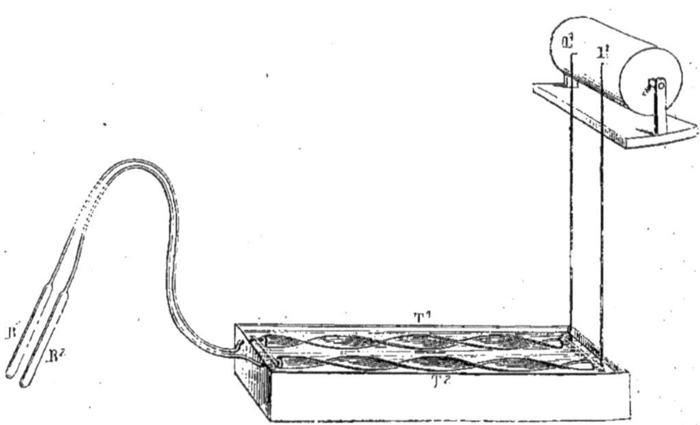

Fig. 195. Double thermomètre inscripteur permettant d'étudier à la fois la température en deux points différents où l'on place les boules B et B.

représente un double thermomètre inscripteur que j'ai fait construire, et dont les boules peu volumineuses peuvent être introduites l'une dans l'oreille, l'autre dans le rectum d'un lapin de moyenne taille. L'inscription simultanée des températures centrale et périphérique montre, suivant que les deux variations sont de même sens ou de sens inverse, quelle est la nature de l'influence qui agit pour faire varier la température animale[1].

Inscription simultanée des flux électriques dans les deux appareils de la torpille.

Quand on irrite une torpille, elle donne à la fois sa décharge dans l'un et l'autre de ses appareils. Jusqu'à quel point ces décharges sont-elles synchrones et semblables entre elles? La réponse à cette question ne peut être donnée que par l'inscription simultanée des deux décharges.

On saisit chacun des appareils électriques entre deux plaques de métal dont chacune conduit, au moyen de deux fils, la décharge dans un signal Deprèz. Les deux signaux sont exactement superposés l'un à l'autre. On irrite l'animal et l'on constate que les deux décharges ont commencé et fini en même temps; que toutes deux se composent d'un même nombre de flux synchrones, et que si quelque variation se produit dans la force ou la fréquence des

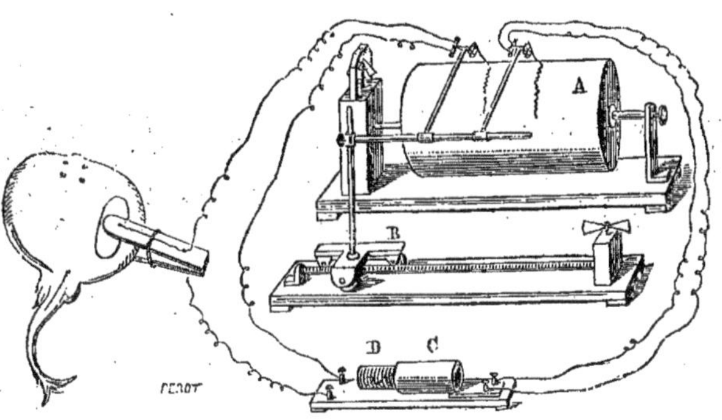

Fig. 196. Disposition de l'expérience destinée à inscrire les flux électriques de la torpille et les courants induits qu'ils produisent.

flux de l'un des appareils électriques, ceux de l'autre éprouvent la même variation.

1. Les lois des variations de la température, dans les différents points de l'organisme, présentent des analogies nombreuses avec celles des variations de la pression sur les différents points d'un conduit. Nous regrettons de ne pouvoir ici développer cette comparaison.

Cette inscription simultanée montre aussi que les décharges sont d'autant plus fortes qu'on les recueille sur de plus larges surfaces. Elle fait voir que le froid diminue l'activité de celui des appareils sur lequel on le fait agir.

Inscription simultanée des flux de la torpille et des courants induits auxquels ils donnent naissance.

La figure 196 représente la disposition de l'expérience. Un des appareils électriques est saisi entre deux plaques de métal qui forment les extrémités d'un circuit métallique passant à la fois par un signal électro-magnétique et par une bobine inductrice D. Le fil de la bobine induite C traverse un autre signal, et les deux appareils écrivent en même temps sur un cylindre. On excite l'animal et l'on obtient le double tracé figure 197.

Trois flux électriques sont tracés ligne 1, et trois courants induits ligne 2. Ainsi, les courants induits sont de même nombre que les inducteurs, ce qui est un résultat imprévu quand on se reporte à ce que produisent les courants de pile. Ces derniers, en effet, donnent des courants induits à leur clôture et à leur rupture.

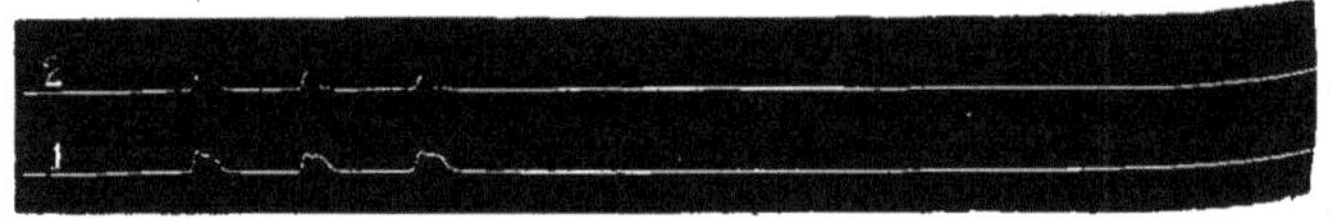

Fig. 197. Ligne 1, trois flux de la torpille ; ligne 2, trois courants induits par ces flux

Mais cette particularité des flux électriques de la torpille s'explique très-bien par la nature de ces courants dont la phase d'accroissement est seule rapide et seule capable, par conséquent, de produire des effets sensibles d'induction[1].

Vitesse du boulet dans l'âme du canon.

Les expériences de Deprèz et Sebert consistaient à placer dans

1. Pour les détails de ces expériences, voyez *Travaux du laboratoire*, 3e année, p. 1. Mémoire sur la décharge électrique de la torpille.

l'âme de la pièce une série de fils électriques, dont chacun faisait partie d'un circuit de pile correspondant à un signal électro-magnétique. Ces fils coupés successivement provoquaient une série de signaux de rupture qui, d'après leur superposition, fournissaient la courbe des espaces parcourus par le boulet en fonction du temps.

De cette courbe s'en déduisait une autre, celle de la force qui agissait à chaque instant sur le boulet, c'est-à-dire de la pression des gaz de la poudre.

CHAPITRE II.

INSCRIPTION DE PLUSIEURS PHÉNOMÈNES DIFFÉRENTS QUI SE PASSENT EN UN MÊME LIEU.

Inscription simultanée de la pression et de la vitesse du sang. — Phases de la pression comparées à celles de la vitesse. — Rapports de la pression à la vitesse ; importance pour la connaissance de l'état de la circulation. — Inscription simultanée des changements de pression dans les ventricules du cœur et des changements de volume de cet organe. — Inscription simultanée des changements de la longueur d'un muscle et de ses variations électriques.

Inscriptions simultanées de la pression et de la vitesse du sang dans une artère.

Nous avons décrit précédemment les appareils qui fournissent les tracés de la vitesse et ceux de la pression du sang ; nous en connaissons l'emploi isolé, reste donc à chercher quelle relation existe entre le mouvement du liquide et la pression en un même point d'un tube ou d'un vaisseau sanguin.

Relativement à la circulation du sang, la première question qui se présente est celle-ci : quelle est, à chacune des inflexions de la courbe du pouls, la direction du cours du sang et sa vitesse à l'intérieur des vaisseaux? Laissons de côté pour le moment les détails de l'opération au moyen de laquelle on applique à la carotide d'un cheval l'hémodromographe de Chauveau en même temps qu'un sphygmoscope (voyez Technique) ; cette expérience nous fournit le double tracé (fig. 198) où nous lisons, en haut les phases de la vitesse du sang, en bas celles de la pression. Des repères ont été pris sur ces deux figures, pour y marquer les points où il y a synchronisme. On a tracé ces repères en immobilisant le rouage d'horlogerie, tandis qu'on faisait mouvoir les styles inscripteurs. Les deux plumes étant dirigées à l'encontre l'une de l'autre[1], on conçoit que les arcs de cercle ainsi tracés à titre de repères aient leurs centres orientés en sens inverse l'un de l'autre.

Nous voyons que, au début de chaque pulsation, il se produit synchroniquement un brusque accroissement de la vitesse et que la chute de pression qui suit la phase systolique du pouls s'accompagne d'une décroissance de la vitesse; on doit même remarquer que la diminution de vitesse se produit déjà quand la pression est à son maximum. En suivant dans l'une et l'autre

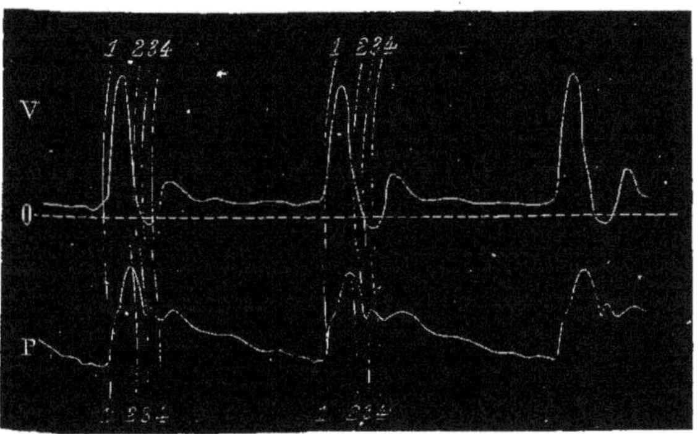

Fig. 198. V, Vitesse du sang dans la carotide d'un cheval; O, zéro de la courbe des vitesses; P, pression dans le même vaisseau, inscrite en même temps que la vitesse, pour permettre la comparaison des deux courbes.

courbes les ondulations successives qui constituent les dicrotismes, nous constatons la coïncidence de ces ondulations et trouvons dans cette coïncidence la preuve que des courants sanguins à direction centrifuge président à chacune des élévations que présente la pression du sang dans chaque pulsation.

Dans le tracé des vitesses, une ligne ponctuée O correspond au zéro, c'est-à-dire à l'immobilité du sang dans le vaisseau. Or cette ligne est dépassée par en dessous après chacune des grandes accélérations systoliques. Est-ce à dire qu'à ces instants le sang rétrograde en réalité ? J'ai quelques raisons de croire que cette rétrogradation tient à l'inertie de l'aiguille, car je ne l'ai pas rencontrée en me servant d'un hémodromographe construit sur un autre principe et formé de deux manomètres différentiels. (Voyez p. 236.)

1. Cette disposition des plumes a été abandonnée depuis par Chauveau, qui transmet la pression et la vitesse du sang à deux tambours à levier ordinaires.

Enfin, on doit noter que sauf la rétrogradation passagère qui vient d'être signalée, l'aiguille accuse toujours un certain degré de vitesse du sang, d'où cette conclusion que dans une artère vivante, le cours du sang est continu et saccadé, comme on le voit dans le jet que fournit une artère coupée.

Des relations que présentent la vitesse et la pression du sang.

Depuis que l'emploi du manomètre permet de mesurer avec précision cette force impulsive du sang, tous les physiologistes expérimentateurs appliquent, à chaque instant, ces instruments. Ainsi, chaque fois qu'on étudie l'action des nerfs sur les mouvements du cœur, c'est le manomètre qu'on interroge; c'est à lui aussi qu'on demande l'indication des effets que la respiration produit sur la circulation artérielle; c'est encore lui qui, depuis la découverte des nerfs vaso-moteurs, doit renseigner sur l'état de la circulation capillaire.

Or, pour l'interprétation des mesures manométriques, on oublie trop souvent que la pression du sang dans les artères est soumise à deux influences antagonistes : d'une part, à l'*action impulsive* du cœur qui pousse le sang avec plus ou moins de force; d'autre part, à l'*action modératrice* des petits vaisseaux qui, suivant leur resserrement plus ou moins énergique, retiennent le sang dans les artères ou le laissent facilement passer dans les veines.

Chaque fois qu'il constate une variation dans la hauteur du manomètre appliqué sur une artère, l'expérimentateur doit se demander quel est celui des deux facteurs de la tension artérielle qui a varié, ou bien si les deux facteurs, la puissance et la résistance, ont été modifiés à la fois. En l'absence d'un critérium qui permette de trancher en toute sûreté cette question litigieuse, bien souvent les physiologistes ont choisi l'hypothèse qui s'accordait le mieux avec leurs idées préconçues.

Le manomètre, à lui tout seul, ne saurait nous renseigner sur l'ensemble des conditions de la circulation du sang.

Une comparaison familière rendra bien compte de la difficulté que présente l'interprétation des changements de la pression artérielle.

Si l'on apprend que le niveau d'une rivière s'est élevé, on ne peut pas, d'après ce renseignement tout seul, savoir si la crue est produite par des pluies abondantes qui ont versé plus d'eau dans la rivière ou si cette crue est l'effet d'un barrage placé en aval du cours de l'eau. Pour juger de ce qui s'est produit, il faut encore savoir si le courant est devenu plus rapide, ou s'il s'est ralenti. Un accroissement simultané de la vitesse et de la hauteur des eaux tient à un afflux plus considérable; mais si la crue s'accompagne de ralentissement du courant, c'est qu'un barrage existe en aval.

Les conditions sont les mêmes dans la circulation du sang artériel : ici, la pression du sang correspond à la hauteur du niveau. La connaissance des changements de pression, à elle seule, ne suffit pas pour déterminer l'état circulatoire; mais si l'on connaît à la fois la vitesse et la pression du sang, en les inscrivant toutes deux, on a tous les éléments de la solution du problème. Lorsque le double tracé montre que la vitesse et la pression ont varié dans le même sens, c'est en amont du point observé, c'est-à-dire dans un changement de la force du cœur qu'il faut chercher la cause de cette double variation.

Mais si la pression et la vitesse varient en sens inverse l'une de l'autre, c'est en aval, c'est-à-dire dans les petits vaisseaux, qu'il s'est produit un changement. La figure 199 montre un double tracé

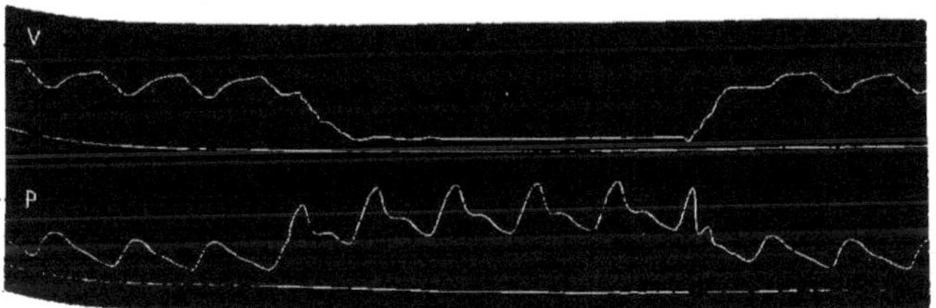

Fig. 199. Pression et vitesse du sang dans une artère du schéma; on comprime le vaisseau en aval de l'appareil

de la vitesse et de la pression; on y voit que la courbe des vitesses V s'abaisse, tandis que celle des pressions P s'élève; c'est donc un obstacle à l'écoulement du sang qui s'était produit dans ce cas.

J'ai résumé, dans le tableau suivant, les différentes conditions de force du cœur ou de résistance des vaisseaux qui peuvent se présenter dans la circulation. On connaîtra l'état de la circulation du sang lorsqu'il sera déterminé par ses deux facteurs : la pression et la vitesse.

Ces lois ont été déterminées expérimentalement sur un appareil schématique[1] destiné à reproduire tous les phénomènes de la circulation du sang. On agissait à coup sûr pour augmenter ou diminuer tantôt la force impulsive du cœur, tantôt la résistance que le liquide rencontrait dans les petits vaisseaux, de sorte que les conditions de l'expérience étaient beaucoup plus favorables que celles qu'on rencontre dans les vivisections.

Au reste, des expériences de Chauveau et Lortet[2] faites en vue de contrôler les vues ci-dessus émises au sujet des effets que produisent les variations de la force du cœur ou de la résistance des artérioles, ont confirmé d'une manière complète la théorie exposée dans le tableau de la page 380.

Comme exemple de la conformité des résultats que l'on obtient sur l'animal avec ceux que la théorie fait prévoir, nous donnerons la figure 200, qui a été fournie par l'inscription de la pression et de la vitesse du sang dans la carotide d'un cheval. A un

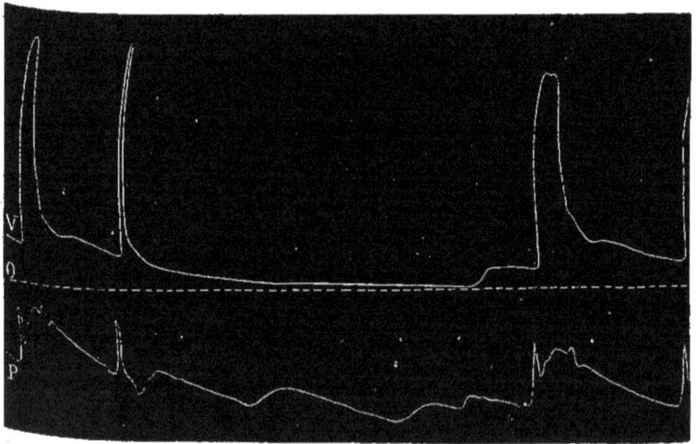

Fig. 200. Pression et vitesse du sang dans la carotide d'un cheval; on comprime le vaisseau en amont de l'appareil.

moment donné, on a comprimé l'artère en amont des appareils; la vitesse est supprimée et la pulsation est réduite à de légères variations de la pression sous l'influence des collatérales.

Nous allons reproduire les conclusions du travail de Lortet et

1. Pour la description de cet instrument, voyez *Travaux du laboratoire*, 1875, p. 66.
2. Lortet. Recherches sur la vitesse du cœur du sang dans les artères du cheval, 1867.

VARIATIONS DE LA VITESSE ET DE LA PRESSION DU SANG DANS LES ARTÈRES.

CAUSES DE CES VARIATIONS.
- 1° **Cause centrale. — Cœur. —** *Afflux variables.*
- 2° **Cause périphérique. — Vaisseaux contractiles. —** *Résistances variables.*

1er **CAS.** — *Variations d'un seul facteur* (pression ou vitesse), *l'autre restant constant :*

A. — Vitesse restant constante	Pression augmente	Action du cœur augmentée et résistances périphériques augmentées.
	Pression diminue	Action du cœur diminuée et résistances périphériques diminuées.
B. — Pression restant constante	Vitesse augmente	Résistances périphériques diminuées et action du cœur augmentée.
	Vitesse diminue	Action du cœur diminuée et résistances périphériques augmentées.

2e **CAS.** — *Variations des deux facteurs à la fois :*

A. — En sens inverse	Vitesse augmente Pression diminue	Résistances périphériques diminuées.
	Vitesse diminue Pression augmente	Résistances périphériques augmentées.
B. — Dans le même sens	Vitesse augmente Pression augmente	Action du cœur augmentée.
	Vitesse diminue Pression diminue	Action du cœur diminuée

celles qu'on peut tirer de publications plus récentes faites par des élèves de Chauveau; elles montrent bien comment la vitesse du sang dans les artères dépend de deux facteurs : la force impulsive du cœur et la résistance que le sang éprouve dans les petits vaisseaux :

1° Lors même que le cœur est au repos, le sang est animé d'une certaine vitesse qui parfois est assez considérable;

2° La vitesse augmente dans l'expiration, diminue dans l'inspiration, même dans les artères très-éloignées du cœur. (L'expiration s'ajoute à l'action cardiaque pour pousser plus énergiquement le sang dans les artères.)

3° La mastication exagère considérablement la vitesse du sang, l'énergie et le nombre des pulsations, même dans les artères excentriques. (La mastication de même que toutes les actions musculaires intermittentes), (voyez p. 383), précipite le cours du sang en en favorisant le passage à travers les muscles en action).

4° La section de la moelle épinière à la région occipito-atloïdienne imprime à la circulation une rapidité extraordinaire. La vitesse devient considérable, les pulsations plus fortes et plus nombreuses. (En supprimant l'action des nerfs vaso-moteurs on produit le relâchement des vaisseaux et l'on rend plus facile le passage du sang des artères aux veines.)

5° La section des pneumogastriques augmente beaucoup la vitesse du sang et la pression dans les artères. (La section des pneumogastriques augmente la fréquence des battements du cœur; c'est à ce titre qu'elle accélère le cours du sang.)

6° L'introduction de l'air dans les artères trouble complétement la régularité de la circulation. (Des embolies gazeuses résistent au cours du sang; quand elles disparaissent, la circulation se rétablit; telles sont, dans les artères des membres, les causes de variations de vitesse sous l'influence de l'introduction de l'air.)

7° Lorsqu'une carotide est liée, la vitesse et la pression augmentent beaucoup dans l'autre carotide. (Il se produit alors une compensation du cours du sang qui, trouvant une artère fermée, se précipite plus abondamment dans l'autre. Ce phénomène d'ordre purement physique se produit également dans une branche de bifurcation d'un tube quand on oblitère l'autre branche; elle équivaut dans le vaisseau où on l'observe à l'accroissement de la force impulsive du liquide.)

8° Un rétrécissement aortique diminue la vitesse du sang et l'amplitude des pulsations dans les carotides. (C'est une véritable diminution de la force impulsive du cœur.)

9° L'hémorrhagie accélère la vitesse du sang. (C'est particulièrement une hémorrhagie artérielle pratiquée en aval du point exploré qui produit ces effets d'augmentation de vitesse en diminuant les résistances.)

10° La section du grand sympathique accélère le cours du sang, mais beaucoup moins qu'on n'eût pu le croire. (Il y a là relâchement des vaisseaux privés de leur innervation; on devait donc s'attendre à une accélération du sang. Si cette accélération n'est pas très-grande, cela paraît tenir à ce que l'innervation vasculaire n'est supprimée que sur une partie restreinte de l'arbre circulatoire.)

11° Les artères coronaires présentent une accélération de vitesse concordante avec le dicrotisme. (Il n'y a rien là que de normal et le même phénomène s'observe sur les autres artères, prouvant que l'envoi d'une deuxième onde centrifuge constitue la condition du dicrotisme.)

12° Dans les artères coronaires, on voit se produire une augmentation de vitesse au moment de la diastole du ventricule. (A ce moment, en effet, la partie intra-musculaire de ces vaisseaux, cessant d'être comprimée par l'effort des muscles, se laisse plus facilement traverser par le sang[1].)

13° La strychnine augmente la force impulsive du cœur et accroît en même temps la vitesse et la pression du sang.

Pulsation du cœur; elle est formée par les changements de la pression du sang combinés aux changements de volume de l'organe.

Lorsque nous avons traité des changements de la pression dans les ventricules, page 271, nous avons indiqué la manière d'inscrire les changements manométriques de cette pression à l'intérieur de ces organes. D'autre part, nous avons vu page 292 comment s'inscrivent les variations de volume d'un organe, quand celui-ci est plongé dans un appareil à déplacement. Dans ces expériences successives, nous avons recueilli les tracés des deux ordres d'éléments qui concourent à produire la pulsation du cœur.

1. Voyez Rebatel, thèse inaugurale, Paris, 1872.

Pour faire la part qui revient à chacun d'eux, inscrivons à la fois, au moyen de trois styles superposés, les courbes de la pression du sang à l'intérieur du cœur, celle des changements de volume de cet organe et celle de sa pulsation, et nous verrons que ce troisième tracé n'est autre que la résultante des deux autres.

Le cœur de la tortue présentant une pulsation de forme très-simple, et supportant facilement les mutilations, se prête mieux que tout autre à ce genre d'analyse.

L'appareil inscripteur des changements de volume représenté page 292 se prête à toutes sortes d'études ; je l'ai appliqué à inscrire les changements de volume d'un cœur qui se vide et se remplit de sang, et produit une circulation artificielle dans un système de conduits élastiques.

La figure 201 montre la disposition de l'expérience. Un cœur de tortue détaché de l'animal reçoit dans l'une de ses veines un tube

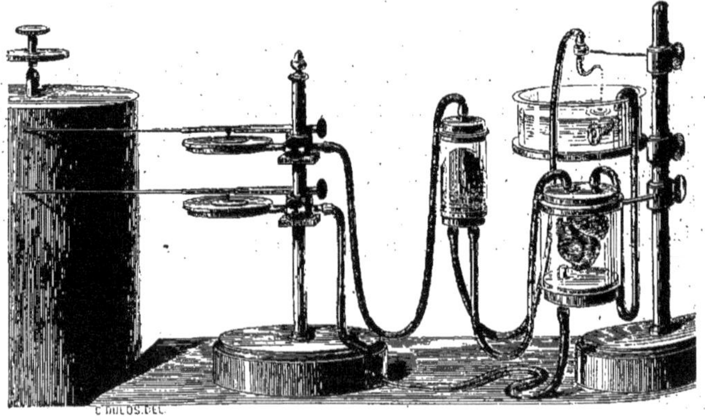

Fig. 201. Appareil inscripteur des changements de volume d'un cœur de tortue, et des changements de pression artérielle.

qui se rend dans l'oreillette, et dans une de ses artères un autre tube semblable. Ces deux tubes traversent le bouchon d'un flacon dans lequel on enferme le cœur de tortue. Puis, au moyen de tuyaux de caoutchouc, on amène dans le cœur du sang défibriné puisé dans un vase placé à un niveau plus élevé. Après avoir rempli le cœur, ce liquide s'échappe par le tube artériel dans un tuyau de caoutchouc qui traverse un sphygmoscope et revient se déverser par un orifice étroit dans le vase, d'où il retourne au cœur.

Cette disposition crée un circuit continu dans lequel le sang circule sans cesse, entrant dans le cœur à chaque diastole, chassé dans les tubes artériels à chaque systole du ventricule. C'est à la méthode si féconde de la circulation dans les organes isolés, imaginée par Ludwig, que se rattache cette expérience. On peut, en changeant le sang qui circule, entretenir la vie du cœur pendant plus d'un jour.

Il s'agit de connaître à la fois les changements de volume du cœur et les changements de la pression du sang dans cet organe. Pour cela, un tambour à levier inscripteur est mis en rapport avec le sphygmoscope; un autre avec le flacon dans lequel le cœur est enfermé. Aussitôt on voit les deux leviers inscripteurs tracer des courbes inverses l'une de l'autre. La courbe des changements de pression artérielle est inverse de celle des changements de volume, figure 202.

Ce fait se comprend trop facilement pour qu'il soit nécessaire

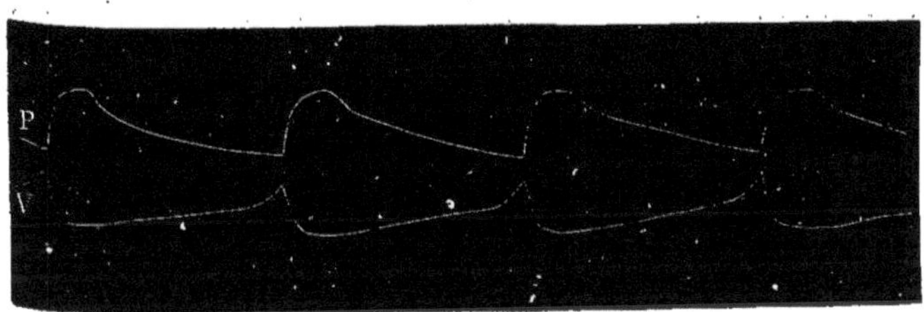

Fig. 202. Tracés des changements de pression artérielle et des changements de volume du cœur de tortue.

d'y insister davantage. L'expérience précédente montre la méthode qui sert aux inscriptions multiples et nous prépare à l'analyse de la pulsation du cœur.

Au moyen d'un myographe du cœur (voyez p. 524) ou de quelque autre instrument, recueillons la pulsation du cœur de la tortue, nous obtiendrons la figure 203.

Dans cette figure, la systole ventriculaire commence en *a*. La phase systolique présente une apparence qui rappelle celle de la pulsation du cœur de la grenouille. Sur ce tracé, on n'observe aucun effet de la systole de l'oreillette; cette cavité était inerte, comme cela arrive souvent quand l'expérience dure depuis longtemps. La période diastolique du ventricule commence en *b*.

Afin de savoir ce qui, dans cette courbe, tient aux changements de volume du cœur, plaçons cet organe dans le flacon destiné à inscrire, par le déplacement de l'air, la quantité de sang qui sort

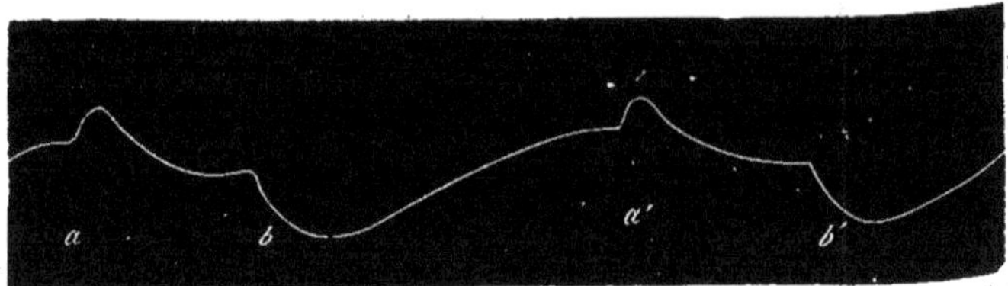

Fig. 203. Pulsations du cœur de la tortue.

du cœur et celle qui y rentre : nous obtiendrons la figure 204 déjà connue, dans laquelle *ab* exprime le resserrement systolique et *ba'* le gonflement ou réplétion diastolique.

Pour inscrire les *changements de consistance* des ventricules, c'est-à-dire les variations de la pression du sang qui y est contenu,

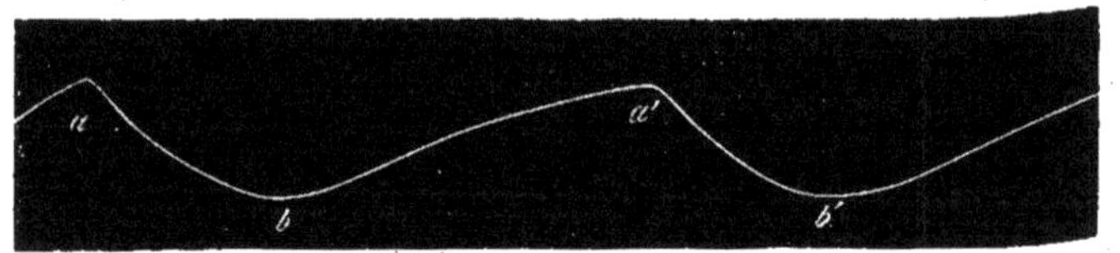

Fig. 204. Changements de volume du cœur de la tortue.

il faudrait pouvoir introduire un manomètre dans leur cavité ; mais les dimensions trop exiguës de l'organe ne permettent pas d'employer aisément ce moyen. On aura une idée très-approximative des changements de la pression intra-ventriculaire en déprimant à l'aide d'un corps mousse, mais de faible surface, la paroi des ventricules. Selon les phases de la pression intérieure, le corps comprimant extérieur s'enfoncera et sera repoussé tour à tour. Si on inscrit ce mouvement, on obtient la courbe suivante, figure 205, dans laquelle *ab* représente la phase systolique et *ba'* la phase diastolique.

Ce qui frappe dans cette courbe, c'est que la pression reste basse et sensiblement constante pendant le relâchement des ventricules. Pendant la systole, au contraire, la pression est élevée et monte de plus en plus jusqu'à la fin de cette systole.

Ici se vérifie ce que nous avons dit page 272 de la solidarité qui existe entre la pression ventriculaire et la pression artérielle,

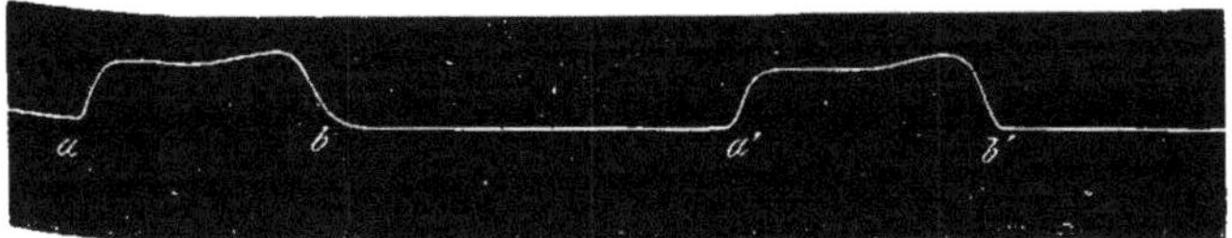

Fig. 205. Changements de consistance du cœur de la tortue.

aussitôt que les valvules sigmoïdes sont ouvertes et que le ventricule ne fait avec les artères qu'une seule et même cavité. A ce moment, comme la pression s'élève dans le système artériel jusqu'à la fin de la systole, il faut que le sang éprouve, dans le ventricule, une élévation de pression parallèle (ces effets sont encore plus nettement accusés sur le cœur des mammifères).

Maintenant que nous possédons les deux courbes séparées, celle du changement de volume des ventricules et celle de changement de pression du sang dans ces cavités, combinons ces deux influences, et nous devrons restituer la pulsation complète.

Rien de plus simple que d'ajouter l'une à l'autre les deux courbes ci-dessus. Sur la courbe des changements de volume, élevons une série d'ordonnées égales à celles de la courbe des changements de pression. Comme cette dernière ne s'élève que pendant la phase

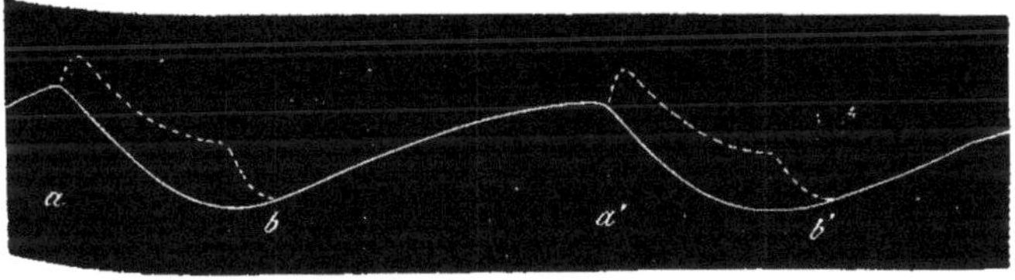

Fig. 206. Recomposition des éléments de la pulsation du cœur.

systolique et reste invariable pendant la diastole du cœur, les systoles ab et $a'b'$ seront seules modifiées. La courbe totale, celle qui résulte de l'addition des deux autres, suivra, pendant les périodes systoliques, le tracé représenté par une ligne ponctuée, tandis que, pendant la diastole, elle ne sera modifiée en rien. Or, la nouvelle courbe (fig. 206) n'est autre que celle que nous avons obtenue figure 204, en inscrivant directement la pulsation cardiaque. Il est donc prouvé que cette pulsation résulte bien réellement de la double influence des changements de consistance et des changements de volume des ventricules. On obtient, en inscrivant la pulsation du cœur des grands mammifères, une nouvelle démonstration de cette double influence dans la production des tracés cardiographiques.

Rapport des changements de longueur d'un muscle aux variations de son état électrique.

Le myographe nous donne avec une grande fidélité les changements de longueur d'un muscle auquel on envoie des excitations électriques. D'autre part, l'électromètre de Lippmann, mis en rapport avec deux points dissymétriques du muscle, accuse, par les mouvements de sa colonne de mercure, les variations de la tension électrique des deux points explorés. Il suit de là qu'en appliquant aux variations de l'électromètre le mode d'inscription photographique décrit, nous recueillerons deux courbes qui s'inscriront ensemble ou l'une à côté de l'autre, et sur lesquelles se lira facilement le rapport des variations traduites par les deux appareils. Ces variations sont de sens inverse; de telle sorte que, tandis que le muscle agit et diminue de longueur, l'état électrique est de signe contraire. Bernstein croit avoir observé un retard entre ces deux variations, celle de l'état électrique précédant légèrement celle du mouvement.

CHAPITRE III.

INSCRIPTION SIMULTANÉE D'ACTES DIVERS EXPLORÉS EN DIVERS LIEUX.

Inscription simultanée des actions musculaires et des réactions qui se produisent dans la locomotion animale. — Inscription des mouvements phonétiques. — Mouvements qui se produisent dans la rumination; expériences de Toussaint. — Mouvements de la déglutition ; expériences de Carlet. — Phases de la pression dans les cylindres d'une machine aux différents instants de la course du piston.

Inscription simultanée des actions musculaires et des réactions qui se produisent dans la locomotion animale.

Nous avons déjà vu comment s'inscrivent les mouvements si variés qu'exécutent les membres d'un cheval aux diverses allures, l'aile d'un oiseau qui vole, etc.; des tracés correspondant aux réactions qu'éprouve le corps des animaux à chaque phase des mouvements des membres ont été obtenus par une autre méthode (voyez p. 207).

Il suffit donc de combiner ces deux ordres de tracés en les superposant, pour avoir un type d'expérience éminemment complexe dans laquelle deux ordres de phénomènes de nature différente auront été simultanément enregistrés.

En réalisant cette expérience sur un oiseau qui vole, on constate que le corps subit deux sortes de réactions : les unes le faisant osciller suivant un plan vertical, les autres consistant en saccades dans la progression. La superposition des courbes établissant le synchronisme entre ces actes divers, montre qu'au moment où l'aile s'abaisse, le corps est soulevé et gagne de la vitesse, tandis que dans l'instant où l'aile remonte, le corps, tout en se soulevant encore, perd de sa vitesse de translation.

Nous n'insisterons pas sur ces expériences, dont la nature est suffisamment expliquée, mais qui pour être suivies dans leurs détails exigeraient de longs développements.

Inscription des mouvements phonétiques.

La partie acoustique de la phonation a donné lieu à d'admirables travaux; mais le mécanisme de l'articulation des consonnes, les mouvements de la langue, ceux du voile du palais et des lèvres sont moins parfaitement connus. Peut-être en faut-il accuser la complication de ces actes phonétiques dans lesquels le concours des mouvements de plusieurs organes est ordinairement nécessaire pour la production de certains sons. L'inscription simultanée de ces mouvements associés semble destinée à éclairer beaucoup le mécanisme de la phonation.

Voici dans quelles circonstances j'eus l'occasion de faire sur ce sujet quelques expériences : Au commencement de l'année 1875, une délégation de la Société de linguistique vint me trouver afin de savoir si la méthode graphique pouvait s'appliquer à l'étude des mouvements si variés et si complexes qui se produisent dans la parole; si elle pouvait fournir une trace objective des actes exécutés par la cage thoracique, le larynx, la langue, les lèvres et le voile du palais, dans l'articulation des différents *phonèmes*[1], en indiquant la manière dont ces actes se succèdent ou se combinent suivant les différents cas. L'entreprise me parut réalisable et même facile, car les inscripteurs physiologiques avaient déjà surmonté des difficultés du même genre dans la cardiographie, par exemple, et dans l'analyse du mécanisme de la déglutition ou de la rumination. Il suffisait de construire des explorateurs convenables pour chacun des mouvements dont on voulait avoir le tracé, et de relier chacun de ces explorateurs à un tambour à levier inscripteur, ainsi que cela s'est fait dans les expériences ci-dessus indiquées.

L'importance de ces études semble grande au point de vue des linguistes, dont la science chaque jour plus précise tend à pren-

1. Le mot *phonème* a été introduit par Champion pour désigner les groupes de sons qui constituent le langage parlé.

dre pour point de départ l'expérimentation. L'étude comparée des différentes langues et celle des transformations successives que chacune d'elles a subies dans sa formation ont permis, en effet, de saisir certaines lois qu'on pourrait appeler physiologiques et qui ont présidé à l'évolution du langage.

Ainsi, le *principe de la moindre action*[1], d'après lequel tout acte humain tend à s'effectuer avec le moins d'effort possible, se montre dans le passage du latin au français et s'y traduit par l'adoucissement et même la suppression de certaines consonnes; le *principe de transition* détermine les échelons successifs par lesquels une lettre change de degré, d'ordre et de famille.

Rien n'est arbitraire dans cette évolution des langues, dont on commence à saisir les règles inflexibles. Or, pour bien apprécier les rapports de parenté entre les différents actes du langage qui tendent à se substituer les uns aux autres, il faut pousser aussi loin que possible l'analyse de chacun d'eux. L'oreille n'est pas toujours suffisante pour constater les mouvements, successifs ou simultanés, dont l'ensemble constitue un phonème, et celui qui parle n'a pas lui-même conscience des actes qu'il accomplit. C'est, en effet, par tâtonnements successifs et par essais d'imitation du langage d'autrui que, dès l'enfance, on apprend à parler; plus tard les actes qui servent au langage sont devenus aussi inconscients que l'action des différents muscles dans la marche. Pour une seule syllabe qu'on prononce, il est parfois nécessaire d'exécuter cinq ou six actes différents dont nous ignorons souvent la succession, et dont parfois nous ne soupçonnons même pas l'existence.

Inscrire avec leurs différents caractères, leur force et leurs rapports de succession, les mouvements de l'air ou des organes phonétiques, c'est fournir au linguiste une expression matérielle de phénomènes essentiellement fugitifs que l'oreille ne peut analyser ni comparer avec certitude.

Mais il est d'autres avantages plus précieux encore qu'on est en droit d'attendre de l'inscription du langage. Nous voulons parler des applications de cette méthode à l'éducation phonétique des sourds-muets. Ceux qui se dévouent à rendre à ces malheureux l'usage de la parole cherchent, par tous les moyens possibles, à

1. Voyez J. Baudry, *Grammaire comparée du sanscrit, du grec et du latin*, et A. Brachet, *Introduction du Dictionnaire étymologique de la langue française*.

donner au sourd la conscience des sons qu'il émet et de ceux qu'émettent les personnes qui parlent devant lui. A défaut de l'oreille, la vue et le toucher fournissent des renseignements importants. Le sourd lit, en quelque sorte, sur les lèvres de celui qui parle; en touchant le larynx d'une autre personne, il constate par le tact les vibrations laryngées, et, appliquant ses doigts sur son propre larynx, s'exerce à émettre lui-même des sons analogues. Combien ne serait-il pas mieux renseigné sur les actes vocaux qu'il devra reproduire, s'il avait sous les yeux les tracés graphiques de tous ces actes! Il chercherait alors à imiter lui-même ces tracés, qui lui serviraient de modèle, et n'arriverait à leur parfaite imitation qu'en exécutant les mêmes actes et en émettant les sons mêmes qu'il s'agit de reproduire.

Une méthode analogue semble, *a priori*, applicable au traitement des vices de la parole. Elle serait sans doute fort utile à ces opérés qui, après une restauration du voile ou de la voûte palatine, doivent réapprendre à parler, pour perdre les défauts de prononciation que leur infirmité leur avait fait contracter.

Le Dr Rosapelly accepta de faire des recherches expérimentales sur ce sujet dans mon laboratoire, tandis que M. L. Havet, au nom de la Société de linguistique, s'adjoindrait à ces études afin de signaler les points particulièrement importants à son point de vue spécial[1].

Plan des expériences. — Le but que nous devions atteindre dans ces expériences était de remplacer la sensation auditive par une expression objective des actes de la phonation. Sur ce point, d'importants travaux ont déjà été exécutés : sous le nom d'*acoustique des yeux*, Lissajous a créé une méthode optique pour apprécier la combinaison des différents sons dont les accords se caractérisent par des figures géométriques constantes.

C'est une phonétique des yeux qu'il fallait imaginer, tant pour analyser au point de vue physiologique et linguistique les actes de la parole, que pour initier à ce mécanisme les malheureux à qui l'ouïe fait défaut.

Pour ce qui est des voyelles, on peut les considérer comme optiquement caractérisées, grâce à la méthode de Kœnig : l'*analyse optique des sons*.

1. Pour le détail des expériences, nous renvoyons le lecteur au mémoire de M. Rosapelly (*Travaux du laboratoire*, 1876), et ne reproduisons ici de ce travail que ce qui est nécessaire pour en faire comprendre le plan et les principaux résultats.

Les flammes vibrantes de Kœnig subissent, grâce à leur admirable mobilité, des vibrations correspondant à toutes celles que renferment les harmoniques concourant à la formation d'une voyelle. Dissociée par sa réflexion sur un miroir tournant, la flamme apparaît comme une traînée lumineuse, bordée de dentelures dont le nombre et les hauteurs relatives permettent d'estimer la tonalité des différents sons contenus dans chaque voyelle. Placé devant le porte-voix d'un appareil de Kœnig, un sourd-muet pourra donc s'exercer à reproduire des images lumineuses pareilles à un type tracé à l'avance; et s'il réussit à imiter une de ces figures optiques, c'est qu'il aura émis correctement la voyelle correspondante.

Quant aux consonnes, comme il entre dans leur production des actes de toute sorte, vibrations du larynx, mouvements des lèvres, soulèvement du voile du palais, etc., il fallait chercher le meilleur moyen d'inscrire ces différents actes. Nous n'avons pas encore réussi à avoir une inscription convenable des mouvements de la langue et de ses appuis en différentes régions de la voûte palatine ou de l'arcade dentaire, suivant que l'on prononce telle ou telle consonne. Mais pour les autres mouvements, ceux du larynx, des lèvres et du voile du palais, les résultats furent plus satisfaisants.

Mouvements du larynx. — Un interrupteur spécial est mis sur le trajet d'un circuit électrique sur lequel on place également un *signal* de Deprèz. A chacune des vibrations du larynx il se produit une interruption du courant électrique, et le signal trace une vibration, de telle sorte que si l'on parle ou si l'on chante, à chaque fois que le larynx résonne, on voit s'écrire une ligne sinueuse semblable à celle de la figure 80, p. 162.

Inscription du mouvement des lèvres. — L'observation montre que les lèvres exécutent, pendant l'acte de la phonation, deux ordres de mouvements : 1° des mouvements verticaux, c'est-à-dire d'élévation et d'abaissement; 2° des mouvements horizontaux ou antéro-postérieurs, par lesquels les lèvres se portent plus ou moins en avant. Le type des mouvements du premier genre s'observe dans l'émission des consonnes explosives labiales comme *b* et *p*; celui des mouvements antéro-postérieurs, dans l'émission de la voyelle *u*.

La figure 207 montre l'appareil explorateur des mouvements du premier ordre[1].

En prononçant une série de consonnes labiales, on constate que plusieurs d'entre elles se distinguent déjà par le degré de

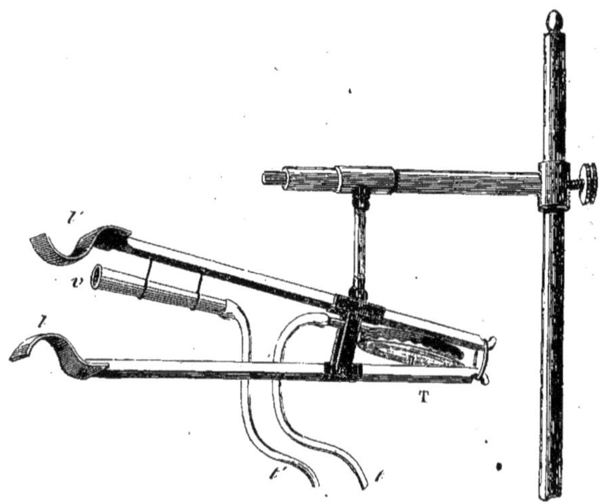

Fig. 207. Inscripteur du mouvement des lèvres.

clôture plus ou moins parfait des lèvres. Dans cette émission des consonnes, il faut nécessairement intercaler des voyelles. Nous avons choisi, dans tous les cas, la voyelle *a*, qui ne modifie point les phénomènes labiaux ; si l'on prononce successivement les sons *apa*, *aba*, *afa*, *ava*, on reconnaît que la clôture des lèvres, complète pour le *p* et le *b*, est incomplète, au contraire, pour l'*f* et

1. Un support vertical est placé en face de l'expérimentateur ; il porte un bras horizontal au-dessous duquel pend, par l'intermédiaire d'une tige doublement articulée, l'explorateur proprement dit. Celui-ci se compose de deux petites branches terminées chacune par un petit crochet plat en argent qui doit embrasser l'une des lèvres dans sa courbure. La gouttière *l'* se place sous la lèvre supérieure, la gouttière *l* sur la lèvre inférieure. Cette dernière est seule mobile ; or, quand la lèvre inférieure s'élève, elle fait basculer la branche *l* autour de son articulation, forçant ainsi les deux extrémités opposées des deux branches à s'éloigner l'une de l'autre en tendant un petit anneau de caoutchouc qui sert de ressort antagoniste.

Dans ce mouvement, une traction est opérée sur la membrane d'un tambour à air T. La raréfaction de l'air dans ce tambour se transmet, au moyen d'un tube de caoutchouc *t*, jusqu'au tambour à levier inscripteur qui devra tracer sur le cylindre les mouvements de la lèvre inférieure.

le *v*. Et si deux consonnes qui exigent des degrés différents de clôture des lèvres sont émises sans voyelles intermédiaires, on trouve dans la courbe tracée un petit ressaut qui signale ce changement dans l'occlusion labiale.

La figure 208 représente quelques-uns de ces tracés qui serviront d'exemples.

La ligne sinueuse exprime l'ouverture des lèvres, quand elle occupe la position horizontale supérieure ; elle correspond à leur

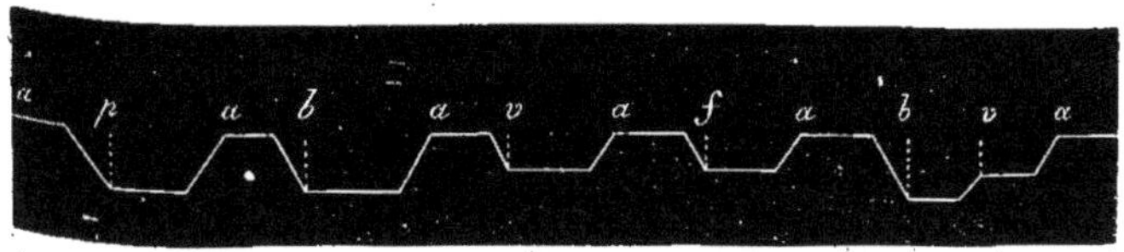

Fig. 208. Tracés des différents degrés de l'occlusion labiale, correspondant à différentes voyelles.

clôture absolue, quand elle occupe la ligne horizontale inférieure. Mais on remarque en certains points (au-dessous de *v* et de *f*) que la ligne horizontale est située moins bas, ce qui correspond à la demi-fermeture dont on vient de parler. Enfin, au-dessous de *bv*,

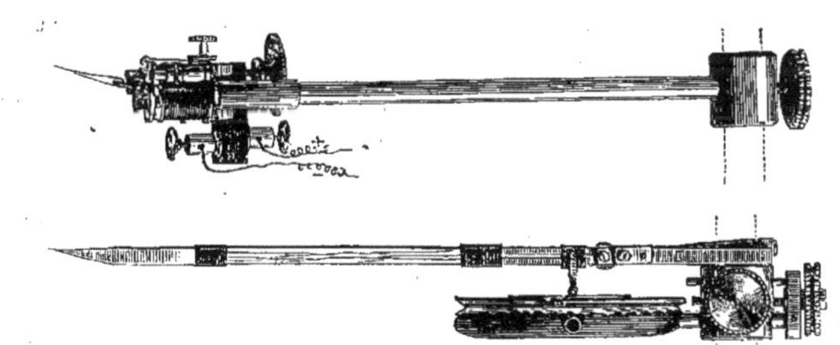

Fig. 209. Disposition pour l'inscription simultanée du mouvement des lèvres et des vibrations du larynx.

on voit un ressaut de la ligne (au point *v*) où les lèvres passent de l'occlusion complète du *b* à la demi-occlusion du *v*.

Nous laisserons de côté ce qui est relatif aux mouvements labiaux de sens antéro-postérieur, et nous nous préoccuperons exclusivement de la détermination des consonnes labiales.

Il ne suffit pas du tracé des mouvements des lèvres pour caractériser les consonnes labiales, car l'occlusion complète des lèvres existe aussi bien pour le *p* que pour le *b*, l'occlusion incomplète s'observe également pour le *v* et pour l'*f*. Mais ces quatre consonnes seront entièrement caractérisées si nous inscrivons, en même temps que le mouvement des lèvres, les vibrations du larynx. En effet, dans l'articulation du *p* et de l'*f*, le larynx est muet; il vibre, au contraire, pour le *b* et le *v*.

Superposons le style du signal électrique des vibrations du larynx à celui du levier qui inscrit le mouvement des lèvres, comme dans la figure 209, et faisons tracer ces deux pointes sur un cylindre à rotation lente; nous obtiendrons un double tracé qui ren-

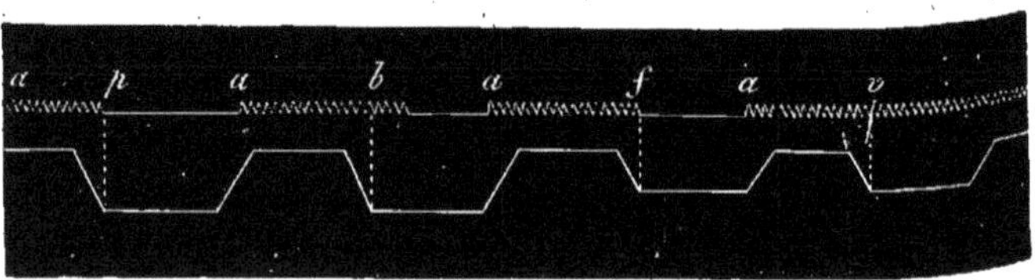

Fig. 210. Inscription simultanée des mouvements des lèvres et de ceux du larynx.

fermera tout ce qui est nécessaire pour caractériser ces quatre consonnes, *p*, *b*, *f*, *v*, comme on les voit figure 210.

Inscription des mouvements du voile du palais. — Les consonnes nasales *m* et *n* s'accompagnent d'une émission d'air par les narines, ce qui tient à ce que le voile du palais s'éloigne de la paroi postérieure du pharynx au moment de l'émission de ces sons. Autant il serait difficile d'explorer d'une manière directe les mouvements du voile du palais, autant il est facile de signaler ces mouvements d'après l'échappement d'air qui en est la conséquence. A cet effet, on introduit dans une des narines un tube qui y reste à demeure et qui, relié par un tuyau de caoutchouc à un tambour à levier inscripteur, signale, par une élévation de la courbe, chacune des émissions de l'air par le nez.

En inscrivant à la fois les trois indications que nous possédons déjà : mouvement des lèvres, du larynx et du voile du palais, nous constaterons que l'*m* n'est qu'un *b* avec émission d'air par les narines, de même que nous avons vu que le *b* n'est qu'un *p* avec vibration du larynx.

Nous ne pouvons insister plus longuement sur ces expériences

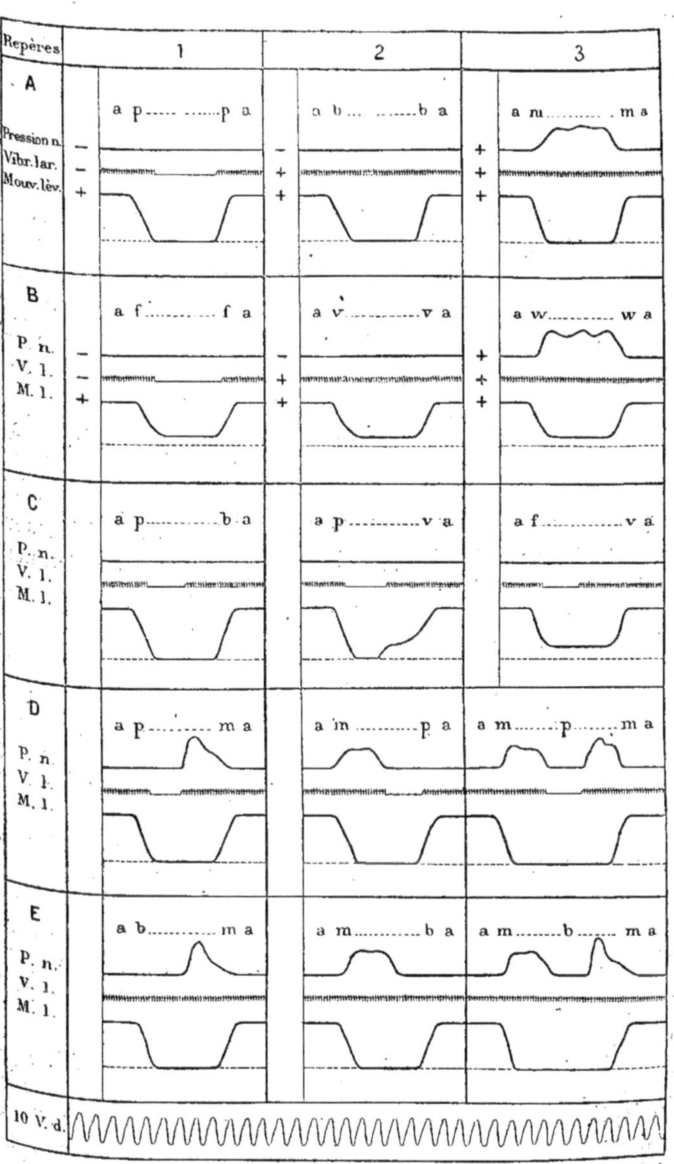

Fig. 211. Quinze phonèmes caractérisés graphiquement.

d'inscriptions phonétiques. Le lecteur qui voudrait des explications plus détaillées les trouvera dans le mémoire de Rosapelly.

Nous nous bornons à présenter (fig. 211) un tableau où quinze phonèmes différents se trouvent caractérisés par des courbes. Or, cette représentation des consonnes s'adressant aux yeux, est précisément le but que nous nous proposions en entreprenant ces études. Tout porte à croire que si l'utilité de ce moyen pour l'éducation des sourds-muets était reconnue, de nouvelles recherches ne tarderaient pas à combler les lacunes qui restent encore.

Quant aux résultats de ces expériences au point de vue de la linguistique, ils semblent avoir été satisfaisants, car M. L. Havet a trouvé dans ces graphiques la solution de questions intéressantes sur la formation des sons composés.

Mouvements qui se produisent dans la rumination ; expériences de Toussaint.

Au commencement de ce siècle, Bourgelat avait rangé les mouvements de la rumination parmi ceux que nos sens ne sauraient analyser. En effet, la connaissance de ces mouvements divers, de leur enchaînement, de leur rôle pour produire la régestion du bol alimentaire, n'a été acquise que le jour où chacun d'eux inscrivant sa courbe, a permis de comprendre comment s'effectue le mouvement rétrograde du bol alimentaire. Toutefois, le résultat des expériences faites sur ce sujet est venu confirmer une théorie qui avait été établie *a priori* par un observateur d'une grande sagacité, le professeur Chauveau.

La méthode graphique qui a présidé aux recherches de Toussaint a permis de déterminer la succession d'une série de mouvements qui se passent en des lieux divers. De même que le passage d'une onde liquide aux divers points de la longueur d'un tube s'inscrit au moyen d'une série d'appareils superposés, de même, dans l'inscription des mouvements de la rumination, chacun des actes associés s'écrit à côté des autres.

L'animal, *vache* ou *mouton*, doit être dans un calme parfait pendant la durée de l'expérience; c'est la condition nécessaire de la rumination. Une série d'explorateurs appliqués en différents lieux vont chercher les mouvements divers dont on veut établir la succession ou le synchronisme, et tous ces mouvements à la fois s'écrivant sur un même papier donnent la figure 212.

Il n'y a pas moins de huit leviers qui tracent en même temps sur le cylindre de l'appareil. L'un donne la ligne M en haut de la figure, c'est la courbe des mouvements de mastication; l'autre, N, mesure la pression de l'air dans les cavités nasales. A l'intérieur de la trachée, un tube manométrique transmet la pression de l'air, tandis que deux autres explorateurs des pressions plongent l'un dans le thorax T, et l'autre dans l'abdomen A. Le cœur lui-même

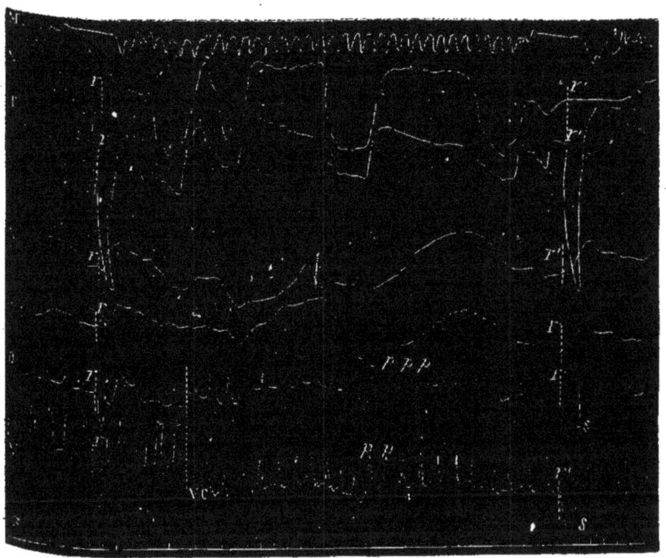

Fig. 212. Régestion des aliments et son influence sur le cœur et les gros vaisseaux. M, courbe des mouvements des mâchoires. — N, courbe de la pression de l'air dans les cavités nasales. — T, courbe de la pression de l'air dans la trachée. — A, courbe des mouvements de l'abdomen. — C, courbe des mouvements du thorax. — O, tracé de l'oreillette droite. — V, tracé du ventricule droit. (En *v c* la sonde manométrique a été retirée dans la veine cave.) — S, secondes.

est exploré, en O pour l'oreillette, en V pour le ventricule, comme dans les expériences de cardiographie; enfin, au bas de la figure on peut compter le temps divisé en secondes, d'après les signaux que porte la ligne S.

Jamais encore, dans une expérience de physiologie, on n'avait réuni un pareil nombre d'appareils explorateurs et inscripteurs, et pourtant les tracés recueillis sur la figure 212 ne représentent pas tous les mouvements qui ont été inscrits dans cette belle expérience; il manque précisément l'indication du passage du bol alimentaire à travers l'œsophage. La détermination de ce passage se fait au moyen d'explorateurs spéciaux formés chacun d'une ampoule élastique qui se comprime au moment de ce passage du bol. On a déterminé dans une autre série d'expériences l'instant précis de ce phénomène.

Une série de repères *r* correspond, dans chacune des courbes, au moment où la régestion va se produire. Les mouvements des mâchoires s'arrêtent, et l'on voit s'abaisser la pression dans les cavités nasales, et surtout dans le thorax, par suite d'un brusque abaissement du diaphragme. Cette aspiration qui se fait dans le thorax est la condition nécessaire de l'ascension du bol alimentaire. Le même vide se fait sentir dans les cavités cardiaques, ainsi qu'en témoignent les abaissements de la pression du sang dans l'oreillette et dans le ventricule. L'occlusion de la glotte est indispensable à la production du vide dont il vient d'être question; aussi, dès que se produit cette aspiration intra-thoracique, voit-on disparaître la concordance des courbes de la pression de l'air dans les fosses nasales et dans le thorax, qui forment alors deux cavités indépendantes. Le fait essentiel qu'exprime la figure précédente est qu'au moment où s'opère la régestion *r*, le diaphragme se contracte pendant l'occlusion de la glotte, l'air se raréfie dans le poumon, les côtes se dépriment sous la pression atmosphérique, l'œsophage se dilate, les matières alimentaires s'y engagent et les mâchoires s'immobilisent au même instant. Sous l'influence de la brusque aspiration produite par l'abaissement du diaphragme, le ventricule et l'oreillette se dilatent : la dépression cardiaque qui accompagne le mouvement de régestion est arrivée au moment de la diastole ventriculaire et semble avoir duré autant qu'elle; mais il est incontestable qu'elle a été abrégée par la systole ventriculaire survenue avant la fin de l'aspiration.

L'expérience ayant montré que le diaphragme agit comme puissance active unique pendant la rumination, il était indiqué de paralyser cette puissance pour voir de quels effets serait suivie cette paralysie.

On savait déjà, par les expériences de Flourens, que la rumination continue après la section des nerfs phréniques; mais il fallait chercher par quels moyens l'animal arrive à remplacer l'action diaphragmatique. Après la section de la branche superficielle du phrénique provenant de la septième paire cervicale, on constata que ce sont les côtes qui s'élèvent brusquement pour produire la dépression intra-thoracique, tandis que l'abdomen subit l'effet de la pression atmosphérique extérieure et refoule le diaphragme au moment de la régestion. Les rôles sont absolument changés, mais l'effet reste le même : cet effet est toujours la diminution brusque et considérable de la pression intra-thoracique.

Comme complément de l'expérience précédente, Toussaint a pu reproduire, par l'excitation du bout périphérique des nerfs phréniques, la synthèse, pour ainsi dire, de la rumination normale. Pour réaliser exactement les conditions de la rumination, un aide fut chargé de fermer avec la paume des deux mains l'ouverture extérieure des fosses nasales, et pendant ce temps on pratiqua l'excitation des phréniques ; le résultat fut complet. A chaque excitation, le bol remontait le long de l'œsophage, l'animal le mâchait quelques instants avant de le déglutir ou même le déglutissait immédiatement.

Inscription des mouvements de la déglutition ; expériences d'Arloing et de Carlet.

Le même jour, 2 novembre 1874, paraissaient aux comptes rendus de l'Académie des sciences deux notes dans lesquelles les mouvements de la déglutition étaient étudiés au moyen de la méthode graphique. Les auteurs de ces recherches étaient arrivés, chacun de leur côté, à des résultats semblables, sauf quelques détails. Pour Arloing, il faut abandonner l'ancienne distinction que l'on faisait relativement au mécanisme de la déglutition des solides et des liquides ; ces derniers provoquent des mouvements de déglutition successifs associés, mais identiques à ceux qui se suivent à plus grands intervalles lorsque des aliments solides sont avalés. Ce physiologiste adopte la division en deux temps, indiquée par Moura.

En introduisant des ampoules manométriques dans les premières voies digestives du cheval, on recueillit simultanément les courbes de la pression aux différents points du passage du bol alimentaire. Les conclusions que l'auteur a tirées de l'examen de ces tracés sont les suivantes :

1° Il y a un soulèvement actif du voile du palais au début de la déglutition ;

2° L'isthme du gosier se dilate ;

3° L'entrée de l'œsophage s'ouvre au-devant du bol alimentaire ;

Pendant le passage des aliments, le vestibule du larynx est fermé.

Si l'on explore l'état de la pression dans les voies aériennes au-dessous du larynx, on constate une aspiration au moment de la déglutition. C'est un abaissement du diaphragme qui produit ce vide intra-thoracique pendant que la glotte est fermée. Or, cette action des forces inspiratrices joue dans la déglutition le même rôle que nous lui avons vu assigner tout à l'heure par Toussaint dans la régestion des aliments. Les résultats obtenus par Carlet en opérant sur lui-même et en inscrivant la pression de l'arrière-cavité buccale en même temps que le mouvement d'ascension du larynx, conduisent aux mêmes conclusions.

Inscription simultanée des fonctions des différents organes d'une machine.

La méthode d'inscriptions simultanées de phénomènes de différentes natures se passant en différents lieux vient de fournir à M. Deprèz la solution d'un important problème de mécanique. Il s'agissait de déterminer, pendant la marche d'une machine à vapeur, les phases de la pression sur les deux faces du piston, et d'inscrire ces phases en fonction des mouvements que ce piston exécute. On voit que c'est à peu près le problème que s'était proposé Watt dans la mesure du travail des machines à vapeur. Deprèz a recouru à l'inscription simultanée des pressions explorées en divers lieux, non pas en se servant d'organes dont l'inertie pouvait déformer les courbes, mais en appliquant à cette inscription sa méthode des équilibres successifs. Des plaques rectangulaires animées de mouvements semblables à ceux du piston recevaient, sous forme de pointages successifs, l'indication des degrés divers qu'atteignait la pression en différents lieux et à chaque phase du mouvement; l'ensemble de ces points donnait une courbe fermée d'une exactitude absolue. Ces expériences sont encore inédites, je ne puis donc les exposer avec les détails qu'elles mériteraient.

CHAPITRE IV.

EXPLORATIONS SUCCESSIVES EN DIFFÉRENTS LIEUX D'UN MÊME PHÉNOMÈNE.

Passages successifs d'une onde liquide en différents points de la longueur d'un tube; Propagation de l'onde musculaire. — Mouvement des ondes sonores, etc.

On ne dispose pas toujours d'un nombre suffisant d'appareils inscripteurs pour pouvoir écrire à la fois les instants successifs auxquels un mouvement se produit en différents lieux. Soit à déterminer le mouvement de transport d'une onde : on a vu que par le moyen d'une série d'explorateurs des pressions latérales échelonnés sur la longueur d'un tube, on inscrit d'un seul coup la succession des passages de l'onde en différents points de ce tube.

Imaginons que pour cette expérience nous ne disposions que d'un seul appareil explorateur et d'un seul style écrivant; on peut encore déterminer la propagation du mouvement ondulatoire en recourant à la méthode des explorations et des inscriptions successives, mais à une condition formelle, c'est que dans la série des déterminations qui devrait être faite on pourra reproduire le phénomène toujours identique à lui-même. C'est la seule difficulté que rencontrera l'expérimentateur.

Soit (fig. 213) une série de tracés dont chacun constitue la mesure des phases de la pression latérale dans un tube élastique. Une première expérience donne en I l'instant où une onde liquide est lancée dans le tube; les phases de la pression sont fournies par la courbe qui se détache de ce point d'origine. Dans une deuxième expérience II, on a déplacé l'appareil explorateur de la pression dans le tube d'une quantité connue, et, renouvelant l'expérience on envoie une deuxième onde, toujours au même instant, par rapport à la rotation du cylindre. Une troisième, puis une quatrième expérience s'ajoutent aux premières, toujours en faisant correspondre au même instant le départ de l'onde liquide. Au bout d'un nombre suffisant de ces déterminations, on a sous les yeux une série de courbes entièrement comparables à celles que nousavons représentées figure 213, et dans chacune desquelles

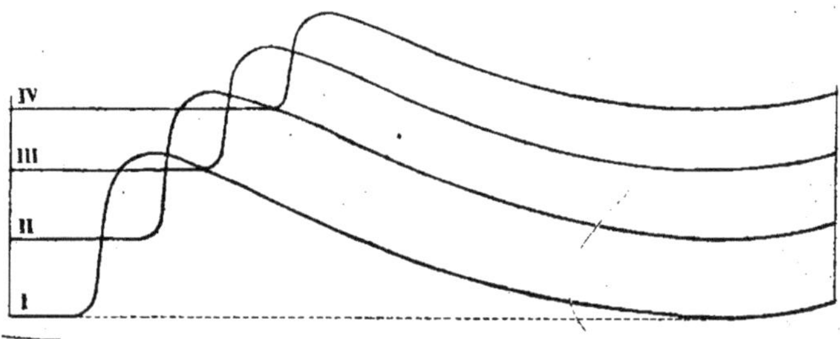

Fig. 213. Tracés du transport d'une onde recueillis par explorations successives. (Figure théorique.)

est signalé l'instant du passage de l'onde sous un explorateur que l'on transporte d'un bout à l'autre du tube, en le déplaçant chaque fois d'une quantité connue.

La lecture de ces courbes donne les mêmes renseignements que nous a fournis la méthode des inscriptions simultanées. La série des passages de l'onde s'échelonne de la même façon à des instants dont la durée correspond aux longueurs de tube qui séparent deux points d'observation.

Une seule condition pourrait faire varier la propagation du mouvement ondulatoire, c'est l inégalité des impulsions imprimées au liquide, chaque fois que l'on provoque le départ d'une onde. Différents moyens peuvent être employés pour rendre cette impulsion toujours semblable : l'un d'eux consiste à produire cette impulsion du liquide par la chute d'un poids constant tombant d'une hauteur constante.

Souvent on n'a pas à se préoccuper de superposer exactement les courbes obtenues dans la série d'inscriptions successives, il suffit de signaler par un repère l'instant où l'impulsion de l'onde a eu lieu dans chacune des courbes. Quand on a obtenu une série de déterminations, on relève chacune des courbes sur une feuille de papier, en ayant soin d'en disposer la série de façon que les repères de chacune des impulsions soient verticalement superposés. Dans la figure, ces repères se confondent dans la ligne verticale, correspondant à l'instant de la chute du poids qui provoque l'onde.

Pour la lecture des tracés et pour la signification des inflexions diverses de la courbe, nous renvoyons le lecteur à l'analyse de la figure.

La méthode des *inscriptions successives* a trouvé son application dans un grand nombre de circonstances. Elle permet de suivre le transport de l'onde musculaire sur le trajet d'un faisceau de fibres. On excite le muscle à l'une de ses extrémités, et l'on recueille l'instant du passage de l'onde musculaire, sous un explorateur qu'on transporte graduellement en divers points de la longueur de ce muscle.

Cette méthode présente un grand avantage; non-seulement elle n'exige qu'un seul explorateur, mais elle simplifie beaucoup les conditions de l'expérience, en permettant d'explorer tour à tour une série de points trop rapprochés les uns des autres pour se prêter à des explorations simultanées.

Ici, comme dans le cas précédent, il est indispensable de produire l'excitation du muscle à un même instant de la révolution du cylindre, ou tout au moins, lorsqu'on a recueilli la série des tracés, de superposer les repères de manière à bien suivre la propagation des mouvements ondulatoires à partir de leur origine commune qui correspond à l'instant de l'excitation.

La propagation du son a été étudiée de la même manière. Les expériences de Regnault consistaient en signaux inscrits au moyen d'un chronographe sur un cylindre tournant, et ces signaux servaient à déterminer les distances parcourues par une onde sonore depuis l'origine d'une conduite jusqu'à une distance qui variait d'une expérience à l'autre.

Les expériences de Helmholtz sur la vitesse de l'agent nerveux se rattachent à cette méthode, car elles consistent à promener successivement le point d'excitation du nerf en des lieux différents et à mesurer les retards successifs des mouvements par rapport à des repères qu'on superpose.

Nous ne multiplierons pas les exemples de cette méthode des inscriptions successives; elle s'applique à tous les cas où un phénomène se propage d'un point à un autre, et sert à déterminer la vitesse et les phases de cette propagation.

CHAPITRE V.

EXPLORATIONS SUCCESSIVES DE DIFFÉRENTES PHASES D'UN PHÉNOMÈNE.

Explorations successives des différentes phases d'un courant électrique. — Exploratio successives de la pression de la vapeur dans les machines. — De la force d'un muscle aux différents instants de la secousse ; de l'excitabilité du cœur aux différentes phases de sa systole.

Nous rapprochons à dessein des expériences qui précèdent celles qui ont pour objet de suivre un phénomène à travers les différentes variations qu'il présente aux instants successifs de sa durée.

Les actes les plus rapides, ceux qui échapperaient, dans la plupart des cas, aux appareils chargés de les signaler, viennent se soumettre à la méthode des explorations successives et livrent la courbe de leurs variations quand on explore successivement les différents instants de leur durée.

Ainsi, tandis que tout à l'heure les différentes explorations correspondaient chacune au phénomène considéré en un point différent de l'espace, nous avons affaire maintenant au phénomène considéré à différents instants successifs. Du reste la méthode est la même dans l'un et l'autre cas.

Explorations successives des phases d'un courant électrique.

Guillemin, voulant déterminer les phases de l'état variable d'un courant électrique lancé dans un conducteur, imagina de partager la durée de cet état variable en une série d'instants très-rapprochés les uns des autres, de façon que la variation d'un instant à un autre fût infiniment petite. Il recourut à l'emploi d'appareils rotatifs qui, produisant le passage d'un courant électrique à travers un fil de métal, permettaient d'explorer l'état électrique de ce fil à une série d'instants de plus en plus éloignés de l'origine du phénomène.

Pour ces explorations, Guillemin se servait du galvanomètre; or cet instrument ne se dévie qu'autant que les courants agissent sur lui pendant un temps appréciable. L'inertie de l'aiguille aimantée ne lui permet pas d'atteindre immédiatement son équilibre, c'est-à-dire sa déviation constante; il fallait donc faire agir le courant sur le galvanomètre pendant un temps assez long. Pour cela, un appareil rotatif animé d'un mouvement uniforme produisait une série de clôtures d'un courant électrique. Ces clôtures avaient lieu toujours au même instant de la rotation de l'appareil. Or, un certain temps après chacune de ces clôtures, le circuit électrique se fermait de nouveau pendant un temps très-court, et sous l'influence de cette clôture passagère le courant traversait le fil d'un galvanomètre. Une déviation imperceptible de l'aiguille se produisait, à celle-ci venait s'en ajouter une autre, puis une autre encore chaque fois que le courant se refermait par l'action de l'appareil rotatif. A un certain moment, l'aiguille du galvanomètre se mettait en équilibre; elle était alors dans une position qui exprimait l'intensité du courant correspondant à une première série d'explorations. Dans une seconde série d'expériences, Guillemin déterminait la valeur du courant électrique correspondant à une autre phase de l'état variable, et ainsi de suite, jusqu'à ce que le galvanomètre arrivât à sa déviation maximum dans l'état variable initial, ou que, dans l'état terminal, il cessât d'être dévié malgré les clôtures du circuit[1].

Dans ces expériences, l'amplitude des déviations du galvanomètre, observée dans la série des explorations, correspondait à la série des ordonnées d'une courbe dont les temps se mesuraient, comme à l'ordinaire, sur l'axe des abscisses. Ces courbes ont fourni de précieux renseignements sur la durée de l'état variable des courants et sur la valeur des intensités suc-

1. Cette déviation n'a en réalité que la moitié de sa valeur réelle, car le galvanomètre n'est influencé que pendant la moitié du temps de la clôture du circuit.

cessives aux différents instants de la variation. (Voyez la figure 14, p. 35.)

La même méthode a servi à Bernstein pour déterminer les phases de la variation électrique des muscles pendant la durée de la secousse musculaire.

Nous avons nous-même recouru à la méthode des explorations successives dans un cas du même genre; il s'agissait de déterminer la durée du flux électrique d'une torpille. A cet effet, nous provoquions un flux à un moment déterminé, puis fermant le circuit conducteur que devait traverser l'électricité de l'animal, nous explorions au moyen d'une patte de grenouille l'état électrique du circuit. Si la patte de grenouille, réactif fort sensible aux effets de l'électricité, donnait un mouvement, c'est que dans l'exploration que nous venions de faire, nous avions la preuve que le courant passait. En opérant de la même manière à une série d'instants successifs retardant de plus en plus sur le début du phénomène, nous pouvions constater l'existence du flux électrique aux différents moments de sa durée, nous en déterminions donc

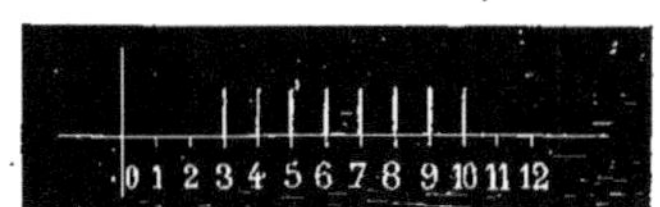

Fig. 214. Montrant la manière dont on mesure la durée d'un courant électrique au moyen d'explorations successives.

le début et la fin avec une approximation qui dépendait du nombre d'explorations faites pendant la durée du phénomène.

Supposons que, dans la figure 214, l'instant 0 corresponde au moment de l'excitation électrique d'un nerf de torpille et que les points successifs 1, 2, 3, 4, etc. soient espacés entre eux d'un centième de seconde et correspondent à des instants très-courts pendant lesquels on met l'appareil de la torpille en rapport avec un circuit métallique dont fait partie une patte de grenouille. Dans les deux premières explorations 1 et 2 qui suivent l'excitation du nerf électrique, il n'y a pas eu de signaux inscrits; la patte de grenouille restant immobile, montre que la décharge de la torpille ne lui arrive pas; c'est qu'en effet ce phénomène n'a pas encore eu le temps de se produire. Mais à l'instant 3, la grenouille est en mouvement, ce qui est exprimé dans la figure par un trait vertical; dans les instants 4, 5, 6, 7, 8, 9 et 10, la grenouille donne des secousses qui s'expriment sur la figure par des lignes verticales; enfin, dans l'instant 11, ainsi que dans les suivants, la grenouille ne réagit plus; on en conclut que le flux de la torpille est fini au moment de ces explorations trop tardives, et, en définitive, on voit d'après le tracé que le flux électrique a duré 8 centièmes de seconde; que son début retarde de 3 centièmes de seconde sur l'instant de l'excitation du nerf, et que sa fin retarde de 10 centièmes de seconde sur le même instant.

C'est précisément ainsi que j'ai procédé pour mesurer la durée du flux de la torpille. Un dispositif, facile à établir, provoquait l'excitation du nerf électrique à un instant toujours le même de la translation du papier, en *e*, figure 215. Un contact métallique susceptible d'être déplacé à volonté, permettait de fermer, pendant

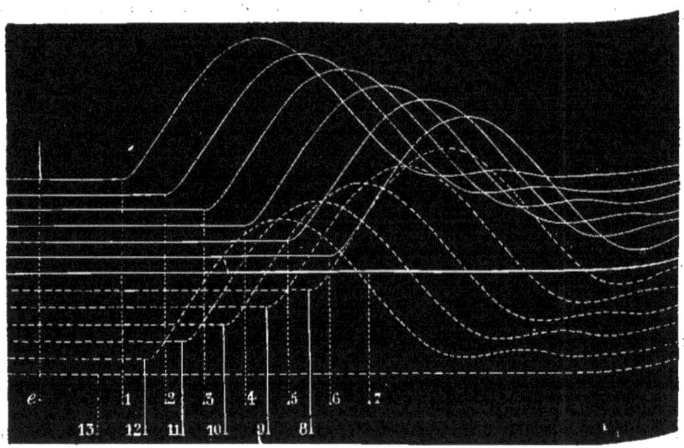

Fig. 215. Mesure de la durée du flux électrique d'une torpille au moyen d'explorations successives avec un muscle de grenouille comme signal.

un temps très-court et à des instants variés, le circuit que le flux de la torpille devait traverser pour arriver à la patte de la grenouille signal. Enfin, pour éviter la confusion des courbes qui s'inscrivaient dans les différentes explorations successives, j'ai eu soin de déplacer à chaque fois la pointe écrivante, afin que les courbes fussent échelonnées de haut en bas.

La figure 215 montre que la première apparition du flux de la torpille a eu lieu à l'instant 1; que dans une série d'explorations successives, se faisant de plus en plus tard après l'excitation du nerf, on a trouvé le flux de la torpille aux instants 2, 3, 4, 5 et 6; mais qu'à l'exploration n° 7, la grenouille n'a pas donné de signal: le flux était donc fini. Enfin, en rapprochant graduellement le moment de l'exploration de celui où le nerf avait été excité, on a retrouvé le flux de la torpille dans les explorations 8, 9, 10, 11 et 12; mais à la treizième exploration, trop rapprochée du moment de l'excitation du nerf, on a constaté que le flux électrique n'existait pas encore.

L'approximation de ces mesures dépend nécessairement du nombre des explorations successives; elle est d'autant plus délicate que ces explorations se suivent à plus court intervalle.

Explorations successives de la pression dans les machines à vapeur.

C'est encore aux explorations successives qu'a recouru Deprèz

Fig. 216. Courbe de la tension de la vapeur dans un cylindre d'une machine, d'après les tracés du manomètre à équilibres successifs de Deprèz.

pour déterminer la valeur manométrique de la pression de la

vapeur aux différentes phases du mouvement du piston d'une machine.

Ici la méthode se complique; en effet, à ces instants successifs, la pression n'étant plus la même, les appareils chargés d'en déterminer la valeur doivent présenter des résistances différentes. Supposons qu'à une série d'instants 1, 2, 3, 4, on veuille connaître la valeur de la pression, on fait agir la vapeur à l'intérieur d'un appareil manométrique dont la membrane métallique ne cède à l'effort intérieur qu'à un certain degré. Et pendant la durée de l'expérience on fait croître graduellement la résistance que l'appareil manométrique oppose à la pression qui agit sur lui; il en résulte que l'indication de l'instrument se produit successivement à une phase de plus en plus avancée de la variation. La figure 216 représente la série de ces déterminations successives; elles sont au nombre de 53 pour une révolution du piston de la machine dans leur ensemble, elles forment une courbe fermée correspondant aux valeurs successives de la pression qu'il fallait mesurer.

Explorations successives de la force d'un muscle aux différentes phases de la secousse.

Transportant ce mode d'expérimentation dans le domaine de la physiologie, Bloch a déterminé la série des efforts développés par la contraction d'un muscle aux différents instants de la variation de longueur. Pour cela, l'auteur s'est servi d'un myographe dont le levier en se déviant sous la traction du muscle rompait un courant électrique qui actionnait un signal électro-magnétique. Opposant à l'effort musculaire une résistance toujours croissante, Bloch a constaté que la rupture du courant se produisait à des instants variables. On voit, figure 217, le muscle présenter des retards toujours croissants pendant la phase de raccourcissement musculaire. Dans la phase opposée, celle du retour du muscle à sa longueur normale, il se produisait au contraire une clôture du courant chaque fois que la force du muscle était vaincue par celle du ressort tenseur. La série des signaux qui correspondent aux ruptures et aux clôtures du courant s'échelonnent sur une courbe qui exprime les différents instants où la force du muscle s'est trouvée égale à celle d'un ressort variable. Cette courbe répond exactement aux phases par lesquelles a passé la force musculaire si l'on admet que les ordonnées successives correspondent à des efforts graduellement

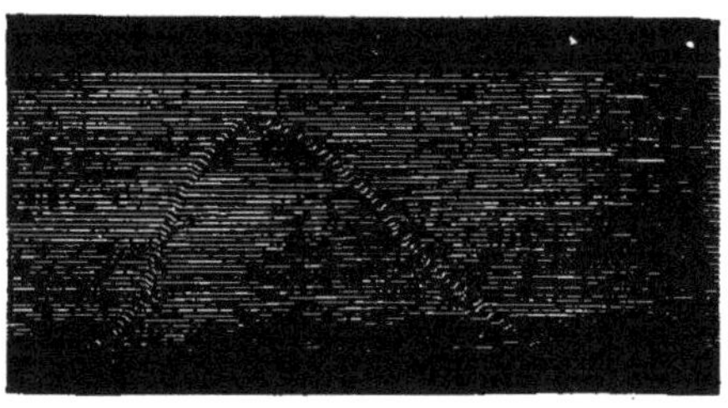

Fig 217. Détermination de la force d'un muscle aux différents instants d'une secousse. (Expérience de Bloch, par la méthode Deprèz.)

croissants. Il était facile d'obtenir ces conditions de croissance régulière de la force d'un ressort en lui donnant une assez grande longueur pour que le module d'élasticité ne variât pas sensiblement pour des allongements successifs.

Explorations successives de l'excitabilité du cœur aux différentes phases de sa systole.

Les explorations successives permettent encore de fixer quelle est, à différents instants, l'excitabilité d'un organe sur lequel on fait agir des excitations de même nature. A ce sujet, je citerai certaines expériences ayant pour but de déterminer le degré d'excitabilité du cœur d'un animal auquel on applique des courants électriques semblables entre eux, mais se reproduisant à des instants différents de la révolution cardiaque.

Influence des courants induits sur les mouvements du cœur. Pour obtenir des résultats bien comparables entre eux, je me suis servi exclusivement de courants induits de rupture. Or, ces excitations, bien que toujours égales entre elles, donnent naissance à des effets très-différents. Tantôt le cœur semble n'avoir pas reçu d'excitation, tantôt il réagit. Dans ces derniers cas, le mouvement apparaît tantôt avec une grande soudaineté (1/10 de seconde) et tantôt après un retard considérable (1/2 seconde et même plus). Enfin, la systole provoquée peut être, dans certain cas, aussi forte que celles qui se produisent spontanément, tandis que, d'autres fois, elle est pour ainsi dire avortée.

En faisant un grand nombre d'expériences, j'ai pu m'assurer que si la réaction du cœur n'est pas toujours la même, cela tient à ce que l'excitation n'arrive pas toujours au même instant de la révolution du cœur, et que si on excite le cœur toujours à la même phase de sa systole ou de sa diastole, il donne toujours la même réaction.

Voici les conditions dans lesquelles les expériences ont été faites.

La figure 218 montre une grenouille étalée sur une planchette de liége et dont le cœur est mis à nu. Cet organe est saisi, au

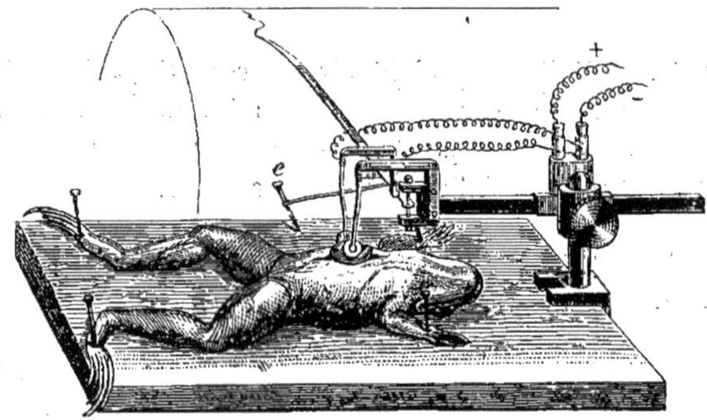

Fig. 218. Myographe du cœur de la grenouille, préparé pour inscrire l'effet des excitations élastiques de cet organe.

niveau de la région ventriculaire, entre les mors d'une sorte de pince myographique formée de deux cuillerons portés chacun par un bras coudé. L'un de ces bras est fixe et l'autre, mobile, porte un levier horizontal qui lui est perpendiculairement implanté et qui, par son extrémité munie d'une plume, trace sur un cylindre enfumé. Le cuilleron mobile est rappelé par un petit fil de caoutchouc fixé à une épingle *e* et agissant comme ressort, de telle sorte que chaque systole du ventricule écarte les mors de la pince en tendant le fil élastique, tandis qu'à chaque diastole le cœur, redevenant mou, laisse revenir le mors de la pince sous la traction du ressort.

La traction du fil de caoutchouc, suivant qu'elle est plus ou moins énergique, modifie les caractères du tracé cardiaque. Si la traction est très-forte, elle comprime énergiquement le ventricule et empêche le sang de le remplir pendant la diastole; dès lors, on n'obtient plus que les courbes myographiques du ventricule, qui fonctionne comme dans le cas où le cœur serait isolé. Mais si la traction est faible, le ventricule effectue sa réplétion diastolique et le tracé renferme tous les détails normaux de la pulsation cardiaque.

Le tracé (fig. 219) montre les transformations successives que

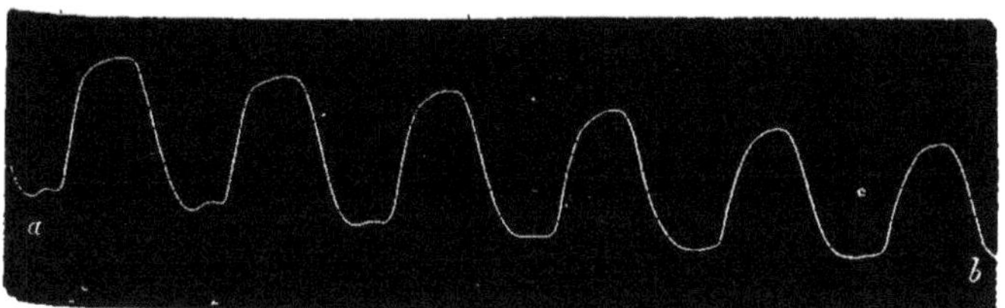

Fig. 219. Tracés des pulsations du cœur de la grenouille sous l'influence d'une pression de plus en plus forte.

présente le cœur d'une grenouille sous l'influence d'une traction de plus en plus énergique du fil tenseur du myographe.

Sur les tracés représentés plus loin, le lecteur reconnaîtra donc aisément, d'après la forme de la courbe, le degré de pression auquel était soumis le ventricule.

Dans le myographe qui vient d'être décrit, les cuillerons sont électriquement isolés par des pièces d'ivoire placées sur le trajet des bras qui les supportent. Chaque cuilleron est mis en rapport avec un fil métallique destiné à transmettre au cœur des excitations électriques de différente nature. Les courants de pile ou les courants induits traverseront donc le ventricule, dans le sens transversal, en passant d'un des cuillerons à l'autre.

Enfin, pour signaler l'instant précis ou se produit l'excitation électrique dont on veut connaître les effets, on dispose, au-dessous de la pointe du levier qui trace les mouvements cardiaques, la pointe d'un signal de Deprèz qui inscrit, avec une précision parfaite, le moment où l'excitation a eu lieu.

Supposons qu'on veuille appliquer au cœur une excitation par un courant induit de rupture, on fait passer à travers le signal de Deprèz le courant qui traverse la bobine inductrice. Dès lors, au moment précis de la rupture du courant inducteur, le signal tracera sur le papier l'instant de cette rupture qui coïncide absolument avec la production du courant induit excitateur.

L'expérience étant ainsi disposée, on donne au cœur une excitation électrique au début d'une systole; puis, après avoir observé les effets qui se sont produits, on excite de nouveau le cœur à un moment plus avancé de sa phase systolique, puis à un autre moment, plus tardif encore; enfin, par des excitations successives, on explore de la même façon l'excitabilité du cœur aux différents instants de sa diastole [1].

La figure 220 montre ce qui se produit en certaines conditions qui seront indiquées tout à l'heure. De la ligne inférieure 1 à la ligne 3, le cœur est réfractaire aux excitations; *cette période réfractaire correspond au début de la phase systolique.* — De la ligne 4 à la ligne 8, le cœur réagit aux excitations, mais avec des rapidités bien différentes. Ce retard correspond à ce que Helmholtz appelle *temps perdu* pour les muscles volontaires. *Or, ce retard va toujours en diminuant à mesure que le cœur est excité dans une phase plus avancée de sa diastole;* très-long pour la ligne 4, où il atteint environ 1/2 seconde, il est presque nul pour la ligne 8. (Afin de rendre plus saisissable la durée de ce temps perdu, on a teinté par des hachures la partie du tracé qui s'étend depuis le moment de l'excitation jusqu'à l'apparition de la systole provoquée.)

En comparant entre elles les systoles provoquées à différents instants, on constate que *la systole provoquée est d'autant plus forte, qu'elle arrive plus longtemps après la systole spontanée qui la précède.* Il semble que le cœur qui vient d'agir ait besoin d'un repos pour réparer ses forces, nerveuses ou musculaires, et que le mouvement qui se produit est d'autant plus intense que ce repos a été plus complet.

Si l'on suit de bas en haut la série des tracés de la figure 220, on voit que l'amplitude des systoles provoquées est d'abord petite (ligne 4), plus grande (ligne 5); puis qu'elle diminue encore (ligne 6), pour grandir de nouveau (dans les lignes 7 et 8).

Ce fait ne contredit pas ce qui vient d'être dit précédemment; car si dans la ligne 6, par exemple, on voit une systole provoquée plus faible que dans la ligne qui la précède et dans cel-

1. J'avais d'abord essayé de provoquer, par les mouvements du cœur lui-même, les excitations qu'il reçoit; mais le dispositif compliqué, nécessaire pour obtenir cet effet, n'est pas indispensable; on s'habitue bien vite à produire l'excitation au moment voulu en se guidant sur le tracé qui s'inscrit.

les qui la suivent, c'est que la systole de la ligne 6 est arrivée plus tôt.

Dans l'expérience ci-dessus, une double influence règle le mo-

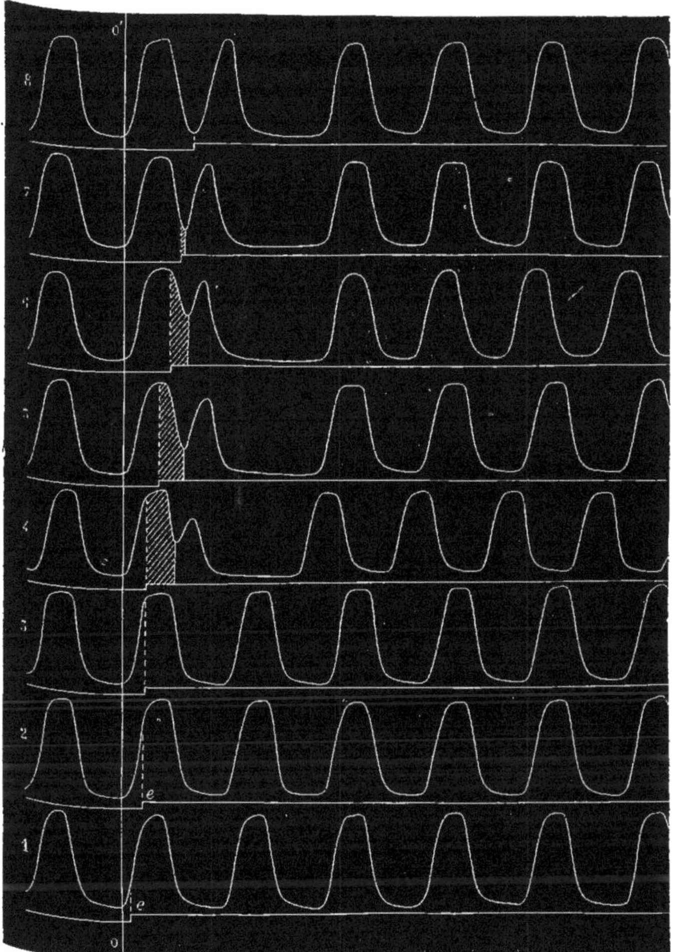

Fig. 220. Excitations d'un cœur de grenouille à différents instants de sa révolution. La ligne O, O représente l'origine commune des révolutions cardiaques pendant lesquelles l'excitation s'est produite.

ment d'apparition de la systole provoquée. D'une part, l'arrivée de plus en plus tardive de l'excitation électrique tend à retarder de plus en plus l'apparition de ce mouvement; mais, d'autre part, la diminution graduelle du temps perdu tend à hâter cette apparition. Suivant la prédominance de ces influences contraires, les systoles provoquées se montreront plus ou moins tôt, et leur amplitude en sera modifiée comme on le voit dans la figure 220.

Après chaque systole provoquée, il se produit un repos compensateur qui rétablit le rhythme du cœur un instant altéré. De sorte que le même nombre de systoles a lieu, soit qu'on excite le cœur, soit qu'on le laisse à son rhythme spontané. L'existence de ce repos est très-importante; elle vient confirmer une loi que j'ai cherché à établir, à savoir que *le travail du cœur tend à rester constant.* Les expériences auxquelles je fais allusion montraient que le cœur règle le nombre de ses mouvements sur les résistances qu'il doit vaincre à chacune de ses systoles; que si on élève la pression du sang dans les artères, le cœur, devant à chaque systole soulever une charge plus forte, ralentit ses battements : car chacun d'eux, constituant une plus grande dépense de travail, devra être suivi d'un plus long repos. Si, au contraire, une hémorrhagie diminue la résistance que chaque systole doit vaincre, chacun de ces mouvements représentera une moindre dépense de travail et sera suivi d'un moindre repos; le cœur accélérera donc ses mouvements.

Les expériences dans lesquelles on provoque des systoles du cœur au moyen d'excitations artificielles constituent un corollaire de la *loi d'uniformité du travail du cœur.*

CHAPITRE VI.

MÉTHODE STROBOSCOPIQUE.

Méthode stroboscopique; expériences de Plateau. — Examen des mouvements vibratoires à travers une fente vibrante ou au moyen d'un éclairage instantané. — Analyse des mouvements des cordes vocales, des allures du cheval, etc.— Reproduction stroboscopique des mouvements des animaux.

Ce nom, qui vient de στρόβος, tourbillon, et σκοπεω, je regarde, s'applique à un mode d'observation extrêmement ingénieux imaginé par Plateau. Quand un phénomène périodique se produit à intervalles réguliers, et quand les périodes de ses retours durent trop peu pour que l'œil puisse les analyser, on observe le phénomène à des instants toujours les mêmes de ses périodes, et de cette façon l'on obtient une immobilité apparente de corps dont on ne pouvait apprécier la forme ni les rapports, à cause du mouvement dont ils étaient animés.

Voici en quels termes Plateau décrit les principes de sa méthode :

« Le but que je me suis proposé dans cette notice est simplement de donner une idée de mon appareil et des résultats auxquels il permet d'arriver; mon intention est de développer ensuite ce sujet dans un mémoire spécial [1].

« Soit un disque noir, en métal ou en carton, percé vers la circonférence d'une série de fentes étroites dirigées suivant les rayons et également espacées. On sait que lorsqu'un appareil semblable tourne rapidement autour de son centre, comme une roue, l'espace occupé par la série des fentes présente l'aspect d'une gaze

1. Citation empruntée à *Die optisch-akustische Versuche*. E. Mach. Prag, 1873.

transparente à travers laquelle on peut voir les objets distinctement. Soit donc notre disque adapté à un mouvement d'horlogerie disposé de telle manière que l'on puisse en faire varier la vitesse à volonté; et enfin, tandis que le disque tourne, regardons à travers, un objet animé d'un mouvement périodique rapide: une corde en vibrations, par exemple.

« Nous pouvons supposer d'abord la vitesse du disque telle que chacune des fentes passe devant l'œil à l'instant précis où la courbe se retrouve à une même extrémité de sa vibration. S'il en est ainsi, l'œil ne pouvant voir la corde que dans des positions identiques (en admettant toutefois, pour fixer les idées, que les vibrations conservent la même amplitude), et les fentes se suivant avec la même rapidité pour que les impressions successives reçues par la rétine se lient entre elles, il devra nécessairement en résulter l'apparence d'une corde parfaitement immobile. Maintenant, comme les conditions dans lesquelles j'ai supposé l'instrument permettent de faire varier à volonté la vitesse du disque, il est clair que l'on pourra toujours obtenir l'effet ci-dessus, et comme d'ailleurs les mêmes raisonnements s'appliquent à un mouvement périodique quelconque dont la vitesse est suffisamment grande, il s'ensuit que l'instrument en question donne d'abord le curieux résultat de faire paraître complétement immobile un objet animé d'un mouvement très-rapide. On pourra ainsi, dans un grand nombre de cas, juger de la forme réelle des objets que leur vitesse empêche de distinguer.

« J'ai déjà exposé ailleurs (Supplément au traité de la lumière de sir J. F. Herschel, traduit par MM. Verhulst et Quetelet, I; II, p. 481 et suiv.) les idées qui précèdent; mais il était nécessaire de les reproduire ici pour l'intelligence du reste de cette notice.

« Avant d'aller plus loin, je dois remarquer que pour obtenir l'immobilité apparente de l'objet, la vitesse du disque ne doit pas nécessairement être telle qu'une fente passe devant l'œil chaque fois que l'objet se retrouve dans la même position; le phénomène se produirait encore évidemment si un nombre entier quelconque de semblables retours de l'objet avait lieu pendant l'intervalle des passages de deux fentes successives : car, pendant cet intervalle, l'objet étant soustrait à la vue, les modifications qu'il peut éprouver ne contribuent en rien à l'effet observé. Il résulte de là qu'il existe, à la vérité, une vitesse limite, savoir celle pour laquelle le nombre des fentes qui passent, dans un temps donné, est égal à celui des retours de l'objet; mais que, d'un autre côté, les sous-multiples de cette vitesse limite, par la suite des nombres entiers, donneront encore le même résulat, du moins tant que la rapidité sera suffisante pour que l'impression paraisse continue. Il sera donc toujours très-facile, en faisant varier graduellement la vitesse du disque, d'atteindre l'un ou l'autre terme de la série de celles qui produisent l'immobilité apparente.

« Ce qui précède étant admis, supposons maintenant que la vitesse du disque ne représente plus exactement l'un des termes de la série dont il vient d'être question, mais qu'elle n'en diffère cependant que d'une très-petite quantité. Alors, si la corde, par exemple, est à l'extrémité de la vibration quand la première fente passe devant l'œil, elle n'occupera plus tout à fait cette même position lors du passage de la fente suivante, et elle en paraîtra de plus en plus éloignée lors des passages successifs des autres fentes. La corde cessera donc alors de paraître immobile; mais le mouvement dont elle semblera animé sera très-lent comparativement à son mouvement réel; on pourra même le rendre aussi lent qu'on voudra en rapprochant convenablement la vitesse du disque de celle qui produit l'immobilité apparente. Ainsi, nous arrivons à cet autre résultat singulier, que l'on peut à l'aide de notre instrument, transformer, en apparence, un mouvement très-rapide en un mouvement de la même nature aussi lent qu'on le désire. Il sera facile alors d'étudier toutes les circonstances du mouvement que sa rapidité empêchait d'analyser par l'observation directe. C'est ainsi qu'en obligeant, par les moyens connus, une corde à se diviser spontanément en un certain nombre de parties vibrant isolément, j'ai pu diminuer, à mon gré, la vitesse apparente du mouvement, et voir la corde passer avec lenteur plusieurs fois de suite d'une forme ondulée à la forme ondulée opposée.

« Il ne reste plus à présent qu'à pouvoir déterminer la vitesse de l'objet, par exemple le nombre absolu de vibrations qu'une corde actuellement en mouvement exécute par seconde. Rien ne serait plus facile si nous pouvions atteindre avec certitude la vitesse limite du disque dont j'ai parlé plus haut; car alors tous les retours de l'objet à la même position correspondant à tous les passages de fentes, il suffirait évidemment de connaître le nombre des fentes placées dans le disque et la vitesse de rotation de celui-ci, pour en déduire le nombre de retours de l'objet qui ont lieu dans un temps donné. Malheureusement, à part quelques cas particuliers lorsqu'on obtient l'immobilité apparente, il est impossible de savoir quel terme on a atteint dans la série des vitesses qui produisent le même effet. On parvient cependant au résultat proposé par le moyen de deux observations. L'instrument étant d'abord mis en mouvement avec une vitesse arbitraire, on fait varier avec précaution cette vitesse jusqu'à ce que l'objet observé paraisse immobile, et l'on note alors le nombre de révolutions qu'exécute le disque dans l'unité de temps ; l'instrument est muni pour cela d'un compteur. Cela fait, on ralentit graduellement la vitesse, jusqu'à ce que l'objet paraisse de nouveau immobile, et l'on note encore le nombre de révolutions correspondant à l'unité de temps. Si l'on représente par n et n^1 ces nombres de révolutions dans la première et dans la seconde observation, par f le nombre de fentes percées dans le disque et par x le temps qui s'écoule entre deux retours consécutifs de l'objet à la même position, on arrive par des considérations très-simples à la formule suivante :

$$x = \frac{n - n^1}{n\, n^1 f}.$$

« L'emploi de cette formule suppose seulement qu'en passant de la première des deux observations ci-dessus à la seconde, on a passé aussi d'un terme de la série des vitesses correspondant à l'immobilité apparente au terme immédiatement suivant. Or, il est toujours très-aisé de diminuer la vitesse de l'instrument par degrés assez lents, pour que l'on soit certain de ne pas avoir négligé un terme intermédiaire.

« Ainsi en résumé, étant donné un objet animé d'un mouvement périodique trop rapide pour que l'œil reçoive de cet objet une impression distincte, l'appareil que j'ai indiqué permettra : 1° de déterminer la forme de l'objet, en réduisant celui-ci à une apparente immobilité ; 2° d'observer toutes les particularités du mouvement, en ralentissant en apparence ce même mouvement autant qu'on le désire ; 3° enfin de trouver la vitesse réelle de l'objet, ou du moins la durée d'une période de son mouvement, au moyen de deux observations et d'une formule.

« Je me propose maintenant d'entreprendre, à l'aide de cet instrument, une série d'expériences qui feront le sujet du mémoire dont j'ai parlé au commencement de cette notice. Je donnerai alors la description détaillée de l'appareil et de la manière de s'en servir. »

La méthode de Plateau se rattache donc entièrement à celle des explorations successives. Grâce à elle, on peut surprendre un phénomène périodique dans l'une de ses phases et l'y immobiliser pour ainsi dire. La persistance des images rétiniennes confond en une impression unique la série d'aspects que le phénomène revêt tour à tour.

Savart doit aussi être considéré comme un des fondateurs de cette méthode. Au lieu de démasquer pendant un temps très-court l'image d'un objet dont il voulait suivre les déplacements et les changements de forme périodique, l'illustre physicien recourait à la méthode des éclairages intermittents. Une étincelle électrique éclatait à un instant donné; à sa lumière on voyait, immobile en apparence, l'objet dont on voulait reconnaître le mouvement. Une goutte d'eau, par exemple, se détache d'un tube auquel elle était suspendue; elle tombe, et au moment de sa chute la lumière électrique l'éclaire un instant. Aussitôt la forme de cette goutte est perçue et son image se peint sur la rétine. Qu'un second éclairage instantané se produise à un autre moment, la goutte se montre encore, mais avec une nouvelle apparence; elle a effectué une partie de sa chute et pris une autre forme. Ainsi, au moyen d'une série d'images, nous percevons la série des phases d'un phénomène, à la condition de l'explorer à des instants successifs.

Worthington a représenté les différentes apparences que prend une gouttelette de mercure qui se détache et tombe sur une surface noircie à la fumée. Si l'on veut assister à toutes les phases du phénomène, il faut provoquer l'explosion d'une étincelle électrique, d'abord au moment précis où la goutte se détache, puis un instant après, puis un peu plus tard et ainsi de suite. Après cela, on dessine de mémoire les formes successivement observées (fig. 221.)

C'est à l'acoustique surtout que la méthode stroboscopique a été appliquée. Tœpler s'en est servi pour étudier les vibrations des cordes ou des tiges solides; il observait le corps vibrant au travers d'un diaphragme percé, animé de vibrations de même période ou d'une période assez voisine. Lissajous a fait des expériences anologues.

Quand on éclaire un corps vibrant au moyen d'un héliostat dont le faisceau lumineux est soumis à des intermittences, on rend visibles pour un nombreux public les phases successives de la vibration. Les mêmes résultats ont été obtenus en prenant pour source lumineuse les flammes vibrantes de Kœnig.

1er Instant. — Aspect de la goutte de mercure à l'instant où elle touche la surface enflammée.

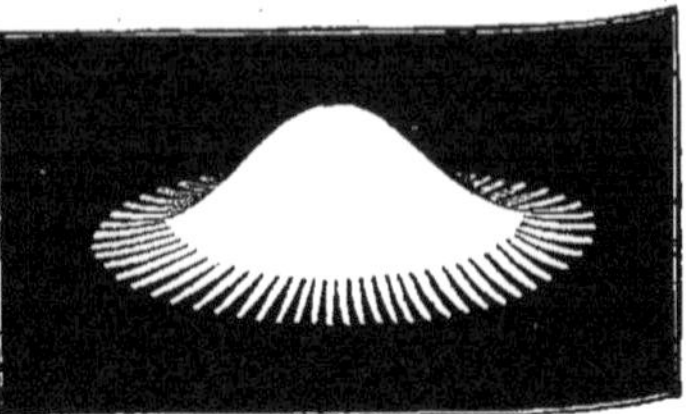

2e Instant. — Aspect de la goutte un peu plus tard.

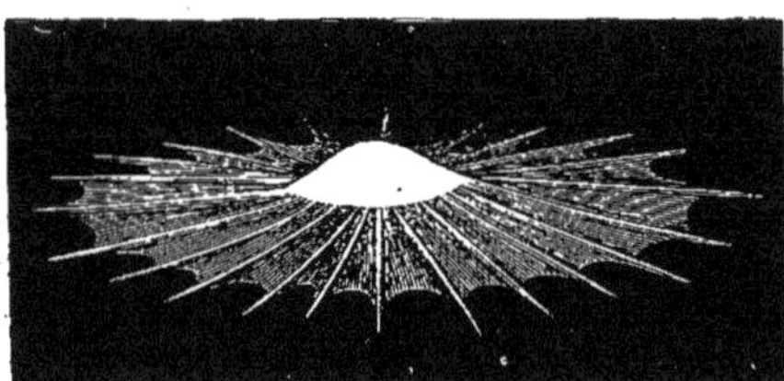

3e Instant.

4e Instant.

5e Instant.

6e Instant.

Fig. 221. Aspect d'une goutte de mercure.

Tœpler a examiné à la lueur des flammes vibrantes les cordes vocales pendant l'émission des sons. Il faut alors régler la période des éclairages intermittents sur celle des mouvements que l'on veut étudier.

Enfin des essais ont été faits pour observer au travers d'une fente mobile les mouvements compliqués des allures du cheval, ceux de la marche de l'homme et du vol de l'oiseau. Le problème consistait à régler le nombre des apparitions du corps en mouvement sur la période même de ce mouvement, afin de saisir une attitude toujours la même, ou à surprendre le phénomène à des phases successives de sa révolution, très-voisines les unes des autres.

L'expérience dont nous venons de parler est réversible; c'est-à-dire qu'au lieu de s'appliquer seulement à l'analyse des mouvements périodiques, elle s'applique aussi à leur synthèse, c'est-à-dire à leur reproduction artificielle. C'est ainsi que Plateau, en inventant le phénakisticope, a donné l'apparence d'un mouvement continu au moyen d'une série d'attitudes voisines qui se présentent successivement à l'œil.

Nous citerons à ce sujet les expériences de Mathias Duval, sur la représentation des allures du cheval.

Figures schématiques des allures du cheval.

Mathias Duval a entrepris de faire, pour la locomotion du cheval, une série de tableaux qui, vus au phénakisticope, représentent l'animal en mouvement et aux diverses allures. Cet ingénieux physiologiste a eu l'idée de reproduire sous une forme animée, pour ainsi dire, ce que la notation des allures donne à l'état de rhythme. Voici la disposition qu'il a employée. Il a dessiné d'abord une série de figures de cheval prises aux divers instants d'un pas de l'amble. Seize figures successives permettent de représenter la série des positions que chaque membre prend successivement dans un pas de cette allure. Placée dans l'instrument, la bande de papier qui porte cette série d'images donne à l'œil l'apparence d'un cheval qui marche l'amble.

Or nous avons dit que toutes les allures marchées peuvent être considérées comme dérivant de l'amble, avec une anticipation plus ou moins grande de l'action des membres postérieurs. Cette anticipation, M. Duval la réalise dans ses tableaux de la manière suivante. Chaque planche sur laquelle est dessinée la série des images de cheval à l'amble est formée de deux feuilles superposées. Celle du dessus est fenêtrée de façon que chacun des chevaux est dessiné à moitié sur cette feuille et à moitié sur celle qui est placée au-dessous. L'arrière-main par exemple étant dessinée sur la feuille du dessus, l'avant-main est dessinée sur la feuille du dessous et est visible par la fenêtre taillée dans la feuille supérieure. Supposons qu'on fasse glisser la feuille supérieure de l'intervalle qui sépare deux figures du cheval, on aura une série d'images dans lesquelles l'avant-main sera en retard d'un temps sur l'arrière-main. On reproduira ainsi, sous forme de figures, ce qu'on obtient sous forme de notation en faisant glisser d'un degré les deux réglettes inférieures de la règle à rotation[1]; et comme ce glissement d'un degré pour chacun des mouvements de l'arrière-main donne la notation de l'amble rompu, on obtiendra, dans les figures dessinées, la série des positions successives d'un pas de l'amble rompu. Si le glissement est d'un plus grand nombre de degrés, on aura la série des attitudes du cheval dans la marche au pas. Un glissement plus grand encore donnera la série des attitudes dans le trot.

Dans tous les cas, ces figures placées dans l'instrument donnent l'illusion complète et font voir un cheval qui va l'amble, le pas ou le trot, suivant les cas. Enfin, si l'on gradue la vitesse de rotation de l'instrument, on rend plus ou moins rapides les mouvements que l'animal paraît exécuter, cela permet à l'observateur peu exercé de s'apprendre à suivre la série des positions des membres à chaque allure, et le rend bientôt capable de suivre sur l'animal vivant la série de mouvements qui paraissent au premier abord d'une confusion absolue.

Ces expériences, longtemps interrompues, viennent d'être reprises par Mathias Duval dans ces derniers temps.

1. Voyez pour la description de cette règle et de son emploi, *la Machine animale*, p. 182.

CINQUIÈME PARTIE

TECHNIQUE

CHAPITRE I.

REPRÉSENTATION GRAPHIQUE DES PHÉNOMÈNES.

Représentation graphique des phénomènes météorologiques; emploi des courbes d'égal élément, concurremment avec les coordonnées rectangulaires. — Courbes des directions du vent ramenées au système des coordonnées rectangulaires. — Courbes exprimant les variations de niveau des fleuves et des lacs. — Expression graphique du mouvement des pieds dans la locomotion du cheval à diverses allures.

Les météorologistes ont compris des premiers l'importance des représentations graphiques pour exposer et mettre en lumière les résultats si complexes de leurs observations. En France, c'était presque toujours à des moyennes diurnes que se rapportaient les tableaux des variations de la température. Notant d'heure en heure les indications du thermomètre, puis divisant le total par le nombre des observations, les météorologistes établissaient la moyenne de chaque jour. Tout en donnant une grande impulsion à l'emploi des appareils inscripteurs, Marié-Davy a conservé cet emploi des moyennes, qui prend d'autant plus d'intérêt qu'on opère sur un plus grand nombre d'observations. Thermomètre, baromètre, hygromètre, actinomètre, boussole de déclinaison furent observés de cette manière, et l'on consigna dans les registres le résultat des observations.

Pour exposer ces résultats dans leur ensemble, trois méthodes se présentaient. Ainsi, pour les variations horaires aux différents mois de l'année, on pouvait employer les tableaux numériques à double entrée, du genre de celui que nous avons indiqué page 98. D'autre part, on pouvait tracer les douze courbes des variations horaires moyennes du phénomène construites pour chaque mois; enfin on pouvait employer des courbes d'égal élément semblables à celles que Lalanne a imaginées pour les températures et les hauteurs des marées. L'*Annuaire météorologique de Montsouris pour* 1878 contient ces trois modes de représentation pour chaque ordre de phénomène, de sorte que le lecteur peut juger par lui-même quel est le genre d'expression qui lui fait le mieux comprendre le sens des variations.

Les figures 222 et 223, empruntées à l'*Annuaire météorologique*, montrent deux expressions d'un même phénomène, les variations horaires moyennes de la hauteur barométrique aux différents mois de l'année. On trouvera peut-être la figure 222 plus claire et plus facile à comprendre, mais elle est assurément beaucoup moins explicite que la figure 223, qui fait mieux ressortir les relations des différentes phases. Une ligne ponctuée M trace les positions des maxima de pression barométrique; *m* correspond aux minima.

Dans les figures 224 et 225 sont représentées, sous les deux mêmes formes que ci-dessus, les variations horaires de la déclinaison magnétique aux différents mois de l'année. Les mêmes réflexions s'appliquent à la valeur relative de ces deux courbes.

Enfin, il y a un grand intérêt à rassembler sous le regard les courbes du plus grand nombre possible d'éléments météorologiques. L'annuaire de Montsouris en a groupé un très-grand nombre dans les figures 226 et 227. La première de ces figures exprime la pluie, la pression barométrique, la température de l'air à l'ombre et l'actinomètre. La seconde figure montre la direction et la vitesse du vent, la tension de la vapeur, le degré hygrométrique, la vitesse de l'évaporation, la proportion de l'ozone et le degré de nébulosité.

Dans les courbes de la *pluie*, chaque interligne correspond à un millimètre d'eau tombée.

Pour les courbes *barométriques*, l'interligne exprime une variation d'un millimètre de mercure. (La courbe est teintée dans la partie qui correspond à une pression au-dessous de la normale à Montsouris : 755.) La pression est prise à midi.

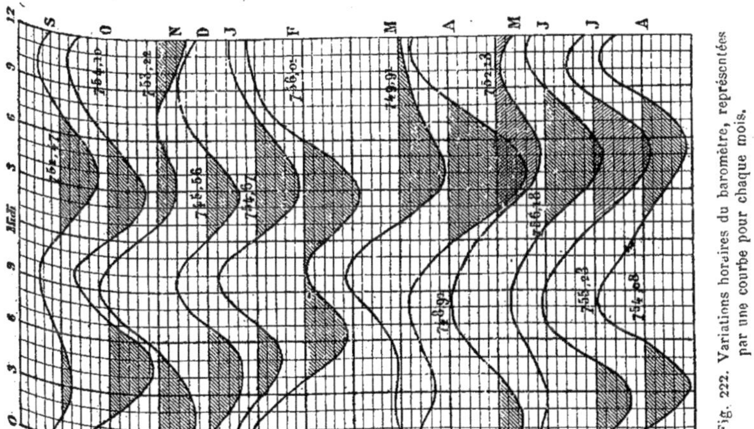

Fig. 222. Variations horaires du baromètre, représentées par une courbe pour chaque mois.

TRANSFORMATION DE LA FIGURE 219.

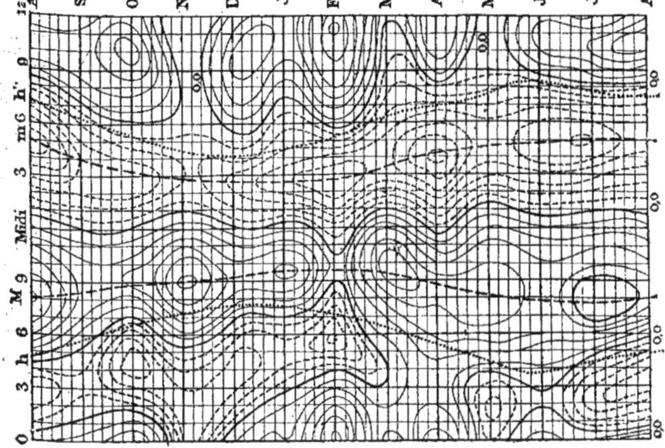

Fig. 223. Variations horaires du baromètre, représentées en courbes d'égal élément.

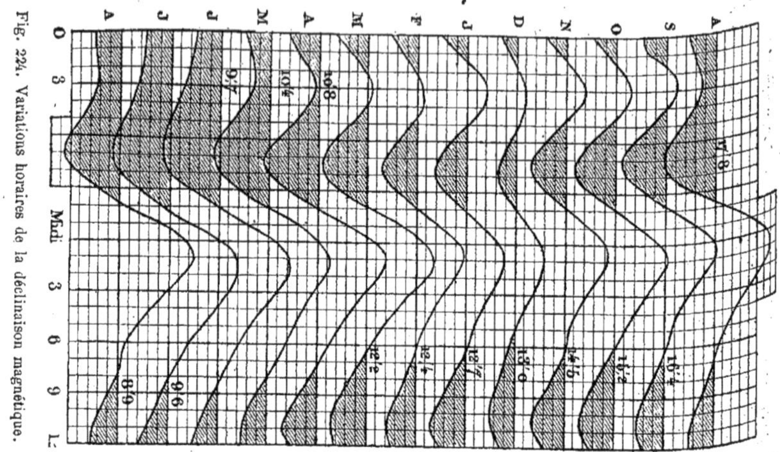

Fig. 224. Variations horaires de la déclinaison magnétique.

TRANSFORMATION DE LA FIGURE 221.

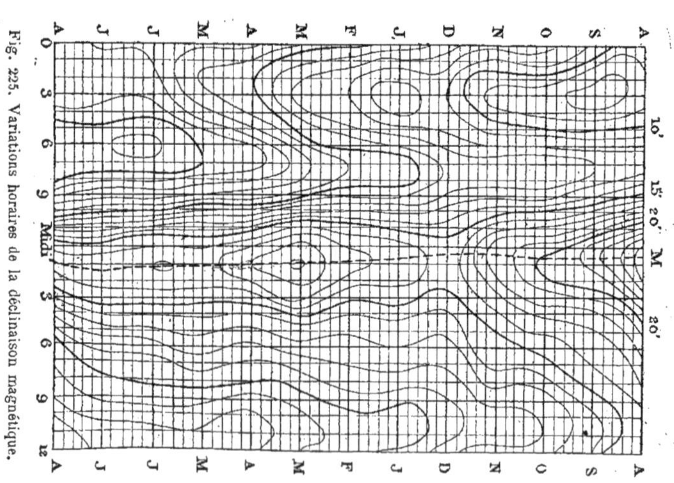

Fig. 225. Variations horaires de la déclinaison magnétique.

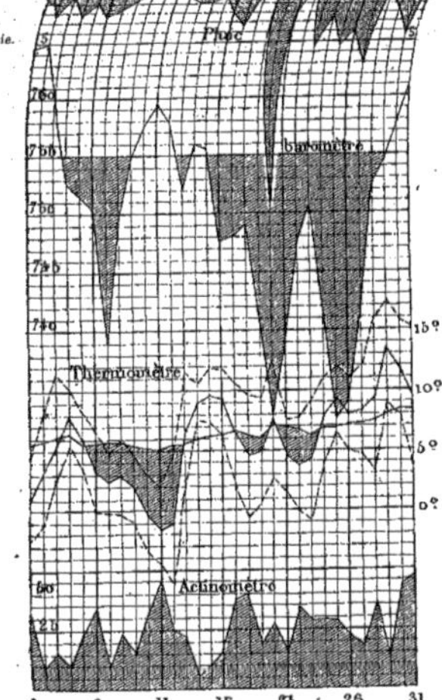

Fig. 226. Pluie, baromètre, thermomètre, actinomètre. (Variations mensuelles.)

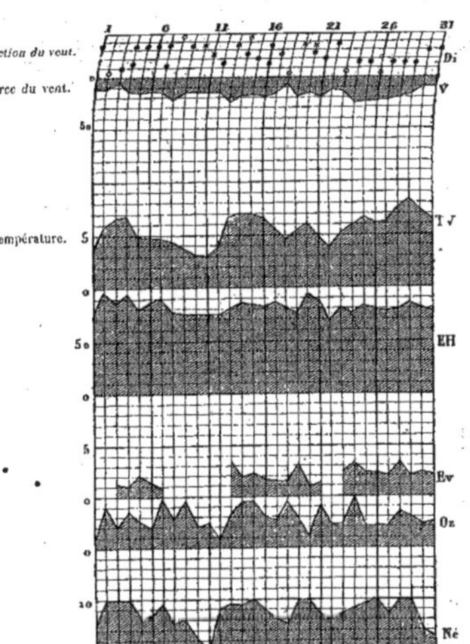

Fig. 227. Vitesse et direction du vent, tension de vapeur, échelle hygrométrique, évaporation, ozone, nébulosité.

La *température* comprend quatre courbes : la première, pleine, correspond à la moyenne de 60 années; la seconde ligne pleine correspond aux températures moyennes diurnes de l'année courante. Enfin, les lignes ponctuées expriment les minima. (C'est à la moyenne des 60 années, prise comme base, qu'on rapporte les variations de la moyenne de l'année; tout ce qui, dans cette courbe, est au-dessous de la moyenne, a été teinté de hachures.)

Sous le nom d'*actinomètre* sont tracées des courbes où chaque intervalle correspond à 5 degrés rapportés à la constante solaire, 100.

La direction du *vent*, VO, est pointée sur une série d'interlignes parallèles. Le plus élevé correspond au vent du N; le plus bas au vent du S. Quand le vent est franc N ou S, il est marqué par un cercle vide à l'intérieur. Si le vent incline à l'ouest, W, il est marqué par un petit cercle noir; s'il incline à l'est, E, il est marqué par une croix. La hauteur à laquelle le signe est placé indique donc si le vent est au N ou au S; la nature du signe, si le vent incline à l'W ou à l'E.

La *vitesse du vent*, VV, est marquée au-dessous à raison d'un interligne par 10 kilomètres parcourus par le vent pendant une heure.

La *tension de vapeur*, TV, est marquée à raison d'un interligne par millimètre.

Le *degré hygrométrique*, EH, est exprimé en centièmes, un interligne correspondant à 10 centièmes de saturation.

La *tranche d'eau évaporée*, ÉV, est, comme la pluie, comptée à raison d'un millimètre par interligne.

Pour l'*ozone*, OZ, l'échelle est d'un milligramme d'ozone par interligne.

La *nébulosité*, NÉ, est marquée de 0 à 10 et par demi-interligne.

Courbes des directions du vent ramenées au système des coordonnées orthogonales.

Dans les courbes qui viennent d'être exposées, celles de la direction des vents s'écarte seule du type général; il n'y a plus là que des indications discontinues et par conséquent moins parfaites. Il serait facile de ramener ces indications au système général. On conserverait la même expression des différentes aires du vent sous forme de quatre zones; mais, au lieu de n'exprimer que certains points, au nombre de huit dans cette échelle, on les marquerait tous dans une courbe continue.

Il est vrai que l'insuffisance de la courbe par points tient à l'insuffisance même de l'appareil anémographe, qui ne fournit que les huit indications consignées sur les figures. Mais rien ne serait plus facile à exécuter qu'un anémographe traçant de lui-même la courbe continue des directions du vent.

Un cylindre, solidaire de l'axe d'une girouette et tournant comme elle, présenterait les différents points de sa circonférence à un

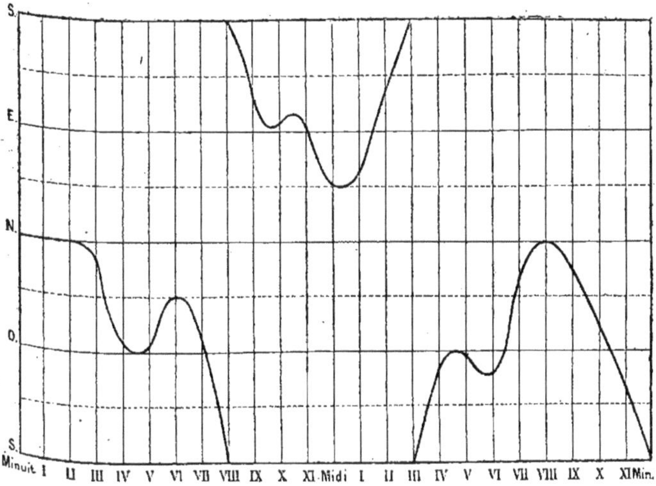

Fig. 228. Variations horaires de la direction du vent ramenées au système des coordonnées orthogonales.

style traceur qui se mouverait de haut en bas avec une vitesse régulière, de façon que le style passât, à chaque heure, en face de la division qui porte le chiffre correspondant.

Je serais étonné que cette disposition ne fût pas réalisée déjà dans quelque observatoire de météorologie. Il est à croire que ces tracés présenteraient parfois une certaine confusion, dans les cas où la direction du vent changerait d'une manière très-fréquente; mais dans les expériences de courte durée, où l'on pourrait donner au style une plus grande vitesse, cet inconvénient disparaîtrait.

Courbes exprimant les variations du niveau des fleuves.

Les phénomènes météorologiques dont nous venons de parler retentissent d'une manière plus ou moins immédiate sur le cours des eaux dans les fleuves et leurs affluents, ainsi que sur le niveau des lacs. En traduisant par des courbes ces variations de niveau,

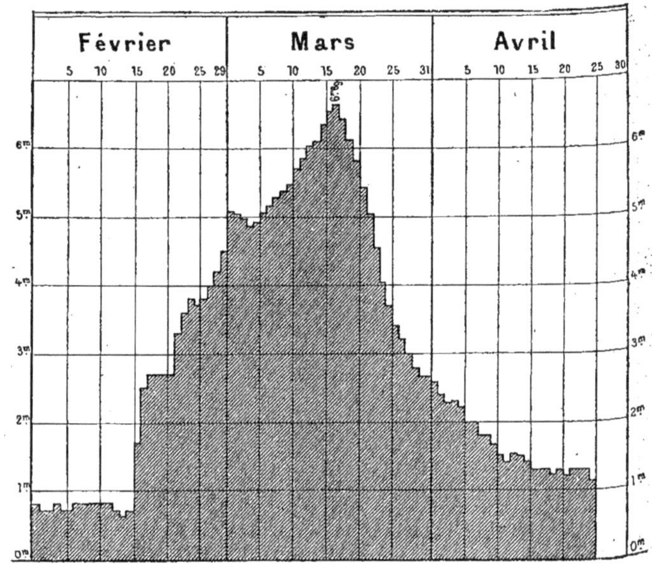

ÉCHELLE.

En hauteur, le millimètre indique un décimètre de hauteur d'eau.
En longueur, le millimètre indique un jour.

Fig. 229. Phases de la crue de la Seine en 1876.

on obtient une vue d'ensemble des relations qui les rattachent à certaines influences difficiles à saisir autrement. Les travaux de Belgrand sur le bassin de la Seine ont appris que les changements de niveau qui surviennent dans les principaux affluents se manifestent dans le fleuve, à Paris, trois jours et demi plus tard; que la hauteur d'une crue de la Seine est environ le double de l'élévation observée dans ses affluents, sauf dans la période de décroissance de la crue où la différence est moindre, la Seine n'ayant qu'une fois et demie la hauteur des affluents.

Dans les grandes crues, des mesures prises jour par jour fournissent les éléments d'une courbe qui traduit les changements de niveau du fleuve ; la figure 229 correspond à la grande crue de 1876. On voit que des inflexions saccadées se produisirent dans les variations, ce qui montre que les points d'observation ne sont pas suffisamment rapprochés ; il n'y avait qu'une observation par jour.

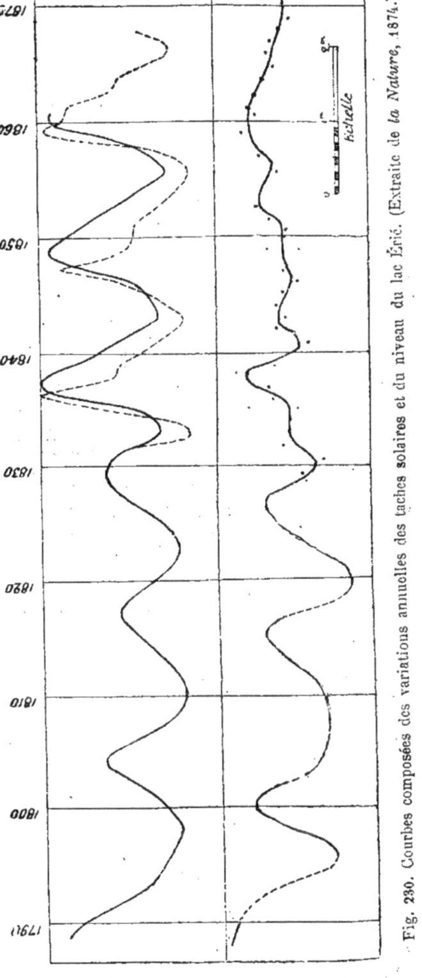

Fig. 230. Courbes composées des variations annuelles des taches solaires et du niveau du lac Érié. (Extrait de *la Nature*, 1874.)

Il serait désirable que les niveaux du fleuve et de ses principaux affluents fussent inscrits d'une manière continue au moyen des appareils dont nous aurons à parler plus loin. Toutes ces courbes, tracées à la même échelle, seraient rapprochées les unes des autres et même comparées aux courbes recueillies par les météorologistes. Alors seulement on aurait une parfaite connaissance des lois qui président au régime des eaux.

Dans les lacs qui n'ont pas une rivière pour emmener le trop-plein de leurs eaux, le niveau est soumis à deux causes principales de variations : il s'élève en raison des pluies que déversent les affluents; il s'abaisse en raison de l'évaporation plus ou moins intense. L'ardeur solaire constitue donc le principal facteur de l'abaissement du niveau de ces lacs. Or, à la suite d'observations faites sur le lac Érié, G. Dawson a tracé la courbe des variations moyennes du niveau des eaux pendant une longue période, car, outre les documents fournis par ses observations personnelles, il en a trouvé qui remontaient jusqu'en 1788. Le géologue américain eut l'idée de comparer ces courbes à celles des taches solaires et croit pouvoir conclure de cette comparaison qu'une relation évidente existe entre ces deux ordres de phénomènes. Assurément cette relation (fig. 230) est parfaite dans les observations les plus anciennes; mais la dernière partie des courbes est beaucoup moins concluante. Ce sont là, du reste, des variations de trop longue durée pour qu'on puisse, avant longtemps, être fixé sur ce sujet. On s'étonnera peut-être de voir les maxima d'étendue des taches solaires coïncider avec la période de décroissance du niveau des lacs; ces taches, par leur présence, accroîtraient donc l'activité de l'évaporation. En effet, certains météorologistes penchent fortement aujourd'hui à admettre que l'existence des taches exprime un accroissement de l'activité solaire et coïncide avec des années plus chaudes et plus sèches. Il n'y a pas lieu d'insister plus longuement sur ces questions, que l'observation seule devra résoudre, mais il m'a paru curieux de montrer les grands services que la méthode graphique doit rendre encore dans ce genre d'études.

Expression graphique du mouvement des pieds dans la locomotion du cheval.

Appliquant d'une façon très-rigoureuse le mode de représentation imaginé par Ibry, Lenoble du Teil[1] a donné une série de tableaux relatifs au mouvement des membres à différentes allures. Chacun des pieds d'un cheval constitue un mobile qui a des temps de mouvement et d'arrêt alternatifs. De même que deux trains marchent l'un derrière l'autre à certaine distance[2], de même les deux pieds d'un cheval qui va l'amble quittent le sol en même

1. Lenoble du Teil, *Locomotion quadrupède étudiée sur le cheval.* — *Journal des Haras*, 1877.

2. Voyez le graphique de la marche des trains, fig. 7, p. 20.

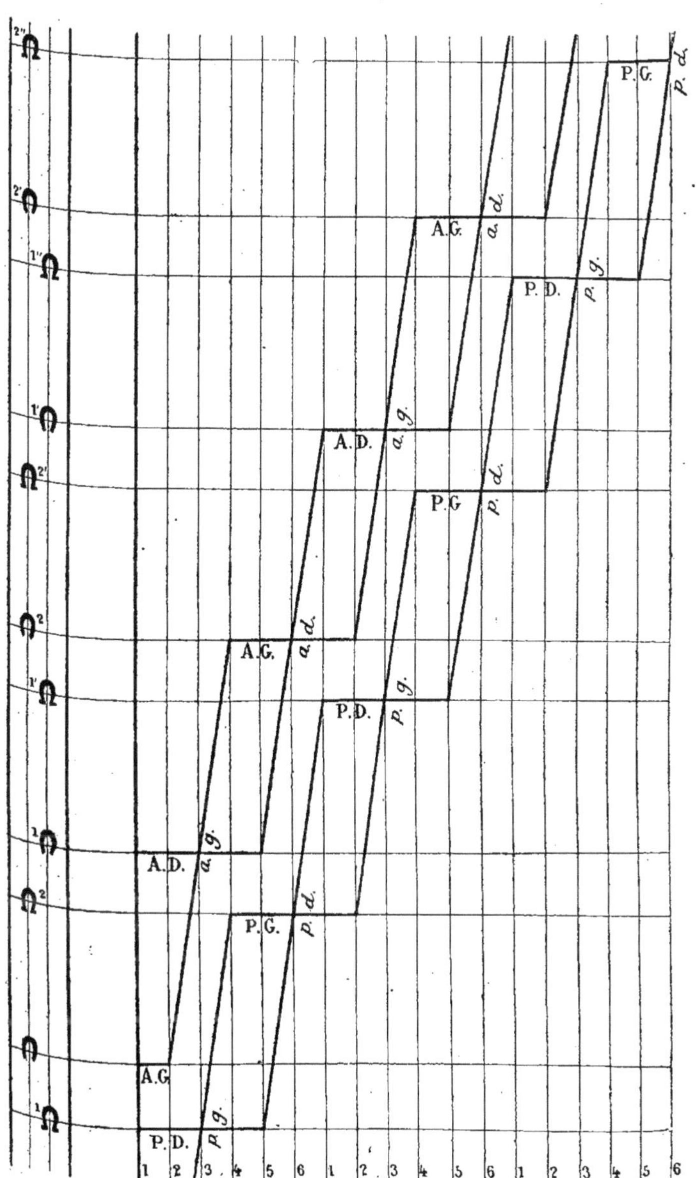

Fig. 231. Mouvements des quatre pieds dans l'allure de l'amble.

temps et s'arrêtent en même temps. Dans le trot, la simultanéité d'action appartient aux membres d'un même bipède diagonal (antérieur droit et postérieur gauche, par exemple). Ces différents rapports de synchronisme et de succession constituent, à proprement parler, le caractère des allures.

On a vu, page 119, comment, d'après les pistes laissées sur le sol par l'empreinte du pas à différentes allures, on a la connaissance parfaite des positions occupées par chaque pied; d'autre part, on a vu dans la chronographie, page 159, comment s'obtient la notation du rhythme des allures, c'est-à-dire les temps pendant lesquels chaque pied est à l'appui. En combinant ces deux notions, on a tous les éléments de la construction d'une courbe pareille à celle de la marche des trains. C'est ce qu'a fait Lenoble du Teil, à qui nous empruntons les figures suivantes.

Analysons d'abord la figure 231, qui représente un des cas les plus simples : l'allure de l'*amble*. Nous y voyons que chacune des lignes brisées qui correspond aux mouvements et arrêts de l'un des pieds présente les mêmes phases que la ligne d'un autre pied situé en bipède latéral, de sorte que AG (pied antérieur droit) se meut et s'arrête en même temps que PG (postérieur gauche). De même AD et PD ont des mouvements et des arrêts synchrones. Or, cette simultanéité de mouvements se traduit sur le tableau graphique par la superposition des origines et des fins des lignes AG et PG; quant aux limites de l'étendue de ce mouvement, elles sont fournies par l'écart que présentent sur le sol les empreintes de AG et de PG. Ces empreintes se voient à gauche de la figure. Ainsi, on a tous les éléments pour la construction du tableau graphique de l'amble quand on connaît les rhythmes et les chemins. Reste toutefois un *postulatum :* de même que Ibry, dans les graphiques de chemins de fer, suppose qu'entre deux stations successives la marche du train a été uniforme, de même Lenoble du Teil admet dans son tracé l'uniformité du transport de chaque pied. J'ai lieu de supposer, d'après des expériences faites sur l'homme, que cette uniformité de la translation est voisine de la vérité; toutefois, dans certaines allures rapides, elle pourrait ne pas exister, de telle sorte qu'il y aurait tout intérêt à connaître les phases réelles du mouvement. J'ai proposé un moyen de recueillir les phases du mouvement du pied en les réduisant avec un fil de caoutchouc, suivant la méthode décrite page 448. Des expériences faites par Lenoble du Teil sur l'allure du galop lui

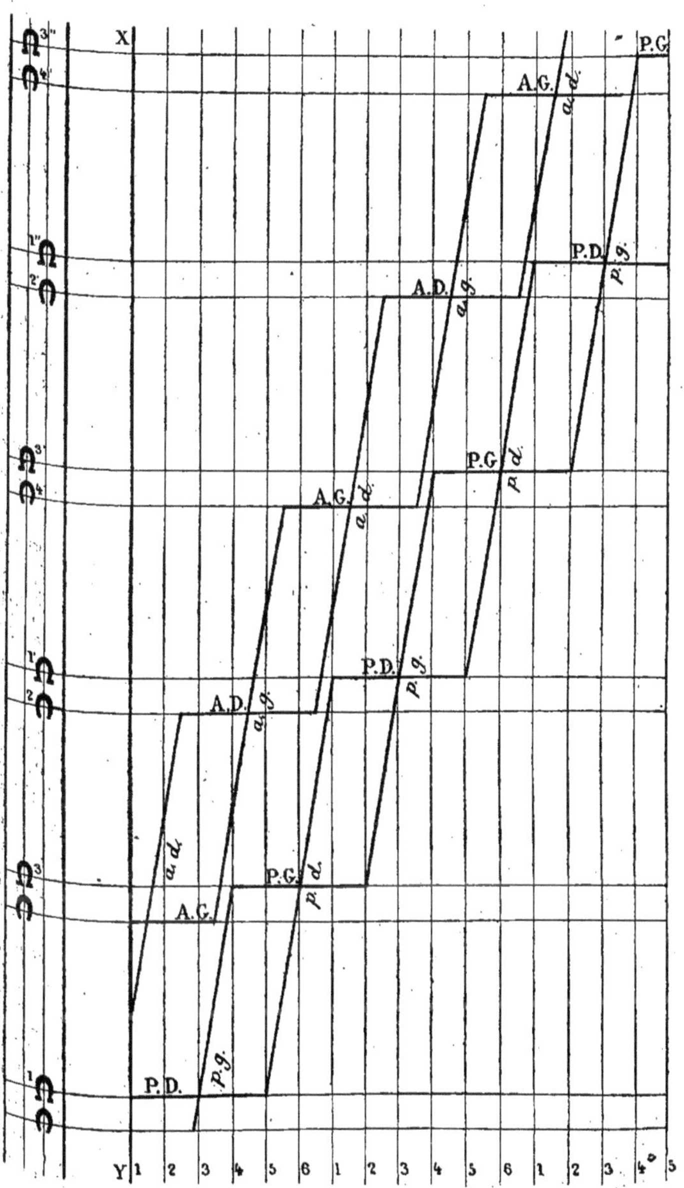

Fig. 232. Mouvements des quatre pieds dans le pas allongé.

auraient donné une courbe de mouvement accéléré, puis diminué et peut-être accéléré de nouveau à la fois.

La figure 232 représente l'allure du *pas allongé;* la succession des battues (voir *Application de la chronographie à l'étude des allures*, p. 159) est AD, PG, AG, PD. Les distances entre les appuis successifs sont fournies par les positions que les empreintes des différents pieds occupent sur le sol; elles sont représentées à gauche de la figure.

Dans le *trot ordinaire* (fig. 233), la succession des appuis se fait par bipèdes diagonaux; il y a deux coïncidences pour les moments de départ et d'arrivée des pieds AD et PG d'une part, et de AG et PD d'autre part. L'espace parcouru est indiqué par l'écartement de deux empreintes successives, de AD par exemple. Enfin, la superposition des empreintes est exprimée par la position de AD et PD sur une même ligne horizontale. Ibry, dans ses tableaux, exprime de la même manière que deux trains, l'un après l'autre, se sont arrêtés à une même station.

Enfin, dans l'allure du *galop* (fig. 234), le rhythme particulier est traduit par la succession à trois temps des battues suivantes : PG, puis AG et PD, puis AD (pour le galop à droite). Deux pieds ont une action synchrone : ce sont AG et PD. Les empreintes AD et PG sont plus rapprochées entre elles que celles des autres pieds.

Nous ne multiplierons pas les exemples de cette intéressante étude, que l'auteur a étendue à toutes les allures du cheval. Ce mode de représentation laisse bien derrière lui les tentatives faites anciennement dans le même but par Lecoq, Vincent et Goifon, etc.

Dans les tableaux qui viennent d'être passés en revue, on a pu remarquer, d'une part, que la vitesse du pied est supposée uniforme entre deux appuis successifs; cela constitue une supposition dont la justesse reste à vérifier par des expériences ultérieures; en outre, on observera que dans l'allure du trot, les pieds d'un bipède diagonal ne quittent terre qu'au moment où les autres viennent à l'appui, de sorte que le trot représenté dans cette figure ne serait pas une allure sautée, puisqu'il n'y a pas d'instant de suspension de l'animal. Assurément certains chevaux trottent de cette manière; mais il sera intéressant de comparer à cette allure anormale les types beaucoup plus fréquents où le corps de l'animal cesse de toucher le sol pendant une durée assez importante de chaque pas dans le trot.

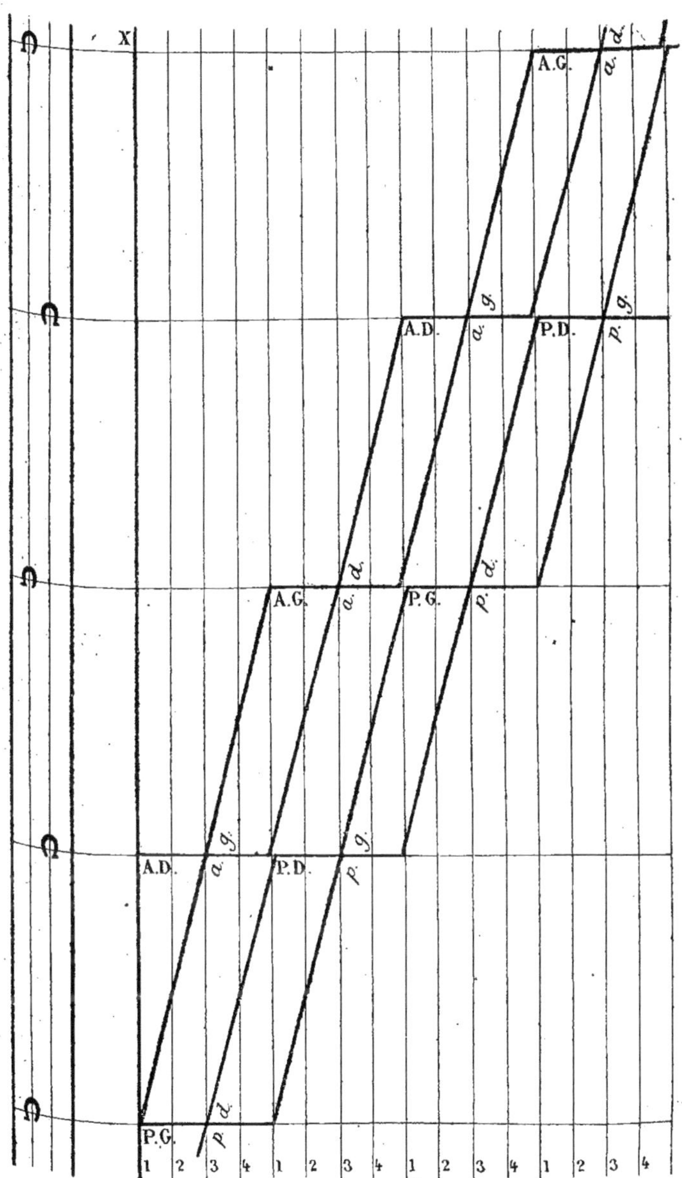

Fig. 233. Mouvements des quatre pieds à l'allure du trot.

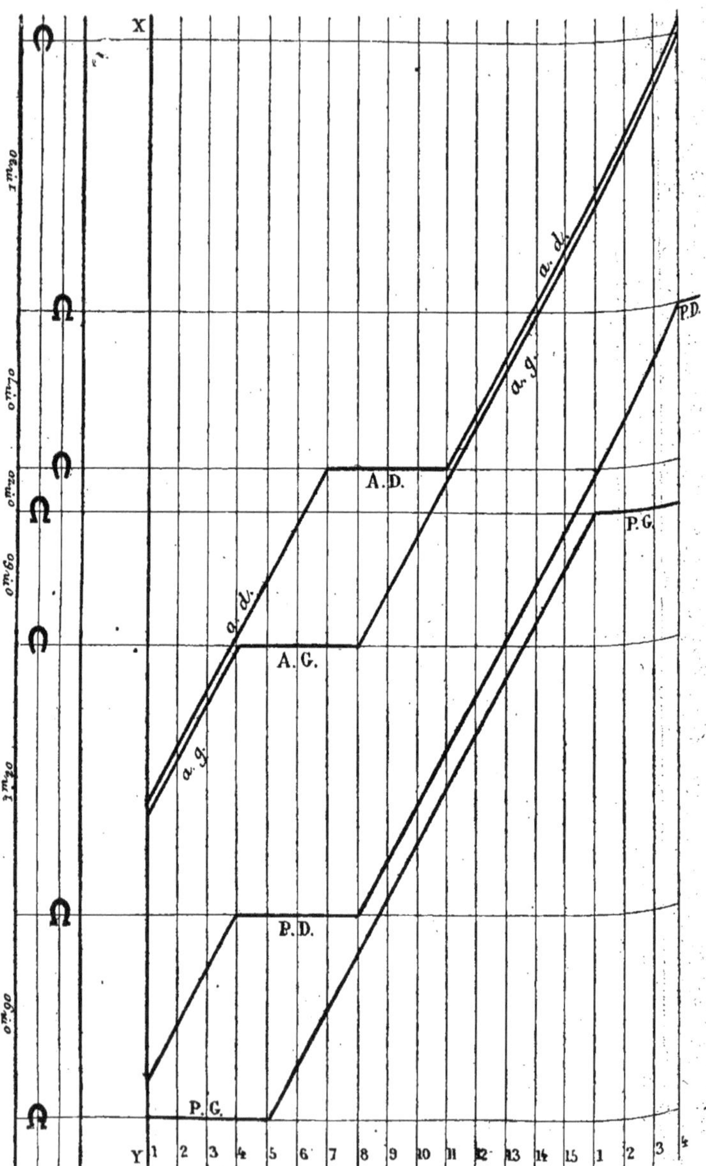

Fig. 234. Mouvements des quatre membres et allure du petit galop.

Le capitaine Raabe, que l'on peut considérer comme le promoteur des études précises relativement aux allures du cheval, a fait d'importantes remarques sur les vitesses relatives du corps et des membres. Ainsi, dans toute allure où les temps d'appui des pieds sont égaux aux temps de levé, il est clair que le pied doit avoir, quand il se déplace, une vitesse moyenne double de celle de la masse, car la masse progresse aussi bien pendant les appuis que pendant les levés des pieds; ceux-ci doivent donc avoir une vitesse double, puisqu'ils font le même chemin en un temps deux fois plus court. Pour le même auteur, la progression de la masse du corps serait d'autant moins saccadée qu'elle est plus rapide; dans les allures de grande vitesse, cette progression serait voisine de l'uniformité. Enfin, les notations des durées d'appui et de levé suffiraient au besoin pour déterminer les vitesses relatives de la masse et de chaque membre à toute allure, car, dans tous les cas, le pied aura fait pendant le temps du levé le même chemin que le corps pendant la durée du pas. Si le levé dure la moitié du pas, la vitesse du pied est le double de celle de la masse; mais si le levé dure seulement un tiers de pas, la vitesse du pied ne sera qu'une fois et demie celle du corps, et ainsi de suite, de sorte qu'on peut supposer une allure idéale dans laquelle les appuis seraient extrêmement courts, et dans laquelle par conséquent la vitesse du pied n'excéderait plus sensiblement celle de la masse.

CHAPITRE II.

APPAREILS INSCRIPTEURS DES MOUVEMENTS.

Construction des appareils. — Transmission d'un mouvement par l'air. — Description du tambour à levier. — Contrôle expérimental du tambour à levier. — Le levier remplacé par un rayon de lumière. — Une impression optique fixée par la photographie. — Reproduction fidèle des tracés.

Construction des appareils.

L'expérimentateur doit savoir, à tout instant, modifier les appareils dont il se sert et souvent les construire lui-même. Des lames de bois léger, râpées à la lime, font d'excellents leviers; des pailles, des plumes limées servent à faire des styles. Des aiguilles constituent des axes improvisés. Mais il est certains instruments délicats ou précis qu'on ne peut construire soi-même et pour lesquels il faut recourir à des artistes spéciaux. Je signalerai M. Bréguet pour les régulateurs et rouages moteurs, ainsi que pour la plupart des instruments applicables à la physiologie; M. Ch. Verdin pour la construction des mêmes instruments et celle des chronographes, signaux électriques, manomètres métalliques, etc.; M. V. Tatin pour les odographes, les lochs, les manomètres à cadran et pour les appareils principalement destinés à l'étude de la locomotion; M. Rédier pour les inscripteurs météorologiques à relais de force mécanique, etc. La plupart des instruments dont il est question dans cet ouvrage ont été construits, sous ma direction, par différents artistes que je me suis successivement attachés.

Transmission des mouvements par l'air.

L'idée de transmettre un mouvement à distance au moyen de tubes pleins d'air appartient à Ch. Buisson. En 1858, nous avions essayé d'obtenir cette transmission à l'aide d'un tube de plomb muni à ses extrémités d'ampoules de caoutchouc; mais cet appareil était rempli d'eau au lieu d'air. Lorsqu'une de ces ampoules était introduite dans le cœur par la veine jugulaire, il fallait qu'une force considérable les comprimât pour que la colonne liquide contenue dans le tube entrât en mouvement et que le levier enregistreur fût soulevé. Le ventricule seul pouvait produire cet effet, tandis que l'action de l'oreillette ne donnait lieu à aucun mouvement du levier qui lui correspondait. En 1860, Buisson imagina un moyen de transmettre au sphygmographe, que nous venions de présenter à l'Académie des sciences, les battements de différentes artères sur lesquelles notre instrument ne serait pas applicable. A cet effet, ce physiologiste se servait de deux entonnoirs conjugués dont un tube de caoutchouc réunissait les becs, comme je réunissais les ampoules de caoutchouc pleines d'eau au moyen d'un tube de plomb. Le pavillon de chacun de ces entonnoirs était recouvert d'une membrane élastique, comme cela se voit dans un appareil connu sous le nom de sphygmomètre d'Hérisson. Il résultait de cette disposition que, si l'on exerçait une pression sur la membrane de l'un des entonnoirs, la membrane de l'autre se soulevait par la compression de l'air contenu dans l'appareil. Buisson adaptait à cette seconde membrane un disque léger surmonté d'une arête qui soulevait le levier d'un sphygmographe.

Si l'on appliquait sur une artère la membrane du premier entonnoir, les battements du vaisseau se transmettaient au levier qui les enregistrait.

Antérieurement à toutes ces expériences, Upham, de Boston, avait essayé, par un semblable moyen, de transmettre à des sonneries électriques les mouvements extérieurs du cœur : le physiologiste américain expérimenta sur un jeune médecin, Groux, atteint d'une division congénitale du sternum et chez lequel on sent les battements du cœur très-superficiellement, puisque les téguments seuls le recouvrent en certains points. On voit la figure de l'appareil du docteur Upham dans une brochure publiée par M. Groux[1].

Ces expériences, destinées à faire constater l'intervalle qui sépare le début de la contraction de l'oreillette et celle du ventricule, ne nous semblent pas à l'abri de tout reproche, malgré l'extrême ingéniosité de l'appareil. Je n'en parle ici que pour signaler l'un des auteurs de la découverte de la transmission des mouvements au moyen des tubes pleins d'air.

Du reste, l'appareil de Buisson présente un avantage sur celui du docteur Upham : c'est qu'il ne renferme que de l'air, tandis que dans l'appareil du physiologiste américain, l'un des entonnoirs est rempli d'eau, ainsi qu'une partie du tube, ce qui fausserait les indications des tracés, si l'on voulait enregistrer la forme des mouvements qu'il décèle.

Description du tambour à levier.

L'appareil inscripteur dont nous venons de parler a reçu des perfectionnements divers, c'est sous le nom de *tambour à levier* que je le désigne ; on en a déjà vu l'emploi dans maintes circonstances. Voici les détails de la construction de cet instrument.

Une capsule métallique munie d'un tube latéral, figure 235, est

Fig. 235. Détails de la construction du tambour à levier.

fermée en haut par une membrane de caoutchouc mince et peu tendue. Sur cette membrane est collé un disque léger d'aluminium, du centre duquel s'élève une pièce à double articulation qui relie la membrane au levier inscripteur.

La double articulation est nécessaire pour assurer la mobilité

1. *Fissura sterni congenita. New observ. and experim.* 2e édition, Hambourg, 1859.

parfaite du levier. Celui-ci, à l'une de ses extrémités, tourne librement autour d'un axe horizontal, de sorte qu'il oscille dans un plan vertical et présente une fente le long de laquelle glisse la pièce à double articulation qui le réunit à la membrane. Ce glissement a pour effet d'amplifier ou de diminuer l'étendue des oscillations : car un même déplacement de la membrane du tambour imprimera au levier une oscillation d'autant plus grande, que ce déplacement sera transmis par la pièce intermédiaire en un point plus rapproché de l'axe de pivotement du levier.

Ainsi, pour sensibiliser ou désensibiliser l'appareil, on saisira entre les doigts l'espèce d'anneau carré qui termine par en haut la pièce intermédiaire, et en le poussant dans un sens ou dans l'autre, on le fera glisser le long du levier. Mais quand ce glissement sera obtenu, la pièce intermédiaire cessant d'être verticale, il faudra la redresser. On obtient ce résultat en tournant la vis de réglage qui se trouve à la droite de la figure; ce mouvement portera le tambour dans un sens ou dans l'autre, et le ramènera au-dessous du point où le mouvement de la membrane se transmet au levier.

Quand deux tambours à levier sont conjugués comme cela est représenté page 126, l'un des appareils peut se désigner sous le nom de *manipulateur*, et l'autre sous celui de *récepteur*, désignations correspondantes à celles qu'on admet en télégraphie.

Tout mouvement imprimé, dans le sens vertical, au levier de l'appareil manipulateur est reproduit par le récepteur, mais en général avec une amplitude plus faible, parce que l'air qui transmet le mouvement d'un tambour à l'autre, à travers un long tube, éteint une partie du mouvement à cause de son élasticité.

Or, si les deux tambours à levier sont dans des conditions semblables, c'est-à-dire si les mouvements de chacune des membranes sont appliqués à chacun des leviers à une même distance du point de pivotement, la transmission du mouvement d'un levier à l'autre se fera avec perte d'amplitude. Mais si le levier manipulateur n'a pas le même bras que le récepteur, cette inégalité, suivant le sens dans lequel elle se produit, peut accroître ou corriger le déchet d'amplitude dont nous venons de parler.

Amplification et réduction des mouvements inscrits par le tambour à levier.

Pour que le mouvement soit transmis avec accroissement d'amplitude, il faut que le bras du levier manipulateur qui est relié à la membrane soit plus long que celui du levier récepteur. Ce résultat s'obtient en agissant soit sur l'un, soit sur l'autre des appareils, mais en sens opposé dans l'un et l'autre cas.

Il ne faut jamais chercher à obtenir des mouvements d'une grande amplitude, surtout quand ces mouvements se font avec rapidité. Une oscillation d'un centimètre par seconde est reproduite avec une fidélité parfaite; mais des oscillations semblables risqueraient d'être déformées par l'inertie du levier si elles se répétaient dix ou vingt fois par seconde. Du reste, on peut toujours contrôler expérimentalement la fidélité des tracés qu'on obtient dans une transmission de mouvement.

On vient de voir comment on sensibilise plus ou moins les appareils qui inscrivent les mouvements, en faisant varier le point du levier où l'action de la membrane vient s'appliquer. Il est des cas où le changement d'amplitude obtenu de cette façon ne suffirait pas. Cela arrive surtout pour les mouvements de grande étendue qu'on veut réduire à des proportions qui permettent d'en inscrire la courbe dans les dimensions ordinaires d'une feuille de papier.

Un excellent moyen de réduire un mouvement est le suivant.

Réduction d'un mouvement au moyen d'un fil de caoutchouc.

Un fil de caoutchouc bien homogène s'allonge dans toutes ses parties quand il est soumis à une traction. Si nous prenons un fil d'un mètre de longueur, dont un des bouts soit solidement fixé pendant qu'on tire sur l'autre, chaque point du fil se déplacera d'une quantité d'autant plus grande qu'il est plus éloigné du bout fixé. Supposons que, sur le fil au repos, on ait tracé dix divisions, et que sur le bout libre on ait exercé une traction qui lui ait fait parcourir un mètre, c'est-à-dire qui ait doublé la longueur du fil; la première division, à partir du point fixe, aura doublé de longueur, c'est-à-dire aura parcouru dix centimètres; la deuxième division aura parcouru vingt centimètres, la troisième trente, etc. De sorte que, suivant que l'on observera un point du fil plus éloigné de son attache fixe, ce point aura subi un déplacement plus considérable.

Qu'on attache un fil inextensible, d'une part à un style inscripteur, d'autre part en un point convenable du fil de caoutchouc, et l'on inscrira, en le réduisant à la proportion voulue, le mouvement communiqué à l'extrémité du fil.

Le choix de ce point est fort simple. Si l'on veut réduire aux 5/6 de sa longueur le mouvement imprimé à l'extrémité du caoutchouc, il faudra attacher aux 5/6 comptés à partir du point fixe, le fil qui agira sur le style écrivant.

Dans certains cas, le mouvement réduit par le caoutchouc doit être employé à faire tourner un cylindre, ainsi que cela se passe dans l'inscription du travail musculaire; ce résultat s'obtient sans aucune difficulté.

Contrôle expérimental du tambour à levier.

Le contrôle expérimental des appareils inscripteurs consiste à leur appliquer un mouvement de forme connue, et à rechercher si le tracé exprime fidèlement cette forme. C'est à cette méthode générale que se rattachent les expériences instituées pour la vérification de mon sphygmographe par les professeurs Mach, à Vienne; Czermack, à Pest; Donders et le docteur Rives, à Utrecht; Koschlakoff, à Berlin, etc. C'est la seule méthode rigoureuse de vérification.

Toutefois, on pouvait déjà acquérir une notion probable de l'exactitude de ces appareils en les contrôlant les uns par les autres, c'est-à-dire en faisant enregistrer un même mouvement par deux appareils différents.

C'est ainsi que, Chauveau et moi, nous avons procédé pour vérifier les indications du sphygmoscope, et constaté que cet instrument, inscrivant le pouls d'une artère, fournit un tracé identique à celui que donne le sphygmographe appliqué sur ce vaisseau. D'autre part, le professeur Fick, de Zurich, a contrôlé mon sphygmographe au moyen de son appareil qu'il nomme *Federkymographion*, et a obtenu des graphiques semblables avec les deux instruments.

De toutes les expériences faites en vue de contrôler la valeur des appareils inscripteurs, les plus parfaites sont celles de Donders.

Il s'agit, avons-nous dit, d'appliquer à un appareil un mouvement bien connu, et de voir s'il le traduit fidèlement. Pour cela, Donders se sert d'un excentrique qui tourne avec une vitesse connue; cet excentrique soulève directement la courte branche d'un levier enregistreur coudé qui, fortement maintenu par un ressort antagoniste, devra suivre et retracer fidèlement toutes les sinuosités de l'excentrique. Les mouvements de ce levier se transmettent à leur tour à l'appareil inscripteur que l'on veut contrôler. Ils font mouvoir la membrane du premier tambour; le déplacement de celle-ci transmis par le tube au deuxième tambour et au levier enregistreur, viendra s'écrire sur un cylindre immédiatement au-dessus du graphique directement tracé par le premier levier [1].

Comme c'est le mouvement même du premier levier qui est appliqué au second, celui-ci devra répéter fidèlement la première courbe, à moins de déformer en quelque chose le mouvement qu'il a reçu. Il faut donc que les deux graphiques présentent une identité parfaite.

Or, on voit que plus la rotation de l'excentrique est lente, plus il y a identité parfaite entre les deux graphiques; mais que si l'on tourne l'excentrique avec plus de rapidité, une légère différence apparaît, annonçant la déformation du mouvement par l'appareil lui-même. C'est presque toujours un des effets de l'inertie qui intervient lorsque le levier reçoit une rotation extrêmement rapide; on fait disparaître cet inconvénient en augmentant le frottement de la plume contre le papier, et l'on reconnaît, en voyant reparaître l'identité des deux courbes, que le défaut est corrigé.

Dans la plupart des cas, les actes physiologiques que l'on inscrit ne sont pas assez rapides pour qu'on puisse suspecter l'exactitude de l'appareil; cependant, ainsi qu'on l'a vu tout à l'heure, certains muscles fournissent des mouvements tellement brusques que la meilleure construction de l'enregistreur ne saurait mettre à l'abri de toute déformation du tracé. C'est alors surtout que la méthode de Donders rendra service en permettant de reconnaître si une erreur s'est produite et d'en déterminer l'étendue.

En somme, le principal obstacle à la fidélité parfaite de l'in-

1. Voyez pour les détails : *Du mouvement dans les fonctions de la vie*, p. 199.

scription des mouvements, c'est l'inertie du style inscripteur. Pour réduire au minimum cette cause d'erreur, il faut, nous l'avons déjà dit, se contenter de tracés dont l'amplitude soit très-petite. Ces tracés auront, il est vrai, l'inconvénient d'être difficiles à lire; mais comme on peut les amplifier par des moyens optiques, soit en les lisant simplement à l'aide d'une loupe, soit en en projetant sur un écran l'image amplifiée, soit en les photographiant dans des dimensions agrandies, il faut toujours recourir à ce mode d'inscription chaque fois que l'on aura affaire à des mouvements d'une grande rapidité.

Tous ces inconvénients disparaissent lorsqu'on peut écrire avec le levier idéal sans pesanteur, je veux parler d'un rayon lumineux qui traduit, en les amplifiant à volonté, les mouvements les plus rapides sans les déformer. Un petit miroir est placé sur un pivot et reçoit le mouvement dont on veut étudier les formes ; ce mouvement imprimé au miroir consiste parfois en une oscillation très-légère. Une source lumineuse située dans le voisinage envoie un faisceau de rayons parallèles sur le miroir où ils se réfléchissent pour se projeter sur un écran. Le plus petit mouvement du miroir se traduit par une oscillation énorme de l'image lumineuse; l'amplitude de cette oscillation est non-seulement grandie en raison des distances qui séparent le miroir de l'écran, mais encore en raison de cette propriété des miroirs réflecteurs, de doubler l'intensité des variations que l'angle d'incidence fait avec l'angle de réflexion.

Ces mouvements d'un faisceau de lumière ont servi à Czermack pour étudier la forme du pouls artériel et à contrôler l'exactitude des tracés de mon sphygmographe. Le défaut de cette méthode c'est qu'elle ne fournit à nos yeux qu'une impression trop fugitive; on va voir que, dans certains cas, elle peut donner naissance à une véritable inscription des mouvements.

Identité des trajectoires lumineuses avec le tracé graphique d'un changement d'espace.

Ce ruban de feu que les enfants s'amusent à former dans les airs en y agitant rapidement une baguette dont l'extrémité est incandescente constitue une représentation graphique passagère des mouvements du point lumineux, l'inscription de cette trajectoire se faisant sur notre rétine. Si l'on substituait au charbon incandescent, une surface brillante, vivement éclairée par le soleil, la baguette en mouvement donnerait une image qui, recueillie dans la chambre photographique, pourrait être fixée d'une manière définitive sur un collodion convenablement sensibilisé. L'inscription photographique des déplacements d'un corps est très-précieuse quand ce corps est déplacé par une force extrêmement faible; ainsi, les oscillations de l'aiguille aimantée qui seraient incapables de tracer mécaniquement leur amplitude sur un papier fournissent cette inscription par l'intermédiaire de la photographie.

L'excursion de la colonne de mercure d'un baromètre ou d'un thermomètre se traduit de la même manière.

De la reproduction fidèle des tracés graphiques.

Lorsqu'une expérience donne des tracés très-délicats, riches en inflexions de toute sorte dont chacune présente nécessairement une signification, il est d'une grande importance, pour la publication de ces tracés, de les reproduire avec une fidélité parfaite. Les expérimentateurs qui ont eu recours à la méthode graphique n'ont peut-être pas été suffisamment frappés de cette importance: ils ont abandonné la reproduction du graphique à des dessinateurs qui croient avoir rempli leur tâche en imitant l'aspect général des courbes, sans s'attacher à la scrupuleuse reproduction de tous les détails. Aussi, dans les publications françaises, on constate avec regret qu'il n'est peut-être pas un tracé sur vingt qui soit absolument fidèle.

Assurément, les tracés défectueux dont je parle montrent ce qu'ils doivent montrer dans le cas particulier; l'auteur qui les publie a surveillé la reproduction de telle ou telle inflexion de la courbe dont il connaissait et voulait expliquer la signification; mais, presque toujours, il a négligé de contrôler l'exactitude des parties du tracé dont la valeur lui a échappé; n'y trouvant pas d'intérêt actuel, il a souvent laissé passer des formes défectueuses qui rendent la figure qu'il publie entièrement inutile et même dangereuse à consulter pour ceux qui voudraient y chercher des renseignements nouveaux.

Or, l'essence de la méthode graphique est de fournir des courbes dont le sens se dégagera de plus en plus complétement, grâce aux études successives dont elles seront l'objet. C'est parfois sur une courbe vieille de quinze ans qu'on trouve la vérification d'une hypothèse qui vient de se présenter à l'esprit. Et ce n'est pas un des moindres avantages de la méthode que de fournir des milliers d'expériences, toujours présentes, que l'on peut compulser, comparer et interroger à tout instant.

Tant que les appareils inscripteurs ne seront pas arrivés à leur forme définitive, tant qu'on n'aura pas admis un type satisfaisan qui inscrive les phénomènes avec des amplifications ou des réductions toujours les mêmes pour des actes physiologiques semblables entre eux, la comparaison des tracés recueillis par les différents auteurs sera toujours difficile. Un mouvement respiratoire, une pulsation du cœur, une secousse de muscle, présenteront des aspects divers s'ils sont recueillis avec des appareils différents. De sorte que les tracés publiés dans différents pays et avec des appareils divers ne constitueront pas une sorte de collection d'expériences toutes faites, livrées à l'interprétation du public scientifique. Toutefois, le lecteur prévenu des conditions dans lesquelles un tracé a été recueilli pourra, s'il en a acquis une certaine habitude, trouver dans ce tracé les détails que personne n'aura aperçus avant lui et faire ainsi d'importantes découvertes. Mais, pour cela, le tracé doit être d'une fidélité irréprochable ; si la reproduction de la courbe n'a pas été entourée de soins minutieux, celle-ci n'est bonne, tout au plus, qu'à montrer le phénomène pour la démonstration duquel elle a été gravée ; elle doit être rejetée pour tout autre usage.

Le meilleur moyen pour obtenir, avec une fidélité absolue, un cliché typographique d'une courbe, c'est de recourir à l'*héliogravure*. Outre qu'on supprime ainsi l'intervention de la main de l'homme, on peut, à volonté, amplifier ou réduire les tracés qui ne seraient pas à une échelle convenable sur l'original.

Ce procédé serait fort coûteux si l'on n'avait qu'une seule courbe à reproduire ; mais si l'on peut rassembler un grand nombre de tracés qu'on dispose les uns à côté des autres, de façon à couvrir un rectangle qui ait les dimensions des plus grandes plaques héliographiques, on a, sur une seule planche de cuivre, une série de trente ou quarante figures dont chacune, découpée et montée à part, fournit un cliché irréprochable et d'un prix assez peu élevé.

D'autres procédés moins parfaits peuvent encore trouver leur place lorsqu'il n'est pas possible de recourir à l'héliogravure.

Ainsi, la *photographie sur bois* livre au graveur une image, agrandie ou réduite au besoin, mais toujours fidèle, d'une courbe dont le décalque eût présenté de grandes difficultés. Le graveur devra prendre grand soin de ne point s'écarter des traits qu'il doit reproduire ; on aura évité, du moins, par l'emploi de la photographie, toutes les causes d'erreur qui peuvent survenir dans le décalque d'une courbe et dans le transport renversé de cette courbe sur le bois.

Enfin, un procédé aussi bon que la photographie, mais beaucoup plus simple et plus expéditif, consiste dans le *transport direct* du tracé original sur le bois qui doit être gravé. Voici comment on fait ce transport :

Le tracé doit être recueilli sur un papier spécial, connu dans le commerce de Paris sous le nom de *papier à décalque*. C'est une feuille ordinaire sur laquelle on a étalé une couche de colle d'amidon et qui a été ensuite satiné. Ce papier doit être placé sur le cylindre de manière qu'il tourne en dehors sa face encollée sur laquelle le noir de fumée devra être déposé. Le tracé étant obtenu comme à l'ordinaire (notons que cette surface de colle bien satinée est particulièrement favorable au glissement de la plume écrivante), on le fixe au vernis et on le conserve dans un album jusqu'au jour où on a besoin de le reproduire.

On découpe alors un morceau bien rectangulaire du tracé, ayant la justification du livre auquel il est destiné, puis, prenant un bois à graver de dimension pareille, on enlève la gouache qui se trouve ordinairement sur la face où doit être fait un dessin. On étend sur cette face une couche d'une solution tiède de gélatine à 3 0/0 environ, et on frotte cette surface avec le doigt pour bien étendre la gélatine qui sèche. Quand la surface du bois n'est plus qu'un peu gluante, c'est le moment favorable pour transporter le tracé sur le bois préparé. La face qui a reçu le tracé doit être appliquée sur la gélatine, puis on frotte légèrement sur le dos du papier, afin d'assurer l'adhérence des deux surfaces, et on laisse sécher.

Aussitôt que la préparation est sèche, on la plonge dans l'eau, de façon à humecter fortement le papier qui portait le tracé. Au bout d'une minute à peine, on peut prendre ce papier par un de ses angles et le détacher entièrement du bois. Le papier qui se décolle est absolument blanc; il a laissé sur le bois tout le noir de fumée dont il était couvert, et sur ce noir on voit se détacher, avec une pureté parfaite, la courbe qu'il s'agissait de transporter en la retournant comme cela doit être fait pour préparer le travail du graveur.

Ce procédé, extrêmement expéditif, est plus pratique que la photographie sur bois ; en s'exerçant un peu avec des tracés qu'on ne craint pas de détruire, on arrive bien vite à acquérir l'habitude suffisante et à éviter les accidents, qui, parfois, font que l'original est perdu sans qu'on ait réussi à le transporter sur le bois. Lorsqu'un tracé est précieux et difficile à reproduire, nous ne conseillerons pas aux débutants d'en risquer le transport direct. Mieux vaudra recourir à la photographie sur bois et surtout à l'héliogravure.

Enfin, le transport des tracés peut se faire sur verre aussi bien que sur bois. On obtient par ce procédé de véritables clichés transparents, soit pour faire des projections avec la lanterne magique, soit pour amplifier considérablement les courbes dont l'œil, même aidé d'une loupe, ne pourrait saisir tous les détails.

L'amplification optique des tracés est le complément indispensable de certaines expériences dans lesquelles on ne peut obtenir que des courbes microscopiques sous peine d'avoir des résultats erronés. Cela se présente toutes les fois que le mouvement qu'on observe est alternatif et se fait avec une grande rapidité.

CHAPITRE III.

CHRONOGRAPHIE.

Cylindres tournants; polygraphes. — Inscription en hélice pour les phénomènes de longue durée. — Choix et application du papier ; noircissage ; vernissage pour la fixation des tracés. — Contrôle de la régularité du rouage moteur. — Chronographes; transmission des vibrations par l'air, par l'électricité; chronographe à inscription intermittente. — Établissement du synchronisme entre deux lieux éloignés l'un de l'autre. — Des signaux électriques. — Modification de Marcel Deprez. — — Uniformisation du retard des signaux électriques. — Retard des signaux à air. — Applications de la chronographie. — Mesure de la durée des actes nerveux, des actes psychiques, de la vitesse de la lumière, de celle de l'agent nerveux ; durée de l'abaissement de l'aile d'un oiseau. — Des repères.

Cylindre et rouage régulateur.

Un cylindre de 28 centimètres de longueur et de 42 de circonférence, page 460, est celui qui me sert le plus habituellement et qui suffit à la plupart des expériences de physiologie, sauf les cas où il faut obtenir des tracés de très-longue durée. Ce cylindre est en cuivre mince soutenu par des diaphragmes intérieurs et traversé pas un axe d'acier qui s'ajuste d'une part à une pointe p terminant l'un des axes du rouage régulateur, et de l'autre à une autre pointe de vis qui traverse un disque de bronze et sert de contre-pivot. Ainsi placé, le cylindre tourne librement et indépendamment du rouage ; il doit être bien équilibré, de manière à rester indifféremment dans une position ou dans une autre.

Quand on veut entraîner le cylindre au moyen d'un rouage, on place sur l'axe qu'on a choisi une de ces pièces que les tourneurs nomment un *toc* et l'on y adapte l'un des bouts de l'axe du cylindre; tandis que l'autre bout s'adapte à la vis correspondante du contre-pivot.

Ce cylindre, muni d'un rouage avec régulateur Foucault, est monté sur une planche solide, susceptible de se tenir debout dans certaines circonstances, quand on a besoin d'écrire, sur un cylindre vertical. Ces cas deviennent de plus en plus rares depuis l'uniformisation des appareils inscripteurs.

Des polygraphes.

Les appareils inscripteurs physiologiques décrits dans le paragraphe précédent sont assez massifs et doivent, autant que possible, rester à poste fixe dans un laboratoire ou dans une salle d'hôpital. Dans bien des cas, et particulièrement dans l'examen clinique

Fig. 236. Polygraphe à bande de papier sans fin.

des malades qui ne sont pas dans les hôpitaux, il faut disposer d'un appareil portatif. J'ai fait construire à cet effet différentes sortes d'instruments : les uns font défiler une bande sans fin de papier sur laquelle on écrit avec une plume et de l'encre (fig. 236) ; les autres, plus simples et moins coûteux, portent un petit cylindre sur lequel on peut écrire avec trois styles à la fois.

Je fais construire en ce moment, sous le nom de *polygraphe clinique*, un appareil portatif qui contiendra tous les instruments nécessaires pour l'étude graphique du pouls, de la pulsation du cœur et des artères, de la respiration et de la contraction musculaire.

Inscription en hélice.

Quand on veut inscrire un phénomène pendant un temps très-long, il faut écrire pendant plusieurs tours et sur des points différents de la longueur du cylindre. Une excellente disposition, introduite, je crois, par Donders, consiste à écrire en spirale autour du cylindre. Supposons qu'il s'agisse d'inscrire des vibrations d'une amplitude de 2 millimètres, il est certain qu'en inscrivant ces vibrations sous forme d'une série de lignes parallèles et en déplaçant le style vibrant à chacun des tours du cylindre, on pourra tracer ainsi plus de cent lignes différentes ne se confondant pas. Au lieu de faire cette série d'inscriptions successives, supposons que le style vibrant se transporte, parallèlement à la génératrice du cylindre, d'un mouvement assez lent pour que cent tours aient le temps de s'effectuer pendant que le style se transporte d'un bout du cylindre à l'autre. Les vibrations seront inscrites sous forme d'une ligne spirale dont les tours seront assez rapprochés, sans toutefois se confondre. En ouvrant la feuille qui couvre le cylindre, ces spires successives apparaîtront comme autant de lignes parallèles.

Une disposition spéciale désignée sous le nom de *chariot entraîné par le rouage* permet d'imprimer à l'appareil inscrivant une translation plus ou moins rapide empruntée au rouage même qui conduit le cylindre. On obtient ainsi des spirales de toute sorte de pas, c'est-à-dire avec des écartements variables des lignes inscrites.

Cette disposition est préférable à l'emploi du *chariot automoteur*, instrument qui transporte le style écrivant au moyen d'un rouage d'horlogerie indépendant dont souvent la vitesse varie pendant la durée de l'expérience et rend le tracé moins correct.

Application du papier sur le cylindre inscripteur; noircissage; fixation des tracés.

Le *papier* dont on se sert pour recevoir des tracés doit être autant que possible lisse, mince et solide. Parfois, on peut employer du papier glacé au blanc de zinc, mais ce dernier doit être assez fort, car il est sujet à brûler au noircissage.

Les feuilles doivent être taillées d'avance par un relieur; on en prépare ainsi quelques centaines ; on les gomme sur l'un des bords et on les laisse sécher. Au moment de se servir de ces feuilles, on humecte la partie gommée comme on fait d'un timbre-poste.

Pour appliquer une feuille sur le cylindre, on place celui-ci sur l'axe supérieur du rouage régulateur, on glisse la feuille en dessous, tenant en haut la face qui porte le bord gommé. En refermant la feuille autour du cylindre, on a soin que le bord gommé et humide recouvre l'autre bord sur lequel on l'applique exactement.

Le *noircissage* exige que le cylindre soit assez élevé afin qu'on puisse glisser en dessous la flamme d'une petite bougie. On se sert à cet effet de ces bougies à grosse mèche, ayant très-peu de cire, roulées en forme de peloton et qu'on vend dans le commerce sous le nom de *rat-de-cave*. Ces bougies peuvent être tenues horizontalement sans que la cire en tombe. On glisse une de ces bougies allumées sous le cylindre de façon que la pointe de la flamme vienne lécher la surface du papier, et l'on fait tourner le cylindre (fig. 237). La chaleur passant aisément du papier au métal, il s'ensuit que le papier ne brûle pas au contact d'ailleurs très-rapide de la flamme, on promène la bougie d'un bout à l'autre du cylindre, en revenant au besoin en arrière, si le noircissage est incomplet.

Quelques personnes se servent de lampes à pétrole ou à térébenthine qui donnent une fumée épaisse, noircissent plus rapidement, mais je n'ai guère obtenu avec ces procédés que des surfaces floconneuses peu satisfaisantes et sur lesquelles on n'obtient que des traits épais.

Pour gagner du temps, je me sers quelquefois d'un procédé de noircissage automatique. Une bougie ordinaire, très-peu haute, est promenée en dessous du cylindre par un chariot qui chemine lentement d'un bout à l'autre du cylindre. Ce procédé exige une construction spéciale, mais donne de très-bons résultats.

Quand la feuille est noircie, on la place sur l'axe convenable et on l'y fixe au moyen de la pièce que j'ai désignée plus haut sous le nom de *toc*, et à laquelle je ne connais aucun nom scientifique; cette pièce assure l'entraînement du cylindre par l'axe du rouage moteur.

Il faut avoir soin que le style traceur dont la pointe se présente obliquement sur le cylindre, n'oppose pas cette pointe au sens de la marche du papier, il en résulterait des grippements fâcheux.

Parfois, quand on change d'axe, d'une expérience à une autre, il faut retourner entièrement le cylindre et son rouage, car les axes n'ont pas tous trois le même sens de rotation. Quand le tracé d'une expérience est obtenu sur la feuille enfumée, il faut, pour le fixer définitivement, tremper cette feuille dans un vernis.

Ce vernis s'obtient en faisant dissoudre à saturation de la gomme-laque incolore dans de l'alcool à 36°; après l'addition d'une très-petite proportion de térébenthine de Venise qui donne

Fig. 237. Cylindre tournant recouvert de papier au moment de l'opération du noircissage.

de la souplesse au vernis, on filtre la solution d'abord dans un linge, puis au papier.

Afin de tremper dans le vernis une feuille un peu longue, il faut avoir une grande cuvette de photographe, capable de contenir cette feuille tout entière. Mieux vaut encore employer un petit appareil spécial formé d'une gouttière de zinc très-peu profonde et de même longueur que le cylindre. Les bouts de cette gouttière sont fermés de façon qu'elle puisse être remplie de vernis. On prend alors par ses deux bords extrêmes la feuille qui porte le tracé en tenant en haut la face enfumée. On plonge cette feuille dans le vernis par la partie moyenne, puis, par des mouvements de latéralité, on baigne successivement les deux moitiés de la feuille qu'on suspend ensuite et qu'on laisse égoutter et sécher.

La meilleure disposition pour éviter les manipulations du vernis consiste à mettre celui-ci dans un flacon à deux tubulures, la tubulure inférieure communiquant par un tube de caoutchouc avec le fond de la gouttière. Veut-on remplir la gouttière de vernis, on élève le flacon jusqu'à ce qu'elle se remplisse, puis on pince le tube d'arrivée. Après qu'on a trempé la feuille, il suffit de rouvrir le tube de communication et de placer le flacon dans une position déclive pour que le vernis repasse de la gouttière dans le flacon.

Contrôle de la régularité d'un rouage moteur.

Si l'on veut s'en rapporter à l'uniformité d'un rouage d'horlogerie, il faut l'avoir constatée expérimentalement, ce qui se fait en y pointant des signaux à des intervalles de temps égaux et en constatant que ces signaux sont distants les uns des autres de longueurs parfaitement égales.

A cet effet, on peut recourir à l'inscription des battements d'un pendule astronomique, ou à celle des vibrations d'un diapason. Supposons que nous ayons tracé pendant plusieurs tours du cylindre les vibrations d'un même diapason ; si l'uniformité du cylindre a été parfaite, les vibrations seront toujours également espacées. Sur l'une des lignes sinueuses tracées par le diapason, prenons une ouverture de compas qui contienne 10 vibrations et portons cette ouverture sur l'une quelconque des autres lignes, elle devra partout contenir 10 vibrations. Quand on a répété avec succès cette expérience un certain nombre de fois sur un cylindre, on voit quel degré de confiance on peut accorder à la régularité de la marche de son rouage moteur.

Choix d'une vitesse de rotation du cylindre appropriée à la nature du phénomène qu'on veut inscrire.

Plus le phénomène qu'on veut inscrire est rapide, plus le cylindre sur lequel on écrira doit tourner avec vitesse. Or, comme la méthode graphique s'adresse à l'étude d'actes extrêmement lents ou extrêmement rapides, il faut qu'elle dispose de cylindres tournant avec une extrême lenteur ou avec une extrême vitesse, suivant les besoins.

Imaginons un mouvement très-lent qui mette une heure, par exemple, à faire parcourir au style la longueur du cylindre, et supposons que celui-ci fasse un tour à la minute. Pendant le déplacement complet du style, le cylindre fera soixante tours et, au lieu d'une courbe unique, portera soixante lignes, si peu inclinées qu'elles sembleront être parallèles à l'axe des abscisses. Pour obtenir une courbe unique, qui permette de juger le mieux possible la nature du mouvement qu'on étudie, il faut égaler autant que possible la vitesse du papier à celle du style. L'emploi d'un cylindre faisant un tour à l'heure serait la meilleure disposition à prendre dans le cas ci-dessus. Réciproquement, quand il s'agit d'inscrire un mouvement très-rapide, on devra donner au cylindre une grande vitesse : un ou plusieurs tours à la seconde.

Ainsi, malgré tout l'avantage qu'il y a de réduire le matériel instrumental, on doit, suivant la nature des expériences qu'on se propose, avoir des cylindres qui tournent avec des vitesses variables.

Pour les besoins de la physiologie et de la médecine, les rouages à régulateurs et les polygraphes ci-dessus décrits sont à peu près toujours suffisants, ils laissent passer un centimètre de papier par seconde. Si l'on voulait obtenir des vitesses plus petites ou plus grandes, on y arriverait au moyen de poulies amplificatrices ou réductrices.

Moyens d'amplifier ou de réduire le mouvement du cylindre au moyen de poulies.

Supposons qu'on veuille imprimer au cylindre une vitesse plus grande que celle que fournit l'axe le plus rapide du rouage moteur ; on place le cylindre sur un *support à deux pointes*, qui lui permet de tourner librement; sur l'axe du cylindre, on place une poulie de petit rayon. Sur l'axe rapide du rouage à régulateur, on place une poulie de grand rayon et l'on réunit ces deux poulies par une corde sans fin. En calculant convenablement les rayons des deux poulies, on amplifie à volonté le mouvement que l'on veut transmettre au cylindre. Si l'on met la petite poulie sur l'axe du rouage moteur et la grande sur celui du cylindre, le mouvement est transmis avec une réduction proportionnelle au rapport des diamètres des poulies.

Ce même genre de transmission de mouvement pourra fournir toutes les vitesses intermédiaires à celles que donnent les trois axes du rouage moteur.

Dans certains cas, on a besoin d'inscrire des phénomènes si lents que le cylindre doit mettre à faire son tour, une heure, un jour, un mois, un an peut-être : par exemple, pour inscrire les phases de l'augmentation de volume du tronc d'un arbre avec ses phases saisonnières, ou tout autre mouvement d'une extrême lenteur.

Il est très-facile d'obtenir des mouvements d'une grande lenteur en plaçant des rouages réducteurs entre le moteur et le cylindre qu'il entraîne. Qu'on prenne comme moteur l'axe d'une horloge qui fait son tour en 12 heures, et que sur cet axe on mette un pignon qui actionne une roue portant des dents dix fois plus nombreuses, cette roue mettra 120 heures à faire son tour. Une seconde roue disposée dans les mêmes conditions par rapport à la première ferait son tour en 1200 heures, une troisième en 12 000, une quatrième en 120 000, etc. Ainsi, avec quatre rouages réducteurs du mouvement d'une horloge, nous pourrions imprimer au cylindre un mouvement qui durerait plus de 14 années. Ajoutons que cet entraînement du cylindre par un mouvement ralenti se fait avec une force considérable qui surmonte tous les obstacles et permettrait, sans altérer la marche de l'appareil, de graver les courbes enregistrées avec un burin, sur le cuivre du cylindre.

Bien que la variété même des phénomènes qui doivent être inscrits laisse toute latitude pour le choix des vitesses qu'on devra imprimer au cylindre, il ne faut pas cependant laisser entièrement à l'arbitraire le choix de ces vitesses ; il serait bon d'établir certains rapports entre les divisions du temps et les divisions métriques, de façon que 10 centimètres de papier, entraînés par le cylindre, exprimeraient une des divisions usuelles du temps.

On aurait, par exemple, l'échelle suivante par ordre de vitesse décroissante :

10 centimètres de papier correspondraient à 1/10 de seconde dans la mesure des phénomènes électriques.

10 cent. = 1 seconde dans les phénomènes mécaniques, la vitesse

des actes nerveux, celle de la transmission du son dans différents milieux, etc.

10 cent. = 10 secondes dans la myographie, les expériences sur la circulation du sang, les mouvements du cœur, etc.

10 cent. = 1 heure dans l'odographie, l'inscription des changements de température, etc.

10 cent. = 1 jour dans l'inscription de l'accroissement des végétaux herbacés, la mesure des évaporations, de l'endosmose, etc.

Ces mesures ne sont pas indifférentes, car si elles étaient généralement adoptées, elles rendraient plus facilement comparables les travaux des différents auteurs.

Chronographes.

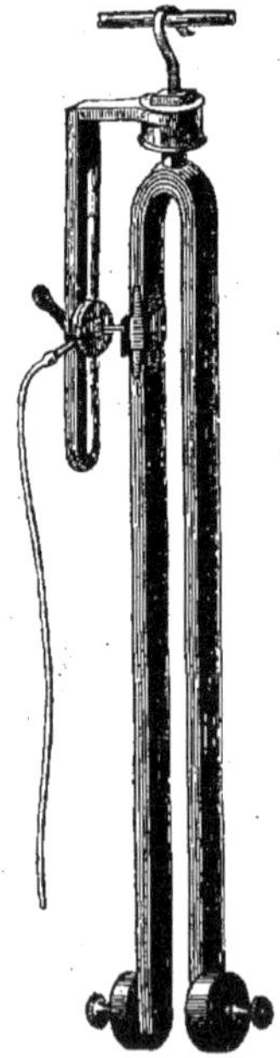

Fig. 238. Diapason de 50 V D, transmettant ses vibrations à un tambour à levier.

On a vu qu'un rouage d'horlogerie quelconque, même irrégulier, permet de faire des mesures de temps extrêmement précises, à la condition qu'on dispose d'un appareil qui contrôle incessamment la marche du cylindre en y inscrivant des vibrations isochrones. Tel est le rôle des chronographes.

Le *chronographe à air* n'est qu'un tambour à levier qui reçoit le mouvement d'un diapason de forte taille dont une branche agit sur la membrane d'un autre tambour à air. La figure 238 représente la disposition que j'ai adoptée pour ce genre d'inscription.

Un grand diapason, muni à chacune de ses branches d'une lourde masse de plomb, est suspendu par un crochet; l'une des branches de l'instrument porte un curseur d'où part une pièce qui se rend à la membrane d'un tambour à air placé en face d'elle. Toutes les vibrations du diapason se transmettent à la membrane du tambour et produisent un va-et-vient d'air à travers le tube qui en émane. Or ce tube se rend à un tambour à levier inscripteur; celui-ci trace sur le cylindre enfumé des vibrations de même fréquence et de même forme que celles qu'eût tracées le diapason s'il eût inscrit directement. L'avantage de cette disposition, c'est que l'organe qui inscrit sur le cylindre n'est point encombrant; il est réduit à un tambour à levier ordinaire qui se place aisément à côté d'autres instruments analogues écrivant à coté de lui.

Quant au diapason, il doit être de forte masse, afin de garder plus longtemps le mouvement qui lui est communiqué. Un coup de poing sur l'une des branches de l'instrument le met en vibration pour plus d'une minute.

La distance à laquelle les vibrations peuvent se transmettre par l'air peut être de plus de 10 mètres.

Le chronographe à air donne des mouvements plus ou moins étendus suivant qu'on fait varier la position du curseur et du tambour. Pour avoir des tracés d'une grande amplitude, il faut éloigner le curseur de la base du diapason, c'est-à-dire, dans la figure 238, de la partie qui porte le crochet.

Ce moyen de transmission ne s'applique bien qu'aux vibrations de faible fréquence; je m'en sers principalement pour inscrire le dixième de seconde. Quand on veut inscrire des vibrations plus fréquentes, il faut recourir au chronographe électrique.

Chronographe électrique.

Trois parties distinctes constituent l'appareil: une pile, un diapason interrupteur et le chronographe. Cette dernière pièce consiste en un style effilé, fixé à l'extrémité d'une lame d'acier et muni d'une petite masse de fer doux. Si le style est destiné à inscrire le centième de seconde, il faut que la lame d'acier qui le porte ait une longueur déterminée. A cet effet, la lame est saisie dans un étau mobile qu'une vis de réglage permet de déplacer de manière à changer la longueur de la partie vibrante. A côté du style armé d'une petite masse de fer doux, est un petit électro-aimant qui en entretient les vibrations, en produisant une série d'attractions renouvelées cent fois par seconde. Il faut donc qu'un courant électrique soit envoyé cent fois par seconde dans le petit électro-aimant qui agit sur le style; c'est à cela qu'est employé le diapason interrupteur.

Au dernier plan, sur la figure 239, on voit une pile dont l'un des fils se rend à un diapason de cent vibrations par seconde, semblable à ceux que Mercadier emploie directement comme chronographes. Ce diapason n'a ici d'autre rôle que d'interrompre le courant de la pile. Après avoir traversé l'interrupteur, le fil électrique s'accole à l'autre fil de la pile et tous deux, isolés l'un de l'autre, cheminent dans un câble flexible, pénètrent dans le manche du chronographe et se terminent chacun dans l'un des

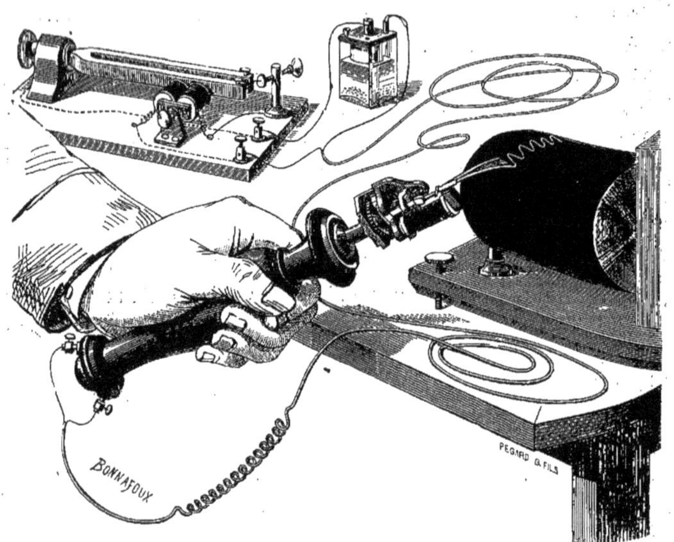

Fig. 239. Chronographe tenu à la main et donnant continuellement 100 vibrations doubles par seconde.

bouts de la bobine électro-magnétique dont l'action entretient les vibrations du style écrivant.

Si l'appareil est réglé de façon que le style du chronographe ait des vibrations propres de même nombre que celles du diapason, aussitôt que le circuit de la pile est fermé, on voit le style du chronographe vibrer à l'unisson; mais si le style du chronographe n'est pas soigneusement accordé pour le nombre de vibrations que le diapason exécute, celui-ci vibre seul. Il suffit alors d'un léger tâtonnement pour amener, au moyen de la vis de réglage, le style au nombre voulu de vibrations; aussitôt on le voit entrer en mouvement, et ses vibrations durent tant que la pile conserve une énergie suffisante, c'est-à-dire indéfiniment.

Un même chronographe peut donner, à volonté, différents nombres de vibrations par seconde; il faut alors prendre comme interrupteur, des diapasons du nombre que l'on veut obtenir et régler le chronographe à l'unisson de l'interrupteur employé.

Enfin, avec un même interrupteur, on peut donner au chronographe des nombres de vibrations qui varient du simple au double. Ainsi, avec un diapason de 100, on peut faire vibrer le chronographe deux cents fois par seconde; il suffit pour cela d'accorder le style à l'octave aiguë du diapason.

L'inscription continue du temps, au moyen de vibrations d'une fréquence connue, est si exacte et si commode que, même avec l'emploi des régulateurs du mouvement, on recourt encore à l'inscription chronographique toutes les fois qu'il faut mesurer des

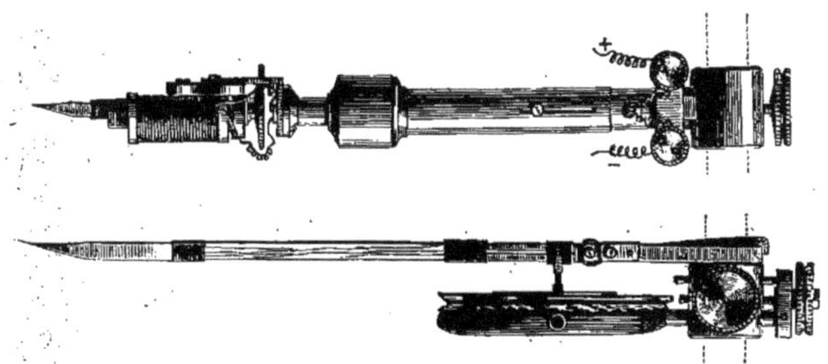

Fig. 240. Un chronographe et un tambour à levier disposés pour écrire simultanément.

durées très-courtes. Il suffit alors de compter sur le tracé combien, entre les signaux qui annoncent le début et la fin du phénomène, sont inscrites de vibrations dont chacune représente 1/10, 1/100 ou 1/1000 de seconde. Dans certains cas, on peut rendre lisible la durée qui correspond à 1/25000 de seconde.

La figure 239 est destinée à expliquer la théorie du chronographe; l'instrument qu'elle représente, avec son manche tenu à la main, ne serait pas un bon inscripteur des courtes durées, car la main peut se déplacer, soit en avant, soit en arrière, et donner une fausse position aux vibrations qu'elle trace à un moment donné. Le chronographe doit donc être fixé dans une position invariable par rapport au cylindre sur lequel il écrit; la disposition que j'ai adoptée est représentée figure 240. Un chronographe et un tambour à levier sont placés l'un à côté de l'autre, pour montrer que les deux instruments s'adaptent à un même support au moyen de viroles semblables et de vis de serrage. On voit que dans cette position, le style du chronographe et la pointe du levier du tambour se trouvent sur une même ligne, ce qui amène une coïncidence parfaite entre les indications de l'un et de l'autre instrument.

Chronographe à inscriptions intermittentes.

Il arrive parfois que le phénomène dont on veut mesurer la durée ne se produit qu'à un certain instant et qu'il n'y a pas intérêt à inscrire les vibrations du chronographe longtemps avant cet instant. Dans ces cas, il est avantageux de se servir d'un chronographe qui vibre d'une façon permanente, mais dont la pointe ne s'approche du cylindre qu'à un moment donné.

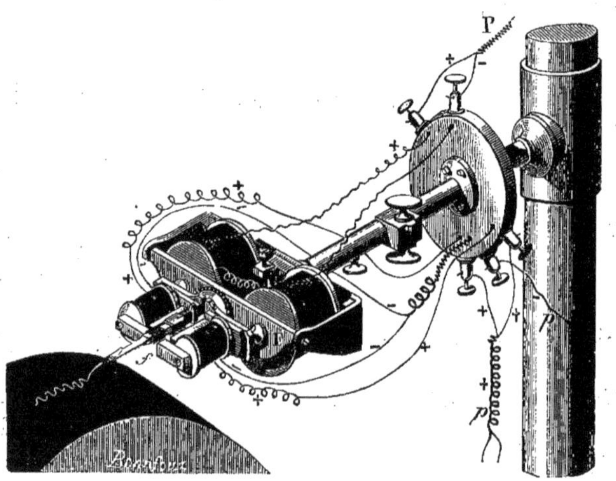

Fig. 241. Chronographe à inscriptions intermittentes.

La figure 241 montre la disposition qui donne ce résultat. Un chronographe vibre au voisinage d'un cylindre enfumé; il est porté par une pièce basculante qui, sous l'action d'un électro-aimant E, provoque le contact de la pointe vibrante et du papier. Dans cette figure, le chronographe présente une forme particulière que je ne lui donne plus, mais le principe de l'appareil peut être employé avec avantage toutes les fois qu'on voudra ne faire agir l'instrument qu'à un instant donné.

Établissement du synchronisme entre deux points éloignés l'un de l'autre.

Sur le trajet d'un même circuit électrique, plaçons deux chronographes : ils vibreront tous deux d'une manière parfaitement synchrone, d'après laquelle il sera facile de déterminer les rapports de succession des deux phénomènes se passant chacun en un des points où se trouve l'un des chronographes. La détermination des différences de latitude entre deux points du globe es un problème de ce genre.

Pour prouver le parfait synchronisme du mouvement des deux chronographes, considérons chacun d'eux pendant qu'il vibre; nous voyons que son style décrit une oscillation dont les limites sont constituées par deux images divergentes formant une sorte de V. Or, si nous prenons les deux chronographes en les tenant perpendiculaires l'un à l'autre, comme dans la figure 242, nous verrons que les deux V peuvent être amenés à se pénétrer l'un l'autre sans qu'il se produise de choc entre les deux styles; cela prouve que les deux mouvements sont parfaitement synchrones.

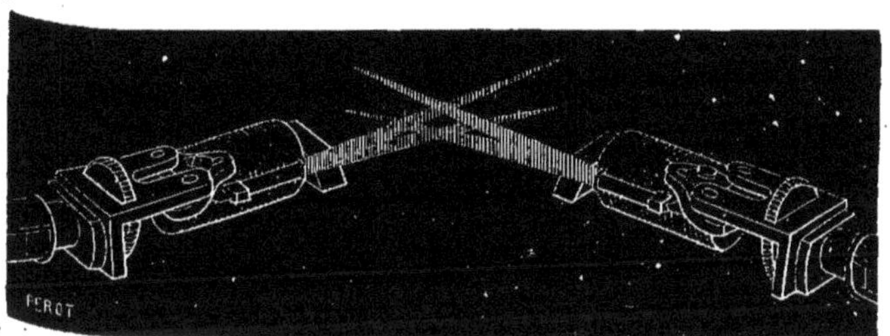

Fig. 242. Deux chronographes en vibration sous l'influence d'un même diapason interrupteur, les styles vibrent tous deux dans le même espace sans se rencontrer jamais.

Quand on éclaire vivement un chronographe et qu'on imprime à cet instrument un mouvement de translation, suivant le plan dans lequel il vibre, on voit les images du style se dissocier et donner l'apparence d'une série de styles immobiles (fig. 243), disposés les uns à la suite des autres, sur le trajet parcouru par l'instrument, et d'autant plus écartés les uns des autres que la translation a été plus rapide.

Soit un style qui vibre cent fois par seconde et qui subisse un mouvement de translation uniforme d'un mètre par seconde, on verra une série d'images semblables à celles qui sont représentées à gauche (fig. 243), et l'écartement de ces images sera de 1 centimètre.

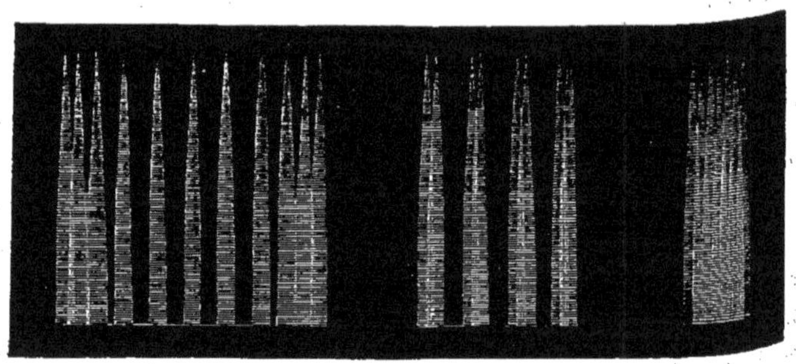

Fig. 243. Images du style vibrant du chronographe, dissociées par une translation plus ou moins rapide de l'appareil.

Au commencement et à la fin du mouvement, les images seront plus rapprochées les unes des autres, parce qu'alors le mouvement a moins de vitesse.

La théorie du phénomène est la suivante.

Dans la translation du chronographe, le mouvement communiqué au style de l'instrument s'ajoute à celui qui résulte de sa vibration même, quand ces deux mouvements sont de même sens; la translation du style est alors trop rapide pour qu'il ait le temps d'impressionner notre œil d'une manière sensible. Mais, chaque fois, la période inverse de la vibration du style lui donne un mouvement de sens contraire à celui de la translation; ces deux mouvements se retranchent l'un de l'autre, d'où il résulte une période d'immobilité passagère pendant laquelle le style apparaît distinctement. Cette période se produit une fois à chaque vibration, c'est-à-dire à chaque centième de seconde. Or, il est clair que si un mètre est parcouru en une seconde avec une vitesse uniforme, cent images du style apparaîtront sur cette longueur d'un mètre, et ces images seront équidistantes, c'est-à-dire situées à un centimètre les unes des autres.

Quand la translation est moins rapide, les images sont pour ainsi dire géminées comme au milieu de la figure 243. Un mouvement plus lent encore rapprochant ces images jumelles donnera le groupe de droite. Il n'est pas nécessaire de développer longuement la manière dont s'engendrent ces différentes figures, qui résultent de la combinaison d'un mouvement alternatif avec un mouvement rectiligne.

L'emploi de cette méthode optique est commode parfois, pour juger la vitesse de certains mouvements qui s'exécutent dans la locomotion. Si l'on substituait une lumière électrique, celle d'un tube de Gessler, par exemple, au style vibrant du chronographe, on obtiendrait, dans l'obscurité, de belles images qui permettraient peut-être d'analyser certains mouvements inaccessibles à d'autres méthodes.

Des signaux électriques.

Il y a bien longtemps déjà que les expérimentateurs emploient des appareils électro-magnétiques pour pointer ou tracer l'instant où se produisent les phénomènes. Il serait difficile de retrouver l'auteur qui le premier a employé ce genre de signaux dont l'introduction a constitué un progrès immense. Mais, à mesure que l'expérimentation devint plus délicate, on s'aperçut que ces instruments, qui semblaient agir d'une manière instantanée, présentaient en réalité un retard appréciable et pouvaient donner lieu à de légères erreurs dans l'estimation du temps.

Bien que l'électricité puisse être considérée comme traversant instantanément un fil d'une longueur énorme, il ne faut pas croire que les effets moteurs qu'elle produit et qu'on nomme électro-magnétiques présentent cette instantanéité. Comme toutes les autres forces, l'électricité ne produit le déplacement d'une masse qu'en lui imprimant un mouvement accéléré[1], dont le début présente une grande lenteur; en outre, l'attraction magnétique se prolonge sensiblement après la fin du courant, ce qui fait qu'un signal électro-magnétique tend à exagérer la durée apparente des phénomènes.

Marcel Deprèz s'est attaché à combattre les deux influences qui altèrent les indications des signaux électro-magnétiques, c'est-à-

1. La forme de cette accélération doit du reste être fort complexe, car la force d'attraction électro-magnétique s'accroît à mesure que la distance entre les corps attirés diminue.

dire l'inertie de l'armature et la durée des phases d'aimantation et de désaimantation[1].

Soient (fig. 244) deux bobines électro-magnétiques qui, au moment où le courant passe, attirent le fer doux placé au-dessus

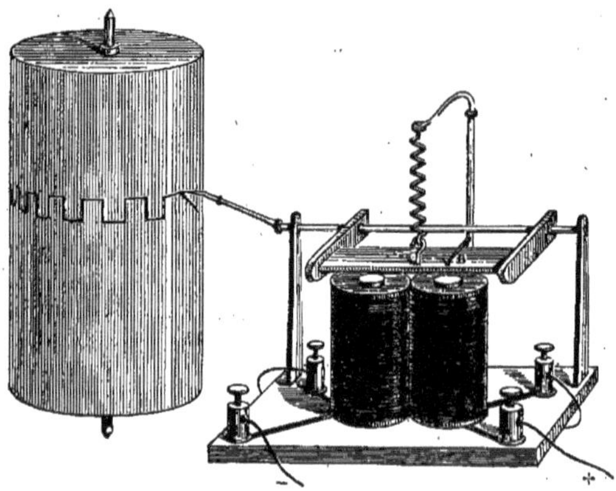

Fig. 244. Figure théorique du signal électrique de Deprèz.

d'elles, et abaissent le style écrivant, de manière à tracer la ligne horizontale inférieure; dès que le courant sera rompu, un ressort

1. L'auteur commence par faire ressortir les imperfections de certains signaux électriques : ceux qu'on obtient, par exemple, au moyen de l'électrolyse, quand une électrode métallique, frottant sur un papier humide et imprégné de certaines solutions salines, laisse une trace colorée des instants où un courant électrique a passé. Ces signaux sont incapables de marquer avec exactitude le début et surtout la fin d'un phénomène, à cause des traces vagues et diffuses qu'ils laissent sur le papier.

En balistique, on doit obtenir, sur un cylindre qui tourne avec une rapidité extrême, le signal des instants où le projectile passe au travers d'une série de cibles plus ou moins éloignées les unes des autres. On s'est servi jusqu'ici, pour signaler ces passages, de l'étincelle de fortes bobines d'induction que l'on faisait éclater entre une pointe métallique et un cylindre argenté recouvert de noir de fumée. Cette étincelle, provoquée à chaque passage du projectile à travers une cible où il coupe les fils d'un circuit de pile, n'éclate pas suivant la normale entre la pointe et le cylindre, mais se dévie en divers sens, suivant le chemin où elle trouve la meilleure conductibilité dans la petite couche d'air qu'elle doit traverser. Même dans les cas où la pointe métallique touche le cylindre et frotte constamment sur sa surface, on n'est pas à l'abri de ces déviations. (*Journal de physique théorique et appliquée*, t. IV, n° 38, p. 39.)

Ajoutons que l'étincelle d'une machine d'induction n'est pas simple, ainsi que l'a montré Nyland par le procédé de Donders (voyez *Archives Néerlandaises*, t. V, p. 292), et que, sur la surface du cylindre, se trouve souvent une série de traces multiples qui ênent l'estimation précise de l'instant du signal.

antagoniste relèvera le levier qui tracera la ligne supérieure jusqu'à la prochaine clôture du courant de pile. Ces alternatives d'élévation et d'abaissement de la ligne tracée semblent se traduire par des ascensions verticales, si l'on recueille les signaux sur un papier animé d'une translation peu rapide, un ou deux centimètres par seconde. Mais si la vitesse de translation est grande,

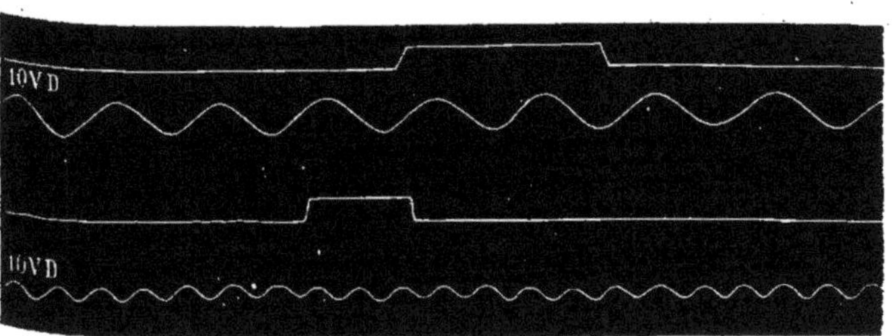

Fig. 245. En haut, la ligne du signal électrique; l'ascension du tracé est le signal de désaimantation ou de rupture du courant. — Au-dessous, tracé du diapason à transmission par l'air : 10 vibrations doubles. (Tracés recueillis sur un axe rapide.)
En bas, même signal et même tracé chronographique recueillis sur un axe plus lent.

comme dans les cas où on emploie un cylindre à rotation rapide, on constate que le passage du style d'une position à l'autre se fait lentement.

Outre que ce signal met à s'accomplir un temps appréciable, il retarde sur le moment de la clôture ou de la rupture du courant. Ce retard, il faut le connaître pour estimer le véritable instant du début ou de la fin d'un phénomène; de plus, il importe de le réduire autant que possible, afin de multiplier le nombre de signaux que l'appareil peut exécuter en un temps donné.

Dans le cas où les signaux devraient se suivre à très-court intervalle, il faut abréger la durée des périodes de désaimantation et de réaimantation dans les appareils. C'est ce que Deprèz a réussi à obtenir en perfectionnant les appareils électro-magnétiques. Ce savant a réduit à $\frac{1}{4000}$ de seconde la durée de la désaimantation et du mouvement qui l'accompagne; il a réduit seulement à $\frac{1}{500}$ de seconde celle de la réaimantation, de sorte que ses appareils peuvent donner de 400 à 450 signaux différents en une seconde, avec un seul élément de Bunsen[1]. En plaçant dans un

1. Pour arriver à une grande rapidité dans les signaux, l'auteur diminue considérablement la masse du fer doux qui sera soumis à la traction de l'électro-aimant, il donne

circuit dérivé sur le courant de la pile une bobine munie d'un fer doux, Deprèz abrége encore la durée des signaux[1]; il en peut obtenir de 700 à 800 par seconde.

Les signaux électriques de Deprèz doivent, pour s'appliquer aux usages physiologiques, présenter la même longueur et la même dimension que les autres appareils inscripteurs. La figure 209, page 395, montre un signal de Deprèz, disposé à côté d'un tambour à levier; les deux appareils sont de même longueur, de sorte que leurs indications peuvent s'écrire simultanément et concorder d'une manière parfaite.

Une disposition assez utile pour régler la position de la pointe d'un signal électrique et pour l'amener rigoureusement dans la même verticale que les autres instruments, consiste à remplacer la tige à longueur fixe qui, dans la figure, porte le signal et l'unit à la virole, par une tige à longueur variable contenant une crémaillère qui avance ou recule au moyen d'un bouton de réglage.

Lorsqu'on dispose d'une place suffisante pour installer un appareil un peu plus volumineux, on peut recourir à la disposition représentée figure 246, dans laquelle un fil de caoutchouc C, enroulé sur un treuil T et s'attachant à un petit crochet qui fait partie de l'armature, lutte avec plus ou moins de force contre l'attraction des électro-aimants.

D'autre part, au moyen de la vis V, qui porte un petit disque K contre la face inférieure duquel s'appuie l'armature, on règle la distance qui sépare celle-ci du fer doux et conséquemment la force d'attraction magnétique.

La vis D sert à maintenir ce signal sur un support. Le style *oP* trace les mouvements de l'armature A sur l'axe *o o'* de laquelle il est placé.

Il est d'une grande importance, pour donner à un signal la sen-

aussi une légèreté extrême au style, à toutes les pièces enfin qui doivent être animées de vitesse. D'autre part, il donne une force considérable au ressort qui doit produire l'arrachement de l'armature au moment de la désaimantation. Ce ressort exerce une traction d'environ deux cents grammes sur une armature qui ne pèse que 120 milligrammes; il s'ensuit que la vitesse avec laquelle le signal de désaimantation se produit est extrêmement grande. (La vitesse du style, au bout d'un millimètre de parcours, serait de 10 mètres par seconde.)

1. Il se produit alors, aux moments de la rupture et de la clôture du courant de pile, des extra-courants qui favorisent la désaimantation et surtout donnent à l'aimantation une rapidité considérable; on peut ainsi augmenter la rapidité des signaux.

sibilité convenable, de pouvoir régler la force attractive de l'électro-aimant, ce qui se fait au moyen de la vis de réglage, par laquelle on modifie la distance qui sépare l'armature des fers doux. Il faut, d'autre part, régler l'effort d'arrachement qui devra

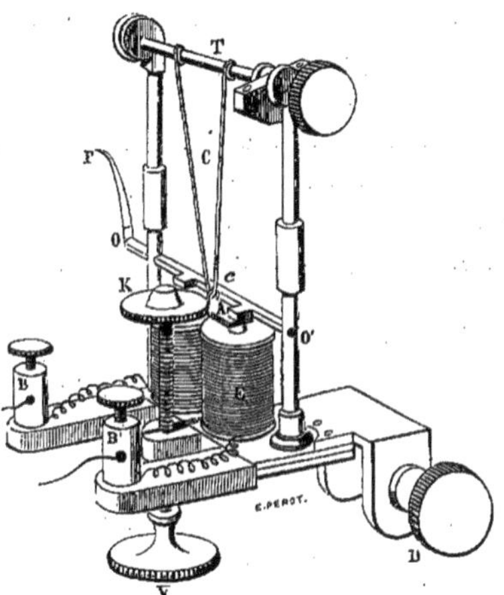

Fig. 246. Signal à treuil pour graduer la tension du ressort.

détacher l'armature du fer doux à la fin de la période d'attraction et lutter contre le magnétisme rémanent.

L'aimantation et la désaimantation varient dans leurs durées, suivant la nature du courant employé, la distance qui sépare l'armature du fer doux, le diamètre du fil des bobines, la qualité de fer employé, etc. De sorte qu'il faut, de toute nécessité, recourir au tâtonnement pour régler et amener à une valeur connue les retards d'aimantation et de désaimantation. Avant tout, il faut savoir déterminer la valeur de ces retards; c'est le sujet qui va nous occuper.

Retard des signaux électriques.

Helmholtz a imaginé une méthode qui permet d'estimer, avec une précision extrême, le retard d'un signal électrique. A cet effet, il faut, sur le cylindre, déterminer la position où le signal aurait lieu s'il n'y avait pas de retard, et la comparer à celle que le signal occupe réellement. On dispose l'expérience de telle sorte que le cylindre lui-même, à un certain moment de sa rotation, rompe ou ferme le courant électrique qui provoque le signal.

Dans une première expérience, on fait tourner le cylindre avec une lenteur extrême au moment où va se produire le signal électrique. Dès lors, la vitesse du cylindre pouvant être considérée comme nulle, le signal ne subira aucun déplacement. Dans une autre expérience, on donne au cylindre son mouvement rotatif et l'on fait inscrire le signal. Le tracé, dans ce deuxième cas, se trouve inscrit un peu plus loin que la première fois, ce qui tient à ce que, depuis le moment où la rupture du courant de pile s'est faite, jusqu'à celui où le signal s'est écrit, le cylindre a tourné d'une certaine quantité. Cette quantité, mesurée au chronographe, donne exactement le retard du signal.

Marcel Deprèz a déterminé, par la même méthode, le retard d'aimantation et le retard de désaimantation de ses appareils à signaux électriques. Pour cela, il a incrusté dans l'un des fonds du cylindre tournant un secteur de caoutchouc durci. Deux frotteurs métalliques, en contact avec le fond du cylindre, ferment le courant tant qu'ils touchent les parties métalliques ; le courant est rompu quand le secteur isolant passe au-dessous d'eux. Après avoir déterminé, *sans vitesse*, la position des signaux de clôture et

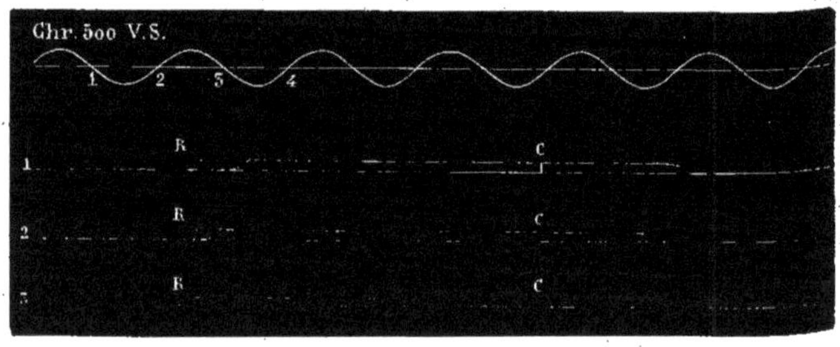

Fig. 247. Tracé supérieur, chronographe de 500 vibrations simples ; les chiffres 1, 2, 3, 4 marquent les temps correspondant à 1/500 de seconde. — Ligne 1, R, instant de la rupture du courant de pile. La courbe qui partant de la ligne inférieure, s'élève obliquement à la ligne supérieure, est le mouvement du style au moment où la désaimantation se produit. La durée du retard mesuré sur le chronographe dépasse 1/500 de seconde ; c'est le retard de désaimantation. C, clôture du courant de pile : le moment où la ligne supérieure redescend au contact de l'inférieure correspond au signal d'aimantation ; son retard est de 1/200 de seconde environ. — Lignes 2 et 3. Diminution graduelle des retards de désaimantation et d'aimantation.

de rupture du courant, on cherche la position nouvelle de ces signaux quand le cylindre a toute sa vitesse.

Dans ces déterminations, Deprèz a trouvé (fig. 247) des retards plus ou moins grands, dont il pouvait faire varier la durée; dans certains cas, le signal de clôture du courant retardait de $\frac{1}{5000}$ (retard d'aimantation), tandis que le signal de rupture retardait de $\frac{1}{5000}$ (retard de désaimantation).

Tout récemment, ce savant a réussi à construire des appareils capables de donner 1500 signaux doubles par seconde avec possibilité de fournir 3000 signaux si l'on utilisait séparément la clôture et la rupture du circuit de pile.

Uniformisation d'une série de signaux électriques.

Presque toujours l'estimation du temps a pour but de déterminer des relations, des durées, des successions, de telle sorte que si plusieurs signaux sont employés à la fois, chacun signalant un acte particulier, les rapports de succession de ces actes entre eux ne seraient pas altérés quand même chaque signal retarderait d'une quantité notable, pourvu que tous ces retards fussent égaux entre eux. Il y a donc grand intérêt à uniformiser les retards d'aimantation et de désaimantation dans les appareils qui doivent être employés d'une manière simultanée.

Une série de signaux électro-magnétiques construits simultanément en employant le même fer, le même fil conducteur, en donnant les mêmes dimensions à toutes les pièces, ont beaucoup de chances pour avoir la même fonction. L'aimantation se fera avec la même vitesse dans tous ces appareils, et le mouvement du style, à chaque clôture du courant, sera synchrone, pourvu qu'au moyen de la vis de réglage on ait amené toutes les armatures à la même distance des fers doux. La méthode de Helmholtz, ci-dessus décrite, pour mesurer les retards des signaux, permet de les comparer entre eux et de les uniformiser au besoin à l'aide de la vis de réglage. Si un instrument retarde plus que les autres, il faut, au moyen de la vis, diminuer la distance qui sépare l'armature des fers doux, ce qui augmente l'intensité de l'attraction et hâte le mouvement du style.

Quant au retard de désaimantation, il dépend de deux facteurs : la plus ou moins longue durée de la décroissance magnétique et la plus ou moins grande énergie du ressort tracteur qui doit détacher l'armature des fers doux. Nous venons de voir que d'après leur construction même, tous les appareils ont très-probablement les mêmes qualités électro-magnétiques; il reste donc à assurer l'uniformité parfaite des ressorts de traction.

Deprèz emploie à cet effet un procédé fort ingénieux, qui peut trouver des applications de toute espèce, chaque fois qu'il y aura lieu d'uniformiser l'action de plusieurs ressorts : il prend comme ressort tracteur des fils de caoutchouc un peu longs auxquels il suspend des poids égaux. Quand les fils ont subi leur allongement et que les poids sont en équilibre avec la force élastique du caoutchouc tendu, on peut fixer les fils dans leur position et enlever les poids tenseurs; on est sûr que chaque fil exerce la même traction que les autres, et cette traction correspond au poids commun qui avait servi à les tendre tous. En général, on se sert d'un seul poids avec lequel on tend successivement tous les ressorts de caoutchouc.

Retard des signaux à air.

Ce retard est proportionnel à la longueur et à l'étroitesse des tubes employés. Quant à l'élasticité des tubes, elle est négligeable, car la pression de l'air nécessaire à la transmission des signaux est trop faible pour mettre en jeu cette élasticité.

Pour mesurer la vitesse de transmission du mouvement de l'air

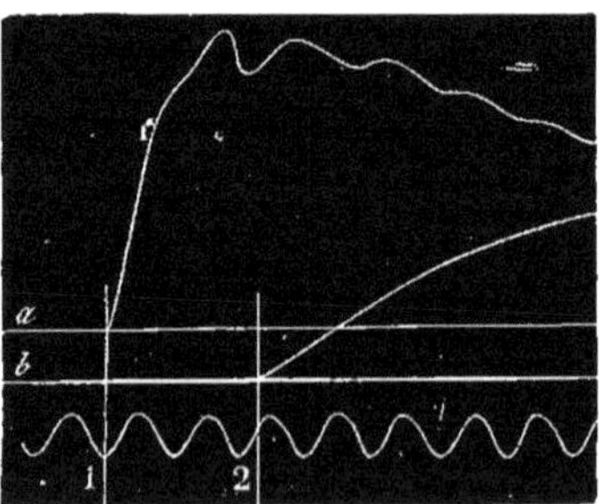

Fig. 248. Retard des signaux à air.

dans les tubes, on prend l'appareil décrit figure 54, page 126, et on place sur un même support les deux tambours à levier, tous deux munis de styles dont les pointes sont disposées bien verticalement l'une au-dessus de l'autre. On fait tourner le cylindre, et pendant que les deux styles immobiles tracent, sur le papier noirci, deux lignes droites parallèles, on frappe sur le tube de transmission de manière à l'aplatir. L'air, expulsé du tube par cette pression soudaine, se porte dans deux directions opposées et actionne chacun des tambours à levier. Deux signaux s'ensuivent (fig. 248), qui seraient superposés, c'est-à-dire synchrones, si le tube avait été frappé au milieu de sa longueur, mais qui se succèdent à certain intervalle, si l'ébranlement de l'air a dû parcourir une plus grande longueur de tube dans un sens que dans l'autre. On mesure au chronographe le temps qui s'écoule entre les deux signaux, et si, de chaque côté du point où le tube a été frappé, il y a, pour arriver aux tambours à levier, une différence de longueur de 1 mètre, de 5 mètres, de 20 mètres, etc., l'intervalle de temps qui sépare les deux signaux mesure le temps nécessaire à parcourir ces longueurs de tube. On en déduit la vitesse de transmission des signaux à air.

Cette vitesse, voisine de celle du son dans l'air, s'en approche d'autant plus qu'on emploie des tubes plus larges. Pour les tubes dont je me sers habituellement (4 millimètres de diamètre), elle se réduit à 280 mètres par seconde.

Toutes les fois qu'on emploie deux appareils à signaux transmis par l'air, il est bon de donner la même longueur aux tubes de transmission : cela permet, en uniformisant le retard, de le négliger entièrement dans les déterminations de synchronisme ou de durée.

Mesure de la durée des actes psychiques par la méthode de Donders.

D'après les expériences de Hirsch de Neuchâtel, lorsque nous recevons une impression sensitive, nous réagissons plus ou moins vite suivant celui de nos sens qui a été impressionné. Donders, reprenant ces expériences, trouva que pour une impression tactile, le temps qui s'écoule avant que la réaction se produise est environ $\frac{1}{7}$ de seconde; pour une impression auditive, le retard est $\frac{1}{6}$ et pour les impressions visuelles $\frac{1}{5}$.

Dans ce retard, quelle est la part de l'acte cérébral? C'est un point difficile à préciser, car l'acte cérébral ne constitue que l'un des éléments du retard total, qui depuis Donders contient les termes suivants :

« 1. Action sur les éléments impressionnables des organes des sens.

2. Communication aux cellules ganglionnaires périphériques, et accroissement d'action nécessaire pour la décharge.

3. La transmission par les nerfs sensitifs jusqu'aux cellules ganglionnaires de la moelle.

4. L'action croissante dans ces cellules.

5. La transmission jusqu'aux cellules nerveuses de l'organe de perception.

6. L'action croissante dans ces cellules.

7. L'action croissante des cellules nerveuses de l'organe de la volonté.

8. La transmission jusqu'aux cellules nerveuses motrices.

9. L'action croissante de ces cellules.

10. La transmission par les nerfs moteurs jusqu'aux muscles.

11. L'action latente dans le muscle.

12. L'action croissante nécessaire pour vaincre la résistance du signal. »

De ces différents termes, nous ne savons mesurer que la vitesse de propagation dans les nerfs et l'action latente dans les muscles. En défalquant ce temps du retard total, on arrive à cette conclusion : que l'acte psychique lui-même dure moins de $\frac{1}{10}$ de seconde.

Or, ce minimum est bien souvent inférieur à la durée qu'on observe dans les expériences. Cela arrive toutes les fois que l'opération cérébrale est compliquée au lieu de se réduire à une simple réaction contre l'excitation reçue. Ainsi, quand la réaction ne doit pas être la même suivant la nature ou la qualité des impressions, l'option que nécessite cette condition de l'expérience entraîne un retard plus grand.

Chronographie ; application à la mesure de la vitesse de la lumière.

A. Cornu a publié ses belles expériences sur la mesure de la vitesse de la lumière, par la méthode de Fizeau qu'il a perfectionnée (voyez *Journal de Physique*, t. II, p. 174). Entre deux stations éloignées, la lumière exécute une série de va-et-vient, tandis qu'une roue dentée, placée sur le trajet de ces oscillations, intercepte le retour de la lumière, quand la vitesse de son mouvement rotatif la ramène au-devant de l'œil à l'instant de ce retour. Ces éclipses se produisent donc pour toutes les vitesses du rouage qui font passer une ou plusieurs dents pendant une oscillation de la lumière entre les deux stations. Or, il est à peu près impossible de compter sur l'uniformité du rouage interrupteur d'un rayon lumineux; il faut donc contrôler la marche de ce rouage. C'est ce que Cornu a fait au moyen de la méthode graphique, de telle sorte que, connaissant d'une manière précise le temps qui s'écoule entre deux retours successifs du rayon réfléchi, il en déduit la vitesse de transport de la lumière.

Un cylindre muni d'un régulateur de Villarceau (voyez p. 135) reçoit un quadruple tracé qui s'enroule en spirale, comme dans la disposition déjà indiquée.

De ces tracés, deux correspondent aux divisions de la seconde, chronographie proprement dite; un troisième est constitué par un pointage des tours du rouage d'horlogerie, dont les dents interceptent le va-et-vient de la lumière : tous les quarante tours un pointage a lieu. Restait à pointer sur le quatrième tracé le nombre des éclipses observées pour comparer ce nombre à celui des tours que le rouage exécute en une seconde.

De tracés obtenus dans une longue série d'expériences, Cornu a déduit la valeur de 300 330 kilomètres par seconde, pour la vitesse de la lumière dans l'air; il estime cette vitesse dans le vide de l'espace à 300 400 kilomètres par seconde. (*Journal de Physique*, t. IV, p. 105.)

Mesure de la durée de l'abaissement de l'aile d'un oiseau.

Certaines considérations théoriques font penser que si l'oiseau est animé d'une translation rapide, il trouve sur l'air un point d'appui plus résistant, ce qui, d'après les lois connues de l'action musculaire, doit entraîner un ralentissement du mouvement d'abaissement des ailes. Pour vérifier l'exactitude de cette hypothèse, il fallait mesurer chronographiquement la durée de l'abaissement de l'aile et la vitesse de translation de l'oiseau[1].

1. Voyez, pour les développements de la théorie et des expériences, le mémoire original, *Travaux du laboratoire*, 1re année, p. 216.

Comme il s'agissait d'un problème purement mécanique, j'employai à ces expériences un oiseau artificiel qui, sous l'action d'un ressort, abaissait ses deux ailes avec une force constante. Un mécanisme électro-magnétique provoquait la chute des ailes, et celles-ci, arrivées à la fin de leur course, fermaient un courant élec-

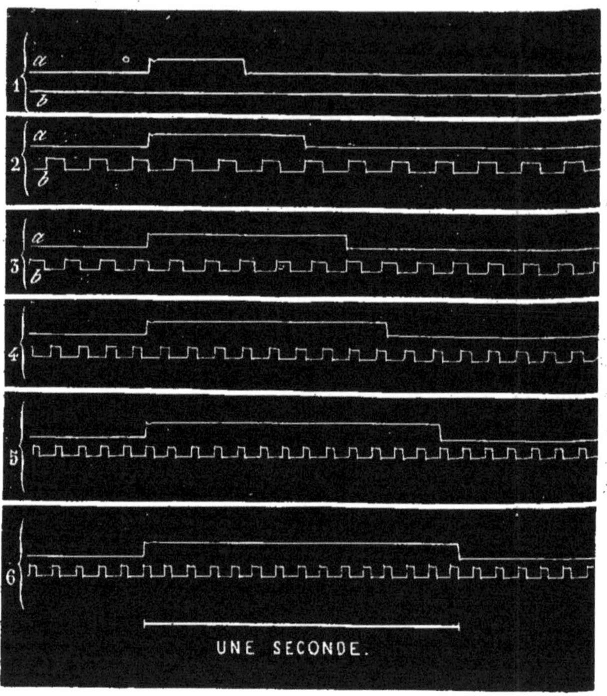

Fig. 249. Six expériences destinées à mesurer la durée d'abaissement de l'aile d'un oiseau factice animé d'une translation plus ou moins rapide.

trique. La disposition était telle qu'un courant de pile traversant un signal électro-magnétique annonçait, par une élévation de la ligne tracée, le début de l'abaissement de l'aile, et par une chute de cette ligne la fin de cet abaissement.

La figure 249 montre une série de six expériences désignées sous les numéros 1, 2, 3, etc., de haut en bas. Dans chaque expérience, la ligne supérieure *a* exprime par une élévation plus ou moins prolongée du trait, la durée de l'abaissement de l'aile; on voit que, de la première à la dernière expérience, cette durée est de plus en plus longue. En bas de la figure est un trait qui indique la durée d'une seconde.

Cet allongement croissant de la durée d'abaissement de l'aile tenait à ce que la machine-oiseau, immobile dans l'expérience numéro 1, était animée d'une vitesse de translation de plus en plus grande dans les expériences suivantes. Voyons comment cette vitesse était chronographiquement mesurée.

Rappelons d'abord que les notions de vitesse, de durée et de fréquence sont connexes, attendu que la vitesse peut s'exprimer soit par le temps nécessaire à faire un chemin, soit par le chemin parcouru dans l'unité de temps. C'est à cette dernière mesure que je recourus pour inscrire la vitesse de la machine. Celle-ci recevait son mouvement d'une corde qui s'enroulait autour d'une poulie d'un périmètre connu. Chaque tour de la poulie faisait agir deux fois un second signal électro-magnétique, placé à côté du premier, de sorte que, plus la translation était rapide, plus étaient fréquents et rapprochés sur le papier les signaux du second appareil. La ligne *b*, dans les six doubles tracés de la figure 249, exprime donc que la vitesse de translation de la machine était toujours croissante, du commencement à la fin de la série d'expériences.

Il est donc démontré que l'abaissement de l'aile se ralentit, en raison de la vitesse de translation croissante de la machine, et cette durée, comme cette vitesse, sont mesurées par les procédés chronographiques, avec une précision que nul autre moyen d'observation ne saurait atteindre.

Des repères.

Quand deux ou plusieurs tracés sont superposés et qu'on veut savoir exactement si certains détails qui y sont marqués coïncident d'une manière complète, il ne serait pas prudent d'estimer cette relation de temps d'après la superposition des courbes, car elle n'est jamais absolument parfaite. De plus, quand les tracés ont une grande amplitude, la pointe qui les trace décrit un arc de cercle et s'éloigne plus ou moins de la verticale sur laquelle elle devrait tracer. (Voyez fig. 259, p. 505.)

Pour estimer les rapports que présentent entre elles deux inflexions prises sur deux courbes recueillies simultanément, on rapporte la position de chacune à un *repère* tracé de la manière suivante.

Le cylindre étant arrêté, après qu'on a recueilli un tracé à plusieurs courbes, on fait appuyer tous les leviers inscripteurs sur le papier dans un point voisin du lieu où sont écrits les détails que l'on veut comparer; puis, le cylindre étant toujours immobile, on comprime tous les tubes à air qui commandent les tambours à levier. S'il y a en même temps inscription de signaux électro-magnétiques, on fait agir tous ces signaux. Enlevant alors les différents styles inscripteurs, on voit sur le papier une série de traits ou de petits arcs de cercle, ce sont les repères destinés à comparer les relations que présentent, au point de vue de leur succession, les différents détails des tracés.

On prend l'ouverture de compas qui sépare un détail de la première courbe du repère qu'on y a tracé; puis, on porte cette ouverture de compas sur une autre courbe pour savoir si, entre le repère tracé sur cette courbe et certains détails qu'elle présente, il y a la même distance que dans la mensuration qui vient d'être faite. Si ces retards sont égaux, c'est que les détails inscrits dans les deux courbes étaient synchrones. On a mesuré ainsi le synchronisme parfait des systoles des deux ventricules du cœur.

S'agit-il d'estimer le retard de deux actes, c'est encore à des repères qu'on se rapporte.

Ainsi, dans les tracés de la pulsation du cœur et du pouls d'une artère recueillis simultanément, on prend l'ouverture de compas qui sépare la pulsation cardiaque du repère qui lui correspond, et on reporte cette ouverture sur la ligne des tracés du pouls. On constate alors que la distance est un peu plus longue entre le repère et la courbe du pouls : c'est la mesure du retard de l'ondée sanguine.

La figure 250 montre, dans un cas d'irrégularités provoquées des pulsations du cœur, les effets qui se produisent du côté de la pression artérielle. Les repères E formés de lignes ponctuées permettent de constater les correspondances de ces différentes courbes.

Quand on prend des repères, il faut avoir soin de replacer les pointes des plumes exactement dans la position qu'elles occupaient pendant qu'on écrivait les tracés; le mieux est de les laisser en place toutes les fois que cela est possible. En effet, comme presque toujours les plumes sont un peu courbes, suivant qu'on les appuie plus ou moins sur le cylindre, on modifie leur degré de

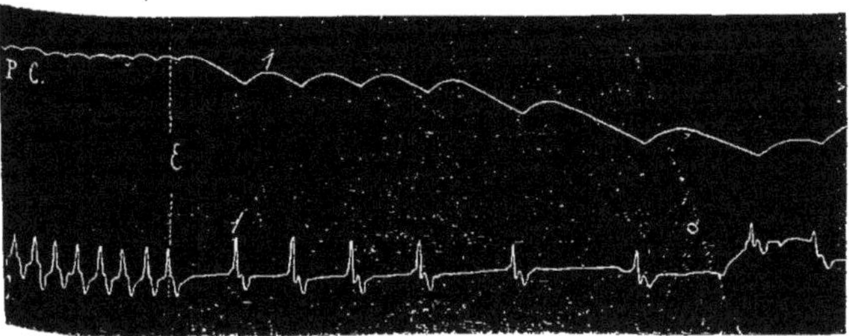

Fig. 250. C P, pression carotidienne du lapin ; C, pulsations du cœur. — Au point E, on excite les narines avec une goutte d'ammoniaque. — Le cœur se ralentit considérablement, la pression s'abaisse. A la fin du tracé, deux pulsations plus rapprochées se produisent ; la pression commence à remonter. (Expériences de François Franck.)

courbure, et par conséquent leur longueur, ce qui déplace la position du repère d'une quantité qui peut être inégale dans les différents tracés.

Si l'on se reporte à la figure 137, page 274, qui représente des tracés de la vitesse et de la pression du sang, on remarquera que les arcs de cercle, formant repères sur l'une et l'autre courbe, sont dirigés en sens inverse l'un de l'autre. Cela tient à ce que dans la construction de l'appareil, le levier de la pression et celui de la vitesse avaient leurs pointes tournées l'une contre l'autre. Mais cette disposition a été depuis abandonnée par Chauveau qui emploie des tambours à levier semblables pour la double inscription de son *hémodromographe* combiné au *sphygmoscope* (fig. 122, p. 235).

CHAPITRE IV.

INSCRIPTION D'UN MOUVEMENT SIMPLE RECTILIGNE D'UN SEUL SENS OU DE SENS ALTERNATIFS.

Vitesses imprimées à différentes masses par des forces constantes. — Vitesses des projectiles de guerre, par Marcel Deprez. — De l'odographe, appareil explorateur de la marche. — Analyse d'un tracé de marche. — Variations de fréquence des actes physiologiques : pouls humain, respiration. — Amplification de la force, relais électriques. — Moyen de guider un style inscripteur. — Qualités que doit avoir un bon style traceur. — Moyen d'éviter la déformation des tracés par l'arc de cercle que décrit le levier inscripteur. — Correction de l'arc de cercle sur les tracés. — Élimination des effets de l'arc de cercle dans les tracés.

Analyse de la courbe tracée sur la machine de Poncelet et Morin, par un corps qui tombe.

Si, par l'origine de la courbe (fig. 251), on mène une ligne OX parallèle à la génératrice du cylindre, cette ligne servira à compter les espaces parcourus ; elle sera l'axe des ordonnées. D'autre part, une perpendiculaire à cette ligne sera l'axe des abscisses OY et servira à compter les temps. On pourra s'assurer tout d'abord que, sur chaque point de la courbe tracée par le corps qui tombe, la projection de ce point sur l'axe des y correspond au carré de celle du même point sur l'axe des x, c'est-à-dire que *les espaces parcourus sont proportionnels aux carrés des temps*, ce qui est la loi du mouvement accéléré.

Il suit de là que la courbe tracée est une parabole, ce dont on peut s'assurer par une construction géométrique : en menant plusieurs droites tangentes à cette courbe en divers points, des perpendiculaires à ces droites menées aux points de tangence, se

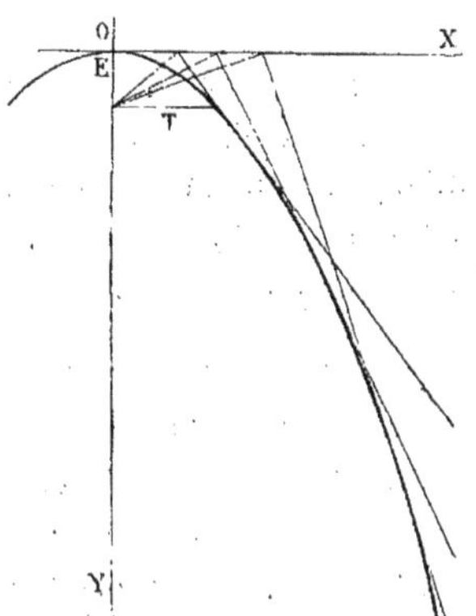

Fig. 251. Courbe parabolique tracée par la chute du corps.

couperont toutes en un même point qui sera le foyer de la parabole.

Loi des vitesses.

Dans la chute des corps, les vitesses sont proportionnelles aux temps. Cette loi se déduit de la courbe tracée dans l'expérience ci-dessus. La vitesse, à tout instant, s'évalue d'après l'inclinaison que la tangente à la parabole présente par rapport à l'axe des y. L'expérience montre que cette tangente est égale au double de l'espace parcouru (compté sur l'axe des y), divisé par le temps (compté sur l'axe des x), c'est-à-dire $V = \frac{2E}{T}$. Le rapport $\frac{V}{T}$ est constant, d'où il suit que les vitesses sont proportionnelles aux temps.

On peut, avec cette machine, déterminer en chaque lieu l'intensité de la pesanteur, ou la vitesse que les corps qui tombent ont acquise au bout d'une seconde de chute; il suffit de chercher sur la courbe quelle est la vitesse au bout d'une fraction connue de seconde, et l'on obtiendra, par une simple proportion, la vitesse qu'aurait le mobile au bout d'une seconde entière. A Paris, cette vitesse est à peu près de $9^m,808$.

Les vitesses sont proportionnelles aux forces.

Morin et Tresca ont déterminé cette loi pour des forces moindres que la pesanteur. A cet effet ils reliaient, au moyen d'un fil, le poids qui tombe avec un autre poids libre de se mouvoir sur un plan parfaitement dressé, sur lequel il glissait entraîné par la chute de l'autre. La force de la pesanteur n'agissant que sur l'un des poids P et devant entraîner une masse égale à $\frac{P+p}{g}$, il s'ensuivait une vitesse moindre du mouvement qui gardait toutefois son caractère de mouvement accéléré.

On pourrait peut-être, dans cette expérience, substituer avec avantage l'emploi d'une poulie analogue à celle de la machine d'Atwood, à celui du plan glissant qui doit toujours donner des résistances de frottements plus considérables. Ainsi le poids P serait suspendu à un fil qui, se réfléchissant sur la poulie, supporterait le poids p.

Pour *les forces plus grandes que la pesanteur*, on peut recourir à un procédé que j'ai employé avec succès. Toute force constante se comporte comme la pesanteur, c'est-à-dire imprime à une masse un mouvement uniformément accéléré. Si nous supposons qu'un ressort à force constante dont l'effort équivaudrait à 200 grammes agisse sur une masse qui ne pèse que 100 grammes, pour lui imprimer un mouvement de translation horizontal, ce mouvement sera uniformément accéléré, et la vitesse sera double de celle que la pesanteur eût imprimée à ce même poids. Voici les détails de cette expérience.

Au-dessus d'un cylindre enfumé, qui tourne uniformément, on a placé un chariot (fig. 252) qui roule au moyen de quatre galets sur un petit chemin de fer, parallèlement à la génératrice du cylindre. Ce chariot porte un style qui trace sur le cylindre. Supposons que le chariot soit comme dans la figure B, fixé d'une part au moyen d'un fil qui s'attache à un crochet et tiré par un autre fil qui se réfléchit sur une poulie et porte un poids. Au moment où, à la flamme d'une bougie, on brûlera le fil qui retient le chariot, celui-ci sera entraîné par la chute du poids P et tracera la courbe du mouvement accéléré.

Supposons maintenant que le poids P soit suspendu à un fil

de caoutchouc d'un mètre de long, ce fil constituera sensiblement

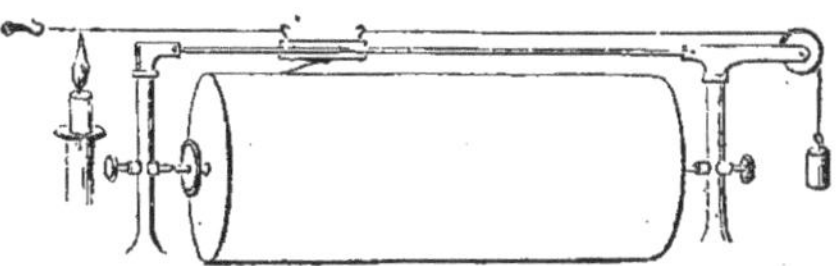

Fig. 252. Disposition de l'expérience pour déterminer les lois du mouvement accéléré sous l'influence de la pesanteur ou d'autres forces constantes.

un ressort à force constante; il s'allongera beaucoup et prendra une force élastique égale à P.

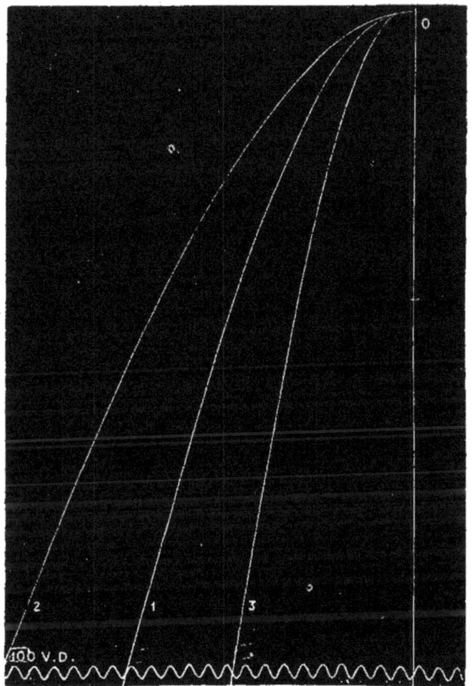

Fig. 253. Courbes de la chute des corps. — 1. Chute sous l'influence de la pesanteur. — 2. Chute sous l'influence d'une force égale à la moitié de la pesanteur. — 3. Chute sous l'influence d'une force égale au double de la pesanteur.

Au moment où l'on brûlera le fil qui retient le chariot, celui-ci se mettra en marche, non plus sous l'influence de la *chute du poids*, mais sous l'influence de la force élastique du fil P. Or cette force élastique, agissant sur le chariot dont le poids p peut être deux fois, trois fois, etc. plus petit que P, imprimera à ce chariot des vitesses qui seront deux fois, trois fois, etc. plus grandes que celles que la pesanteur lui communiquerait. La figure 253 montre les courbes tracées par une même force appliquée à des masses différentes; pour obtenir ces variations, on a adapté au chariot des masses additionnelles, de façon à lui donner un poids plus ou moins grand.

Le poids tenseur P étant de 100 grammes, si le chariot pesait lui-même 100 grammes, les conditions seraient les mêmes que si le chariot tombait sous l'influence de la pesanteur; il décrirait la courbe 1, figure 253.

Mais, si au moyen de masses additionnelles nous portons le poids du chariot à 200 grammes, la traction du fil de caoutchouc restant la même, n'imprimera plus au chariot qu'une vitesse deux fois moindre : courbe n° 2. Enfin, si le chariot allégé et réduit au poids de 50 grammes est sollicité par cette même force de 100 grammes, il prendra une vitesse double de celle que lui eût imprimée la pesanteur : courbe n° 3.

Construction de l'odographe.

Après avoir fait différents essais pour disposer le rouage moteur du cylindre et le rouage moteur du style, de manière à occuper le moins de place possible, l'idée me vint de mettre tous les rouages à l'intérieur du cylindre, ce qui, outre une grande économie de place, avait l'avantage de mettre ces organes délicats à l'abri de la poussière et des causes de dérangement. Le cylindre est divisé en deux parties par un diaphragme intérieur. Le compartiment inférieur est destiné à loger le rouage d'horlogerie qui fait tourner le cylindre; le compartiment supérieur contient l'appareil moteur du style écrivant.

Pour produire l'entraînement du cylindre par le rouage d'horlogerie, le diaphragme qui partage le cylindre en deux est embroché par un axe creux légèrement conique, à ouverture tournée en bas. Un axe conique plein sur lequel est adapté le barillet de l'horloge s'engage dans l'ouverture du diaphragme et entraîne le cylindre dans son mouvement de rotation qui est calculé de telle sorte que six centimètres de papier cheminent en une heure.

La moitié supérieure du cylindre contient les organes qui actionnent le style écrivant. Un tube à air apporte la soufflerie dans l'intérieur d'un tambour métallique dont la membrane est faite de soie huilée. Cette membrane, dans son va-et-vient, fait à chaque fois passer une dent d'une roue qui constitue la tête d'une longue vis logée dans une des colonnes latérales de l'instrument. Or, cette vis traverse un écrou qui porte le style ; à chaque tour de la vis, le style se sera élevé de l'épaisseur d'un pas, soit 1/2 millimètre ; si la roue a cent dents, il faudra donc deux cents soufflerles pour faire parcourir un millimètre au style, soit deux cents tours de roue. Quand le chariot est arrivé en haut de la colonne, il retombe par son propre poids, s'embraye de nouveau et va recommencer une ligne nouvelle. Les tracés de l'odographe se raccordent d'une manière parfaite, la fin de l'un se trouve sur la même ligne verticale que le commencement du tracé suivant. Aussi, peut-on inscrire pour ainsi dire indéfiniment sur la même feuille sans avoir à craindre que les traits se confondent entre eux.

Analyse du tracé fourni par une voiture en marche.

Soit (fig. 255, p. 493) la courbe A qui a été fournie par une voiture en marche. Au premier coup d'œil, on voit que l'inclinaison de cette ligne sur l'horizon n'est pas toujours la même. Parfois cette ligne est parfaitement horizontale, ces cas correspondent à des arrêts complets du véhicule ; d'autres fois, la pente ascendante est plus rapide, ce qui exprime une plus grande célérité de la marche, c'est-à-dire un plus grand nombre de tours de roue en un temps donné. Lorsqu'on tient note des différentes pentes de la route parcourue, de l'état de plus ou moins bon entretien du chemin, on constate que presque toujours l'élévation brusque de la courbe correspond à une descente du terrain ou à une portion de la route en meilleur état que les autres. Inversement, quand la courbe s'élève lentement, on a eu affaire à une montée, à une route défoncée, ou récemment empierrée, etc. Ces notions préliminaires sur les vitesses relatives de la marche, aux divers instants du parcours, présentent beaucoup moins d'intérêt que les estimations précises que l'on peut faire au moyen de l'odographe : je veux parler des distances absolues qui séparent deux ou plusieurs points, des temps absolus employés à parcourir telle ou telle partie d'une route, et de la durée des arrêts; enfin, de la vitesse réelle du véhicule à tel ou tel instant de la marche, ce qui résulte de la combinaison des deux

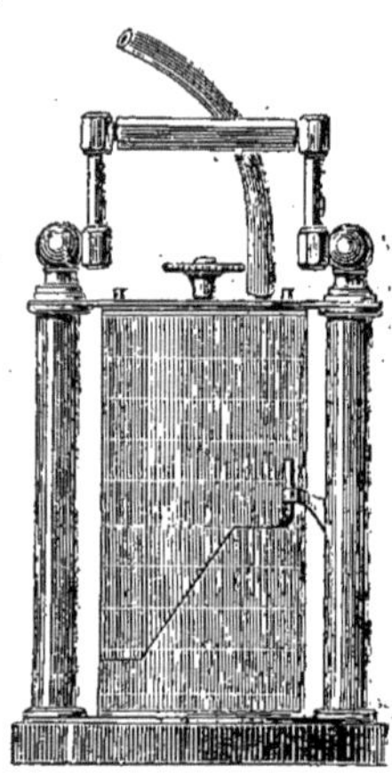

Fig. 254. Odographe, appareil inscripteur des espaces parcourus en fonction du temps.

notions exactes dont on vient de parler: celle du temps et celle du chemin.

La mesure du temps résulte de la construction même de l'instrument; le rouage qui fait tourner le cylindre est une véritable horloge dont la vitesse de rotation parfaitement uniforme fait défiler, par exemple, 1 millimètre de papier à la minute.

Il résulte de là qu'au bout d'une heure, il aura passé 60 millimètres de papier, de sorte que, sur le réseau centimétrique et millimétrique dont le papier est couvert, les petites divisions seront les minutes, tandis que les centimètres correspondront à dix minutes. Enfin on pourrait tracer par avance les divisions horaires en renforçant la ligne centimétrique de six en six divisions.

La mesure des chemins est essentiellement expérimentale : pour l'obtenir, on s'arrête sur une route en face d'une borne kilométrique, puis on marche jusqu'à la borne suivante, où l'on s'arrête

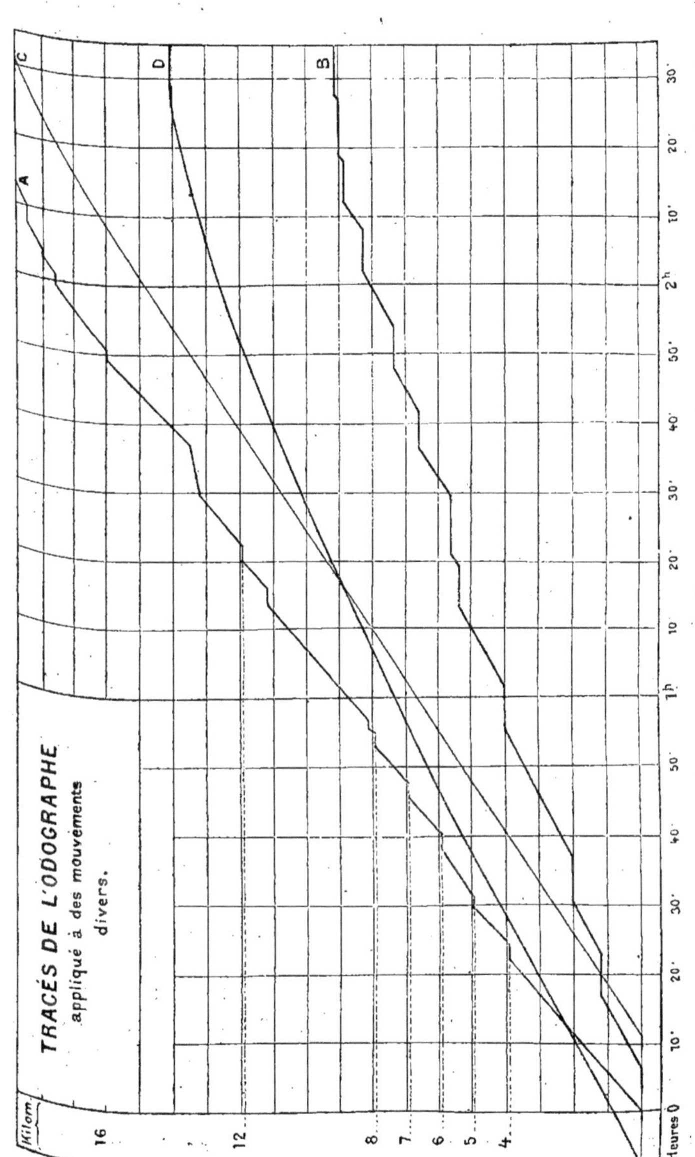

Fig. 255. Courbes de différents mouvements tracés par l'odographe.

encore, puis on va s'arrêter en face d'une troisième borne, etc. Cette expérience donne un tracé coupé de distance en distance par des temps d'arrêt régulièrement espacés; la distance verticale, c'est-à-dire comptée sur les ordonnées qui séparent les uns des autres les temps d'arrêt successifs, est parfaitement constante; elle correspond à un kilomètre.

J'ai dit qu'il est bon de faire l'expérience sur un certain nombre de kilomètres, quoiqu'une seule expérience suffise à la rigueur; mais en opérant sur un chemin plus long, on obtient une mesure plus exacte.

Supposons que la longueur de papier que le style de l'odographe a parcourue pendant 10 kilomètres soit de 31 millimètres; cela porte à 3 millimètres et 1 dixième la longueur de papier qui correspond au kilomètre. Or cette longueur ne traduit le kilomètre que pour la voiture sur laquelle on a expérimenté. En effet, le périmètre des roues variant d'une voiture à l'autre, on conçoit aisément que, pour chaque voiture, on doive construire spécialement une échelle kilométrique. Peut-être même l'usure du fer de la roue, diminuant le périmètre de celle-ci, constitue-t-elle, à la longue, une cause de variation dans la longueur qui traduira le kilomètre mesuré avec l'odographe; mais ce sont là des subtilités négligeables et dont, à la rigueur, on déterminerait l'influence au moyen d'une nouvelle graduation.

Ceci posé, nous voici en mesure d'analyser un tracé d'odographe et d'en tirer tous les renseignements qu'on peut désirer relativement à la marche effectuée.

Premier problème. — Évaluation des distances. — Sur les routes de traverse non kilométrées, à l'intérieur des villes, à travers champs, il est fort difficile d'évaluer les distances, et pourtant on voudrait savoir quel est le plus court chemin pour aller à un endroit où mènent plusieurs routes.

L'expérience consiste à faire le trajet par un certain chemin en limitant le tracé de la courbe par deux arrêts bien reconnaissables : l'un au départ et l'autre à l'arrivée. Le tracé sera constitué par une ligne droite ou sinueuse plus ou moins oblique, suivant les accidents de la marche, mais qui s'étendra d'un trait horizontal, arrêt initial, à un autre trait horizontal, arrêt terminal. La distance comptée sur l'axe des y contiendra un certain nombre de fois la longueur correspondante à un kilomètre; le quotient de cette division exprimera la distance parcourue. La même expérience, faite en passant par un autre chemin, montrera quel est le plus court des deux.

Mesure des temps employés.

A partir de l'origine de l'expérience, abaissons une verticale sur l'axe des x, ou, plus simplement, prolongeons la division millimétrique qui correspond à cette origine jusqu'à l'axe des x. Puis, prolongeons jusqu'au même axe la division millimétrique qui correspond à la fin de l'expérience, et nous aurons les deux points extrêmes exprimant les limites de la durée de la course. Le nombre de millimètres contenus entre ces deux points extrêmes sera le nombre de minutes dépensées. Si l'on compare ainsi les deux expériences où, tout à l'heure, on cherchait quel est le plus court de deux chemins qui vont d'un lieu à un autre, il peut se trouver que le trajet le plus court corresponde à une plus grande durée du voyage. De telle sorte qu'il y a lieu de considérer, suivant le cas, le chemin de courte distance de celui de courte durée.

Dans un tracé de voyage, si l'on veut défalquer les temps d'arrêt, il faut voir à combien de millimètres et fractions correspond chacun d'eux ; en additionnant ces nombres, on aura, en minutes et fractions, le temps pendant lequel la voiture est restée sans marcher.

La vitesse de marche n'étant autre que la relation de l'espace au temps, aura son expression naturelle quand on lira le chemin parcouru sur l'axe des y et le temps employé sur l'axe des x. Par exemple, 12 kilomètres en 65 minutes sera l'expression de la vitesse d'un parcours. Mais, si l'on voulait rapporter cette vitesse à l'unité, on chercherait le temps dépensé pour parcourir 1 kilomètre. Ce temps correspond à la base d'un triangle rectangle dont l'hypoténuse est la ligne de marche et dont la hauteur est égale à la longueur qui correspond à 1 kilomètre.

Il y a parfois intérêt à savoir à raison de combien de kilomètres on marchait à certain endroit du voyage. Il suffit alors de prolonger le tronçon du chemin que l'on considère jusqu'à ce qu'il devienne l'hypoténuse d'un triangle rectangle dont la hauteur est égale à la longueur qui exprime 1 kilomètre. Alors le côté inférieur de ce triangle exprime le temps qui serait nécessaire pour parcourir 1 kilomètre à cette allure.

Enfin, une notion qui ressort également des tracés de l'odographe, est celle de la vitesse moyenne. Pour l'obtenir, il faut diviser arithmétiquement le nombre total des kilomètres parcourus par le temps total du voyage, avec ou sans défalcation des arrêts qui ont eu lieu.

Appareil explorateur de la marche.

Il semble que rien ne soit plus facile, étant donnée la force considérable des mouvements que la jambe effectue dans la marche, que de se servir de ces mouvements pour actionner une soufflerie qui agisse sur l'odographe, et pourtant j'ai eu, dans les tentatives que j'ai faites à cet égard, une série d'insuccès que je dois faire connaître, afin d'éviter des tâtonnements inutiles aux expérimentateurs qui voudraient s'occuper du même sujet.

Le gonflement si énergique des muscles que l'on sent en appuyant la main sur la cuisse pendant la marche, me sembla d'abord pouvoir être utilisé.

Dans une première série d'essais, une sorte de cuissard entourait le membre, et les changements de forme de la cuisse devaient produire des effets analogues à ceux des dilatations et resserrements du thorax dans l'inscription des mouvements respiratoires. Mais je m'aperçus que le périmètre total de la cuisse change peu, car, tandis que les fléchisseurs se contractent, les extenseurs se relâchent et réciproquement. — Un explorateur du gonflement d'un muscle donne de meilleurs résultats, mais la difficulté consiste, dans la construction de l'appareil, à faire que le bouton explorateur du gonflement musculaire ne se déplace pas. — Une sorte de bandage herniaire constitue bien un point fixe pour faire un explorateur du gonflement musculaire; mais c'est un embarras insupportable, et mieux vaut chercher ailleurs la force dont on a besoin. — Les mouvements de flexion et d'extension de la cuisse sur le bassin ont été autrefois utilisés dans certains podomètres pour faire échapper une dent du rouage; mais ici encore il y a une difficulté pour la construction des appareils.

Un moyen excellent consiste à utiliser l'appui du pied sur le sol.

Dans mes anciennes expériences sur la marche, j'ai employé ce que j'appelais des *chaussures exploratrices* (fig. 71, p. 156); chaussures dont les semelles, formées d'une épaisse feuille de caoutchouc, contenaient dans leur épaisseur une petite chambre à air compressible. Ces chaussures se prêtent fort bien à actionner l'odographe. Mais, comme de telles chaussures sont incommodes pour faire de longues marches, j'ai cherché une disposition qui permît d'utiliser une chaussure quelconque, en y adaptant la soufflerie à air. C'est dans la cambrure de la semelle que je logeai d'abord l'explorateur des pas. Quatre vis s'implantant dans la face antérieure du talon maintenaient l'appareil. Celui-ci était formé d'une petite capsule à forte membrane que venait écraser, à chaque appui, une sorte de bouchon porté par une pièce saillante articulée à charnière le long de la face antérieure du talon. Un tube de petit calibre s'élevait en dedans du pied et se continuait avec un tube de caoutchouc à épaisses parois qui montait dans la jambe du pantalon, ressortant à la ceinture pour se rendre à l'odographe.

On n'éprouve aucune gêne à porter un tel instrument, et j'ai pu faire plus de deux lieues d'un pas très-rapide sur une route ordinaire sans que l'appareil se détériorât; seulement, j'avais soin de ne poser le pied que sur un sol plat, me défiant des pierres roulantes qui eussent pu s'engager dans la cambrure de la chaussure et détériorer l'appareil.

Pour n'avoir pas à me préoccuper de ce danger possible et pouvoir marcher par toute espèce de chemin, j'ai adopté une dernière disposition qui me semble tout à fait bonne et que voici : A l'intérieur du talon, figure 256, est une caisse à air contenant un

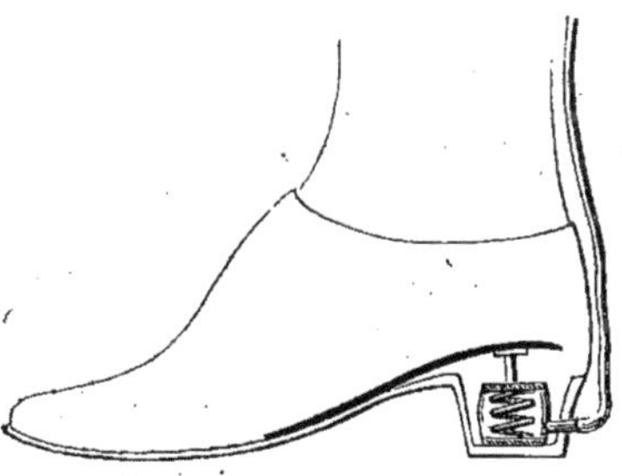

Fig. 256. Chaussure destinée à actionner l'odographe à chaque pas.

ressort de laiton. Un bouton saillant à l'intérieur de la chaussure est placé sous une languette d'acier formant semelle. La pression du pied sur cette languette chasse l'air, à chaque pas, à travers un tube qui monte derrière le talon.

Enfin, au moment où j'écris ces lignes, je viens d'essayer une *semelle à soufflet* construite par V. Tatin, qui me semble encore plus parfaite, puisqu'elle peut se glisser dans toute chaussure et ne nécessite pas une construction spéciale. Un tube de caoutchouc montant dans le pantalon met cette semelle en communication avec l'odographe.

Des relais électriques.

Quand il ne s'agit que de signaler la fréquence de certains actes intermittents ou de les faire agir sur l'odographe qui en inscrit la fréquence sous forme de courbe, les relais électriques sont d'un emploi précieux. Je vais en décrire un type applicable à presque tous les besoins. Il se compose de deux parties : un appareil interrupteur et un appareil électro-magnétique qui sert de générateur intermittent de travail mécanique.

Interrupteur. — Supposons qu'un tambour à levier reçoive le mouvement qui devra actionner l'odographe ; ce mouvement, commandé par les pulsations du cœur, par celles d'une artère ou par la respiration, est trop faible pour agir directement ; il n'aura

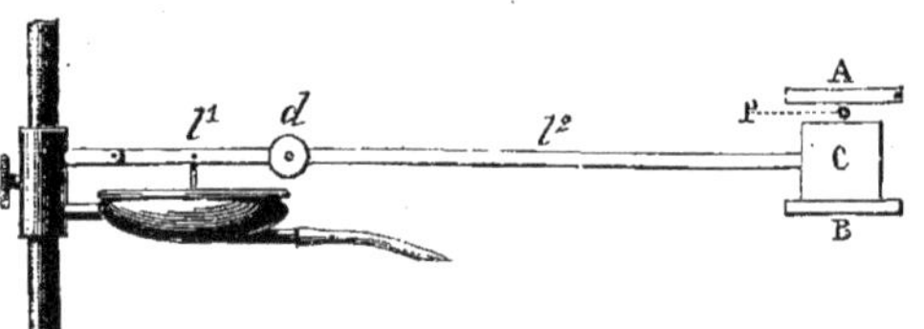

Fig. 257. Interrupteur électrique à lame de mica.

d'autre rôle que de mouvoir la plaque interruptrice C et de provoquer l'action intermittente d'un électro-aimant dont nous parlerons tout à l'heure. Ce levier oscillant est brisé au point *d* où ses deux moitiés peuvent se couder l'une par rapport à l'autre, grâce aux frottements de deux disques traversés par un axe. Le frottement doux de ces pièces suffit à entraîner l'extrémité du levier l^2 et à la maintenir sur le prolongement de la partie motrice l^1 tant que le mouvement de l^2 ne rencontre aucune résistance. On dispose l'appareil de façon que l'oscillation du levier se fasse dans un plan horizontal; ainsi, dans la figure 257, le plan de la membrane du tambour serait vertical.

Or, le levier l^2 porte à son extrémité une lame de mica C destinée à couper le courant électrique à chaque oscillation. Cette lame traversera une goutte de mercure apparaissant sous forme d'un point noir P; cette goutte réunit les deux bouts du fil conducteur, disposition souvent employée dans les pendules astronomiques.

Mais les oscillations de la pression du sang, par exemple, peuvent se faire autour de niveaux très-variés: tantôt ce sont de petites oscillations autour d'une pression forte, tantôt de grandes oscillations autour d'une pression faible. Il arriverait donc souvent que ces oscillations se feraient dans un point où elles ne couperaient pas le courant. Ici apparaît le rôle de l'articulation *d*. Ne laissons aux oscillations de la plaque de mica C, que la faible étendue nécessaire pour couper le courant, et limitons-en l'excursion au moyen de deux obstacles A et B convenablement placés. Supposons que la plaque se portant contre la goupille A vienne de couper le courant; tout mouvement commandé par la membrane qui tendrait à se porter encore dans cette direction aura pour unique effet de couder l'articulation *d* en la faisant saillir du côté de A. Mais dès que la membrane reviendra en arrière, le premier effet sera de ramener la plaque interruptrice de A vers B et de rouvrir le courant. Dès que la plaque rencontrera l'obstacle B, tout mouvement dans ce sens sera arrêté et l'action du tambour à air n'aura d'autre effet que de redresser l'articulation *d* et même de faire passer en sens inverse l'angle qu'elle faisait tout à l'heure. Avec cette disposition, quelle que soit la condition dans laquelle s'effectue le mouvement de la membrane du tambour, le premier effet de ce mouvement sera toujours de rompre la colonne de mercure et par conséquent le courant de relais.

Appareil électro-magnétique. — Il s'agit d'obtenir un mouvement d'air aussi intense que possible, afin d'assurer le fonctionnement de l'odographe; et par conséquent, il faut que l'armature de l'électro-aimant exécute elle-même des mouvements aussi étendus que possible. Or, dans les mouvements électro-magnétiques, la force n'est un peu considérable que si les pièces sont à très-courte distance. J'ai remédié à cet inconvénient au moyen du *répartiteur* de Robert-Houdin.

Dans cet appareil, on donne à l'armature de l'électro-aimant une surface légèrement convexe et on la fait reposer sur une autre surface, également convexe, pivotant à l'une de ses extrémités. Les deux convexités sont calculées de façon que le point de tangence change à mesure que l'armature s'approche davantage du fer doux de l'électro-aimant, et que le bras de levier de la force magnétique soit plus favorable quand cette force est moins grande. On obtient ainsi un mouvement d'une grande étendue et d'une force suffisante pour faire une bonne soufflerie.

Un accident qui se produit toujours quand les mouvements sont rapides est le suivant. Si les deux phases de l'action magnétique sont inégales en durée, ce qui se produit le plus souvent, il s'ensuit que l'air enfermé dans les appareils est plus longtemps comprimé que raréfié ou inversement. Les petites fuites qui existent toujours dans quelque point des tubes laissent passer à la longue cet air dans le sens de l'action la plus prolongée, de sorte que bientôt les tambours à air sont vidés ou remplis outre mesure et cessent de fonctionner.

On évite cet inconvénient en donnant, s'il est possible, les mêmes durées aux deux phases de l'action magnétique; sinon, on aura soin de laisser dans les tubes une fuite d'air suffisamment large pour que, pendant l'intervalle de deux actes, la pression dans les tambours à air se remette en équilibre avec la pression extérieure. On perd de cette façon une partie de la force motrice de la machine; mais, si la pile est forte, cette force reste encore suffisante et la fonction est assurée contre toute cause d'arrêt.

Moyen de guider les styles inscripteurs.

Pour qu'un style inscripteur reproduise tous les déplacements qu'exécute un point qui se meut en ligne droite, il faut, d'une part, guider ce style de manière qu'il se meuve lui-même bien exactement en ligne droite, puis il faut le rendre solidaire des mouvements du point considéré.

Pour guider le style en ligne droite, on se sert d'un chariot léger roulant, au moyen de quatre galets, sur un petit chemin de fer. La figure 258 représente un chariot de ce genre. Le chariot C porte en dessous une pointe flexible S qui, sous l'action d'un excentrique, s'abaisse plus ou moins à volonté, de manière à toucher la surface enfumée sans donner naissance à des frottements sensibles.

Les roues du chariot sont horizontales, et la gorge circulaire qu'elles portent reçoit l'arête des rails *rr*, entre lesquels elles roulent, en exerçant une légère poussée latérale qui tient le chariot suspendu. Ce chariot curseur est fait en aluminium, afin d'of-

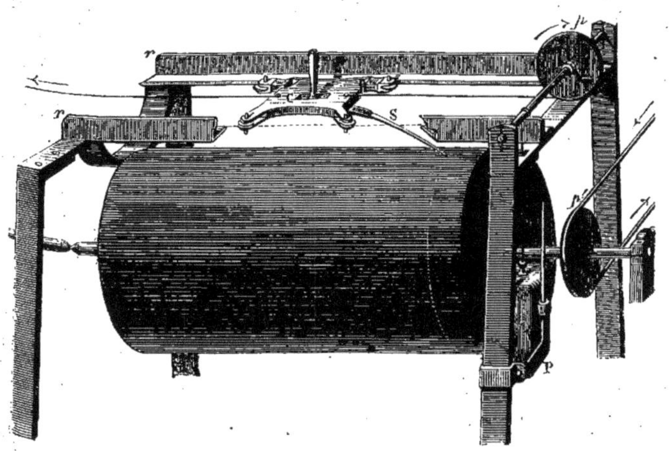

Fig. 258. Chariot et style avec glissière et roulettes.

frir le moins possible d'inertie quand on lui communique des mouvements rapides.

Souvent je me suis servi d'une simple pièce d'aluminium portant quatre encoches à ses quatre angles, et recevant dans ces encoches les bords des rails entre lesquels elle glissait.

Pour rendre le chariot solidaire des mouvements du point qu'on étudie, on se sert d'un simple fil qui réunit ce point mobile à l'un des bouts du chariot. D'autre part, un ressort antagoniste tend à agir en sens inverse. Avec cette disposition, les va-et-vient du point mobile sont reproduits par le chariot qui tantôt obéit à la traction du fil, et tantôt à celle du ressort antagoniste, comme on l'a déjà vu pour les tambours à leviers conjugués.

Au lieu d'un ressort (fil de caoutchouc, spirale de cuivre, etc.), on peut se servir d'un contre-poids, à la condition que celui-ci n'exécute que des mouvements extrêmement bornés, sans quoi les effets de l'inertie se feraient sentir. La disposition représentée figure 258 est celle que je donne ordinairement au contre-poids; celui-ci, supporté par un fil qui s'enroule autour d'un axe peu épais, n'a qu'une excursion très-peu étendue.

Quand la force qui doit agir sur le chariot est extrêmement faible et que les frottements sur les rails, si faible qu'ils soient, constitueraient une très-grande résistance au mouvement, on se sert de flotteurs conjugués qu'on place sur deux canaux. Cette disposition guide très-bien le style et ne donne que des résistances insignifiantes (voyez p. 210).

Des qualités que doit avoir un bon style inscripteur.

Il semble très-simple, au premier abord, de faire un style inscripteur avec une matière quelconque taillée en pointe, car le moindre frottement enlève le noir de fumée qui couvre le papier. On va voir qu'il n'en est point ainsi lorsqu'on veut avoir un style parfait. Ce style doit réunir les qualités suivantes : *être sans pesanteur ; être parfaitement flexible dans le sens suivant lequel il rencontre le papier et parfaitement rigide dans l'autre sens ; il ne doit pas gripper sur les rugosités du papier, et doit toujours être en contact avec la surface sur laquelle il écrit.* Toutes ces qualités sont réunies quand on se sert d'un morceau de baleine ou de plume d'oie aplati, limé très-mince et taillé en angle aigu. Nous allons motiver la nécessité des conditions diverses que doit présenter le style.

Le style doit être sans pesanteur, car dans un levier inscripteur, c'est la partie qui exécute les mouvements les plus étendus; toute masse soumise à des vitesses considérables altère la forme du mouvement qui lui est communiqué. Il arrive parfois qu'un style comme celui d'un chronographe doive vibrer cent fois, et même davantage, dans une seconde. Qu'on l'alourdisse au moyen d'une légère masse, aussitôt on voit diminuer l'amplitude des mouvements qu'il exécute.

Le style doit être très-flexible dans le sens de la pression qu'il exerce sur le cylindre, sans cela, la moindre excentricité du cylindre créerait des frottements énergiques contre le style, ou bien le contact entre celui-ci et le papier cesserait. Avec une grande flexibilité du style, on évite ces dangers. On établit le contact de la pointe écrivante avec le papier, puis on rapproche encore plus le levier du cylindre. Le style plie alors, mais, grâce à sa flexibilité, ce rapprochement de la plume contre le papier ne crée pas de frottements sensibles. Le style doit avoir une grande rigidité dans le sens transversal; en effet les mouvements que le style doit tracer sont parallèles à la génératrice du cylindre sur lequel on écrit; ces mouvements sont parfois très-bornés, de sorte que si on les voulait inscrire avec une tige flexible dans tous les sens, ils seraient souvent entièrement absorbés par la flexion de cette tige. Un cheveu, par exemple, mis à l'extrémité d'un levier inscripteur, ne donnerait aucun mouvement appréciable dans la plupart des cas. On en peut dire autant des barbes de plumes qui, bien souvent, ont été prises comme styles par certains expérimentateurs, et qui se recommanderaient, du reste, par leur extrême légèreté.

Précautions à prendre quand on place un style.

Pour ne pas compromettre la légèreté si essentielle du style inscripteur, le meilleur moyen de le fixer au bout d'un levier est de l'agglutiner avec un peu de cire ramollie. La quantité de cire employée doit être à peu près nulle, elle doit se borner à rendre gluante l'extrémité du levier.

Enfin, il faut se préoccuper du sens dans lequel le cylindre tourne pour orienter convenablement la pointe écrivante. Le papier doit fuir cette pointe et non pas aller à sa rencontre, ce qui pourrait donner naissance à des grippements.

Un style inscripteur doit rencontrer le papier sous une incidence très-oblique; c'est un excellent moyen d'assurer les contacts entre la pointe et le papier. Un peu de pratique donnera bien vite à chacun l'habileté nécessaire pour bien disposer les plumes écrivantes.

Quand on veut écrire avec plusieurs leviers à la fois, il faut en égaliser la longueur, ce qui se fait très-facilement quand le style est collé à la cire, car alors on lui fait exécuter aisément de petits glissements dans un sens ou dans l'autre.

Quand un style inscripteur est placé sous un chariot qui ne marchera que dans un sens, il faut l'orienter la pointe en arrière (comme dans la figure 258), afin qu'il ne se produise pas de grippements contre les grains du papier. Mais si le chariot doit marcher alternativement dans les deux sens, il faut se préoccuper de celui de la rotation du cylindre, et diriger la pointe du style latéralement, dans le sens où fuit le papier. Bien entendu, toutes les autres précautions ci-dessus indiquées doivent être prises.

Du moyen d'éviter la déformation des tracés par l'arc de cercle que décrit le levier inscripteur.

Quand un levier reçoit, par la traction d'un fil, les mouvements de va-et-vient d'un point qui se déplace en ligne droite, ces mouvements ne s'inscrivent pas suivant une droite, mais suivant un arc de cercle qui a pour rayon la longueur même du levier. Cet inconvénient peut être corrigé par des dispositions mécaniques destinées à l'empêcher de se produire; il peut être corrigé dans le tracé par une rectification géométrique; enfin il peut être rendu négligeable en employant des leviers très-longs et en n'écrivant que des tracés très-petits.

Organes mécaniques destinés à corriger l'arc de cercle décrit par l'extrémité d'un levier qui oscille. — J. Watt, le premier, résolut ce problème dans la construction des machines à vapeur. Un balancier oscillant en arc de cercle devait être relié à un piston oscillant suivant une ligne droite; l'illustre mécanicien imagina de relier le balancier à la tige du piston au moyen d'une pièce articulée, qu'on nomme parallélogramme de Watt, et dont l'emploi s'est conservé dans un grand nombre de cas. Vierordt, dans la construction de son sphygmographe, avait employé un parallélogramme analogue pour forcer la plume écrivante à se mouvoir parallèlement à la génératrice du cylindre tournant. Mais cette disposition doit être éliminée de tous les appareils à mouvements rapides; elle serait très-bonne, au contraire, pour rectifier les indications d'un inscripteur à mouvements lents.

On en peut dire autant des dispositions imaginées pour atteindre le même but que le parallélogramme de Watt : ainsi celles de Paucellier, Evans, etc.

Correction de l'arc de cercle sur les tracés. — Soit o (fig. 259) l'origine de la courbe; si le cylindre était immobile, et si le levier s'élevait jusqu'au niveau du maximum x, il décrirait, non pas la verticale qui part du point o, mais l'arc de cercle qui se détache du même point. Plus le levier s'élèverait, plus il s'écarterait de la verticale pour se porter vers la droite. Or, pendant que le cylindre tourne, le levier décrit toujours le même arc; il déforme le tracé en déviant chaque point de la courbe vers la droite, et cela d'autant plus fortement que le levier s'élève plus haut. On peut diminuer cette cause d'erreur en augmentant la longueur du levier; mais alors intervient une autre influence fâcheuse, celle des vibrations qui se produisent d'autant plus facilement que le levier est plus long.

Voici comment il faudrait procéder si l'on voulait corriger l'erreur que produit dans ce graphique l'arc de cercle décrit par le levier de l'instrument. On prend, au compas, la longueur du levier, et avec cette longueur comme rayon, on trace un arc de cercle dont le centre serait sur l'axe des abscisses prolongées et qui s'élèveraient du point o, origine de la courbe. Menons parallèlement à l'axe des abscisses autant de droites que nous voudrons,

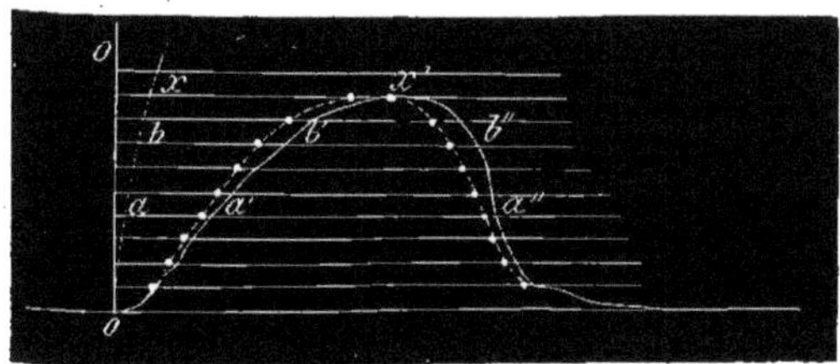

Fig. 259. Correction de l'arc de cercle dans les tracés.

chacune d'elles coupe à la fois la verticale, l'arc de cercle et la courbe tracée par le muscle; cette dernière est même coupée en deux points par chaque ligne horizontale. Or, les points du graphique coupés par chacune de ces lignes sont tous situés à une même hauteur et auront tous subi une déviation semblable; il faudra donc les ramener tous vers la gauche d'une même quantité. Cette quantité sera indiquée, pour chaque point, par la distance qui sépare, à ce même niveau, l'arc de cercle et la verticale. Ainsi, les points a' et a'' devront être reportés sur la gauche d'une longueur égale à la distance oa; les points b' et b'', d'une longueur égale à ob; le sommet x', d'une longueur égale à ox. En effectuant cette correction pour un grand nombre de points de la courbe, on obtiendra une courbe nouvelle qui représentera fidèlement les mouvements musculaires. — L'influence de l'arc de cercle sur la forme du graphique est d'autant plus prononcée, que la translation du papier est plus rapide. Il n'est pas nécessaire d'insister plus longuement sur ces propositions dont l'évidence est suffisante.

Élimination des effets de l'arc de cercle dans les tracés.

Comme dans les cas d'excursions très-petites d'un levier inscripteur, l'arc tracé se confond sensiblement avec une ligne droite, et comme, d'autre part, l'arc est d'autant plus voisin d'une ligne droite que le rayon du cercle tracé est plus long, il faut, dans la pratique, se servir d'un levier aussi long que possible, et se contenter de mouvements d'une faible amplitude; autrement dit, ne pas faire agir la force motrice trop près du centre de mouvement du levier inscripteur. On obtient ainsi des tracés d'une grande finesse, difficiles à lire directement pour cette raison même, mais toujours faciles à amplifier optiquement.

Une simple lecture à la loupe suffit quelquefois pour qu'on puisse utiliser de tels tracés. Dans le cas où l'on aurait besoin de les grandir un grand nombre de fois, la photographie sur verre, les projections, etc., fournissent des images excellentes, et dans cet agrandissement optique des tracés, il n'interviendra aucune cause de déformation. Cette manière de faire est la seule qu'on doive admettre dans les expériences très-délicates portant sur des mouvements faibles et rapides.

CHAPITRE V

MYOGRAPHIE.

Importance de la myographie. — Myographes; leurs divers systèmes. — Myographe direct. — Myographe double ou comparatif. — Myographe à transmission. — Des principaux résultats fournis par la myographie. — Myographe du cœur.

Importance de la myographie.

Comme la plupart des fonctions de la vie ne se traduisent à nous que par des mouvements et qu'à l'origine de tout mouvement se trouve un muscle, la connaissance de la fonction musculaire doit venir, avant toute autre étude physiologique, dans un plan méthodiquement conçu. Aucun autre moyen ne révèle mieux que la myographie les différences apparentes que présentent les fonctions des différents muscles dans lesquels la force, la durée et les phases du mouvement offrent des variétés singulières; mais nul autre moyen n'est plus propre à montrer que derrière ces différences apparentes il y a de profondes analogies. Une méthode qui m'a toujours bien servi en myographie est la suivante : chaque fois que la fonction d'un muscle s'est révélée avec quelque particularité apparente, j'ai cherché si la même particularité n'existait pas dans les autres muscles, à un moindre degré, et presque toujours j'ai constaté que les dissemblances que l'on trouve entre les différentes sortes de muscles ne sont pour ainsi dire que des variétés de la fonction. Pour mieux faire comprendre ma pensée, j'ajouterai que les muscles volontaires, le cœur, l'intestin, les artères, les parois des vaisseaux, si dissemblables en apparence par les mouvements qu'ils donnent, procèdent pourtant de la même façon : tous subissent, sous une influence nerveuse, un raccourcissement suivi de relâchement. Cet acte élémentaire, que je nomme *secousse*, peut durer un temps variable, depuis quelques centièmes de seconde jusqu'à plusieurs minutes; mais il n'y a là que des différences en plus ou en moins dans la durée, ce qui ne saurait constituer une distinction réelle entre ces différents actes. Ces secousses se succèdent tantôt à de longs intervalles, tantôt à des intervalles assez rapprochés pour qu'elles se fusionnent entre elles, s'ajoutant les unes aux autres de façon à produire toutes les variétés dans l'intensité et la durée des actes musculaires. Cette théorie, je l'ai depuis longtemps émise et développée dans plusieurs autres publications[1]. Chaque jour m'affermit davantage dans la conviction que tous les tissus contractiles exécutent des actes semblables avec de simples différences dans l'intensité et la durée de ces actes. On verra, au cours de cet article, que le cœur, si dissemblable des autres muscles au premier abord, s'en rapproche d'autant plus qu'on étudie sa fonction de plus près et avec des moyens plus précis.

Myographes.

Les appareils myographiques ont pour point de départ le myographe de Helmholtz. Cet instrument consistait essentiellement en un cadre métallique dont la base pivotait autour d'un axe horizontal et supportait une tige armée d'un contre-poids curseur : l'équilibre de l'appareil étant obtenu à l'aide de ce curseur. Helmholtz faisait soulever le cadre par un muscle verticalement suspendu par son extrémité supérieure. La partie libre du cadre ainsi mis en mouvement était munie d'une pointe qui traçait une courbe sur la surface enfumée d'un cylindre tournant verticalement. Enfin, le muscle se trouvait soumis lui-même à une certaine tension déterminée par des poids placés dans un plateau attaché au cadre du myographe. Des appareils complémentaires d'une grande importance au point de vue du genre de recherches exécutées par Helmholtz, permettaient d'éviter la dessiccation du muscle, d'amener la plume au contact au moment où passait le courant, etc.

Mais quelque importants que fussent les résultats obtenus grâce au myographe de Helmholtz, cet instrument ne satisfaisait point

1. Du *Mouvement dans les fonctions de la vie*, p. 445; *la Machine animale*, p. 44.

aux exigences de la méthode graphique. Il a permis d'apprécier le temps qui s'écoule entre l'instant de l'excitation du muscle et celui du raccourcissement ainsi provoqué (*temps perdu*); de mesurer la durée de la transmission de l'agent nerveux-moteur; mais les courbes obtenues n'étaient point l'expression exacte du mouvement : la masse à mouvoir était trop grande pour que le raccourcissement du muscle fût fidèlement enregistré. On sait, en effet, qu'une masse assez considérable ne se déplace que lentement, si la force motrice lui est appliquée par un intermédiaire élastique; or le muscle constitue lui-même l'organe élastique capable de déformer le mouvement communiqué.

Volkmann s'attacha à l'étude de la forme du mouvement musculaire et des effets de l'élasticité sur la fonction des muscles : le plus souvent, il employa dans ses expériences le muscle hypoglosse de la grenouille, qui, présentant une assez grande longueur au repos, et susceptible, dès lors, d'un raccourcissement assez considérable, pouvait fournir une inscription directe. A cet effet, une extrémité du muscle étant fixée, l'autre extrémité mobile était armée d'un style léger qui traçait la courbe du mouvement.

Bœck (de Christiania), en 1855, Wundt, en 1858, publièrent, entre autres résultats intéressants, les effets de la fatigue sur la forme de la courbe musculaire. Il résulte de leurs recherches que la secousse du muscle s'allonge par la fatigue, et que cet allongement porte surtout sur la période de relâchement. Les graphiques de ces mouvements sont extrêmement réduits, et la rotation du cylindre sur lequel ils étaient recueillis s'effectuait avec une trop grande lenteur pour que tous les détails importants pussent être enregistrés.

Dans le but d'apprécier la régularité de cette rotation du cylindre enregistreur, Thiry adapta une sirène au mouvement d'horlogerie : de la tonalité constante du son, il déduisait la régularité de la marche, tandis que l'acuité plus ou moins grande lui faisait connaître la vitesse absolue du mouvement.

D'autres dispositions furent encore adoptées pour obtenir l'uniformité de la translation des plaques de verre enfumées sur lesquelles certains physiologistes recueillaient le graphique. C'est ainsi que Harless employa le même système que dans la machine d'Atwood pour faire tomber, d'un mouvement uniforme, une plaque au-devant de la pointe écrivante.

Du Bois-Reymond remplaça le cylindre de l'appareil de Helmholtz par une plaque de verre animée d'un mouvement de translation rapide par la traction d'un ressort-boudin; Fick se servit tantôt d'une plaque oscillant à l'extrémité d'un long pendule, tantôt d'un cylindre vertical; Valentin avait déjà modifié l'appareil récepteur du mouvement en substituant un disque tournant dans un plan horizontal, soit aux cylindres, soit aux plaques dont se servaient les autres physiologistes.

De cette variété dans les appareils récepteurs du mouvement rapprochons la diversité des instruments chargés de le transmettre, et nous verrons que la myographie ne pouvait que gagner à être ramenée aux règles générales de la méthode graphique dont elle ne doit constituer qu'un cas particulier.

C'est sur un cylindre tournant autour d'un axe horizontal que sont maintenant recueillis, sauf de très-rares exceptions, tous les mouvements par lesquels les phénomènes physiologiques se traduisent à nous; ce cylindre est adapté à l'un des axes prolongés d'un mouvement d'horlogerie, dont l'uniformité est assurée par un régulateur de Foucault ou de Villarceau. Du reste, on contrôle facilement la régularité de la rotation, et on en mesure la vitesse à l'aide du diapason dont on inscrit les vibrations soit directement, soit électriquement avec les chronographes ou les signaux électriques. Un papier recouvert d'une légère couche de noir de fumée entoure le cylindre, et la plume inscrivante trace sur ce papier la courbe du phénomène. Comme tout autre mouvement, celui des muscles peut être enregistré à l'aide de cet appareil, et cette inscription rentre dès lors dans la loi commune.

Il n'est pas moins important d'adopter, pour l'instrument inscripteur des mouvements musculaires, les principes qui ont présidé au choix des inscripteurs des autres mouvements, dont le physiologiste veut étudier la forme et la durée. D'une manière générale, c'est au *levier* qu'on a recours, et les secousses ou les contractions peuvent facilement être explorées par ce procédé.

L'exploration du mouvement musculaire réduite à ses conditions les plus simples s'opérera en attachant, au moyen d'un fil inextensible, le tendon du muscle plus ou moins près de la base d'un levier mobile dans un plan horizontal, et écrivant par son extrémité libre (fig. 260, p. 513). Que l'on agisse sur le gastro-cnémien ou sur tout autre muscle de la grenouille, sur les muscles des membres du lapin, ou d'un animal quelconque de petite taille, le myographe à levier horizontal, tel que je l'ai imaginé, constitue un instrument fidèle, facile à manier et fondé sur l'exploration et l'inscription des mouvements avec le levier.

Afin d'éviter autant que possible les déformations dues à la projection de l'extrémité mobile du levier, il importait d'observer certaines précautions sur lesquelles j'ai particulièrement insisté, et qu'il suffira de résumer succinctement.

Il faut diminuer la masse du levier surtout au voisinage de son extrémité libre sans compromettre cependant la rigidité qu'il doit conserver : cette légèreté du style inscripteur corrige en grande partie les effets de la vitesse acquise dans le déplacement brusque imprimé par le raccourcissement rapide du muscle, et, comme l'a vu Donders, on parvient à rendre ces effets presque nuls en augmentant un peu le frottement de la plume sur le cylindre.

Le choix de la plume n'est pas non plus sans importance; pour les raisons précédentes, on se gardera de charger l'extrémité du levier d'une plume pesante comme les plumes d'acier. La plume de corne amincie ou de baleine réduite à une très-faible épaisseur et terminée en pointe fine, remplit très-bien les conditions voulues.

La longueur du levier ne doit varier que dans des limites assez étroites : 12 centimètres constituent une bonne moyenne. On comprend en effet que le moindre raccourcissement musculaire, la moindre trémulation du corps charnu dont le tendon tire sur la base du levier, s'inscrira très-nettement si l'on adopte cette longueur, et que, d'autre part, se servir d'un levier trop long serait détruire, dans le but illusoire d'amplifier les mouvements, tous les bons effets des précautions précédentes.

En observant ces règles si simples, on peut être assuré que le graphique ne sera déformé par la vitesse acquise du levier que dans une proportion tout à fait négligeable.

Les remarques précédentes sont particulièrement applicables à l'étude graphique de la phase de *raccourcissement* des muscles. Nous allons maintenant passer en revue quelques points relatifs à l'inscription du *relâchement* qui constitue la seconde partie de la courbe.

Il faut que le levier qui vient de suivre et d'enregistrer en l'amplifiant la diminution de longueur du muscle obéisse fidèlement au mouvement inverse. Pour rappeler ainsi le levier sans qu'il cessât de rester solidaire du mouvement du muscle, j'avais d'abord adopté un ressort formé d'une lame d'acier flexible qui prolongeait le levier en arrière du centre de rotation; cette lame était plus ou moins tendue par un petit excentrique de réglage. Comme le muscle est attaché près de la base du levier, ce ressort qui tendait à ramener le levier exerçait également son action sur le muscle, et servait à donner à celui-ci le degré de tension convenable. Dans mes nouveaux myographes, j'ai substitué un poids tenseur au ressort; le fil qui soutient le petit plateau sur lequel on place d'ordinaire 15 à 20 grammes s'enroule et se fixe autour de la base du levier munie à cet effet d'une gorge. On a, de cette façon, l'avantage de pouvoir graduer, en connaissance de cause, la traction exercée sur le muscle par l'intermédiaire du levier, d'étudier l'effet des charges croissantes ou décroissantes sur la fonction musculaire, etc. Dans les expériences où l'on voudrait changer rapidement la charge du muscle, par exemple dans l'étude de l'élasticité, on pourrait substituer au plateau un petit entonnoir où se ferait un écoulement régulier de mercure.

Quel que soit le procédé employé pour tendre le muscle par l'intermédiaire du levier, si l'on a observé le précepte essentiel, de diminuer le mouvement de la masse à mouvoir, on peut être assuré que le levier obéira fidèlement aux changements de longueur du muscle et que le tracé ne sera pas altéré par les effets de la vitesse acquise.

Si les frottements de la plume sur le papier sont trop forts, il s'ensuit un allongement de la phase de descente des courbes musculaires. Cet accident se produisait fréquemment autrefois quand je me servais de plumes taillées dans des ressorts d'acier pour terminer le myographe ; ils sont entièrement supprimés quand le style est formé d'une substance flexible comme la baleine ou la plume amincies à la lime.

Sur la figure 260, on verra la disposition des différentes pièces du myographe.

La petite plaque métallique sur laquelle est articulé le levier du myographe présente latéralement deux agrafes auxquelles s'adapte solidement une planche de liége doublée de bois. Il est bon que cette planche sur laquelle sera attachée la grenouille soit couverte de taffetas gommé ou de gutta-percha, toutes les fois qu'on expérimente sur l'action des poisons musculaires, sans cela, les poisons imbiberaient la planche et agiraient sur les grenouilles qu'on y appliquerait plus tard. Sur cette planche on fixe la grenouille tout entière au moyen d'épingles, ou bien on y établit un muscle isolé à l'aide d'une petite pince qui en saisit l'extrémité supérieure ou l'os auquel il est resté adhérent. Dans l'un et l'autre cas, le tendon du muscle est solidement attaché, soit avec un petit fil métallique, soit avec un cordonnet de soie; ce lien va, d'autre part, s'accrocher au petit bouton qui avoisine la base du levier. Suivant l'amplitude qu'on juge convenable de donner au tracé, on rapproche ou on éloigne de l'axe de rotation du levier inscripteur le curseur qui porte ce bouton.

Il est important que la traction du muscle s'exerce dans un

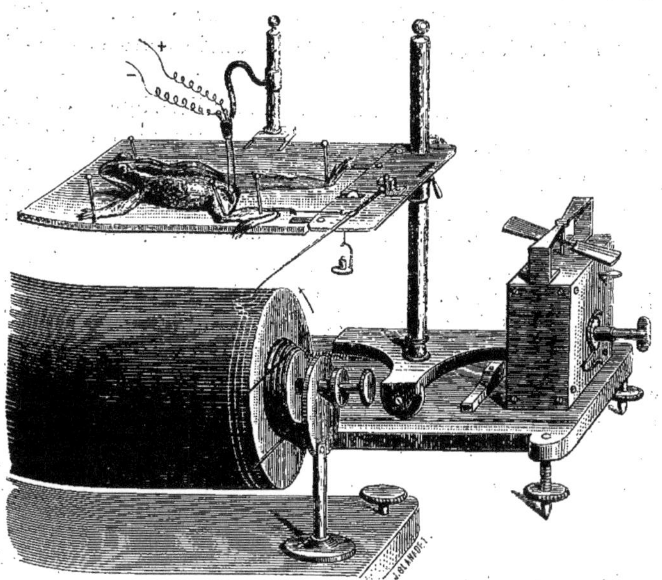

Fig. 260. Myographe direct.

plan horizontal, parallèle à celui dans lequel se meut le levier, sinon, à un certain moment de sa course, le levier s'infléchirait soit en haut, soit en bas, et la plume abandonnerait le papier ou bien s'y appliquerait trop fortement; le levier lui-même pourrait venir frotter sur la plaque qui le supporte, et de chacun de ces troubles dans l'expérience, résulteraient des inconvénients faciles à prévoir.

Il faut de plus que la traction s'exerce aussi perpendiculairement que possible par rapport à la direction du bras de levier : trop oblique dans un sens ou dans l'autre, elle ne produirait qu'une partie de l'effet cherché.

C'est le plus souvent avec des excitations électriques qu'on provoque les secousses ou les contractions musculaires dont on veut enregistrer les différents détails : à cet effet, la plaque de liége porte une pince-support pour l'excitateur, et, grâce à la tige de plomb qui soutient les conducteurs, on peut appliquer l'excitation en tel ou tel point du muscle ou du nerf, et maintenir les rhéophores en place sans risquer les défauts de contact auxquels exposent trop souvent les articulations en forme de noix. Dans ses dernières recherches, Chauveau a heureusement adapté à ces excitateurs souples des électrodes impolarisables aussi faciles à mettre et à maintenir en place que les conducteurs métalliques ordinaires.

Il est bon, quand on se sert des excitations électriques, de se garantir contre la recomposition possible des courants à travers les pièces métalliques de l'appareil, et pour cela le moyen le plus simple consiste à isoler la plaque de liége de celle du myographe par une bande de gutta-percha, et en même temps à attacher le tendon au levier par une anse de soie.

Le choix des excitations électriques destinées à agir sur les nerfs ou sur les muscles est extrêmement important. Chauveau, depuis quelques années, se servait de décharge de bouteilles de Leyde. J'ai fait venir d'Angleterre, à l'instigation de mon collègue Mascart, un condensateur qui permet de savoir quelle quantité d'électricité est employée dans chaque excitation : un de ces appareils nommés *micro-farad*. Celui qui me sert pour l'excitation des nerfs de la grenouille correspond à un dixième de micro-farad, subdivisable lui-même en dixièmes. Avec un tel appareil, chargé au moyen d'une pile constante, on fait agir des excitations parfaitement égales sur les nerfs et les muscles des animaux.

Quand on a pris tous les soins que nous venons d'indiquer, il est facile de se mettre à l'abri de la dessiccation des muscles et des nerfs en plaçant, au-dessus de la grenouille ou des muscles en expérience, une petite chambre humide que l'on fabrique soi-même avec quelques plaques de liége ou de gutta-percha, et dont la partie supérieure est perforée pour laisser passer les excitateurs.

Myographe double ou comparatif.

Il est souvent utile d'interroger simultanément deux muscles du même animal, les deux gastro-cnémiens d'une grenouille, par exemple, quand on place chacun d'eux dans des conditions expérimentales différentes ; on étudie ainsi comparativement les effets du froid sur l'un, du chaud sur l'autre, d'un poison comme le curare sur les nerfs d'un membre, tandis que le membre opposé a été préservé du poison par la ligature. Chauveau, à l'aide du myographe comparatif, a étudié les effets des excitations unipolaires positives et négatives.

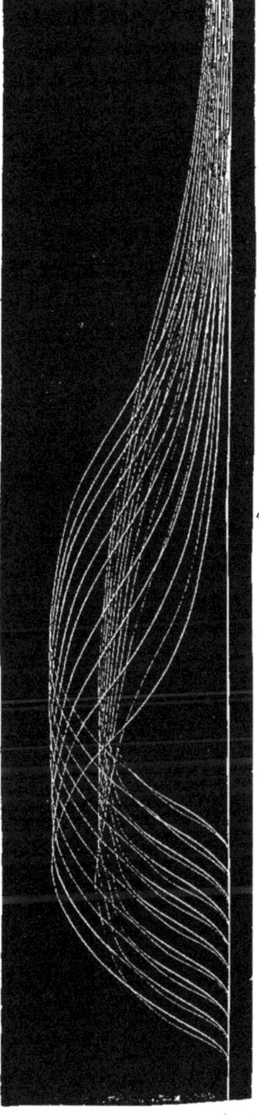

Fig. 261. — Tracés recueillis au moyen du myographe double sur les deux gastro-cnémiens de la grenouille. Le tracé le moins élevé est fourni par un muscle refroidi.

Pour permettre cette double exploration simultanée, j'ai ajouté un second levier au myographe simple et disposé ce levier un peu au-dessus de l'autre, dans un plan parallèle ; les deux pointes arrivent presque au même niveau, la pointe supérieure un peu incurvée dépasse légèrement l'autre, de sorte que les deux tracés s'inscrivent à un demi-millimètre de distance ; on obtient ainsi des tracés du genre de celui qui est représenté figure 261. Une autre disposition des plumes est quelquefois nécessitée par la confusion qui résulterait de l'entrelacement des deux graphiques : on oriente alors les leviers de façon que l'inférieur, croisant à angle aigu la direction du supérieur, écrive plus bas sur le cylindre. Mais cette direction différente des deux plumes entraîne forcément une inclinaison inverse des deux tracés, ce qui peut nuire à leur comparaison.

Expériences de myographie.

Quel que soit le myographe qu'on emploie, il faut lui appliquer directement ou indirectement les mouvements que produit un muscle, soit sous l'influence de la volonté, soit à la suite d'excitations de diverses natures.

Prenons le cas où l'on emploie le myographe simple pour étudier la fonction d'un muscle de grenouille. On met à nu le tendon du gastro-cnémien et on lie solidement ce tendon avec un fil de fer très-fin, qu'on attache d'autre part au levier inscripteur; celui-ci porte, à cet effet, un curseur muni d'un crochet.

On immobilise alors la grenouille sur la planchette de liége qui est jointe au myographe, en lui fixant les quatre membres au moyen d'épingles. Enfin, pour immobiliser l'attache supérieure du gastro-cnémien qu'on étudie, on plante une épingle spéciale, au-dessous du genou correspondant, dans l'espace tibio-péronéal.

Il s'agit alors d'inscrire, soit les mouvements spontanés de la grenouille, soit ceux qu'on provoque par l'empoisonnement strychnique, par l'excitation des centres nerveux ou bien par celle des nerfs moteurs ou du muscle lui-même.

L'expérience fondamentale consiste à comparer l'effet d'une excitation isolée à celui d'une série d'excitations rapides, la première donnant lieu à une secousse musculaire, la seconde au *tétanos* [1].

Pour étudier l'effet des excitations isolées de natures ou intensités différentes appliquées à un muscle sain, ou bien fatigué, empoisonné, échauffé, refroidi, etc., il faut répéter l'expérience un grand nombre de fois. Cela amènerait une confusion dans les courbes, si, au moyen d'une disposition particulière, on ne les disposait régulièrement les unes à côté des autres : c'est ce que j'appelle l'*imbrication des tracés;* on l'obtient, dans le cas d'excitation électrique des muscles, au moyen d'appareils spéciaux.

1. Voyez pour la théorie de la fonction musculaire : *Du mouvement dans les fonctions de la vie*, p. 325, et *la Machine animale*, p. 44.

Excitations périodiques. — Aujourd'hui, je me sers presque exclusivement de l'appareil suivant : les décharges d'un condensateur sont envoyées au nerf ou au muscle d'une grenouille placée sur le myographe. Ce condensateur est disposé de la manière que voici :

Soit P, figure 262, une pile constante ; l'un des fils, celui qui porte le signe +, se rend à l'armature supérieure d'un condensateur, dont la coupe théorique est figurée en *i* ; de là, ce fil continue son trajet et se termine par une boule *b*. En un point de ce fil positif est disposé le nerf d'une grenouille. Du pôle négatif de la pile part un fil portant le signe — et se terminant par une boule *b'*. Enfin, de la face inférieure du condensateur part un fil terminé par une pièce oscillante *o*, qui peut se porter tour à tour contre les deux boules *b* et *b'*. Quand la pièce oscillante est au contact de *b'*, le condensateur se charge, puisque chacune des armatures est en communication avec un pôle différent de la pile. Quand la pièce oscillante vient au contact de *b*, le condensateur

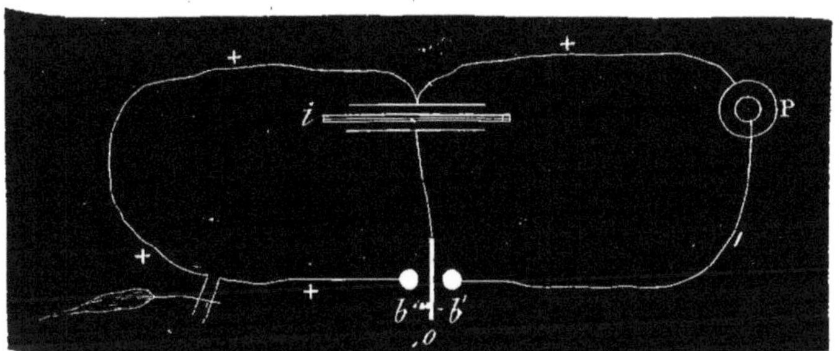

Fig. 262. Disposition du condensateur et des pièces qui en envoient la décharge dans un muscle de grenouille.

se décharge, puisque les deux armatures sont reliées par un même fil ; cette décharge traverse le nerf et l'excite.

Si l'on voulait exciter le nerf de la grenouille par la charge du condensateur, il faudrait placer ce nerf sur le trajet du fil — au lieu de le mettre sur celui du fil +.

J'ai dit que, dans la pratique de la myographie, je me sers du condensateur qu'on désigne en Angleterre sous le nom de microfarad et que je le charge avec des éléments Daniell plus ou moins nombreux, disposés en tension. Quant à l'oscillation de la pièce qui, tour à tour, charge le condensateur et le décharge à travers le nerf de grenouille, elle doit être subordonnée au mouvement du cylindre et se reproduire soit à tous les tours du cylindre, soit à chaque tour avec un certain retard.

La figure 263 représente l'appareil qui règle la succession des décharges du condensateur.

Sur l'axe même du cylindre sont deux roues dentées concentriques; l'une, R, a 100 dents, et l'autre, R', en a 99. Sur un support mobile est une autre roue, de 100 dents, qui porte une goupille, au moyen de laquelle l'extrémité d'une tige oscillante est soulevée à chaque tour de la roue.

Or, la tige soulevée n'est autre que cette pièce oscillante qui, dans la figure 262, relie tour à tour la face inférieure du condensateur avec la pile ou avec l'armature supérieure, produisant

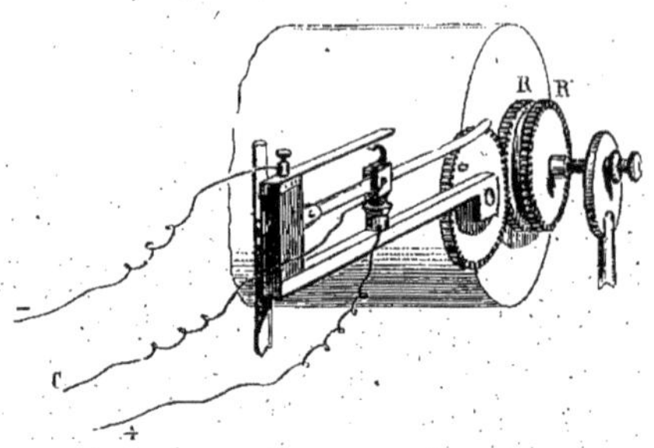

Fig. 263. Appareil destiné à exciter les nerfs à certains instants de la rotation du cylindre.

ainsi tantôt la charge, tantôt la décharge. L'extrémité de la tige est en verre; la base en est reliée au condensateur par un fil C.

Quand on place l'appareil de telle sorte que la roue, munie d'une goupille, engrène avec la roue R, ces deux mobiles ayant 100 dents, il s'ensuit que chaque révolution du cylindre provoque une excitation électrique de la grenouille. L'excitation a toujours lieu à un même instant de la rotation du cylindre, de sorte que, si les secousses des muscles étaient semblables entre elles, le style repasserait toujours dans le même trait.

Pour éviter la confusion des courbes, j'imprime au myographe tout entier un mouvement de translation parallèlement à la génératrice du cylindre, ce qui se fait au moyen d'un petit chemin de fer, le long duquel un rouage moteur spécial conduit le myographe [1].

1. Voyez l'inscription en spirale, p. 458.

De cette façon, les secousses s'inscrivent les unes au-dessus des autres, comme dans la figure 264, où, de bas en haut, on peut suivre les transformations que la fatigue fait éprouver aux mouvements, du commencement à la fin d'une expérience. Je donne à cette disposition des tracés le nom d'*imbrication verticale.*

Le froid, l'anémie du muscle produisent des effets semblables à celui de la fatigue. Si l'on tire sur le tracé une ligne verticale correspondant aux moments où se produisent les excitations élec-

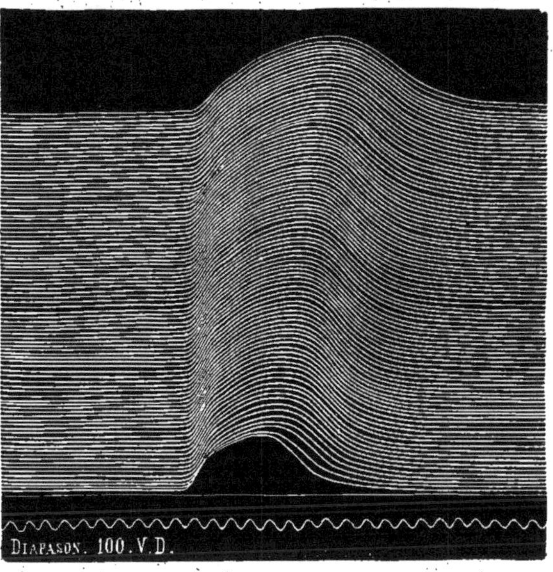

Fig. 264. Graphiques de secousses musculaires imbriquées verticalement.

triques à chaque révolution du cylindre, on constate un retard croissant du début de la secousse sur l'excitation, à mesure que se prononcent les influences dont nous venons de parler. Dans la figure 264, on peut constater cette augmentation du retard en comparant, avec le compas, la distance qui sépare l'origine des différentes secousses du bord gauche de la figure.

Pour mieux saisir les différences d'amplitude qui se produisent dans la secousse sous certaines influences, j'emploie un autre mode d'inscription, que j'appelle *imbrication latérale* des tracés.

Je laisse le myographe immobile sur son chemin de fer, de sorte que le style repasse toujours dans le même trait quand le muscle est au repos. Mais, pour empêcher les tracés de se confondre, je provoque l'excitation à des moments différents de la rotation du cylindre. Pour obtenir ce résultat, je fais engrener la roue à goupille avec la roue R', qui n'a que 99 dents; de cette façon, lorsque le cylindre aura fait un tour, l'excitation électrique ne se produira pas encore, la roue à goupille ayant encore une dent à passer.

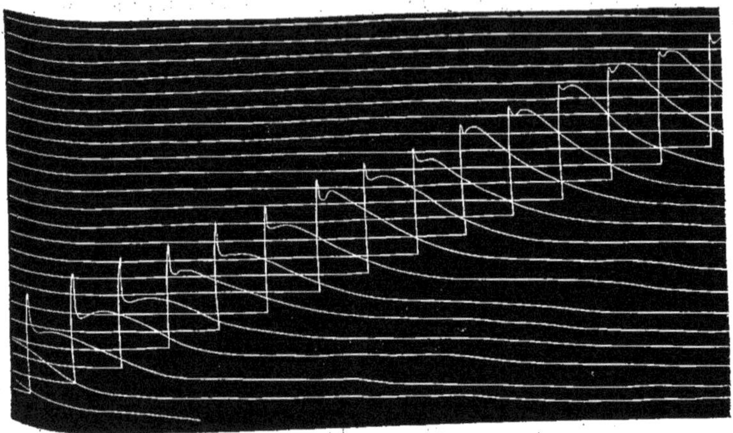

Fig. 266. Secousses musculaires disposées en imbrication oblique (vératrine).

Ainsi, chaque excitation arrive au bout d'une révolution du cylindre plus 1/100e de révolution, ce qui donne naissance à une dissociation des secousses, comme dans la figure 266.

Cette disposition est particulièrement favorable pour inscrire les doubles tracés du myographe comparatif (voyez p. 515) ou ceux du myographe simple, dans lesquels la courbe descend au-dessous de l'axe des abscisses : ainsi, lorsqu'on agit sur un muscle en l'échauffant graduellement, comme dans la figure 265).

Enfin, une troisième disposition dissocie mieux encore les tracés et doit s'employer quand on veut suivre les transformations graduelles d'une secousse musculaire, par exemple sous l'influence d'un poison : c'est l'*imbrication oblique*. La figure 266 est un exemple de ce mode d'inscription; elle montre les changements que subit, de minute en minute, la secousse d'un muscle empoisonné par la vératrine.

Je laisse le myographe immobile sur son chemin de fer, de sorte que le style repasse toujours dans le même trait quand le muscle est au repos. Mais, pour empêcher les tracés de se confondre, je provoque l'excitation à des moments différents de la rotation du cylindre. Pour obtenir ce résultat, je fais engrener la roue à goupille avec la roue R', qui n'a que 99 dents; de cette façon, lorsque le cylindre aura fait un tour, l'excitation électrique ne se produira pas encore, la roue à goupille ayant encore une dent à passer.

Fig. 266. Secousses musculaires disposées en imbrication oblique (vératrine).

Ainsi, chaque excitation arrive au bout d'une révolution du cylindre plus 1/100e de révolution, ce qui donne naissance à une dissociation des secousses, comme dans la figure 266.

Cette disposition est particulièrement favorable pour inscrire les doubles tracés du myographe comparatif (voyez p. 515) ou ceux du myographe simple, dans lesquels la courbe descend au-dessous de l'axe des abscisses : ainsi, lorsqu'on agit sur un muscle en l'échauffant graduellement, comme dans la figure 265).

Enfin, une troisième disposition dissocie mieux encore les tracés et doit s'employer quand on veut suivre les transformations graduelles d'une secousse musculaire, par exemple sous l'influence d'un poison : c'est l'*imbrication oblique*. La figure 266 est un exemple de ce mode d'inscription; elle montre les changements que subit, de minute en minute, la secousse d'un muscle empoisonné par la vératrine.

L'excitation est portée au muscle ou au nerf au moyen d'appareils qu'on nomme *excitateurs*. Tantôt ce sont de simples petits crochets qui terminent les fils du conducteur électrique et qu'on glisse en dessous du nerf, disposition assez défectueuse; tantôt on emploie des électrodes impolarisables, de petites dimensions; tantôt, enfin, à la manière de Chauveau, on recourt aux excitations unipolaires.

Pour cela, on glisse sous la grenouille une feuille de métal, reliée à l'une des électrodes, et on applique l'autre sur le nerf dénudé, ou même à travers les téguments. L'électrode appliquée sur une petite surface agit seule et fournit des excitations parfaitement localisées.

Myographe à transmission.

Je ne reviendrai pas sur la description qui a été donnée de cet appareil page 196. J'ajoute seulement qu'il permet d'opérer sur un animal placé dans une étuve chauffée à différentes températures, ou plongé dans des vapeurs d'éther, de chloroforme, etc.

Contraction musculaire et tétanos.

C'est la myographie qui a démontré la complexité de l'acte musculaire qui constitue le tétanos provoqué dans un muscle

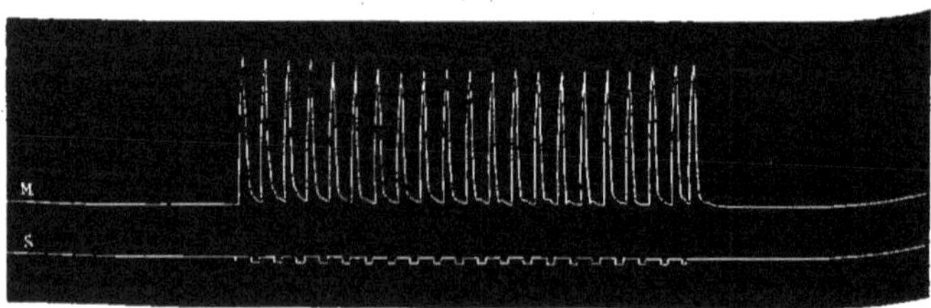

Fig. 267. — M, secousses successives produites par des excitations induites assez espacées. S, signal électrique.

par une série d'excitations électriques, ou par la strychnine. Les recherches bien connues de Weber, de Helmholtz, de du Bois-

Reymond, ont été confirmées par l'analyse myographique dont l'emploi a permis d'étudier, dans ses moindres détails, le mode

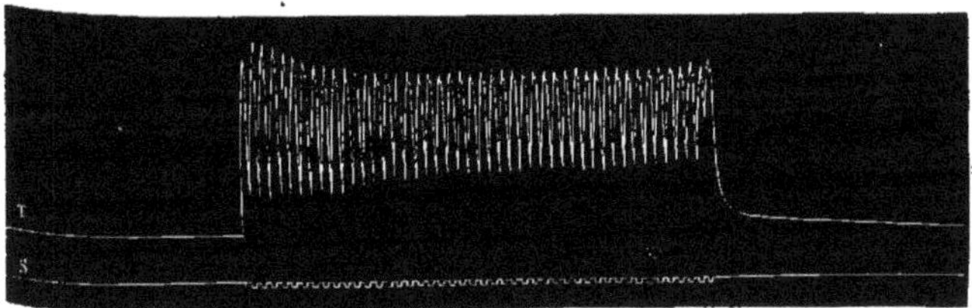

Fig. 268. T, tétanos incomplet montrant la transition entre la série de secousses précédentes et la fusion presque complète des secousses (fig. suivante).

d'association et de fusion des actes élémentaires de la contraction, les secousses.

Nous nous contenterons de reproduire ici trois tracés dans les-

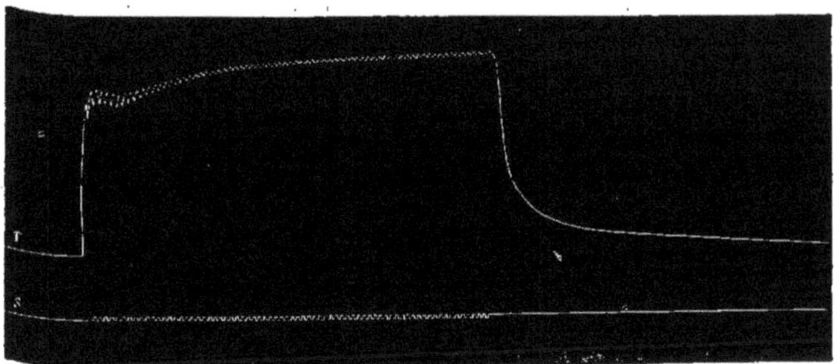

Fig. 269. T, fusion presque complète des secousses en tétanos parfait. 20 excitations par seconde.

quels on peut suivre la formation du tétanos; on y verra nettement jusqu'à quel point la myographie permet de décomposer l'acte musculaire en ses éléments[1].

Myographie clinique.

L'exploration des muscles chez l'homme sain n'a jamais été poussée aussi loin que chez les animaux; cependant ces recherches sont presque aussi faciles sur l'homme, grâce à la simplicité extrême des appareils qui peuvent lui être appliqués.

1. Pour la théorie du tétanos et de la contraction, voyez *la Machine animale*, p. 44, et *Du mouvement dans les fonctions de la vie*, p. 445.

Je ne parlerai pas non plus des pinces myographiques dont l'emploi est très-limité et dont le maniement difficile nécessite une surveillance soutenue; je leur substitue aujourd'hui l'un de ces explorateurs à tambour, explorateurs du gonflement musculaire dont on a parlé à propos des myographes à transmission (p. 204).

L'application en est fort simple : on fixe un de ces tambours par son fond sur une plaque flexible, de gutta-percha ou de métal; la membrane du tambour, repoussée par un léger ressort intérieur, fait saillie à sa partie moyenne, et porte, en ce point, un petit bouton de cuivre auquel est soudé un fil conducteur. C'est cet appareil que l'on applique à l'aide d'une bande sur le corps charnu des muscles dont on veut explorer le gonflement; au point opposé du membre ainsi entouré par la bande, on glisse une large plaque métallique, constituant le second pôle du courant excitateur. La décharge d'induction déterminera la secousse du muscle sur lequel est appuyé le petit bouton du tambour explorateur, et, en transmettant par l'air à un tambour à levier inscripteur le mouvement imprimé à la membrane du premier tambour, on inscrira la secousse du muscle de l'homme tout aussi bien que celle d'un animal quelconque. De même on pourra provoquer la tétanisation de ce muscle et l'inscrire fidèlement; la comparer à la contraction volontaire, etc.

L'étude du temps perdu du muscle, de la vitesse du transport de l'agent nerveux, etc., est ainsi rendue possible.

Que l'on transporte la même recherche à l'homme atteint de paralysie saturnine, par exemple, on pourra déterminer, avec une précision parfaite, les muscles restés sains à côté des muscles paralysés, suivre le retour graduel de la contractilité sous l'influence du traitement, etc. La même exploration étant pratiquée sur les muscles affectés de tremblement permet non-seulement l'inscription de ce tremblement et l'étude précise de ses périodes, mais aussi la recherche des modifications survenues dans les réactions du muscle qui tremble, dans le transport de l'agent nerveux moteur, etc.

Toutes ces recherches sont à peine ébauchées : mais, dès aujourd'hui, la myographie constitue une méthode assez précise et assez riche pour passer du domaine de l'expérimentation pure dans celui de la recherche clinique.

Myographie du cœur.

Désirant transporter aux muscles de la vie organique la méthode qui fournit de si précieux résultats pour l'étude des mouvements dans les muscles volontaires, j'ai tenté d'appliquer au muscle cardiaque les procédés myographiques.

L'appareil qui m'a servi n'est autre que celui qui a déjà été représenté comme explorateur de la pulsation du cœur chez les petits animaux. Quand on comprime un peu la masse ventriculaire entre les cuillerons de l'appareil, au lieu de la pulsation proprement dite, on n'obtient plus que l'expression du gonfle-

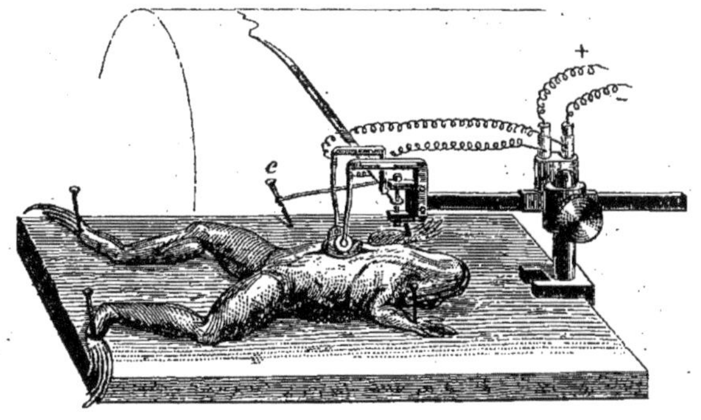

Fig. 270. Myographe du cœur de la grenouille ; des fils électriques se rendent à chacun des cuillerons entre lesquels le cœur est saisi, de manière à donner à cet organe des excitations électriques à tel ou tel instant de sa révolution.

ment du muscle cardiaque, c'est-à-dire qu'on agit sur ce muscle de la même façon que sur les muscles de l'homme dans les expériences décrites ci-dessus (p. 201). On peut exciter le cœur par des courants électriques de différentes natures ou par des décharges du condensateur, que l'on fait passer par les deux cuillerons de l'appareil qui joueront le rôle d'excitateurs.

Les expériences myographiques entreprises sur le cœur de la grenouille, étudié *in situ*, m'ont fait voir ce fait singulier : que le cœur n'obéit pas toujours de la même façon aux excitations électriques et que les différences dans la manière dont il réagit dépendent du moment de la révolution auquel l'excitation lui arrive. Nous avons déjà signalé ce fait à propos des inscriptions successives; nous y ajouterons ici les développements nécessaires.

Je crois avoir déjà rapproché le cœur des autres muscles de l'organisme en montrant que le caractère intermittent et rhythmé des systoles de cet organe n'a rien qui lui soit propre, et qu'on peut légitimement assimiler la série des systoles que le cœur exécute sans cesse à la série des secousses que produit un muscle contracté; toute la différence consiste dans la durée des secousses du cœur qui dépasse de beaucoup celle des muscles soumis à la volonté (sauf chez la tortue et chez les animaux en état d'hibernation) et dans l'intervalle considérable qui sépare deux secousses consécutives du cœur. C'est cet intervalle qui empêche les systoles cardiaques de se fusionner en un tétanos ou une contraction permanente.

Mais on peut voir une tendance manifeste vers cette fusion et vers la production d'un véritable tétanos du cœur, toutes les fois que, par une influence quelconque, on accélère le rhythme des systoles. Ainsi, par le chauffage, on accélère le rhythme du cœur, et on finit par mettre cet organe en tétanos presque complet. Cet état ne diffère en rien de celui d'un muscle qu'on soumettrait à une série d'excitations électriques de plus en plus fréquentes.

D'autre part, si l'on considère isolément une secousse du muscle cardiaque, on observe une notable différence dans la durée de ce mouvement, suivant qu'on explore l'oreillette ou le ventricule. Ces deux parties du cœur sont formées par des fibres musculaires douées de fonctions différentes.

L'oreillette donne un mouvement brusque et de courte durée; le ventricule réagit d'une façon plus tardive et plus lente. Pour bien observer ces phénomènes, il faut prendre un cœur isolé et dont les mouvements propres aient disparu. On est alors bien certain que toute systole qui se produit est due à l'excitation artificielle qu'on a fait agir sur l'organe, et on peut mesurer avec exactitude le temps qui sépare l'excitation de la réaction du muscle, ainsi que la durée et les phases du mouvement provoqué.

Ces expériences fournissent un résultat favorable à l'assimilation du cœur aux autres muscles; elles montrent, en effet, que, suivant la loi générale, le ventricule, dont le mouvement est plus lent que celui de l'oreillette, présente un *temps perdu* (retard du mouvement sur l'excitation) plus grand que celui de l'oreillette. Or, dans tous les muscles, on observe que la durée du temps perdu est proportionnelle à la durée de l'acte musculaire lui-même.

Un cœur d'animal, isolé et dépourvu de mouvements propres, semble conserver son excitabilité pour les chocs, les piqûres ou autres influences traumatiques, lors même qu'il cesse de réagir à des courants induits assez intenses. Enfin, on observe nettement la propagation de l'onde musculaire sur les fibres du ventricule, quand celui-ci est affaibli et n'a plus que des systoles lentes. C'est le même phénomène qui a été décrit depuis longtemps sous le nom de péristalticité des mouvements du cœur ; mais il semble préférable de désigner sous le nom de *transport de l'onde musculaire* cette propagation du mouvement systolique, attendu que cette désignation rappelle l'identité de l'acte ondulatoire dans le muscle cardiaque et dans les muscles volontaires.

Pour voir nettement ce phénomène, il faut attendre qu'il n'y ait plus de mouvements spontanés du ventricule. On pique alors cet organe, au voisinage de son bord droit, par exemple, et l'on peut suivre la transmission de la systole ainsi provoquée jusqu'au bord gauche des ventricules. Il faut, pour cette transmission, de 1/2 seconde à 1 seconde.

Engelmann pense que la propagation du mouvement se fait, dans les muscles cardiaques, d'une cellule à l'autre, sans qu'il soit besoin d'admettre aucune influence nerveuse pour commander ces mouvements.

Il y a là une analogie nouvelle entre le cœur et les autres muscles de l'économie. On sait, en effet, que l'onde chemine dans la fibre musculaire de proche en proche, abstraction faite de toute influence nerveuse, car ce transport s'effectue sur un muscle dont les nerfs ont été tués par le curare.

Excitations électriques appliquées au cœur pendant que celui-ci exécute ses mouvements spontanés.

On ouvre la poitrine d'une grenouille et, plaçant le cœur de l'animal entre les cuillerons de la pince, on lui envoie une excitation électrique, un courant induit par exemple. On constate alors, quand le courant est assez faible, que le cœur ne réagit pas si l'excitation tombe sur le moment où cet organe exécute sa systole, tandis qu'il réagit d'autant plus vite et plus énergiquement qu'il est à une phase plus avancée de la diastole (pour les détails de l'expérience, voyez p. 417). Le cœur présente donc à chacune de ses révolutions une *phase réfractaire* dont j'ai cherché à connaître la durée et les variations sous différentes influences.

Influence de l'intensité des courants induits sur l'excitabilité du cœur. — La phase réfractaire qui a été signalée dans l'expérience précédente n'existe que pour des excitations électriques peu intenses. Elle disparaît quand on augmente l'intensité du courant induit, et reparaît de nouveau si l'intensité en est diminuée. On ne peut, à cet égard, donner la valeur absolue des intensités électriques convenables pour faire paraître et disparaître la phase réfractaire, mais le tâtonnement conduit bien vite à la détermination de ces intensités [1].

Du reste, chaque cœur sur lequel on opère présente un degré particulier d'excitabilité et exige des courants induits d'intensités différentes pour présenter la phase réfractaire. On va voir que l'influence la mieux constatée pour faire varier l'excitabilité du cœur c'est la température à laquelle cet organe est soumis.

Influence de la température sur l'excitabilité du cœur. — En répétant un grand nombre de fois l'expérience dont les résultats ont été représentés page 417, je m'aperçus qu'à certains jours les cœurs de grenouille ne présentaient pas la période réfractaire, et constatai bientôt que ce phénomène tenait à une élévation de la température extérieure. La figure 271 montre un type de ce genre. On y voit que, sauf l'absence de période réfractaire, le cœur se comporte comme dans le cas déjà cité. Ainsi, on observe l'inégale durée du temps perdu suivant la phase de la révolution cardiaque où l'excitation est arrivée : le temps perdu étant toujours maximum quand l'excitation arrive au début d'une systole.

Dans le cas de la figure 271, si l'on eût diminué l'intensité des courants induits, on eût vu apparaître la phase réfractaire, ainsi que je m'en suis assuré dans des cas analogues.

Les deux phénomènes : perte de l'excitabilité du cœur et aug-

1. Si l'on se sert d'une bobine d'induction à glissière et qu'on engage assez peu la bobine inductrice dans l'induite pour que le cœur, même en diastole, ne réagisse pas aux excitations, il suffit d'engager graduellement cette bobine, pour qu'à un moment donné, le cœur en diastole se montre sensible aux excitations. Qu'on applique alors ces courants induits au cœur en systole, on les trouvera sans effets sur le rhythme du cœur.

mentation du temps perdu, sont de même ordre, c'est-à-dire que tous deux se produisent sous les mêmes influences. Quand on étudie à l'aide du myographe un muscle quelconque, on voit que la *fatigue* diminue l'amplitude des secousses, en accroît la durée et augmente également celle du temps perdu. La même chose arrive par le refroidissement du muscle; elle s'observe aussi quand

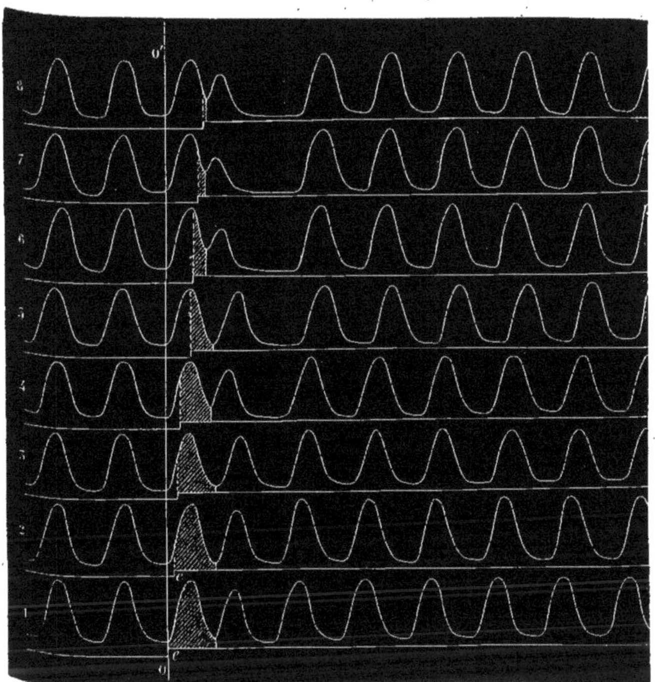

Fig. 271. Excitations électriques d'un cœur réchauffé; l'excitation arrive à différents instants de la révolution cardiaque.

on diminue l'intensité de l'excitant. Ainsi, les phénomènes qui viennent d'être observés à propos du cœur le rapprochent des autres muscles et montrent que les mêmes influences augmentent ou diminuent l'excitabilité cardiaque.

D'une part, en excitant le cœur toujours au même moment de sa révolution, si l'on emploie des courants induits d'intensité décroissante, on voit s'allonger le temps perdu qui précède la systole provoquée, jusqu'à ce que le cœur soit réfractaire à l'excitation.

D'autre part, si l'on conserve la même intensité aux excitations électriques, il suffit de refroidir le cœur pour que son temps perdu augmente graduellement et que l'organe devienne enfin réfractaire aux excitations. Ces variations de l'excitabilité cardiaque s'obtiennent à volonté en plongeant les pattes de la grenouille dans un bain froid ou chaud. Sur un cœur isolé de tortue, on obtient les mêmes effets en faisant circuler dans cet organe du sang échauffé ou refroidi.

En présence de ces faits, on est conduit à se demander si les variations de l'excitabilité du cœur aux différents instants de sa révolution ne dépendraient pas de changements rhythmés de sa température; de sorte que le cœur, au moment où il présente la moindre excitabilité, serait plus froid que dans les autres instants de sa révolution. D'après certaines expériences faites sur la température du cœur au moyen d'aiguilles thermo-électriques, il m'a semblé que ces variations rhythmées de la température du cœur existent réellement et que l'ordre dans lequel elles se produisent est précisément celui que l'hypothèse ci-dessus faisait prévoir.

Influence de courants induits successifs sur le rhythme du cœur. — Au lieu de courants induits isolés dont chacun provoque dans le cœur une systole, de même qu'il provoque une secousse dans un muscle volontaire, prenons, comme excitants, des courants induits fréquemment répétés : nous constaterons dans la manière dont le cœur réagit une particularité remarquable.

Tandis que les muscles ordinaires se tétanisent sous l'influence de cette sorte d'excitant, ou du moins réagissent par une secousse à chaque courant induit qui les traverse, le cœur ne fait qu'accélérer le nombre de ses battements.

Supposons que le cœur donne, par son rhythme propre, un battement à la seconde et qu'on lui applique des courants induits successifs au nombre de 10 par seconde; le cœur ne fera que doubler ou tripler la fréquence de ses mouvements. De sorte que, dans les conditions où un muscle ordinaire eût réagi 10 fois, le cœur ne réagit que 2 ou 3 fois.

Afin de rendre bien saisissable la manière dont les choses se passent, on a inscrit, dans la figure 272, le nombre des excitations que le cœur recevait, en même temps que le nombre des systoles qu'il effectuait. Un signal électrique traversé par le courant inducteur sert à compter le nombre des courants induits qui sont envoyés au cœur de la grenouille : chaque inflexion de la ligne

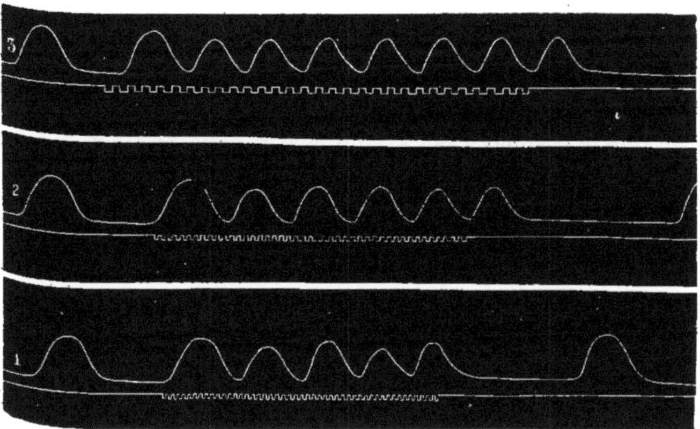

Fig. 272. Excitations du cœur par des courants induits de rupture ; le nombre de ces courants est indiqué par celui des vibrations du signal au-dessous de chacun des tracés.

inférieure crénelée correspond à la production d'un courant induit[1].

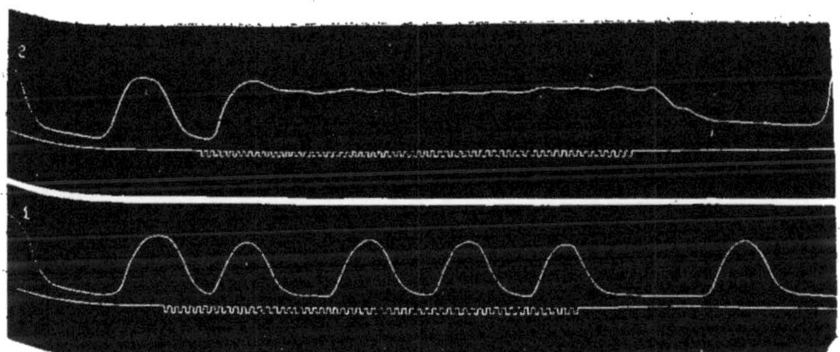

Fig. 273. Excitations du cœur par des courants induits de même fréquence, mais d'intensité inégale. Ligne 1, courants faibles ; ligne 2, courants forts.

La figure 272 montre une série d'expériences faites avec des courants induits d'intensité constante, mais de fréquences inégales,

1. En effet, chaque fois que la ligne s'élève, c'est que le courant inducteur est rompu et que la désaimantation du fer doux abandonne le style traceur à la traction d'un ressort. Chaque fois que la ligne s'abaisse, c'est que le courant est refermé et que l'aimantation du fer doux rappelle le style malgré la tension du ressort.

pour la ligne 1; les courants se répétaient 16 fois par seconde; pour la ligne 2, 14 fois; pour la ligne 3, 8 fois.

Or, malgré cette différence considérable dans la fréquence des excitations, celle des systoles provoquées reste presque constante.

Ainsi, une même longueur prise sur chacune des trois lignes, pendant la période d'excitations répétées, contient sensiblement le même nombre de battements du cœur dans ces différents tracés, bien que la fréquence des excitations ait varié de 1 à 2.

Si la fréquence des excitations modifie peu celle des battements du cœur, il n'en est pas de même de la force de l'excitant. En augmentant l'intensité des courants excitateurs sans en faire varier le nombre, on change la fréquence et le caractère des systoles provoquées.

Plus les courants induits sont intenses, plus seront nombreuses les systoles du ventricule; celles-ci arriveront même à une sorte de fusion tétanique, lorsque l'intensité des courants sera suffisante. La figure 273 donne deux types bien tranchés de cette modification des mouvements du cœur. Pour la ligne 1, la bobine peu engagée donnait des courants très-faibles; pour la ligne 2, la bobine était engagée au maximum. Or, dans les deux cas, la fréquence des excitations était la même.

Dans ces deux types, on retrouve l'analogue de ce qui se produit dans un muscle ordinaire auquel on donne des secousses plus ou moins rapprochées. Tant que les secousses sont peu nombreuses, elles restent distinctes; mais dès qu'elles se rapprochent suffisamment, elles se fusionnent et le muscle semble être dans un état de raccourcissement permanent. Si la fusion tétanique des systoles est plus complète dans la ligne 2, c'est que le nombre de ces systoles est plus grand que dans la ligne 1.

Pour rendre le phénomène plus sensible, on a représenté, dans la figure 274, les mouvements d'un cœur qui reçoit des courants induits de fréquence constante, mais d'intensité variable à chaque instant. A cet effet, pendant que l'interrupteur électrique vibrait avec une fréquence constante, on enfonçait la bobine inductrice dans l'induite d'une manière graduelle, afin d'accroître peu à peu l'intensité des excitations, puis on retirait graduellement la bobine afin de diminuer les courants induits. On voit que de *a* en *b* (période d'accroissement de l'intensité des courants) le nombre des systoles s'est accru, tandis qu'il a diminué dans la phase suivante, de *b* en *c* (période de diminution des excitations).

Dans toutes ces expériences, on constate qu'après les périodes d'excitation, en *c*, le cœur présente un repos assez prolongé, ordinairement plus long que celui qui succède à une excitation simple.

Notons enfin que le nombre des systoles provoquées, bien que croissant avec l'intensité des courants induits successifs, n'atteint pas le nombre de ces courants. Sur ce point, le cœur semble donc se distinguer des autres muscles.

Toutes les particularités qui viennent d'être signalées tiennent à une cause unique : le cœur présente, à chacune de ses révolutions, *une phase pendant laquelle il est réfractaire*, et cette phase correspond à la systole des ventricules. On a vu précédemment que cette hypothèse explique l'inconstance que Bowditch[1] avait signalée relativement à la manière dont le cœur réagit à des excitations qui suffisent parfois à provoquer sa systole; elle explique également la raison pour laquelle le cœur, dans son tétanos incomplet, ne donne pas un nombre de secousses égal à celui des courants induits qui le traversent.

En effet, supposons que, dix fois par seconde, les courants se reproduisent et que cette série d'excitations commence au moment où le cœur, étant relâché, est redevenu excitable pour les courants que l'on emploie; le premier courant qui arrivera au cœur produira une systole, et aussitôt, le ventricule devenant réfractaire, tous les courants qui lui arriveront seront non avenus pour lui, jusqu'au moment où, la systole commencée

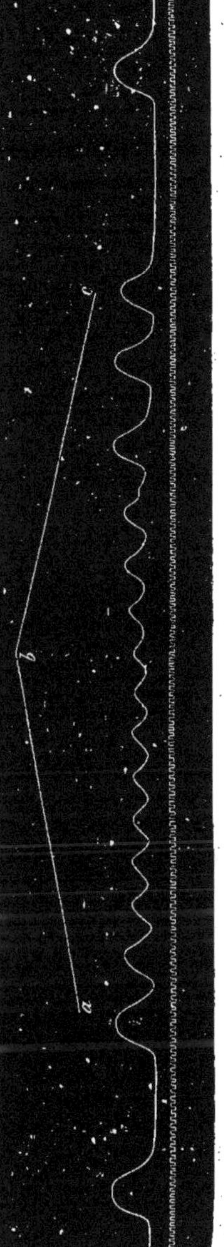

Fig. 274. Cœur de grenouille soumis à des excitations de fréquence constante, mais dont l'intensité varie, croissant de *a* en *b*, décroissant de *b* en *c*.

1. *Arbeiten aus der physiologischen Anstalt zu Leipzig*, 1872.

étant finie, le cœur redeviendra excitable. Alors le premier courant que le cœur recevra le mettra dans un nouvel état systolique et le rendra de nouveau réfractaire, jusqu'à la fin de cette nouvelle systole pendant laquelle une série d'excitations seront encore inefficaces, et ainsi de suite. De cette façon, sur 5 excitations appliquées au cœur, 4, par exemple, seront sans effet.

Imaginons que le nombre des excitations soit porté à 20 par seconde. La première qui trouvera le cœur excitable le mettra en systole et le rendra réfractaire à une série de 9 excitations par exemple; la 10e trouvera le cœur redevenu excitable, mais le rendra aussitôt réfractaire pour une autre série de 9 excitations et ainsi de suite. On voit que, dans cette théorie, la fréquence des excitations a peu d'importance sur le nombre des systoles, le cœur ne pouvant réagir qu'à celles qu'il reçoit au moment où il est excitable.

Mais si l'intensité des courants s'accroît, le tétanos est plus complet, c'est-à-dire que le nombre des secousses du cœur se rapproche davantage de celui des excitations. Ce fait, déjà signalé implicitement dans les expériences de Bowditch, tient à ce que, pour les excitations énergiques, la phase réfractaire du cœur diminue de durée. Au lieu de correspondre à toute la systole, elle n'en occupera que la première partie, puis le début seulement, si les courants augmentent encore d'énergie ; avec une intensité suffisante du courant, la phase réfractaire disparaîtra même tout à fait. On comprend ainsi que, le nombre d'excitations non avenues diminuant sans cesse, le cœur réagisse plus souvent et s'approche du tétanos parfait, qu'il atteindra enfin si les excitations ont une intensité suffisante.

Pour la même raison on comprend qu'un cœur chauffé soit plus complétement tétanisable qu'un cœur refroidi, attendu qu'en chauffant le cœur on diminue la durée de sa phase réfractaire.

Influence des courants de pile sur les mouvements du cœur. — Les courants de pile peuvent être appliqués de deux manières différentes : soit à titre d'excitations brèves, analogues à celles que fournissent les courants induits, soit à titre d'excitations de longue durée, courants continus.

Pour appliquer au cœur d'une grenouille des courants de pile, dont le commencement et la fin soient inscrits comme dans les expériences faites sur les courants induits, on recourt à la disposition suivante :

Le circuit de la pile se fait à travers l'appareil-signal déjà décrit et se referme au moyen d'une clef de du Bois-Reymond. De cette clef part un circuit dérivé qui se rend au cœur de la grenouille et qui, au moment où l'on ouvre la clef, fait partie du circuit principal. Dans ces conditions, si la clef est fermée, rien ne passe par le cœur, car la résistance de son tissu est infinie par rapport à celle de la clef métallique; alors le signal est traversé par le courant et le style est attiré dans la position inférieure. Dès qu'on ouvre la clef, le courant passe par le cœur de la grenouille, mais la résistance que cet organe présente affaiblit tellement le couran que le signal se désaimante comme si le circuit était rompu. Alors le style passe à la position supérieure, où il reste jusqu'à ce que la clef soit fermée de nouveau et que le courant cesse de traverser le cœur pour repasser par le signal.

Quand on a soin de n'ouvrir la clef que pendant un temps très-court, 1/5e de seconde, le cœur réagit à peu près comme aux courants induits. La figure 273 montre une série d'excitations obtenues par de courts passages du courant d'un élément Daniell de grande dimension. Les excitations sont appliquées à différents instants de la révolution du cœur, comme cela a été fait dans les expériences sur les courants induits. Mais, dans ce cas d'applications brèves d'un courant de pile, on constate que la période réfractaire est absente et que le temps perdu du cœur est sensiblement le même dans tous les cas.

Il ne faudrait pas croire cependant à une action particulière du courant de pile sur le cœur. L'absence de la période réfractaire et la brièveté constante du temps perdu tiennent à ce que le courant employé était trop fort. Il suffit de mettre des résistances sur le circuit de ce courant pour en réduire l'intensité. On voit alors apparaître les phénomènes auxquels donnent naissance les courants induits, c'est-à-dire la phase réfractaire et la variation du temps perdu. Du reste, ces phénomènes varient suivant qu'on affaiblit ou qu'on augmente le courant de la pile, absolument comme ils varient pour les courants induits de forces différentes.

Si le courant de pile est continu, il se comporte comme des excitations multiples et produit une tétanisation complète ou incomplète suivant son énergie.

Or la théorie qui s'applique à l'influence des excitations induites fréquemment répétées explique également les influences du courant continu. Quand le cœur, à la suite de la clôture du courant qui le traverse, est entré en systole, il devient réfractaire, et pendant un certain temps les choses se passent comme si le courant ne le traversait pas. Puis, le cœur redevient excitable et

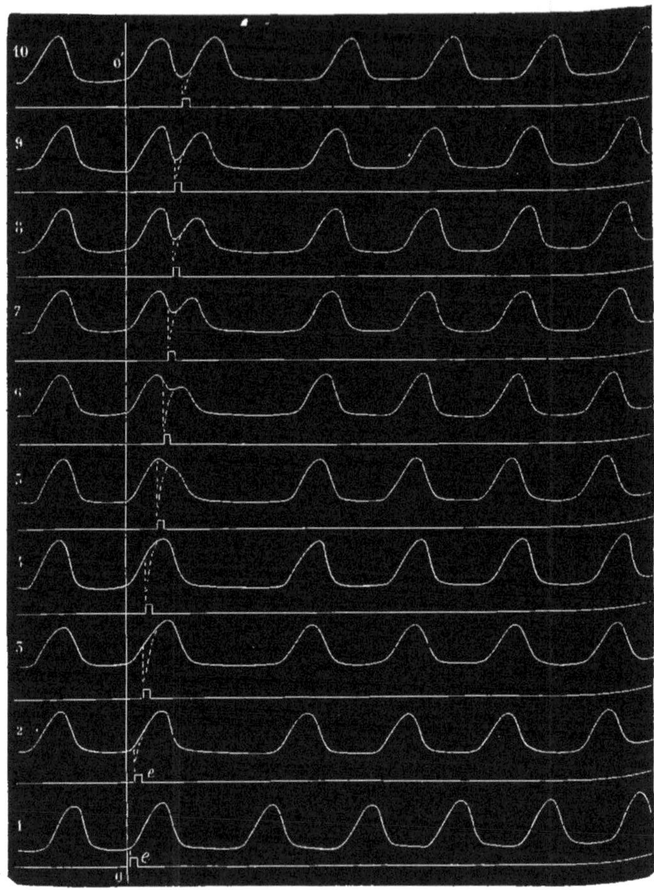

Fig. 275. Cœur de grenouille excité par des courants de pile très-brefs et appliqués à des instants différents de révolution.

rentre dans une nouvelle systole qui lui enlève encore son excitabilité.

En somme, les effets des courants de diverses natures se rapprochent les uns des autres d'une manière très-frappante. Le cœur, de son côté, présente avec les autres muscles des analogies marquées, sauf en ce point : qu'à un moment de sa secousse qui correspond à sa période de raccourcissement, il est moins sensible aux excitations électriques.

Est-il bien sûr qu'on ne trouverait pas dans tous les muscles de l'organisme une phase de moindre excitabilité? On n'en saurait répondre *a priori*, mais il sera intéressant de faire sur ce sujet des recherches spéciales, en plaçant les muscles explorés dans les conditions favorables à la production de la phase réfractaire[1].

Conclusions. — L'excitabilité du cœur n'est pas la même aux différents instants d'une révolution cardiaque.

Une *excitation unique*, si elle est très-intense, provoque, il est vrai, toujours une systole du cœur, ainsi que l'a vu Bowditch; mais si elle est faible, elle ne trouve le cœur excitable qu'à certains instants.

Le cœur présente, à chaque révolution, une *phase réfractaire*. Celle-ci correspond au commencement de la systole des ventricules. Du reste, cette phase varie en durée suivant l'intensité de l'excitant et suivant les conditions où se trouve le cœur.

Relativement à l'*intensité de l'excitant*, on constate que s'il est faible, la période réfractaire dure au moins pendant toute la phase systolique; quand l'excitation augmente de force, la phase réfractaire se réduit aux premiers instants de la systole ventriculaire, et finit par disparaître tout à fait si l'excitation devient assez forte.

Relativement aux *conditions où se trouve le cœur*, on voit que la *chaleur* abrége et peut même supprimer la phase réfractaire, tandis que le *froid* en augmente la durée.

Les systoles provoquées artificiellement ne troublent pas sensiblement le rhythme du cœur, car celui-ci compense par un repos plus grand qu'à l'ordinaire le travail excessif qu'on lui a fait faire. Il y a là une nouvelle preuve de la tendance du cœur à travailler uniformément.

Toute systole provoquée a d'autant plus d'*amplitude* qu'elle arrive plus tard après la systole spontanée qui la précède.

1. M. Boudet, de Paris, a fait dans mon laboratoire des expériences encore inédites, desquelles il résulte que si deux excitations appliquées à un muscle se suivent de trop près, la seconde n'a pas tout son effet.

Toute systole provoquée a un *temps perdu* d'autant plus court que l'excitation qui lui a donné naissance est arrivée plus tard après la systole spontanée qui la précède.

Quand une *série d'excitations électriques faibles* agit sur le cœur, la plupart de celles-ci trouvent le cœur réfractaire; aussi, le nombre des systoles est-il beaucoup plus petit que celui des excitations.

On peut faire varier la fréquence des excitations faibles sans changer sensiblement celle des systoles : le cœur, dès qu'il a reçu une excitation efficace, se trouvant ramené à la phase réfractaire.

Mais si l'on fait varier l'intensité des excitations sans en changer la fréquence, comme la période réfractaire devient moins longue, le nombre des systoles s'approche de celui des excitations et peut l'atteindre, ce qui met le cœur dans un état de tétanos quand les excitations sont assez fréquentes.

Les courants de pile de courte durée se comportent sensiblement comme les courants d'induction.

Le courant *continu d'une pile*, lorsqu'il est faible, agit comme une série d'excitations discontinues et ne fait qu'accélérer le rhythme du cœur. Cela tient à ce que le courant n'agit que dans les moments où le cœur n'est pas réfractaire.

Mais un courant de pile suffisamment intense accélère davantage le rhythme cardiaque, car la période réfractaire est plus courte pour les courants forts. A un certain degré d'intensité, le courant de pile met le cœur dans un tétanos complet.

Les autres muscles de la vie organique devront être soumis également à la myographie; il y aura là d'intéressantes applications à la médecine. Legros et Oninus ont déjà tenté quelques essais sur la myographie intestinale. François Franck a déterminé le retard du resserrement des vaisseaux après une excitation électrique; nous en parlerons plus loin.

CHAPITRE VI.

PNEUMOGRAPHIE.

Études graphiques sur les mouvements de la respiration : Vierordt et G. Ludwig. — Application des instruments, signification des tracés. — Pneumographe à transmission. — Courbes des mouvements du thorax. — Rapport des mouvements respiratoires du thorax avec ceux de l'abdomen. — Rapport des mouvements respiratoires avec ceux de l'air respiré. — Des volumes de l'air inspiré et expiré évalués par la méthode graphique. — Fréquence et rhythme de la respiration à l'état normal. — Influences qui modifient les caractères de la respiration : influence de l'étroitesse des voies respiratoires, obstacle au passage de l'air dans l'inspiration ou dans l'expiration.

Étude graphique des mouvements respiratoires et des influences qui les modifient.

Lorsque K. Vierordt eut publié, en 1855, ses recherches sur la forme du pouls étudié d'après la méthode graphique, le savant physiologiste de Tubingen comprit que l'on pouvait étendre davantage l'emploi des appareils inscripteurs. Bientôt, en effet, il fit paraître, avec la collaboration de G. Ludwig, un travail sur les mouvements respiratoires [1]. Les auteurs de ce mémoire recueillirent les tracés des mouvements du thorax pendant la respiration; ils expérimentèrent sur eux-mêmes et sur plusieurs sujets de différents âges.

Nous avons voulu étudier également les caractères graphiques des mouvements respiratoires; mais nous avons cherché surtout à déterminer les influences qui font varier le rhythme, la fréquence et l'amplitude de ces mouvements à l'état sain, afin d'avoir, dans

1. Vierordt et G. Ludwig, *Beiträge zür Lehre von der den Athembewegungen* (Arch. für physiologische Heilkunde, 1855, t. XIV, p. 253).

ces notions physiologiques, un guide qui nous permît de saisir la cause des perturbations que la respiration présente dans les maladies. Pour bien faire comprendre la tendance de nos études nous commencerons par exposer brièvement ce qui avait été fait par les auteurs qui viennent d'être cités.

Ces physiologistes ont employé dans leurs recherches le sphygmographe de Vierordt. Le sujet mis en expérience était couché sur le dos, et l'on appuyait sur son sternum le bouton qui, dans l'exploration du pouls artériel, repose sur le vaisseau. La grande branche du sphygmographe traçait sur le cylindre d'un kymographion la courbe des mouvements respiratoires. On analysait cette courbe de la manière suivante : on appréciait la fréquence des respirations en évaluant leur nombre pour une durée connue et toujours la même; cette durée correspondait à un tour complet du cylindre, par exemple.

D'autre part, on mesurait exactement la durée des inspirations, des expirations et des pauses qui les séparent. Pour cela, on projetait chacun de ces éléments d'une courbe respiratoire sur la ligne des abscisses, c'est-à-dire sur la ligne horizontale qui représente la circonférence du cylindre. Enfin, l'amplitude des mouvements s'évaluait en mesurant la hauteur verticale qui séparait le maximum du minimum de chaque courbe, autrement dit par la projection de cette courbe sur la ligne des ordonnées. Vierordt et G. Ludwig cherchèrent d'abord à déterminer la *capacité vitale* de chacun des sujets mis en expérience. Pour cela, il faisait faire une inspiration aussi profonde que possible, puis une expiration aussi complète qu'il se pouvait. Le cylindre étant immobile pendant ce temps, le levier du sphygmographe traçait un grand arc de cercle. Par les deux extrémités de cet arc, on menait deux lignes horizontales et par conséquent parallèles; l'écartement de ces deux lignes était la mesure graphique de la capacité vitale du poumon. Ces deux points de repère une fois établis, on pouvait, dans un tracé des mouvements respiratoires, savoir si la poitrine, en s'emplissant et en se vidant, se rapprochait plus ou moins des limites de sa capacité vitale.

Vierordt et G. Ludwig firent plus : ils voulurent déterminer la relation qui existe entre l'amplitude d'une courbe respiratoire et la quantité d'air mise en mouvement par la respiration au même moment. Ces auteurs employèrent le spiromètre à la mesure des volumes d'air, et conclurent de leurs expériences que *la hauteur des courbes est sensiblement proportionnelle à la quantité d'air inspirée.*

Enfin, comparant l'amplitude à la fréquence des mouvements respiratoires, ils tirèrent cette autre conclusion, *que la poitrine se dilate d'autant moins que la respiration est plus fréquente.*

Ce sont là les deux principales conclusions qui ressortent du travail des deux auteurs allemands ; le reste de ce mémoire consiste surtout en tableaux des durées et des amplitudes de chacune des inspirations et des expirations dont le tracé a été pris ; de ces mesures, il est difficile de tirer autre chose que des moyennes qui ont peu de valeur, car elles ne peuvent s'appliquer à aucun cas particulier. On va voir, en effet, qu'il n'y a rien d'absolu dans la durée relative des inspirations et des expirations, et que si, d'une manière générale, on doit admettre que l'inspiration est le temps le plus court, il peut arriver telle influence qui renverse complétement ces rapports de durées.

Application des instruments; signification des tracés.

Le premier explorateur des mouvements respiratoires dont je me sois servi était un cylindre élastique creux mis sur le trajet d'une ceinture. L'ampliation ou le resserrement de la poitrine, agissant sur ce cylindre à capacité variable, y appelaient ou en expulsaient de l'air; ces mouvements alternatifs actionnaient un tambour à levier. Cet appareil a été employé par Bert dans ses recherches sur les mouvements de la respiration [1].

Une seconde disposition est représentée figure 276. Elle a été déjà décrite page 203; la fonction en est plus sûre que celle du cylindre; elle commence quand on met en prise la vis V avec la pièce qui agit sur le tambour; elle cesse quand on relève la vis.

En ce moment, je donne au pneumographe une disposition plus commode encore : toutes les pièces saillantes sont supprimées et l'instrument peut être porté sous les vêtements ou au lit sans qu'il y ait à craindre un dérangement.

Du reste, tous ces appareils donnent des tracés semblables.

Pour comprendre la signification de ces courbes, suivons par la pensée les mouvements qu'exécutent de proche en proche les dif-

1. Bert, *Leçons sur la physiologie comparée de la respiration*, 1870

férentes pièces de l'appareil pendant la respiration. Au moment de l'inspiration et pendant toute sa durée, la poitrine se dilatera, la ceinture s'allongera dans le seul point où elle soit élastique, c'est-à-dire en faisant diverger les branches de l'appareil; celui-ci aspirera, par le tube de transmission, l'air du tambour inscripteur; dès lors, la membrane du tambour s'affaissera, et le levier qui repose sur elle descendra. — Dans l'expiration, la poitrine diminuant de diamètre, le cylindre se resserrera et, refoulant l'air dans le tambour, soulèvera le levier. Dans chaque courbe, l'ascension correspondra donc à l'expiration, la descente à l'inspiration. Les tracés se lisent de gauche à droite comme dans l'écriture ordinaire[1].

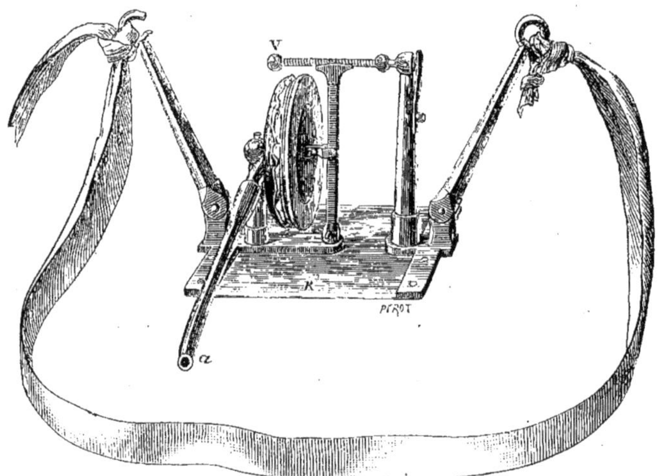

Fig. 276. Pneumographe, appareil explorateur des mouvements de la respiration.

Sur un même cylindre on peut adapter en même temps plusieurs leviers, dont chacun est en rapport avec un pneumographe particulier. Cette disposition permet de comparer, dans leurs formes et leurs rapports de synchronisme, les mouvements du thorax et ceux de l'abdomen.

Enfin, on peut inscrire à la fois les mouvements respiratoires et les battements du cœur, en appliquant sur celui-ci l'explorateur qui sera décrit page 589.

1. Nous signalons ce fait au lecteur, parce que dans la figure représentée par Vierordt les tracés se lisent de droite à gauche.

Un appareil électrique pointe les secondes sur le papier, ce qui permet d'apprécier exactement les durées des phénomènes enregistrés. Cette précaution est superflue quand on a déterminé la vitesse de translation du cylindre et qu'on l'a réglée une fois pour toutes.

Avec ces dispositions, le sujet en expérience n'est plus forcé de se tenir couché sur le dos, comme dans les expériences de Vierordt et G. Ludwig; il peut prendre toutes les attitudes qu'il lui plaît, ce qui permet d'étudier l'influence de chacune d'elles. De plus, un expérimentateur peut, sans aide, recueillir sur lui-même des tracés des mouvements de la respiration, ce qui est un grand avantage. Du reste, l'appareil de Vierordt ne présentait aucune défectuosité capable d'altérer les résultats de l'expérience[1]. Il était seulement d'un emploi peu commode.

La figure 277 représente des tracés des mouvements respiratoires avec indication des durées et des amplitudes de chacun de leurs éléments, ainsi que la fréquence des battements du cœur pendant le même temps.

Les deux premières lignes superposées sont produites par les mouvements respiratoires : la ligne T est fournie par les mouvements du thorax, la ligne A par ceux de l'abdomen.

La ligne C est donnée par les battements du cœur.

La ligne S est tracée par l'appareil qui pointe les secondes sur le papier. Nous avons réglé la translation de celui-ci de telle sorte que la seconde fût représentée par une fraction simple de l'unité de longueur. C'est le demi-centimètre qui représente la seconde dans les expériences faites sur la respiration.

Analysons maintenant les courbes représentées dans cette figure[2].

1. Les reproches que nous avons cru devoir faire au sphygmographe de cet auteur ne s'appliquaient qu'à son impuissance à signaler des mouvements très-rapides, comme le seraient ceux du pouls et des battements du cœur; mais nous ne doutons pas que cet appareil ne donne un tracé fidèle des mouvements, assez lents d'ordinaire, qu'éprouvent dans la respiration les parois du thorax ou de l'abdomen.

2. Dans la figure 277 on remarque des dentelures nombreuses, surtout pendant la période d'expiration. Ces saccades de la courbe sont produites par l'ébranlement que les battements du cœur amènent dans les parois du thorax et de l'abdomen.

Courbe des mouvements du thorax.

Voici comment on détermine la *durée* de l'inspiration et celle de l'expiration dans chaque courbe.

Il est évident, d'après ce qui a été dit de la disposition de l'appareil, que l'inspiration ne peut se traduire que par une ligne descendante. La première inspiration de la courbe T se fera donc depuis le début jusqu'au point A, où la ligne cesse de s'abaisser. L'expiration se fera de A en E et ainsi de suite.

Sur l'une quelconque des lignes horizontales du réseau, plaçons des repères directement au-dessous des points qui correspondent aux limites des inspirations et des expirations. La ligne des temps sera partagée en longueurs proportionnelles à la durée de chacun des mouvements respiratoires exécutés. Au-dessous de la fin de l'expiration, c'est-à-dire au-dessous du summum de chaque courbe, on place une petite croix; au-dessous du minimum, on place un trait. Dès lors, en comptant de gauche à droite, tout intervalle entre un trait et une croix représentera une expiration, tout intervalle entre une croix et un trait correspondra à une inspiration. On pourra donc évaluer tout de suite la durée de chacune de ces périodes, d'après le nombre de divisions millimétriques qu'elles renferment. Un procédé plus facile et plus sûr dans l'appréciation des durées relatives de chacune des périodes de la respiration consiste à prendre leur durée moyenne pendant une minute. Pour cela, on ajoute sur une règle graduée toutes les longueurs correspondantes aux inspirations, et si un nombre entier de respirations y est contenu, on n'a qu'à retrancher la longueur trouvée de 30 centimètres (longueur qui correspond à une minute), et le reste exprime la durée horizontale des expirations. Il suffit ensuite de diviser chacune de ces durées horizontales par le nombre des respirations, et de pousser cette division jusqu'à la deuxième décimale, pour avoir la durée moyenne d'une inspiration ou d'une expiration avec une approximation bien suffisante. Cette recherche de la durée moyenne de chaque phase de la respiration peut se faire avec assez de rapidité, pour peu qu'on en ait un peu l'habitude.

Rhythme de la respiration. — L'inspiration et l'expiration sont les deux divisions vraiment naturelles du mouvement respira-

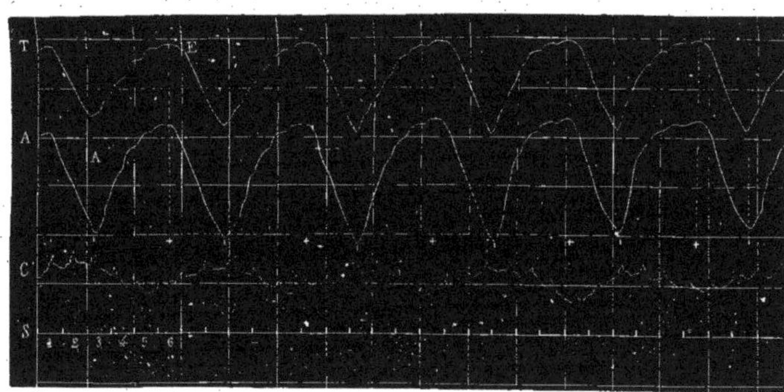

Fig. 277. Tracés respiratoires pris pendant une demi-minute : T, tracé des mouvements thoraciques; A, fin de la première inspiration; E, fin de la première expiration; A, tracé des mouvements abdominaux; au-dessous de ceux-ci se trouvent une série de points verticaux et de croix.

toire. Plusieurs auteurs ont admis, en outre, des pauses à la fin de chacun de ces deux temps : la plus longue succéderait à l'inspiration. Cette distinction est factice. S'il est vrai qu'à la fin de l'inspiration la poitrine semble s'arrêter un instant en dilatation, cependant l'immobilité des parois thoraciques n'est pas complète; on peut s'en convaincre à l'inspection des tracés qui ne présentent jamais de lignes horizontales, mais seulement un ralentissement dans l'ascension. Quant à la pause qui succéderait à l'inspiration, moins prononcée que la précédente, de l'aveu de tous les auteurs, l'examen des tracés montre qu'elle est encore moins réelle.

On comprend que l'amplitude de la respiration s'évalue par la hauteur verticale de l'inspiration ou de l'expiration qu'on veut mesurer. C'est du maximum au minimum d'une courbe que se mesure l'amplitude de l'inspiration; celle de l'expiration s'évalue du minimum au maximum de la même courbe. Ces amplitudes ne sont pas toujours les mêmes pour chaque respiration, mais leur inégalité finit par se compenser au bout de quelques instants, sans quoi la ligne d'ensemble s'élèverait ou s'abaisserait.

L'amplitude d'un tracé de respiration, comme celle d'un tracé du pouls, a peu de valeur par elle-même; elle peut varier sous différentes influences indépendantes de l'énergie des mouvements respiratoires observés. Ainsi le mode d'application de la ceinture, sa tension plus ou moins grande, la sensibilité de l'appareil à evier, etc., la font varier. Mais une fois que l'appareil est adapté sur le sujet mis en expérience, l'amplitude reste fixe si la respiration est régulière, et ne se modifie qu'autant que les mouvements respiratoires se modifient eux-mêmes. On peut donc, par la comparaison des amplitudes de différentes courbes d'un tracé, déduire l'amplitude comparative des divers mouvements qui les ont produits. Mais il n'y a rien d'absolu dans la signification de l'amplitude d'une courbe, tant qu'on n'a pas déterminé expérimentalement le volume d'air mis en jeu par la respiration correspondante.

La ligne d'ensemble du tracé peut, sous certaines influences, s'élever ou s'abaisser. Ces modifications portent sur l'altitude du tracé, elles ne nous occuperont pas ici; disons toutefois que l'étude des changements d'altitude de la courbe respiratoire permet de constater que, dans certaines conditions, un sujet respire avec la poitrine presque toujours pleine d'air, tandis que dans d'autres cas son thorax est affaissé en expiration.

Ces préliminaires une fois établis, passons aux expériences relatives aux conditions qui influencent les mouvements respiratoires dans leur fréquence, leur rhythme et leurs rapports de nombre avec les mouvements du cœur.

Rapports des mouvements respiratoires du thorax avec ceux de l'abdomen.

L'une des premières questions qu'on ait à se poser avant d'instituer des expériences sur la forme graphique des mouvements respiratoires est celle-ci : « En quel point faut-il appliquer la ceinture destinée à recevoir ces mouvements? est-il indifférent de l'appliquer sur le thorax ou sur l'abdomen? »

Pour résoudre cette question, nous avons recueilli simultanément, avec deux appareils semblables, les courbes fournies par les mouvements thoraciques et celles que donnent les mouvements abdominaux. Nous avons vu, dans toutes nos expériences, que les tracés obtenus sont sensiblement parallèles. La seule différence qu'on rencontre ordinairement porte sur l'intensité du mouvement, c'est-à-dire sur l'amplitude de la courbe tracée dans les deux cas. La figure 277 représente, ligne T, un tracé fourni par les mouvements thoraciques, et ligne A un tracé des mouvements abdominaux. La seule différence notable entre ces deux ordres de courbes consiste en une amplitude plus grande de celle de l'abdomen. On eût pu, dans ce cas, diminuer la sensibilité[1] de l'appareil à levier correspondant aux mouvements abdominaux, et l'on eût eu deux tracés identiques, parfaitement superposables.

Peut-être ce parallélisme des mouvements thoraciques et abdominaux n'est-il pas constant, même à l'état physiologique; il faudra multiplier les recherches à cet égard. En tout cas, on peut, sous l'influence de la volonté, modifier les mouvements thoraciques et abdominaux, jusqu'à les rendre alternants. Mais ce n'est point là un type normal de la respiration ; le parallélisme de ces mouvements nous a paru constant à l'état normal[2].

1. On fait varier la sensibilité de l'instrument, c'est-à-dire l'amplitude du tracé fourni par un mouvement quelconque, en faisant avancer ou reculer le tambour avec la pièce qui soulève le levier, de manière que celle-ci agisse plus ou moins près de l'axe de rotation de ce levier. (Voir Technique, p. 447.)

2. Dans de récentes expériences, Luciani a obtenu de singulières alternances entre

Il résulte de là que le point auquel on devra appliquer la ceinture pour recueillir les mouvements respiratoires est indifférent. La seule indication est de choisir le point où ces mouvements ne soient ni trop forts ni trop faibles, pour s'enregistrer facilement.

Rapport des mouvements respiratoires avec ceux de l'air respiré.

Cette question présente une grande importance et ne peut se résoudre à priori ; en effet, il serait bien possible que les mouvements de la respiration n'eussent pas toujours une efficacité proportionnelle à leur amplitude, c'est-à-dire que l'air expiré ou inspiré ne correspondît pas exactement à l'étendue du déplacement d'un point de la poitrine ou de l'abdomen. A certains moments, la dilatation thoracique pourrait être neutralisée par quelque mouvement inverse, comme l'enfoncement des espaces intercostaux ou la diminution du diamètre longitudinal de la poitrine. Pour déterminer, s'il en était ainsi dans les conditions normales, nous avons procédé de la manière suivante.

En même temps que s'enregistraient les mouvements de la poitrine, nous avons recueilli un autre tracé exprimant les rapports de volume d'air qui entrait dans la poitrine et qui en sortait à chaque instant. A cet effet, on prend un grand réservoir d'une capacité de deux cents litres environ, on y adapte deux tubes, l'un très-large, qui se place dans la bouche pour respirer, l'autre plus étroit, qui se rend au tambour d'un enregistreur. A chaque inspiration, l'air du réservoir se raréfie, et cette raréfaction, transmise par le tube au tambour de l'appareil, produit un abaissement du levier ; à chaque expiration, cet air est comprimé et le levier s'élève.

Si l'on sensibilise les deux instruments enregistreurs de manière à donner la même amplitude aux deux tracés, on voit que ceux-ci sont parfaitement superposables ; d'où l'on peut conclure que les mouvements extérieurs de la respiration ont une intensité proportionnelle aux quantités d'air que la poitrine aspire ou expulse à chaque instant [1].

les pressions mesurées dans le thorax et dans l'abdomen ; j'ai dit comment ces alternances me semblaient pouvoir s'expliquer par un défaut des instruments employés.

1. On pourrait croire que le mouvement de l'air qui s'échappe de la poitrine ne doit

Ce parallélisme entre les mouvements thoraciques et les mouvements de l'air respiré n'est parfait que dans les conditions de liberté complète de la respiration. Pour que le volume d'air appelé par le thorax ou chassé au dehors soit en relation directe avec l'action musculaire qui s'est produite, il faut que le passage de cet air soit assez large pour présenter une résistance insignifiante. Si par exemple, au moment d'une expiration puissante, l'air ne trouve pas une issue facile, il sera comprimé dans le poumon et perdra de son volume, ce qui permettra à la cage thoracique de se resserrer plus que ne le comporte le volume de l'air expiré. Inversement, dans une inspiration énergique, la poitrine pourra se dilater en raréfiant l'air contenu dans le poumon.

Poussons à l'extrême ces conditions de difficulté au passage de

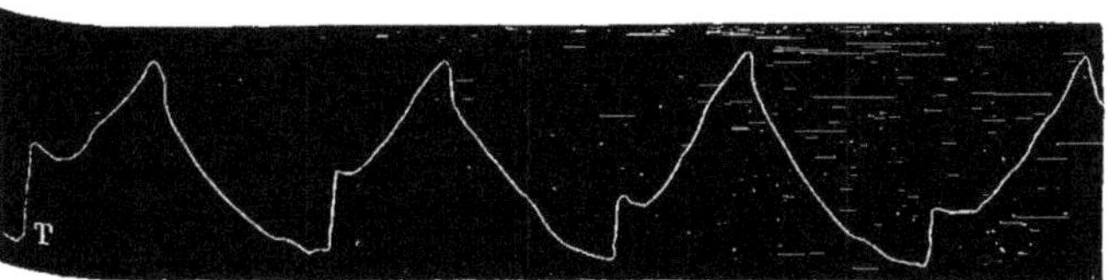

Fig. 278. Courbe des mouvements thoraciques obtenue en respirant par un tube très-étroit.

l'air, et supposons, pour rendre le phénomène plus sensible, que les voies aériennes soient complétement fermées : la poitrine pourra encore exécuter quelques mouvements de dilatation et de resserrement, mais ceux-ci n'auront d'autre effet que de raréfier et de condenser l'air qu'elle renferme. La cavité thoracique présente donc, dans ces conditions mécaniques, une différence fondamentale avec les cavités cardiaques; celles-ci, en effet, agissent, dans leurs diastoles et leurs systoles, sur un fluide incompressible et non dilatable, de telle sorte que le changement de volume du cœur correspond toujours à une diminution ou à une augmentation réelle de son contenu, tandis que, dans l'appareil respira-

pas se transmettre d'une manière instantanée à travers le vaste réservoir et le tube de caoutchouc jusqu'au levier de l'enregistreur; mais nous avons pu constater que cette transmission est parfaitement instantanée, et que toute saccade produite dans les mouvements thoraciques se traduit par une saccade simultanée dans le tracé des mouvements de l'air. Il faut en excepter toutefois les légers mouvements produits dans le tracé thoracique par les battements du cœur.

toire, le fluide sur lequel agissent les mouvements thoraciques est éminemment compressible.

La figure 278 représente le tracé des mouvements thoraciques obtenus en respirant par un tube très-étroit. On y voit d'abord une ascension brusque qui veut dire que le resserrement du thorax s'est produit en comprimant l'air contenu dans le poumon; puis, l'ascension devient lente, ce qui exprime que toute contraction nouvelle est impossible, à moins qu'il ne sorte de l'air par le tube, ce qui se fait très-lentement.

A partir du sommet, la chute brusque exprime une raréfaction de l'air du poumon par les forces inspiratrices, puis la descente se continue lentement, par suite du passage de l'air inspiré à travers le tube.

Des volumes de l'air inspiré et expiré évalués par la méthode graphique.

Un seul point est prouvé jusqu'ici : c'est que les mouvements respiratoires ont des effets proportionnels à leur intensité. Ainsi l'on peut, à l'inspection de la courbe, reconnaître à quel moment l'air pénètre dans la poitrine avec plus d'abondance; à quel moment son mouvement s'arrête ou change de direction. Mais ces mêmes tracés peuvent-ils nous donner une idée du volume absolu de l'air entré dans le poumon? C'est ce qu'il s'agit de déterminer. soit un tracé des mouvements de l'air inspiré et expiré obtenu à l'aide du réservoir précédemment décrit; il est facile de déterminer la quantité d'air qui a été mise en mouvement par chaque respiration.

Il suffit pour cela de déterminer quel est le volume d'air qui, foulé dans le réservoir, produit une élévation du levier correspondante à celle qui existe dans le tracé. Pour cela, on met le réservoir en communication avec le tube insufflateur du spiromètre à cloche de Hutchinson, et l'on presse sur la cloche jusqu'à ce que l'air expulsé ait soulevé le levier enregistreur au niveau du maximum de la courbe qu'on évalue. On note sur la graduation de la cloche le niveau de l'eau à ce moment; on soulève ensuite la cloche jusqu'à ce que le levier soit redescendu au niveau du minimum de la courbe, et l'on note de nouveau le niveau de l'eau. De ces deux notations extrêmes se déduit le volume de l'air qui est passé du réservoir dans la cloche pour produire l'écart du levier, dont on cherchait la valeur en litres et centilitres d'air.

Il est déjà évident que ce volume est identique avec celui qui a été chassé du poumon dans l'expiration. Mais on a vu tout à l'heure que le tracé recueilli d'après les mouvements de la poitrine est parallèle au tracé recueilli par les mouvements de l'air. On pourra donc, d'après le tracé des mouvements thoraciques, évaluer le volume d'air mis en mouvement en un temps donné, pourvu qu'on ait déterminé le volume d'air correspondant à l'une des respirations inscrites[1].

Cette méthode permettra donc d'évaluer les volumes d'air mis en action dans les différentes formes de la respiration, et d'apprécier l'activité de la fonction respiratoire dans diverses circonstances. Pour évaluer les volumes d'air mis en mouvement en un temps donné, on additionnera les valeurs de chacune des respirations contenues dans une même longueur de tracé. Si la respiration est régulière, ce qui est le cas le plus fréquent, il suffira de multiplier le volume d'air inspiré dans un cas par le nombre des respirations.

Fréquence et rhythme de la respiration à l'état normal.

On ne saurait attribuer aux mouvements respiratoires un type normal, car mille influences les font varier. Il en est de la respiration comme de la circulation du sang : l'attitude, l'action musculaire, la température, l'ingestion des aliments, etc., influent sur l'une et l'autre de ces fonctions. Pour la respiration, la volonté s'ajoute encore aux causes de changement ci-dessus indiquées, permettant, pour les besoins de la phonation ou de l'action musculaire, de diriger arbitrairement ou de suspendre au besoin, pour quelques instants, les mouvements de la cage thoracique. Ces in-

1. Une objection pourra être élevée contre cette méthode; elle est relative à l'influence de la température sur le volume d'air soumis à la respiration, cette température n'étant pas la même dans le poumon et dans le réservoir. Or l'expérience montre que cette influence est à peu près nulle. En effet, si l'air s'échauffait dans le réservoir, après quelques respirations, on verrait la courbe, dans son ensemble, s'élever peu à peu quand on enregistre les mouvements de l'air, ce qui ne s'observe qu'à un degré très-faible et négligeable. — On peut donc, assez fidèlement, évaluer d'après un tracé des mouvements respiratoires les quantités d'air mis en mouvement.

fluences perturbatrices seraient très-gênantes dans l'expérimentation, si l'on ne pouvait les éliminer d'une manière à peu près complète. Il suffit pour cela de détourner son attention du tracé qui s'enregistre automatiquement et même de s'appliquer à quelque autre chose qui nécessite une certaine contention d'esprit. Dès lors, la respiration, réduite à l'état de fonction organique, ne subit plus d'autre influence que celle des conditions plus ou moins complexes dans lesquelles on se trouve, et dont nous essayerons de déterminer les effets. En clinique, les sujets mis en expérience ne doivent pas être prévenus de ce qu'on attend d'eux. Pour un grand nombre de malades, la prostration dans laquelle ils sont plongés met l'expérience à l'abri de toute influence volontaire.

Avant de quitter ce sujet, disons quelques mots des effets que certains actes volontaires peuvent produire dans la respiration. L'acte de lire à haute voix la modifie profondément. Comme l'expiration est le seul temps actif pour la phonation, l'homme qui lit emplit sa poitrine le plus vite possible, et ménage autant qu'il peut le volume de l'air qu'il expulse, afin de prolonger autant que possible la durée des sons émis. De là une modification importante du rhythme, dans lequel l'inspiration est beaucoup plus courte et l'expiration beaucoup plus longue qu'à l'état normal. Prenons pour type normal les durées suivantes obtenues dans un cas : inspirations 100, expirations 200. Pendant la lecture à haute voix, le rhythme a été le suivant: inspirations 40, expirations 200. Le chant modifie souvent encore plus le rhythme de la respiration; il a donné les rapports suivants : inspirations 18, expirations 282. On peut suspendre ses respirations pendant plus ou moins longtemps, 30 à 40 secondes en inspiration, 25 à 30 en expiration, ou bien en précipiter le mouvement et le porter jusqu'à 120 et plus par minute.

En présence de pareils changements apportés par la volonté dans le rhythme de la respiration, on se demande s'il est possible d'en éliminer entièrement les effets. A cela, on peut répondre affirmativement et en fournir la preuve. En effet, si l'on respire pendant une minute de la manière automatique dont nous avons parlé, et qu'on partage le tracé en deux parties égales, de trente secondes chacune, on voit que chacune des deux moitiés renferme sensiblement le même nombre de respirations, et que la durée relative des inspirations et des expirations est en moyenne sensiblement la même dans les deux moitiés du tracé. On s'étonnerait souvent de la frappante concordance des rapports résultant de cette comparaison, si l'on n'avait vu, dans les expériences faites sur les mouvements du cœur, des exemples nombreux de la régularité d'une fonction de la vie organique. Comme les caractères les plus intéressants de la respiration sont la fréquence et le rhythme, c'est-à-dire la durée relative des inspirations et des expirations, commençons par étudier ces deux caractères.

Influences qui modifient les caractères de la respiration.

A. *Influence de l'étroitesse des voies respiratoires.* — Si l'on inscrit comparativement les mouvements qu'on exécute en respirant librement, la bouche entr'ouverte, et ceux qui se produisent lorsqu'on se condamne à respirer exclusivement par un tube plus ou moins étroit, on voit que le second tracé diffère du premier par la fréquence, l'amplitude, le rhythme et l'altitude. Plus le tube employé est étroit, plus on voit s'accuser les différences qui existent entre le tracé obtenu et celui que donne la respiration libre. Dans la figure 214, le tracé A est obtenu par la respiration normale; le tracé O, par la respiration à travers un tube étroit. Quelles sont ces différences, et à quoi sont-elles dues? C'est ce que nous allons examiner.

Fréquence. — L'étroitesse des voies respiratoires diminue la fréquence de la respiration.

Ce ralentissement de la respiration, produit par les résistances au passage de l'air, concorde avec celui que nous avons signalé autrefois à propos de la circulation cardiaque, lorsque nous avons montré que le cœur ralentit ses mouvements si le sang qui s'en échappe rencontre un obstacle à son passage. Ce ne sera pas le seul point de rapprochement que nous rencontrerons entre la circulation et la respiration, ces deux fonctions si intimement liées et qui réagissent sans cesse l'une sur l'autre.

Amplitude[1]. — L'amplitude de la respiration augmente sous l'influence d'un obstacle au passage de l'air.

1. En divisant la somme de toutes les amplitudes par le nombre des respirations, on obtient la moyenne amplitude d'une respiration.

Il s'établit donc, dans ces circonstances, une sorte de compensation entre la fréquence diminuée et l'amplitude augmentée, de telle sorte que la fonction respiratoire souffre le moins possible de l'obstacle au passage de l'air. Il y a comme une tendance à la fixité des volumes d'air mis en mouvement en un temps donné, de sorte que la fonction d'hématose doit conserver sensiblement son état normal. Nouvelle analogie avec ce qui se passe du côté du cœur dont les systoles lancent en général des ondées d'autant plus abondantes qu'elles sont rares.

La compensation de la diminution de fréquence par la plus grande amplitude des respirations n'est assurément pas constante; l'étroitesse exagérée des voies respiratoires amène une gêne et une anxiété que tout le monde connaît, et qui se traduit par une diminution évidente de l'hématose, ce qui prouve qu'à ce moment la quantité d'air qui pénètre dans les poumons est insuffisante.

Rhythme. — La respiration, sous l'influence de l'étroitesse du passage de l'air, change de rhythme, c'est-à-dire que le rapport de durée entre l'inspiration et l'expiration se modifie. C'est l'inspiration qui gagne en longueur.

B. *Effets d'un obstacle au passage de l'air n'existant que dans un seul sens, celui de l'inspiration ou celui de l'expiration.* — Les expériences précédentes ont été faites en respirant, soit librement, soit par un tube étroit; l'obstacle au courant d'air était donc le même dans les deux périodes : dans l'inspiration et dans l'expiration. Nous avons voulu étudier l'influence qu'aurait sur le rhythme de la respiration une résistance qui tantôt s'opposerait seulement à l'arrivée de l'air dans les poumons, tantôt en gênerait seulement la sortie.

A cet effet, nous avons pris un tube de cuivre de douze millimètres de diamètre et de dix centimètres de longueur, assez large par conséquent pour qu'on puisse respirer librement par son ouverture. A l'intérieur, nous avons placé une soupape qui présente à son centre une ouverture de trois millimètres de diamètre. Dans un sens, le courant d'air ouvre la soupape et passe sans résistance; dans l'autre, il la ferme et n'a d'autre passage que l'orifice étroit dont elle est percée.

Suivant qu'on place dans la bouche l'une ou l'autre extrémité du tube, le plus grand obstacle au passage de l'air correspond à l'inspiration ou à l'expiration.

Il s'établit donc, dans ces circonstances, une sorte de compensation entre la fréquence diminuée et l'amplitude augmentée, de telle sorte que la fonction respiratoire souffre le moins possible de l'obstacle au passage de l'air. Il y a comme une tendance à la fixité des volumes d'air mis en mouvement en un temps donné, de sorte que la fonction d'hématose doit conserver sensiblement son état normal. Nouvelle analogie avec ce qui se passe du côté du cœur dont les systoles lancent en général des ondées d'autant plus abondantes qu'elles sont rares.

La compensation de la diminution de fréquence par la plus grande amplitude des respirations n'est assurément pas constante; l'étroitesse exagérée des voies respiratoires amène une gêne et une anxiété que tout le monde connaît, et qui se traduit par une diminution évidente de l'hématose, ce qui prouve qu'à ce moment la quantité d'air qui pénètre dans les poumons est insuffisante.

Rhythme. — La respiration, sous l'influence de l'étroitesse du passage de l'air, change de rhythme, c'est-à-dire que le rapport de durée entre l'inspiration et l'expiration se modifie. C'est l'inspiration qui gagne en longueur.

B. *Effets d'un obstacle au passage de l'air n'existant que dans un seul sens, celui de l'inspiration ou celui de l'expiration.* — Les expériences précédentes ont été faites en respirant, soit librement, soit par un tube étroit; l'obstacle au courant d'air était donc le même dans les deux périodes : dans l'inspiration et dans l'expiration. Nous avons voulu étudier l'influence qu'aurait sur le rhythme de la respiration une résistance qui tantôt s'opposerait seulement à l'arrivée de l'air dans les poumons, tantôt en gênerait seulement la sortie.

A cet effet, nous avons pris un tube de cuivre de douze millimètres de diamètre et de dix centimètres de longueur, assez large par conséquent pour qu'on puisse respirer librement par son ouverture. A l'intérieur, nous avons placé une soupape qui présente à son centre une ouverture de trois millimètres de diamètre. Dans un sens, le courant d'air ouvre la soupape et passe sans résistance; dans l'autre, il la ferme et n'a d'autre passage que l'orifice étroit dont elle est percée.

Suivant qu'on place dans la bouche l'une ou l'autre extrémité du tube, le plus grand obstacle au passage de l'air correspond à l'inspiration ou à l'expiration.

Des tracés ont été recueillis dans chacune de ces conditions et ont révélé les modifications suivantes dans les mouvements respiratoires.

La figure 279 représente quatre tracés de la respiration obtenus dans des conditions différentes.

Le tracé A est formé par la respiration libre; le tracé O, ponctué, est produit en respirant à travers un tube étroit, c'est-à-dire avec un égal obstacle aux deux périodes de la respiration; les tracés B et C, dont l'un est formé par une ligne pleine, l'autre par une ligne ponctuée, sont obtenus en respirant par le tube à soupape. L'obstacle se trouvait dans le sens de l'inspiration pour le tracé B. Il se trouvait, au contraire, dans le sens de l'expiration pour le tracé qui est représenté par la ligne ponctuée C.

Si l'on compare le tracé de la respiration libre H, aux tracés B et C, on voit que ces derniers, quel que soit le sens de l'obstacle, présentent moins de fréquence et plus d'amplitude; en superposant ces deux tracés qui ont à peu près la même fréquence, on voit nettement la différence de rhythme qui se produit suivant le sens de l'obstacle au passage de l'air.

L'obstacle en un seul sens ralentit toujours la période de la respiration sur laquelle il porte. Ainsi, dans la ligne C, l'expiration est prolongée.

C. *Influence d'une compression extérieure de la poitrine.* — Si l'on comprime le tronc avec une large ceinture fortement sanglée, de manière à produire des changements notables dans la fréquence, le rhythme et l'amplitude de la respiration, contrairement à ce que produisent les autres obstacles, la compression thoracique accélère les mouvements respiratoires.

Cette compression produit une grande diminution de l'amplitude de ces mouvements, ce qui se conçoit facilement d'après la nature de l'obstacle qui était, dans nos expériences, une ceinture inextensible s'opposant énergiquement à l'ampliation de la poitrine. Enfin, elle modifie le rhythme, en rendant plus égales l'inspiration et l'expiration, la première gagnant en durée aux dépens de la seconde. Nous n'avons pas jusqu'ici étudié les influences que produiraient des ceintures plus ou moins élastiques substituées à la sangle inextensible qui nous a servi; ces recherches seront continuées ultérieurement.

Il m'a paru intéressant de grouper dans un tableau synoptique les modifications que produit sur la respiration l'existence de tel ou tel obstacle au passage de l'air. Nous noterons seulement les changements en plus ou en moins que subit la fréquence générale des respirations, ou la durée relative de chacune de leurs périodes par rapport au type normal.

- **Obstacle dans les deux sens.**
  - Amplitude +
  - Fréquence —
  - Rhythme..........
    - Inspiration +
    - Expiration —
- **Obstacle dans un seul sens.**
  - Obstacle à l'inspiration..........
    - Amplitude +
    - Fréquence —
    - Rhythme.....
      - Inspiration +
      - Expiration —
  - Obstacle à l'expiration..........
    - Amplitude +
    - Fréquence —
    - Rhythme.....
      - Inspiration +
      - Expiration —
- **Compression extérieure de la poitrine.**
  - Amplitude —
  - Fréquence +
  - Rhythme.....
    - Inspiration +
    - Expiration —

Conclusions. — Il résulte des précédentes recherches que les mouvements respiratoires peuvent être représentés graphiquement avec leurs caractères, et que ceux-ci peuvent nous renseigner utilement sur certains phénomènes inaccessibles à nos sens. A peine ébauchée, cette étude physiologique permet d'espérer que de nouveaux symptômes pourront être tirés de la forme que présente la respiration dans tel ou tel cas. Ce n'est pas trop donner à l'hypothèse que de prévoir dès aujourd'hui que les modifications morbides de la contractilité pulmonaire influenceront le rhythme des mouvements respiratoires, puisqu'elles doivent agir, dans un sens ou dans l'autre, comme obstacle à la respiration. Les faits acquis jusqu'ici sont purement physiologiques et peuvent se résumer dans les propositions suivantes.

1° Les mouvements du thorax et ceux de l'abdomen sont parfaitement parallèles, à l'état normal, de sorte que, si on les enregistre simultanément, ils fournissent le même tracé.

2° Les mouvements du thorax ou de l'abdomen sont, à chaque instant, proportionnels par leur amplitude à la quantité d'air qu'ils mettent en mouvement.

3° On peut évaluer les volumes d'air, respirés en un temps

donné, d'après les amplitudes des mouvements respiratoires enregistrés.

4° Il n'existe pas de rhythme ni de fréquence normale de la respiration, mais on peut déterminer les influences qui modifient cette fréquence et ce rhythme. Nous avons étudié seulement l'influence des obstacles à la respiration; voici comment ils agissent :

5° Si l'on respire par un tube étroit, on diminue la fréquence de la respiration, on en augmente l'amplitude, et l'on en change le rhythme en allongeant la période d'inspiration.

6° Si l'obstacle à la respiration n'existe que dans un sens, ce qui arrive lorsqu'on met une soupape dans le tube, on voit que l'obstacle allonge seulement la période de la respiration pendant laquelle il agit.

CHAPITRE VII.

SPHYGMOGRAPHIE ET CARDIOGRAPHIE.

Du sphygmographe. — Formes du pouls à l'état de santé et dans les maladies; fièvres, affections aiguës, choléra. — Formes du pouls dans les lésions du cœur, les anévrysmes des artères. — Sphygmographe à transmission; inscription simultanée de la pulsation du cœur et de celle des artères. — Cardiographie humaine.

Du sphygmographe.

Le sphygmographe inscrit les variations de la pression du sang dans les artères, d'après le changement de consistance que présentent les vaisseaux suivant que cette pression s'élève ou s'abaisse. Or, chaque fois que le cœur envoie une ondée sanguine à l'intérieur du système artériel, il se produit, en chaque artère, un durcissement qui suit les phases du mouvement de l'onde sanguine.

C'est donc de l'extérieur du vaisseau que l'instrument explore les changements de la pression. Pour être médiate, l'estimation de ces changements n'en est pas moins précise, ainsi qu'on peut s'en convaincre lorsque l'on compare les formes de la pulsation aux phases de la pression du sang qui les produisent.

Deux sortes de sphygmographes ont servi dans mes recherches, le *sphygmographe direct* et le *sphygmographe à transmission*, déjà décrits page 181. Le sphygmographe direct presse sur l'artère au moyen d'un ressort dont on gradue la pression au moyen d'une vis de réglage. Tour à tour déprimée par le ressort, puis ramenée à son diamètre normal par l'accroissement de la pression du sang, la paroi artérielle s'élève et s'abaisse en transmettant ses mouvements à un levier qui les amplifie. Ce levier doit être d'une légèreté extrême, afin d'obéir aux mouvements qu'il reçoit; d'autre part il doit être rendu solidaire des déplacements du ressort, ces conditions sont remplies dans la construction de l'appareil[1].

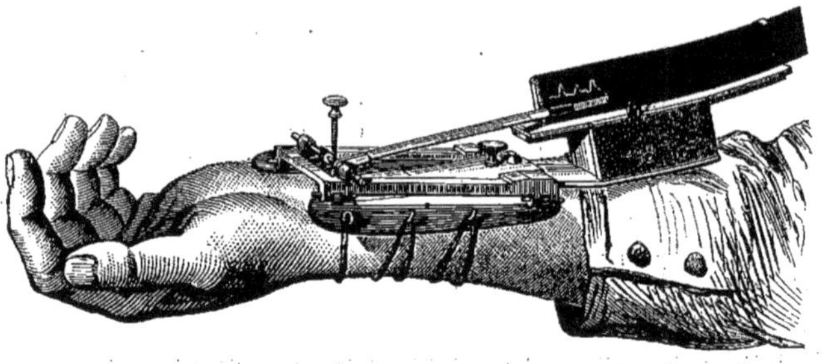

Fig. 280. Sphygmographe direct inscrivant le tracé du pouls.

C'est sur l'artère radiale qu'on place le sphygmographe. Ce vaisseau présente l'avantage d'être soutenu en arrière par le plan résistant que lui offre la face palmaire du radius, et l'on sait que sans cet appui l'artère se déroberait à la pression du sphygmographe et ne laisserait pas sentir les variations de la pression du sang qui la remplit.

Tandis que le levier oscille, une plaque rectangulaire qui reçoit le tracé se transporte d'un mouvement uniforme dont la vitesse, réglée par un rouage d'horlogerie, est d'environ un centimètre par seconde.

1. Un grand nombre de sphygmographes ont été construits dans ces dernières années; voici l'indication des notes qui ont été publiées relativement à plusieurs de ces appareils :

A. T. Keyt, M. D. Cincinnati, Ohio. *The new Sphygmograph*; or, Instrument adapted at Sphygmograph, Sphygmometer, Cardiograph, Cardiometer, and to other uses. (New-York, 1876.)

Julius Sommerbrodt. *Ein neuer Sphygmograph und neue Besbachtungen an den Pulscurren der Radial-Arterie.* (Breslau, 1876.) Berl. Klin. Wochenscrift, n° 15 u. 31.

Pond. M. D. Rutland, Vermont. *Sphygmographe à colonne liquide dont la charge varie au moyen d'un piston et est indiquée par un cadran.* (Prospectus sans date.)

Pulsspiegel. *Photosphygmographie.* L'idée est donnée par Czermack, dans le but de supprimer le poids du levier. *Mittheilungen aus dem physiologischen Privat Laboratorium*, von J.-N. Czermack, in Prag. 1864.

L'inscription des mouvements du levier sur cette plaque donne naissance aux tracés les plus variés au point de vue de la forme, de l'amplitude et de la régularité des pulsations qui y sont inscrites. Voici quelques types des pulsations de la radiale.

Dans la figure 281 ont été réunis sans ordre des types correspondant à des maladies variées; je n'avais d'autre but que de

Fig. 281. — 1. Fièvre sur un vieillard à artères athéromateuses. — 2. Fièvre typhoïde, période de déclin. — 3. Colique de plomb. — 4. Péricardite rhumatismale avec fièvre. — 5. Convalescence d'une fièvre typhoïde. — 6. Pouls d'un vieillard, rareté extrême des pulsations. — 7. Fièvre traumatique consécutive à une coxalgie suppurée. — 8. Anévrysme disséquant de l'aorte.

grouper des formes très-dissemblables, à propos desquelles nous allons analyser les différents éléments d'une pulsation artérielle.

Éléments d'une pulsation.

Quand on veut se rendre compte des formes que peut revêtir chacune de ces pulsations, il faut les décomposer en une série d'éléments dont chacun peut varier à sa manière; ces éléments sont l'ascension, le sommet et la descente de la courbe tracée.

L'*ascension* de la courbe est plus ou moins brusque, suivant la manière dont se fait l'accroissement de la pression du sang dans l'artère. Ici, comme dans tous les cas dont nous avons déjà parlé, la vitesse d'ascension est exprimée par la brusquerie de la ligne qui la traduit; de même, l'amplitude du pouls ou hauteur d'ascension, correspondra à l'intensité du changement qui s'est produit dans la pression du sang artériel. (Dans la figure 281, l'ascension du pouls est très-rapide pour les tracés 1, 4, 6, 7; elle est plus lente pour les tracés 2, 6 et 8.)

Le *sommet* de la pulsation présente une forme tantôt aiguë (tracés 1, 3, 4), tantôt plate (tracé 5), ou arrondie (2 et 8), suivant le cas; parmi les types représentés ci-dessus, toutes ces formes se rencontrent depuis le sommet aplati jusqu'à la pointe aiguë. Comme cette partie du tracé correspond au maximum de la pression du sang, sa forme exprimera tantôt une période d'état de cette pression comme dans la courbe 6, où le sommet présente une sorte de plateau; tantôt une chute soudaine de la pression fera suite à son élévation brusque et se traduira par une pointe aiguë du tracé. La forme à plateau signifie que le sang poussé par le ventricule, après avoir rempli l'artère, continue à garder sa pression maxima par suite d'une prolongation de l'effort ventriculaire; on observe cette forme chez les vieillards dont le cœur envoie dans les vaisseaux une ondée volumineuse et prolongée. On l'observe aussi à des degrés divers dans les cas où la tension artérielle est forte. La forme aiguë peut être définie une chute soudaine de la pression; elle se produit quand l'onde sanguine, courte et haute, ne met qu'un instant à franchir le point du vaisseau qu'on explore. Enfin la forme arrondie, intermédiaire aux précédentes, correspond au passage d'une onde plus longue et en général moins forte.

La *période descendante* du tracé correspond à une chute de la pression du sang; l'écoulement qui se fait sans cesse à travers les vaisseaux capillaires produit cette chute d'une manière nécessaire. On remarque ordinairement dans cette partie du tracé un ou plusieurs rebondissements qui ont reçu les noms de *dicrotisme* ou *polycrotisme*, suivant le nombre d'oscillations dont ils sont formés. Parfois le dicrotisme atteint presque la même hauteur que le premier soulèvement, mais en général il est beaucoup plus faible.

Dicrotisme du pouls.

La cause de ce phénomène est dans la production d'une onde sanguine secondaire qui se porte vers la périphérie en suivant la première onde. L'explication de ce phénomène a été donnée à propos du mouvement des ondes liquides à l'intérieur des tubes élastiques. Nous n'aurions pas à y revenir si nous n'avions remarqué, depuis nos premières publications, qu'il reste encore de l'obscurité sur le mécanisme de ce rebondissement du pouls. Nous rappellerons donc brièvement la manière dont se produisent et se succèdent les ondes dans un vaisseau.

Une première impulsion ventriculaire envoie dans le système artériel une certaine quantité de sang; celui-ci, grâce à la vitesse dont il est animé, s'élance, sous forme d'ondes, dans chacune des artères qui émanent de l'aorte. De là, le mouvement se propage dans une direction centrifuge et accuse son passage au-dessous du sphygmographe par un premier soulèvement du levier. Ce premier mouvement est à peine accompli qu'un autre lui succède dans des conditions semblables, mais avec une intensité moindre. C'est l'onde secondaire ou *dicrote*, dont la direction est également centrifuge; parfois une troisième onde apparaît à la suite des deux autres, mais il faut, pour qu'elle ait le temps de se produire, que le cœur n'envoie pas trop vite une nouvelle quantité de sang.

Toutes les fois qu'un liquide est projeté avec vitesse à l'intérieur d'un tube élastique, il se produit des ondes de ce genre; nous en avons longuement discuté la production et la propagation. (Voyez p. 345, et *Travaux du laboratoire*, 1875, p. 105.)

Ces ondes sont toutes centrifuges; on peut s'en assurer au moyen de l'hémodromographe de Chauveau qui, par le sens de la déviation de son aiguille, traduit le sens du mouvement du liquide à l'intérieur du vaisseau.

Du reste, la théorie indique que les ondes de dicrotisme ne sont point des ondes centripètes produites par la réflexion du sang contre des obstacles situés dans les vaisseaux en aval du point exploré. Une telle réflexion n'aurait pas la place de se produire, car la longueur des ondes sanguines excède celle des extrémités artérielles situées en aval de l'instrument. Une expérience bien simple permet de constater la direction centrifuge des ondes du dicrotisme, elle consiste à comprimer l'artère immédiatement en aval du sphygmographe. On voit alors que le dicrotisme persiste, et même que l'amplitude en est augmentée par l'obstacle contre lequel vient se heurter l'effort de la colonne sanguine. Cet obstacle qu'on vient de créer devient le lieu de réflexion des ondes ; or on ne peut pas supposer que le temps considérable qui sépare deux ondes successives soit dépensé pour un mouvement d'une aussi faible étendue.

On a donné le nom de polycrotisme aux formes du pouls qui présentent des rebondissements multiples. Ici, une distinction doit être faite.

Certaines formes de pouls présentent des rebondissements nombreux, ce qui tient, avons-nous dit, à ce que des ondes successives ont eu le temps de se produire entre deux impulsions du cœur. On observe ces formes presque dans tous les cas où les mouvements du cœur sont très-ralentis. Ainsi, chez les convalescents de maladies fébriles (fig. 281, n° 5), on doit donc considérer le pouls *polycrote* comme un signe favorable qui annonce parfois d'une manière précoce la fin des maladies.

Mais il est une autre forme de polycrotisme qui s'observe dans l'empoisonnement chronique par les sels de plomb. Cette forme, représentée figures 281 et 293, a pour caractère distinctif l'extrême acuité du premier sommet de la pulsation. J'ai quelques raisons de croire que cette forme se rattache à une brusquerie exagérée de l'impulsion ventriculaire qui chasse le sang dans les artères avec une extrême vitesse.

Enfin, les rebondissements du pouls s'observent quelquefois dans la phase d'ascension de la courbe qui s'élève pour ainsi dire en deux temps. Cela signifie que l'onde ventriculaire pénètre dans les artères d'une manière saccadée, brusquement d'abord, puis d'un mouvement ralenti à cause des résistances que le cœur rencontre pour achever sa systole. Ce type est normal pour le pouls aortique chez les grands animaux ; il s'observe chez l'homme dans certains cas d'altération sénile des parois artérielles ; on le rencontre enfin quelquefois dans l'insuffisance aortique accompagnée de sénilité des artères.

En Allemagne, Landois a décrit une forme de dicrotisme assez curieuse qu'on observe fréquemment dans la fièvre typhoïde ; elle consiste en ceci : que le deuxième rebondissement du pouls semble s'élever plus haut que le premier. C'est là une illusion, et le nom d'*anacrote* qui a été donné à cette forme du pouls n'a pas lieu d'être conservé.

Dans cette forme que nous avons représentée figure 282, la première pulsation, ou première onde, se produit à l'instant A, la

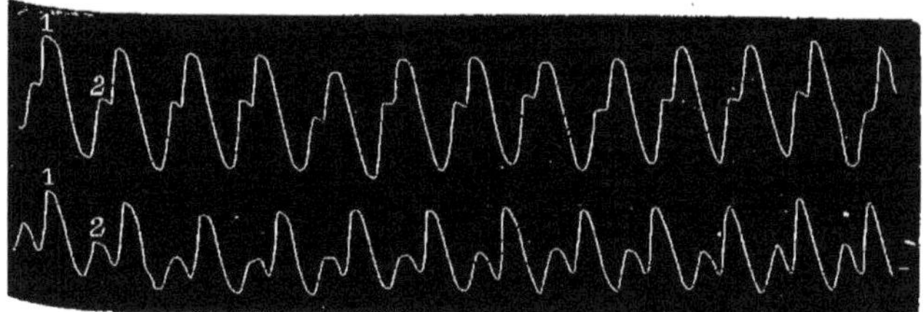

Fig. 282. Pouls dicrote dans lequel la seconde pulsation n'a pas le temps de se produire avant l'arrivée d'une nouvelle systole du cœur.

deuxième onde à l'instant 2, et c'est par suite de la fréquence trop grande des pulsations du cœur, que la chute qui suivrait l'ondulation 2 n'a pas le temps de se produire, ce qui fait que la première dépression est plus profonde que la seconde.

Quand on suit, jour par jour, les transformations du pouls, on se rend aisément compte de ce qui se produit alors et l'on assiste à l'anticipation graduelle de l'onde A sur l'onde B qu'elle absorbe. Dans le tracé supérieur, figure 282, le phénomène atteint presque sa limite extrême.

La description de ces variétés des tracés du pouls était une préparation nécessaire à l'interprétation des différents types qui s'observent dans les conditions physiologiques.

La forme du pouls varie suivant l'heure du jour, la température extérieure, l'état de repos ou l'exercice musculaire. L'ingestion de boissons chaudes ou alcooliques la modifie également. Enfin l'influence de la respiration modifie le pouls dans sa forme, dans sa fréquence et dans son amplitude.

Ces différents types physiologiques ne s'écartent pas beaucoup de ceux que nous connaissons déjà ; on doit admettre qu'il n'existe pas à proprement parler un pouls de la santé et un pouls de la maladie, mais que la variété des formes que l'on observe correspond à une série d'états de la circulation qui peuvent se rencontrer parfois sur l'homme sain.

Variations physiologiques de l'amplitude du pouls.

Toute influence qui augmente le calibre d'une artère augmente aussi l'amplitude des pulsations de ce vaisseau. Si par exemple on applique le sphygmographe alternativement sur l'une et l'autre radiale et si le calibre de ces deux vaisseaux n'est pas le même, l'artère la plus volumineuse donnera le pouls le plus ample. D'autre part, l'instrument étant en place, s'il se produit une augmentation du volume de l'artère, l'amplitude du tracé du pouls s'accroît également. Ces relâchements des artères surviennent parfois spontanément par le seul fait de l'application prolongée du sphygmographe ; d'autres fois, on les obtient par suite d'une élévation de la température, la chaleur ayant pour effet de relâcher les tuniques du vaisseau. Dans les parties enflammées les artères battent avec plus de force, non que le sang y arrive avec plus d'impulsion, comme on le croyait autrefois, mais parce que les tuniques artérielles y sont plus relâchées. Une cause toute mécanique produit, dans tous ces cas, l'augmentation d'énergie des battements. Un vaisseau plus large agit par une surface plus large contre le ressort qui le presse et lui imprime un déplacement plus étendu.

L'amplitude du pouls normal ne pourrait donc être définie, puisqu'elle varie avec le volume de l'artère explorée ; j'ajouterai qu'elle varie également avec le degré de la pression exercée par le ressort de l'instrument. Les médecins se sont beaucoup préoccupés de ces effets d'une pression plus ou moins forte développée par le sphygmographe et ils ont cherché le moyen de la mesurer, croyant ainsi pouvoir estimer celle que le sang présente à l'intérieur du vaisseau. Mais, comme on pouvait s'y attendre, ces tentatives ont échoué en présence des influences nombreuses qui font varier la force du pouls et qui exigent qu'une pression plus ou moins forte soit exercée contre les parois du vaisseau. En général on doit, en appliquant le sphygmographe, chercher par tâtonnement quel est le degré de pression le plus convenable, c'est-à-dire celui qui donne la plus grande amplitude au tracé. Suivant que cette pression sera forte ou faible, on en déduira que, dans le vaisseau, la pression du sang est elle-même plus ou moins élevée; mais, qu'on ne l'oublie pas, le sphygmographe ne fournit que des indications relatives et marque seulement, par l'amplitude des tracés, l'intensité des changements de la presion artérielle.

Bien qu'il n'existe pas de type normal du pouls, au point de vue de l'amplitude, nous allons montrer, par les trois exemples suivants, les variations physiologiques qui s'observent sous l'influence d'un changement de la température du corps.

Il a suffi, pour obtenir successivement les trois tracés ci-contre

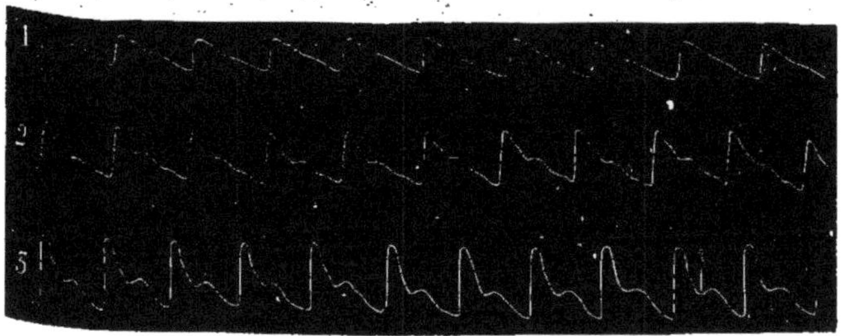

Fig. 283. Transformation générale de l'amplitude de la forme et de la fréquence du pouls sous l'influence de vêtements très-chauds.

(fig. 283), de se couvrir de vêtements de plus en plus chauds. L'augmentation du diamètre de l'artère qui s'est produite sous cette influence a fait croître l'amplitude du pouls, en même temps qu'elle en a légèrement modifié la forme, en accentuant le *dicrotisme*. La fréquence des pulsations s'est aussi légèrement accrue sous l'influence de la chaleur, ainsi qu'on le constate en comptant le nombre de pulsations contenues dans chacun des tracés.

Si dans la série précédente le dicrotisme s'est prononcé de plus en plus, cela tient, d'une part, à ce que les ondées sanguines étaient lancées par le cœur avec plus de vitesse, et d'autre part à ce qu'elles arrivaient dans des vaisseaux plus élastiques. Ces deux conditions favorisent l'oscillation de la colonne liquide et par conséquent la production du dicrotisme.

Inscrit au moment du réveil, le pouls est lent et de forme arrondie ; aux autres moments de la journée, il prend de la fréquence et de la brusquerie; les deux types (fig. 284) représentent ces aspects différents de la pulsation recueillie sur un même sujet.

C'est peut-être à l'exercice musculaire qu'il faut attribuer les modifications que présente le pouls aux différentes heures de la journée, à mesure qu'on s'éloigne du moment du réveil. Ces modifications consistent en une augmentation de l'amplitude et de la brusquerie du pouls dont le dicrotisme s'accentue de plus en plus.

L'ingestion de boissons chaudes et surtout celle de boissons alcooliques, accélère le rhythme du pouls, en accroît l'amplitude

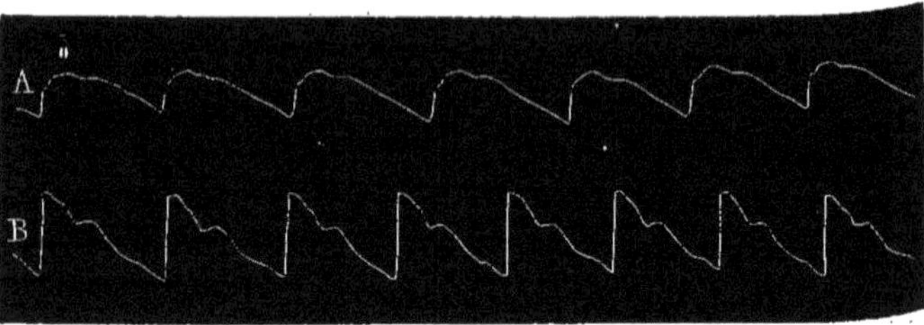

Fig. 284. A, pouls au réveil; B, pouls dans l'après-midi.

et le dicrotisme. Les formes qui s'observent sous cette influence ressemblent d'abord à celles de la figure, puis passent aux types des affections fébriles ; si la proportion d'alcool absorbée va jusqu'à l'ivresse, le pouls prend franchement le caractère de la fièvre typhoïde, comme dans le type de la ligne inférieure, figure 283.

Ce même type a été observé par Chauveau, sur lui-même et sur son guide, dans une ascension au sommet du Mont-Blanc. Il est plus que probable que la fatigue extrême est pour beaucoup dans cette modification des caractères du pouls, aussi ai-je vivement désiré recueillir des tracés à pareille altitude sur des expérimentateurs qui feraient des ascensions en ballon; jusqu'ici l'occasion ne s'en est pas présentée. Et pourtant ce serait un élément important pour l'interprétation physiologique de cet état qu'on nomme le mal des montagnes, état sur lequel on a émis les hypothèses les plus diverses.

L'exercice gymnastique donne au pouls une forme assez particulière pour qu'il soit utile de la reproduire ici. L'impulsion devient plus brusque, le sommet est élevé et aigu, puis apparaît un dicrotisme très-peu élevé, figure 285.

Des expériences directes faites sur les animaux ont montré que la pression du sang, après un exercice musculaire violent, s'abaisse d'une manière considérable et que cet abaissement est la cause des changements qu'éprouvent la forme et la force du pouls. La force du pouls, en effet, n'est point en relation nécessaire avec la force que le cœur dépense pour envoyer son ondée dans les artères, mais elle dépend de l'excès de la force du cœur sur la pression du sang dans les artères, cette dernière constituant la résistance que le cœur doit vaincre pour se vider. Il suit de là que plus la pression du sang est basse dans les artères, plus le cœur se vide brusquement et envoie son ondée avec force. Ces condi-

Fig. 285. Influence de la gymnastique sur le pouls, ligne 1. Les pulsations reprennent graduellement leurs caractères normaux lignes 2 et 3.

tions sont favorables à l'amplitude du pouls, à sa brièveté et à la production du dicrotisme.

Comme le *sphygmographe* direct est celui qui traduit le plus fidèlement la pulsation artérielle, nous en avons conservé l'emploi pour la détermination des types normaux du pouls et pour celle des types pathologiques, réservant le sphygmographe à transmission pour des cas exceptionnels.

Tracés du pouls dans les maladies.

Le pouls de la *fièvre* prend tout son intérêt quand on rassemble une série de tracés, de manière à suivre les changements qui se produisent d'un moment à un autre dans l'amplitude, la forme et la fréquence des pulsations. Nous choisirons, à cet égard, plusieurs séries intéressantes où cette transformation du pouls est particulièrement facile à suivre.

La figure 286 représente la série des formes du pouls pendant la durée d'une fièvre typhoïde. On y voit que pendant l'état aigu la fréquence des pulsations est à son maximum, que le dicrotisme est très-fort, la brusquerie considérable ; puis, que de jour en jour ces caractères se modifient, l'amplitude faiblissant ainsi que la fréquence, tandis que les rebondissements secondaires, en devenant moins forts, deviennent plus nombreux.

Nous l'avons dit plus haut, cette multiplicité des rebondisse-

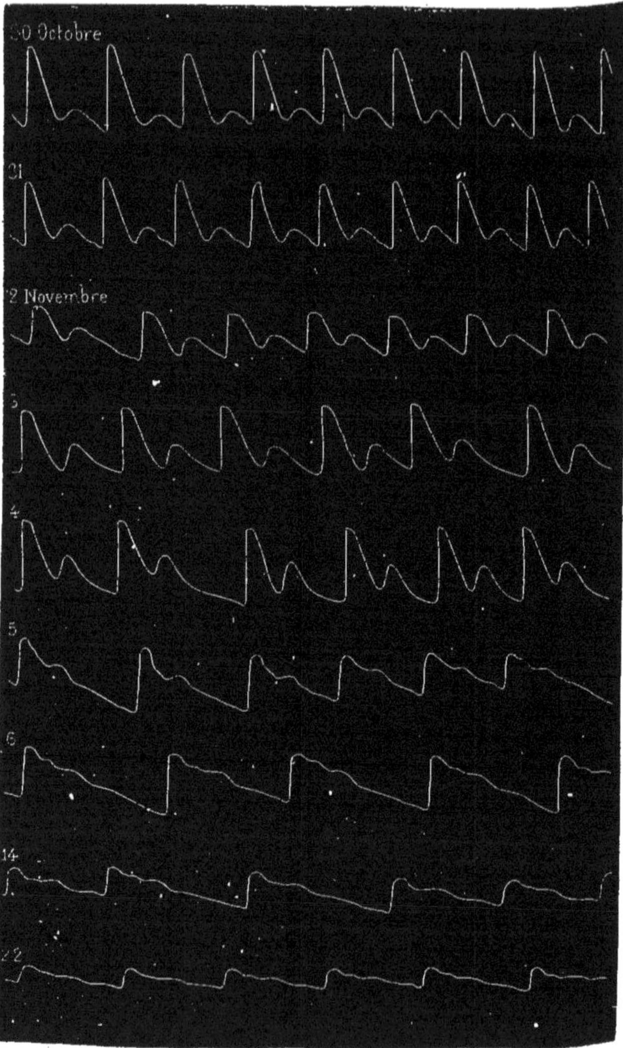

Fig. 286. Tracés sphygmographiques d'une fièvre typhoïde, d'après P. Lorain.

ments secondaires est l'indice certain que le malade entre en convalescence ; s'il survient un retour de l'état fébrile, le pouls en

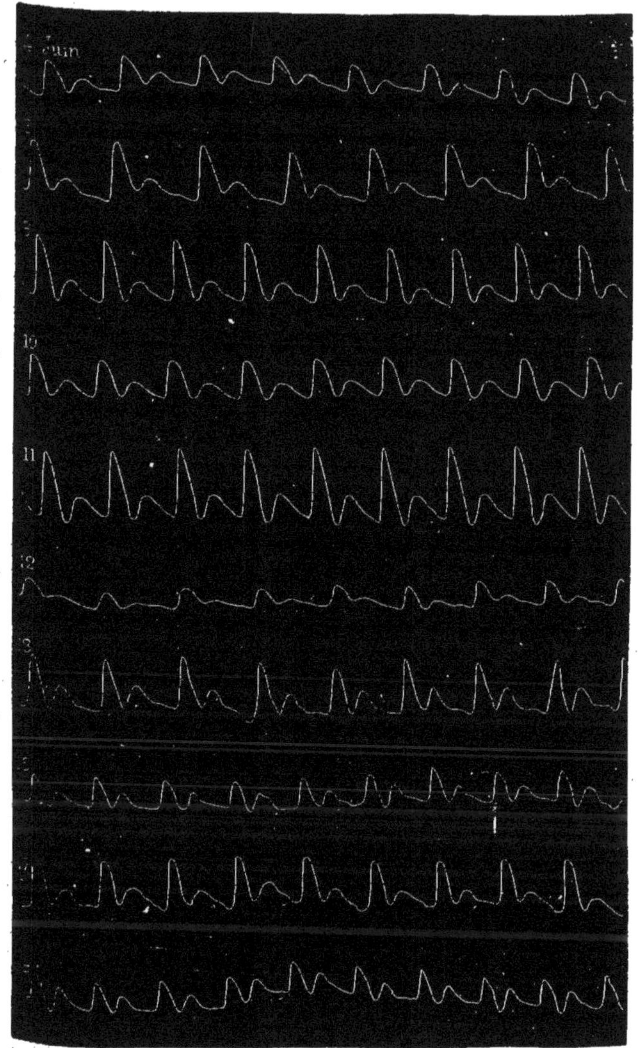

Fig. 287. Fièvre typhoïde grave (première phase), d'après P. Lorain.

fournira le premier avertissement, en revenant à sa forme pre–

mière. Ces caractères ont été notés par les différents auteurs qui se sont occupés du sujet.

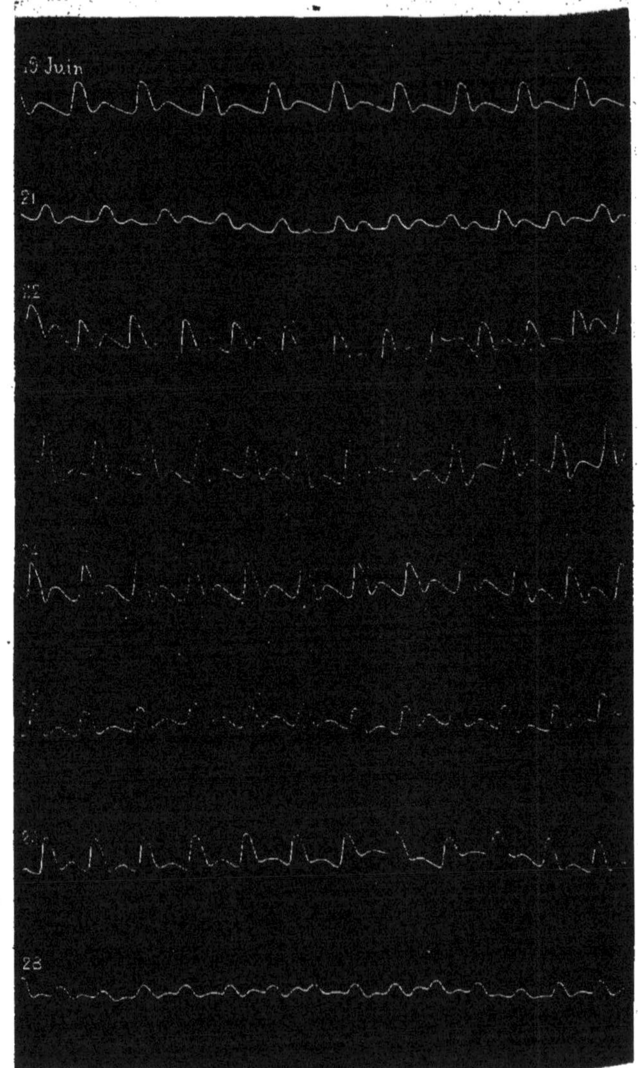

Fig. 288. Fièvre typhoïde (dernière phase), d'après P. Lorain.

Quand une maladie n'a pas une marche franche, le pouls ne

subit pas les transformations régulières qui le conduisent de la forme ample fébrile et dicrote à la forme rare, polycrote et à faible amplitude, qui annonce et confirme la convalescence.

Les figures 287 et 288 montrent une longue série de tracés du pouls recueillis par Lorain dans une fièvre typhoïde terminée par une parotidite suppurée suivie de mort. Ici, aucune régularité ne se manifeste dans la transformation du pouls. Dès la première phase, à la date du 12 juin, le pouls faiblissait, puis reprenait de l'ampleur le lendemain. Le 20, il faiblit de nouveau, ce qui coïncida avec l'apparition de bubons parotidiens, qui suppurèrent sous cette influence. Après un léger retour de l'état aigu, le malade tomba dans l'algidité et l'adynamie. Cette dernière phase est caractérisée par un affaiblissement extrême du pouls qui garde un dicrotisme très-prononcé.

Dans toutes les maladies fébriles à marche régulière, s'observe une même transformation analogue du pouls qui tend au polycrotisme; nous en pouvons donner pour exemple deux cas de pneumonie suivis de guérison. L'un de ces cas, figure 289, se caractérisait au début par cet état qu'on appelle typhoïde; le pouls présentait alors dans sa forme les mêmes caractères que dans la fièvre typhoïde. Il ne faut pas attacher trop d'importance à cette forme de pouls au dicrotisme très-prononcé; elle n'a rien de pathognomonique et se rencontre toutes les fois que le cœur envoie brusquement une ondée peu volumineuse dans des vaisseaux très-extensibles. Cette forme coïncide avec l'état fébrile dans les maladies aiguës; elle disparaît graduellement à mesure que la ten-

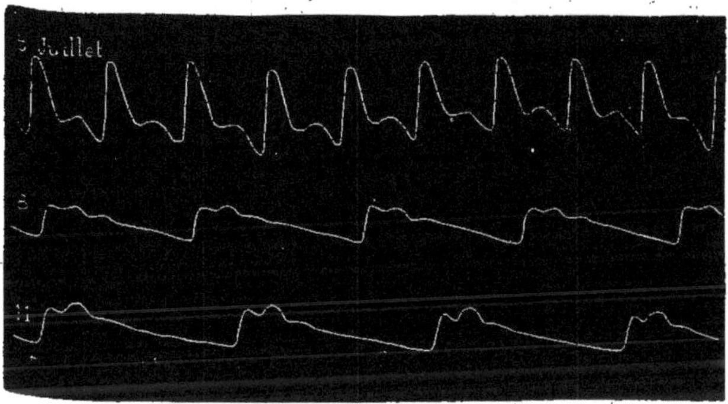

Fig. 289. Pneumonie aiguë, guérison.

sion artérielle se relève et que l'impulsion cardiaque éprouvant plus de résistance à vaincre perd graduellement sa brièveté.

Un second cas de transformation graduelle du pouls dans les maladies aiguës est représentée figure 290. En examinant ces deux séries, on voit que, dès la seconde inscription du pouls, on eût pu, sans commettre d'erreur, affirmer que la maladie suivait la marche régulière et tendait vers la convalescence.

Une maladie fébrile qui influence beaucoup la forme du pouls est l'endocardite, dont nous présenterons (fig. 291) une observation recueillie par Lorain. Pendant toute la durée de la maladie, le pouls présente un dicrotisme beaucoup plus prononcé que dans

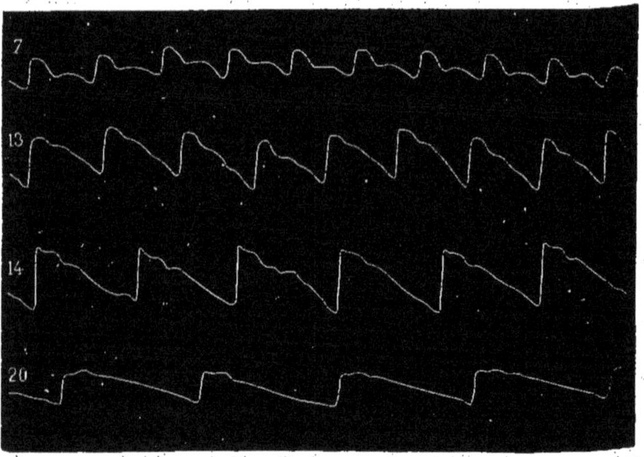

Fig. 290. Pouls dans une pneumonie aiguë suivie de guérison, d'après P. Lorain.

la fièvre typhoïde elle-même. La forme du pouls est celle que nous avons décrite page 565, dans laquelle la pulsation dicrote est interrompue par l'arrivée d'une nouvelle ondée sanguine envoyée par le cœur.

Nous pourrions multiplier les exemples de ces transformations du pouls au cours des maladies aiguës; nous n'en donnerons que quelques-uns.

Aucune maladie ne donne lieu à des variations du pouls aussi considérables que le *choléra* (fig. 292). Aucune, en effet, ne fait varier à un pareil degré le calibre des artères et la pression du sang. Dans la période algide, ligne 1, le pouls, à peine sensible, se traduit par de très-faibles pulsations, tandis que, si la réaction

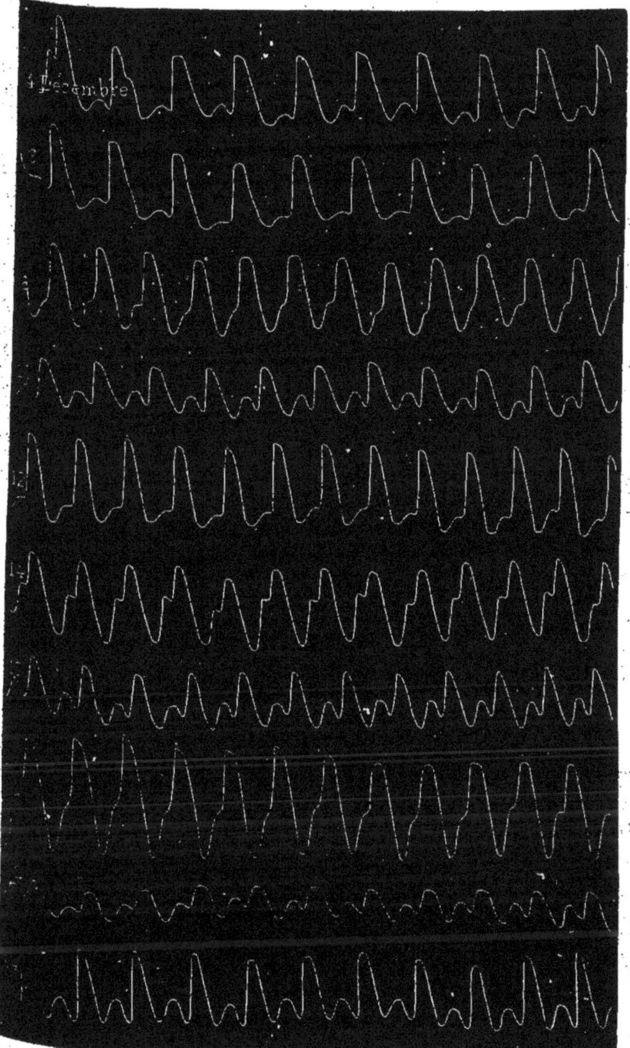

Fig. 291. Endopéricardite rhumatismale. Formes du pouls recueillies à des jours successifs, d'après P. Lorain.

se fait, l'amplitude du pouls reparaît, le dicrotisme s'accentue. La figure 292 montre qu'après une réaction très-prononcée, une nouvelle période algide a reparu, ligne 6. La ligne d'ensemble du tracé présente des ondulations correspondant aux mouvements respi-

Fig. 292. Courbes du pouls dans le choléra. Une seconde algidité se produit, ligne 6; elle est suivie de mort.

ratoires; elles étaient produites par une congestion du poumon. En cas de retour de l'algidité, c'est un pronostic de mort à peu près certain.

Fig. 293. Pouls dans l'empoisonnement par le plomb, d'après P. Lorain.

Le mal de mer rappelle, en petit, une attaque de choléra; le pouls y revêt les mêmes caractères pendant les périodes d'algidité et de chaleur; on peut donc renvoyer à la figure 292, pour la série des phases par lesquelles passe la forme du pouls.

L'empoisonnement chronique par les sels de plomb donne au pouls des caractères particuliers dont les figures 293 et 294 représentent les principaux types.

Bien qu'il n'y ait encore aucune théorie valable sur les condi-

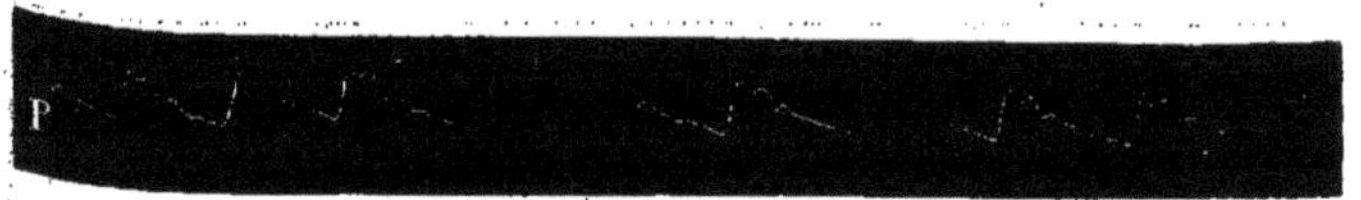

Fig. 294. Forme typique du pouls dans l'empoisonnement par le plomb.

tions dans lesquelles se produisent ces caractères du pouls, la valeur clinique de ces formes est expérimentalement constatée; il n'en faut pas davantage pour qu'elles aient une valeur diagnostique réelle.

Du pouls dans les affections organiques du cœur.

Ainsi qu'on pouvait s'y attendre, le pouls présente des formes très-particulières dans les affections organiques du cœur et surtout dans le cas de lésions des valvules. Le plus souvent on peut reconnaître le siége d'une lésion d'orifice à la seule inspection du tracé; mais comme on ne doit, en pareil cas, négliger aucun élément de diagnostic, l'emploi du sphygmographe doit être combiné à celui de l'auscultation et de la percussion. Les formes du pouls que nous allons décrire correspondent aux principales lésions des orifices du cœur.

Nous allons représenter les formes qui caractérisent ces quatre genres de lésions, en choisissant les cas les plus simples : ceux où un seul orifice du cœur est altéré et où sa lésion consiste soit en un rétrécissement du passage du sang, soit en une insuffisance des valvules.

Insuffisance aortique. — La série (fig. 295) représente des types du pouls dans cette maladie. Partout on observe une grande brusquerie du début de la pulsation. La régularité est parfaite toutes les fois que cette lésion est pure. Le dicrotisme manque si les valvules sont fortement insuffisantes. A l'*auscultation*, souffle diastolique à la base du cœur.

Rétrécissement aortique. — La période d'élévation du pouls (fig. 296) est lente, ou se fait en deux temps, surtout si le rétrécissement est accompagné d'ossification et de dilatation de l'aorte.

Le pouls présente ordinairement un sommet ascendant, ou tout au moins horizontal; cela signifie que le ventricule gauche se vide avec lenteur. Peu ou pas de dicrotisme, car l'onde sanguine

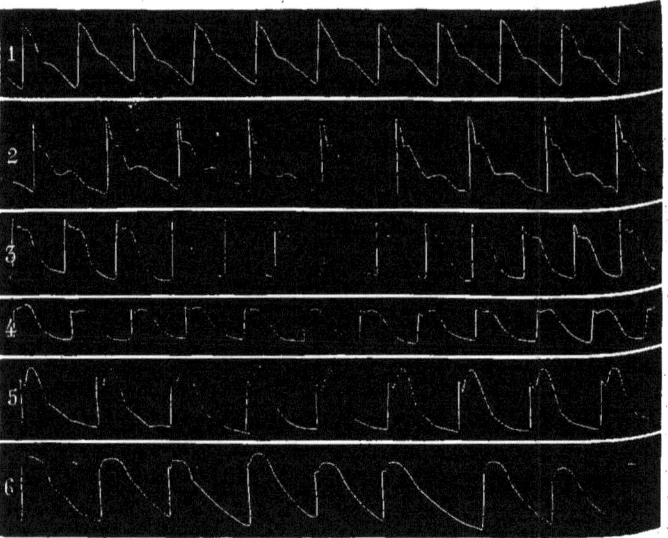

Fig. 295. Pouls dans l'insuffisance aortique.

pénètre sans vitesse dans les artères. A l'*auscultation*, souffle systolique à la base du cœur se propageant dans les artères.

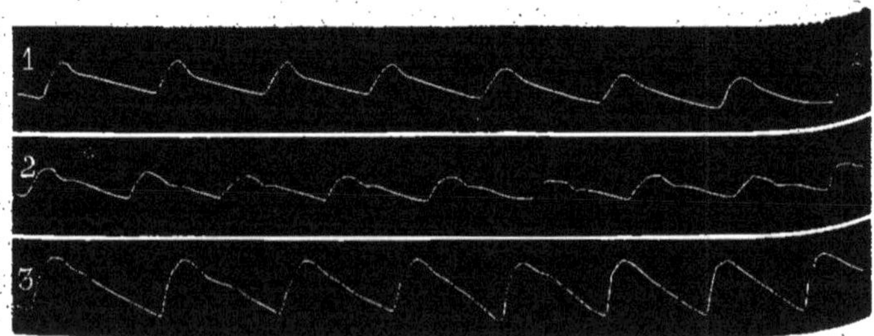

Fig. 296. Formes du pouls dans le rétrécissement aortique très-prononcé.

Insuffisance mitrale, irrégularité du pouls qui présente des pulsations fortes ou faibles sans périodes régulières. — Les pulsations faibles présentent un dicrotisme prononcé (fig. 297), ce qui montre que les petites ondées qui les constituent sont lancées avec vitesse dans les artères. La digitale modifie beaucoup ces formes du pouls et les régularise en augmentant l'amplitude des pulsations.

Ces types sont recueillis sur des sujets de différents âges, de sorte que tantôt ils étaient modifiés par l'influence de l'élasticité

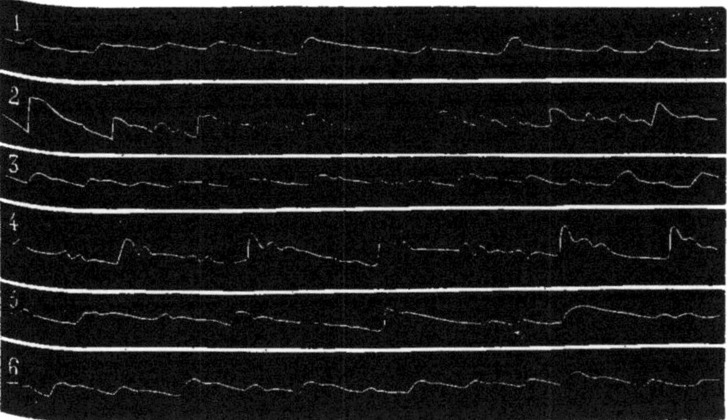

Fig. 297. Pouls dans l'insuffisance mitrale.

artérielle (lignes 1 et 2), et tantôt par la perte de cette élasticité à des degrés de plus en plus prononcés de 3 à 6.

A l'*auscultation*, souffle systolique à la pointe du cœur, c'est-à-dire au lieu où se produit la pulsation.

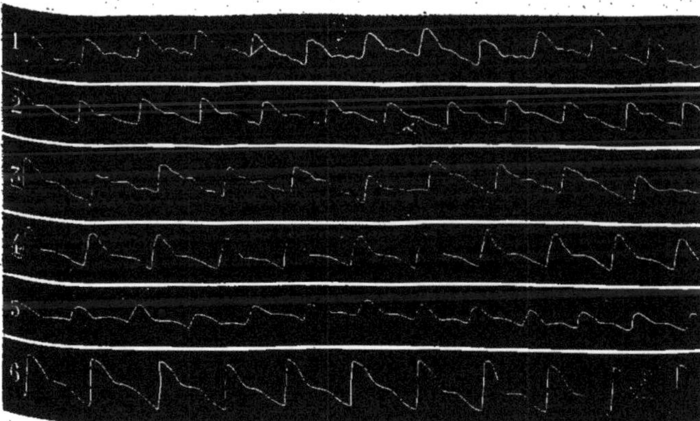

Fig. 298. Types divers du pouls dans le rétrécissement mitral pur ou prédominant.

Rétrécissement mitral. — Enfin le rétrécissement mitral se traduit par un pouls régulier, peu altéré dans sa forme; les pulsations présentent ordinairement un sommet plus aigu que dans le pouls normal; leur période de descente offre un dicrotisme moins arrondi que dans les cas ordinaires. On voit que cette lésion se caractérise surtout par des signes négatifs du côté du pouls.

A l'*auscultation*, souffle diastolique ou présystolique à la pointe, c'est-à-dire souffle occupant la fin de la diastole.

Les caractères du pouls dont nous venons d'indiquer les formes les plus ordinaires, prennent encore plus de valeur lorsqu'on les rapproche des signes fournis par l'auscultation. C'est en combinant ces deux sortes de signes qu'on arrive aisément au diagnostic des lésions franches des orifices du cœur. En effet, si l'auscultation laissait un doute sur la nature de l'affection, ce serait dans les cas où elle fait entendre les mêmes souffles aux mêmes temps de la révolution du cœur. Or, dans ces cas litigieux, où l'oreille fournit des renseignements insuffisants, le pouls présente des caractères assez tranchés pour lever tous les doutes. Entre le rétrécissement mitral et l'insuffisance aortique, qui tous deux donnent naissance à des souffles diastoliques, la forme du pouls lève les doutes, s'ils étaient possibles; le crochet du sommet de la pulsation et l'absence de dicrotisme caractérisent suffisamment l'insuffisance des valvules sigmoïdes de l'aorte.

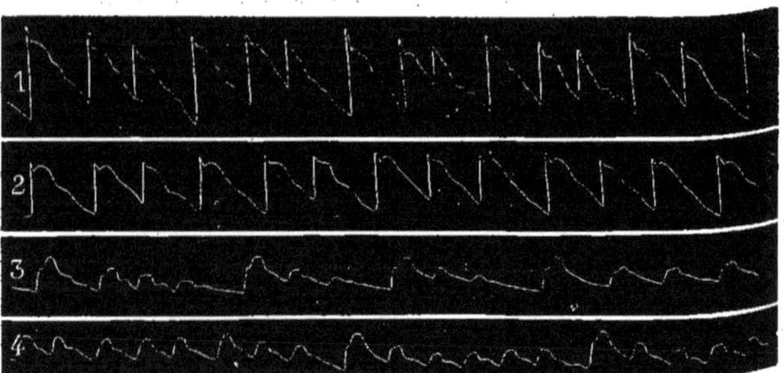

Fig. 299. Pouls dans les cas de lésion des deux orifices.

D'autre part, entre l'insuffisance mitrale et le rétrécissement aortique qui donnent des souffles systoliques, le pouls établit aisément la distinction, en montrant l'irrégularité caractéristique de l'insuffisance mitrale.

Nous ne parlons pas ici des cas où deux et parfois plusieurs lésions des orifices existent concurremment ; il se produit alors des modifications du pouls qui, par leur complexité, expriment la complexité des lésions cardiaques. On trouve alors, dans un même tracé, les caractères des diverses lésions dont le cœur est atteint. La série figure 299 montre quelques-uns de ces types.

Certaines formes de la pulsation peuvent induire en erreur et imiter des lésions cardiaques, principalement l'insuffisance aortique.

Quand le cœur ralentit le rhythme de ses mouvements, il arrive d'une manière nécessaire, que la pression dans les artères est basse au moment de chacune des systoles, car pendant le long repos du cœur, l'écoulement qui s'est produit des artères aux veines a eu le temps de faire baisser la tension.

Alors on voit la pulsation offrir une grande brusquerie dans la première période; mais comme les systoles ralenties sont en général des systoles qui envoient beaucoup de sang dans les artères, dès que ces vaisseaux sont remplis, la pénétration du sang devient difficile et la période d'ascension du tracé se termine par une partie qui s'élève d'une façon très-lente, ainsi qu'on le voit figure 300. C'est un de ces types qui ont été appelés *anacrotes;* on les observe dans les cas suivants :

Dans l'état sénile des artères, quand le pouls est rare, parce qu'alors le ventricule rencontre successivement deux résistances

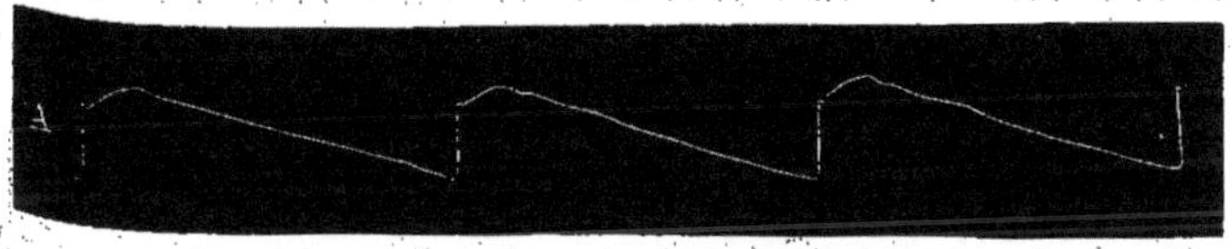

Fig. 300. Pouls sénile rare à phase ascendante saccadée.

d'intensités variables, l'une très-faible au début et l'autre de valeur croissante, vu que les artères séniles peu extensibles se laissent difficilement dilater par l'arrivée du sang.

Ce type s'observe encore dans l'insuffisance aortique sénile, pour la même raison que nous avons donnée ci-dessus. La brusquerie de l'impulsion que le sang reçoit du cœur au début de la systole produit parfois un petit soubresaut du levier, une sorte de pointe ou de crochet qui est presque caractéristique de l'insuffisance aortique et du *pouls de Corrigan.* On a vu de nombreux exemples de cette forme du pouls à propos des formes qui caractérisent les lésions des valvules aortiques (fig. 295).

Du pouls dans les anévrysmes.

Quand il existe un anévrysme sur le trajet d'une artère, on observe, au-dessous de la tumeur, une modification importante du pouls : la brusquerie de la pulsation fait place à une lenteur extrême, et souvent le toucher est incapable de sentir cette pulsation, à cause de la lenteur avec laquelle le doigt est soulevé. Dans la figure 301, S correspond au pouls du côté sain ; A au pouls de l'anévrysme. L'élasticité de la poche anévrysmale est la cause de cette transformation.

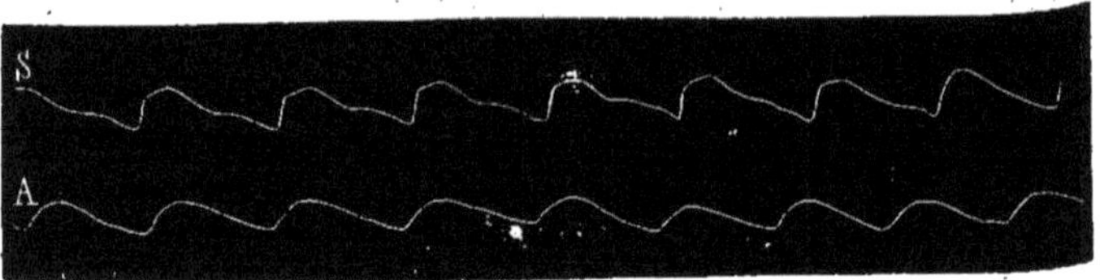

Fig. 301. Modifications du pouls en aval d'une tumeur anévrysmale.

Or, tandis que le pouls est supprimé ou transformé au-dessous de la tumeur, il est au contraire exagéré dans son amplitude si on l'observe sur la tumeur elle-même (fig. 302). Cela tient à la surface très-étendue sur laquelle se fait sentir la pression du sang à l'intérieur de la poche anévrysmale. Il se produit un effet analogue à celui qui, dans la presse hydraulique de Pascal, amplifie l'effort en raison de la surface sur laquelle il agit.

Fig. 302. Pouls recueilli sur la tumeur anévrysmale.

Cette intensité considérable des battements de l'anévrysme constatés avec le sphygmographe constitue un précieux élément de diagnostic des tumeurs qui possèdent un véritable mouvement d'expansion et de celles qui sont simplement soulevées par les pulsations d'une artère sous-jacente. Le sphygmographe fournit d'amples tracés dans le premier cas et n'en donne pas, en général, dans le second. On verra tout à l'heure que le diagnostic des anévrysmes et de leur siége peut se faire d'une manière encore plus précise au moyen du sphygmographe à transmission.

Emploi du shpygmographe à transmission.

Le sphygmographe à transmission dont nous reproduisons (fig. 303) la forme la plus ordinaire, présente cet avantage qu'il permet au sujet en expérience de mouvoir librement le bras qui porte l'appareil. On peut donc prendre à volonté toutes les attitudes qu'on voudra, élever ou abaisser le bras pendant que les tracés

Fig. 303. — Sphygmographe à transmission.

s'inscrivent. Ces changements d'attitude amènent dans la pression artérielle des changements que la théorie faisait prévoir; le tracé du pouls s'élève quand on baisse le bras, s'abaisse quand le bras est levé (fig. 304).

Comme des tracés de longue durée peuvent être obtenus dans ces conditions, on a le moyen de suivre pendant un temps assez

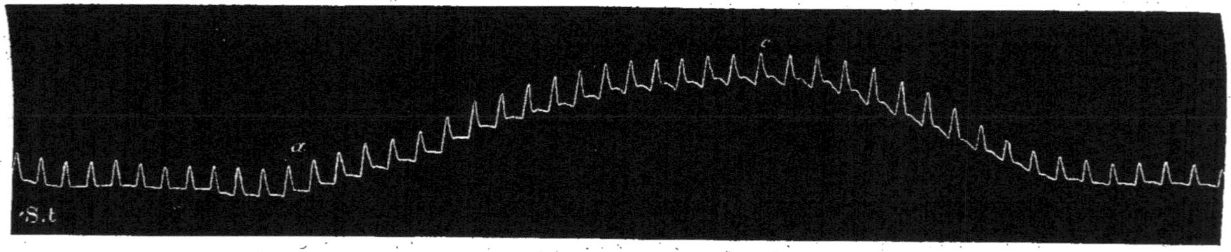

Fig. 304. Effet des changements d'attitude du bras qui porte le sphygmographe à transmission. Au début de la figure le bras est élevé; en *a* on l'abaisse, la pression monte; en *e* on élève le bras de nouveau, la pression baisse.

Fig. 305. Pouls présentant des irrégularités périodiques rhythmées avec la respiration.

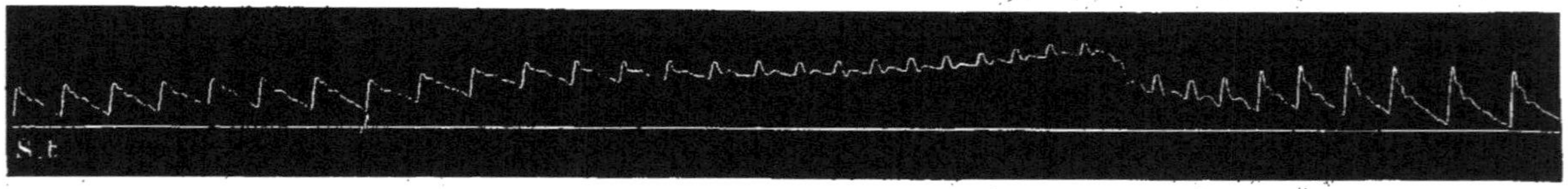

Fig. 306. Pouls sous l'influence d'un effort avec la glotte fermée; le pouls devient fortement dicrote; on cesse l'effort; chute de la pression; reprise graduelle de l'amplitude du pouls.

long les variations de rhythme, d'amplitude ou de forme que présente le pouls. Nous rappellerons à ce sujet la figure 305, où l'on voit des variations périodiques de la fréquence du pouls liées aux mouvements respiratoires. La figure 306 représente les caractères du pouls avant, pendant et après un effort d'expiration, la glotte étant fermée. Il n'est pas nécessaire de faire ressortir les avantages de ce mode d'inscription prolongée du pouls ; malheureusement, le sphygmographe à transmission est moins sensible que l'instrument direct et ne donne de bons tracés que sur les sujets dont le pouls est assez fort.

Le sphygmographe à transmission se combine avec l'explorateur de la pulsation cardiaque et donne des tracés sur lesquels on peut lire les rapports de forme et de succession que présentent entre eux ces deux sortes de mouvements.

Retard du pouls au-dessous des anévrysmes, comme moyen de diagnostic du siége de la tumeur.

Il arrive parfois que dans les anévrysmes du tronc brachio-céphalique l'affaiblissement du pouls radial droit fasse entièrement défaut; cela résulte d'une augmentation du calibre de l'artère, et l'on a déjà vu que l'amplitude du pouls d'une artère croît avec l'accroissement du calibre de ce vaisseau. Des recherches de

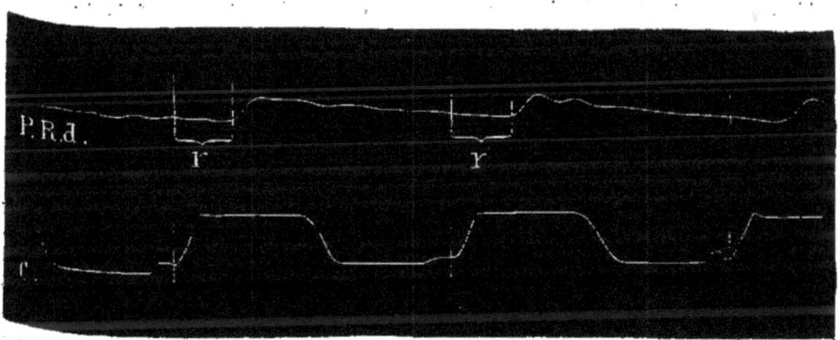

Fig. 307. Pouls radial droit et pulsation du cœur dans un cas d'anévrysme. *r*, retard du pouls sur le cœur. (Ces tracés sont recueillis avec une translation rapide du cylindre.)

François-Franck, il résulterait même que cette dilatation des artères du bras droit serait, en certains cas, la conséquence de l'anévrysme du tronc brachio-céphalique. La tumeur, dans son développement, comprimerait et atrophierait les ganglions sympathiques, paralysant ainsi l'innervation vasculaire du membre. Or, dans ces cas où fait défaut l'affaiblissement du pouls, il resterait toujours, comme caractère du siége de l'anévrysme, le retard plus grand de la pulsation dans le vaisseau qui porte la tumeur; ce caractère, par sa persistance, prend donc une importance toute particulière.

Voici comment on détermine le retard du pouls des artères. Il faut inscrire à la fois deux phénomènes sous forme de tracés superposés : l'un est la pulsation du cœur, l'autre le pouls de l'artère. On recueille ces deux mouvements avec les explorateurs ordinaires, et on les inscrit en même temps.

Dans une première expérience (fig. 307) on a recueilli les tracés de la pulsation du cœur (ligne C) et du pouls radial droit (P.R.d.). D'après la superposition des origines de ces deux ordres de pulsations, on en déduit l'existence d'un retard *r* du pouls sur la pulsation du cœur.

Une autre expérience (fig. 308) a donné le tracé de la radiale gauche à côté de celui des pulsations du cœur, et l'on a noté la longueur du retard comme dans le cas précédent.

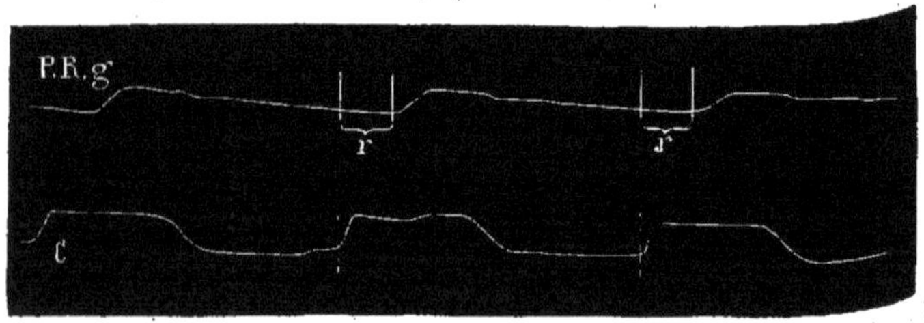

Fig. 308. Pouls radial gauche et pulsation du cœur dans un cas d'anévrysme. *r*, retard du pouls sur le cœur (même vitesse du cylindre).

Or, le retard du pouls radial droit est plus grand que celui du radial gauche; en d'autres termes, les pulsations des deux radiales ont apparu à des temps inégaux après la pulsation du cœur qui a été prise dans les deux cas pour point de repère commun. Mesurée au chronographe, cette différence a été la suivante :

Retard du pouls radial droit, 16/100 de seconde. Retard du pouls radial gauche, 11/100. Différence, 5/100 de seconde.

Mais il peut arriver que les pulsations du cœur soient trop faibles pour donner un tracé distinct et fournir un bon point de repère pour la mesure du retard; on s'adresse alors à un autre mouvement qui servira de point de repère commun dans les deux expériences : la pulsation de la tumeur anévrysmale.

Quel que soit le retard que cette pulsation présente sur celle du cœur lui-même, comme il ne s'agit que de comparer entre elles deux durées, peu importe de retrancher de chacune d'elles une quantité commune, le rapport ne changera pas.

Dans l'examen d'un autre malade atteint d'anévrysme du tronc brachiocéphalique, on a trouvé les chiffres suivants :

Retard du pouls radial droit sur la pulsation de la tumeur, 21/100 de seconde. Retard du pouls radial gauche, 14/100 de seconde. Différence, 7/100 de seconde.

Ainsi, dans ce second cas, l'anévrysme produisait un accroissement du retard du pouls radial droit plus grand que chez le premier malade.

CARDIOGRAPHIE.

Explorateurs de la pulsation du cœur chez l'homme.

J'ai fait différents essais pour obtenir à coup sûr la pulsation positive des ventricules. Les conditions sont à peu près les mêmes que pour obtenir le tracé du pouls. Il faut que l'appareil explorateur déprime, et déforme à travers les parois thoraciques, le ventricule dont il doit traduire les changements de consistance et de volume.

Je recourus d'abord au stéthoscope de Kœnig, espèce d'entonnoir fermé par une double membrane, entre les feuillets de laquelle on injecte de l'eau, ce qui forme une sorte de lentille biconvexe de liquide. L'instrument s'applique exactement aux parois thoraciques, exerçant contre elles une pression qui se localise assez exactement sur le point où la pulsation est positive. Mais cet appareil a peu de durée et n'est pas encore d'une sensibilité assez grande.

Plus récemment j'ai employé d'autres *explorateurs de la pulsation cardiaque* dont les indications sont meilleures.

La figure 309 représente une coupe d'un de ces appareils dans ses dimensions réelles. Une sorte de coquille de bois, légèrement excavée, présente des bords arrondis qui s'appliquent exactement sur les parois de la poitrine, de façon que la peau de la région précordiale enferme l'air dans cette capsule, qui communique par un tube et un tuyau de caoutchouc avec le tambour d'un cardiographe. Au fond de la capsule se trouve un ressort que l'on peut armer plus ou moins, en tournant une vis de réglage qui fait

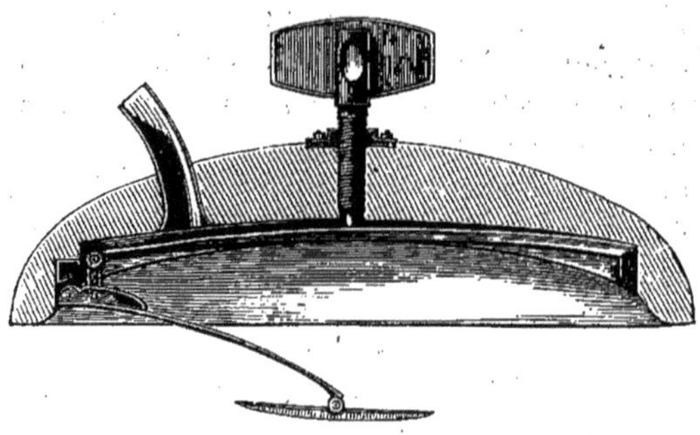

Fig. 309. Appareil à ressort pour explorer la pulsation du cœur. (Coupe de l'appareil.)

saillie sur la surface convexe. Suivant la tension de ce ressort, on fait saillir plus ou moins une petite plaque d'ivoire destinée à exercer sur la région précordiale une pression élastique. De là résulte un mouvement de soufflet sous l'influence duquel le levier du cardiographe entre en mouvement.

Les tracés obtenus avec cet appareil sont identiques à ceux que fournirait le stéthoscope de Kœnig; mais comme on peut, en tournant la vis extérieure, régler la sensibilité de l'instrument, le nouvel appareil est préférable, car il trouve moins d'individus réfractaires à l'étude graphique de la pulsation cardiaque. Enfin, cet appareil est d'une solidité parfaite, ce qui est très-important.

Comme la coquille ne fonctionne qu'à la condition que ses bords soient exactement adaptés contre la peau, afin de produire une clôture hermétique, cet explorateur est difficilement applicable sur les animaux, à cause des poils qui en empêchent l'adaptation complète. Il faut alors mouiller la région explorée avec de l'eau de savon ou avec un corps gras qui empêche le passage de l'air sur les bords de l'appareil. Mieux vaut encore employer un explorateur dont la cavité soit naturellement close. La figure 309 représente la disposition qui m'a le mieux réussi.

A l'intérieur d'une cloche de bois dont le fond est perforé, se trouve une capsule de métal qui s'ouvre par un tube traversant le fond de la cloche. La capsule, fermée en bas par une membrane de caoutchouc, renferme un ressort-boudin assez faible, qui fait légèrement saillir la membrane au dehors. Un disque d'aluminium et un bouton de liége reposent sur cette membrane.

Toute pression exercée sur le bouton chasse l'air de la capsule, à travers le tube qui la termine jusque dans les appareils inscripteurs.

Quand on applique par ses bords la cloche de bois contre les parois de la poitrine, de façon que le bouton saillant repose sur le point que l'on veut explorer, il faut pouvoir exercer avec ce bouton une pression plus ou moins forte sur la région cardiaque.

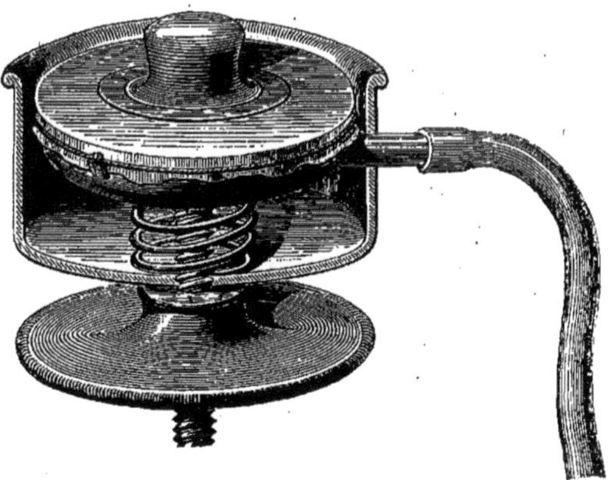

Fig. 310. Explorateur à tambour.

Cela s'obtient en tournant une vis de réglage placée sur le fond de la cloche de bois. Cet appareil peut s'appliquer indifféremment sur l'homme et sur les animaux ; il est donc, à ce point de vue, préférable à l'explorateur à coquille. Au reste, tous deux fournissent des tracés identiques.

Les appareils inscripteurs ont subi également des modifications importantes depuis l'époque où ils ont été employés aux expériences physiologiques sur les grands mammifères.

L'inscription simultanée du pouls artériel et des pulsations cardiaques fait seule bien comprendre la relation qui existe entre ces deux phénomènes ; elle montre que parmi les systoles du ventricule gauche, il en est qui envoient aux artères de volumineuses ondées, mais que d'autres au contraire sont inefficaces et n'envoient dans les vaisseaux qu'une quantité de sang insuffisante pour y faire naître une pulsation complète.

On doit rattacher à plusieurs groupes les causes qui diminuent ou suppriment la pénétration du sang ventriculaire à l'intérieur de l'artère. François-Franck a fait à cet égard une intéressante étude; voici les résultats auxquels il est arrivé.

Parmi les systoles ventriculaires, les unes manquent de l'énergie nécessaire pour surmonter la pression aortique et pour déterminer la variation positive de la pression artérielle qui se manifeste extérieurement par la pulsation : ce sont les *systoles avortées par défaut d'énergie.* Dans un second groupe figurent les systoles ventriculaires s'accompagnant de reflux dans l'oreillette, à travers l'orifice auriculo-ventriculaire insuffisant : celles-ci sont désignées sous le nom de *systoles avortées par reflux mitral;* enfin les systoles qui surviennent avant que le relâchement diastolique ait permis au sang d'affluer des oreillettes dans les ventricules constituent des systoles *redoublées* ou, pour ne rien préjuger, des *systoles anticipées.* On comprend que ces systoles hâtives ne s'accompagnent pas de pulsations artérielles, la cavité ventriculaire n'ayant pas eu le temps de recevoir le sang des oreillettes.

Nous allons étudier successivement chacun de ces trois groupes de troubles cardiaques en rapprochant des faits cliniques les résultats des observations faites sur les animaux.

On introduit à la fois une sonde dans le cœur d'un cheval et une autre dans l'aorte, ces deux explorateurs fournissent à la fois le tracé de la pression intra-ventriculaire et celui du pouls aortique (fig. 311).

Or on voit que les systoles du ventricule sont deux fois plus nombreuses que les pulsations artérielles, ce qui tient à ce que de deux en deux se produirait une systole ventriculaire trop faible pour envoyer du sang dans les vaisseaux; les repères placés sur la ligne PA montrent que les systoles faibles produisaient à peine une légère ondulation dans la ligne qui trace les changements de la pression aortique. Ainsi, quand l'effort systolique du ventricule n'est pas capable de soulever la charge du sang qui presse sur les valvules sigmoïdes de l'aorte, il n'y a pas pénétration de sang dans ce vaisseau et la pulsation manque.

Un autre cas se présente parfois : l'absence de pulsation artérielle tient à ce que le sang du ventricule reflue dans l'oreillette; on en voit un bel exemple dans la figure 312.

Un manomètre métallique appliqué aux artères d'un lapin trace la courbe des variations de la pression du sang dans les artères : ligne *p c*. Une autre courbe correspond aux pulsations du cœur *c*.

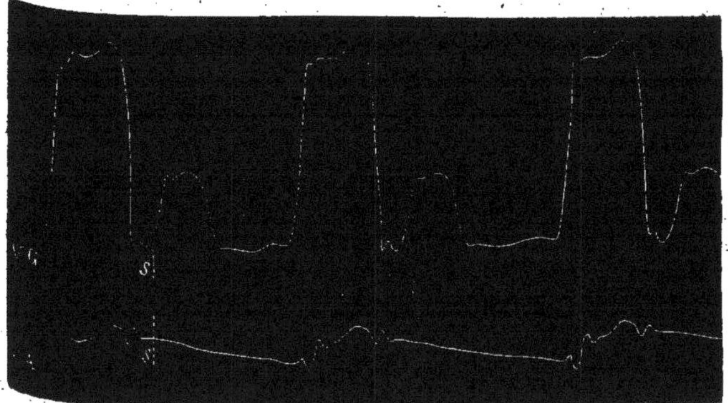

Fig. 311. Systoles ventriculaires redoublées et pouls aortique chez le cheval. Les petites systoles ne sont pas assez fortes pour se faire sentir dans l'aorte.

Dans le cours de ces tracés on observe en certains instants, *i*, *i'*, que la pression de sang tombe tout à coup. A ces mêmes instants

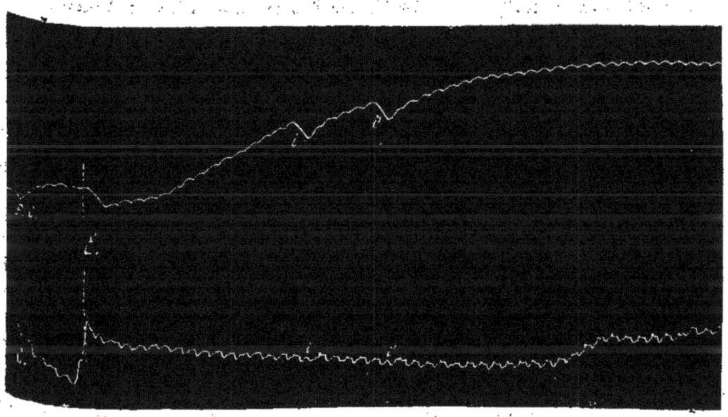

Fig. 312. PC, pression carotidienne sur un lapin ; C, pulsation du cœur. On voit dans les deux tracés en *ii* des systoles ventriculaires inefficaces et des chutes de la pression.

la pulsation cardiaque *i*, *i'* présente des caractères particuliers ; elle est un peu avortée, sa faible hauteur et son sommet arrondi caractérisent ce genre de pulsation. Dans ces instants il se produit un reflux du sang ventriculaire dans l'oreillette à travers la valvule mitrale devenue insuffisante. La cause de ces reflux est dans l'élévation trop grande de la pression du sang dans les artères, l'effort du ventricule a pour effet de forcer la valvule, et le sang qui s'échappe par reflux donne lieu à un souffle systolique perceptible à l'auscultation. Mais l'absence même de la pénétration du sang dans les artères y fait baisser la pression; aussi, après un des reflux dont on vient de voir le mécanisme, les systoles redeviennent efficaces jusqu'à ce que la pression artérielle réparée de nouveau provoque un nouveau reflux.

On observe des cas de ce genre sur les animaux empoisonnés par l'hydrate de chloral. La figure 313 en montre un exemple; le

Fig. 313. PC, pulsations cardiaques; PF, variations de la pression fémorale. — En S, intermittence du pouls correspondant à une systole avortée S.

reflux se produit au point S et la pulsation avortée s'observe au même instant. Pour bien faire ressortir la différence de forme de ces deux sortes de pulsations cardiaques, on les a représentées toutes deux dans la figure 314 avec des dimensions grandies. Le n° 1 correspond à la pulsation normale, le n° 2 au reflux par la valvule mitrale [1].

Le fait qui vient d'être mentionné, à savoir que la pression sanguine exagérée qui provoque le reflux s'abaisse soudainement par suite du reflux même, puis se répare et provoque un nouveau reflux, donne souvent lieu à une périodicité régulière dans le retour de ce phénomène. J'ai souvent rencontré sur le vivant cette forme

1. Dans sa thèse inaugurale, Paris, 1875, M. Tridon a décrit cette forme arrondie de la pulsation cardiaque dans l'*Insuffisance mitrale*.

périodique, et je l'attribuais d'abord à quelque influence nerveuse ou bien je la rattachais à la périodicité des mouvements respiratoires; mais je compris plus tard comment les choses se passaient, et c'est en expérimentant sur un schéma de la circulation du sang que je trouvai la véritable cause de cette périodicité. Sur un de ces appareils qui servent à reproduire tous les phénomènes de la circulation du sang, j'inscrivais, à la fois, les pulsations du cœur et celles des artères. Je m'aperçus qu'à toutes les quatre pulsations des artères il se produisait une intermittence, en même temps que la pulsation du cœur prenait cette forme avortée, indice d'un reflux de liquide. L'auscultation de l'appareil faisait entendre un souffle

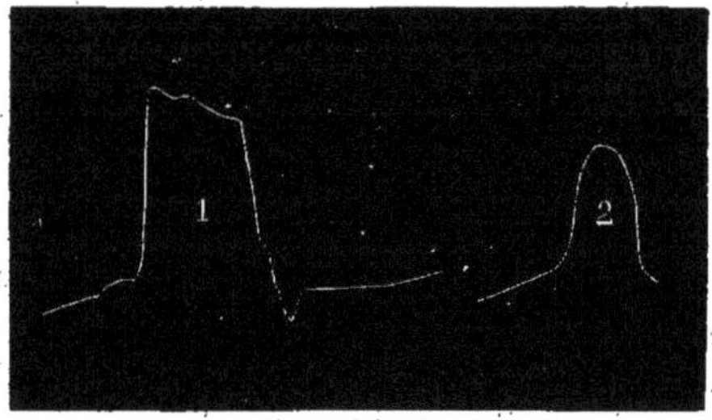

Fig. 314. 1, forme de la pulsation cardiaque normale. 2, forme de la pulsation cardiaque avortée.

intense à chacun de ces reflux, il n'y avait donc pas de doute possible sur le mode de production de ces intermittences.

D'autre part, je constatais que les reflux n'arrivaient qu'autant que la pression du sang dans les *tubes-artères* atteignait un certain degré. Or il fallait quatre pulsations d'un certain rhythme pour relever la pression du sang au degré suffisant pour la production du reflux. En changeant la fréquence des pulsations cardiaques, on changeait aussi la période des irrégularités; en ralentissant ce rhythme, on allongeait la période des intermittences du pouls; en d'autres termes, il fallait un plus grand nombre de systoles ventriculaires pour ramener la pression du sang au degré nécessaire pour provoquer le reflux.

Une troisième cause d'avortement des systoles ventriculaires se trouve dans la fréquence même de ces mouvements.

On a déjà vu, page 224, que la fréquence des battements du cœur, portée à un certain degré, s'accompagne d'abaissement de la pression artérielle. Tout en battant plus vite, le cœur fait moins de travail; c'est que, dans l'intervalle de deux systoles consécutives, il n'a pas le temps de se remplir et ne peut dès lors envoyer aux artères que ce qu'il a reçu des veines. C'est encore dans l'empoisonnement par l'hydrate de chloral qu'on observe souvent cet effet de l'accélération du rhythme cardiaque : le rhythme du cœur s'accélère, en même temps apparaît un abaissement de la pression du sang qui se prolonge tant que dure la phase d'accélération; après quoi, la pression du sang remonte à son niveau normal et le dépasse même sensiblement pendant un certain temps. Ce dernier fait tient à ce que, pendant les systoles inefficaces à cause de leur trop grande fréquence, le sang s'est accumulé dans l'oreillette et dans les veines, d'où une réplétion plus complète des ventricules quand ceux-ci reprennent le rhythme normal de leurs mouvements. C'est à cette réplétion plus complète des ventricules et au plus grand volume des ondées qu'ils lancent qu'est dû l'accroissement passager de la pression artérielle.

Dans l'insuffisance mitrale qui est due à une lésion organique des valvules, il se fait un partage de l'ondée ventriculaire entre l'aorte et l'oreillette; ce partage est en général fort inégal, ce qui produit l'irrégularité du pouls. Tantôt une onde pénètre presque tout entière, ce qui donne à la fois une forte pulsation artérielle et une pulsation cardiaque bien formée, tantôt au contraire le sang reflue presque en entier dans l'oreillette, la pulsation artérielle est faible et fortement *dicrote* (fig. 297), celle du cœur présente les signes du reflux.

La figure 315 est un bon type de ce genre de troubles cardiaques.

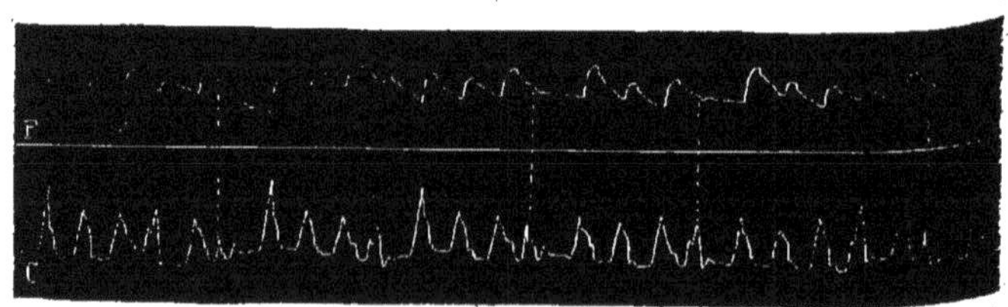

Fig. 315. Pulsations du cœur (ligne C) et pouls carotidien (ligne P) d'un malade atteint d'insuffisance mitrale. — Lignes pointillées, systoles anticipées avec intermittence du pouls. (Photogravure, procédé Gillot.)

Du type qui précède, nous en rapprocherons un autre recueilli sur un malade atteint également d'insuffisance mitrale. Dans ce cas, représenté figure 316, les systoles inefficaces à produire une pulsation artérielle présentent un aspect particulier : elles ont un sommet en quelque sorte bifurqué. Quant aux pulsations artérielles, c'est à l'athérome sénile qu'est due l'absence du dicrotisme.

Notons que ces modifications de la forme de la pulsation car-

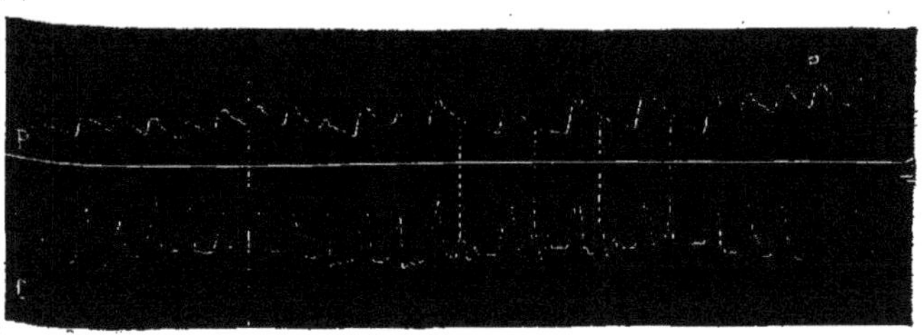

Fig. 316. Pulsation du cœur (ligne C) et pouls carotidien (ligne P). Systoles inefficaces marquées par une ligne pointillée. (Photogravure Gillot.)

diaque tiennent à une altération du rhythme des deux ventricules à la fois; il existe toujours un synchronisme parfait entre l'action de ces deux cavités du cœur et nous n'avons jamais observé le défaut de synchronisme dont certains auteurs ont parlé.

Je ne parlerai pas ici des formes variées de la pulsation du cœur dans les lésions organiques des valvules. L'exposition de ces formes diverses si caractéristiques demande de longs développements et doit être accompagnée de nombreuses figures représentant les différents types de la pulsation du cœur, dans chacune des lésions valvulaires et dans les cas où plusieurs valvules sont altérées à la fois. Cette étude constituera un important chapitre dans un ouvrage que je prépare en ce moment, sur la circulation du sang, à l'état sain et dans les maladies.

Depuis longtemps je rassemble les documents relatifs à cette question, et je puis enfin affirmer aujourd'hui que la cardiographie doit être un des éléments les plus importants du diagnostic médical : elle complète les renseignements, si précieux déjà, que fournissent l'auscultation et la percussion. J'ajouterai même qu'elle corrige les renseignements que nous fournissent ces deux ordres de signes physiques, car elle nous montre à quel degré la fonction cardiaque est troublée. Or, on a commis bien des erreurs de diagnostic tant qu'on a cru que l'intensité des lésions cardiaques correspondait à celle des bruits anormaux que fournit l'auscultation; on s'est trompé de même quand on a cru que la force du cœur ou du moins l'énergie actuelle des systoles de cet organe se traduit par l'énergie des pulsations que l'on sent à la région précordiale.

La forme des pulsations du cœur exprime de quelle manière le cœur se remplit et se vide; elle traduit donc la manière plus ou moins parfaite, dont il fonctionne. Un bruit de souffle, au contraire, ne correspond nullement par son intensité au trouble de la fonction cardiaque. L'anémie peut faire naître dans un cœur sain des souffles plus intenses que certaines lésions d'orifice qui gênent considérablement le passage du sang. Bien plus, dans toute lésion cardiaque, l'aggravation de l'état du malade se traduit le plus souvent par une diminution de l'intensité des bruits, lorsque le cœur, incapable de surmonter les obstacles qu'il rencontre, faiblit et n'agit plus que d'une manière incomplète.

Ce qui a longtemps retardé la publication des résultats que j'ai obtenus dans la cardiographie humaine, c'est la lenteur avec laquelle ont dû être recueillis les matériaux de ces études, c'est la longue série de tâtonnements qui ont été nécessaires avant d'obtenir des appareils précis et d'une application facile sur le malade; c'est enfin la nécessité d'obtenir préalablement les différents types normaux de la pulsation du cœur correspondant aux degrés différents de l'activité cardiaque, ou pour mieux dire, aux volumes différents des ondées sanguines que le cœur envoie à chacun de ses battements. Ces éléments physiologiques étaient le point de départ nécessaire des études cliniques dans lesquelles il sera peut-être plus intéressant de connaître les légers troubles fonctionnels de la circulation du cœur, que les désordres irrémédiables qui tiennent à des lésions organiques

CHAPITRE VIII.

MESURES MANOMÉTRIQUES DE LA PRESSION.

Moyen de transmettre les oscillations d'un manomètre à mercure à un tambour à levier inscripteur. — Manomètre élastique, sa graduation. — Sondes manométriques pour les pressions positives et négatives. — Des meilleures conditions pour transmettre la pression aux manomètres inscripteurs. — Mode d'application du manomètre élastique. — Correction des indications des appareils au moyen du palpeur. — Considérations sur les différentes sortes de manomètres élastiques.

Moyen de transmettre les oscillations d'un manomètre à mercure à un tambour à levier inscripteur.

Dans le kymographion de Ludwig, le plus ancien des manomètres inscripteurs basés sur l'emploi d'une colonne de mercure, l'inscription se fait au moyen d'un flotteur d'ivoire qui repose sur le mercure dont il suit les mouvements d'ascension et de descente; ce flotteur porte une tige verticale qui s'élève, sort du mercure et porte un style. Cette méthode présente un premier inconvénient. Le flotteur ne suit pas toujours fidèlement les mouvements du mercure dans lequel il plonge parfois à des degrés divers, d'où résulte une cause de déformation des mouvements qu'il s'agit d'inscrire, mouvements qui sont eux-mêmes déformés déjà par l'inertie (voyez p. 264). Un autre défaut, moins grave, mais qui rend fort incommode l'usage du kymographion, c'est qu'il nécessite l'emploi d'un cylindre à axe vertical pour recevoir le tracé. Ajoutons à cela que le flotteur à style est encombrant et se prête mal aux inscriptions multiples, et l'on comprendra combien il était important de lui substituer le tambour à levier qui s'oriente comme on veut et qui, dans les inscriptions simultanées, se dispose si facilement à côté d'autres tambours semblables.

L'adaptation est des plus simples. On introduit le tube du manomètre dans le tuyau de caoutchouc qui se rend au tambour; si tous les joints sont bien hermétiques, les oscillations du levier sont identiques à celles de la colonne du manomètre.

Cet instrument est d'autant plus sensible que la colonne de mercure à laquelle on l'adapte est d'un plus grand diamètre, car les déplacements de cette colonne, agissant à la manière du piston d'une pompe, déplacent alors une plus grande quantité d'air. Mais il y a une limite à cette largeur du manomètre : il faut que la quantité de sang qui entre dans l'instrument ne constitue pas une perte trop sensible par rapport à la masse totale du sang de l'animal; d'où cette conclusion que, dans les mesures faites avec les manomètres inscripteurs, il faut autant que possible s'adresser à des animaux de grande taille.

Graduation des manomètres élastiques.

Tous les manomètres élastiques et les sondes manométriques sont des instruments à échelles arbitraires qui ont besoin d'être gradués comparativement avec un étalon. Cet étalon est le manomètre à mercure qui, lorsqu'il est soumis à des pressions constantes, est entièrement à l'abri des causes d'erreur précédemment signalées. La graduation pourrait être faite pour chaque instrument une fois pour toutes, car l'élasticité du métal ne varie pas notablement; mais le tambour à levier qu'on adapte au manomètre métallique n'a pas toujours la même sensibilité; c'est là ce qui exige une graduation avant ou après chaque série d'expériences lorsqu'on veut obtenir la valeur absolue de la pression.

Pour cela, on prend un flacon de verre que l'on met en rapport avec le manomètre métallique ou dans lequel on plonge les sondes ou les ampoules du cardiographe; on introduit dans ce même flacon l'orifice d'un tube qui se rend à un manomètre à mercure; enfin, on y introduit aussi un tube par lequel on peut comprimer l'air du flacon à des pressions variables. Tous ces tubes et ces sondes traversent un large bouchon et sont hermétiquement lutés au goulot du flacon. On dispose les appareils inscripteurs comme pour les expériences ordinaires, et l'on insuffle de l'air dans le flacon jusqu'à ce que le manomètre indique une pression de 1 centimètre de mercure au-dessus de la pression atmosphérique; on note alors, pour chaque levier, le niveau auquel cette élévation de pression l'a soulevé. On comprime l'air de nouveau, jusqu'à ce que le manomètre indique 2 centimètres de pression, et on note encore la position des leviers. On répète cette expérience quinze ou vingt fois avec des pressions croissantes, jusqu'à ce que les leviers aient graduellement été portés jusqu'au point le plus élevé auquel ils s'élèvent dans les tracés cardiographiques. On obtient ainsi, pour chaque levier, une graduation expérimentale qui permet d'estimer, dans un tracé, la valeur réelle des pressions exprimées par les changements de hauteur de la courbe.

Après avoir gradué les sondes, on peut déterminer, par exemple, l'effort développé par chacun des ventricules. Nous avons vu que chez le cheval la force relative des ventricules droit et gauche était à peu près dans le rapport de 1 à 3; les valeurs réelles de la pression maximum développée par ces deux cavités étaient 30 millimètres et 95 millimètres de mercure.

On gradue aussi les sondes pour les pressions inférieures à celle de l'atmosphère. L'expérience se fait comme tout à l'heure, en prenant le manomètre à mercure pour étalon; toute la différence consiste en ce que c'est une aspiration que l'on produit sur l'air contenu dans le flacon, au lieu d'une compression, comme dans la graduation pour les pressions positives.

Correction des indications des appareils manométriques au moyen du palpeur de Deprèz.

Les manomètres métalliques ont une élasticité qui change avec le degré de tension de leurs membranes; il en est de même du tambour à levier qui constitue un véritable manomètre pour les faibles pressions. Tous ces appareils ont des échelles arbitraires et nous venons de voir la manière de les graduer. Deprèz a imaginé un petit appareil qu'il nomme *palpeur*, et qui permet de donner à un manomètre quelconque des excursions proportionnelles aux pressions qui agissent sur lui.

Le *palpeur* est une petite pièce métallique reliée à un organe inscripteur, et qui frotte sur une arête sinueuse d'un galbe déterminé à l'avance dans le but de rendre les excursions de la pointe écrivante toujours proportionnelle à l'intensité du phénomène inscrit.

Pour prendre un exemple, supposons que nous devions rendre les indications d'un tambour à levier proportionnelles à la pression qui agit sur lui. On sait que l'élasticité de la membrane de caoutchouc change en raison de la distension qu'elle a subie, et que des pressions régulièrement croissantes produisent des élévations du levier de moins en moins prononcées; la friction du

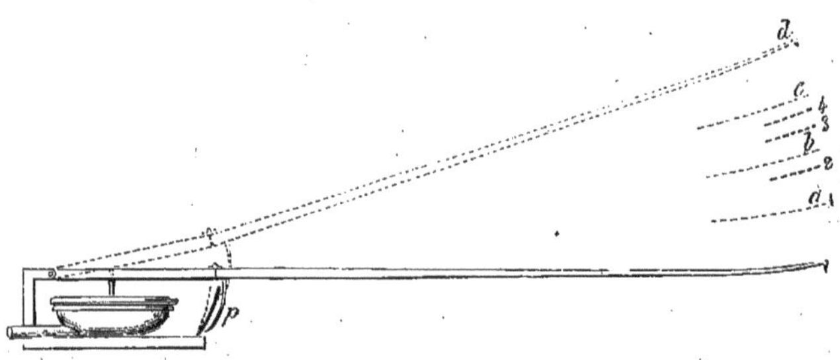

Fig. 317. Palpeur de Deprèz pour corriger les indications des appareils inscripteurs.

palpeur sur une surface courbe convenablement construite régularisera ces indications et leur donnera la valeur désirée.

A cet effet, le levier (fig. 317) est brisé en deux pièces : une base et une partie terminale; cette dernière est reliée à la première par une lame horizontale de ressort qui lui permet d'exécuter isolément des mouvements verticaux sans que la base y participe.

C'est à l'origine de la partie terminale, et très-près de la brisure, que le palpeur *p* se détache sensiblement à angle droit et descend en décrivant une courbe dont la concavité est tournée du côté de l'origine du levier. De sorte que, par sa pointe dirigée en arrière, le palpeur frottera contre une surface courbe fixée à la caisse du tambour à levier. C'est la courbure de cette surface qui, en agissant sur le palpeur, modifiera les mouvements de l'extrémité du levier et les rendra dissemblables de ceux de la base.

Pour comprendre comment se produit cemécanisme, imaginons que la surface correctrice soit absente, l'extrémité du levier sera en ligne droite avec la base et en suivra fidèlement les mouvements; la pointe du palpeur décrira dans l'espace un arc de cercle qui aurait pour centre le centre de mouvement du levier. Cet arc est ponctué dans la figure 317.

Supposons que la surface sur laquelle frotte la pointe du palpeur ait exactement la forme de cet arc de cercle, cette pointe lui sera toujours tangente dans tous les mouvements du levier, mais il n'en résultera aucun mouvement propre imprimé à l'extrémité du levier, qui sera toujours solidaire de la base. Mais imaginons que sur cette surface courbe nous produisions une convexité plus prononcée, le palpeur, en s'élevant par suite du mouvement que la base lui commande, sera dévié par cette convexité qui lui fera exécuter un mouvement de bascule autour de la brisure; la partie terminale du levier fera donc un angle avec la base et la pointe écrivante s'élèvera plus haut que si les deux parties du levier étaient restées sur le prolongement l'une de l'autre. Inversement, si une concavité se trouvait dans la courbure que le palpeur doit suivre, celui-ci, tombant au fond de cette concavité, il s'ensuivrait que la brisure deviendrait convexe par en haut, et que la pointe écrivante s'élèverait moins que si elle eût été solidaire de la base du levier.

On peut donc, en calculant d'avance la courbure rectificatrice, modifier à son gré les mouvements de l'extrémité par rapport à ceux de la base, et principalement corriger les défauts de sensibilité de la membrane. Mais il est beaucoup plus facile de construire expérimentalement la courbe correctrice des indications du levier. Voici comment on procède.

Le défaut de la membrane est, avons-nous dit, de prendre une force élastique de plus en plus grande à mesure qu'elle est plus distendue. Les indications seront donc trop faibles pour les pressions fortes; il faut les amplifier. Admettons que l'appareil doive inscrire des pressions correspondant à 4 centimètres de mercure, et que le levier ait atteint la ligne ponctuée pour le premier degré de son ordonnée correspondant à 1 centimètre de pression, il est clair que pour 4 centimètres de mercure le levier devrait avoir parcouru un espace quatre fois plus grand, tandis qu'il s'est élevé par degrés inégaux 2, 3, 4.

Pour donner à l'échelle de l'instrument des croissances régulières a, b, c, d, portons l'extrémité inscrivante du levier au point d, et maintenons cette pointe dans cette position, en même temps que nous élevons la pression à 4 centimètres dans le tambour. Tous les organes de la machine, y compris la pointe du palpeur, sont dans la position où ils doivent se trouver quand les indications seront corrigées. Si nous notons, à ce moment, la position de la pointe du palpeur, nous obtiendrons un point de la courbe rectificatrice, le 4e point. Abaissons la pression à 3 centimètres, et plaçons la pointe écrivante à la position qui correspond au 3e degré de son ordonnée en c, le palpeur prendra nécessairement la position qu'il devrait avoir pour corriger les indications de l'appareil, et cette position nous fournira le 3e point de la courbe. On obtiendra de la même façon la série des autres points, et ainsi se trouvera construite expérimentalement la courbe correctrice, dont le palpeur devra suivre la surface pour que le levier exécute, malgré les variations de l'élasticité de la membrane, des parcours égaux pour des pressions égales.

Des meilleures conditions pour transmettre la pression aux manomètres inscripteurs.

Un des points les plus importants pour obtenir des mesures graphiques exactes de la pression d'un liquide, c'est de *transmettre cette pression au moyen d'une colonne liquide aussi large et aussi courte que possible*. Sans cette précaution, si la pression varie brusquement, la colonne intermédiaire à la source de pression et au manomètre est susceptible de prendre des mouvements oscillatoires qui peuvent déformer les tracés tout autant que le font les oscillations propres d'un manomètre à mercure. Un autre inconvénient de l'inertie d'une longue colonne liquide, c'est que, dans les variations rapides de pression, la courbe n'exécute qu'une partie de l'excursion qu'elle eût dû marquer. Bien souvent les physiologistes ont commis des erreurs pour avoir transmis la pression du sang par un tube de trop grande longueur. Plus le tube de transmission s'allonge, plus se déforme la courbe tracée, à cause des oscillations propres à la colonne liquide qui sert à cette transmission.

Mais, dira-t-on, il est souvent indispensable d'écrire, l'une à côté de l'autre, les courbes de pression de deux artères qui sont très-éloignées l'une de l'autre sur l'animal; dès lors les tubes de transmission seront nécessairement longs et souvent inégaux.

On peut transmettre sans inconvénient à de grandes distances les indications d'un appareil au tambour à levier qui doit les transcrire, à la condition que cette transmission se fasse au moyen d'un tube à air dans lequel l'oscillation de la colonne fluide est négligeable. Il suffit donc, pour parer à tout inconvénient, de placer le manomètre très-près du vaisseau où l'on va chercher la pression, afin de transmettre celle-ci par la plus courte colonne liquide possible; quant à l'oscillation de l'eau du manomètre, on en transmet les effets au tambour à levier au moyen d'un tube aussi long qu'il est nécessaire, cela ne saurait altérer sensiblement le tracé.

Ce qu'on vient de lire relativement à la pression du sang artériel s'applique également bien à celle du sang veineux. Le manomètre métallique inscripteur peut être construit avec des capsules plus ou moins sensibles et s'appliquer à la mesure de très-faibles pressions, positives ou négatives, telles qu'on en observe dans les cavités splanchniques, l'espace sous-arachnoïdien, la cavité des plèvres, etc.

Détermination des pressions négatives dans les cavités du cœur.

Lorsque les sondes ont été introduites dans les cavités du cœur, il est impossible de savoir à quel moment la pression est positive ou négative. La graduation a donc besoin d'un repère qui indique la position du zéro de l'appareil, c'est-à-dire le moment où la pression dans le cœur est exactement égale à celle de l'atmosphère. Pour cela, un appareil spécial est nécessaire; voici en quoi il consiste.

Une ampoule de métal (fig. 318), ayant la forme et la grosseur d'une olive, est placée au bout d'un tube TV. Cette ampoule est percée d'une infinité de petits trous; puis on la revêt d'une membrane de caoutchouc extrêmement mince. Soutenue par l'olive métallique, la membrane de caoutchouc résiste aux pressions positives qui agissent sur sa surface extérieure. Mais si on la place dans un milieu dont la pression descend au-dessous de celle de l'atmosphère, l'air extérieur, passant par l'intérieur de la sonde et de l'olive, s'échappe par les petits trous et soulève la membrane d'autant plus que la pression est plus basse autour de l'ampoule.

Mise en rapport avec le cardiographe, cette ampoule ne donnera aucune impulsion au levier, tant que la pression dans le cœur sera positive. L'instrument ne tracera alors qu'une ligne horizontale; mais dès que la pression dans le cœur sera inférieure à celle de l'atmosphère, le levier subira un abaissement qui variera avec

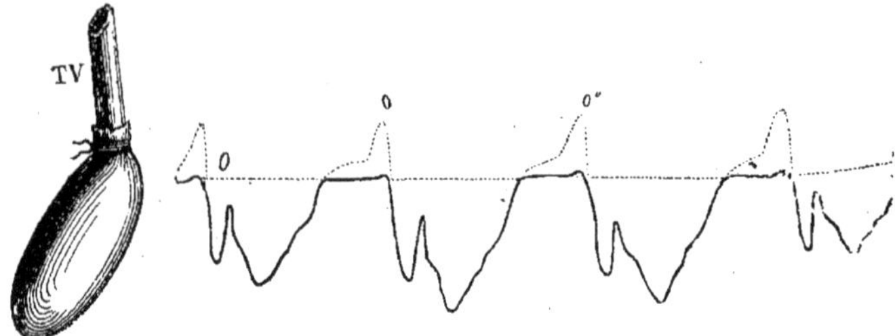

Fig. 318. Tracé des pressions négatives dans l'oreillette d'un cheval. Les courbes ponctuées représentent la courbe qui correspondrait à l'état positif de la pression.

l'énergie de l'aspiration qui s'exerce à la surface de l'ampoule; il traduira donc les différentes phases de la pression négative dans le cœur. La figure 318 montre un tracé obtenu avec l'ampoule qui vient d'être décrite; cette ampoule était plongée dans l'oreillette droite; des lignes ponctuées complètent le tracé, en représentant les phases positives de la pression dans l'oreillette. On voit que, dans cette cavité, la pression est presque toujours négative, sauf à la fin de la réplétion de l'oreillette et pendant sa systole.

Mode d'application du manomètre élastique.

François-Franck a résumé les principales précautions que l'on doit employer quand on se sert du manomètre élastique précédemment décrit, afin d'avoir des tracés corrects et de longue durée; voici les principaux détails de l'application de l'instrument. On voit dans la figure 319 deux manomètres qui fonctionnent à la fois : l'un est un petit manomètre à mercure *m*, dont le tube est capillaire et qui sert à déterminer avec toute la précision voulue la valeur absolue des indications de l'autre instrument, ce dernier ayant pour rôle principal de détailler la forme des variations de la pression du sang.

Pour se servir de l'appareil, on commence par le remplir d'une solution de carbonate de soude, en injectant le liquide par l'orifice du robinet placé sur la branche de communication des deux manomètres conjugués. Pendant que s'opère le remplissage, le tube *p* est relevé et l'air s'échappe par la canule qui le termine. L'air étant complétement chassé, on ferme le robinet du tube qui porte la canule, et on continue à pousser du carbonate de soude dans le manomètre pour le mettre sous pression. On sait, en effet, que cette précaution est indispensable pour éviter l'entrée du sang dans le tube de transmission et pour retarder la coagulation

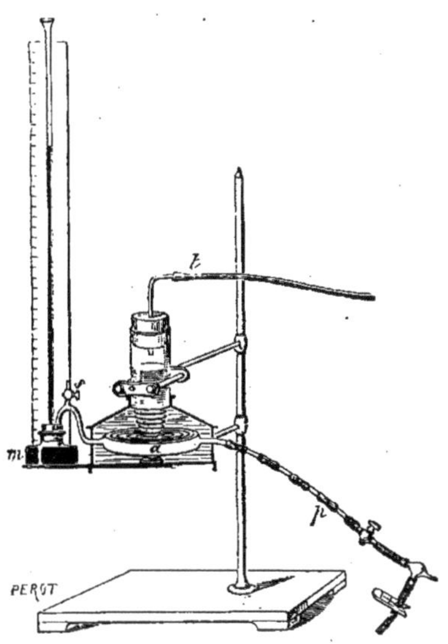

Fig. 319. Manomètre élastique contrôlé par un manomètre à mercure pour les pressions absolues.

presque immédiate qui en serait la conséquence. Mais il faut régler autant que possible la charge du manomètre d'après la pression artérielle de l'animal qu'on emploie : il est bon que la charge manométrique dépasse un peu le chiffre de la pression sanguine ; mais il est dangereux, surtout si l'on opère sur une carotide, que le manomètre soit sous trop forte pression. Au moment où on établit la communication entre l'artère et le manomètre, le carbonate de soude pénètre dans le vaisseau, et s'il y est poussé trop fortement, il en résulte des accidents variables selon l'artère employée. Dans le bout central de la carotide, la pénétration du carbonate de soude peut tuer l'animal en quelques instants, probablement en arrivant jusqu'au cerveau par la carotide opposée, peut-être aussi en injectant le cœur lui-même par les coronaires. Si la fémorale a été mise en rapport avec le manomètre, au moment de l'ouverture du robinet, l'animal est pris de convulsions dans la patte correspondante, souvent dans les deux pattes postérieures, sous l'influence de l'arrivée du carbonate de soude dans les collatérales. Il pousse des cris, et si l'on ne fixe pas le membre, il peut arracher la canule ou faire tomber le manomètre. François-Franck a observé dernièrement de l'hématurie presque immédiatement après la pénétration du carbonate de soude sous trop forte pression dans le bout central de la fémorale chez un chien *non chloralisé;* cette hématurie peut être attribuée à la pénétration du carbonate de soude dans les artères rénales. Ces différents accidents sont à éviter, et, de plus, il n'est pas indifférent de mélanger au sang une certaine quantité de carbonate de soude. La contractilité vasculaire est en effet profondément modifiée à la suite de cette pénétration. Malheureusement, nous ne pouvons savoir au juste à quel degré de pression nous devons soumettre le manomètre; ce n'est que par approximation et en raison de la valeur ordinaire de la pression qu'on peut adopter pour la fémorale : 16 C. Hg. chez le chien, 8 C. Hg. chez le lapin; pour la carotide : 14 C. Hg. chez le chien, 7 C. Hg. chez le lapin.

Quand on opère sur le bout central de la carotide, il est bon de se prémunir contre une pénétration trop brusque en maintenant l'artère à demi comprimée au-dessous de la canule au moment où on ouvre le robinet de communication; on peut encore appliquer le doigt sur le trajet de la carotide opposée, pour empêcher dans une certaine mesure l'entraînement du carbonate de soude par ce vaisseau.

Pendant longtemps nous avons eu à lutter contre le principal inconvénient de l'exploration de la pression artérielle : la formation de caillots dans la canule. Aujourd'hui, après bien des essais, nous sommes arrivés à obtenir, dans les circonstances les plus favorables, chez des animaux à jeun, *plusieurs heures* d'exploration consécutives sans formation de caillot. Il est probable que c'est à la forme des canules, à leur large calibre et à la présence d'une petite réserve de carbonate de soude dans l'ampoule qui existe sur leur trajet, qu'il faut attribuer ce bon résultat.

Ces canules sont en verre et doivent être très-soigneusement faites Ce ne sont pas là de petits détails pour ceux qui font des expériences; aussi crois-je devoir insister sur les qualités d'une bonne canule.

L'orifice forme un biseau très-peu incliné, et les bords de ce biseau, après avoir été usés à la poudre d'émeri, sont légèrement passés à la flamme; ils deviennent ainsi parfaitement unis, condition indispensable pour éviter la formation rapide du caillot. Ce biseau facilite l'introduction de la canule dans la boutonnière faite à l'artère et permet d'introduire dans un vaisseau de petit calibre une canule relativement volumineuse. Ainsi, la plus petite des deux canules qui est représentée plus haut est destinée à la caro-

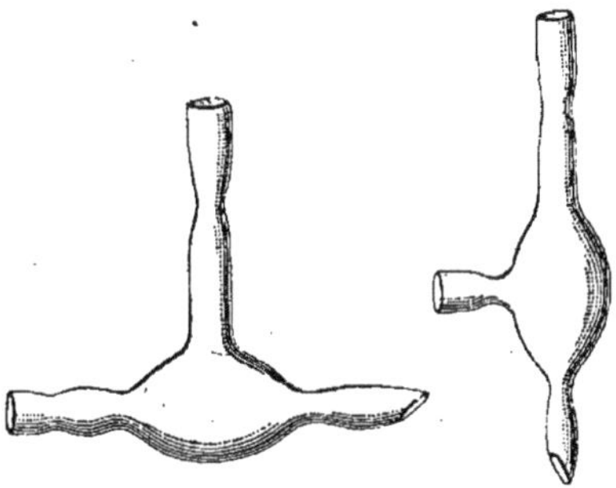

Fig. 320. Canules de verre pour adapter le manomètre métallique aux artères.

tide du lapin : elle doit avoir deux millimètres de calibre extérieur, au milieu de l'olive, et peut aller jusqu'à deux millimètres et demi, comme celle qui est indiquée ici. Les canules destinées aux artères du chien ont un calibre beaucoup plus large; j'ai figuré l'une des plus petites.

Il est bon d'éviter un étranglement aussi marqué que celui des deux canules ci-dessus : une olive à peine accusée suffit pour empêcher le fil de glisser, surtout si l'on a soin, ce qu'il faut toujours faire, d'assurer le fil de la ligature par un nœud autour de la branche perpendiculaire de la canule.

Au-dessus de l'olive qui est introduite dans l'artère se voit une ampoule constituant une sorte de réservoir à carbonate de soude. Pendant l'expérience, le sang monte jusque dans l'ampoule et s'y mélange avec le liquide alcalin; si la pression baisse un peu dans l'artère, une quantité de carbonate de soude, non mêlée de sang, vient remplacer celle qui est entrée dans le vaisseau, et la coagulation est ainsi fort longtemps retardée. Cette ampoule a encore l'avantage de permettre à la transmission de la pression de s'opérer, malgré la formation d'un caillot, du moins pendant un certain temps : la coagulation s'opère en effet dans les régions déclives de l'ampoule et il reste toujours un passage assez large pour que la pression artérielle se transmette au manomètre. Du reste, on peut examiner la canule de temps en temps, et quand on voit que la coagulation commence, il est bon de suspendre un moment l'expérience pour chasser le caillot.

Cette petite opération se fait sans enlever la canule, et ne doit pas exiger plus d'une minute quand on en a pris l'habitude. Voici comment on opère. On pince l'artère au-dessous de la canule et on ouvre la branche verticale de l'ampoule qui est munie d'un tube en caoutchouc et qu'on a fermé avec une petite pince à pression. Le liquide du manomètre s'échappe par cette branche, entraînant avec lui le caillot qui était dans l'ampoule et au-dessus. On ferme alors le robinet placé sur le trajet du tube de transmission *p* (voy. fig. 319), et on remet le manomètre sous pression par le tube de communication *s*. On fait ensuite sortir un jet de sang en lâchant l'artère; on nettoie ainsi la portion inférieure de la canule. Après avoir refermé la branche latérale de l'ampoule, on rétablit la communication entre le manomètre et l'artère. L'expérience recommence ainsi dans les mêmes conditions qu'au début.

Nous avons insisté un peu longuement sur ce point tout spécial; mais les détails qui précèdent ont une grande utilité.

Une dernière remarque relative au tube de transmission de la pression. Ce tube doit être court et large, à l'inverse de tous ceux que j'ai pu voir dans les laboratoires étrangers. J'ai emprunté à l'excellent traité du professeur Sanderson (*Handbook*) les détails d'un tube à chaînette, qui est représenté dans la figure 319 ; ce tube se compose d'une série de tubes de verre et de tubes de caoutchouc s'emboîtant les uns dans les autres et formant une chaîne creuse, souple, inextensible, pouvant prendre toutes les positions sans former de coudes.

M. Tatin a construit dans ces derniers temps un manomètre métallique un peu différent de celui que nous venons de décrire, et dans lequel les valeurs absolues des pressions sont indiquées par une aiguille sur un cadran qui fait partie de l'instrument. Ce manomètre a l'avantage de supprimer le mercure tout en fournissant les mêmes indications, puisque le cadran a été divisé en centièmes et demi-centièmes d'après un manomètre à mercure. La transmission du mouvement de la membrane anéroïde à l'aiguille s'opère au moyen d'un petit couteau coudé, qui fait tourner une hélice formant le pivot de l'aiguille. En même temps que l'aiguille marque les valeurs absolues des pressions, ces pressions sont transmises à distance à un tambour à levier inscripteur par l'intermédiaire d'une caisse à air comprise dans l'appareil. Nous employons dans le laboratoire indifféremment cet appareil et celui qui a été décrit tout à l'heure.

Considérations sur les différentes sortes de manomètres élastiques.

D'une façon générale, toutes les fois qu'un tissu élastique est déformé par la pression du sang, il constitue un manomètre élastique. Que le sang pénètre dans une poche dilatable dont les changements de volume seront ultérieurement inscrits, comme dans le sphygmoscope (voyez p. 265), ou bien que l'on prenne une poche compressible pour l'introduire à la façon des sondes cardiaques (voyez p. 358), dans les cavités dont on veut connaître la pression, dans un cas comme dans l'autre, une déformation se produira et donnera naissance à une courbe enregistrée. Ainsi, un changement de pression donnant naissance à un changement de volume, telle est l'essence du manomètre élastique. A ce titre, quand nous constatons que chacun de nos organes, s'il est plongé dans un appareil à déplacement, accuse des alternatives de gonflement et de resserrement liés aux variations de la pression sanguine à leur intérieur, nous devons assimiler ces organes à de véritables manomètres élastiques, dont les parois cèdent un instant à la pression du sang, puis reviennent sur elles-mêmes par leur élasticité.

Le bras introduit dans l'appareil décrit page 292 rappelle entièrement la capsule métallique du manomètre représentée page 268; la seule différence, c'est qu'on ne peut déterminer à l'avance le module d'élasticité des tissus vivants, tandis qu'on peut faire cette détermination pour les membranes métalliques. L'élasticité des vaisseaux vivants change à chaque instant sous maintes influences; ajoutons que la force élastique de ces tissus est doublée d'une force contractile dont les variations, interférant avec celles de l'élasticité vasculaire, compliquent singulièrement les conditions du phénomène. Mais le fait constant, et qui suffit pour donner à l'exploration du volume des organes une grande importance physiologique, c'est que la mobilité parfaite des parois vasculaires, leur obéissance instantanée aux changements de la pression intérieure permettent d'inscrire fidèlement la forme des variations manométriques, et l'on a vu, à propos du pouls, que certains caractères tirés de cette forme nous renseignent utilement sur la valeur absolue de la pression du sang dans les artères.

Mesure de la pression du sang par une contre-pression exercée sur les organes.

Si, au lieu de comprimer un vaisseau sur une de ses faces, on plongeait ce vaisseau dans un milieu soumis à une pression qu'on pût graduer, il est clair qu'en élevant peu à peu la pression du milieu ambiant, on arriverait à un moment où la pression intérieure serait vaincue. Le moment où se produirait l'affaissement du vaisseau signalerait l'instant où la pression ambiante, mesurable au manomètre, arriverait à dépasser la pression intra-artérielle.

Ce procédé de mesurer une pression intérieure par une contre-pression extérieure peut être appliqué à un organe vivant qu'on plonge dans le milieu comprimé. En élevant graduellement la contre-pression pendant qu'on la mesure avec un manomètre, on voit, à un instant donné, que le membre ainsi comprimé extérieurement devient pâle et diminue notablement de volume; c'est qu'alors la pression du sang artériel est surmontée et que le sang ne peut plus pénétrer dans l'organe exploré. La contre-pression dont le manomètre indique en ce moment la mesure est sensiblement égale à la pression artérielle.

Pour rendre plus facilement intelligible le mode de mensuration dont je me suis servi, l'expérience suivante me semble une préparation utile.

Prenons un sphygmoscope, appareil dont la description a été donnée précédemment, et mettons-le en communication avec une artère d'un animal. Nous en verrons l'ampoule s'emplir, puis rester tendue en permanence en présentant de très-légers mouvements de gonflement et de resserrement suivant que la pression intérieure s'élève ou s'abaisse. Dans ces conditions, la pression du liquide se met incessamment en équilibre avec la force élastique des parois de l'ampoule de caoutchouc; de très-petits changements de volume de cette ampoule suffisent à faire varier la force élastique de ses parois, de manière à contre-balancer les différents degrés de la pression du liquide intérieur.

Remplissons d'eau la cavité du manchon de verre qui entoure

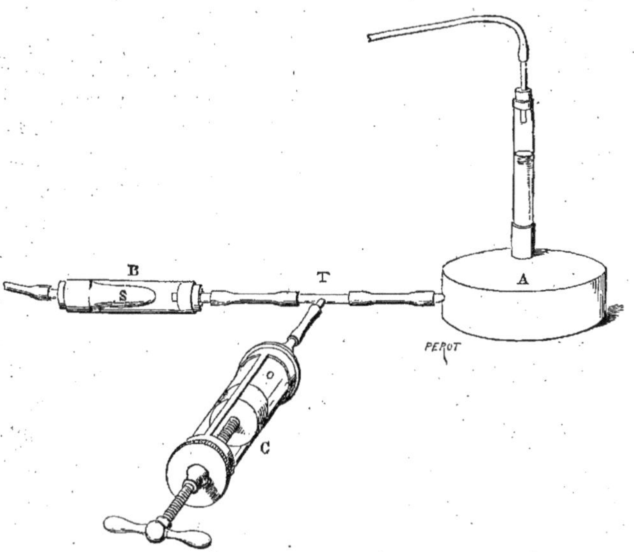

Fig. 321. Disposition pour mesurer la pression à l'intérieur d'un sphygmoscope S, d'après la contre-pression appliquée à sa surface extérieure.

l'ampoule de l'appareil et le tube de transmission; enfin adaptons celui-ci à un manomètre également plein d'eau. Nous constaterons que ce manomètre exécute de très-faibles mouvements, parce que la pression du sang ne lui arrive que très-partiellement, étant pour la plus grande partie contre-balancée par l'élasticité de l'ampoule de caoutchouc.

Le tube T porte un branchement qui le relie à une seringue à vis remplie d'eau. Poussons une certaine quantité d'eau dans l'espace qui communique avec le manomètre, cet instrument indiquera un niveau de pression plus élevé; en même temps on verra ses oscillations devenir plus étendues. C'est que l'ampoule S a diminué de volume, et que la force élastique de ses parois moins tendues contre-balance moins complétement la pression du liquide qui joue le rôle du sang ; une plus grande partie de cette pression et des variations qu'elle subit sera donc supportée par le manomètre qui en traduira moins incomplétement les variations rhythmées.

Continuons à pousser du liquide dans le tube T ; le manomètre montera encore, les pulsations augmenteront d'amplitude, et l'on verra l'ampoule S diminuer de volume ; ses parois deviendront plus souples et n'offriront plus, à un moment donné, aucune résistance à la pression sanguine qui se fera sentir tout entière sur le manomètre, comme si l'ampoule n'existait pas, car alors les parois de celle-ci flottent librement d'un côté à l'autre au gré du mouvement du liquide. A ce moment, le manomètre indique exactement la pression du sang et les variations qu'elle éprouve.

Poussons encore un peu de liquide dans le tube T, le manomètre monte encore, mais les oscillations diminuent ; chaque fois que la pression du sang présente des minima, les parois de l'ampoule s'adossent et obstruent le tube, de sorte que l'oscillation manométrique est arrêtée dans sa phase descendante. Sous l'influence d'une pression plus grande dans le tube T, la pression artérielle est presque complétement vaincue ; les maxima seuls ébranlent encore un peu la colonne du manomètre. Encore un faible surcroît de pression, et tout mouvement disparaît dans la colonne manométrique ; celle-ci marque en permanence une pression supérieure à celle du sang. La figure 322 montre la série des phases du phénomène : la période d'accroissement de l'amplitude de la pulsation, période qui correspond à la moindre distension des parois de l'ampoule, puis l'affaiblissement final et l'extinction de la pulsation au moment où la pression artérielle du schéma est surmontée ; la pression extérieure à l'ampoule atteignait alors 9 centimètres.

Un appareil que j'ai fait construire, il y a vingt ans déjà, m'a servi merveilleusement pour réaliser la mesure de la pression artérielle chez l'homme. C'est une caisse métallique rectangulaire, munie à l'une de ses extrémités d'une sorte de goulot dans lequel on enfonce le bras. Une glace placée à la face supérieure de a caisse permet de voir ce qui se passe à l'intérieur.

Le pourtour du goulot par lequel on passe le bras est muni

d'une véritable soupape autoclave. C'est un manchon de caoutchouc conique invaginé dans l'intérieur de la caisse. Ce manchon étreint légèrement l'avant-bras sur lequel il s'applique d'une manière hermétique. Comme, sous l'influence de la pression intérieure, le manchon de caoutchouc pourrait se distendre et faire hernie, un second manchon, fait de taffetas de soie et par conséquent à la fois mince et inextensible, est placé par-dessus le manchon de caoutchouc. On invagine à la fois ces deux manchons dans l'intérieur de la caisse; la soie recouvre l'avant-bras, sauf à l'extrémité du double manchon où le caoutchouc se prolonge plus loin qu'elle, afin de s'appliquer bien hermétiquement sur la peau. La figure 322 donne une idée de la superposition de ces deux feuilles successives dont l'une, le caoutchouc, assure l'herméticité, et l'autre, le taffetas, la solidité de l'occlusion. Quand on comprime de l'air, par exemple, à l'intérieur de cet appareil, on voit le taffetas se tendre et former un bourrelet arrondi et fort dur tout autour de l'avant-bras qu'il étreint.

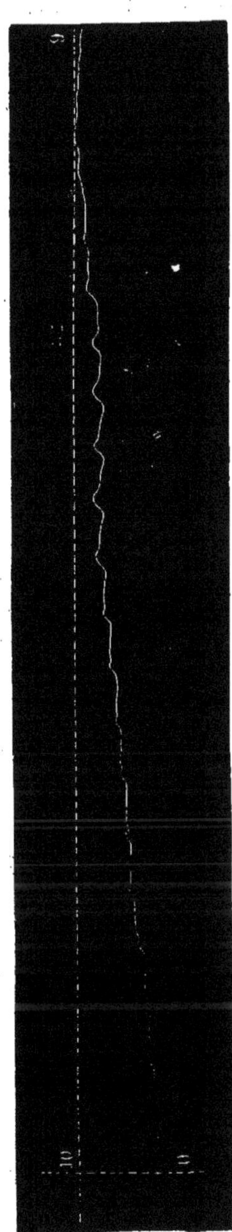

Fig. 322. Inscription manométrique des changements de volume du sphygmoscope (S, fig. 321) soumis à des pressions extérieures variant de zéro à 9 centimètres de mercure.

Ce n'est pas tout : une pression assez forte exercée à l'intérieur de cette caisse métallique constitue une poussée énergique contre l'avant-bras et le manchon qui l'entoure; cette poussée chasserait l'avant-bras sans que la force d'un homme ordinaire pût lui résister. J'empêche cette tendance au recul de l'avant-bras, en plaçant derrière le coude une gouttière métallique rembourrée confortablement. Cette gouttière est maintenue par quatre liens solides qui, d'autre part, s'attachent sur les côtés du goulot de la caisse; cela forme un appui solide qui résiste à la poussée de l'air et permet à l'expérimentateur de sup-

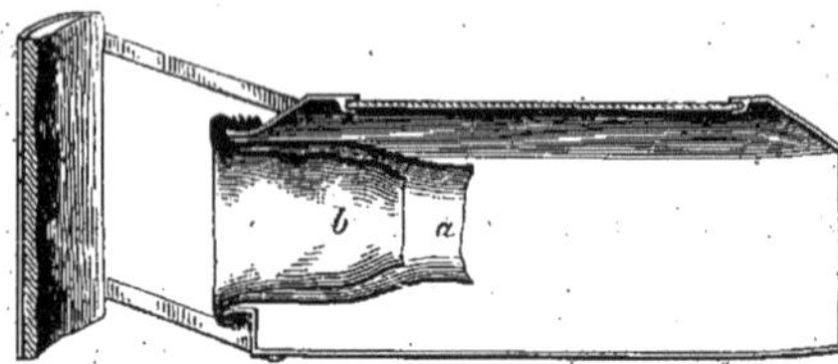

Fig. 323. Coupe de l'appareil destiné à comprimer la main et l'avant-bras. — *a*, manchon de caoutchouc invaginé dans la caisse. — *b*, manchon de taffetas supprimant l'élasticité du caoutchouc qu'il double. — Une pièce retenue par des courroies empêche le bras de céder à la pression exercée dans l'intérieur de la caisse.

porter sans le moindre effort une pression équivalente à 30 ou 40 kilogrammes.

Enfin, les tubes munis de robinets mettent l'intérieur de la caisse en communication avec la source de pression et avec le manomètre chargé de la mesurer.

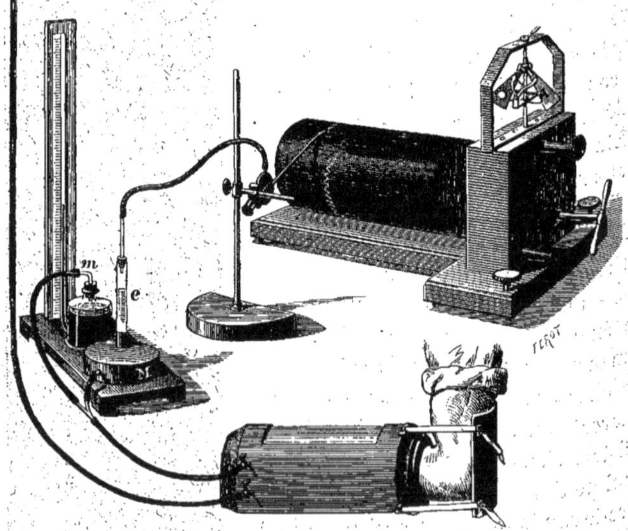

Fig. 324. Disposition de l'expérience pour inscrire la pression dans les vaisseaux de la main.

La figure 324 montre, dans son ensemble, la disposition de l'expérience. L'avant-bras est plongé dans la caisse que nous connaissons déjà ; celle-ci, au moyen d'un tube *t*, communique avec une boule pleine d'eau R formant réservoir et source de pression. Cette boule peut monter ou descendre au gré de l'expérimentateur ; celui-ci n'a besoin pour cela que de tirer sur la corde *c* qui passe sur une poulie suspendue au plafond.

Un manomètre élastique M [1], en communication avec l'intérieur de la caisse, signale les élévations de pression qui s'y produisent. Enfin un tambour à levier écrit sur un cylindre les pulsations totalisées des organes immergés, en exprimant à la fois l'amplitude de ces mouvements et le degré de pression sous lequel ils se produisent [2].

La figure 325 montre une série de tracés des pulsations de la main, recueillies sous des pressions croissantes.

Une autre disposition peut être employée pour mesurer la pression intra-artérielle sans qu'il soit besoin de consulter à chaque instant le manomètre à mercure. Elle consiste à inscrire les oscillations pulsatiles sur un cylindre qui tourne en raison des accroissements de la pression exercée sur la main dans la caisse métallique. A cet effet, la corde *c* qui sert à hisser le réservoir de la figure s'enroule sur la poulie d'un rouage réducteur qui commande le mouvement du cylindre. Un grand déplacement du réservoir ne fait tourner le cylindre que d'une très-petite quantité, de telle sorte que les divisions 5, 10, 15, 20 de la figure 326 correspondent à des accroissements de pression de 5, 10, etc. centimètres de mercure.

Comme l'élévation du réservoir ne se fait que d'une manière lente, les pulsations se confondent presque entre elles, mais on en peut toujours saisir le changement d'amplitude. Le tracé montre que le manomètre métallique accuse une pression croissante avec des variations rhythmées comme le pouls. Ces variations n'apparaissent qu'à un certain degré de pression extérieure : environ 5 centimètres de mercure. Elles atteignent leur maximum à 10,

1. Voyez, pour la description de ce manomètre, p. 605.

2. Pour contrôler l'indication du manomètre inscripteur, au point de vue de la valeur absolue de la pression, il est parfois avantageux de mettre aussi un manomètre à mercure en communication avec la caisse (voyez p. 268).

comme le montre le renflement fusiforme de la figure, et disparaissent au voisinage de 14 centimètres de pression.

Cette méthode condense le tracé du phénomène dans un très petit espace et permet, mieux que tout autre, de saisir le degré de pression auquel correspondent des changements dans les pulsations artérielles.

Certains essais avaient été faits pour mesurer la pression du sang

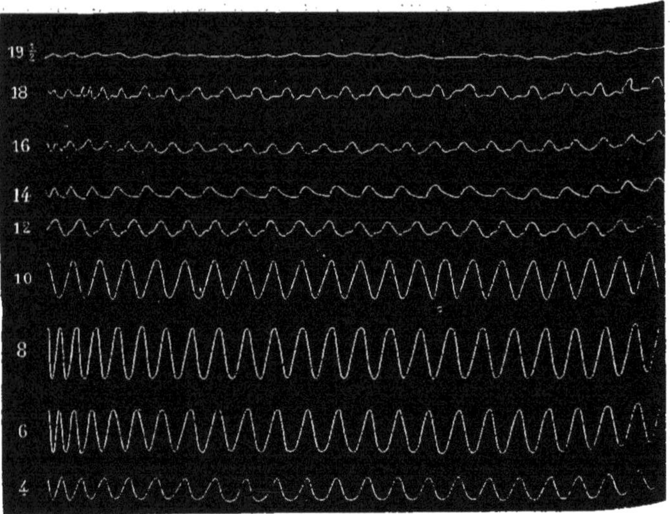

Fig. 325. Changements de volume de la main, leurs variations sous l'influence de pressions extérieures croissantes.

dans les vaisseaux de l'homme : l'un par Kries [1]. Il consiste à faire appuyer sur la surface de la peau une petite plaque de verre avec une pression connue. Le degré de la pression du verre qui fait pâlir les tissus correspondrait à celui où la pression du sang dans les capillaires est vaincue et permettrait d'en déterminer la valeur.

D'après les résultats indiqués par l'auteur, il semble que cet appareil ne soit pas d'une grande sensibilité, mais il constitue une ingénieuse tentative de mesure de la pression capillaire qui,

1 Kries (sous la direction de Ludwig), *Ueber den Druck in den Blutcapillaren der menschlichen Haut* (Arbeiten aus der phys. Anstalt zu Leipzig, 1875, p. 69).

d'après ce qu'on a vu précédemment, est beaucoup plus basse que la pression artérielle. Basch [1] a cru pouvoir tirer des change-

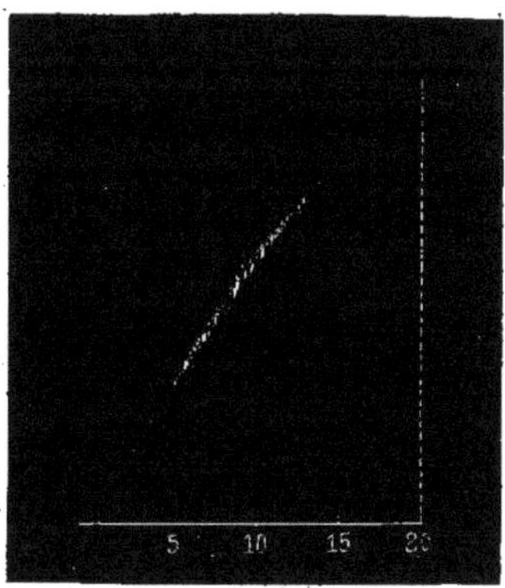

Fig. 326. Inscription des changements de la pression du sang dans la main sur un cylindre qui tourne proportionnellement à la contre-pression exercée sur cette extrémité.

ments de volume des organes estimés au moyen d'un appareil analogue à celui de Mosso ou de Buisson, une mesure de la pression du sang. Ce qu'on a dit précédemment au sujet des indications de ces appareils montre qu'on ne peut en attendre que des indications relatives.

Des modifications de la circulation du sang dans les organes sous l'influence d'une contre-pression extérieure.

L'expérience qui vient d'être rapportée ci-dessus donne l'explication de certains phénomènes qui jusqu'ici étaient assez obscurs. Ainsi, l'apparition des pulsations énergiques dans certains organes comprimés se comprend très-bien si l'on admet la production de flux et reflux alternatifs de ce liquide qui pénètre dans les organes sous l'effort impulsif du cœur, et en est chassé aussitôt après par la pression extérieure qu'éprouvent les vaisseaux.

Si l'on se reporte aux figures 325 et 326, on voit que l'oscillation atteint son maximum quand la contre-pression laisse aborder le sang dans les tissus aux moments des maxima que produit l'im-

1. Voyez Basch, *Die Volumetrische Bestimmung des Blutdrucks am Menschen*. Medicin. Jarb. IV. Wien, 1876.

pulsion du cœur, tandis qu'elle expulse le sang au moment des minima de la pression.

C'est de la même façon que dans une partie enflammée des battements exagérés apparaissent quand se produit le phénomène qu'on appelle *étranglement*, soit que la peau, distendue outre mesure, comprime les tissus d'une manière exagérée, soit que l'étranglement ait lieu dans l'intérieur d'une gaîne aponévrotique. Parfois, le phénomène des battements se produit à la suite d'une compression mécanique. On le sent dans les pieds à la suite d'une longue marche si l'on porte des chaussures trop étroites; on l'éprouve parfois dans les mains si l'on a des gants trop serrés.

Certains organes permettent de constater *de visu* le phénomène des battements artériels sous l'influence d'une contre-pression. Les ophthalmologistes ont signalé ce curieux phénomène que les artères rétiniennes ont des battements visibles, c'est-à-dire se gonflent et se resserrent tour à tour quand on comprime à un certain degré le globe oculaire. Ce serait même là un moyen fort simple de mesurer la pression du sang dans les artères si l'on pouvait savoir à quel degré s'élève la pression dans les liquides de l'œil sous l'influence d'une pression exercée en un point du globe oculaire.

Un fait curieux, et jusqu'ici fort obscur, c'est qu'il existe en même temps des battements dans les veines rétiniennes.

La contre-pression exercée sur certains organes en détermine l'anémie et entraîne des troubles fonctionnels consécutifs. Dans la main comprimée se produisent des perversions de la sensibilité dont il sera fort curieux d'étudier les caractères.

Leyden a montré que lorsqu'on exerce une pression à l'intérieur de la boîte crânienne, on produit l'anémie du cerveau avec suppression des fonctions de cet organe. Cette étude a été reprise par François-Franck dans mon laboratoire[1]. Ce physiologiste a obtenu des résultats fort curieux produits par la compression du cerveau sur les mouvements du cœur.

Enfin, le cœur lui-même a été soumis à des contre-pressions faites à l'intérieur du péricarde. François-Franck a vu qu'une pression de 2 centimètres de mercure suffit pour arrêter la fonction cardiaque et supprimer la pression dans toutes les artères. C'est que, sous cette contre-pression, le sang veineux ne peut plus

1. *Travaux du laboratoire*, 1877, p. 271.

rentrer dans les oreillettes; dès lors le cœur ne recevant plus de sang n'en envoie plus dans les artères. Mais cet arrêt du cœur n'est que passager; bientôt, en effet, la stase qui se produit dans les veines afférentes à l'oreillette y élève la pression, de sorte que la contre-pression est surmontée, et le cœur se remet à fonctionner. En élevant de nouveau la contre-pression dans le péricarde, on arrête de nouveau la circulation.

Ces quelques exemples montrent que ce genre d'étude est susceptible d'une grande extension. En ce qui touche aux effets de la pression dans la cavité du péricarde, François-Franck y a trouvé l'explication des accidents circulatoires, souvent mortels, produits par les épanchements ou par les hémorrhagies intra-péricardiques.

CHAPITRE IX.

CHANGEMENTS DE VOLUME DES ORGANES.

Historique et comparaison des méthodes employées pour étudier les changements de volume des organes sous l'influence des changements dans la pression du sang. — Expériences sur les changements de volume de la main : influences d'ordre mécanique, compression artérielle, compression veineuse; influences des nerfs vasculaires, action du froid, de l'électricité. — Conclusion des expériences. — Vitesse du sang.

Historique et comparaison des méthodes employées pour l'étude des changements de volume des organes sous l'influence des changements de la pression du sang.

J'emprunte à un mémoire de François-Franck la plupart des détails historiques suivants[1] : En 1846, Piégu[2] communiquait à l'Académie des sciences une note sur les *mouvements des membres dans leurs rapports avec le cœur et la respiration.* Il avait vu, en poussant une injection dans le membre inférieur d'un cadavre immergé dans un grand vase rempli d'eau tiède, le liquide du vase déborder quand l'injection distendait les vaisseaux. Le débord augmentait dans la mesure de la pénétration de l'injection; il cessait quand cessait la poussée du piston. Tel fut le point de départ de ses recherches. Bientôt, expérimentant sur l'homme vivant, il enferma une extrémité tout entière ou une portion de membre dans une boîte contenant de l'eau tiède et fermée de toutes parts, sauf en un point qui donnait passage à un tube d'exploration. Il vit alors, très-amplifiées, les oscillations que Poiseuille avait constatées en enfermant une grosse artère dans son appareil à déplacement: à chaque impulsion du cœur, à chaque

1. François-Franck: *Études sur les changements de volume des organes.* Travaux du laboratoire, 1876.

2. Piégu, *C. R. Acad. sc.*, 1846, t. XXII, p. 682, et *Müller's Arch. für anat. Jahrgang.* 1847.

diastole artérielle, correspondait une élévation du niveau du liquide ; à chaque repos du cœur se produisait un abaissement en rapport avec l'évacuation du sang par les veines.

Ces oscillations *circulatoires* étaient combinées avec des excursions plus étendues, plus lentes, en rapport avec les mouvements *respiratoires*, et Piégu vit clairement que la dépression du niveau du liquide était à son maximum pendant l'inspiration, et l'élévation de ce même niveau à son maximum pendant l'expiration.

Le rapprochement de ces phénomènes et de ceux qui s'étaient offerts à Bourgougnon [1], dans ses expériences sur les mouvements du cerveau avec un tube *ouvert* vissé dans le crâne d'un animal, ne pouvait échapper à Piégu. Cet auteur a même particulièrement insisté, dans un travail complémentaire plus récent [2], sur l'identité, admise par lui en 1846, des causes qui produisent des phénomènes identiques : ainsi, au lieu d'attribuer les mouvements du cerveau à des soulèvements de la masse encéphalique par la dilatation des artères de la base, il les mit sur le compte de l'expansion vasculaire générale produite dans l'organe par l'afflux du sang artériel; l'affaissement de la pulpe cérébrale fut de même attribué par lui au retrait des petits vaisseaux.

En 1850 parut le travail de Chelius [3] dans lequel l'auteur annonçait qu'il avait vu les mouvements du pouls traduits par les oscillations d'une petite colonne d'eau dans un tube vertical qui surmontait un cylindre contenant l'extrémité d'un membre. Mais Chelius n'insista pas sur l'importance de cette méthode et ses recherches restèrent ignorées. Nous savons que Piégu avait déjà étudié les mêmes mouvements avec le même appareil; mais sa priorité n'atténue en rien le mérite de Chelius, car celui-ci ne connaissait évidemment point les recherches de notre compatriote, pas plus que les auteurs qui sont venus ensuite n'eurent connaissance des siennes.

Un perfectionnement important fut introduit par Chelius dans cette expérience : il suspendit librement son appareil, et amoindrit ainsi l'influence des mouvements musculaires du membre et les effets des oscillations du corps sur les variations du niveau de la colonne liquide.

1. Bourgougnon, *Th. Paris*, 1839. — 2. Piégu, *Arch. phys.*, 1872.

3. Chelius, *Beitrage zur Vervolstandigung der Physikalischen Diagnostik.* — *Vierteljahrschrifft für die praktische Heilkunde, herausgegeben der Med. Facultat in Prag.* VII *Jahrgang*, 1850, XXII B., S. 103.

Mosso, ignorant ce détail des expériences de Chelius, eut la même idée, et appliqua très-heureusement à son *Plétysmographe* un procédé de suspension analogue.

Jusqu'ici on s'était contenté de suivre du regard les déplacements du liquide dans le tube ouvert à l'air libre, et, avec cette méthode d'exploration, on ne pouvait voir que ce qu'on a vu, c'est-à-dire que le niveau exécutait une grande ascension pendant l'expiration, une grande descente pendant l'inspiration, et que ces excursions respiratoires très-amples se produisaient par petites saccades isochrones avec les battements du cœur (Piégu). Mais la fixation de ces mouvements sur le papier ne pouvait manquer d'être bientôt tentée, car l'emploi des instruments enregistreurs, inauguré par Ludwig en 1847, commençait à prendre dans les recherches physiologiques le rang qu'il méritait.

Fick[1], quelques années après Chelius, entreprit d'inscrire avec le kymographion les mouvements alternatifs de dilatation et de resserrement présentés par la main enfermée dans un appareil analogue à ceux qui ont déjà été indiqués. Les déplacements du liquide étaient transmis à un manomètre à mercure en U : le flotteur de la longue branche inscrivait sur une bande de papier les grandes oscillations respiratoires et les petites oscillations cardiaques du membre en expérience.

L'appareil de Fick offre déjà ce grand avantage que les changements de volume rapides du membre sont en totalité transmis au manomètre. La membrane de caoutchouc qui laisse passer l'avant-bras est, en effet, rendue fixe par l'addition d'une épaisse couche d'argile consolidée elle-même à l'aide d'une plaque métallique : il résulte de cette suppression des mouvements de l'obturateur que les moindres variations du volume de la main se traduisent par des oscillations correspondantes de la colonne manométrique.

Mais une autre objection plus grave semble devoir être faite à ce mode d'inscription : *la vitesse acquise du liquide déforme les indications*. Le tube du manomètre, cylindrique, forcément étroit, renferme une longue colonne liquide qui, projetée au moment de l'afflux du sang dans le membre, dépasse le point auquel elle devait s'arrêter, et *vice versa*.

Fick s'est préoccupé spécialement d'étudier les variations ra-

1. A. Fick, *Untersuch. a. d. Zürcher physiol. Laborat.*, I, p. 1.

pides du volume de la main en rapport avec les mouvements du cœur et les variations plus lentes déterminées par le double mouvement respiratoire. Mosso, dans ses recherches sur les changements de volume des organes, remontant à 1874[1], a poursuivi un tout autre problème : il a voulu surtout inscrire les mouvements des vaisseaux, indépendamment des oscillations rhythmiques dues à la double influence cardiaque et respiratoire. Ce sont donc spécialement les changements absolus de volume qu'il s'est attaché à déterminer. Pour cet ordre de recherches, son appareil à déversement est excellent et d'une précision indiscutable ; la description en a été donnée par l'auteur dans un mémoire important[2]. Je n'en rappellerai donc ici que les points principaux.

Dans un manchon de verre horizontalement placé sur une tablette librement suspendue, on introduit le membre supérieur jusqu'au-dessus du coude. Une forte membrane de caoutchouc ferme en haut l'appareil et s'oppose à l'écoulement de l'eau dont il est rempli. De l'autre extrémité du cylindre sort un tube horizontal qui se coude ensuite à angle droit et plonge dans une éprouvette. Cette éprouvette se trouve équilibrée par une petite masse à laquelle elle est reliée par l'intermédiaire d'une poulie.

L'éprouvette, plongeant dans de l'eau alcoolisée, va s'enfoncer chaque fois que le volume du membre immergé dans le cylindre viendra à augmenter ; elle émergera au contraire quand le volume du membre diminuera, et ce double mouvement d'abaissement et d'élévation de l'éprouvette commandera à son tour l'ascension ou la descente d'un contre-poids qui lui fait équilibre.

Mosso a adapté à ce contre-poids mobile dans le sens vertical une plume qui trace sur un cylindre tournant ou sur la bande du kymographion de Ludwig. *Toute augmentation du volume du bras* (*c'est-à-dire toute dilatation vasculaire*) *s'accompagnera d'une ascension de la courbe ; toute diminution de volume* (*resserrement vasculaire*) *faisant remonter l'éprouvette, fera d'autant redescendre la plume écrivante.*

1. A. Mosso, *Von einige neuen Eigenschaften der Gefässwand.* Leipzig, 1874.
2. A. Mosso, *Movimenti dei vasi sanguigni nell' uomo. Acad. Scient. di Torino.* 1875.

Le but principal poursuivi par Mosso est d'étudier les effets des mouvements propres des vaisseaux se produisant indépendamment des variations que leur imprime l'action rhythmée du cœur, et sous l'influence des propriétés inhérentes à leur tissu.

On sait que Buisson avait enregistré les battements du cœur en appliquant sur la région de la pointe la circonférence d'un entonnoir rempli d'air et communiquant, par un tube de caoutchouc également plein d'air, avec un second entonnoir semblable. Sur la membrane de celui-ci reposait un levier inscripteur. « Si l'on remplace, dit-il, l'entonnoir explorateur par un bocal rempli d'eau dans lequel on plonge la main, on peut transmettre à distance, au moyen d'un tube vertical, les oscillations de l'eau du bocal. » Voilà ce qu'on savait lorsque François-Franck entreprit ses expériences. Buisson avait rendu inscripteur l'appareil à l'aide duquel Piégu avait constaté le premier les doubles mouvements d'expansion et de resserrement des membres.

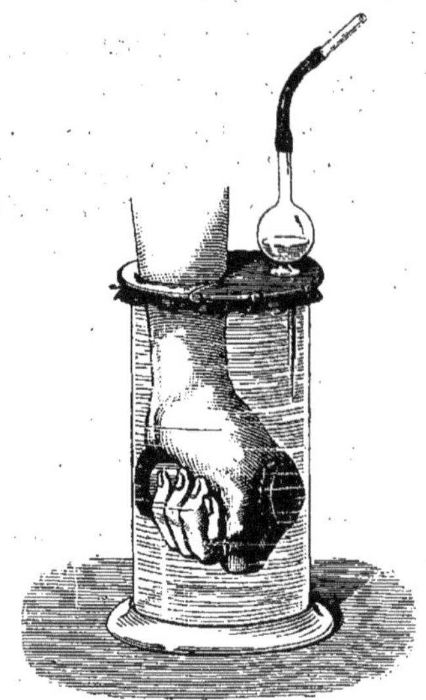

Fig. 327. Appareil inscripteur des changements de volume de la main.

L'appareil de Buisson était fort imparfait, celui de François-Franck reçut quelques perfectionnements : ainsi un opercule métallique rabattu sur la membrane que traverse l'avant-bras s'oppose aux mouvements de cette membrane qui eussent absorbé presque entièrement les effets des changements du volume de la main. D'autre part, comme le tube où l'eau exécute ses changements de niveau pouvait amener une déformation des tracés s'il s'y faisait des oscillations trop rapides, on évite ce danger en mettant sur le trajet du tube un renflement dans lequel se font les oscillations du liquide. En outre, une poignée que le patient tient à la main l'immobilise à peu près parfaitement dans l'appareil. Enfin, celui-ci étant suspendu à un lien de caoutchouc, n'a pas le point d'appui nécessaire pour que la main se déplace par rapport au vase qui la contient lorsqu'il se produit quelque mouvement involontaire.

La main introduite dans l'appareil imprime au liquide des oscillations dont la forme est identique à celle du pouls, et qui, de même que le pouls, retardent sur l'instant où se produit la pulsation cardiaque.

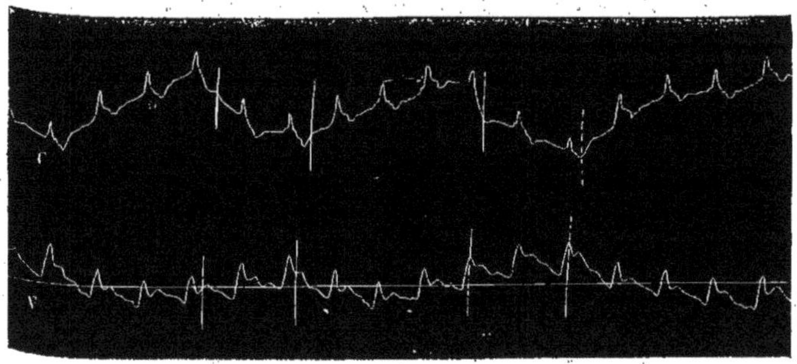

Fig. 328. C, pulsations du cœur; V, changements de volume de la main des repères montrant les coïncidences dans les deux tracés.

La figure 328 représente le tracé du cœur et celui des changements de volume de la main recueillis simultanément.

Expériences sur les changements de volume de la main. Influences d'ordre mécanique.

Effets de la compression artérielle. — La main et l'avant-bras étant plongés dans l'appareil à déplacement, le tracé des changements de volume de ces régions s'inscrit sur une ligne sensiblement horizontale.

A un certain moment de l'expérience, on comprime sans secousse, avec le bout du doigt de la main restée libre, l'artère humérale au pli du coude.

Quand l'effacement de l'artère est complet, la voie d'afflux principal étant interrompue, le sang n'arrive plus que par des voies collatérales étroites, et la partie du membre immergé se vide, par les veines restées libres, du sang qu'elle contenait. Aussi voit-on, à partir du point C (fig. 329), les pulsations disparaître de la ligne du tracé, et cette ligne s'abaisser graduellement jusqu'à un niveau qui représente la diminution de volume maximum : ce niveau

Fig. 329. Diminution du volume de la main à la suite de l'application (de F en F') d'un morceau de glace sur la peau de la région antéro-interne du pli du coude.

reste à peu près constant jusqu'à ce qu'on cesse en C' la compression de l'humérale.

Compression veineuse. — L'appareil étant disposé comme il a été dit précédemment, les oscillations alternatives de la colonne liquide mettent en mouvement le levier inscripteur, et l'on recueille, au début de la ligne, quelques pulsations dont le niveau servira plus tard de terme de comparaison.

Au point C de chacun des deux tracés de la figure 329 on serre progressivement un lien placé au-dessus du pli du coude comme pour l'opération de la saignée.

La compression circulaire est assez énergique pour rendre impossible l'écoulement veineux, pas assez pour empêcher le sang d'affluer par les artères. Après avoir été maintenue le temps jugé nécessaire, la compression est brusquement suspendue, ou, au contraire, graduellement relâchée : ces deux cas sont représentés dans la figure 330.

Nous avons à examiner les modifications survenues dans la circulation de la région immergée : 1° *pendant la compression;* 2° *après la compression.*

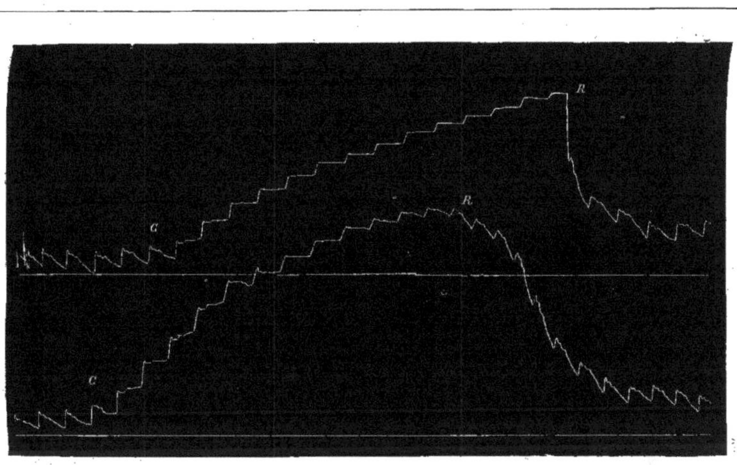

Fig. 330. Effets de la compression veineuse exercée avec un lien circulaire au-dessus du pli du coude à partir du point C. On desserre en R : graduellement (tracé inférieur) brusquement (tracé supérieur).

1° Pendant que la compression se produit par la constriction graduelle du lien circulaire, les veines émettent une quantité de sang de plus en plus faible, jusqu'à ce que le retour du sang soit complétement entravé. A mesure que s'opère cette compression, on voit le volume de la main augmenter par saccades correspondant aux afflux artériels. Chacune de ces augmentations successives, du volume de la main, devient de moins en moins importante. Cela tient à ce que le sang qui arrive par l'artère, trouvant dans le membre une pression toujours croissante, y pénètre de moins en moins abondamment.

Les premières pulsations ont une plus grande amplitude qu'à l'état normal, parce que l'afflux n'est pas compensé par l'écoulement, et, si plus tard nous voyons diminuer l'amplitude des variations de cause cardiaque, c'est parce que la pénétration du sang dans le membre se réduit de plus en plus.

Les pulsations du début présentent en outre un dicrotisme très-prononcé, preuve assurée que le liquide sanguin pénétrait alors avec une facilité suffisante pour que la colonne liquide progresse encore avec vitesse ; mais peu à peu cette vitesse diminue, et son extinction graduelle est en rapport avec l'augmentation croissante de la pression par suite de l'obstacle veineux.

Phénomènes vasculaires déterminés par l'influence des nerfs.

A côté des phénomènes purement mécaniques que nous venons d'étudier, vient se placer toute une série de modifications vasculaires produites par la mise en jeu des *influences nerveuses*.

Le plus frappant des effets provoqués par l'action de ces nerfs vasculaires, celui que la disposition annulaire des muscles des vaisseaux permet facilement de saisir, c'est le resserrement des parois vasculaires et, à sa suite, la diminution de la quantité de sang admise dans les vaisseaux, l'abaissement de la température, la *diminution de volume*.

C'est donc par l'étude de la diminution de volume due au resserrement vasculaire que l'on constate le mieux l'influence des nerfs vaso-moteurs provoquée directement ou par voie réflexe.

Le *froid* et l'*excitation électrique* sont les deux agents dont on a fait usage pour mettre en jeu l'influence vasculaire, et l'action du froid paraissant plus simple, c'est d'elle qu'on parlera tout d'abord.

On appliqua sur la peau de la région antérieure et interne du pli du coude un large morceau de glace, pendant que la partie inférieure de l'avant-bras et la main étaient plongées dans l'appareil, et que le tracé s'inscrivait.

La figure 331 montre qu'à partir du moment de l'application de la glace qui a duré du point F au point F', il s'est écoulé un certain temps (4 secondes) avant que le volume des régions immergées ait commencé à diminuer. On voit alors baisser notablement le niveau des variations de volume. La ligne générale tombe assez bas pendant une quinzaine de secondes, puis remonte graduellement, mais elle n'atteint point pourtant son niveau primitif indiqué par la ligne de repère horizontale.

Ce n'est qu'après quelques instants que les vaisseaux se resserrent; ils restent ainsi resserrés pendant plusieurs secondes, puis se relâchent peu à peu.

Or c'est la marche habituelle des phénomènes de mouvements déterminés par l'excitation portée sur les nerfs : *un temps perdu, une période d'augment, une période de déclin ou de relâchement*[1].

La même action a été provoquée par l'excitation de la peau au moyen des *courants induits*.

Le tracé représenté figure 332 est l'un des nombreux types recueillis dans ces recherches.

On voit que les variations normales du volume de la main s'inscrivent, avant et pendant l'excitation, sur la même ligne et

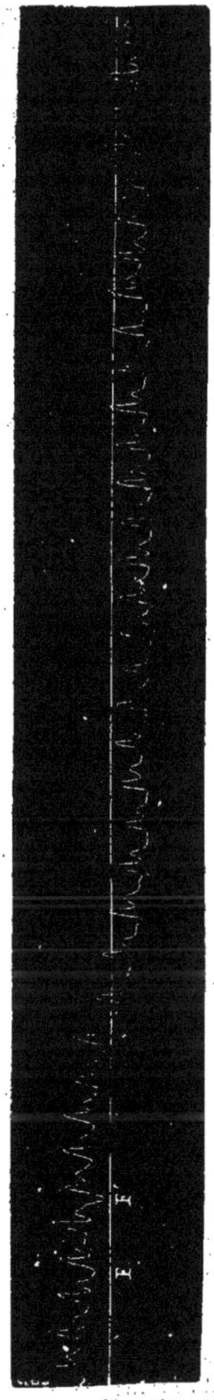

Fig. 331. Diminution du volume de la main et suppression des pulsations par la compression de l'artère humérale au pli du coude (en C). — Décompression en C'.

1. L'influence du froid sur le calibre des vaisseaux peut, du reste, se démontrer chez

que leur niveau ne commence à s'abaisser qu'un certain temps

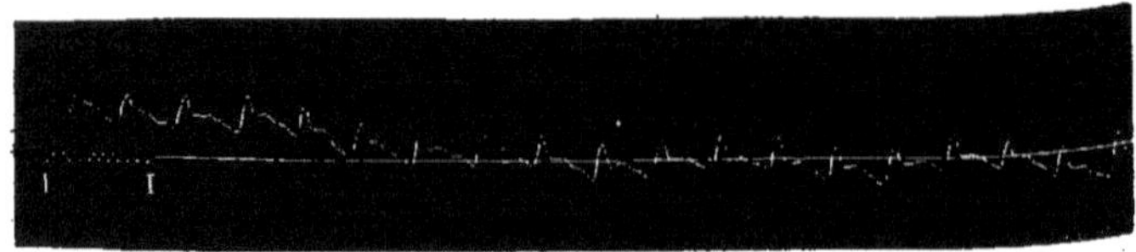

Fig. 332. Variations du volume de la main.
On voit la ligne de niveau de ces variations s'abaisser progressivement après l'excitation induite de la peau, faite de 1 en 1.

après que l'excitation produite par les courants induits a cessé.

Conclusions des expériences sur les changements de volume des organes.

Nous empruntons à François-Franck les conclusions de son travail sur le changement de volume des organes.

1. Les doubles mouvements de la main, affectant avec la fonction cardiaque les mêmes rapports que le pouls d'une seule artère, doivent être considérés comme l'expression directe des *variations totalisées du volume* des petits vaisseaux.

2. L'expansion vasculaire de la main retarde sur la systole cardiaque de la même quantité que le pouls radial. Ce retard augmente ou diminue suivant que l'évacuation du cœur gauche est lente ou rapide.

3. Chaque variation du volume de la main présente un dicrotisme simple ou double, identique à celui du pouls artériel, et reconnaissant la même cause.

4. Le volume des organes explorés diminue sous l'influence de *causes mécaniques* variées (compressions artérielles, aspiration du sang vers d'autres organes, ventouse Junod.

5. Ce volume augmente au contraire quand on provoque mécaniquement l'accumulation du sang dans l'organe : par la compression des veines de la main, par exemple.

6. Des *influences nerveuses*, directes ou réflexes, modifient le volume des organes en modifiant le calibre de leurs vaisseaux.

l'homme de plusieurs autres manières. Par exemple, pendant qu'on inscrit le pouls de l'artère radiale avec le sphygmographe à transmission, on peut déterminer le resserrement de l'artère en appliquant sur son trajet un petit morceau de glace.

Le refroidissement de l'eau dans laquelle la main est immergée détermine un resserrement vasculaire et une diminution de volume.

L'application *passagère* du froid sur la peau du bras détermine une diminution de volume dans la main correspondante, par le resserrement des petits vaisseaux dû à un *acte réflexe des nerfs sensibles sur les nerfs vasculaires.*

La réalité de ce *réflexe* se démontre par l'exploration du volume d'une main quand on impressionne la main opposée par le simple contact d'un corps froid :

L'expérience démontre en effet qu'il ne s'agit point, dans ce phénomène, d'un refroidissement du sang, ni d'une modification apportée au jeu du cœur ; le temps qui s'écoule entre l'instant de l'impression et l'apparition du resserrement des muscles vasculaires (temps perdu des muscles lisses) augmente avec la fatigue de ces muscles.

7. Les *mouvements respiratoires* modifient le volume des organes dans le même sens que la pression artérielle : dans les respirations ordinaires, larges et faciles, le volume de la main augmente pendant l'expiration, diminue pendant l'inspiration. Mais les rapports des courbes de variations du volume avec les courbes respiratoires peuvent varier suivant le type de la respiration (thoracique, abdominale, etc.).

8. L'effort, par la compression intra-thoracique et intra-abdominale, chasse du sang artériel vers la périphérie, et facilite l'évacuation du cœur.

Des changements de volume du cœur aux différents instants de sa révolution.

Les expériences que nous avons décrites page 384 se rattachent naturellement aux précédentes. Il s'agissait en effet de mesurer les changements de volume que le cœur éprouve suivant qu'il reçoit ou émet du sang. La circulation artificielle se prête fort bien à ce genre de recherches qu'on prolonge à son gré en renouvelant le sang qui circule au travers de l'organe.

Dans la disposition primitive que j'avais adoptée, le cœur était à nu dans un flacon plein d'air, et c'est par la condensation et la dilatation alternatives de cet air que le cœur actionnait un levier inscripteur et donnait la courbe de ses changements de volume. Or c'est une très-mauvaise condition pour mesurer des changements de volume d'un organe que de le placer dans de l'air; celui-ci, en effet, absorbe par son élasticité une grande partie de la variation. François-Franck a repris ces expériences dans des conditions meilleures, il a mis le cœur (fig. 333) dans un petit tube plein d'huile de lin; une branche ascendante renflée en boule permet aux mouvements de l'huile de s'effectuer suivant que les changements de volume du cœur la déplacent dans un sens ou dans l'autre. Plongé dans un milieu incompressible, recevant du sang par le tube V, l'émettant par le tube A, le cœur transmet en entier ses changements de volume au liquide et fait varier beaucoup le niveau dans la boule. Ce mouvement est à peine atténué par l'élasticité de l'air contenu dans le tube de transmission et le tambour à levier qui l'inscrit. La figure 334 est un spécimen des variations de volume qui s'inscrivent; D correspond au gonflement diastolique du cœur, c'est-à-dire à la réplétion; S est l'évacuation systolique de cet organe.

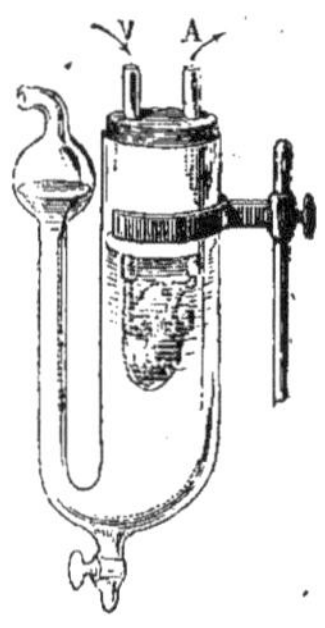

Fig. 333. Appareil à déplacement pour l'étude des changements de volume du cœur isolé. V, tube d'afflux. — A, tube d'écoulement artériel.

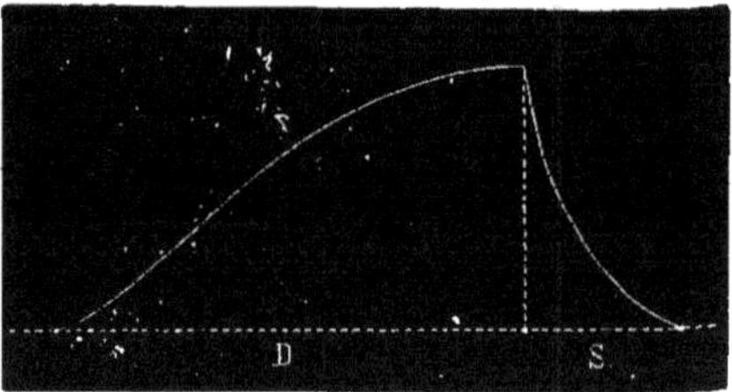

Fig. 334. Courbes obtenues avec l'appareil à déplacement : D, augmentation de volume pendant la diastole; S, diminution de volume pendant la systole.

L'ensemble de l'appareil est représenté dans la figure 335. Un réservoir élevé plein de sang défibriné se vide à la manière des vases de Mariotte et entretient un niveau constant dans un vase inférieur d'où le sang est conduit par un tube-veine dans l'intérieur du cœur. Le sang sort du cœur par un tube-artère, signale sa pression dans un sphygmoscope P qui l'envoie s'inscrire sur un cylindre tournant. De là le sang se déverse en D dans un tube en U dont une branche est fermée et communique avec un second tambour à levier; celui-ci inscrit les phases du débit du cœur.

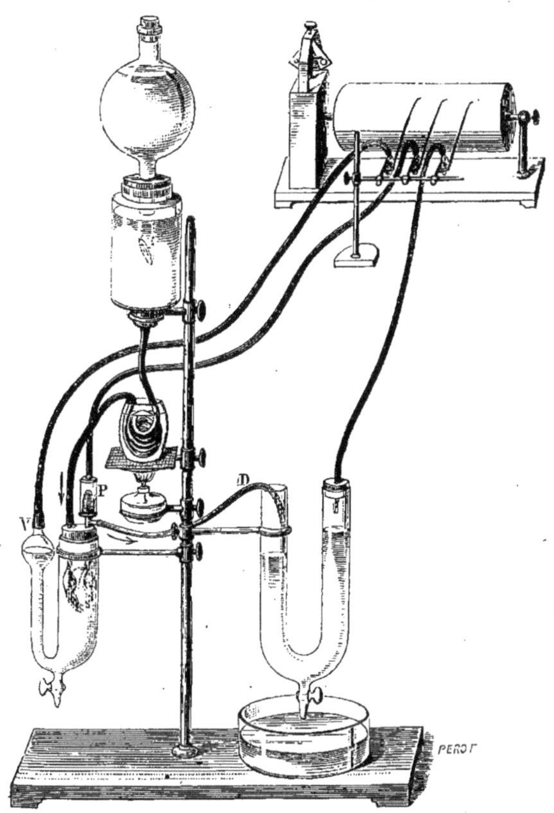

Fig. 335. Appareil à circulation artificielle pour le cœur de la tortue permettant d'étudier les changements de volume du cœur (V), les variations de la pression artérielle (P) et les débits (D) correspondants aux systoles. — (Les hauteurs des niveaux du sang dans le tube en V où se fait l'écoulement A doivent être interverties.)

Enfin, les changements de volume du cœur accusés par les oscillations de l'huile dans la boule V s'inscrivent, à côté des deux autres mouvements, au moyen d'un troisième tambour à levier.

Comme le tube-veine qui envoie le sang dans le cœur traverse un serpentin métallique plongé dans un vase plein d'eau, on peut chauffer ou refroidir le sang par l'intermédiaire de ce liquide et constater les changements qui se produisent sous les influences de la température, dans la fréquence des mouvements du cœur et dans le volume des ondées sanguines qu'il envoie dans les artères.

CHAPITRE X.

INSCRIPTION DE DIFFÉRENTES SORTES DE PHÉNOMÈNES.

Hémodromographe de Chauveau. — Loch manométrique. — Inscription des mouvements vibratoires; phonautographe de Scott; flammes manométriques de Kœnig fixées par la photographie; transmission des vibrations sonores par un fil métallique. — Inscription des changements de niveau des lacs; seiches du lac Léman. — Inscription de quantités de chaleur produites; moyen de traduire une production de chaleur par un écoulement de liquide.

Emploi de l'hémodromographe de Chauveau.

Nous avons très-sommairement décrit l'appareil de Chauveau et les tracés qu'il donne; il est indispensable de revenir sur l'explication de cet instrument. A la figure d'ensemble, nous joindrons une coupe (fig. 336) destinée à faire comprendre la position et le jeu de l'aiguille que dévie le cours du sang.

Dans la figure d'ensemble, page 235, c'est le tube T T qui est traversé par le sang de l'artère sur le trajet de laquelle on l'a placé. Un sphygmoscope S est branché sur ce tube; nous n'avons pas à nous en occuper.

Dans l'intérieur du tube T T, dont la figure 336 montre la coupe circulaire, le sang rencontre une palette *p* qui termine une longue aiguille L, située à l'intérieur d'un réservoir cylindrique; au bas du réservoir, l'aiguille traverse une membrane de caoutchouc *m* et s'échappe au dehors. Cette extrémité inférieure L, seule apparente dans la figure d'ensemble, se relie d'après les procédés ordinaires avec la membrane d'un tambour à air.

Or, tout mouvement imprimé par le sang à la palette *p* dans l'intérieur du tube est transmis au tambour à air, qui l'envoie par un tube à un tambour à levier.

Le point important dans la construction de cet instrument, c'est que l'aiguille reçoit presque tout l'effort du sang, d'une part, à cause de la surface assez large que présente la palette p qui la termine, par rapport au calibre du tube dans lequel elle est engagée; ensuite, parce que le tube T T ne laisse pas le courant sanguin se disperser dans les parties voisines, mais le reçoit tout entier; il est en effet en communication avec le réservoir inférieur par une fente étroite qui ne laisse guère passer que l'aiguille portant la palette.

L'utilité du réservoir inférieur est de permettre les libres mouvements de l'aiguille dans un sens ou dans l'autre, sous l'influence des mouvements du sang.

Certaines pièces accessoires doivent être décrites : ainsi, un tube latéral, muni d'un tuyau en caoutchouc B, que ferme une pince; ce tube est destiné à purger l'appareil des caillots qui tendent à s'y former.

En outre, les deux moitiés du réservoir tournent, l'une par rapport à l'autre, comme celles d'un étui, de sorte que dans un premier temps on introduit l'aiguille dans la pièce supérieure, de telle sorte que le plan de la palette soit tourné de manière à traverser la fente inférieure du tube T T; puis on fait faire un quart de tour aux deux pièces de l'instrument, et le plan de la palette prend la position perpendiculaire à l'axe du tube, qui est nécessaire à son fonctionnement.

Application de l'hémodromographe. — Ce n'est que sur les grands animaux que l'on peut appliquer cet instrument, car il faut qu'un courant abondant le traverse et fournisse assez de travail pour conduire l'aiguille inscrivante, malgré les résistances de frottement. On se trouve donc à peu près dans les mêmes conditions que pour les expériences de cardiographie qui, nécessitant l'introduction dans les vaisseaux de sondes volumineuses, exigent qu'on s'adresse à quelque animal de forte taille : cheval, bœuf, âne ou mulet.

Il s'agit d'introduire dans une artère un tube de métal de quatre ou cinq centimètres de longueur sur six millimètres de diamètre, et sans laisser pénétrer l'air dans les vaisseaux, de faire passer le sang à travers ce tube, afin que l'aiguille intérieure soit déviée par le courant sanguin. C'est ordinairement sur l'artère carotide qu'on fait l'application de l'hémodromographe.

L'artère mise à nu, isolée et incisée longitudinalement, reçoit le tube sur les deux extrémités duquel on la lie; puis, laissant couler du sang alternativement par le bout supérieur et par le bout inférieur de l'artère dans l'intérieur de l'appareil, on purge celui-ci par le tube B de l'air qu'il pourrait contenir et d'une partie de la liqueur alcaline dont on l'avait préalablement rempli.

A ce moment, l'appareil est prêt à fonctionner. Chauveau entreprend en ce moment de nouvelles recherches sur la vitesse et la pression du sang, étudiées comparativement dans les différentes artères et sous diverses influences qui tendent à modifier l'action du cœur ou des petits vaisseaux. J'ai déjà dit comment de précédentes expériences de ce physiologiste ont confirmé les vues théoriques que j'avais émises sur la manière dont varient, l'un par rapport à l'autre, les deux éléments, pression et vitesse du sang : les deux variations étant de même signe quand il se fait un changement dans la force avec laquelle le sang arrive dans le vaisseau, tandis qu'elles sont de signes contraires quand la variation tient à un changement dans la résistance que le sang éprouve, en aval de l'appareil, dans les artérioles et les capillaires.

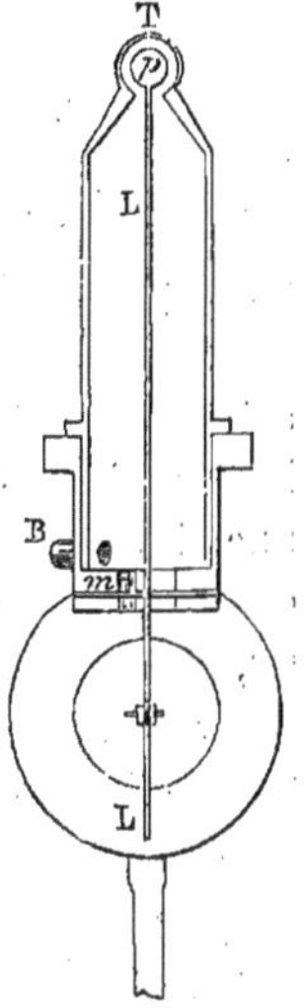

Fig. 336. Coupe de l'hémodromographe de Chauveau.

On a vu, dans le même chapitre, page 238, la description d'un hémodromographe que j'ai construit sur un autre principe : celui des tubes manométriques de Pitot. Cet instrument m'avait donné d'excellents résultats dans des expériences faites sur le mouvement de liquides dans des tubes; mais quand on l'applique aux artères, la coagulation du sang l'empêche bien vite de fonctionner.

J'ai trouvé dans l'emploi de cet appareil la solution d'un problème qui peut avoir son importance. Ce problème est en quelque sorte la réciproque de celui dont on vient de parler : c'est la détermination de la vitesse avec laquelle un mouvement se fait au sein d'un fluide.

La pression qu'un liquide en mouvement exerce contre une surface immobile est la même que celle qu'un liquide immobile exercerait contre une surface en mouvement animée de pareille vitesse. En vertu de ce principe, j'ai construit un loch dont les indications résultent des pressions que le liquide exécute sur des tubes manométriques entraînés par la marche du navire. Voici la description de cet instrument :

Loch manométrique.

Lorsque Pitot imagina de mesurer la vitesse d'un courant d'eau, à l'aide du tube qui porte aujourd'hui son nom, il comprit que le problème était réversible et que le même appareil pouvait exprimer la vitesse avec laquelle on le transporte dans un liquide immobile. Pitot indiqua donc expressément que son appareil peut servir à mesurer le sillage d'un navire.

Darcy, en modifiant le tube de Pitot, montra que sous sa forme primitive, cet instrument ne pouvait être pratiquement employé; il lui donna la disposition qui est généralement acceptée aujourd'hui par les ingénieurs hydrauliciens.

Deux tubes verticaux parallèles sont coudés à angle droit à leur extrémité inférieure, et ces branches coudées s'ouvrent en sens inverse l'une de l'autre. Quand on plonge ces deux tubes dans une rivière, de façon que l'un d'eux présente son ouverture au courant de l'eau, l'autre s'ouvre par conséquent en sens opposé. Or, dans le premier tube, le niveau s'élève au-dessus de celui de la rivière et cela d'autant plus que le courant est plus rapide. Le niveau de l'autre tube se tient au-dessous de celui de la rivière, d'une quantité égale à celle dont le premier s'est élevé. Cette disposition est celle que Pitot avait imaginée; elle est fort peu pratique, car le changement de niveau qui se produit dans les deux tubes se passe très-près de la surface de la rivière et exigerait pour être apprécié que l'œil de l'observateur fût placé à fleur d'eau. Darcy imagina de déplacer le lieu où se produit cette dénivellation et de l'amener, sous l'œil de l'observateur, à une hauteur commode. Pour cela, il réunit, par en haut, les branches verticales des deux tubes en un tube unique en forme d'Y renversé et par cette branche unique exerce une aspiration sur les deux tubes de Pitot à la fois. L'eau s'élève dans ces deux colonnes jusqu'à la hauteur que l'on juge commode, et en s'élevant, les niveaux conservent la différence qu'ils présentaient sous l'influence de la vitesse de la rivière.

Sous cette forme, l'instrument de Darcy pourrait servir à mesurer la vitesse d'un bateau, si les tubes traversant la coque plongeaient dans l'eau leurs extrémités coudées, pendant qu'à l'intérieur un observateur mesurerait, à chaque instant, les différences de leurs niveaux. Mais il faudrait supposer ce bateau dans des conditions à peu près irréalisables, glissant sans roulis ni tangage sur une eau dont aucune vague ne viendrait rider la surface. La moindre oscillation du bateau, se transmettant à l'instrument, imprimerait aux colonnes liquides une agitation qui rendrait la lecture impossible ; ces oscillations auraient des périodes différentes pour les deux colonnes, dont la longueur n'est pas égale ; enfin les vagues, faisant sans cesse varier la pression de l'eau sur les tubes immergés, en tiendraient les niveaux dans une agitation continuelle.

Le loch dont je propose l'emploi est en quelque sorte un appareil de Darcy, dépourvu d'oscillations et soustrait aux influences perturbatrices dont il vient d'être parlé ; il n'accuse en effet, que la différence des pressions qui existent dans les deux tubes de Pitot immergés.

Deux capsules semblables à celles des baromètres anéroïdes, remplies d'air, sont montées sur un même cadre métallique, parallèlement l'une à l'autre. Leurs faces qui se regardent sont réunies par une pièce de cuivre dentée en crémaillère à son bord supérieur, tandis que le bord inférieur est plat et court sur un galet. La crémaillère actionne un pignon dont l'axe porte une aiguille qui tourne sur un cadran divisé.

Si l'on fait arriver une pression quelconque dans l'une des capsules manométriques, celle-ci se gonflera et poussera la crémaillère contre la capsule opposée; dans son transport latéral, la crémaillère fera tourner le pignon et par suite l'aiguille, qui marquera un certain nombre de degrés. Mais si l'on envoyait dans ces capsules deux pressions semblables, ces efforts égaux et contraires se neutraliseraient parfaitement, la crémaillère ne bougerait pas, l'aiguille resterait fixe sur le cadran. Cet instrument ne signale que des différences de pression entre les deux capsules ; suivant le sens de la marche de son aiguille et le nombre de degrés parcourus, il indique le sens et la valeur de cette différence de pression.

Il s'agit d'envoyer dans ces capsules manométriques les pressions inégales que la vitesse d'un bateau crée dans deux tubes de Pitot immergés.

Le procédé de Darcy, c'est-à-dire l'aspiration, sert à faire arriver l'eau dans les deux capsules manométriques du loch. A cet effet, la partie supérieure de ces capsules porte un tube de caoutchouc de petit calibre, mais à parois épaisses, capable de résister à la pression atmosphérique, mais assez flexible pour ne pas gêner les mouvements de l'appareil. Ces tubes, réunis en T, servent à faire l'aspiration jusqu'à ce que l'appareil soit purgé d'air et rempli d'eau. On les ferme alors et l'instrument est prêt à fonctionner.

Placé sur une table dans un bateau, cet instrument se montre indifférent aux influences perturbatrices qui feraient osciller l'appareil de Darcy. On peut enfoncer les tubes de Pitot à différentes profondeurs, leur imprimer de brusques mouvements verticaux de plongement sans que la position de l'aiguille varie. Au contraire, tout changement dans la vitesse s'accuse par une indication que l'on peut rendre aussi grande qu'on le désire en sensibilisant l'instrument. J'ai d'abord expérimenté cet appareil sur un lac et sur la Seine, où j'obtenais, bien entendu, suivant le sens de la marche du bateau, des indications très-différentes, car un loch ne peut fournir que l'expression de la vitesse relative du bateau par rapport à l'eau; j'ai eu depuis l'occasion d'expérimenter en mer et dans les bassins du Havre où en mesurant des bases le long de la rive on pouvait contrôler les indications du loch; ces dernières expériences ont donné des résultats très-satisfaisants, et l'on peut espérer que les indications du loch seront parfaites quand on adaptera plus solidement aux flancs du bateau les tubes de Pitot qui plongent dans l'eau.

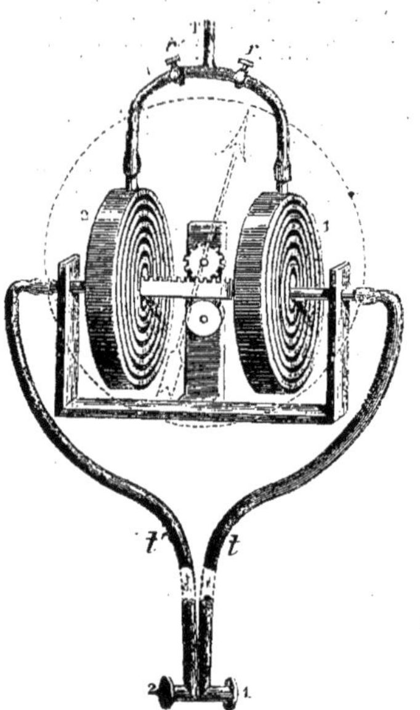

Fig. 337. Loch manométrique.

Le loch à cadran peut être transformé en appareil inscripteur qui fournirait la courbe des variations de la vitesse, et si, au moyen d'une disposition probablement facile à réaliser, on rendait les ordonnées de ces courbes proportionnelles aux vitesses, les aires, mesurées au planimètre, indiqueraient le chemin parcouru. Mais telle n'est pas, je pense, l'utilité que cet appareil présente. On a, paraît-il, d'autres lochs qui indiquent avec une précision suffisante le chemin parcouru, mais qui se prêtent difficilement à une mesure rapide de la vitesse actuelle. En effet, jeter le loch, compter le temps, estimer les tours d'hélices ou les nœuds qu'on a filés, cela constitue une opération relativement longue, qu'on ne fait à bord que deux ou trois fois par jour, et qu'on ne saurait répéter à chaque instant pour contrôler les effets de telle ou telle manœuvre.

Imaginons au contraire que le commandant ait sous les yeux un cadran qui exprime la vitesse actuelle, il réglera aisément ses manœuvres d'après les effets mêmes qu'elles produisent sur la marche. Un voilier saura ce qu'il gagne ou ce qu'il perd en vitesse, suivant la quantité de toile qu'il déploie ou qu'il cargue. Dans les évolutions d'escadres, chaque navire pourra régler sa vitesse comme il le doit, d'après le rang qu'il occupe. Enfin, au moment de l'entrée au port ou de la sortie, un capitaine pourra contrôler sa vitesse et s'assurer qu'elle n'excède pas le degré que la prudence recommande. Qu'on me pardonne ces appréciations sur la valeur d'un instrument qui n'a pas encore fait ses preuves; elles ne m'appartiennent pas : ce sont celles de plusieurs commandants de vaisseaux, auxquels j'ai demandé si un indicateur continu de la vitesse pourrait rendre des services, et qui m'ont dit qu'un pareil instrument serait fort utile pour la rapidité et la sécurité de la navigation.

Inscription des mouvements vibratoires.

Nous avons déjà cité de nombreux exemples de ce genre d'inscription, l'un des premiers qui aient été réalisés, puisque Thomas Young inscrivit les vibrations d'une tige sur un cylindre tournant. Rien de plus varié que ces phénomènes vibratoires dont l'acoustique a poussé la connaissance à une si haute perfection. Sans entrer dans de grands détails sur les représentations graphiques des sons, nous décrirons certains procédés fort ingénieux dont l'emploi nous paraît devoir s'étendre beaucoup.

Inscription de vibrations transmises par un fil métallique; pro cédé de Cornu et Mercadier. — Ce mode de transmission qui s'applique à différentes sortes de vibrations, consiste à relier le corps vibrant à un fil de laiton qui, suspendu au plafond par des bandelettes de caoutchouc, se rend à un style inscripteur auquel les vibrations se communiquent. La suspension au moyen de bande-

Fig. 338. Transmission des vibrations d'un violon au moyen d'un fil de laiton à un style inscripteur; procédé de Cornu et Mercadier.

lettes de caoutchouc a pour but de permettre la libre propagation du mouvement d'une extrémité à l'autre du fil transmetteur. La manière dont ce fil se termine en se raccordant avec le style inscripteur mérite une description particulière. Cornu et Mercadier attachent beaucoup d'importance à ce que cette pièce terminale

Fig. 339. Accord d'octave inscrit par le procédé ci-dessus; un diapason chromographe sert à contrôler la tonalité.

n'ait pas de vibrations propres, et pensent atteindre ce résultat en lui donnant une forme irrégulière représentée dans la figure 338. Une espèce d'enclume à trois branches se prolonge par l'une d'elles avec le fil transmetteur, l'autre, flexible et mince, est immobilisée entre les mors d'un étau, la troisième porte le style qui frotte sur un cylindre enfumé.

Les auteurs de cet intéressant appareil m'ont rendu témoin de la transmission des vibrations d'un violon qui vont, à travers 7 ou 8 mètres de fil, s'inscrire sur le cylindre, et non-seulement on obtenait ainsi des vibrations de différentes tonalités, mais des vibrations composées, de véritables accords musicaux (fig. 339). Ce procédé ne m'a pas réussi pour transmettre les vibrations du larynx et pour les écrire, mais j'ai obtenu cette inscription à l'aide d'un interrupteur électro-magnétique actionné par les vibrations qui se produisent dans la voix parlée ou chantée (voyez p. 162).

Phonautographe de Scott.

Cet appareil se compose d'une sorte de cornet paraboloïde A, dans l'intérieur duquel les ondes sonores se concentrent en un foyer comme les ondes lumineuses au foyer d'un miroir concave. En ce point focal se trouve une membrane sur laquelle est fixée, en guise de style, une soie de sanglier. Les vibrations transmises

Fig. 340. Phonautographe de Scott construit par Kœnig.

par la membrane au style s'écrivent sur un cylindre tournant C. Grâce à la propriété remarquable qu'ont les membranes minces, de vibrer sous l'influence de sons de tonalités variées, le style traduit par des sinusoïdes plus ou moins serrées les différents tons qui impressionnent l'appareil. Kœnig a pu inscrire de cette façon une mélodie dont chaque son était exprimé, avec sa tonalité et sa durée; mais pour déchiffrer une telle inscription, il faut un temps énorme, car la tonalité de chaque son doit être déduite d'un comptage de vibrations.

Il y a loin de ce résultat à celui qu'espérait l'inventeur de cet appareil qui pensait enregistrer la parole d'un orateur. Mais au moment où nous écrivons ces lignes, peut-être le problème de l'inscription de la parole est-il réalisé dans des conditions merveilleuses, puisque le style traceur d'une sorte de phonautographe grave sur un cylindre tournant des dépressions qui, à un nouveau tour du cylindre, actionnent le style qui les avait produites et, faisant vibrer la membrane, restituent les sons de la voix elle-même[1].

Flammes manométriques de Kœnig.

R. Kœnig a utilisé la propriété qu'ont les membranes, de vibrer dans différentes tonalités, propriété sur laquelle était déjà fondée

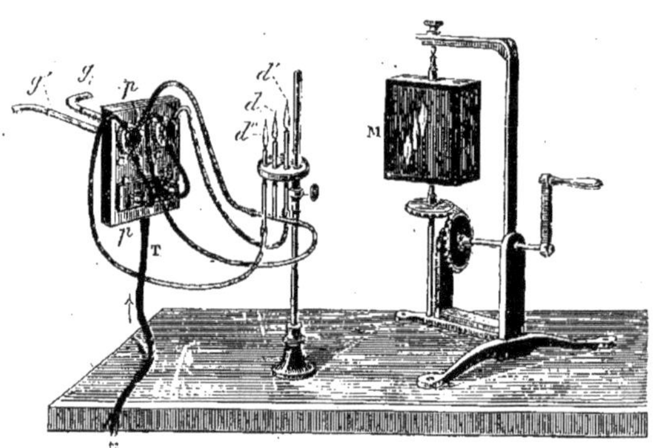

Fig. 341. Flammes manométriques de Kœnig.

la construction du phonautographe de Scott. Dans l'appareil de Kœnig (fig. 341), une caisse placée sur le trajet d'une conduite de gaz d'éclairage présente, à la place d'une de ses parois, une membrane extrêmement mince. Les vibrations sonores se transmettant

1. Telle semble être d'après les descriptions qui nous viennent d'Amérique, la fonction de l'admirable instrument nommé phonographe d'Édison.

à la membrane, compriment et raréfient tour à tour le gaz contenu dans la caisse et dans la conduite qui en émane; il en résulte une irrégularité du jet de gaz qui présente autant de saccades qu'il s'est produit de vibrations sonores. Si l'on se bornait à regarder la flamme vibrante, on n'apercevrait qu'un léger trouble qui se produit dans la lumière dont les contours sont plus vagues comme ceux d'un diapason qui vibre. Mais si l'on étale pour ainsi dire cette image en la recevant sur un miroir tournant, au lieu d'un ruban lumineux, d'une largeur constante, que donnerait une flamme ordinaire, on obtient une image dentelée, dont chaque dentelure correspond à une vibration sonore.

La figure 341 montre trois flammes manométriques; leurs images sont représentées figure 342. La moitié I correspond à des vibra-

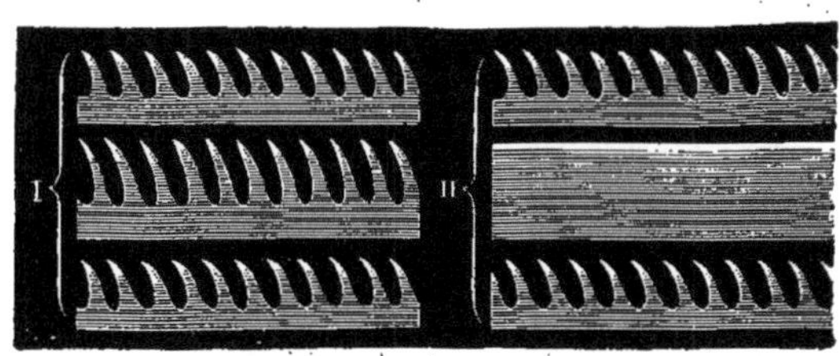

Fig. 342. Image des flammes manométriques reflétée par un miroir tournant.

tions de même nombre et de même période agissant sur les trois flammes; on juge aisément, d'après la superposition des dentelures de cette figure, que les vibrations sont partout concordantes. Mais dans la moitié II, les choses ont été disposées de façon que la flamme du milieu soit impressionnée par des ondes interférentes, c'est-à-dire, qu'à chaque instant, cette flamme est soumise à une onde dilatée et à une onde condensée. Les actions inverses qui se produisent alors se neutralisent et laissent la flamme com plétement immobile, ce qui se traduit par une bande centrale dépourvue de sinuosités.

Pour arriver à cette interférence, Kœnig fait parcourir au son qui se rend à la membrane deux chemins d'inégale longueur, de telle sorte que dans l'une des capsules, les vibrations soient en retard sur l'autre d'une demi-longueur d'onde. On constate, dans la partie II, cette alternancedes deux sortes de vibrations qui, dans les bandes supérieure et inférieure, se montrent sous forme de dentelures alternantes. Ces deux ordres de vibrations sont combinées dans la bande centrale où elles s'entre-détruisent.

La plus belle application qu'on ait faite de la méthode de Kœnig est l'analyse des différents timbres.

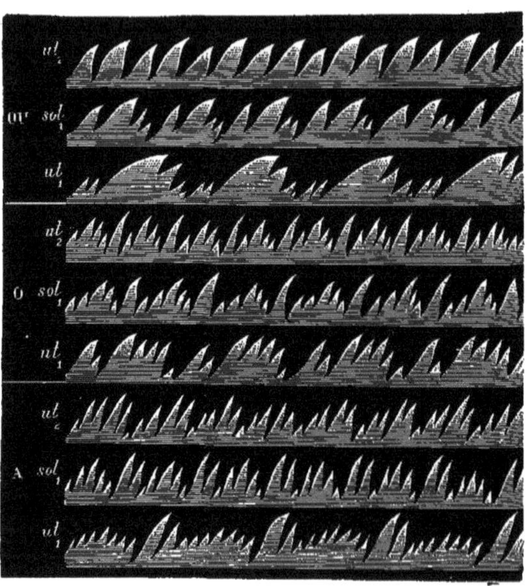

Fig. 343. Analyse du timbre des différentes voyelles par les flammes manométriques.

Helmholtz avait montré que ce qui caractérise chacune des voyelles, c'est le concours d'un certain nombre d'harmoniques qui se composent de diverses manières avec le son fondamental. Chacun de ces harmoniques a une intensité variable d'autant moindre qu'il est plus aigu. On conçoit, du reste, que les dentelures des flammes manométriques (fig. 343) varient d'importance suivant que les vibrations concordent ou interfèrent, ainsi qu'on l'a vu tout à l'heure.

Nous avons déjà vu que les images optiques obtenues dans de telles conditions, sont au fond identiques aux courbes fournies par la méthode graphique ; toute la différence tient à la fugacité de l'impression qui ne laisse à l'observateur qu'un instant pour en analyser les caractères. Il paraît que dès aujourd'hui cette différence est effacée

En employant le cyanogène, à la place du gaz d'éclairage, on a produit des flammes assez lumineuses pour qu'on en fixe l'image

Fig. 344. Photographie des flammes manométriques; rapport des vibrations 1 à 4.

photographique sur un écran sensibilisé animé d'une translation horizontale (fig. 344)[1].

Inscription photographique des vibrations des cordes.

On trouve dans l'ouvrage de Stein la curieuse expérience dont la figure schématique (fig. 345) donne l'explication. Trois cordes tendues sont accordées à des tonalités différentes; chacune d'elles

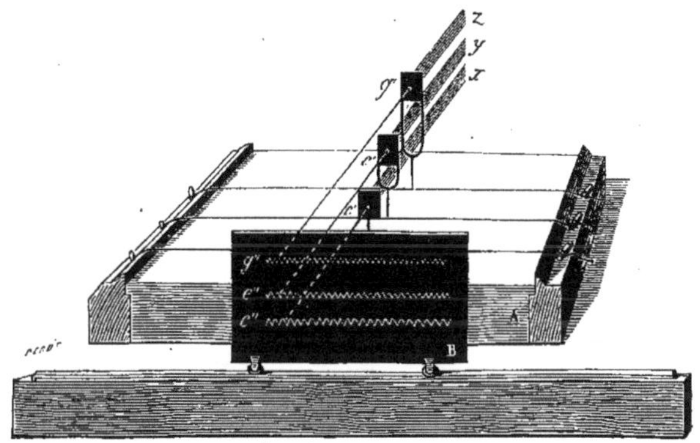

Fig. 345.

porte un petit écran noir, percé d'une ouverture, et trois faisceaux de lumière solaire, x, y, z, tombent sur chacun de ces écrans. La partie de chaque faisceau de lumière qui traverse l'ouverture de l'écran tombe sur une plaque collodionnée B, animée d'un mouve-

1. Cette figure est empruntée à l'ouvrage du Dr Stein, *Das Licht* in Dientse wissen schaftlicher Forschung. Leipzig, 1877.

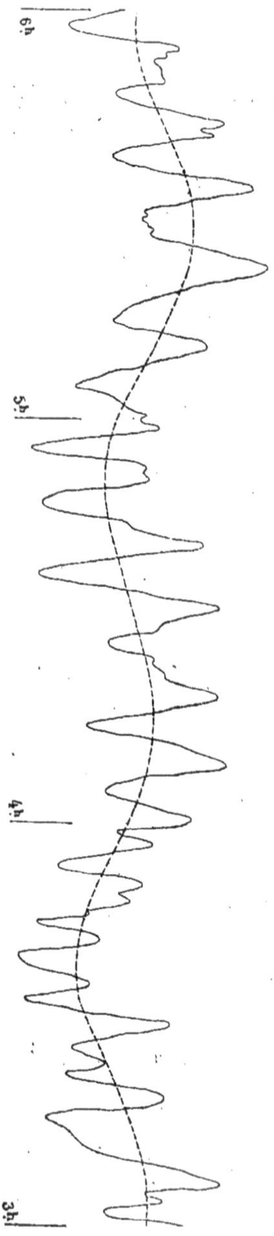

ment de translation, ce qui fournit les trois courbes correspondant aux vibrations des trois cordes. Un tel résultat prouve que la photographie est applicable à l'inscription de mouvements extrêmement rapides lorsqu'on dispose d'une source lumineuse suffisamment intense. Cette méthode sera donc susceptible d'un grand nombre d'applications.

Fig. 346. — Courbe des variations du niveau du lac Léman inscrites par Forel.

Inscription des changements de niveau des lacs et des mers.

Les changements de niveau des lacs et des mers ont été inscrits au moyen de *limnomètres*, appareils formés d'un flotteur qui actionne un style traceur. Ces recherches ont fourni des résultats intéressants au professeur Forel pour les variations du niveau du ac Léman. Il résulte des expériences faites à cet égard que le niveau du lac varie sans cesse sous l'influence de mouvements d'oscillation comparables au balancement de l'eau contenue dans un vase. De ces oscillations, les unes se font suivant le grand axe du lac; elles ont une période d'une heure environ, ainsi qu'on le voit sur la figure 346, où elles sont représentées par une ligne interrompue. Des oscillations transversales interfèrent avec les précédentes; la période en est beaucoup plus courte; on en compte environ six par heure. Différentes influences s'ajoutent aux précédentes pour changer les niveaux du lac : les vents des Alpes ou les brises périodiques agissent de cette façon.

On appelle seiches ces oscillations du niveau des lacs ; elles s'observent avec des degrés d'intensité divers dans les lacs de

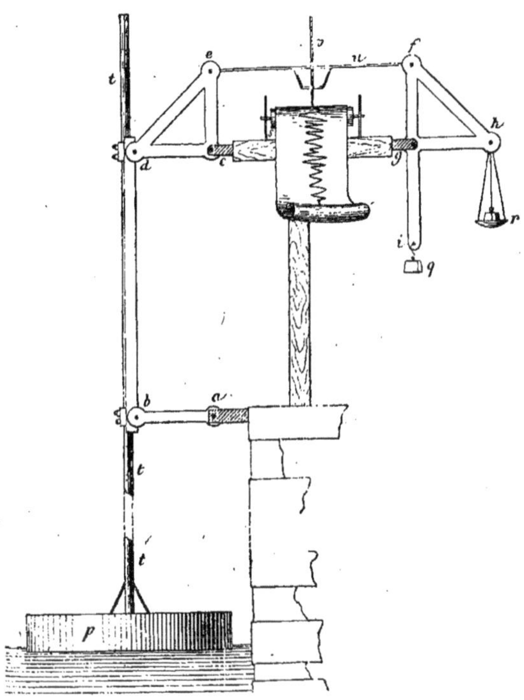

Fig. 347. Limnographe employé par le Dr Forel pour inscrire les seiches du lac de Genève.

Neuchâtel, de Brienz, de Thoun ; on les a signalées également dans la mer Baltique et dans le golfe de Botnie.

Inscription des quantités de chaleur sous forme d'écoulement de liquide.

L'appareil de Forel, comme tout flotteur à grande surface, est capable de développer une force considérable et de tracer fidèlement les variations du niveau d'un liquide sans qu'on ait à craindre que les résistances altèrent la forme du tracé, comme dans les expériences dont nous avons parlé précédemment (voyez p. 215). Aussi, quand on dispose d'un écoulement abondant de liquide, peut-on en apprécier les phases avec une grande précision. C'est ce qui arrive quand on inscrit le débit d'un de ces appareils imaginés par d'Arsonval et qui, recevant le liquide à une certaine température constante, le rejettent à une autre température également constante. Or, ce changement de température que l'eau a éprouvé à la sortie dépend de la production ou de l'absorption d'une cer-

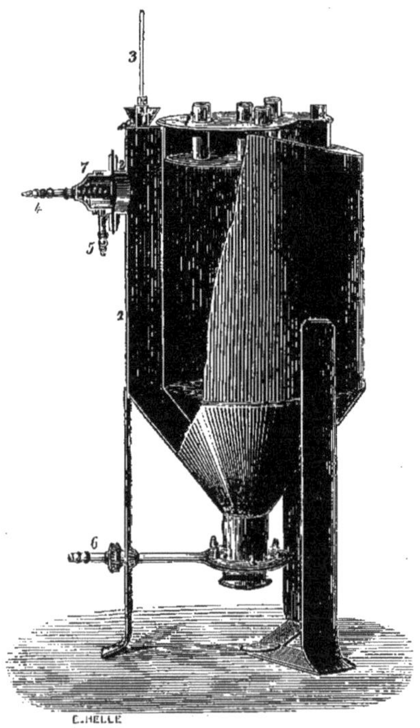

Fig. 348. Enceinte à température constante pour le calorimètre de d'Arsonval.

taine quantité de chaleur dans l'intérieur du calorimètre et sert à la mesurer.

L'appareil inscripteur des quantités de chaleur produites se compose d'éléments multiples : une enceinte à température constante, un calorimètre placé dans cette enceinte, enfin un régulateur de la température du calorimètre au moyen d'un écoulement de liquide. Nous allons décrire successivement ces différentes parties.

Nous représentons, figure 348, l'enceinte à température constante, imaginée par d'Arsonval, et au sein de laquelle se passeront les productions ou absorptions de chaleur qu'il s'agit de mesurer.

Cet appareil, qui constitue un perfectionnement des régulateurs de température imaginés par Bunsen et par Schlœsing, se compose de deux vases cylindro-coniques, concentriques, limitant deux cavités : l'une centrale qui est l'enceinte qu'on veut maintenir à température constante, l'autre annulaire que l'on remplit d'eau et qui constitue le matelas liquide soumis à l'action du foyer. Ce matelas d'eau distribue régulièrement la chaleur autour de l'enceinte et l'empêche de subir de brusques variations de température ; il mérite donc bien le nom de *volant de chaleur* que lui a donné Schlœsing. D'Arsonval a eu l'idée d'utiliser les variations de volume de cette masse énorme de liquide pour régler le passage du gaz allant au brûleur. C'est là ce qui constitue l'originalité de ses appareils en même temps que leur exquise sensibilité.

Pour cela, la paroi externe de l'étuve 1 porte une tubulure latérale 2 qui, communiquant avec l'espace annulaire, se trouve fermée à l'extérieur par une membrane verticale de caoutchouc : cette membrane constitue, une fois la douille du haut bouchée 3, la seule portion de la paroi qui puisse traduire à l'extérieur les variations de volume du matelas d'eau en les totalisant. Or, le gaz qui doit aller au brûleur est amené par un tube 4 qui débouche normalement au centre de cette membrane et à une faible distance de sa surface externe, dans l'intérieur d'une boîte métallique, d'où i ressort par un autre orifice 5 qui le conduit au brûleur 6. Tube et membrane constituent de la sorte un robinet très-sensible dont le degré d'ouverture est sous la dépendance des variations de volume du matelas d'eau, et qui ne laisse aller au brûleur que la quantité de gaz strictement nécessaire pour compenser les causes de refroidissement.

Dans cette combinaison, le combustible chauffe *directement* le régulateur qui, à son tour, réagit *directement* sur le combustible.

La sensibilité du régulateur d'Arsonval est telle qu'on peut être sûr que la température de l'espace central ne varie pas de 1/50 de degré centigrade.

C'est dans l'intérieur de cette enceinte qu'on place le calorimètre dans lequel nous supposerons qu'il va se produire une certaine quantité de chaleur que nous aurons à mesurer.

Dans tout calorimètre, on empêche la déperdition de la chaleur au moyen de couches épaisses de substances isolantes, et quoique l'intérieur de l'appareil soit à une température bien différente de celle de l'air ambiant, on en rend la déperdition très-faible. Ce même enveloppement du calorimètre par des substances isolantes sera bien plus efficace encore si l'appareil est placé dans une enceinte dont la température soit fixe et très-voisine de celle du calorimètre lui-même. On peut donc admettre que s'il se produit dans l'appareil une petite quantité de chaleur, elle se conservera et ne tendra pas à s'échapper par l'extérieur.

Or cette chaleur, à mesure qu'elle se produira dans le calorimètre, en sera enlevée de la manière suivante :

Un serpentin métallique traverse le calorimètre; il reçoit de l'eau dont la température, constante et réglée elle-même, est d'un degré inférieur de celle du calorimètre; mais dès qu'elle se sera mise en équilibre avec la température de l'instrument, cette eau s'écoulera par une soupape qui s'ouvre comme celle d'un régulateur de température. Plus il se produira de chaleur dans l'appareil, plus il passera ainsi d'eau dans le serpentin afin d'enlever cette chaleur.

Or, comme l'eau qui s'écoule ainsi par le calorimètre en sort d'un degré plus chaude qu'elle n'y est entrée, chaque litre d'eau qui aura passé aura emporté une calorie. Plus il se sera produit de chaleur en un temps donné dans l'instrument, plus il aura passé d'eau à son intérieur, car c'est l'accroissement de la température autour du serpentin qui provoque le passage de l'eau.

Il suffira donc d'inscrire les phases de l'écoulement de l'eau dans un vase muni d'un flotteur pour recueillir la courbe de la production de chaleur dans l'appareil. L'inscription d'une production de chaleur se ramènera donc à celle d'un écoulement de liquide, problème dont on connaît déjà différentes solutions.

FIN.

TABLE DES FIGURES

CONTENUES DANS CE VOLUME.

Ces figures sont classées sous les titres suivants : *appareils, courbes, cartes, notations, tableaux, figures, photographies, schéma, tracés simples et multiples.*

Appareils.

Courbes.

Cartes, Notations, Tableaux, Figures.

Photographies.

Schéma.

Tracés simples.

Tracés simultanés.

Tracés successifs.

FIN DE LA TABLE DES FIGURES.

TABLE ALPHABÉTIQUE

DES MATIÈRES.

Q

R

S

T

V

FIN DE LA TABLE DES MATIÈRES.

TABLE DES CHAPITRES

PREMIÈRE PARTIE.

Représentation graphique des phénomènes.

CHAPITRE I.

EXPRESSION GRAPHIQUE DES GRANDEURS ET DE LEURS RELATIONS.

CHAPITRE II.

EXPRESSION GRAPHIQUE DES GRANDEURS DANS LESQUELLES LE TEMPS CONSTITUE L'UNE DES VARIABLES.

CHAPITRE III.

RELATIONS DANS LESQUELLES LE TEMPS N'EST PAS UNE DES VARIABLES CONSIDÉRÉES.

CHAPITRE IV.

L'ESPACE CONSIDÉRÉ SUIVANT DEUX DIMENSIONS SE COMBINE AVEC L'EXPRESSION GRAPHIQUE D'UNE AUTRE VARIABLE.

CHAPITRE V.

DES COURBES D'ÉGAL ÉLÉMENT.

DEUXIÈME PARTIE.

Appareils inscripteurs des mouvements.

CHAPITRE I.

INSCRIPTION DES CHANGEMENTS DE POSITION DES CORPS.

CHAPITRE II.

CHRONOGRAPHIE.

CHAPITRE III.

INSCRIPTION DES MOUVEMENTS.

CHAPITRE IV.

MOUVEMENT RECTILIGNE ALTERNATIF.

CHAPITRE V.

MOUVEMENTS DES LIQUIDES.

CHAPITRE VI.

INSCRIPTION DE LA VITESSE DES FLUIDES A L'INTÉRIEUR DES CONDUITS.

TROISIÈME PARTIE.

Inscription des forces et de leurs variations.

CHAPITRE I.

INSCRIPTION DES CHANGEMENTS DE POIDS.

CHAPITRE II.

INSCRIPTION DES CHANGEMENTS DE PRESSION EXPLORÉS A L'INTÉRIEUR DES ORGANES.

CHAPITRE III.

INSCRIPTION DES CHANGEMENTS DE PRESSION EXPLORÉS DE L'EXTÉRIEUR.

CHAPITRE IV.

INSCRIPTION DES EFFORTS DE TRACTION ET DU TRAVAIL MÉCANIQUE.

CHAPITRE V.

INSCRIPTION DES TEMPÉRATURES ET DES QUANTITÉS DE CHALEUR.

CHAPITRE VI.

INSCRIPTION DES PHÉNOMÈNES ÉLECTRIQUES.

QUATRIÈME PARTIE.

Inscriptions multiples.

CHAPITRE I.

INSCRIPTION SIMULTANÉE D'UN MÊME PHÉNOMÈNE QUI SE PRODUIT EN DES LIEUX DIVERS.

CHAPITRE II.

INSCRIPTION SIMULTANÉE DE PLUSIEURS PHÉNOMÈNES DIFFÉRENTS QUI SE PASSENT EN UN MÊME LIEU.

CHAPITRE III.

INSCRIPTION SIMULTANÉE D'ACTES DIVERS EXPLORÉS EN DIVERS LIEUX.

CHAPITRE IV.

EXPLORATIONS SUCCESSIVES D'UN MÊME PHÉNOMÈNE EN DIFFÉRENTS LIEUX.

CHAPITRE V.

EXPLORATIONS SUCCESSIVES DE DIFFÉRENTES PHASES D'UN PHÉNOMÈNE.

CHAPITRE VI.

MÉTHODE STROBOSCOPIQUE.

CINQUIÈME PARTIE.

Technique.

CHAPITRE I.

REPRÉSENTATION GRAPHIQUE DES PHÉNOMÈNES.

CHAPITRE II.

APPAREILS INSCRIPTEURS DES MOUVEMENTS.

CHAPITRE III.

CHRONOGRAPHIE.

CHAPITRE IV.

INSCRIPTION D'UN MOUVEMENT SIMPLE RECTILIGNE D'UN SEUL SENS OU DE SENS ALTERNATIFS.

CHAPITRE V.

MYOGRAPHIE.

CHAPITRE VI.

PNEUMOGRAPHIE.

CHAPITRE VII.

SPHYGMOGRAPHIE ET CARDIOGRAPHIE.

CHAPITRE VIII.

MESURES MANOMÉTRIQUES DE LA PRESSION.

CHAPITRE IX.

CHANGEMENTS DE VOLUME DES ORGANES.

CHAPITRE X.

INSCRIPTION DE DIFFÉRENTES SORTES DE PHÉNOMÈNES.

FIN DE LA TABLE DES CHAPITRES.

ERRATA.

Dans les premières parties de cet ouvrage certains renvois à la *partie technique* sont devenus faux par suite de remaniements faits ultérieurement dans l'ordre des chapitres. Les trois tables des matières qui sont à la fin du volume permettront toujours au lecteur de trouver facilement ce qu'il cherche dans le cas où un faux renvoi l'aurait égaré.

[20 658] — Typographie Lahure, rue de Fleurus, 9, à Paris.

www.ingramcontent.com/pod-product-compliance
Ingram Content Group UK Ltd.
Pitfield, Milton Keynes, MK11 3LW, UK
UKHW020254230726
13925UKWH00001B/32

9 782013 694698